The Materials Sourcebook for Design Professionals

Rob Thompson
Photography by Martin Thompson
Engineering Calculations by Nigel Burgess

材質活用聖經

工業設計師必備的材質運用事典

感謝您購買旗標書,
記得到旗標網站
www.flag.com.tw
更多的加值內容等著您…

<請下載 QR Code App 來掃描>

1. FB 粉絲團:旗標知識講堂

2. 建議您訂閱「旗標電子報」:精選書摘、實用電腦知識搶鮮讀; 第一手新書資訊、優惠情報自動報到。

3. 「更正下載」專區:提供書籍的補充資料下載服務, 以及最新的勘誤資訊。

4. 「旗標購物網」專區:您不用出門就可選購旗標書!

   買書也可以擁有售後服務, 您不用道聽塗說, 可以直接和我們連絡喔!

   我們所提供的售後服務範圍僅限於書籍本身或內容表達不清楚的地方, 至於軟硬體的問題, 請直接連絡廠商。

● 如您對本書內容有不明瞭或建議改進之處, 請連上旗標網站,點選首頁的 讀者服務 ,然後再按右側 讀者留言版 ,依格式留言, 我們得到您的資料後, 將由專家為您解答。註明書名 (或書號) 及頁次的讀者, 我們將優先為您解答。

學生團體	訂購專線:(02)2396-3257 轉 362
	傳真專線:(02)2321-2545
經銷商	服務專線:(02)2396-3257 轉 331
	將派專人拜訪
	傳真專線:(02)2321-2545

國家圖書館出版品預行編目資料

材質活用聖經:工業設計師必備的材質運用事典
Rob Thompson 著、Martin Thompson 攝影 / 蔡伊斐 譯、
邱旭鋒 博士 / 審訂
臺北市:旗標,2020. 1 面; 公分
譯自: The Materials Sourcebook for Design Professionals
ISBN 978-986-312-608-9 (精裝)

1. 工業設計 2. 工程材料

440.3   108014099

作   者/Rob Thompson、Martin Thompson

翻譯著作人/旗標科技股份有限公司

發 行 所/旗標科技股份有限公司

           台北市杭州南路一段15-1號19樓

電   話/(02)2396-3257(代表號)

傳   真/(02)2321-2545

劃撥帳號/1332727-9

帳   戶/旗標科技股份有限公司

監   督/陳彥發

執行企劃/蘇曉琪

執行編輯/蘇曉琪

美術編輯/林美麗

封面設計/林美麗

校   對/蘇曉琪

新台幣售價: 1580 元

西元 2020 年 7 月 初版 2 刷

行政院新聞局核准登記-局版台業字第 4512 號

ISBN 978-986-312-608-9

版權所有・翻印必究

Published by arrangement with
Thames & Hudson Ltd, London.

The Materials Sourcebook for
Design Professionals © 2017 Rob Thompson
and Martin Thompson

Photographs © 2017 Martin Thompson save
where otherwise indicated

Designed by Christopher Perkins

This edition first published in Taiwan in 2020
by Flag Technology Co., Ltd, Taipei

Taiwanese edition © 2020 Flag Technology
Co., Ltd.

Contents

3　木材

4　植物

如何使用本書

本書所提供的知識能幫助設計師打好基礎，為作品選出最適合的材質。找到正確的材質不只能讓設計成果更佳，同時也能減少需耗損的能源與可能產生的廢料。本書中有豐富多樣的材質資料，可讓設計師擁有無限的可能，探究最成功的材質使用經驗。

本書分為六章，每章代表一種材質：第一部份為金屬、第二部份為塑膠、第三部份為木材、第四部份為植物、第五部份為動物、第六部份為礦物。每一章裡面提到的材質按照材質最常見的產業分類探究，共有 98 個區塊，談及上百種材質，並加上精彩的應用實例與美麗的設計展示，為讀者示範各材質的性能與設計面的無限可能。

為了協助讀者選擇材質，本書加入了各材質的兼容性相關注意事項，包括製作過程以及與其他材質搭配時的兼容性。這些資訊在做設計案的過程中當然有無數種應用方法，本書挑選的範例會展現該材質獨一無二的特性與特徵，這只是設計案的起點，因為該材質要如何應用在專案上，最終仍取決於要製作的形狀、數量、成本、可用性和其他各式各樣的因素。

某些材質原本的表面光滑度就足以符合設計案的要求，像是離聚物的光澤度（請見第 130 頁）、陽極氧化鋁著色（請見第 42 頁）、自潔淨混凝土（請見第 496 頁）等，而使用其他材質時則需要再做表面處理來保護媒材。若能熟練這些材質的表面質感、觸感與實際狀況，可提升設計案的廣度。書中將會提供每種材質需要考慮的面向與示範案例，像是該材質與其他材質間的兼容性，以及未來回收的可能性。

目前設計和技術都不斷在進步，因此某些材質在使用壽命終結後，仍然能保留其珍貴價值。由於法律的規範或是巧妙的設計施工等原因，現在已經不難見到某些材質能夠不斷在同樣的應用範圍重複使用，將資源集中起來避免製造污染，我們可以讓這個循環更有效率，也更符合永續發展。本書提供的處理方法有助於讀者做出相關的決策，盡可能在做設計和避免浪費之間取得平衡。

介紹 Introduction

定義每種材質，討論這些材質與設計、建築、時尚等各領域的關聯，並針對現有潮流與未來趨勢提供深入剖析。我們對材質的認識大多是受到歷史和情境的影響，也會被材質的物理特性所拘束，本書的內容將會進一步延伸討論該材質在現代與未來的應用方式。

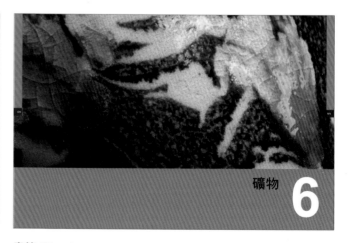

章節 Chapter

本書六個章節是依材質的種類分類，並按照顏色製作索引以便查找：第一部份為金屬（藍灰色）、第二部份為塑膠（藍綠色）、第三部份為木材（綠色）、第四部份為植物（芥末黃）、第五部份為動物（橘色）、第六部份為礦物（紅色）。

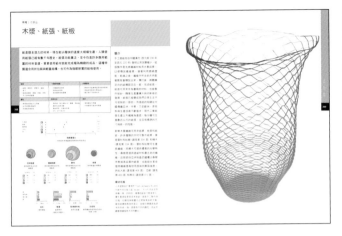

材質 Material

本書的內容充滿啟發，不只介紹各材質，還輔以技術資訊，結合豐富的圖片，搭配材料科學上高度可行的方法。藉由供應商與技術工程師的合作，將每種材質的技術概論視覺化，讓這些資料更容易了解。

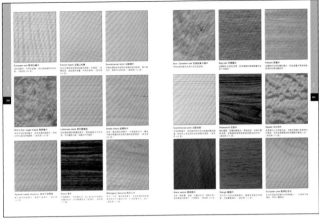

視覺詞彙 Visual glossary

透過本書示範的完成案例，能展現每種材質最佳的一面，書中會附上所有可能相關的顏色、細節與各種最後加工的照片，例如列出各種不同類型的薄版（請見第 290 頁），以便示範設計上各種潛在的可能。

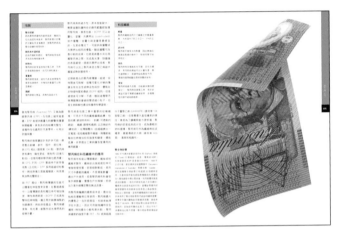

內容策劃 Curated content

本書的內容經過仔細篩選，會展示每種材質最有吸引力的性能，例如在聚丙烯（請見第 98 頁）章節選擇的範例，能展示聚丙烯最讓人印象深刻的多樣性、強度、可塑性與可回收性。

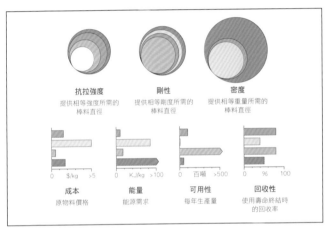

比較分析 Comparative analysis

本書將比較與每種材質相關的性能，例如強度重量比和密度比，說明在特定情況下為什麼某些材質的表現比其他強，同時附上成本、所需能源、取得的便利性與回收百分比，這些資訊可以作為設計的引導。

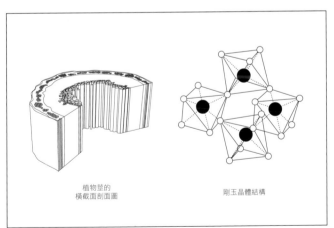

技術剖析 Technical insight

本書中在介紹材質時，若有必要，會探討該材質的原子結構、包裝和其他性能，以說明該材質的作用方式，此外，也會善用橫斷面圖解，這有助認識在特定情況下該材質將如何建構或解構。

專有名詞與資源 Glossary and sources

書後的專有名詞列表中包含最重要的流程、技術與原則，這些資訊將有助於解釋每種材質使用的時機與限制，除此之外，並附上最佳參考書目和參考網站，方便讀者針對特定技術領域獲得進一步的知識。

簡介

材質是設計的靈感與動力來源。不論是天然材料或是人工合成的材質、不論是製作奈米尺寸或宏觀規格的作品，優秀設計的本質皆要先了解材質，這些知識能幫助設計師建構出最成功也最耐用的物件、建築或服飾。本書從材質所有可能的形式切入，從材質隱藏的結構到材質穿戴、使用時的外觀，展示出各種不同驚人的可能性。目前新的材質仍不斷出現，不只來自實驗室的新發明，也包含舊材質的新詮釋：過去限定在工業領域或高效能應用範圍的材質已變得越來越容易取得；有些材質則是透過聰明的設計與創新的製造技術再次獲得青睞。本書將點出各種材質在設計上的可能性，列出該材質從何而來，在未來可能出現什麼應用方法。

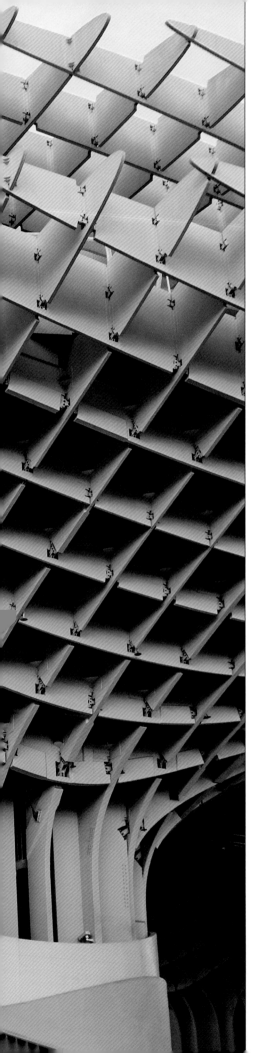

目前我們的生活中已有數不盡的材質可供運用，這麼豐富的材質資料其實是數千年來文明進步的成果。從羅馬時代的混凝土建築 (請見第 496 頁的水泥) 到密化熱壓的氧化鋯陶瓷，人們的智慧與創意不斷擴大材質的極限，現在我們已經比以往更了解各種材質的性能，也因為了解透徹，便可以精準預測在重要結構中可能會導致失敗的致命傷，進而根據預測來調整設計。

多年來材質的創新與演進開創了新的探索時代，但是材質的根本屬性不會改變。本書的示範案例中，有些材質使用的範圍非常多元多變，讓人難以想像怎麼會有單一材質可以展現這麼多種功能，例如聚對酸乙二酯 (PET) (請見第 152 頁) 是目前應用範圍最廣的塑膠，從一般布料到穿戴式科技的可撓式面板 (enabling flexible screens)，從電鍍包裝 (metallized packaging) 到一體成型的椅子。本書裡面說明了每一種材質的結構單位，從原子結構到結晶性，以便了解材質如何符合多元多樣不同標準的需求。

本書列出與設計最相關的材質類型，包括金屬、塑膠、木材、植物、動物與礦物，其中又劃分出許多子類別，包含現有與目前正在發展的複合材質科技、生質塑膠和科技木材等，這些材質都有潛力創造嶄新的設計。書中會列出每種材質的主要應用範圍，也就是該材質應用在設計、時尚與建築等領域的頂尖範例，以呈現這些材質最能帶來創意靈感的屬性特質。

大型建築木材 (左圖)

木材是可再生的多變素材，左圖是西班牙塞維亞的建築物「都市陽傘 Metropol Parasol」，這是在混凝土平台上，以科技木材搭建層層疊疊互相緊扣的木建築，由德國的于爾根・邁耶・赫爾曼 (Jürgen Mayer-Hermann) 建築事務所設計。這是目前世界上最大的木建築，為永續建築的未來展現科技木材的潛力。

金屬

金屬的組成是依靠強大的內部鍵結 (internal bonds)，一般對金屬的定義是高傳導性、堅硬強力、不透明、具反射性與高熔點等。這些性能的比重是取決於金屬的結構，所以有些金屬傳導性更佳、有些則是拉抗強度比較高。金屬的基本結構是晶體，每一個原子相互連結，有些韌性金屬在斷裂之前會先彎曲，例如鋼 (第 28 頁) 和鋁 (請見第 42 頁)，這種性能代表金屬適合塑性成型 (plastic-forming)，像是彎曲、加壓、鍛敲等方式。金 (請見第 90 頁) 的伸長率非常好，因此可以敲成非常薄的金箔，近乎 4 微米薄。

除了金以外，所有金屬的表面若暴露在大氣中都會氧化，以鋼為例，就算是不鏽鋼也會發生衰退現象 (生鏽)。不過，有一種高強度低合金鋼 (high-strength low-alloy, HSLA) 被稱為「耐候鋼 (weathering steel)」，它反而是越生鏽越耐用。耐候鋼使用過程中，表面會生成橘褐色的氧化物，但不會變成小碎片剝落，反而能保護基底的金屬，避免進一步侵蝕。表面的這道薄層會隨時間慢慢變成更深的棕色。

鋁的氧化層可作陽極氧化處理，在設計上創造更多可能。例如氧化鋁 (aluminium oxide, AIO) 是人類已知最堅硬的材質之一，同時以晶體形式存在 (請見第 76 頁鑽石與剛玉)，像是氧化鋁科技陶瓷，具有薄薄的半透明的保護層，而且可以上色。利用特定合金的高反射性與輕表面質量，可創造多彩的亮麗金屬色澤，從紅色到深灰色，顏色範圍很廣。陽極氧化鋁已經成為基本的設計手法，在許多情境下陽極氧化鋁都是主要處理方式。

金屬因為結構密集所以重量重，但是有些非鐵屬合金 (non-ferrous alloys) 的強度與重量比非常優秀，換言之，以輕薄為主要訴求的應用範圍，這類型的金屬將優於其他材質。

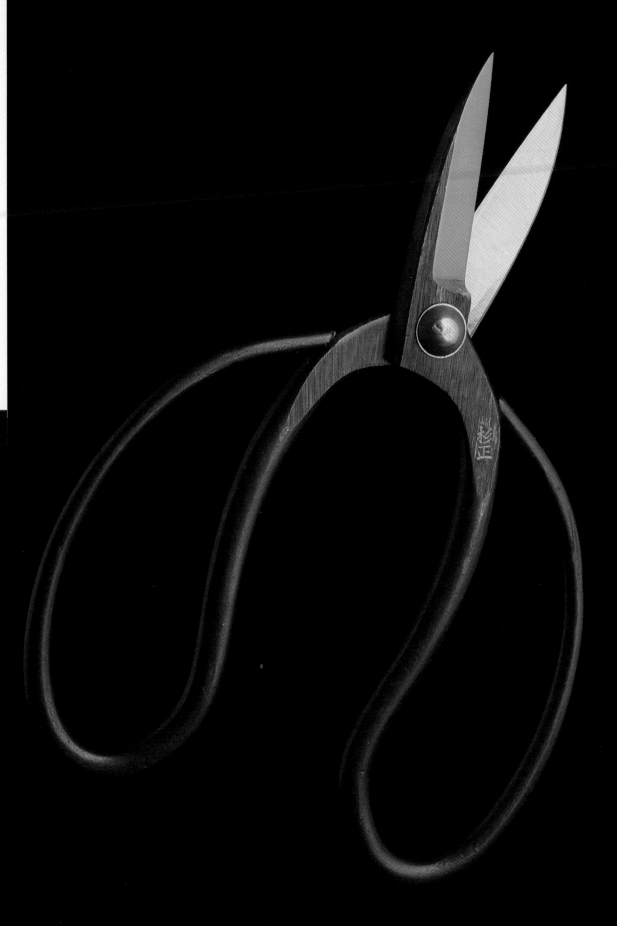

完美鋼材應用：剪刀 (左頁)

左頁圖中的「大久保剪刀 (Okubo-Basami)」是日本播州刃物 (Banshu Hamono) 的產品，這是一把園藝用剪刀，結合兩種鋼材，刀緣採高碳鋼 (hard carbon steel，縮寫為 hagne)，核心使用低碳鋼。日本傳統刀具常用的高碳鋼有幾種不同類型，包括 ki、shiro、ao、tama，這種結合是日本刀匠歷代傳承的成果，播州位於日本兵庫縣，該區生產的鋼製刀具史稱「播州刃物」，最初只生產單鋒武士刀「katana」，經過數百年演變，工匠們已發展出自己的合金技法，以滿足不同的產品需求。

高效塗層應用：導電纖維 (右圖)

導電纖維，有時又稱為智慧布料，可應用在各式各樣科技裝置，像是消防員制服的熱防護、電磁干擾 (electromagnetic interference，EMI) 防護、救生服與鞋履的雷達波輻射防護、醫療級抗菌防護、座椅、毛毯、口袋內裡和手套的穿戴式電子裝置和軟式電熱片 (flexible heater elements) 等。上述案例都是使用加上鈦金屬薄膜的聚酯纖維 (請見第 152 頁)。

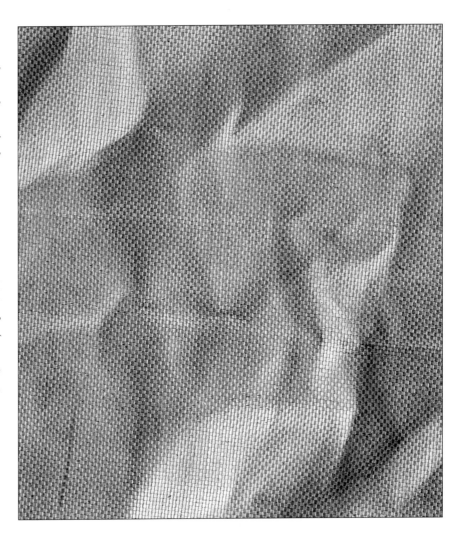

舉例來說，像是鈦合金 (請見第 58 頁) 在合理高溫下的表現優秀，雖然容易漲大縮小而導致產生問題，但同時也具有絕佳抗侵蝕特性，讓鈦合金成為嚴苛的航空應用首選材質，同時鈦合金也找到途徑而進入消費產品領域，像是極輕眼鏡與高性能單車。鈦合金也具備生物相容性，因此在醫療應用範圍也很實用。

塑膠

1907 年電木 (Bakelite) (請見第 224 頁酚醛樹脂) 發明出來時，絕對沒有人想過這種人工合成材質會在現代世界造成何等的衝擊。塑膠這種材質是重複單體 (monomer) 形成的長鏈分子 (共聚物)，由碳、氫、氧和其他元素構成，像是氯、氟等。電木是第一個真正的人工合成材質，這項發明標記了

現代塑膠工業的開端，直到今日電木仍應用在不同的設計案上。今天塑料種類不勝枚舉，各種新的公式、合金或合成物不斷出現，每個新等級都宣稱優於前代。塑膠價格相對便宜，雖然價格不見得是最重要的，不過塑膠這些新產物確實提供高度可塑性、著色力或客製化的可能性。這些材質對環境的衝擊明顯較低，可以回收，且在特定情況下可完全生物降解。

對環境衝擊較小的塑膠，有從天然資源獲得單體製造特定類型的「傳統」塑膠，例如玉蜀黍和馬鈴薯，或是環氧樹脂 (請見第 232 頁) 和聚醯胺 (PA，請見第 164 頁尼龍) 等，製造商表示這類塑膠在製造過程中所產生的溫室效應氣體明顯較低，能源的消耗較少；但也必須考慮其他環境議題，

像是有些農地不生產食物，反而用來栽種生產塑膠的穀物，並大量使用基因改造成份，對環境仍帶來傷害。

熱塑彈性體 (TPE) (請見第 194 頁) 結合熱塑彈性體、聚氨酯樹脂 (PU) (請見第 202 頁) 與合成橡膠 (請見第 216 頁) 的機械效能，可熔融成型，因此帶來許多優勢，不只是廢物與廢料可被回收，根據類型不同，剛度 (彈性) 範圍可由低至高 (硬)，也能上色、壓紋、印刷或堆疊，讓應用範圍更加廣泛，從技術零組件到運動服都能適用。

塑膠複合材質的發展對設計產生深遠的影響，有助製造輕量化便攜產品，或是催生全新建築形式。纖維強化塑膠 (fibre reinforced plastic，請見第 236 頁碳纖維強化塑膠 CFRP)、人造樹脂 (polyepoxide)、不飽和聚酯樹脂

(UP，請見第 228 頁) 提供優異的強度重量比和維度穩定性，在剛性和彈性結構中均可使用，特別是纖維強化塑膠 (FRP) 在拉抗應用中，效能甚至可以勝過最優異的金屬合金。

複合材料的好處是不受生產數量的多寡限制，大規模生產的熱塑性塑膠可以混合短纖維強化，增加剛度與強度，這種處理方式常見於汽車和傢俱設計，因為加入纖維可幫助減輕重量和體積。近年來這種基質優勢眾多，因而熱塑型複合材料有幾個重大的發展突破，像是利用熱塑性塑膠的多功能與多元形式。從與樹脂基質同樣材料（通常為聚丙烯 PP，請見第 98 頁）組成俗稱的自增強聚合物 (Self-reinforced polymer，SRP)，除了使用單一材料的環境效益之外，自增強聚合物能提供傑出的耐衝擊、剛度與強度重量比。

木材

木材與樹皮是由纖維素 (cellulose)、半纖維素 (hemicellulose) 和木質素 (lignin) 組成，並含有蠟與單寧，這些強韌的天然聚合物以及木頭生長方向一致的紋理 (grain) 強度驚人，就像是高科技的複合物。

樹木不只提供木材，還能轉換成大量原料，特別是紙張（請見第 268 頁）、軟木（請見第 286 頁）、樹皮（請見第 280 頁）、例如薄版（請見第 290 頁）和科技木材（請見第 296 頁）。

木材分成軟質木或硬質木，這種分類對設計師幫助不大，因為有幾種軟質木實際上比硬質木堅硬、強韌、密度高。雖然如此，像是雲杉、松樹、冷杉（請見第 304 頁）、鐵杉（請見第 308 頁）、落葉松（請見第 310 頁）和洋松（請見第 314 頁）等軟質木，可從再生能源獲得，成為有價值的建築材料。落葉松經久耐用，可以使用在戶外環境，不需額外保護。

硬質木中，最常見的是樺木（請見第 334 頁）、山毛櫸（請見第 338 頁）和橡木（請見第 342 頁），這些木材生長相對緩慢，紋理細緻密度大，讓木材表面耐磨，使這種材料的應用範圍跨及包裝、建築與傢俱。隨時間演進，我們學會了按照木材獨特的品質和特徵不同，用不同方式運用木材的優勢，巧克力色的核桃木（請見第 348 頁）最受好評的是耐久性和機械效能；山胡桃木和美洲胡桃木（請見第 352 頁）是最強壯、厚重的木材；

材料加工應用：鏡架 (上圖)

以醋酸纖維 (CA) 鏡架為例，材質的品質來自科學與工藝的結合，像是圖中正在進行 CNC 銑床加工的義大利材質商 Mazzucchelli 玳瑁鏡框，多色醋酸纖維 (CA) 是好幾道不同階段製造過程完成的結果，將醋酸纖維塑模、切削、然後分成小立方體，這些小立方體以手工按照想要的圖案重組，然後壓入新的模具，透過切削製作片材，這些片材可切割成鏡框，利用這種工法能組合大量不同的圖案與顏色，最後成果取決於設計師要如何整合這些元素。

展現商品材質之美 (右頁)

深澤直人 (Naoto Fukasawa) 為無印良品設計了這款水壺，2014 年在日本上市。多年來，無印良品眾多產品盡可能使用無多餘加工的聚丙烯 (PP) 製作，雖然聚丙烯是最便宜的塑料之一，但是熔體黏度低，使聚丙烯生產的產品可以採用各式各樣精緻的最後加工，從亮面到啞光等，因為最終產品要與其他高價材質擺在同一個檯面銷售，像是銅（請見第 66 頁）、鋼、山毛櫸等，這點變得至關重要。

白蠟木（請見第 354 頁）就重量而言較為強韌有彈性；榆木（請見第 358 頁）的特色是紋理緊密咬合，不易裂開；櫻桃木（請見第 360 頁）則擁有直向紋理，易於加工和清潔，可用於傢俱和櫥櫃製作。

可能性的極限 (左圖)

左圖是 1984 年由義大利設計師 Alberto Meda 為「Alias」品牌設計的椅子「Light Light」，這也許是室內環境中最早啟用碳纖維的案例，這把椅子利用單向碳纖維強化環氧樹脂，像三明治般夾住蜂巢核心，將結構減少到最低限度，這種形式通常不是預先設想好的設計方式，主要還是透過工程技術和減法製程去一步步調整，結果才能完成輕巧纖細又極為優雅的椅子，重量僅 1.07 公斤 (2.36 磅)。影像由 Alberto Meda 提供。

材質的重新詮釋 (右頁)

有些最吸引人的材質，其實是來自意想不到的組合。這款吊燈的設計出自日本「Nendo」設計事務所的創辦人佐藤大 (Oki Sato)，該吊燈會發出這種柔和光芒，是使用了導光膜的結果：在聚酯導光膜的表面做出紋理，讓光線只能依特定角度通過。這種技術通常使用在行動電話螢幕的防窺功能，避免使用者以外的人看到螢幕上的內容，改用在燈具上則是以導光膜環繞燈泡，因此使用者不論站在哪裡都無法看到燈泡，只能看到燈光，而且燈罩的其他部份仍是透明的。影像由攝影師林雅之 (Masayuki Hayashi) 提供。

熱帶硬質木是來自熱帶雨林的木材，它們是木材中最搶手的類型，因為其色彩豐富、強度高而備受好評，在歐洲、亞洲與北美洲，熱帶硬質木一直供不應求，結果導致熱帶硬質木過度砍伐，有些品種數量稀少，甚至瀕臨絕種。不過，有少數熱帶硬質木品種，像是相思樹 (請見第 364 頁)、大綠柄桑 (請見第 366 頁)、人工種植的柚木 (請見第 370 頁)，可從通過認證管理良好的森林中取得。

植物

大部份的植物莖葉富含纖維素，成為各式各樣應用範圍的可用素材，包括細緻的面料到耐用的建築材料。

植物纖維萃取自草或開花植物的莖葉，不同於合成纖維，纖維長度有限，而且性能不固定。因此利用這種材質製成的面料質感特別讓人喜愛，這是合成纖維無法企及只能模仿的，這種面料在強度和硬度並非比不上合成纖維，像是亞麻 (請見第 400 頁) 或麻 (請見第 406 頁) 這樣的纖維，擁有足以媲美聚丙烯 (PP) 強度重量比，而

舒適程度優於黏膠纖維 (Viscose) 或強化塑膠 (FRP)，目前正在研究如何讓這些纖維在纖維強化塑膠 (FRP) 的製作過程中替代玻璃纖維。經過數千年的發展，收割和處理植物纖維的工具技術不斷優化更新，有些植物特別容易生長，不需要使用太多化學藥劑，棉花 (請見第 410 頁) 是農用化學藥劑的主要施用目標，為了滿足這種柔軟多功能纖維的市場需求，結果導致棉花生產變成對環境有害的高污染產業，公平貿易與有機棉花提供另一種選擇，但數量非常少，而且附加價格非常高。

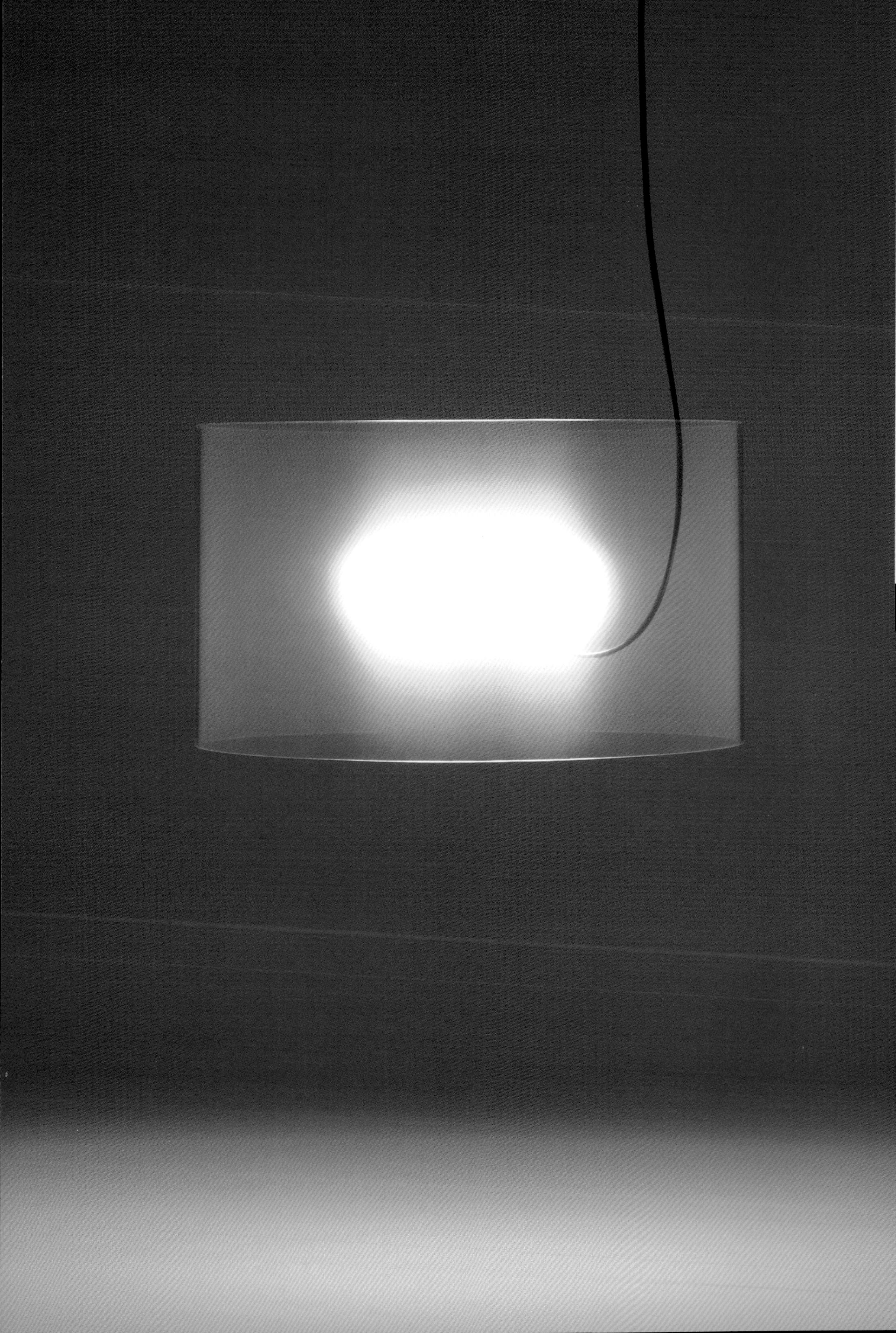

動物

我們難以想像時尚與傢俱產業若少了動物製品會是什麼光景,從強力蛋白質纖維——絲(請見第 420 頁)、羊毛(請見第 426 頁)、毛(請見第 434 頁)到結實的膠原蛋白基底化合物——皮革,不論何處只要消費了肉製品,就可能利用動物皮膚做成皮革。羊毛與其他動物毛是從動物身上剪下或梳下的,因此可以再生。加工處理時有些方法能保留材料天然,但如果在生產過程中添加化學藥劑(例如漂白劑和染料),這些羊毛與動物毛在使用壽命結束後,也可能成為有害廢棄物。

傳統的做法中,若要取得生絲必須殺害昆蟲,有時為了取得動物毛也必須殺害動物(請見第 466 頁),許多人認為這是不道德的,因此製造過程受到嚴格限制。現在,人造毛(請見第 174 頁壓克力)越來越受歡迎,因為人造毛是符合道德標準的替代素材。

礦物

石頭、泥土、陶土可能比人類存在更古老,但是與這些素材相關的產業不斷發展、創新,為設計開創新領域,包含各式各樣的東西,從磚(請見第 484 頁插圖)到移動裝置上的強化玻璃(請見第 526 頁插圖),礦物是科技演進的基礎。礦物是結晶體或部份結晶體,藉由強大的離子鍵和共價鍵結合,賦予優異的硬度,能耐高溫,然而礦物很脆,拉抗強度通常在壓縮強度的十分之一以內。

鑽石(請見第 476 頁)是材質中最硬的一種,非常強硬,已經成為非常有價值的工業材料,並也作為寶石,必須透過合成才足以支持供應。實驗室製造的鑽石在化學上與天然鑽石完全相同,但是用途增加,不僅可作為大型岩石生產,也可以作為鑽石薄片安裝在另一種材質上,讓物料結合鑽石令人印象深刻的特性。

電腦輔助設計與製造 (CAD/CAM)

上圖是倫敦大英博物館中庭屋頂,覆蓋面積達 6,000 平方公尺,共以 3,312 片玻璃板組成,重量達 315 噸(包含鋼材近 800 噸),每片玻璃板都是獨立製作,因為沒有任何缺口一模一樣。這個卓越的設計與工程運用了電腦輔助設計與製造,讓這個大規模設計案可以成立。經過精準的計算,每一個零組件第一次出現在現場時就能吻合。玻璃板表面約有 50% 用玻璃料(釉料)網版印刷小圓點,幫助減少日曬升溫。此案由 Foster & Partners 設計,2000 年完工。

黏土陶瓷(請見第 480 頁)是一種重要的建築材料,也是藝術表現的媒材,黏土陶瓷的顏色與品質取決於地理位置,這表示建築與陶器會根據地方可取得的材料不同而發展不同。玻璃(請見第 508-527 頁)是非晶質結構,這是為什麼玻璃與其他陶瓷不同,玻璃不是唯一半透明的礦物,鑽石、藍寶石和其他幾種礦物都具有卓越的光學特性,但是玻璃是唯一一種可大規模生產的透明礦物,從珠寶般的小物件,

到幾百公尺高的建築外牆，自古埃及
以來，這種多功能的材質便讓人類著
迷不已。

進化的材質

因為特定技術需求，催生了新的材質組合，
鐘錶業的定位橫跨珠寶與科技，在市場上
佔有獨特的地位，製造商使用的材質在其
他領域仍無法負擔，法國鐘錶公司 Bell &
Ross 是市場領導者，創新的材質是該公司
建立市場差異化的關鍵，這款 BR 01-92
航空腕錶主打科技陶瓷錶殼，CNC 銑刨鋼
錶框和抗反射藍寶石鏡面。這種材質的組
合讓手錶經久耐用，耐折舊且抗磨損。影
像由 Bell & Ross 提供。

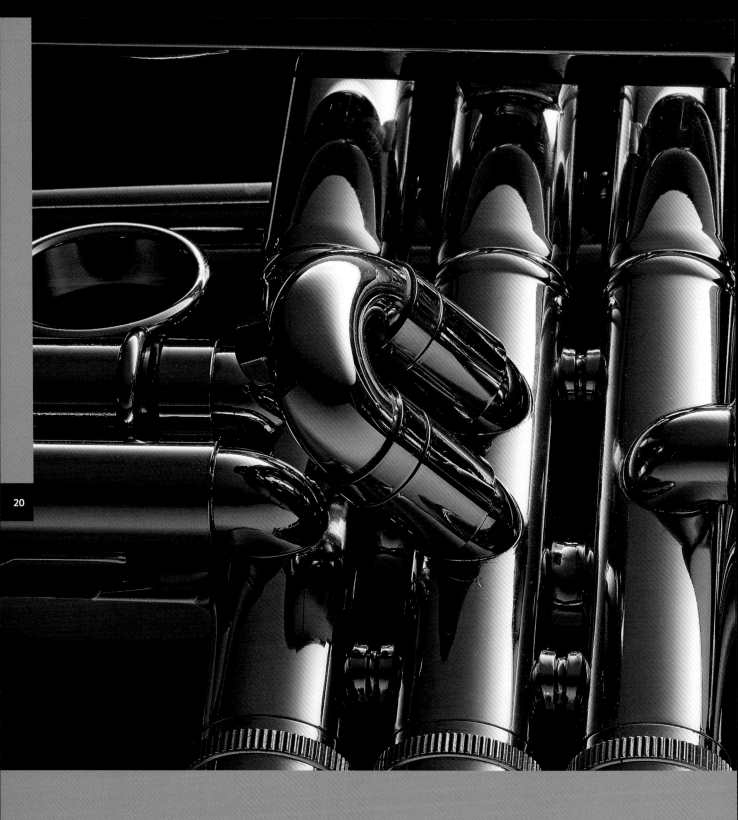

金屬

1

鑄鐵

別名
化學符號：Fe

鐵是生活中常見的元素，也是歷史上重要的材料，且一直是建築、工程與廚具領域重要的金屬素材。鐵的機械性質取決於其中包含的成份，特別是碳、矽、錳的比例，例如：灰鑄鐵 (Grey Cast Iron，GCI)較堅硬，脆而易碎；球墨鑄鐵(Ductile Cast Iron，DCI，又稱為球型石墨鑄鐵)的強度重量比則相當於軟鋼(mild steel)。

類型	一般應用範圍	永續發展
· 灰鑄鐵 (GCI) · 球墨鑄鐵 (DCI) · 蠕墨鑄鐵 (CGI) · 合金鑄鐵 (AGI)	· 廚具 · 建築 · 汽車	· 物化能源(建築物建造過程中耗費的能源)低 · 使用壽命終結時的回收率極高

屬性	競爭材料	成本
· 易碎、密度大到高強度 · 表面屬性取決於合金	· 鋼、鋁合金、銅合金、鋅合金 · 陶瓷、磚、水泥、石材 · 工程用熱塑性塑料，特別是 PA	· 材料成本高於鋼，但低於鋁合金 · 製造成本低

簡介

鐵在歷史上的重要性以及廣泛的應用範圍，讓人很容易低估鐵在現代世界扮演的重要角色。鐵可用於汽車產業功能零件，包括引擎缸體、底盤、煞車組件等，並滿足嚴格的效能標準。而鑄鐵作為鐵屬金屬，主要合金元素為鐵和碳、鋼 (請見第 28 頁)。含碳量低於 2%，一般低於 1%；鑄鐵含量介於 2% 至 4%。高碳含量加上少量的矽有助於展現卓越的鑄造性能。

鐵暴露在空氣中易鏽蝕，表面會形成多孔氧化物 (鐵鏽)，然後逐漸崩解，露出底層的金屬，雖然鐵的氧化速度不像鋼那麼快。鐵表面可以塗上漆或琺瑯，確保表面耐用、持久、衛生。鐵可以與鉻或鎳鑄成合金，提升其耐鏽蝕性，同時讓表面更堅硬。

選擇鑄造方法時取決於應用範圍，砂模鑄造法（Sand Casting）適用於 0.1 公斤 (0.2 磅) 到 5 公斤之間的所有尺寸，包模鑄造法（Investment Casting）可用於中小型零件（雖然所有尺寸的零件都有可能製作，但不一定是可行的)。上述兩種技術的模具是消耗品，換言之，每一次鑄造都需要開新的模具。

機械加工可讓完成零件的尺寸精準，機械加工的品質和速度取決於鐵的種類，特別是石墨的顯微結構，鑄鐵沒有足夠韌性承擔鍛造過程，若和常見的結構材料鍛造鋼相比，鑄鐵較脆，疲勞強度較低，降伏強度（Yield Strength，指材料受拉力後永久變形的最小強度）也比較低。

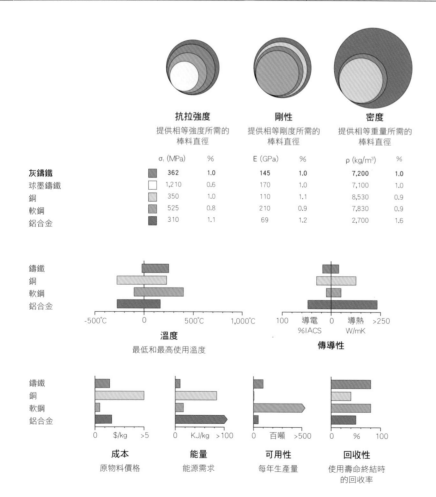

	抗拉強度 提供相等強度所需的棒料直徑		剛性 提供相等剛度所需的棒料直徑		密度 提供相等重量所需的棒料直徑	
	σ_t (MPa)	%	E (GPa)	%	ρ (kg/m³)	%
灰鑄鐵	362	1.0	145	1.0	7,200	1.0
球墨鑄鐵	1,210	0.6	170	1.0	7,100	1.0
銅	350	1.0	110	1.1	8,530	0.9
軟鋼	525	0.8	210	0.9	7,830	0.9
鋁合金	310	1.1	69	1.2	2,700	1.6

鑄鐵 / 銅 / 軟鋼 / 鋁合金

-500℃　0　500℃　1,000℃
溫度
最低和最高使用溫度

100　導電　0　導熱　>250
%IACS　　　W/mK
傳導性

鑄鐵 / 銅 / 軟鋼 / 鋁合金

0　$/kg　>5
成本
原物料價格

0　KJ/kg　>100
能量
能源需求

0　百噸　>500
可用性
每年生產量

0　　%　　100
回收性
使用壽命終結時的回收率

商業類型與用途

鑄鐵有幾種不同類型，對設計而言，最重要的是灰鑄鐵 (GCI)、球墨鑄鐵 (DCI)、蠕墨鑄鐵 (CGI) 和合金鑄鐵 (AGI)。灰鑄鐵 (GCI) 是其中最便宜、最常見的類型，特徵是片狀石墨的顯微結構。

鑄鐵茶壺

鑄鐵茶壺的起源年代並不明確，約可回溯到十七世紀的中國和日本。鑄鐵茶壺適合煮水也適合泡茶，一般認為鑄鐵的保溫性能良好，可讓熱水的保溫時間更長，因此是沖泡全葉綠茶最佳的選擇。鑄鐵茶壺在日本成為身分地位的象徵，並順勢發展出各種鑄鐵茶壺上

的裝飾。日本傳統的鑄鐵茶壺，若從原料開始生產需要數日才能完成。在古代，鑄鐵茶壺的製造過程是機密，必須由許多技術高超的工匠謹慎嚴格地把關。有時工匠會在某些鑄鐵茶壺內側表面加上琺瑯塗佈，以避免鏽蝕。

片狀

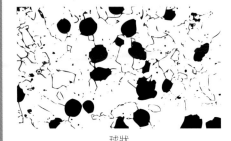

球狀

蠕蟲狀

石墨顯微結構

鑄鐵的石墨顯微結構會影響其機械性質,這可能會成為鑄鑄失敗的原因。灰鑄鐵中穿過肥粒鐵 (Ferrite) 和波來鐵 (Pearlite) 基質的片狀石墨延展性非常小,因為高壓主要集中在尖端,但是灰鐵的減震性非常好,適合機械應用。相較之下,球墨鑄鐵中石墨以球狀型態存在,壓力不會像片狀型態一樣累積,使抗拉強度與延展性更高,蠕墨鑄鐵的顯微結構是相連的鈍化片狀型態,因此可以同時提供灰鑄鐵和球墨鑄鐵兩者相加的有利機械性質。

鑄鐵是一種低強度的金屬,減震性高 (可應用在汽車與機械),抗熱衝擊力高 (可用於模具)、抗壓強度高 (可應用於承重,如機器支架和底座)。

球墨鑄鐵 (DCI,又稱為球型石墨鑄鐵) 是加入鎂的結果,使石墨型態變成微型球體,這種型態的變化讓鐵的抗拉強度與延展性更為優異。所以球墨鑄鐵可以滿足有這種需求的應用範圍,像是煞車碟、齒輪、齒輪箱、曲軸或各種承受壓力的物件 (如閥門和汞體)。

蠕墨鑄鐵 (CGI) 則在石墨型態會呈現相連的蠕蟲狀鈍片,進而改善強度重量比。近年來,汽機車工業證明強度重量比的改善確實大有助益。

合金鑄鐵 (ACI) 則包含少量其他元素 (除了碳和矽之外),例如鉻、鉬和鎳,可用來製造高強度、耐磨損、抗鏽蝕與耐高溫的零件。

永續發展

鐵礦開採後,是透過鼓風爐冶煉出鐵,同時也會提煉出焦炭 (碳) 和熔體 (石灰)。鐵是組成萬物的基礎,是所有鐵屬金屬的主要成份,甚至包括鋼。鐵是可回收的,而且回收範圍很廣,再加工的比例也很高。

在節能方面,與煉鋼相比,煉製鐵的過程有顯著的進步,生產鐵時,需要使用的能源約為鋼的三分之二、銅的百分之十、鋁的百分之六。生產過程中除了耗用能源,也會製造氣體排放 (如二氧化碳、硫氧化物、氮氧化物、懸浮微粒等)、水污染、有毒廢棄物和固態廢棄物。直接還原鐵 (Direct-reduced iron),因其多孔性質,又稱為海綿鐵 (sponge iron)。煉製是讓鐵在鼓風爐中熔化製成,這樣一來在能源方面的運用會更有效率。

鑄鐵在廚具領域的應用

使用鑄鐵廚具來烹飪的歷史十分長,甚至使人類的烹飪習慣受鑄鐵的屬性而定型。其實鑄鐵的導熱性並不好,因此會產生熱點 (大約比鋁合金多25%)。但是鑄鐵的耐熱性以及放射率的確比較高,在相對較長的時間內可保持恆溫,烹飪時可保持溫度均勻;此外,鑄鐵能放射大量熱能,用鑄鐵廚具做熱炒或燒烤,能讓食物徹底熟透。鑄鐵是實用又多功能的材料,適用於各類型的廚具,包括烤盤、煎鍋、烤架、湯鍋、平底鍋等。

在製作廚具時,也會合併使用其他幾種材質,例如鋁合金 (請見 42 頁)、銅合金 (請見 66 頁) 和陶瓷 (請見 480 頁),這取決於烹飪類型和口味偏好,來決定哪一種材料最合適。

鑄鐵熔化時流動性大,冷卻時收縮量很少,適合生產具不同壁厚的物件,例如煎鍋、鬆餅盤、瑪芬烤盤等。鑄造時可讓複雜細部在單一步驟定型,有助於減輕重量,同時可加快製作時間。舉例來說,若物件有複雜的細節設計,採用鑄鐵可能降低細節所需的額外成本,甚至完全不用增加成本。

鑄鐵可用的塗料不限,深淺色皆可,亦可選擇細緻紋理或光滑表面。但若塗佈特殊的塗料,例如熱炒和燒烤用的鑄鐵煎鍋表面,在使用前就需要先上一層油養護,也就是用薄薄一層油塗在鍋具表面,加熱至 250°C 左右,這就是所謂的「養鍋」。

琺瑯鑄鐵鍋 (右頁)

右頁是芬蘭 Iittala Sarpaneva 琺瑯鑄鐵鍋,是 Timo Sarpaneva 於 1960 年推出的設計,至今仍在生產。鑄鐵廚具的優點之一是兼容各種爐具,包括電磁爐、瓦斯爐等,也適用於烤箱 (但使用時要將木柄取下),而琺瑯鑄鐵鍋的功能則更多樣化。琺瑯表層可避免食物沾黏,使用前後養護還可讓烹調成果更好。

養鍋原理是加熱時可使油在鑄鐵表面聚合，與鐵結合成強大的分子長鏈，形成疏水性塗層，可避免食物沾黏（請參考第 190 頁「PTFE」的介紹）。

鑄鐵在建築領域的應用

鑄鐵的可能性從幾世紀前就擴及建築領域，直到 19 世紀中葉仍廣泛應用。鑄鐵適合鑄造成複雜形狀，這對創造華麗的建築作品而言相當實用，也很適合打造具功能性的元件，且製作的費用低於傳統石雕（請見 472 頁），因此能迅速擴展到各領域的建築物。

運用鑄鐵的建築結構約從 18 世紀末開始出現，大部分用於鐵路鐵橋的建設與搭建工業建築物，最早採用這類結構的是多樓層的紡織廠，這是因為紡織廠若採用木材來做樑柱式結構將會很脆弱。另一個知名的案例，是橫跨英國塞文河 (Severn River) 的 31 公尺高鐵橋，於 1781 年完工，是史上第

一座鑄鐵鐵橋。諸如此類的案例獲得成功，因而催生出更多採用鑄鐵的建案，從火車站到英式排屋皆有。

建築

鑄造性能
鑄鐵熔化時的流動性大，代表可塑造精細的裝飾和功能性元件，而且所需的額外成本很低，甚至可能不用增加成本。此外，比起用鋼、木材或石材單獨製造每個零件，鑄鐵能一次鑄造多個相同零件，更具成本效益。

強度重量比
灰鑄鐵是最常見的類型，加壓後會變得非常堅固，但是很脆、抗拉強度差。球墨鑄鐵的張力強度約為其三倍。

一致性
以現代標準來看，18 世紀中期的鑄鐵可能看起來很簡陋，但其實這個時期的製程發展讓大型的建築專案有了更可靠、更便於取得的合適材料。

用鑄鐵打造的車站屋頂

倫敦利物浦街車站 (Liverpool Street Station) 活用了多種鑄鐵製品，這個哥德式的火車棚是工程師 Edward Wilson 的設計。此車站自 1875 年啟用以來經數次改建，但以鐵與玻璃打造的挑高屋頂仍保留至今。屋頂結構由鑄鐵廊柱搭配上方以熟鐵打造的堅固柱頭，這些精緻的細節在加上色彩後顯得更為突出。

若是過度依賴鐵的強度，往往會導致一些悲劇性的失敗案例，例如灰鑄鐵雖具有高抗壓強度，但是抗拉強度相對較低，因此在彎曲時容易發生事故。此外，在相對較低的溫度下，鑄鐵的機械效能略差，當暴露在火中時，其承載結構會更脆弱。現在鐵製品外露時多半會加上保護，例如使用發泡性材質加以塗佈，讓鐵製品暴露在火中時可以膨脹形成防護層，幫助減緩結構元件的溫度上升。這類的限制因素加上 19 世紀末出現價格更合理的鋼架結構技術，就導致鐵建築日漸式微。

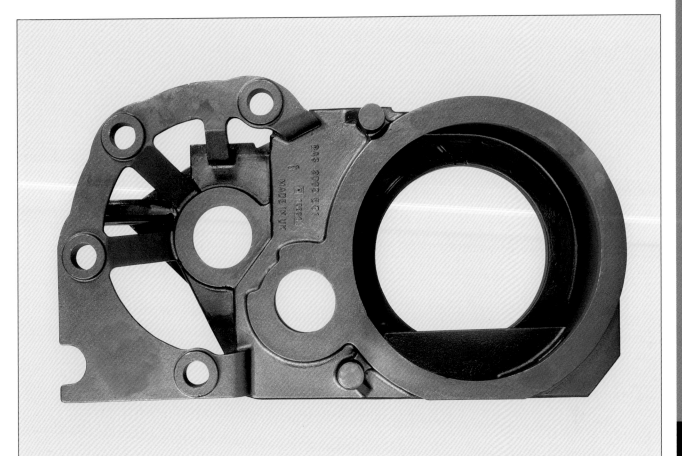

汽車

鑄造性能
鑄鐵熔化時的高流動性和極低的收縮率，使其具有成本效益，便於鑄造複雜的汽車零件，包括厚壁和薄壁部分。相較之下，鋼的熔點更高，鑄造難度更大，因此成本也更高。

吸震能力
藉由將機械能轉化為熱能，灰鑄鐵比鋼或鋁更能有效地抑制振動。

強度－重量比
若將鐵用合金元素或熱處理改造過，則其強度－重量比會低於鋁，但密度約為四倍，若需要減少結構部件的截面厚度，便可透過此方法節省重量。

鑄鐵在汽車業的應用

灰鑄鐵 (GCI) 是鑄鐵中價格最低的，機械效能也很好，應用於汽車業時，若強度與韌性不是主要考量，則灰鑄鐵就是最佳材料，適用於製造鼓輪煞車、引擎缸體、傳動裝置和氣門等。

灰鑄鐵的片狀石墨結構在加工過程中會變得非常脆，就像裂縫慢慢擴大的微小凹口，疲勞強度低，因此對需要承受連續負載、卸載的零件而言特別危險，例如凸輪軸 (camshafts) 和曲柄軸 (crankshafts)，這類零件較適合使用球墨鑄鐵 (DCI)，因為球狀石墨的顯微結構較不易因為疲勞而破裂。若是需要耐高溫的應用範圍，例如製造渦輪增壓器和排氣歧管，可在球墨鑄鐵中加入矽（即成為矽鉬球墨鑄鐵）與鉬，這種合金可承受高達 600°C 以上的連續作業溫度，就經濟效益上可替代高合金鋼鐵使用。

若要改善球墨鑄鐵的降伏強度、韌性和疲勞特性，可透過沃斯回火製程 (austempering)。沃斯回火球墨鑄鐵 (Austempered Ductile Iron，ADI) 的強度約為球墨鑄鐵的兩倍，相較於鋁，強度重量比更高，抗磨損的耐受程度等同鋼材，可用於高負載應用範圍，

砂模鑄造的石墨鑄鐵
上圖是由英國 BAS Castings 公司製作的地下鐵引擎零件，重達 115 公斤。由於球墨鑄鐵的鑄造溫度比鋼低，表面處理時會更有優勢，可改變壁厚來製作成更複雜的形狀。照片由 BAS Castings 公司提供。

例如底盤、懸吊系統、變速箱等，較適合橫斷面尺寸較小的應用方式。

至於蠕墨鑄鐵 (CGI)，在拉伸強度與鑄造容易度兩者間取得良好平衡，蠕墨鑄鐵的拉伸強度約為灰鑄鐵的兩倍，可用在不同領域，包括飛輪、離合器零件、渦輪外殼、排氣岐管、鼓輪煞車等，要打造現代高效燃料用的柴油引擎缸體時，蠕墨鑄鐵是首選。

鐵的高鉻合金則適用於需要抗磨損、抗磨耗的應用範圍，由於表面硬度增加，這種鐵合金的加工挑戰更大，需要專門技術。鐵合金具備許多優勢，但製造成本往往也會跟著提高。

鋼

鋼是最常用的金屬材料，對設計界也有重大影響。工業革命之後大規模發展鋼的生產技術，因此在價格方面更為親民，緊接著就出現了鋼材，在製造上獲得顯著突破，從那時起，無論設計案的規模大小，都能應用到鋼這種材料，包括微型醫療元件、包裝、摩天大樓到世界最長的吊橋等皆是。

類型	一般應用範圍	永續發展
· 碳鋼 · 合金鋼 · 不鏽鋼	· 汽車 · 建築 · 包裝	· 將鐵冶煉為鋼需要額外能源，生產不鏽鋼還要進一步投入更多能源 · 回收率高

屬性	競爭材料	成本
· 抗張力 · 硬化處理 · 鋼易鏽蝕（鐵鏽）	· 鑄鐵、鋁、銅、鋅 · 聚醯胺（PA）、聚丙烯（PP）和纖維強化聚合物，如玻璃纖維強化塑膠（GFRP）、碳纖維強化塑膠（CFRP） · 木材、科技木材	· 材料成本相對較低 · 製造複雜零件時的成本較高

	抗拉強度 提供相等強度所需的棒料直徑		剛性 提供相等剛度所需的棒料直徑		密度 提供相等重量所需的棒料直徑	
	σ, (MPa)	%	E (GPa)	%	ρ (kg/m³)	%
軟鋼	460	1.0	210	1.0	7,830	1.0
不鏽鋼	820	0.8	200	1.0	7,900	1.0
灰鑄鐵	362	1.1	145	1.1	7,200	1.0
玻璃纖維強化塑膠（單向平行）	1139	0.6	20	1.8	1,500	2.3
道格拉斯冷杉（理論上平行）	120	2.0	16.4	1.9	530	3.8

軟鋼
不鏽鋼
鑄鐵
道格拉斯冷杉

-500°C　0　500°C　1,000°C　　100　導電 0 導熱 >250
　　　%IACS　W/mK

溫度
最低和最高使用溫度

傳導性

軟鋼
不鏽鋼
鑄鐵
道格拉斯冷杉

0 \$/kg >5　　0 KJ/kg >50　　0 百噸 >1,500　　0 % 100

成本
原物料價格

能量
能源需求

可用性
每年生產量

回收性
使用壽命終結時的回收率

簡介

早在具成本效益的大規模生產方法發明出來之前，就有人深入研究煉鋼的方法。英國發明家亨利·貝塞麥（Henry Bessemer）發明了「貝塞麥轉爐煉鋼法」，於 1855 年在英國取得專利，他是藉由減少煉鋼所需的時間和材料，克服煉鋼的高成本，雖然證據顯示更早之前在亞洲已經有類似的煉鋼法，但是不曾應用在工業規模上。貝塞麥的發明是將加壓過的空氣吹入熔融的鐵水中，藉由引入氧氣來燒掉雜質且加速燃燒。

貝塞麥的發明徹底改變了煉鋼產業，而成為煉鋼的主要方式，之後直到 20 世紀中期才出現更新的氧氣煉鋼技術。氧氣煉鋼是以氧氣取代空氣，大大提高效率，將助熔劑（石灰或白雲石）混入鐵水中吸收雜質，並按照需求引入合金元素。

層壓鋼三德刀 (Santoku Knife) (右頁)

右頁是日本傳統刀具品牌「源隆久」的三德刀。三德刀是日本常用的廚房刀具，使用碳含量高低不同的不鏽鋼薄板堆疊製作，其中碳含量較低的鋼材能使刀具更軟；與碳含量較高的鋼材交替層疊，能創造出有彈性又非常堅硬的刀片。品質最高的現代廚房刀具是使用約 60 層不鏽鋼薄板打造而成，刀柄使用黑檀木（Pakka）或以矽膠（參考 P212）塗佈，讓刀具便於養護。這種將鋼板層疊來打造刀具的技術很早就出現了，大約在兩千年前，敘利亞大馬士革的鐵匠就打造出令人驚艷的強韌鋒利刀劍，令全世界羨慕不已。隨著時間推移，這項技術漸漸傳播，最後傳入日本，在日本繼續發展，後來轉向武士刀的應用，每把武士刀最多可堆疊兩百萬層，耗費數週經歷反覆的鋼材堆疊及艱苦的熱處理過程，最終締造出日本武士刀特有的曲線與出色的性能。

電弧爐 (electric arc furnace，簡稱 EAF) 是一種透由電弧放電來傳遞熱能給材料的加熱爐，使用電弧爐煉鋼的技術自 19 世紀初開始發展，起初沒有廣泛使用，現在卻越來越受歡迎。電弧爐以廢鋼為原料，因此比基本氧氣煉鋼的速度更快、更直接 (基本氧氣煉鋼法使用廢料的比例只有 10-15%)。

商業類型和用途

鋼主要由鐵 (請見 22 頁) 和碳組成，碳的比例和合金的含量可決定鋼的屬性，三種主要類型為碳鋼、合金鋼、不鏽鋼。

碳鋼是最常見的，可分為三類：低碳鋼 (碳含量低於 0.3%)、中碳鋼 (碳含量介於 0.3-0.6%)、高碳鋼 (碳含量高於 0.6%)。低碳鋼，通常稱為軟鋼，是價格最便宜、相對柔軟的鋼材，有良好的可塑性，可應用在各式各樣的領域，包括車身零件、包裝與營造；中碳鋼是熱處理過的鋼料，已大大提高強度與硬度，適合要求更高的應用領域，像是引擎、轉軸和彈簧；高碳鋼則是三者之中強度最大的鋼料，可用於製造工具或是刀具等切割器材。

合金鋼擁有較高比例的合金元素，例如鉻、銅 (請見 66 頁)、鋁 (請見 42 頁)、鎳和鉬，低合金鋼包含的元素可影響鋼料的顯微結構，進而改善熱處理的效益。HSLA 高強度低合金鋼每單位重量的強度與硬度比碳鋼更高，抗磨損與耐鏽蝕程度更優異，營造業與汽車零件的製造特別偏好使用這種鋼，特別是橫斷面較大的應用領域。

不鏽鋼適合需要抗鏽蝕的用途，應用領域廣泛。不鏽鋼的亮度與出色的表面屬性來自添加最低 10.5% 的鉻，當不鏽鋼暴露在空氣中時，其中的鉻元素可形成抗鏽蝕的表層，預防進一步鏽蝕。鉻元素無法完全避免鏽蝕，但在正常條件下有助保持表面的清潔與亮度。至於其他合金元素，例如鎳、

耐候鋼的風化週期

耐候鋼是特殊的高強度低合金鋼，當氧化物牢固附著在基底材料上，可發揮保護表面的作用，避免進一步鏽蝕。這種不會融化的聚合物是由銅、鉻和鎳合金產生的，填滿鐵鏽多孔的表面，進而終止鐵鏽不斷生成。隨著耐候鋼的表面暴露在大氣中，發展出一般的鐵鏽外觀，約需一到兩年，依氣候而異，橘色聚合物會慢慢加深為褐色，然後在接下來幾十年中，再慢慢變成深褐色。

鉬和鈦，可與鋼料結合，改善特定的機械效能和物理特性，並能加強鋼料的可塑性。

不銹鋼可分為數類：「沃斯田鐵不鏽鋼 (Austenitic)」、「肥粒鐵不鏽鋼 (Ferritic)」、「麻田散鐵不鏽鋼 (Martensitic)」、「雙相不鏽鋼 (Duplex)」或「析出硬化型不鏽鋼 (Precipitation-hardening)」。其中最常見的是沃斯田鐵不鏽鋼，有優異的抗鏽蝕性，並有高韌性、經久耐用等特色，因此相對容易成形或銲接。沃斯田鐵不鏽鋼通常不具磁性，可用這個特點來辨認，沃斯田鐵不鏽鋼一般用於製作餐具、廚具、炊具、工業設備、海洋環境使用的零件、醫療器材和汽車裝飾等。

肥粒鐵不鏽鋼 (碳含量低於 0.1%) 的抗鏽蝕性較低，但可塑性較佳，更具備延展性，可用於家電與家具製造，也適合製造汽車零件。

麻田散鐵不鏽鋼 (碳含量高於 1%) 是不鏽鋼中抗鏽蝕性最低的一種，但是它強力堅固、不易成形，因此常以片材的形式出現，適合製造需要表面硬度較高的零件，像是餐具、刀具、手術器械、航空零件等。

這三種不鏽鋼在低溫下表現出的性能截然不同。沃斯田體不鏽鋼可以用於作業溫度最低達 -270°C 的環境；如果

是肥粒鐵不鏽鋼與麻田散鐵不鏽鋼，則早在作業溫度降到這麼低以前，已發生嚴重的低溫脆化現象，一般耐受溫度需在 -100°C 以上。

雙相不鏽鋼則是肥粒鐵不鏽鋼和沃斯田鐵不鏽鋼的混合體，可完成抗鏽蝕且高強度的鋼料。若析出硬化型不鏽鋼並加入合金元素，使鋼料經過熱處理，則會更硬 (請見 88 頁)。若將這種硬化型不鏽鋼塑形為複雜零件，會更符合成本效益。

永續發展

若與從鐵礦中生產的原鋼相比，回收鋼料約可減少三分之二的環境衝擊。對鋼料而言，回收過程沒有限制，因為大部分的鋼都是有磁性的，所以可從混合廢棄品中輕易分離出來。雖然某些情況下廢鋼可以透過回收升級，但不應混合不同組成成份的鋼料，以免鋼料降級，產生劣質材料，全球回收的鋼料估計約有 80%，約三分之一的新鋼料自廢鋼中產出。回收率最高的是汽車、營造、機械，這使材料的流向管控更直接。較有挑戰的是消費性產品如何做到確實回收，例如家用家電與電子產品的回收。

基本氧氣煉鋼法是從高爐中加入鐵 (請見第 24 頁)，因此同樣會造成環境衝擊，電弧工法可免去煉鐵，進而減少環境污染，當然，發電本身對整體環境有顯著影響。

耐候鋼 (右頁)

右頁是由 Eric Parry 建築事務所設計的倫敦 Pancras Square 大樓建築現場，預定於 2017 年竣工，其巨大的鋼結構外牆將保留建築元件外露，就是使用耐候鋼。耐候鋼是一種高強度低合金鋼，通常以品牌名「COR-TEN」代稱，在室外使用時可以產生表面氧化層，進而保護材料本身，詳見本頁上面的方框文字說明。此合金元素的組合暴露在空氣中時，外觀會漸漸形成耐久的鏽皮，這和碳鋼表面形成的氧化鐵不同，銅鏽不會使耐候鋼脫落，如果設計正確，並有適合的氣候條件，將可以確保底層的金屬材料不會進一步鏽蝕。

低成本

低碳鋼是最便宜的工程材料，不鏽鋼的價格高出數倍，但若考慮到不需要額外保護塗層，則不鏽鋼的價格仍然非常合理。

便於取得

鋼材便於取得，有各式各樣的形式與強度，不同屬性讓鋼材可以適合不同的應用範圍，從原型設計到大量生產都能使用。

高韌性

鋼材較不易損壞，因為鋼材比大多數其他常用的材料來得更硬、更堅韌、更堅固。

鋼材在工業設計、傢俱與照明的應用

鋼材最適合橫斷面較小的零件，舉例來說，餐具需要舒服的手感，但又要薄得可以用來切割、戳刺和舀取；而電子零件的內部作業空間則必須越薄越好，才能保持整體器材足夠輕薄；壓鋼家具則必須避免佔用太多空間，同時又要能耐受日常使用的碰撞。

鋼材也能使用在更重的零件上，因為鋼材很堅固，但是在同樣的強度下，鋼材比鋁合金更重（請見 42 頁），也比多數工程塑膠更重。儘管如此，因為鋼材的價格低了許多，所以在等價(具有相同功能)的零件中，鋼材的經濟效益總是更好。零件設計通常必須滿足輕量化需求或是複雜的 3D 設計，若使用鋁合金或工程塑膠，面臨的挑戰其實更多。

大多數家用與商業用途的鋼材都經過精煉，可取得的形式包括片材、棒狀或金屬絲，延展性良好，可壓製成各種金屬成品。製作成單向彎曲或是凹折角度小的零件時較為簡單，若是製作相對凹折角度大的零件，則會較有挑戰，因為鋼材很硬，斷裂前可伸展的程度很有限（碳鋼與合金鋼約 35%，不鏽鋼約 8%）。壓製後的鋼材可用於很多產品，從餐具到吐司機的外殼，從燈罩到垃圾桶等，包羅萬象。

彎折可增加零件的強度，進而有助減輕重量。例如製造結構框架用的長條鋼材，輥軋成形加工（Roll Forming）或壓製會比擠壓或熱軋更便宜，雖然後者比較可能完成比較複雜的形狀。

碳鋼可藉由塗層保護表面避免生鏽，最常用的是聚酯粉末塗料（請見 152 頁），它不只堅固，顏色與表面處理的範圍廣、選擇多，有高光澤、霧面、紋理到柔軟的觸感等。若需高品質的上色加工，可採噴漆方式，但若要使用這種加工方法，預先處理表面時需特別小心，可能要反覆噴上很多層顏色，大大增加處理時間與成本。

鍍鋅的處理方式是在鋼材表面加上鋅塗層（請見 78 頁），可藉此形成強大的冶金鍵結保護層，具有自癒合功能。鍍鋅可用在多種特殊應用範圍，例如戶外零件，表面處理會隨著時間漸漸失去光澤而變黯淡，因此在施作其他塗佈時，應先鍍鋅保護鋼結構，確保鋼材不會在塗層底下生鏽。

適合電鍍在鋼材上的金屬有好幾種，例如鍍銀 (適用於餐具) 和鍍錫 (適用於包裝)。

鍍鉻則可用來製造耐用與明亮的表面處理，例如家具和燈具經常使用鍍鉻作最後加工，但鍍鉻會造成水污染與廢料，鍍鉻過程中還會使用高污染的鉻酸，對環境會造成負面影響，所以鍍鉻漸漸被逐步淘汰。

不鏽鋼則是鍍鉻的替代方案，不鏽鋼表面亮度夠、耐鏽蝕，並能透過電解拋光進一步加強光亮度。電解拋光是將工件置於酸性電解液中，同時對表面進行拋光、清潔、打亮。和電鍍相比，這種處理程序增加的基本材料成本極少 (5% 比 20%)，但是一開始基本材料的品質要比較高。

物理氣相沉積（Physical Vapor Deposition，PVD，又稱為物理蒸鍍）可用來在鋼材表面製造非常耐用的氧化物或氮化物塗層（請見 502 頁）。就像金屬加工（用於切割非常堅硬的表面），PVD 技術現在也用於消費電子產品，在真空空間中進行，使元素蒸發成氣體，附著在鋼材表面上。PVD 建構的薄層非常堅韌，薄薄的表層也有助於讓表面處理維持高品質，因為邊緣不會像塗裝一樣產生突起 (厚邊)，也可以上色，雖然顏色僅限於灰、黃、綠、粉紅和藍色。

類鑽碳 (DLC)（請見 476 頁）則類似 PVD 產出的薄層，多用於鐘錶與珠寶業，因為 DLC 深黑色的塗料在硬度、耐磨性、顏色等都無可取代。

化學氣相沉積（Chemical Vapor Deposition，CVD，又稱為化學蒸鍍）與類鑽碳 (DLC) 的基本差別在於沉積過程的化學反應，讓材料有其他可能。就像 PVD 一樣，CVD 是相對比較昂貴的處理方法，可能會讓單位成本增加好幾倍。

不鏽鋼手機底座 (右頁)

透過精巧的設計與材料選擇，iPhone 4 刃角和底座的結合，將零件的使用降到最低，創造出的產品不只耐用，造型亦相當優雅。首先不鏽鋼底部經過鍛造和加工成形，蝕刻的不銹鋼板透過雷射銲接，絕對精準讓底座可以定位，有利於安裝內部零組件。組裝完成後，縫隙（對訊號天線的效能至關重要）可用塑膠包覆成型，製造標準極高，因此單位成本也很高。

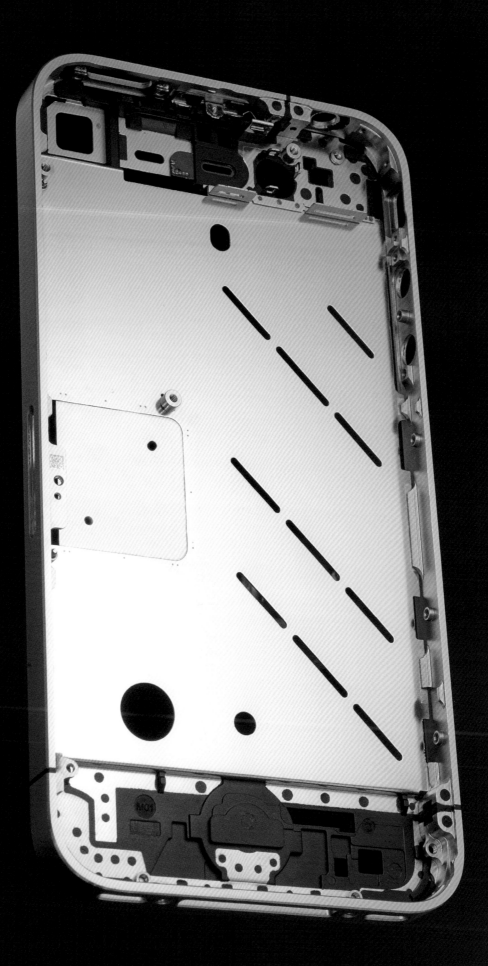

鋼材在廚具與家電的應用

許多廚房用具仰賴鋼材的耐用性與強度，像是托盤、湯鍋、平底鍋和煎鍋。用於熱源上加熱烹煮的廚具如果用鋼材製作，其實加熱屬性不佳，相較於鋁或銅效率低了好幾倍。因此，高品質的鋼製平底鍋，通常會加上鋁或銅底，這種組合結合兩種金屬的優點來製造廚具，用鋼材的耐用經久搭配鋁或銅的加熱效率。

幾乎所有類型的設備都是鋼材製作，從吐司機到洗碗機，結構與外殼的製造結合沖壓、壓床與拉伸，與汽車底盤和車身組裝方式類似，面板與結構透過銲接或鉚接結合，或是用機械扣件緊固，使用暫時的固定方法可能不夠美觀，但是結果會讓產品的拆卸更輕鬆，方便維修或重組更新，有助延長產品的使用壽命，進而減少對整體環境的衝擊。

鋼材也可用於其他比較小件的產品上，製作廚房流理台或抽屜裡的各種廚房用具、廚刀、餐具、榨汁機等各種物件，鋼製的食器包括盤子、碗、杯子等，不只在廚房裡會看到，也會出現在工作場合、戶外與露營地。

雖然不鏽鋼物件沒有塗佈，碳鋼食器則可以塗上琺瑯、上漆或電鍍。

廚具與家電

耐用
鋼是堅硬有韌性的材料，可承受家庭或商業烹飪中負重最大的用途。

抗鏽蝕
不鏽鋼耐磨耗、耐鏽蝕的強度很高，在廚房中不需要塗佈就能使用。

低成本
鋼是最便宜、最常用的金屬（每年生產的鋼數量比其他金屬加總更高），高性能的鋼材，像是不鏽鋼，價格比較高，但是相較於其他金屬仍相對便宜。

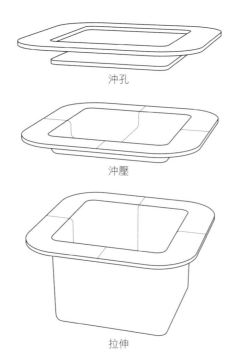

沖孔

沖壓

拉伸

金屬沖壓

將金屬片材透過沖孔、沖壓或拉伸成形，批次製作成產品。沖孔可依據設計在成形之前或之後進行，因為側壁上切出的孔洞可能會在成形的期間變長。淺盆的造型可用模具在單一操作步驟下沖壓成形；較深的造型，也就是深度比直徑超出 0.5 倍以上，可藉由拉伸來成形。壁厚大致能保持不變，當金屬向下壓製時，片材壓入工具中，同時會稍微延伸。不同的成形或沖孔操作可以用連續作業來逐步完成。

琺瑯物件是將玻璃料高溫燒著施於鋼材上，琺瑯塗層可為鋼材提供光滑、耐用、色彩豐富的表面處理。應用範圍從高度裝飾性的單品到工業產品都有，像是有圖騰的茶壺。琺瑯是以金屬氧化物著色，因此不像油漆會褪色，但是琺瑯就像玻璃（請見 508 頁）一樣很脆，有時候在某些應用範圍上，這種缺點（或特色）是很理想的，但在其他時候琺瑯質脆通常被視為技術缺陷。

不鏽鋼應用在各種物件時表現很出色，由於鉻含量高即使長時間使用也能繼續保持表面處理的光澤，結合其高剛性和高強度的獨特機械效能，不鏽鋼是實用的理想材料，可用於餐

具、烹飪用具和刀具。雖然外觀相對簡單，但是生產仍然很複雜，包括沖孔、沖壓、鍛敲、輪磨和拋光，總共需要幾個步驟則取決於成本、品質和數量。

高品質產品均由鉻和鎳含量較高的不鏽鋼製作，像是湯鍋與平底鍋或是餐具與扁平的食器，舉例來說，沃斯田鐵不鏽鋼 18/10 可用於餐具，含 18% 鉻與 10% 鎳，這兩種合金元素的比例非常重要，鉻和鎳的組合讓最終成品可以抗鏽蝕、耐磨損。其他廚房常見的不鏽鋼類型包括沃斯田鐵不鏽鋼 18/8 或是肥粒鐵不鏽鋼 18/0（這兩種不鏽鋼在美國 AISI 分級編號系統中分別為 304 和 430）。

若不鏽鋼中的鎳含量較低，會更容易鏽蝕，例如會發生孔蝕，特別是經過洗碗機反覆循環清洗後，因為界面活性劑通常會造成容易生鏽的情況。這種等級的不鏽鋼不可採用熱處理，因為會影響最終硬度。高碳鋼更適合用在需要表面硬度的應用範圍，像是刀片（可維持刀緣鋒利，同樣請見科技陶瓷）。使用鉬，鉻和釩（商標為 CroMoVa）的硬鋼通常表面硬度更硬，但易發生鏽蝕，這是因為鉻含量較低。層壓鋼能克服這個問題，結合高碳鋼與低碳鋼，在硬度與彈性中間取得良好平衡，如日本大馬士革刀展現的工藝。

不鏽鋼廚具（右頁）

設計師 Jasper Morrison 在 2001 年設計了 Utensil Family 系列廚具，由義大利品牌 Alessi 製造販售。從片材開始進行沖孔與沖壓，利用不鏽鋼令人印象深刻的機械效能，全系列充滿現代而實用的美學。不鏽鋼的高強度與高鋼度不只能讓物件做到盡可能輕薄，卓越的表面屬性可以確保廚房用具經過多年使用的碰撞後，表面依然保持清潔明亮。

包裝

低成本
鋼材擁有令人印象深刻的機械效能，對各種不同類型的包裝來說，成本效益高而且可靠，相較於相同重量的鋁或是聚對苯二甲酸乙二酯(PET)大約便宜了三分之一。

機械強度
鋼材的拉伸強度與剛性非常高，相同壁厚下優於鋁，創造許多優勢，例如運輸時不需要第二層包裝。

防護層
馬口鐵容器(罐頭)能為食物提供長期耐用的包裝解決方案，以鋼材結合錫可保護食物，避免引來昆蟲、細菌，避免氣體、異味或紫外線等干擾。

可回收
鋼材具有磁性，所以可以輕易從混合廢棄物中分離出來，因此，鋼材是回收最廣的包裝材料，(歐洲回收率約70%，相當於260萬噸)。包括馬口鐵等鋼材製成的包裝可完全回收，不會折損品質。

馬口鐵包裝
彩色的馬口鐵包裝在壓製時，是以片狀薄鋼板的形式去印刷，表面會先塗一層薄膜，以防圖形接觸到金屬壓製機。馬口鐵可壓印花紋，結構精密，壓下幾乎不回彈，能維持形狀，即使是複雜設計也很容易生產。許多罐頭會加上凸脊、彎曲或凸起的圖形，這有助於區分貨架上的包裝，還能提高包裝硬度和可用性，並有助於減輕重量。

馬口鐵經過抽製捲成不同的產品，包括兩片罐或三片罐，某些等級的馬口鐵成型時可以拉伸至原始厚度的三分之一，還能確保成品的表面塗層不受破壞。馬口鐵不只能應用在包裝，還有其他應用範圍例如玩具或接線器。

市面上可取得的鋼片厚度約為 0.15 至 0.6mm (0.006– 0.02 英吋)，錫的厚度取決於效能要求，可以將厚度增加至 2 到 10 g/m^2 (0.05–0.2 lb/ft^2)。更厚的塗層會用在需要高抗鏽蝕的包裝上，或是包裝沒有上漆和印刷的情況。

鋼材在包裝的應用
鋼罐的使用已經有將近兩個世紀，將加工食品密封在罐子中、升高溫度，可殺死罐內任何可能的有害細菌。密封的罐子不需要冷藏，就能長時間保存食物的風味與營養價值。

罐頭包裝使用的鋼材通常是低碳鋼，兩面電鍍錫，產生明亮的金屬色表面處理，可保護金屬不鏽蝕，同時保持表面衛生。這層薄薄的錫不只提供隔絕層，還有出色的軟焊屬性，並且能完全回收。

鍍鉻使鋼材厚度僅增加 50 到 150 mg/m² (0.0001–0.0004 lb/ft²)，用於包裝時，被稱為無錫鋼，價格更便宜，為上漆提供更好的表面。但是，使用鉻酸會造成環境問題，如果管理不當，鉻酸會非常有害，鉻不適合銲接，因此通常用於只需要成形的零件，像是淺口罐、底座、蓋子或封口。

罐頭可以用油漆、瓷漆、琺瑯確保表面安全衛生，裝飾層蓋在罐頭最上方，例如印刷圖案，批次製造最常用的技術是平版印刷術，這是品質非常高的四色印刷工藝，大量應用在包裝業和其他產業，就像傳統印刷使用的四種顏色：青色、洋紅、黃色、黑色，縮寫為 CMYK，利用網點的疊加呈現各種顏色，甚至包含螢光色和金屬色。

印刷圖騰一般常建構在白色背景上，可確保最佳的色彩重現；若直接印刷在電鍍鋼或清漆的表面，可維持金屬的品質；或者可將裝飾完成的聚乙烯對苯二甲酸酯 (PET) (請見 152 頁) 或聚丙烯 (PP) (請見 98 頁) 薄膜壓在無錫鋼表面，免除塗佈和裝飾的步驟。

鋼是種耐用的材料，強度與剛性高，對消費者絕對有益，也有利於生產。鋼罐的生產線作業速度高達每分鐘產出 1,500 件，與大批量生產結合，這樣的速度帶來成本上的優勢，也減少食物腐敗的可能性。

鋼材在汽車的應用

近幾十年來，鋼材的發展日漸成熟，透過加工過程的改善與管控，鋼的強度提高，可塑性更高，並能以更低的成本製造。抗拉強度超過 550MPa 的鋼材被稱為先進高剛性鋼材 (AHSS)，精心篩選化學組成，並透過精準的加熱與冷卻循環產生微結構。

特製的材料擁有更高的強度，有助減輕產品重量。舉例來說，用於防撞的

材料能量吸收率提高 10%，代表這個零件可以減輕 10%，更高的強度重量比讓鋼材可以在眾多材料選擇中脫穎而出，例如鋁合金、纖維強化聚合物 (請見 228 頁不飽和聚酯樹脂 UP、232 頁人造樹脂 (polyepoxide)、236 頁碳纖維強化塑膠 (Carbon-FibreReinforced Plastic)。

拋光不鏽鋼容器

Eva Solo 雙層保溫瓶運用不鏽鋼的裝飾性與耐用性，表面處理有拋光或磨砂兩種，堅硬的表面可以承受日常使用的磨耗，不需要額外保護層，聚醯胺 (PA，或稱尼龍) 提帶，可為保溫瓶點綴色彩。

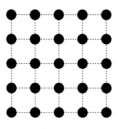

結晶組織

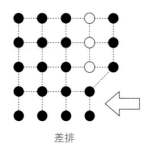

差排

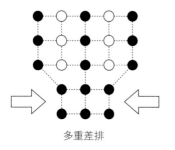

多重差排

加工硬化 (Work hardening)

由於加工硬化的緣故，金屬的強度與硬度會提高，金屬是原子與相鄰原子連結組成的結晶組織，像沖壓或抽製等加工加工會引起塑性變形，原子互相位移形成差排，隨著外加應力增加，差排延著滑移面 (slip plane) 移動。引入不同外加應力時，會導致更多差排形成，但位於同一個滑移面的差排會互相排斥，造成堆疊糾纏，使位移越來越困難，而結構越來越硬而脆。合金利用類似的效果，添加的成份與晶格 (crystal lattice) 互相作用，阻止差排位移（請見 40 頁）。加工硬化的步驟可以透過熱處理（退火）改變材料顯微結構，為原子提供足夠能量打破鍵結，讓原子排列重組回到平衡的序列。

關於鋁合金，首先要考慮的是即使鋁合金與鋼材相比最多可能節省高達 20% 成本，但是大量生產時花費卻會更高。然而，有些零件鋁的成本比較有競爭力，特別是少量製作的零件。鋼的抗拉強度雖然比較高，鋁則更容易壓出長度，這點可以補足抗拉強度的差異，可權衡這幾點來選擇。

鋼的優點之一是可以無限次承受拉抗強度約 10% 的循環載荷，在這個標準下，鋼材本身不會受損，可以做到永久保固。相比之下，載荷無論多低，鋁都會發生金屬疲勞。

為了乘坐安全，兩大需求最高的區塊是防撞與乘客座位。防撞需要盡可能在最大距離間吸收最多能量，乘客座位則要盡可能避免扭曲，因此兩者使用的鋼材類型不同，防撞區塊使用的材料需要高強度和高延展性，鋼料額外的優點是加工硬化，也就是是變形時會變得更硬。乘客座位需要的材料要有高抗拉強度，AHSS 的強度優異，在相同橫斷面的零件上鋼材勝過鋁合金。

車身選擇使用可塑性高的鋼材製作，一般用普通碳鋼或 HSLA 高強度低合金鋼，這些鋼材需要保護塗層，目前使用的鋅塗層是鋁和鎂合金，這種演進提供許多優於傳統鍍鋅的好處，例如出色的耐蝕性結合成形效能，並能避免碎石刮擦，這些進展代表塗層厚度可減少到傳統鍍鋅的一半左右。

除了材料與表面處理的發展，成形技術也有很大的進步，舉例來說，液壓成形（請見 62 頁插圖），將鋼管或片材放入模具，施加液壓以將鋼壓成模具的造型。與沖壓採用的對模成形相比，液壓成形意味用更低的成本完成不同類型的幾何形狀。例如，先前要預先用多個零件製成的結構零件，可在單一液壓成形作業循環中完成。

傳統的成形技術，像是沖壓、深抽成型等，現在仍是汽車製造重要的一環。根據所需的材料與幾何形狀不同，通常會結合前述幾個不同的加工步驟。鍛敲用於製造需要超高強度與韌性的零件，像是汽車動力系統、轉向系統、懸吊系統等，這些系統使用的鋼材非常昂貴，因為需要極大受力，僅在非用不可時才會使用。

汽車

剛性
鋼材非常堅硬，彈性係數 (201GPa) 高於鋁合金 (69 GPa) 或鈦合金107 (GPa)。

強度
由鋼製造的汽車越來越輕、越來越堅固，新開發的不鏽鋼等級較稍早版本輕了約三分之一。

低成本
鋼製的汽車比一般汽車產量約高出 60%，作為大量生產的引擎材料，鋼材價格相對較低，轉換為汽車零件也較直接容易。

多功能
大多數零件都是由標準片材製作，數量非常多，以利降低成本。由於汽車工業的生產規模，許多等級的零件都是特別開發，尋找機械效能的理想平衡，滿足汽車設計不同層面的需求。

可塑性
與鋁合金、鎂合金、鈦合金相比，鋼材的高剛性與可鍛性為沖壓加工提供優異的金屬特性。

可回收
由於嚴格的立法，現在汽車的回收率是所有消費產品中最高的，鋼材可回收性極好，而且容易分離，所以鋼材的回收對製造商大有益處。

烤漆鋼製車身面板 (右頁)

右頁是普通碳鋼沖壓而成的經典前葉子板，已完成鍍鋅處理、準備烤漆。根據車輛造型不同，隆起與曲率改善了零件的剛性，有助於讓重量維持最低限度，而不犧牲強度和安全性。將螺桿和其他固定點融入設計，便於組裝與維修。

建築與營建

低成本

鋼材在世界各地大量生產，因此隨處都能取得，價格也很有競爭力。有許多類型可選擇，能幫助設計出具有成本效益和機械優化的結構。

高強度

經過數十年的發展，鋼的強度重量比獲得極大的改善，在相同的強度下，仍比鋁重，但是在相同橫斷面上，鋼材的剛度與強度勝過鋁合金。

抗腐蝕

建築中使用大部份的鋼材都以油漆或鍍鋅保護，或者兩者同時施作。只要養護合宜，塗佈後的結構使用壽命沒有上限。抗腐蝕的鋼材包含了不鏽鋼與耐候鋼，幾乎不需要上漆或養護。

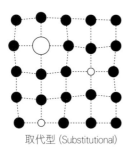

取代型 (Substitutional)

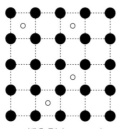

插入型 (Interstitial)

合金

合金元素的獨立原子融入結晶組織，夾雜物造成的缺陷會產生應力，減少差排的移動 (請見第 38 頁)，藉此強化材料。如果合金原子取代了晶格結構原本正常原子，這種現象被稱為取代型合金，大原子會讓結構產生擠壓，稍微小一點的原子會讓結構產生張力，幫助材料抵抗塑性變形。如果比原格結構內的基體金屬更小的原子，這種現象被稱為插入式合金，形成額外鍵結，讓金屬的硬度、強度與剛度提高。舉例來說，不鏽鋼中的鎳與鉻屬於取代型合金，碳則是插入式合金。

鋼材在建築與營建中的應用

鋼材塑造了現代建築，遠勝於任何其他金屬，獨特的機械效能組合，讓以往難以想像的建築結構變為可能，包括覆蓋範圍極廣的屋頂到摩天大大樓，或是世界最長的吊橋。大型結構運用的鋼材機械效能是由化學成份、熱處理和製造方法決定。輾壓鋼經過熱成型後可以自然冷卻 (緩和的)，細化鋼粒子增加韌性。「正常化」(以 N 表示) 的過程包括對鋼再加熱，使其置於高溫下保持一定時間。淬火鋼 (以 Q 表示) 是利用加熱後快速冷卻，以增加強度與剛度，然後透過回火的步驟恢復韌性。

HSLA 高強度低合金鋼的特性可藉由形變熱處理 (thermomechanical treatment) 來改進，鋼材中的合金元素降低臨界冷卻速率，使厚的區塊可以有效硬化與回火，結果可以讓鋼更強大，包括厚的區塊也能同步改善，韌性更佳，並有充足的伸長率承受裂紋擴張。

特定的合金元素會對其他機械效能產生影響，包括原本用來改善強度的合金元素，例如伸長率、韌性和可銲接性。這會影響每一個高強度應用範圍對合適鋼材的選擇，例如，所有的鋼材都適合銲接，在熔化與冷卻時會根據鋼材的類型與斷面厚薄而對強度有不同的影響，將熱量從焊接區帶走的速度越快，對熱影響區域 (HAZ) 硬化的影響越大，使韌性降低。

機械扣件可以現場組裝，是一般偏好使用的零件，因為在車間外銲接花費更高，螺栓和鉚釘傳遞結構構件之間載荷的方式包含摩擦或剪力，前者是相鄰表面的摩擦，後者是指螺栓或鉚釘的柄。摩擦類型的機械扣件可提供的強度最大，永久結構偏好使用這種扣件，但摩擦類型的機械扣件需要大面積重疊，這就是為什麼連結處需要使用多個螺栓，以利將載荷分散到表面上。

組合兩種不同的金屬時，會有電鍍層腐蝕的危險。將相對的穩定金屬放在一起時，電解質接觸會發生電鍍層腐蝕，作為陽極的金屬 (活性更高) 更容易腐蝕。像是鋅、鋁合金和鎂合金 (請見第 54 頁) 與鋼材接觸時會先腐蝕，將金屬彼此絕緣可以預防這種狀況。

建築中使用的抗腐蝕鋼材分成幾個不同等級，包含不鏽鋼，但其實大多數鋼材暴露在元件中時需要保護，稱為雙重塗佈，結構用的鋼材一般塗有金屬基底的塗層，包括鍍鋅，電鍍或熱噴塗，並加上塗漆。金屬塗層與鋼材形成耐用的冶金鍵結，提供優異的耐蝕性，讓後續上漆有強大的基礎。

另一種處理方式是使用耐候鋼，這是與傳統結構鋼材有相似機械效能的 HSLA 高強度低合金鋼，美國材料試驗學會 (American Society for Testing and Materials，縮寫為 ASTM) 以 A242、A588、A606 標示。能夠使用超過百年，所需養護極低，應用在難以觸及的大型結構，像是橋面、建築物或雕塑，但耐候鋼不見得適用於所有地方，特別是靠近海岸或終年潮濕的環境，在這些情境下，耐候鋼會像普通碳鋼一樣快速腐蝕。

龐畢度中心的鋼骨結構 (右頁)

巴黎龐畢度中心為英國建築師理查·羅傑斯 (Richard Rogers) 和義大利建築師倫佐·皮亞諾 (Renzo Piano) 組成的團隊共同設計，於 1977 年完工。龐畢度中心無疑是現代建築的轉捩點，鋼材的強度與耐用是建築物外觀的基礎，露出的管狀結構用作維修、電梯、樓梯與手扶梯，意味著建築師創造出的建築物內部空間寬敞流暢沒有阻礙。

鋼

40

鋁

從純鋁材到航太用高強度鋁合金，鋁是一種多功能的通用材料，適合應用的範圍不斷增加，重量輕，作為導體效能高，藉由陽極氧化加強，可在表面形成耐用的陽極氧化層。鋁是高價值消費產品的代名詞，並可以上色處理，完成一系列複雜的金屬色彩呈現。

類型	一般應用範圍	永續發展
· 純鋁 · 數百種鋁合金，包含鑄造鋁合金和鍛軋鋁合金；有些鋁合金可熱處理，有些則否。	· 包裝與廚具 · 傢俱與照明 · 汽車與航太	· 生產時非常損耗能源 · 可有效回收，雖然不同等級的鋁應該分開處理

屬性	競爭材料	成本
· 良好的強度重量比，出色的導熱性、可塑性、伸長率與反射率，無毒	· 鋼、鎂、鈦 · 聚氯乙烯 (PVC)、聚碳酸酯 (PC)、聚醯胺 (PA) · 纖維強化複合材料：玻璃纖維強化塑膠 (GFRP)，碳纖維強化塑膠 (CFRP)	· 材料成本高於鋼，但低於鈦和其他高性能塑料 · 製造成本各不相同

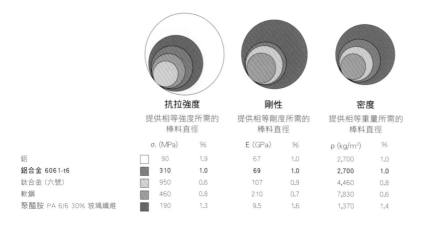

	抗拉強度 提供相等強度所需的棒料直徑		剛性 提供相等剛度所需的棒料直徑		密度 提供相等重量所需的棒料直徑	
	σ_t (MPa)	%	E (GPa)	%	ρ (kg/m³)	%
鋁	90	1.9	67	1.0	2,700	1.0
鋁合金 6061-t6	310	1.0	69	1.0	2,700	1.0
鈦合金 (六號)	950	0.6	107	0.9	4,460	0.8
軟鋼	460	0.8	210	0.7	7,830	0.6
聚醯胺 PA 6/6 30% 玻璃纖維	190	1.3	9.5	1.6	1,370	1.4

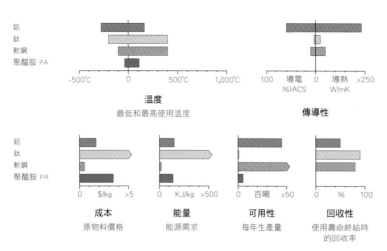

簡介

鋁是一種廣泛使用的金屬，僅次於鋼 (請見第 28 頁)。鋁是從鋁土礦石 (bauxite ore) 中提取出來的，非常損耗能源，因此鋁的價格高於鋼。

純鋁相對來說比較柔軟，在生產過程中，運用合金技術改善鋁的機械效能與可塑性。高強度等級的鋁合金可用於傢俱業、汽業車、航太業的工程類應用範圍，鋁同樣擁有非常好的表面性能：光滑而且無毒 (不影響生物功能)，並提供非常有效的防護層，氣體、水份或光都不能穿透，就算施作的薄膜非常薄，這種性能特別適合運用於包裝，可用來保護包裝內的食物、飲料或藥品。

就鋁的低密度而言，鋁的導熱效能稱得上有效率，對食物和飲料的包裝來說特別有用，對炊具一樣很有利，同時高導熱也意味著鋁觸摸時很冷，這種性能會讓使用者更安心，覺得自己正拿著「有價值」的金屬物件。

商業類型和用途

鋁有兩種主要類型：鑄造和鍛造，雖然兩者具有許多相同的特性，鍛軋鋁合金僅有板材，是用擠壓成型；而鑄造鋁合金則需要在模具中壓鑄成型。

Danzka 伏特加酒瓶 (右頁)

鋁瓶更輕薄，重量約只有玻璃的十分之一，雖然鋁的價格較高，生產相對有限，仍是優秀的材料選擇。鋁瓶透過衝擊擠壓加工成型，生產速度相當驚人，鋁合金的多樣多變令人難以置信，結合明亮的金屬色平面設計，加上新穎的造型，有助創造產品差異化。

美國鋁業協會（Aluminium Association，AA）將鍛軋鋁合金用四位數代碼編號，第一個數字代表主要的合金元素：1 系列幾近純鋁，機械效能低，因此最容易成型、耐蝕性高；2 系列 (銅) 強度重量比高，適合加工通常應用於航太與運動器材 (請見第 52 頁)，但是不容易成型或銲接，耐蝕性較差；3 系列 (錳) 具有優良強度重量比，擁有可塑性；4 系列 (矽) 強度與可塑性有良好的平衡，因為含矽，所以氧化時會產生深色金屬，在建築類應用範圍很受歡迎；5 系列 (鎂) 同樣在強度與可塑性有良好的平衡，耐蝕性較佳，因此有利海洋環境的應用；6 系列 (鎂和矽) 強度較 2 系列與 7 系列弱，但是機械效能適合應用在汽車零件與消費電子產品；7 系列 (鋅) 具有非常好的機械效能，適用於有高效能需求的航太、消費電子產品與運動器材；8 系列 (其他合金元素) 強度高，但是較少使用。

後面的數字指的是合金的特殊修正版本，並能幫助辨別合金中含的每一種合金，例如，7129 代表這款鋁合金以鋅為主要合金元素，1 代表這是原本 7029 鋁合金第一版修正，29 則代表這是全系列中的哪一款。唯一例外是1系列，後面的兩位數代表最低鋁含量。而鑄造合金也是透過類似的編號系統辨別，三個數後跟著一個小數，其中第一個數字代表主要的合金元素，第二、第三個數字代表這是全系列中的哪一款，小數則代表這是鑄造 (.0) 或是鑄塊 (.1 或 .2)。

類型標記則是根據回火分類，代號表示合金的硬度 (或是彈性)。可熱處理的合金能透過熱處理獲得理想的機械效能，不可熱處理的合金則藉由冷加工應變硬化 (strain hardening)。五種類型標記如下：H代表不可熱處理合金；T代表可熱處理合金；O 代表經過熱處理來提高伸長率的退火合金 (強度

狀態最低)，F代表未經處理的合金，稱為「冷加工」。

永續發展

鋁的生產需要非常大的能量，因此就經濟上唯有電力充足又便宜的地方才可行，鋁礦生產步驟包含將開採出的鋁土礦在高溫條件下形成氧化鋁 (aluminium oxide)，即鋁礬土 (alumina)，透過電解步驟把鋁化氧中的純鋁分離出來，而氧在陽極上被收集且與碳生成二氧化碳。這種技術發展直到 19 世紀末，被稱為霍爾－埃魯法 (Hall–Héroult)。使用回收鋁會比使用新料更有效率，只需要 5% 的能量，作業溫度較低，鋁的熔點為 660°C，而且產生的二氧化碳只有生產新料的 5%。

當合金帶有不同成份時，會削弱功能性，所以混合過回收鋁材比新料等級差。為了保持最理想的性能，不同級別的鋁在回收前應該要先分級。

鋁材在包裝中的應用

食物、飲料或藥品高級包裝的代名詞是鋁，鋁廣泛應用在上述產品中，從最具代表性的飲料罐、噴霧罐、軟管、口服製劑包裝、鋁箔紙和外帶用

鋁盤，這歸功於鋁的多功能，便於轉換成各式各樣到形狀與形式。

飲料罐和噴霧罐深度大於瓶身寬度，分別採用深抽成型與衝擊擠壓成型製造，淺盤、托盤、湯盤則透過一連串步驟從板材沖壓而成。

運用類似汽車引擎的技術 (請見第 50 頁)，設計時利用翼肋與其他加固元件，可以在不增加厚度的前提下使其更堅固。

厚度 0.05mm (0.02in) 以下超薄的鋁片，能用來製作可凹折的物件，像是鋁管 (見右圖) 或口服製劑的包裝，鋁箔片可單獨使用或是與塑料層壓，即飲料用鋁箔包和洋芋片的鋁箔包裝，

包裝

防護層
鋁層再薄都可以提供非常有效的防護層，隔絕氣體、水份與光線，有助內容物的保存。

強度重量比
鋁的高強度表示應用於包裝時重量可以輕量化，330ml（11oz）的鋁罐重量約在 15g(0.5oz)，可降低運送時的耗能。

可塑性
鋁的伸長率適合形塑壁面極薄的容器，像是側壁約0.2mm (0.08in) 厚的鋁罐。

表面光潔可印刷
鋁的表面光滑明亮，為銷售用的平面設計提供理想的印刷基底。

導熱性
鋁是非常有效的導體 (約為鋼的四倍，玻璃完全無法比擬)，因此鋁製容器無論加熱或冷卻，都能將需要的能量降至最低。

可回收
鋁罐收集與回收已經非常有效率，在美國與歐洲，飲料罐從製造、消費、回收轉換成新的鋁罐，約可在 60 天內完成。

衛生
鋁是無害、無毒的金屬，而且不會影響食物或飲料的風味，鋁的表面平滑，可以消毒。

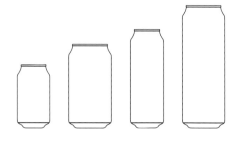

飲料罐
兩件式飲料罐所有尺寸都是深抽成型，其他造型需要額外成型加工，像是瓶頸、壓花、瓶蓋用的螺紋等。

用鋁箔片做成堅韌耐撕扯的保護包裝，厚度低至 0.007 mm (0.003 in) 的超薄鋁箔依然保有隔絕空氣、氣體、光線的性能。

極薄的鋁膜透過真空濺積或層壓在塑膠或其他合適金屬上，用極低的成本就能取得鋁明亮、高反射率、具保護力的特性，這種技術同時可用作裝飾或發揮實際作用（請見第 159 頁插圖），例如金屬外觀的香水包裝、層壓技術製作的洋芋片袋和反射標籤。

鋁包裝的平面設計與著色最常利用膠版平版印刷 (lithographic printing) 來施作，簡稱膠印 (litho)。膠印這個步驟的加工非常精確高速，還能與製造同步進行，將四種以上的顏色印刷在包裝上，最後包裝通常會加上清漆，保護表面不受磨損。近期原型設計引入數位印刷，意指相同元件高度客製，但容許少量製作，利用數位印刷可以在讓不同顏色在印刷時，不需要等前一色印墨完全乾燥，其餘顏色可以立即疊印，在濕紙上持續印墨並保留高解析度。

鋁包裝另一個顯著的優勢是高回收率，如果單一廢棄物可以持續回收，最主要的優勢就是能讓這種材料重複循環，製成具有相同價值的新容器，像是飲料罐可以快速在綜合廢棄物中辨識並分類。分類非常重要，因為如果不同等級的鋁混在一起，像是飲料罐混入汽車廢五金，那麼回收的材料將不適合轉換成新罐子，因為不同等級的鋁其實是用不同的成份來滿足機械效能的需求。

化妝品用鋁管

上圖是澳洲保養品牌 Aesop 護手霜的鋁管包裝。該鋁管是透過衝擊擠壓加工成型，可用來包裝液體或膏狀產品。鋁材不像塑料一樣壓下時會反彈，可避免使用過程中還沒用完的產品和空氣混合，可降低產品污染的風險，有助於維持內容物的保存期限。

鋁合金在廚具中的應用

鋁合金和廚房裡其他幾種材質有相同之處，例如鑄鐵（請見第 22 頁）、鋼（請見第 28 頁）、銅合金（請見第 66 頁）。廚具材質偏好取決於個人口味與烹飪方法，畢竟高品質的湯鍋、平底鍋或煎鍋都是用上述金屬製作的。

鋁有幾個關鍵優勢，鋁是比鋼材更有效率地導體，這就是為什麼高質量的鋼製平底鍋會加上鋁底或銅底，但是鋁鍋只能用瓦斯爐或電爐加熱，無法使用感應式電磁爐。就像鋼材，鋁也是利用沖壓、深抽或是金屬旋轉成型，這些技術用來生產像是托盤或平底鍋的廚具。與鋼材不同，鋁鑄造成複雜的形狀相對容易，因為鋁的熔化溫度較低，熔化之後流動性較高。

鐵相對較便宜，可用來鑄造成煎鍋、湯鍋和平底鍋，但是鐵比鋁重得多，表面需塗層或上油養護以防腐蝕。而

廚具

導熱性
鋁是效率非常高的導體，約為鐵或鋼的四倍，但比銅合金略低，鋁的高導熱有助加速烹飪過程。

輕量化
鋁的重量約為鋼和鐵的三分之一，因此鋁製煎鍋比較輕巧，在廚房環境中使用更輕鬆。

成型性
鋁適合鑄造或由板材成型，因此可以只用單一材料成型，實現各式各樣的幾何形狀。

衛生
鋁不會影響食物或飲料的味道，表面經過硬質陽極氧化（hard-anodized）處理後，保養也很容易。

銅合金在保溫與傳導性應用範圍，效能優於鋁，但是強度重量比遠低於鋁，使銅鍋比類似的鋁製品更笨重。

印模壓製的榨汁機
Divertimenti 的果汁機以轉軸連接兩個半圓，藉此擠壓施力。表面採用耐用明亮的彩色粉體塗料，保護酸性果汁與基底材料接觸，沒有保護塗層的話，鋁合金會失去光澤。

鋁的表面經過硬質陽極氧化或是加上耐用經久的表面處理，非常耐用，能耐刮擦而不剝落，與消費產品表面處理常用的陽極氧化不同，消費產品常用浸漬法（dip）著色，硬質陽極氧化不能染色，顏色來自表面光線改變。

附著在表面的塗層可以很耐用，但不像陽極氧化堅固，防止沾黏的塗層一般施作在產品內部（請見第 190 頁聚四氟乙烯 PTFE），防止沾黏的塗層不只幫助烹調與清潔，也能在食物與金屬之間建立不能刺穿的隔絕層，但是這層防護不像基底金屬耐用，要小心避免刮傷。

鋁材在紡織品中的應用

明亮的金屬布料一般是將基底材料與薄鋁層結合，例如用來製作裝飾性時尚服裝或是防火衣，不管是傳統布料或是使用金 (請見第 90 頁) 或銀 (請見第 84 頁) 的高價金屬布料，堅韌抗磨損的類型都是利用拉製鋼絲製作的。

鋁箔防護衣

輕量有彈性的鋁箔防護衣能為工人提供舒適的防護衣，可耐高溫達環境溫度 93°C，例如圖中美國 Newtex 生產的這種絕緣夾克，整套服裝能抵抗短時間暴露在輻射熱下，耐受溫度最高達 1,650°C，也就是瞬間接近熱源時的溫度；全套絕緣服裝結合厚 25mm 的玻璃纖維襯裡，耐受環境溫度最高達 430°C，火焰耐受最高達 1,095°C。

紡織品

反射率

鋁是反射率最好的金屬之一，光反射率約 90%，輻射熱反射約 95%，確切效能能取決於鋁的等級與表面光潔度。

輕量化

鋁箔膜會增加基底布料的重量，但僅僅增加 1 至 2%。

防護層

即使是超薄的鋁層都可以提供非常有效的防護層，隔絕氣體、水份與光線。

鋁層布料的加工是利用真空沉積或層壓將鋁施作在基底材料上，真空沉積透過金屬加熱直到金屬蒸發，在壓力下冷凝到織物上，這個過程最後完成的鋁層薄而有彈性，用來製作服裝感覺更舒適；層壓是利用高壓將金屬箔與塑料薄膜結合，利用這種步驟結合較薄的鋁層，滿足功能需求，就像在包裝的應用，利用鋁提供完整的防護層，隔離光線、空氣與濕氣。區分兩種加工的不同可以看成品彎曲時的狀況，真空沉積金屬塗層會反彈，而層壓鋁箔則會永久變形。

用於時裝布料的金屬紗線利用真空鍍金屬薄膜（聚對苯二甲酸乙二酯、聚酯 PET，請見第 152 頁），做成一捲薄膜，然後切成細絲，方便進行編織、紡織或是刺繡。防護衣可用來幫助人們對抗最低達 -30℃ 的極限溫度，裡面使用的鍍鋁塗層在輕量化的聚乙烯（PE）加上金屬（請見第 108 頁），藉由反射輻射熱（最高達 95%）給使用者，幫助維持人體體溫。

鋁材在工業設計、傢俱與照明中的應用

由於鋁材具有明亮的金屬灰外型與令人印象深刻的機械效能，因此經常被應用於高端產品、傢俱或照明，同時也適用於承重結構，例如桌椅和桌面照明等。

鋁材適合製作具有雕塑性質的產品，許多在設計史上留名的產品皆是使用鋁材。例如：英國設計師羅斯·勒葛羅夫（Ross Lovegrove）在 2005 年設計的「Liquide Bench 長椅」以及在 2008 年設計的「Liquid Bioform 矮桌」；英國建築師札哈·哈蒂（Zaha Hadid）在 2003 年設計的長椅；澳洲設計師馬克·紐森（Marc Newson）於 1993 年設計的「Orgone Stretch Lounge 躺椅」與「Alufelt 單椅」；英國設計師湯瑪斯·海澤維克（Thomas

Heatherwick）在 2009 年設計的「Extrusions 壓製傢俱系列」等。

鋁材耐用度很高，可用於戶外和公共空間。除此之外，輕盈的鋁材是需要經常移動的物件理想媒材，近年來，鋁材在消費產品上的應用爆炸成長，很大一部份原因歸功於 Apple。「6 系列」鋁合金是最常見的鋁材，在強度與成型性兩者取得平衡。鋁合金製成的外殼可用於筆記型電腦、平板電腦、行動電話和各式各樣大量配件，某種程度上取代的工程塑膠，像是聚碳酸脂（PC）（請見第 144 頁）和聚醯胺（PA）（請見第 164 頁），雖然鋁材不像塑膠擁有超高可塑性，而且鋁合金元件的製程通常更耗時，成本也比同樣的塑膠零件更高，但是在相同的橫截面下，一般認為鋁材更堅硬強力。

適合加工的鋁材分為幾個等級，相較於鋼或鈦（請見第 58 頁）鋁材用這種方式成型更有效率，因為鋁材更柔軟，機械加工用於生產製作複雜精密的零件，可個別加工，也可以批量生產。操作機械使用的承軸數量決定了可再現的幾何角度，簡當的雙軸機床可處理 X 軸與 Y 軸，意即能處理長度與寬度；三軸機床增加 Z 軸，即為深度；四軸機床包括旋轉軸；五軸機床有兩個互成直角的旋轉軸，因此能處理 360° 的旋轉動作。

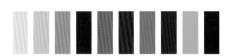

彩色陽極氧化
利用浸漬染色陽極氧化可完成豐富的色調與色彩，從鋁材自然的銀灰色到黃色、紅色、藍色、綠色或黑色，確切的顏色可根據處理過程的參數進行微調。

壓鑄法（Die casting）可以只用單一步驟就產出複雜的幾何形狀，在設計上，壓鑄法媲美塑膠射出成型，可用來生產單椅，像是一體成型、附椅背的單椅，或是生產椅子輪腳、燈罩和燈具。鑄鋁不像鍛造堅固易彎折，所以這種技術僅限截面厚度不是關鍵的元件，受制於鑄造金屬的孔隙率，表面品質也不會太好。

CNC 加工鋁殼（右頁）
Google Nexus One 手機的鋁合金外殼利用單一金屬片塑形，擠壓出側面形狀的長條，裁切為寬度，再利用 CNC 加工（銑削）完成最終形狀，技術不斷開發，以便減少全程使用 CNC 加工元件的成本和複雜性。利用一系列切割工具處理切底（undercuts）、固著（fixings）與不同的塑形細節。CNC 加工不僅減少工裝數量，同時所有廢料都能回收。完成的元件經過噴砂處理，讓表面霧面質感更均勻，然後進行浸漬染色陽極氧化處理。

工業設計、傢俱與照明

強度重量比
對於結構元件，一樣的強度的鋁和鋼，鋁材總量約為鋼的一半。

色澤明亮
鋁材表面反射高，利用一些處理工法可以讓鋁材擁有半透明的色澤，像是浸漬染色陽極氧化或是加色面漆噴塗，加色面漆為一種帶有光澤的金屬色底漆。

耐用
鋁的表面氧化後，可形成保護用的瓷層（氧化鋁是目前已知最硬的物質之一），使鋁材幾乎不需要養護。

可回收
鋁材使用壽命結束時能完全回收，混合廢料中的回收鋁材可製作非關鍵的零件，讓品質略低的材料還是能保有價值再次輸出運用。

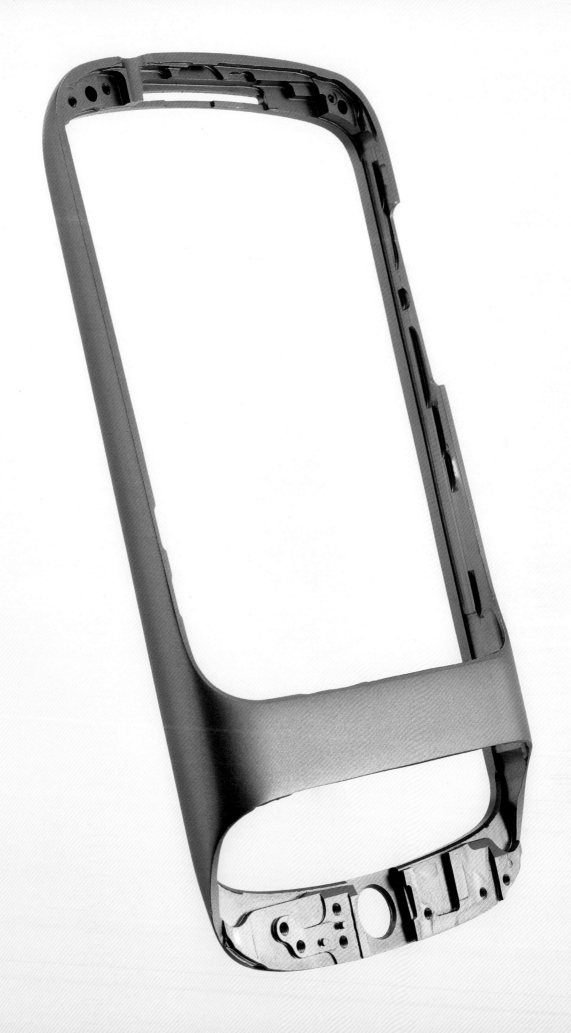

使用片材完成的淺盆造型可用沖壓生產（請見第 34 頁圖表）；較深的造型可以用片材製作，也能用單件原料以深抽或金屬旋壓鑄造技術製作，例如容器或是遮光罩。少量旋壓比另外兩種工法的成本更低，主要因為旋壓只要一個單面工具。

表面可透過噴砂、拋光或切割處理。鋁材的功能性多樣，因此也有完整一系列表面處理方法。噴砂可製作均勻的霧面表面，介質選擇、壓力與加工時間決定了表面處理的深度與形貌（意即粗糙程度）。利用拋光處理可完成的表面光潔度從平滑到鏡面反射皆有，平滑的表面容易突顯缺陷，因此這種做法較為昂貴。表面光澤或霧面區域一般首先進行拋光處理，然後包膜與噴砂，例如加入商標。明亮的邊緣與凹槽是所有步驟中最後處理的部份，使用鑽石塗層切割工具（請見第 476 頁鑽石），完成平滑具反射性的表面光潔度，這種工法通常稱為「鑽石切割」（diamond cut）。

鋁材在汽車與航空器中的應用

大約在 20 世紀中，鋁合金成為現代航空最重要的材料。高強度鋁合金適合嚴苛應用範圍，例如 2- 與 7- 系列，像是底盤、遮蓋、支架與 座椅等。關鍵程度偏低的元件可用 3-、5-、6- 系列。

鋁材在客機生產中獨佔市場，平均重量約佔三分之二，直到近年纖維強化複合材料出現，才動搖了鋁材的主導地位。隨著材料與製造方法的發展，複合材料的成本降至可實際應用的程度，對燃油效率的影響也逐漸滿足成本效益。這些材料具有優異的機械效能，特別是碳纖維強化塑膠（請見第 236 頁）和聚醚醚酮（PEEK）（請見第 188 頁），能選擇材料與纖維方向，可為不同應用範圍量身打造。

鋁合金適合用在汽車許多零件上，鑄造用鋁合金可用在車輪（鎂雖然更輕，

汽車與航空器

低密度
鋁材比軟鋼輕約 65%，而且生產具有相同剛度的截面，只需 30% 左右的鋁材。

多功能
根據表現需求不同，可使用不同類型的鋁合金，包括 2-、3-、5-、6-、7- 系列，2- 與 7- 系列擁有最高的強度重量比。

擠壓
鋁材使用擠壓成型最具成本效益，二次加工調整擠出長度可讓製造成本降至最低。

耐腐蝕
陽極表層可保護金屬避免腐蝕（請見第 52 頁運動器材面板），並能為表面處理提供強大的基底，包括塗裝與粘接等。

但價格更昂貴，請見第 54 頁），燃油引擎發動機缸體（請見鑄鐵）、傳動零件、懸吊系統……等，鍛鋁合金可用於底盤和車身。

使用鋁合金取代鑄鐵、低碳鋼或銅合金，有助減少車輛總重，除了讓燃油、車胎等能發揮最大效益，移除不必要的負重，可使煞車時耗用的能源減少了，藉此能讓車輛更安全。

底盤與面板可採傳統焊接技術連結，像是金屬極鈍氣銲接（MIG）、鎢極鈍氣熔接（TIG）與雷射焊接，鋁合金是一種有效導體，因此熱輸入量需要比鋼更高，才能形成強力接點，摩擦攪拌焊接（Friction- stir welding）利用鋁合金的

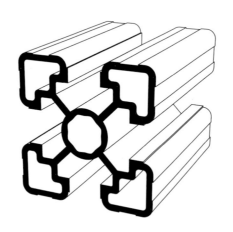

擠壓成型
鋁合金相對容易擠壓，特別是 6- 系列，藉由擠壓步驟，厚薄不等的區塊可以結合，提供最需要的強度，運用二次擠壓成型，利用單件材料創造複雜的零件。與片材沖壓相比，這種方法更具成本效益，畢竟免除用工具修整與組裝的成本，也因此少量生產的汽車經常使用擠壓成型處理鋁材。

伸長率與低熔點，不需要增加熱輸入量，就能形成無縫隙高強度的接點。截至目前為止，僅有少數應用範圍利用這種方法，這種相對較新的技術，有可能徹底改變組裝的施工方法。

在熱接技術不可行或是不理想時，可以考慮使用粘合劑黏合或鉚接，例如熱敏合金或是橫斷面薄易翹曲。粘合劑黏合或鉚接這些技術有許多優點，可以「冷」處理，不會造成材料熱漲扭曲，這點對較薄的片材或車輛上路操作相關的重要零件特別重要，不依賴材料加熱或冶金相容性，適合用來連接不同性質的材料。黏合技術另一項可能是擴接點的載荷，增加強度優勢，並能提供輔助功能，例如密封、絕緣、阻尼等。跑車 Lotus Elise 的底盤就是出色的黏合實例，將 6- 系列的合金擠壓長度，結合 3- 系列合金製成的面板，底盤重量 68 公斤（150 磅），僅為同等鋼材重量的一半。

鋁合金的缺點是循環載荷時會發生金屬疲勞，隨使用時間增加產生裂紋，鋼材可以承受高於強度 10% 左右的載荷，而鋁合金不具備這樣的疲勞極限，因此不適合牽涉振動、旋轉或壽命週期需要無限承受金屬疲勞的應用範圍。金屬疲勞的裂縫一開始生成速度較慢，但是隨著裂縫尺寸變大，支撐材料的橫斷面不斷減少，破裂速度會越來越快，過去因為對這點沒有足夠認知，造成有如災難的慘烈失敗案例發生。

設計師可以避免壓力增加，讓金屬
疲勞的影響降至最低，這就是為什
麼飛機上的窗戶是圓形的，而不是正
方形。實際應用時，使用安全邊際
(margin of safety) 可檢測發現裂縫，在
造成結構失效前就能避免危機，根據
應用範圍不同，安全係數 (FoS) 的數值
不同，例如汽車約為 3.0，飛機某些零
件最低達 1.5 (增加安全係數會增加重
量)。品質管控與材料檢查可幫助讓必
要的安全係數最大限度地降至最低。

鋁材在運動器材中的應用

高強度合金在機械效能取得近乎完美
的平衡，適用於各種運動器材。鋁用
於運動用品和各種產品上的優勢，與
汽車和航空器的發展密切相關，這兩
種產業為了追求輕量化與可靠的結
構，投入預算發展材料技術達一定規
模。作為回報，運動產業將鋁合金推
向極限，為未來發展揭示了全新的可
能性。

Jaguar XE鋁合金結構

Jaguar XE 在 2014 年上市，堅固又輕巧的底
盤結合空氣動力學鋁合金車身，Jaguar XE 是
第一輛密集使用合金的單體結構，結合原鋁
和再生鋁合金，搭配鑄造用鎂合金和高強
度鋼材，以獲得最佳強度與機械效能。此
外，Jaguar XE 已經使用鉚釘和膠合取代焊接，
讓接點設計有更大的自由。影像由倫敦 FP
Creative 提供，版權為 Jaguar 所有。

運動器材

強度重量比
以鋁的重量而言，鋁材是效能表現最高的材料，超越鋼材和工程塑膠。

耐腐蝕
鋁表面自然生成的氧化物為室外應用範圍提供絕佳抗腐蝕效能，並能透過陽極氧化處理增強。

成型性
鋁的高延展特性意味著鋁材可以使用各種加工步驟成型，讓強度最大化，像是彎折、鍛造與液壓成型。

焊接性
MIG 和 TIG 焊接可以產出高強度的可靠接點。

鋁合金的輕量可用於各種設備上，2-系列與 7- 系列的合金可熱處理，強度重量比優異；其中包含一些效能最強的合金，這種合金的強度與鋼度夠，可用於像是管狀自行車車架的案例，

媲美鋼 (軟鋼與合金鋼)、鈦、碳纖維強化塑膠 (CFRP)，每種合金都在強度與重量取得平衡。碳纖維強化塑膠 (CFRP) 效能最強大，但價格也最高。

6- 系列鋁合金強度中等，明亮且有良好的表面加工，最長用於接點，並以上色陽極氧化處理。

鋁合金以擠壓施工產生連續形狀，這個步驟相對價格不貴，擠壓成型可用在封閉管狀或開放式造型，便於製作框架 (例如滑翔機和自行車)、輪子、把手 (自行車或登山設備) 與手杖 (滑雪用或徒步用)。

鑄造可用於製作大型或複雜的幾何形狀，這些形狀不可能以片材或管狀製作，像是自行車的零件、靴子的鉚釘、釣魚用捲軸和鉸鏈接合零件 (關節)。無論零件生產數量多寡都適合，但大量生產特別具成本效益。鍛造能夠生產與鑄造類似的幾何形狀，並

液壓成型鋁合金冰斧
登山、冰攀、高原健行或是登山家使用的冰斧，一定要輕巧實用。這款 Black Diamond Viper 冰斧透過液壓成型，經由這個步驟擠壓成型後的鋁材放入封閉模具 (也可以用液壓成型使片材成形)，在內部透過液體加壓，以這種方式成型的管狀零件鋼度增加，同時保留符合人體工學的形狀。這把冰斧的頂部使用不鏽鋼製作，刀刃採合金鋼 (由鉻和鉬組成)，手柄採用熱塑性聚氨酯 (TPU) (請見第 196 頁)。

擁有提升強度的優點，例如強度至關緊要的零件，像是彈簧扣、踏板、齒輪、車輪中心的插軸和控制桿。

鋁材在建築與營建中的應用
自 20 世紀初以來，鋁合金開始用在建築物的結構與裝飾上，一開始採用鋁合金的速度緩慢，第一個以鋁合金為主的建築為 1931 年完工的紐約帝國大廈，之後應用範圍逐漸擴大，如今生產的鋁合金 20-30% 用於建案。

鋁材在建築與營建中的應用

可回收
鋁合金回收的比例高，建築領域高達 95%。建案為各種等級的回收鋁材提供寶貴的輸出管道。

耐候
雖然鋁合金可建構天然保護層，一般仍會使用陽極氧化、塗裝或是粉體塗料加強保護。

上色
陽極氧化處理的鋁材可染成各種金屬色澤，從金色到藍色；塗漆和粉體塗料還能提供更多樣的表面處理。

反射性
鋁材當作隔熱板或屋頂塗層或襯裡時，高反射特性可幫助維持溫度，讓建案滿足 LEED領先能源與環境設計認證系統要求的綠色建築條件。

強度重量比
使用鋁合金製造的結構，比起同等鋼材製造的結構，重量很容易達成減半，像是屋頂、外牆、帷幕、立面、門窗框架等。

低成本
鋁材是低碳鋼價格三倍以上，但是製作複雜零件相對簡單。模組化系統利用這個特性，在施工現場以外的場所製作零件，以電腦主導製作完成精準且高度自動化的製造過程。

北京機場第三航廈鋁製百頁窗
北京機場第三航廈長約 3 公里（1.9 英哩），是世界上最大的建築物之一，由英國 Foster + Partners 建築事務所設計，奧雅納建築事務所 (Arup) 執行營建，2008 年完成，從草案到完工僅用四年的時間。鋼柱支撐廣闊的屋頂天篷，高達 28 公尺（92 英呎），鋼架屋頂底下覆蓋鋁製百頁窗，部份遮蔽屋頂與上方天窗，取決於觀者位置，百頁窗的顏色可從黃色變為紅色，同時引導光線反射回建物本身。

葉窗……等等。鋁合金能單獨使用，媲美鋼材、木材、聚氯乙烯 (PVC)（請見第 122 頁），這些材料雖有許多優點，但鋼材較鋁材更重，更容易腐蝕；木材變數多，用於承重結構不太可靠，生產複雜形狀不易；聚氯乙烯 (PVC) 不易彎折，強度重量比低，而且就環境永續發展而言，仍有許多挑戰待解決。

鋼材是唯一一種使用數量超越鋁材的金屬。鋁合金可用於承重輕的結構、立面、室內裝潢和裝飾，或是用於隔熱板的反射塗層。鋁合金適合家庭住宅，同樣也適合商業建案，包括大型建築結構。最常指定使用的是 3-、5-、6- 系列鋁材，前兩者可用於片材成型，6- 系列鋁材特別適合擠壓成型，讓設計上擁有更多可能，因此在現代建築中無所不在，包括窗框、百

鎂

別名
化學符號：Mg
常見縮寫：MAG

鎂的密度非常低，為鋁的三分之一，大致與熱塑性工程塑膠相等，因此鎂適合用在物理需求高的應用範圍，特別是要求極致輕量化的案例，主要用於航空器與高效能汽車零件，鎂合金對輕量化便攜產品很合適，像是電動工具和消費電子產品。

類型	一般應用範圍	永續發展
· 純鎂 · 鎂合金	· 航空器 · 汽車 · 便攜器材	· 製造時能源損耗密集 · 可完全回收利用

屬性	競爭材料	成本
· 結構金屬中密度最低 · 阻尼性能優異 · 暗灰色外觀	· 鋁、鈦、鋼 · 熱塑性工程塑膠，例如聚醯胺 (PA)、聚碳酸酯 (PC)、聚對苯二甲酸乙二酯 (PET)	· 材料成本約高出鋁合金 2-3 倍，相當於優質熱塑性塑膠

簡介

鎂的獨特在於結合輕量化、阻尼能力 (吸收振動能量的能力)、尺寸穩定性與衝擊耐受度。雖然鎂的強度與重量比和高強度鋁合金或鋼材相當，但是鎂的使用量明顯較低，主要因為鎂價格更貴，比鋁合金 (請見第 42 頁) 高 2.5 倍，比鋼材 (請見第 28 頁) 高三分之一。另一部份則是鎂在實際應用上頗有挑戰性。

雖然鎂的表面反應會形成保護性氧化層，但仍易腐蝕，特別是含鹽的環境，鎂的表面經常使用塗漆加強保護。相較之下，陽極氧化鋁合金有各種持久的彩色表面處理，而不鏽鋼表面可以拋光變成非常明亮自然的表面處理，或是用電化學方法著色。鎂鉑、片材或是粉狀形式高度易燃，會產生明亮的白色煙花和火焰，是製作過程中一大挑戰。

由於這些缺陷，通常只有在輕量化為產品效能表現的關鍵時才會傾向使用鎂，特別是需要高剛度與阻尼的零件，以汽車工業為例，鎂可用於減輕重量，包括底盤零件、引擎缸體、座椅、變速箱外殼、和車輪。

鎂合金的抗拉強度明顯高於熱塑型工程塑膠，甚至高於纖維強化塑膠，除此之外，基底材料成本比得上某些等級的聚醯胺 (PA) (請見第 164 頁) 與聚碳酸脂 (PC) (請見第 144 頁)，雖然製造成本通常因為牽涉的複雜程度太高而通常偏高。

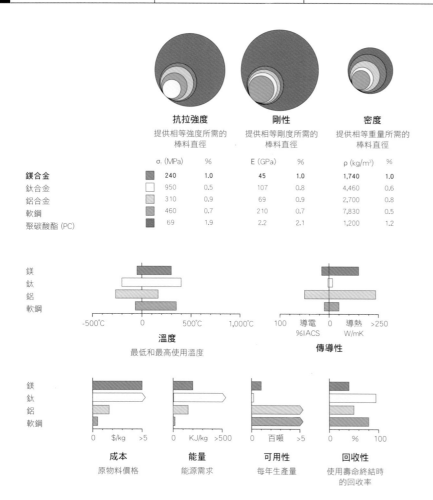

	抗拉強度 提供相等強度所需的 棒料直徑		剛性 提供相等剛度所需的 棒料直徑		密度 提供相等重量所需的 棒料直徑	
	σ (MPa)	%	E (GPa)	%	ρ (kg/m³)	%
鎂合金	240	1.0	45	1.0	1,740	1.0
鈦合金	950	0.5	107	0.8	4,460	0.6
鋁合金	310	0.9	69	0.9	2,700	0.8
軟鋼	460	0.7	210	0.7	7,830	0.5
聚碳酸酯 (PC)	69	1.9	2.2	2.1	1,200	1.2

溫度
最低和最高使用溫度

傳導性

成本
原物料價格

能量
能源需求

可用性
每年生產量

回收性
使用壽命終結時的回收率

商業類型和用途

大多數的鎂來自中國，採用皮江法 (Pidgeon) 生產，過程中將開採的白雲石 (碳酸鈣鎂) 壓碎與燒，移除二氧化碳，將剩餘的混合物與反應劑 (矽鐵和螢石) 混合，壓製為磚。第二次燒會在真空室中進行以便脫氧，使鎂在真空室內結晶。透過上述步驟將鎂精煉後，可混入合金改善機械效能。合金成份可藉由美國材料試驗學會 (ASTM) 標示識別，字母代表合金元素，數字代表各元素所佔重量，例如 AZ91，是含有 9% 的鋁和 1% 的鋅。

鋁是鎂主要的合金元素，可提高抗拉強度、腐蝕耐受度與鑄造性。然而隨著鋁的比例增加，伸長率與斷裂韌性會降低。若再與錳 (M) 製成合金，能減少鋁的需求用量，達成良好的伸長率、韌性與衝擊耐受度，同時幫助控制鐵的含量。然而，隨著鋁含量減少，鑄造性和抗拉強度會隨著降低，若添加矽 (S) 可改善合金高溫效能。矽具有出色的伸長率且耐腐蝕，此外還有一些其他會用於合金的元素包括鋯 (K)、稀土 (E) 和釔 (W)。

鍛造鎂合金賽車輪圈

英國車廠 Prodrive 生產的賽車與拉力賽車領先全球，總部位於英國班伯利 (Banbry)，Prodrive 團隊自 1984 年創立以來陸續拿下許多冠軍獎盃，包括世界拉力賽與利曼大賽 (Le Mans)。圖中這款為 Prodrive 旗下 Aston Martin GTE 耐力賽車之一使用的鎂合金輪圈，輪圈、車胎與煞車碟的品質會直接影響效能表現，減少簧下重量 (unsprungweight) 就能改善加速、機動性與煞車力。鎂製輪圈比鋁更輕，鍛造鎂比鋁重量輕了三分之一，比鑄造鋁重量減輕一半，但是鍛造鎂更昂貴，彈性較差，一般傾向用於賽車應用範圍。

鎂的六方晶體結構使其不易在室溫下成型。近年來，由於鑄造技術的發展擴大了潛在應用範圍，半固態鑄造時完成的品質最高，這種鑄造過程以其商標名稱命名為「Thixomolding」。此過程類似塑膠的注入成型，是在作業過程中，將鎂合金切片加熱、切削，形成觸變稠度 (凝膠狀)，一旦溫度足夠，將精確測量的材料在高壓下注入以氬氣氣體保護的模穴，凝膠狀稠度可確保鎂流動沒有窒礙，便於製造零件，並比壓鑄擁有更高一致性與更低孔隙率。設計需要注意讓金屬流動順暢，在特定幾何結構中，鎂可能製作壁厚小於 0.5mm 的零件。

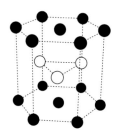

晶體結構 - 六方最密堆積 (HCP)

由六角結構中每一個邊角上的原子組成，每個六角形平面的中間有一個原子，中心的三個原子排成三角形，填滿角落原子之間的空缺，與立方晶體結構有相同的填充密度 (請見第 68 頁)。

Basal 基底　　　Prismatic 柱面　　　Pyramidat 錐體

滑移系統

鎂在室溫下成型性有限，這是因為 HCP 晶體結構與其抗雙晶作用的特性 (晶體變形)，施力足夠時引起晶格差排會導致鎂發生塑性變形。就鎂而言，基底滑移需要的能量最低，加熱可以減少其他滑移系統的能量需求，改善成型性。鎂最適合用於簡單的幾何形狀，因為這種應用範圍不需要足夠的金屬流動充填所有形狀。

鎂同樣適合壓鑄與砂模鑄造，實際應用案例從變速箱的外殼、引擎零件、電動工具到相機皆是。在各種鎂合金中，AZ91 是最常用的鑄造用合金，強度重量比良好，比鋁合金輕 25%，而且抗腐蝕。而 AM20、AM50、AM60 具有優異的延展性、伸長率和能量吸收率，但犧牲了鑄造性與強度。這些合金可應用範圍有汽車安全組件、儀表板、方向盤系統等。

ZM21、ZK60、AK60、AZ31、AZ61 和 AZ80 適合擠壓成型，但是速度、效率與設計考量因素不一。例如 AZ31 擠壓性非常良好，適合製作複雜的形狀；AZ80 是 AZ 系列中最強的，但是非常有挑戰性，擠壓速度非常慢。

鍛造可將孔隙率降至最低，讓晶粒結構最佳化，從而製作最強力可靠的零件，例如 ZK60 可用於製作旋翼和賽車輪圈，但是價格相較於鑄造高許多，結果零件大量生產時經常混合使用不同技術，例如流動成型，利用這種製作方式，在高壓下滾動半成形鑄造零件，使金屬「流動」完成最終形狀，用類似鍛造的方法來改善晶粒結構，完成的輪圈比鑄造工法完成的同等物件重量輕 15%。

鎂合金在結構金屬中最適合機械加工，因此切削更深、進料速率更快，進而將成本降至最低，畢竟時間是決定加工價格的關鍵因素。

單靠塗層不足以阻止電位差腐蝕 (galvanic corrosion)，雖然鎂是結構金屬中最不易發生化學作用的，但是這點特別需要注意，鎂會藉由電解質作為陽極，例如水或大氣中的水份，然後與其他金屬接觸時，造成鎂表面溶解，特別是鐵、鎳和銅。絕緣可幫助預防電位差腐蝕破壞鎂表層，但是一定要進行養護，避免問題從其他部份冒出來，像是作為金屬固件和金屬顏料使用時。

永續發展

鎂的強度重量比可幫助提高汽車與航空器的燃油效率，因此鎂加工過程所消耗的總能源高於與其競爭的金屬，例如鋼或鋁，但是可透過使用壽命期間節省的費用來抵銷前者，甚至可以打平加工所需能源的開支。

鎂鑄造過程產生的廢料約為鑄造的重量的 50% 以上，利用密閉循環系統中，廢料可以直接回收再利用，減少所需的原料總量。

雖然重新熔化使用明顯比原鎂生產所需的能源更少，但是從混合廢料中回收的報酬其實偏低，使用消費過後的鎂廢料主要來自廢車輛，但廢車輛金屬中含有大量的鐵、鎳和銅，這些都會造成鎂腐蝕，加上鎂的氧化，鎂廢料的品質通常不如預期，不適合用在關鍵應用範圍。

觸變成型的鎂合金
筆記型電腦外殼 (右頁)

Panasonic 的 Toughbook 筆記型電腦是為極端環境設計的耐用電腦，主要使用觸變成型的 AZ91 外殼，同樣的技術也應用在照相機、行動電話、大尺寸螢幕電視機等。在這樣極薄的零件上，製造時必須讓剛度與強度最大化，這點可以從底側發現，輔助肋也能幫助鑄造過程中金屬流動；表面朝外的一側塗漆，以增加抗腐蝕與抗磨損的耐受程度。

鎂

鈦

別名
化學符號：Ti

雖然從原礦中提煉鈦的過程中成本極高，但設計師認為鈦是非常有價值的金屬，值得特別說明。鈦主要用於航空航太應用範圍，鈦的強度重量比與耐腐蝕特性無與倫比，無論高效能產業或是一般消費產品都能發現鈦的蹤影。鈦具有生物適用性，在醫療類型的應用範圍特別好用。

類型	一般應用範圍	永續發展
· 純鈦 · 鈦合金	· 航空航太、海事、汽車 · 營建 · 醫療與牙醫	· 原物料製造時能源損耗密集，而且會產生污染 · 可完全回收利用

屬性	競爭材料	成本
· 高強度重量比 · 高抗腐蝕 · 生物相容性	· 鋁和鎂 · 纖維強化塑膠，特別是碳纖維強化塑膠 (CFRP) 和玻璃纖維強化塑膠 (GFRP)	· 高材料成本 · 高製造成本

簡介

鈦通常會與鋁 (請見第 42 頁) 和鎂 (請見第 54 頁) 比較，就像這兩種金屬一樣，鈦會生出保護性氧化層，而鈦會比鋁或鎂更重，但抗拉強度高出更多，這點藉由合金可改善。鈦能在更高的溫度下作業，一般耐受溫度為 350°C，某些合金耐受溫度可達 650°C，在剛性與伸縮性兩者的平衡理想，鈦的彈性係數高於鋁和鎂，但是約為鋼的一半 (請見第 28 頁)，抗腐蝕的強度出色，特別是鋼無法承受的含鹽環境。純鈦相當穩定，適用於醫療植體。過去鈦的金屬特性令人印象深刻，過去使用歷史即是最佳見證。從 NASA 太空梭、波音客機、空中巴士，到蘋果鈦書 Titanium PowerBook G4、客製化雷射燒結接骨板等，目前已經開發出各式各樣鈦合金，每一種都有特定的性能，滿足各式各樣應用範圍的不同需求。

商業類型和用途

鈦合金的商業生產約在近一世紀以前開始發展，自 1930 年代開始，一種複雜的高溫冶金製程出現，這種製程被稱為克羅爾法 (Kroll)，至今仍是主要生產方法。與其他商業鑄造技術相比，鈦生產耗費的天數更多，產出的金屬更少，因此鈦成為最昂貴的結構金屬，價格約為鋁合金的四倍、不鏽鋼的兩倍、比鎂合金高出三分之一。

鈦可以分為商業用純鈦 (commercially pure titanium)，或是為改善特殊性能而製成的鈦合金，美國材料試驗學會 (American Society for Testing and

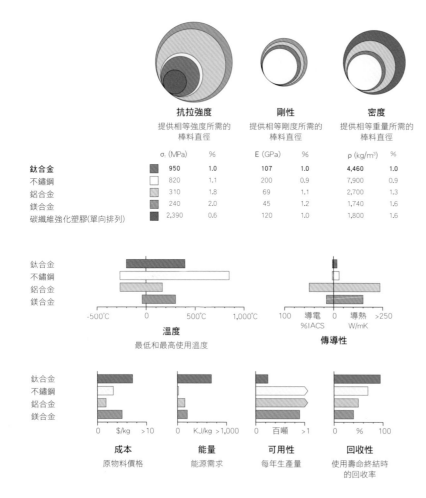

	抗拉強度 提供相等強度所需的棒料直徑		剛性 提供相等剛度所需的棒料直徑		密度 提供相等重量所需的棒料直徑	
	σ. (MPa)	%	E (GPa)	%	ρ (kg/m³)	%
鈦合金	950	1.0	107	1.0	4,460	1.0
不鏽鋼	820	1.1	200	0.9	7,900	0.9
鋁合金	310	1.8	69	1.1	2,700	1.3
鎂合金	240	2.0	45	1.2	1,740	1.6
碳纖維強化塑膠(單向排列)	2,390	0.6	120	1.0	1,800	1.6

溫度
最低和最高使用溫度

傳導性

成本
原物料價格

能量
能源需求

可用性
每年生產量

回收性
使用壽命終結時的回收率

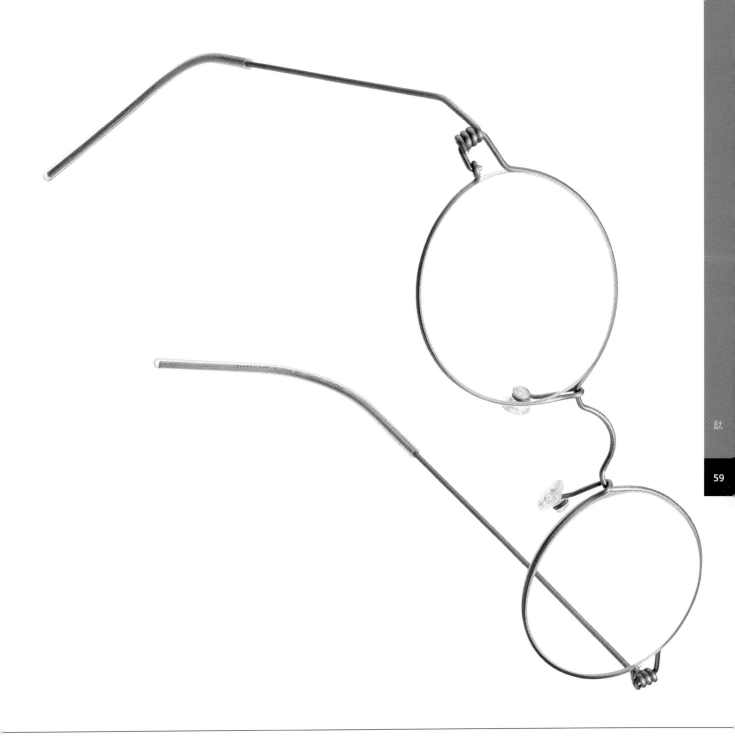

Materials，縮寫為 ASTM) 將合金成份分為幾個不同等級，從 1 開始排序，可用短短的代碼辨別合金成份的類型和比例，例如，最常見的 5 級鈦合金是由 6% 鋁、4% 釩，因此又稱為「Ti 6AI-4V」或「Ti 6-4」。而商業用純鈦（非合金）的等級則是按照腐蝕抗性、成形性（沖壓、鍛造和機械加工）和焊接性。1 級到 4 級非合金，機械效能可藉由調節雜質含量調整，雜質包含氧、氮、碳。1 級鈦是最純的，而4

級鈦強度最高，近似低碳鋼。這四種等級的鈦，可用於飛機機身與引擎零件、建築、海運海事與醫學矯形，例如植體或義肢。

另一組接近純鈦的合金，不以數字為編號，以少量鈀 (Pd) 或釕 (Ru) 作為合金成份。這些元素大大改善腐蝕抗性，包含 7 級、11 級、16 級、17 級、26 級和 27 級，用於化學製程、海運海事與生產設備。

輕量化鈦金屬眼鏡

1983 年建築師 Dissing+Weitling 與 LINDBERG 眼鏡合作，設計的成果 Air Titanium 系列大大改變了眼鏡的設計，輕量化的鏡框以專門開發的特殊等級鈦金屬製作，僅 2.4 克 (0.08 盎司)，在強度、彈簧張力、抗拉強度等取得最佳平衡，所有不必要的細節全部捨棄，不使用螺絲、鉚釘或焊料來固定鏡片，反之，利用鈦的反彈性作樞軸運動，整齊形成線圈，確保鏡臂能回到正確位置。影像由 LINDBERG 提供。

7 級鈦含有少量鈀，從 0.12% 至 0.25%，耐腐蝕的程度優異，其餘的機械性能與 2 級鈦相似。11 級鈦也是一樣，但氧含量稍低，成形性較佳，但抗拉強度降低，與1級鈦類似。16 級鈦與 17 級鈦的鈀含量低於 0.1%，這代表兩種等級的鈦價格較低，各與7級鈦、11 級鈦相似。26 級和 27 級鈦含有約 0.1% 的釕，26 級氧含量標準，27 級鈦氧含量較低，是這些鈦中價格最低的，機械性能與抗腐蝕的耐受度略低，這種等級的鈦抗拉強度約為 290 至 500 MPa。

鈦合金具有兩種不同的晶形 (crystal form)，取決於成份和溫度，α 相以六方最密堆積結構為主 (請見第 56 頁)、β 相為體心立方結構組成 (請見第 68 頁)。α 相藉由氧，碳，氮和鋁 (Al) 穩定，β 相則是依靠以下元素在低溫下成型，包括鉻 (C)、鉬 (Mo)、鈮 (Nb) 和釩 (V)。對變態溫度影響不大的中性元素包括錫 (Sn) 和鋯 (Zr)。

結構鈦合金有三種類型：α 相、α + β 相及 β 相。與商業用純鈦類似，α 相不具熱處理性，容易焊接，即使在低溫下仍保持良好的伸長率，抗腐蝕程度高。近 α 鈦合金的高溫性能較佳，抗拉強度優於非合金類型，一般介於 500-900 MPa，6 級鈦 (Ti 5Al-2.5Sn) 為代表，可用於飛機、太空梭、運動器材和機械。

α + β 鈦合金易加熱處理，淬火後抑制 β 相形成，意即加熱後快速冷卻，藉此產生更強的結構，這種鈦合金的特色在於 β 相含量，體心立方結構比例增加，拉抗強度同樣增加，但犧牲了伸長率與韌性。因此 5 級鈦 (Ti 6AL-4V) 拉抗強度為 9 50 MPa，斷裂伸長度為 15%，Ti 5AL-4Cr- 4Mo-2Sn-2Zr 拉抗強度約為 1,150 MPa，斷裂伸長度僅 11%，這兩相合金可以透過熱處理加大強度。

β 鈦合金所含的 β 穩定元素比例最高，在熱處理過程中，微小的 α 粒子沈澱後能延伸強度，進而使這些合金強度大致維持相等，但是伸長率可以獲得改善，甚至能適用於鍛造，例如 19 級鈦到 21 級鈦，應用範圍從起落架到運動器材……等等。

永續發展

雖然鈦在地殼含量充足，但是開採與製造能源耗用密集，而且會產生許多廢物，這個問題具體反映在材料的超高內含耗能，與其他建築金屬製造過程中使用的冶煉、浮選、精煉等工法相比，克羅爾法特別緩慢、複雜、效率低，這就是為什麼鈦的原料如此昂貴。

鈦的製造過程中成本與能源需求非常高，因此非常值得回收，主要應用於航空航太與工業產品，這種類型的產品需要謹慎拆解，因此拆卸的鈦可以直接回收，回收商可以辨別不同等級的鈦，因此可以將回收後的鈦重新用在價值或多或少相等的零件上。

雖然大多數攸關安全的關鍵零件會使用新料製作，避免交雜產生問題，例如飛機的製造。但是鈦廢料仍有健全的市場。

鈦在航空航太業中的應用

客機與軍機產業大量採用鈦與鈦合金，各種不同等級的鈦為不同的應用範圍提供多元的選擇，而採用鈦最主要的驅動因素是輕量，鈦優異的強度有助使飛機更安全、更省油，除了強度，鈦與碳纖維強化塑膠 (CFRP) (請見第 236 頁) 高度兼容。就像鈦，碳纖維強化塑膠 CFRP 強度令人印象深刻，因此越來越受歡迎。因為加入碳纖，鈦與碳纖維強化塑膠 CFRP 不會相互腐蝕，和鋁易發生嚴重的電位差腐蝕迥異。

鈦金屬電解著色

這些顏色是光干涉的成果，而非顏料或染料，鈦表面自然形成的氧化物薄層，可利用類似陽極氧化鋁的電解著色方法來加強，薄膜的厚度決定可視顏色，並會根據視角稍微變化，隨著薄膜加厚，顏色範圍會從天然的銀灰色慢慢變成棕色、金色、紫色、藍色、藍綠色、黃色、粉紅色與綠色。薄膜非常薄，因此可完成的顏色範圍取決於表面的品質與鈦的等級。例如 5 級鈦可以產出的顏色範圍更廣，顏色為表面的一部份，這種表面加工耐用、耐磨且具生物相容性，處理時遮蔽可產生多種顏色，而且也能做裝飾使用，利用顏色編碼還能確保在關鍵應用範圍中使用正確的零件。

鈦合金公路自行車 (右頁)

Great Divide No. 22 自行車不僅展現鈦合金最優秀的特色性能，同時採用自行車設計最新發展成果，車架結構採用 9 級鈦 (Ti 3AL-2.5V)，這種高強度鈦合金通常用於航空航太的管道系統，也用於運動器材和自行車車架，可以成型與焊接，抗腐蝕性非常出色。相較於鋁合金或鋼，鈦合金車架提供優異的強度重量比。此外，鈦合金的剛度與彈簧張力取得理想平衡，使騎乘更流暢，藉由車架的設計與結構，更能突顯鈦合金的品質，利用電解著色，確保表面光潔度維持高品質，直到自行車使用壽命結束仍保持不變色。影像由 No. 22 Bicycle Company 提供。

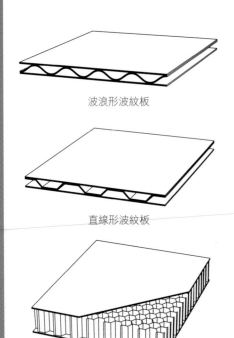

波浪形波紋板

直線形波紋板

蜂巢板

結構板

和簡單的材料薄板相比，夾層板的強度與剛度重量比更高，藉由增加厚度，但不增加太多重量，來改善機械效能。例如，使用蜂巢夾心將厚度增加為四倍，讓材料的強度增加近十倍、硬度增加 35 倍，但重量僅增加一倍。波紋板使用三張分開的薄板製作，透過焊接或是粘接固定連接，依據尺寸和設計不同，中層可選擇用軋製或壓製來成型。另一種作法是利用超塑成型 (superplastic forming) 與擴散接合 (diffusion bonding)，增加接合面的尺寸來確保接合牢固，這種配置完成的波紋板具異向性 (anisotropic)。蜂巢將波紋版轉成側面，也就是每一層壓成一系列六角形，利用焊接或是粘接固定連接下一層，蜂巢結構分散負載比薄板更有效率，每個方向都能提供優異的機械性能，但是製造過程中使用的步驟更多，因此價格更昂貴。

機械加工能非常精準，因此大量運用在航空航太業。雖然鈦進行旋削和鑽孔相對簡單，但是由於鈦的硬度與低導熱性，銑削挑戰性非常高。水刀 (water jet) 切割不會讓金屬加熱，因此可以提高切割速度，產生優異的邊緣拋光。放電加工 (Electrical discharge machining，EDM) 提供另一種選擇，利用這種技術，高伏特火花放電會侵蝕表面或切出輪廓，這種加工方法非常精準，能在切割同時施作紋理。

航空器

強度重量比
相同強度下，鈦的重量約為鋼的一半；重量約比鋁高三分之一，但強度是鋁的兩倍。

抗腐蝕
鈦表面可以形成天然氧化物薄層，改善表面耐用度，藉由電解加強後，能利用光干擾提供上色效果。

高溫下的性能表現
鈦的耐受溫度可達 350°C，表現仍非常良好，與碳鋼相等，約為鋁的兩倍，某些等級的鈦安全作業溫度可達 650°C。

對於複雜零件的生產可採用熔模鑄造，減少機械加工的時間，對於大量零件製作特別有用。

板材成型性取決於鈦的選擇，商業用純鈦與 β 鈦合金通常韌性最高，因此更容易藉由加壓或彎折成型，可以完成類似不鏽鋼的輪廓。許多應用範圍偏好鈦在室溫下回彈的特性，但是由於這種特性，通常會加熱減少壓力，確保成型時完成的零件更精準。大多數等級的鈦可使用深抽成型，但是需要寬容的彎曲半徑，確保材料不會龜裂，最小半徑取決於鈦的等級、厚度和溫度。

5 級鈦 (Ti 6AL-4V) 和一些其他合金，就像特定的鋁合金與鎂合金具超塑性，因此適合超塑成型，處理過程許多部份都類似塑膠真空成型：加熱片材然後利用氣壓壓入壓鑄模 (die cavity)，可在單一作業完成複雜配置的成型，能使結構更輕更有效率，不過工具製造的成本高，週期時間長，因此讓這種工法價格昂貴。

超輕量三明治結構板與空心零件是結合超塑成型和和擴散接合來生產，加壓使多層板材成型結合，隨著時間推移，材料表面的原子產生強烈鍵結，

雖然這種工法能大大節省重量，但是有許多幾何結構的限制，而且因為技術需求、作業複雜與週期時間，價格非常昂貴。

大部份焊接技術都能施用於鈦，但是鈦的接合並不簡單，熔融後的鈦會與大氣產生反應，焊接過程與焊接後，焊接區域必須使用惰性氣體遮蔽，除非使用電阻熔接或摩擦焊接。

鈦在建築與營建中的應用

不管採購或施工，鈦都是一種昂貴的材料，但是在大部份的情況下，鈦的利用價值比專案成本更重要，最著名的案例大概是畢爾包古根漢博物館 (1997)，使用鈦板作為建築物外牆，顏色與外觀能依隨光線與天氣狀況變化。在畢爾包古根漢博物館之前，鈦在日本已經非常受歡迎，應用範圍從工業建築到尊貴的寺廟等。

機身 (右頁)

航空航太業將材料的潛能推向極限，前提是不超出安全範圍。Lockheed Martin 航空公司製造的 F-22 猛禽戰鬥機也不例外，構架、隔框和其他需要高強度耐重耐高溫的零組件皆採用鈦合金和鈦複合材料，使 F-22 的機身強度足，能執行高性能部隊調動，卻不像其他耐用材料一樣會讓重量增加。

鑄造鈦零件的性能可利用熱均壓燒結 (hot isostatic pressing) 進一步改善，也就是將孔隙率最大限度地降低，並透過電子束焊接 (Electron Beam Welding，EBM)，即使零件較厚仍擁有優異的焊接品質。構架、機門、機翼翼樑與蒙皮面板使用碳纖複合材料製作，加上少量鋁合金和鋼材，飛機座艙罩以 PC 製作。影像由 Lockheed Martin 航空公司提供。

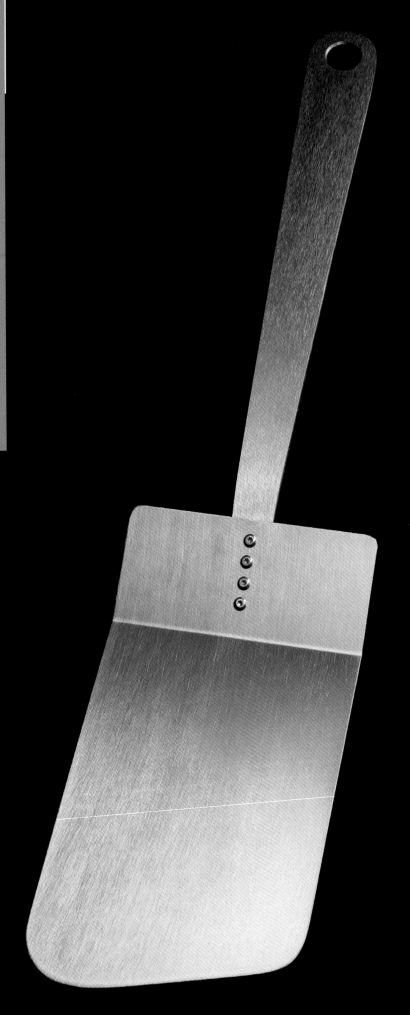

超輕量刮刀

這把由 Mike Draper 製作的手工刮刀來自美國懷俄明州 (Wyoming)，以 5 級鈦 (Ti 6AL-4V) 製作，厚度超過 0.5mm，頂部彈性足夠，可 90 度彎曲，同時強度夠，能回彈到原本的形狀，鈦合金致敏性低、抗腐蝕、導熱性低，上述所有特點使鈦適合用來製作廚房用具。

即使用在工業區或沿海地區，鈦的使用壽命依然非常長，這有助抵銷鈦的高成本，因為在鈦的使用壽命內，可保持超低營運成本達 30 年以上。

因為鈦具有上述非常理想的特性，在建築上的應用從外裝進一步延伸到建物內結構、室內裝潢與傢俱。商業用純鈦等級是最常用於營建的類型，例如 1 級鈦與 2 級鈦，通常以片材出現，透過壓製或超塑成型和焊接。

鈦的表面可拋光成鏡面，而且也能上色，不需要顏料或是塗布，可藉由表面氧化層的光干涉產生顏色，只要小心控制薄層的厚度，就能產生一系列鮮豔的色彩。

隨時間過去，鈦暴露在空氣中，薄層厚度增加，顏色會逐漸改變。例如天然的銀灰色鈦金屬，會隨時間慢慢變成黃棕色。製造商已經開發出處理方法來減輕這種現象，但是完全避免是不可能的。

鈦在醫療器材中的應用

越來越多醫療處理仰賴鈦與鈦合金，應用範圍包括骨整合與關節置換、牙科植入、頜面和顱面治療、心血管設備 (如心臟起搏器和心臟血管支架)、假體植入等。除此之外，鈦可用於外科器材建造，輕量化有助改善手術精準度，減少失敗。

鈦有生物相容性，不會妨礙骨整合，換句話說，鈦可被人體組織與免疫系統接受，隨著時間過去，可以完全整合，使用鈦作為整形外科的植體時，

骨生成細胞可在鈦表面生長，在骨骼與植體之間創造結構性與功能性搭橋，植入體內的零件可以保持約 20 年，牙科植體甚至可以維持更久。

積層製造 (Additive manufacturing) 舊稱快速原型 (rapid prototyping) 在醫學產業有許多優勢，特別是能生產客製化的部件，滿足確切尺寸與個人需求。利用電子束焊接技術，現在已經可以用鈦製作立體部件，鈦粉層熔合再一起，形成完整的高密度複雜幾何形狀，而不需要昂貴的工具修整，免去漫長的交件週期。結合斷層掃描的數據，工程師可以製造符合個人身體輪廓的植體。

最常用的鈦類型為商業用純鈦與 5 級鈦 (Ti 6AL-4V)，選擇取決於應用範圍的需求，例如成型性 (伸長率) 或抗拉強度。鈷鉻鉬 (CoCrMo) 合金硬度更高，偏好用於需要高拋光表面的應用範圍，例如關節植體。雖然使用上鈦常以天然的銀灰色呈現，若加上彩色表面處理，可幫助辨別部件，減少醫療程序中發生錯誤。鈦上色的電解過程不會增加任何塗層或顏料，鈦表面能保持無毒和生物相容性。儀器的表面光潔度則是暗淡無反射，這對顯微外科手術工具是基本必要條件。

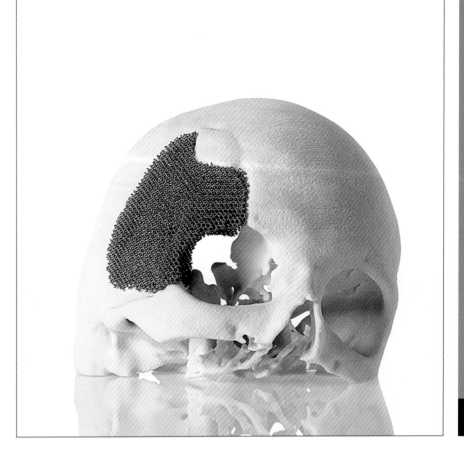

客製化格狀頭骨植體

瑞典 3D 列印企業 Arcam 自 1997 年成立以來，徹底改變了金屬積層的零件製造方法，藉由 Arcam 的電子束焊接技術，改善骨科與航空航太產業，利用電腦斷層掃描 (CT) 得到的數據，為患者特製植體。電腦斷層掃描的數據能精準重現植體，電子束焊接技術利用這些數據建構零件，確保植體可以完全吻合，固態與多孔隙的部份利用相同步驟建構，這種棒狀骨小樑的結構可改善補骨方法，無需昂貴的表面處理。

建築與營建

抗腐蝕
鈦表面可以形成非常穩定、具保護力的氧化物薄層，幾乎在任何環境中都能避免腐蝕，將後續養護的需求降至最低。

熱膨脹係數低
鈦的熱膨脹係數多或少等同混凝土和玻璃，是不鏽鋼與銅的一半、鋁的三分之一。

表面處理範圍
顏色可從天然的銀灰色到鮮艷的色彩光譜，紋理可從鏡面拋光到霧面。

輕量
強度重量比優異，鈦可減少建築結構的載荷。

回收性
用於建築的鈦等級回收率高，最高約達 75%。

醫療器材

生物相容性
鈦是少數可與人體兼容，植入後不會受體液或組織影響的材料，可和人骨整合的材料。

強度重量比
相同強度的鈦，會比鈷鉻合金或不鏽鋼更輕。

等級範圍
鈦等級從較高韌性到抗拉強度高於 1,000 MPa 皆有，使醫療專業人員可以訂製零件，吻合應用目標的需求。

銅、黃銅、青銅與白銅（銅鎳合金）

別名

化學符號：Cu

白銅又稱為銅鎳合金

純銅因其優異的傳導性與抗腐蝕而廣泛使用，與合金結合可提高強度，但不可避免會造成傳導性降低。黃銅製造時是加入鋅、鎳銀合金是加入銅與鎳合金，所有其他合金類型則歸類為青銅，氧化後表面會生成色彩鮮豔的銅鏽，顏色則取決於合金成分。

類型	一般應用範圍		永續發展
· 純銅 · 銅合金：高銅、黃銅、青銅、鎳銀合金	· 電子 · 屋頂、外牆與雕塑 · 炊具	· 樂器 · 貨幣和珠寶	· 銅礦開採時能源損耗密集，約需一噸原礦才能製造一公斤左右的銅 · 回收利用效益高
屬性	**競爭材料**		**成本**
· /高效導體 · 強度與金屬疲勞強度良好 · 表面會生成銅鏽	· 鋼、鋁、鋅 · 聚氯乙烯 (PVC)		· 純銅相對價格高昂 · 製造成本取決於合金類型

簡介

銅功能多樣多變，獨特結合展性、傳導性與抗腐蝕的特性，應用範圍相當廣泛，從雕塑到貨幣，從精準的機械零件到人造珠寶。這是消費量第三高的金屬，僅次於鋼 (請見第 28 頁) 與鋁 (請見第 42 頁)，並有數百種不同合金結構與形式可取得。

銅具備天然抗菌特性，類似銀 (請見第 84 頁)，銅離子可抑制或破壞多種黴菌、真菌和其他微生物，事實證明，這種機轉對抗具有顯著健康風險的微生物特別有效，包括大腸桿菌 (E. coli)、耐甲氧西林金黃色葡萄球菌 (MRSA)、困難梭狀芽孢桿菌 (Clostridium difficile)。

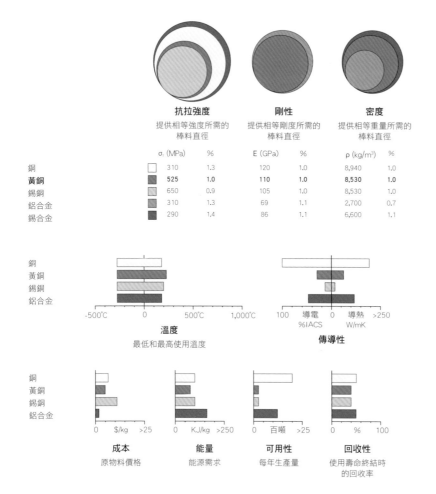

	抗拉強度 提供相等強度所需的棒料直徑		剛性 提供相等剛度所需的棒料直徑		密度 提供相等重量所需的棒料直徑	
	σ, (MPa)	%	E (GPa)	%	ρ (kg/m³)	%
銅	310	1.3	120	1.0	8,940	1.0
黃銅	**525**	**1.0**	110	1.0	8,530	1.0
錫銅	650	0.9	105	1.0	8,530	1.0
鋁合金	310	1.3	69	1.1	2,700	0.7
錫合金	290	1.4	86	1.1	6,600	1.1

銅 黃銅 錫銅 鋁合金

-500°C　0　500°C　1,000°C

溫度
最低和最高使用溫度

100　導電　0　導熱　>250
%IACS　　　W/mK

傳導性

銅 黃銅 錫銅 鋁合金

0　$/kg　>25

成本
原物料價格

0　KJ/kg　>250

能量
能源需求

0　百噸　>25

可用性
每年生產量

0　%　100

回收性
使用壽命終結時的回收率

黃銅小號 (右頁)

泰勒小號 (Taylor Trumpets) 手工銅管樂器是業界最高標準，世界各地的音樂家都會去造訪泰勒小號位於英國的工作室，委託製作出心目中理想的樂器。Chicago Standard 小號使用多種合金，顏色是判斷合金含量的好依據，黃銅所含約 30% 大量的鋅會造成明亮恰好的色調，紅銅含約 10% 鋅，銅的含量增加會產生更溫暖、更柔和的聲音。管狀結構與精準部件一般採用含鉛黃銅 (30% 鋅含量)，具有優異的機械加工性能。鐘型喇叭口是以片材敲打扭轉構成，這種情況下會採用紅銅 (10% 鋅含量)，具展性的黃銅也同樣適合，調音管以鎳銀合金製作，易於製造、重量輕、顏色優異。活塞鍵通常以不鏽鋼製作。小號會塗漆，避免表面氧化或變色。當然，也可以裸裝不上漆，很多音樂家喜歡不上漆的小號，吹嘴則取決於演奏者，因為與皮膚直接接觸，通常會鍍金處理。

銅的抗鏽蝕性強，因此銅的表面可以暴露在外，提升抗菌效能，幫助維持表面衛生，對流通率高的應用範圍特別有幫助，例如有門的傢俱，以及與飲食儲存備料相關的各種物品。

銅與銅合金顏色獨特，從銀灰色到黃色、從金色到紅棕色，表面氧化物造成顏色漸層，變化的比例取決於使用環境與合金成份：銅變成綠色；黃銅會變成綠褐色，然後變為深棕色；錫-青銅會慢慢變成深棕色；鋁-青銅會由亮慢慢變成紅棕色；鎳銀合金會隨時間變成棕綠色。

商業類型和用途

北美銅與黃銅產業訂定統一數字編號系統 (Unified Numbering System，UNS) 可辨別不同的合金。每種合金都有獨特的編號，從 C 開始，第一個數字表示銅含量，後面四個數字代表其他合金元素，順序依含量遞減排列，數字 C1 到 C7 代表鍛造合金，C8 到 C9 代表鑄造合金。藉由軋製和擠壓機製造的鍛造產品包含片材、桿材、棒材、管材與線材，可提升強度、硬度、剛性，但冷加工會降低伸長率。

高銅標示為 C1，雜質含量低於 0.7% 時可被視為純銅，質地非常軟，方便延展，傳導性最高，適合作為引擎用金屬，可用於接線、電器配件、暖氣設備、水管、屋頂與外牆。

鍛造黃銅標明為 C2 至 C4，相較於高銅，這些合金的強度經改善，同時擁有優異的機械加工性能與可鑄性。鋅的比例決定確切的性能。合金若要保留面心立方晶體結構，鋅含量約須在三分之一以下。

所謂的單相銅，或稱 α 黃銅，具伸長率，相對容易成型與接合，例如 C21*** 鍍金 (5% 鋅)、C22*** 商業用青銅 (10% 鋅)、C23*** 紅銅 (15% 鋅)和 C24*** 低銅 (20% 鋅)。

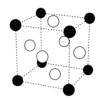

面心立方晶體結構
(FCC)

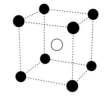

體心立方晶體結構
(BCC)

面心立方晶體結構
最密堆積面

體心立方晶體結構
堆積密度較低

金屬晶體結構與原子排列

面心立方晶體結構是由立方每個邊角上的原子組成，每個立方體面中間並有一個原子。這造成了非常緊密堆積的平面，比體心立方晶體結構更容易滑移，因此面心立方晶體結構通常更柔軟，伸長率更好。體心立方晶體結構由立方每個邊角上的原子，立方中心中間有一個原子，因此金屬強度更強、更硬、更脆。

隨著銅含量減少，顏色會從紅色變為金色，品質通常會反映在合金的名稱上。這些單相銅的成型性優異，能抗腐蝕，可用於樂器、建築立面、珠寶、門把與包裝。

合金的鋅含量約三分之一時，如 C26*** 彈殼黃銅 (30% 鋅) 與 C27*** 黃銅 (35% 鋅) 外觀呈現明亮的黃色，強度與伸長率達到理想平衡，有利於深抽與旋壓成型，並結合抗腐蝕特性，可用於需要成型性又有成本考量的應用範圍，例如樂器、建築設備、彈藥和水管五金。

當黃銅的鋅含量超過三分之一，並同時含體心立方晶體結構 (BCC) 與面心立方晶體結構 (FCC)，會比 α 黃銅更硬更強大，由於雙相結構，這種黃銅稱為 α-β 黃銅，不易冷加工，通常使用鑄造、擠壓和機械加工成型，例如 C28*** 孟茲合金 (Muntz metal) 板材與片材；C3**** 含鉛黃銅，特別是可

做機械加工零件的 C36*** 快削黃銅；C37***、C38*** 海軍黃銅，在鹽水環境中抗腐蝕效能高；C4 包含廣泛類型的黃銅，有些包含超過 95% 銅，加上不同的合金元素。

青銅包含銅合金，主要的合金元素並非鋅或鎳，可用於需要更硬、更強、抗腐蝕的應用範圍，主要族群包含錫青銅 (銅與錫)、鋁青銅 (銅與鋁)、磷青銅 (銅、錫、磷) 和錳青銅 (銅、錳、鋁)，通常含有其他合金元素，例如磷、鉛和矽。

錳青銅 (C66、C67 和 C86) 具有優異的機械效能，並能抗腐蝕，可在非常高的速度與載荷下運轉，需要這種條件的包括齒輪、軸承、船艦螺旋槳等。

錫青銅 (C9) 含有 4-8% 的錫，可用於彈簧、石砌配件、引擎與軸承。鑄造用鉛錫青銅 (C92 至 C94) 含有額外 7-15% 錫，可改善機械加工效能，能用於製造軸承和其他滑動表面。

青銅融化後呈現液態流動，有利於鑄造錯綜複雜的形狀，直到今日雕像、雕塑和鳴鐘仍用這種方法生產。雕塑的表面一般會帶銅綠作為裝飾效果，而鳴鐘則會精準切割拋光達到精確的尺寸，確保敲擊時發出正確音符。

添加磷的錫青銅，又被稱為磷青銅 (C5)，可用於製作耐腐蝕的物件，像是螺旋槳、汽車引擎蓋下的零件、彈簧、精密機械加工零件。磷青銅也擁有理想的發聲性能，可用於鈸、金屬鳴鐘、管樂器與簧樂器。

鋁青銅 (C95) 的鋁含量高達 12%，是銅合金中強度最高的，抗腐蝕特性出色。鋁含量若低於 11%，這種合金保留面心立方晶體結構，有助於保持伸長率，而不損耗強度。淬火 (快速冷卻) 可使體心立方晶體結構成型，這種結構更硬也更脆。回火 (加熱後冷卻) 可保持面心立方晶體結構。鍛造類

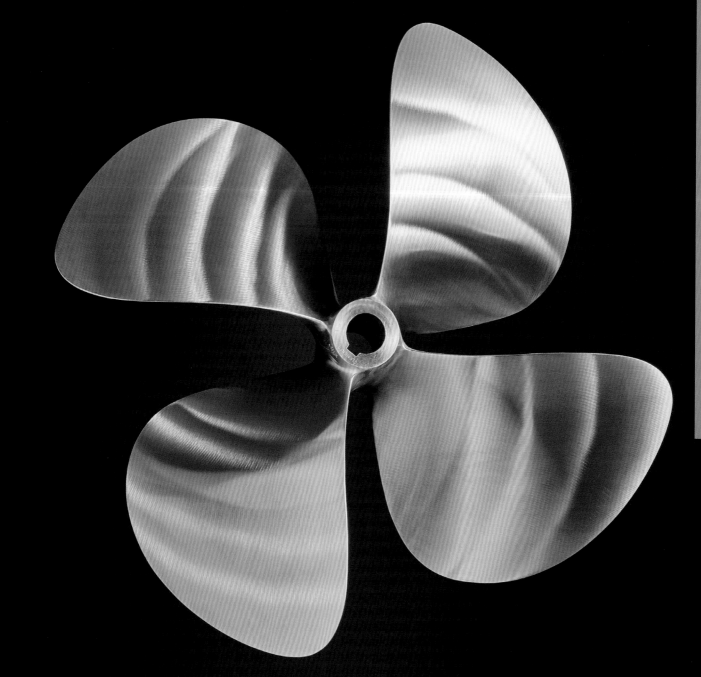

型的編號從 C61 至 C64，鑄造類型為
C95。這些具有亮金色，因為氧化後表
面生成保護性氧化鋁層，因此會一直
保持無光澤狀態。可用做抗腐蝕的容
器與結構零件、螺旋槳、管道設備和
軸承等。

鎳銀（C7 到 C79、C96 到 C97）又稱為
銅鎳合金（cupronickel），機械效能良
好，抗腐蝕性絕佳，這些性能會隨著
鎳含量的增加而提高。

青銅船艦螺旋槳

英國克萊門工程公司（Clements Engineering）
製造的四葉螺旋槳，使用 AB2 製造。這種類
型的鑄件最常使用鋁青銅合金，因為海水腐
蝕抗性出眾，以其高強度、耐衝擊與抗磨損
的特性聞名。四葉螺旋槳透過砂模鑄造成型，
藉由機械加工與拋光使製造公差確實精準，
確保水下性能達到最高。錳青銅和不銹鋼較
少使用，雖然這些替代材料部份優勢與鋁青
銅相等，但是抗腐蝕能力較差，因此養護需
求會更頻繁。

德國 M+R 公司製造的削鉛筆機，是以車床切削實心黃銅，先製作長條棒料、裁切長度，然後銑削孔洞和其他細節，利用在車床上旋轉時切削凹槽，完成鑽石滾花邊緣的表面處理。刀片使用高碳鋼沖壓，利用淬火硬化，然後磨銷邊緣使其鋒利。

手工敲打吊燈 (右頁)

英國工業設計品牌 Tom Dixon 製作的黃銅燈罩，利用旋壓成型完成正確形狀，然後進行手工敲擊。使用錘子定型有三個主要好處，可增強材料並隱藏缺陷，同時創造不規則的表面圖案。這組燈罩在印度北方邦 (Uttar Pradesh) 的莫拉達巴德 (Moradabad) 生產，印度大多數的銅器來自此地的手工藝產業。Tom Dixon 的黃銅燈罩參考傳統銅壺與容器，內部塗漆保留明亮有光澤的色彩，外部則以銅染技術加深顏色。

鎳的含量會影響顏色，含量約在 15%，合金變成銀白色；含量到達 40%，合金的銀色與真銀難以分辨，因此得名「鎳銀」。合金若有三分之二的銅，可維持面心立方晶體結構，適合冷加工；合金含量更高則會造成雙向結構。所有類型的鎳銀都適合鍛造與機械加工，製造很容易，傳統上鎳銀會用來製作包裝、文具、餐具、珠寶與其他裝飾用品。現在鎳銀的應用範圍包括食物與飲料的設備、彈簧、樂器、船舶零件、建築部件等。

永續發展

銅來自硫化物和氧化物礦石，一般純度約為 0.5% 至 1%，換言之，生產一公斤的銅，需要超過一噸的礦石。透過一系列研磨、浮選、熔煉、焙燒過程，慢慢去除雜質，純度增加達 99%。因為銅的製造過程會產生大量廢物，加工設備一般會設在礦場附近，可能對空氣品質、地面水與地下水的品質、土壤等造成重大影響，採礦公司一定要遵循嚴格的指導方針，幫助將污染降至最低，讓生物多樣性的損耗最大限度地減至最少。

銅可以完全回收並保留所有性能，除此之外，回收的銅材與生產新料相比，可節省約 85% 的能源。但是因為銅經常合金化，使銅材再利用有一點複雜，因為許多應用範圍無法使用含有任何雜質的銅材，例如電線與電纜是用新銅料製作，確保傳導性能達到最高。對非電力應用範圍，回收銅材再利用的比例相當高。

在大多數的情況下，就經濟上的考量，去除合金元素與其他雜質（如焊料）是不可行的，因此，熔煉過程會加入新料以減少雜質的比例，直到可接受的程度。

銅、黃銅、青銅在工業設計、傢俱與照明中的應用

無論是電線、接頭或暖氣設備，大部份的用途都是活用銅優異的傳導性與良好的耐腐蝕性。在過去，這些功能大部份會隱藏起來看不見，近年因為噴墨技術的創新，讓銅製電路可以應用在透明而柔軟的聚對苯二甲酸乙二酯 (PET) 與聚酯 (Polyster) 薄膜上（請見第 152 頁），這種解決方案比先前軟性電路板更具成本效益，像是聚醯亞胺 (polyimide)。除此之外，PET 薄膜可用壓克力塗料塗佈，因此能加上平面設計，讓設計擁有更多可能，突破傳統銅製電路的應用範圍，例如可以應用在穿戴式科技、一次性包裝、大面積電子設備等。銅合金可藉由數種不同方式成型，使銅成為最多變的材料，只要合金含量低於金屬總量三分之一，銅都能保留良好的伸長率。

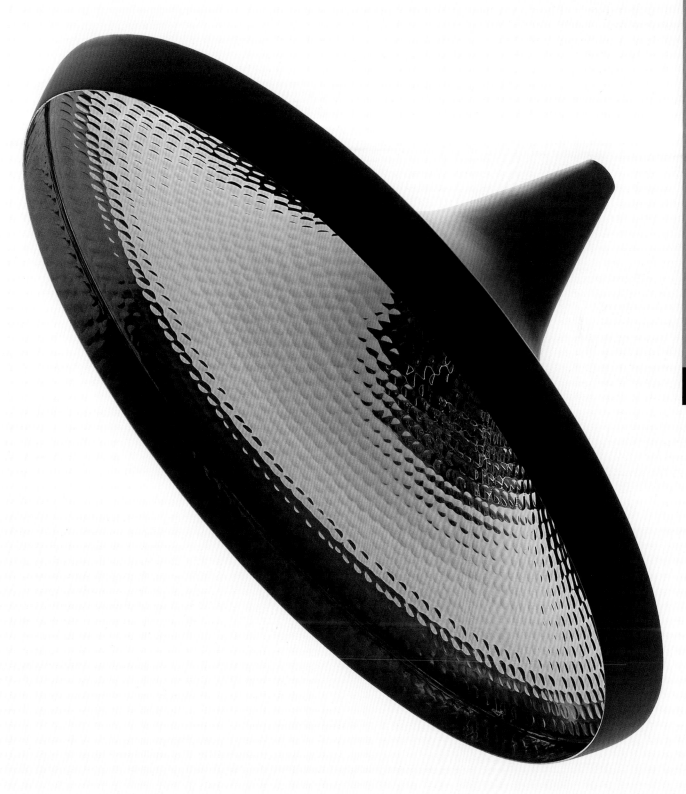

當合金含量超過金屬總量三分之一，會形成雙相結構，包含面心立方晶體結構與體心立方晶體結構，銅合金適合冷加工，例如旋壓、壓製、彎折和深抽等，這種技術廣泛使用在工業設計，製造工業設計的產品、傢俱和照明，例如具有一致壁厚的盤子、碗盤、滾筒與燈罩，都是用這些技術製造的。

銅合金利用銑削或車床成型效率非常高。雖然主要金屬的價格比鋼高上幾倍，純銅比相同重量的鋼材價格高出約十倍，但機械加工效率大大高於鋼材，因此銅合金大量生產時就能降低單價。鑄造可用來生產複雜的零件與室內物件，像是門把、固定陳設、水龍頭與水管零件，生產量少時會採砂模鑄造製作，生產量大時則是透過熔模或加壓模鑄。黃銅和青銅適合製作高品質物件，因為這兩種材料耐用、堅固、耐腐蝕，可拋光完成非常良好的表面加工。暴露在外的表面天然抗菌，這種性能用來製作門把特別有利，或者也能在表面塗漆或電鍍，達到想要的金屬性能來滿足物理和視覺需求。

廚具

傳導性
銅在所有用於烹飪的材料中熱傳導效率最高，是鋁的兩倍、鋼或鑄鐵的好幾倍，因為不容易產生熱點，因此有助烹煮時均勻加熱。

耐腐蝕
銅表面氧化後會生成保護層，避免進一步腐蝕，隨時間過去，銅鍋會變成紅棕色，除非使用鹼性或酸性物質將銅清洗為亮紅色。

耐用度
以相同橫截面來比較，銅堅固耐用，強度是鋁的兩倍，重量是鋁的三倍。但是銅的耐用度不如不鏽鋼，因為不鏽鋼具有更高的強度、重量和表面硬度。

工業設計、傢俱與照明

高價感
在某些應用範圍，銅合金雖然是金或銀低成本的替代方案，但是銅合金本身也有受歡迎的優點，根據合金不同，顏色可從紅色、銀色到金色。

耐腐蝕
隨著時間演進，銅表面發生氧化，可以保護底下的金屬，氧化層的顏色取決於合金。

機械加工效能
銅合金使用機械加工時，速度與成本比鋼材更有效益，在特定黃銅中加入少量鉛可使機械加工效能再次提高，這種黃銅被稱為易切黃銅。

傳導性
銅是高效的導體，導電性約為鋁合金的兩倍。

青銅的價格取決於合金：錫的價格比鋁高出許多。因此儘管青銅在許多方面的機械效能都高出銅許多，但是對大多數的設計案經濟上並不可行。錫青銅雖然價格高出兩倍，但因為表面能自然形成的理想銅綠色，所以才能繼續使用在雕塑與雕像上。

鋅合金 (請見第 78 頁) 價格比較低，在許多鑄造應用範圍可作黃銅或青銅的替代品，包括家用設備、汽車零件、五金與玩具。錫合金的鑄造品質優異，但不像銅合金等效的抗拉強度、剛度與耐用度。

在水管零件方面，含鉛黃銅大多已被無鉛黃銅或其他材料取代，以利改善水質，舉例來說，環保黃銅 EnviroBrass (C89 至 C95) 以硒和鉍取代鉛。這些物質和銅作為合金，生產時有許多優點與鉛一致。

銅、黃銅、青銅在鍋具中的應用

雖然銅是優良的導體，但表面容易刮傷，進而可能融入特定的食物而影響口感。烹飪接觸的鍋面通常會鍍錫或用不鏽鋼積層，避免這種情況發生。另一種替代方案是將銅用於鍋底，因為鍋底的加熱傳導效率最重要。

為了在廚具充分發揮銅的優勢，壁厚一定要足夠，讓熱能傳導；換句話說，鍍銅塗層的效率不如銅片，這表示銅鍋與平底鍋會非常重，因為銅的密度約為鋁的三倍，約比鋼或鑄鐵高 25%。專為重度使用設計的銅鍋，一般壁厚約為 2.5mm (0.1 英吋)；需求較低的應用範圍，壁厚只需 1.5mm (0.06 英吋)。

淺盆與半球形零件可用壓製成型，有深度的物件則用旋壓成型，特別是高度超過半徑的器具，像是湯鍋或平底鍋。深抽也適合直壁物件，但是比較少用來製作炊具，因為需要大量製造才能回收開模的成本。

銅、黃銅、青銅在時尚與紡織品中的應用

銅可做成長纖維與紡織品結合，就像電鍍塗層或合成纖維中的添加物，應用範圍從時尚、醫療到建築等。

積層銅製鍋具 (右頁)
1830 年成立於法國諾曼地 (Normandy)，Mauviel 製作的銅製鍋具是世上最精良的鍋具之一，這款堅固的燉鍋，厚 2.5mm (0.1 英吋)，內襯一層薄薄的沃斯田鐵 18/10 不鏽鋼，這兩種金屬積層後旋壓成型，不鏽鋼是烹調理想的鍋面，結合高傳導的銅作為外殼，青銅製手柄用鉚釘緊固，青銅不是有效導體，所以加熱時比鍋具其餘部份升溫更慢。

青銅外牆 (上圖)

法國里昂的史料館 (Archives départementales) 為 Gautier ＋ Conquet 建築事務所設計，採用銅鋁合金外牆，因為獨特的材料性能，這種外牆特別適合大面積的應用範圍，2014 年完工，明亮的金色表層已經變得柔和，表面處理成為溫暖的金色，而且非常耐用。影像由 Gautier＋Conquet 建築事務所提供。

黃銅洋裝 (左頁)

黃銅裝飾可用於刺繡、蕾絲和沙發襯墊。由荷蘭時裝設計師寶琳·范東恩 (Pauline van Dongen) 打造的這件洋裝，採用工業布料製造商 Inntex 出品的針織黃銅 (Dream 11)，銅線豐富的金色會隨使用年齡加深，針織結構讓整件洋裝可以垂墜在使用者身上，重量落在 250 g/m²，不比一般服裝布料重，但是觸感獨特，不只可用於奢華時尚，也適合用於室內布製品或與玻璃層壓 (請見第 508 頁)。影像由 Mike Nicolaassen 提供，版權為 Inntex 所有。

用於紡織品的銅絲一般直徑大約介於 0.2mm 到 1mm，能以連續長銅絲撚入現有紗線，也可以切成較短的長度，加入短纖維紗線中。金屬織物有許多優點，但一般來說，比傳統彈性纖維更硬、更重，也更昂貴。將銅電鍍到基底布料上有許多優點，同時還

能減少缺點。像是鍍銅聚醯胺 (PA，尼龍，請見第 164 頁) 擁有足夠的傳導性，能提供靜電防護與電磁輻射屏蔽，這也是銅應用在布料上最主要的優勢。

銅織品可用於電路中，就像電線一樣，也能焊接形成強大的傳導連接，如果應用範圍貼近人體皮膚，一般傾向避免銅材露出，主要因為銅氧化後會產生紅棕色，然後慢慢變成綠色，與汗水和乳液接觸時，銅鏽會蹭在四周，因此銅織品與表面通常會鍍上其他金屬 (如銀、錫、鈷) 或塗布。使用透明塗層可以維持銅獨特的亮紅色。

銅作為添加物時，可利用銅抗菌、抗真菌的性能製作消臭紡織品與傷口皮膚病的護理用品，在這種應用範圍，銅的直接競爭材料是銀 (請見第 84 頁)。有些公司利用這種優勢來生產含銅布料，包括衣物、沙發墊襯和寢具。然而，銅是一種廣譜抗菌材料，雖然銅是我們日常基本飲食的一部份 (儘管非常微量)，但若因為衣物或寢具長期暴露在銅底下，對健康會造成什麼影響仍未完全明朗，因此，銅布料是否能用作接觸皮膚的布料，各界意見不同，特別是在醫院。在醫院中，一般利用銅幫助減少有害微生物

時尚與紡織品

傳導性

可用於靜電防護與電磁輻射屏蔽的紡織品設計，就像傳統電線設計一樣，能作為電路的一部份。

抗菌

和銀一樣，銅也能抗菌、抗真菌，藉由銅離子的交互作用，可抑制或破壞微生物生長。

可塑性

銅不只柔軟彈性足，可供編織使用；銅的剛度也能夠使紡織品更有型，並能夠製作出褶襉。

裝飾性

剛成型的銅製品有獨特的亮紅色光澤，有些應用範圍會以透明塗層來維持色澤不變，或者也能利用彩色塗層或電鍍上色。

耐腐蝕

在大部份的氣候條件下，銅在室外的效能表現優秀，能快速生成氧化保護層，顏色會隨著風化週期氧化薄膜變化而改變。

顏色多變

經久不壞的銅鏽讓銅與銅合金的色彩有許多變化，從金色到黑色皆有。

耐用

銅已經成為建築環境中最廣為人知且有特色的一部份。

製作容易

銅適用多種冷加工技術，包括軋製、沖壓和深抽成型，可用的熱成型技術包括鍛造與擠壓成型。零件可利用焊接、銅焊(brazing)、電焊接合。

傳導性

銅的高導電特性可用於外圍建築，設計護圍來減少電力與磁場的傳導。

散播。當然，如果布料不會大量接觸皮膚，就沒有太大爭議，像是用在窗簾、紗窗、抹布等。

銅、黃銅、青銅在建築與營建中的應用

銅、黃銅、青銅與鎳銀合金可用範圍遍及建築內外，從摩天大樓到教堂，銅可作為各式各樣的建築元件，包括屋頂、外牆、排水系統。在建築物內，可作為牆面和天花板裝飾，也能用在建築物各種系統組件上，像是水管、佈線、室內陳設品。雖然銅的單位價格與鈦（請見第 58 頁）相當，並高於鋅，但是銅具有天然色彩多樣的優點，從亮紅色、金色、棕色到黑色，新料擁有明亮的表面光潔度，隨著氧化層生成而慢慢發展成熟。可利用透

無處理的銅材風化週期

銅暴露在空氣中時，表面會發生氧化，進而改變顏色，這個過程的速度取決於空氣酸度，有一些都會區、海洋環境與工業區的速度會更快，一開始是明亮的亮紅色，隨著時間過去，顏色開始加深，變為暗紅色，超過十年以上後，具體時間根據當地氣候不等，銅會變成具有特色的銅綠色，這種顏色會隨時間過去與當地氣候條件達成平衡。

明塗層來幫助保持原始色彩。或者，自然銅綠在天然風化過程中生成，形成堅固耐腐蝕的表面，可以保持數十年，甚至可達幾世紀，而且需要的後續保養極少。自然風化是一個循序漸進的過程，而且可以預測最終結果，讓建築產生當地環境獨有的特色。

這種經久不衰的特色已經受好幾代建築師採用，從古埃及到近期幾個充滿戲劇效果的新建築，高含銅的合金一開始呈現亮紅色，然後色調很快加深，變成李紅色與巧克力棕色，沒有經過處理的銅需要很多年才會發展出經典的銅綠。因此，現代銅製組件有時會透過化學處理，從一出場就完成想要的顏色，這也能幫助現有銅製結構的修復。

與純銅相比，黃銅的機械性能更佳，而且價格更低，一開始大致是明亮的金色，確切的顏色取決於合金元素，然後慢慢生成暖棕色的銅鏽；錫青銅會從原始亮棕色，慢慢變成獨一無二的深棕色；鋁青銅的顏色可能最吸引人的目光，一開始是明亮的金色，慢慢轉變成溫暖的金色。與純銅相比，某些合金風化週期慢得多。

銅具有很強的可塑性，因此容易成型，用於製作錯綜複雜的幾何圖形很有利，冷軋延可增加硬度，製造出的

銅片適合用於屋頂、外牆和排水溝。高含銅的合金伸長率極高，容易成型；黃銅與青銅比較硬、更堅固，這種特質可藉由增加合金比例來改善。

銅合金能用在軋製或擠壓的部件，也適合用於鍛造，為建築室外或室內各種應用範圍提供更多可能。

接合技術的選擇取決於應用範圍的需求。銅合金加工方式多樣多變，與導熱、機械、黏合等技術兼容。焊接和銅焊很受歡迎，特別是水管與電氣作業，因為焊接和銅焊可形成防水冶金結合 (watertight metallurgical bond)，

施工方法以焊料與機械固件的結合，而焊料即用來密封。最好避免用焊料長距離連續密封，因為焊料易受金工膨脹縮小影響而破裂，這種情況下偏好使用粘合劑。

只要經過精心規劃，可利用風化配合時間演進來加強建築物的外觀，對長期應用範圍來說，主要考量因素之一是銅與鄰近金屬發生電位差腐蝕的可能性。腐蝕電位較小的金屬直接與銅接觸會發生腐蝕，特別是鋁和鋅。雨水或甚至是空氣中的濕氣充當電解質，促使電化學作用，腐蝕電位較

大的金屬會作為陰極，較小者成為陽極，隨後發生溶解。一起使用時，金屬穩定性差異較大時，一定要做好絕緣，避免發生電位差腐蝕。在大多數的情況下，沒有必要將銅與不鏽鋼、錫或鉛隔離。

銅表面若有雨水流過，這也會影響到附近的材料，銅鹽溶解後可能會被建築物下方的多孔材料吸收，像是大理石（請見第 482 頁）等。 如果是純銅，會導致綠色的污點。隨著銅合金的不同，會呈現出不同的污漬，例如含鉛的銅會造成黑色污漬。

脫蠟鑄造青銅雕塑

這是守衛英格蘭諾里奇 (Norwich) 市政廳的兩頭紋章獅子其中之一，為 1936 年雕塑家阿爾弗雷・哈德曼 (Alfred Hardiman) 作品，完工多年後，作品受當地氣候狀況影響發生化學反應，青銅表面生成銅綠 (verdigris)。這件作品如果換成另一個地點陳列，變化的顏色、圖案與速度都會不一樣。

鋅

別名

化學符號：Zn

常用的合金名稱：萊茵辛克 (RHEINZINK)、鋅美特 (Zintek)、鈦鋅板 (VMZINC)、薩馬克合金 (Zamak)、鋅鋁合金 (ZA)

作為許多壓鑄組件的材料首選，鋅結合良好的強度、伸長率、耐衝擊、易加工，雖然鋅的價格不是最便宜的，但是與鋁或鋼相比價格較低，某些情況下也比熱塑性塑膠更低。大部份鋅用於鍍鋅或電鍍，作為防腐蝕使用，同時鋅也是好用的合金。

類型	一般應用範圍	永續發展
· 純鋅或特高級鋅錠(SHG) · 鋅合金	· 消費產品、廚房用具與浴室設備 · 鍍鋅或電鍍 · 外牆與檯面	· 開採時能源損耗密集，並會造成污染 · 建築材料經常重複使用，回收效益高

屬性	競爭材料	成本
· 熔融時流動性高 · 高耐腐蝕 · 易褪色	· 鋁、銅、鈦與不鏽鋼 · 工程熱塑性塑膠，特別是聚丙烯 (PP)、聚醯胺 (PA)、聚碳酸酯 (PC)、聚碳酸酯 (PC)	· 低至中等 · 製造成本低

簡介

不管是加入銅 (請見第 66 頁) 或是用來保護鋼 (請見第 28 頁) 避免腐蝕，鋅在人類歷史與工業史上扮演著重要支撐角色，目前仍是現代交通運輸與建築營建成功的基礎。鋅本身的優點也可當金屬單獨使用，例如壓鑄製成消費產品，作為檯面或是外牆使用。

金屬鋅一開始會呈現帶藍色調的明亮灰白色，與水和二氧化碳接觸之後，表面會生成黯淡的深藍灰色，即碳酸鋅，藉此保護下層的金屬。在正常情況下，鋅一年會耗損約 1 微米，因此，儘管厚度低於 1 公釐 (0.04 英吋) 也能維持超過半世紀。

商業類型和用途

鋅的片材製造以連續鑄壓與軋延製造，一次鋅 (primary zinc) 的分級從 Z1 到 Z5，根據內含的其它元素而定，Z1 等級最高，內含 99.995% 鋅；Z5 約含 1.5% 其他元素。

鋅通常會與其他金屬合金化，以改善特定的機械性能，通常以商標名稱銷售，舉例來説，鈦鋅板 (VMZINC)、萊茵辛克 (RHEINZINK) 和鋅美特 (Zintek) 含有少量其他元素，像是銅、鈦和鋁 (ZN-Cu-Ti-Al)，以提升強度與抗壓性，同時降低熱膨脹係數，有利

壓鑄鋅製手柄 (右頁)

美國專業刀具品牌史丹利 (Stanly) 99E 伸縮刀的手柄採用鋅製造，鋅的鑄造性優異，代表鋅能結合固定裝設、平面設計與其他細節，手柄的設計與鋅在強度與剛度的平衡相結合，意味著單一中央固定點，就足以緊密固定兩片手柄。

	抗拉強度		剛性		密度	
	提供相等強度所需的棒料直徑		提供相等剛度所需的棒料直徑		提供相等重量所需的棒料直徑	
	σ₁ (MPa)	%	E (GPa)	%	ρ (kg/m³)	%
鋅	290	1.0	86	1.0	6,600	1.0
黃銅	525	0.7	110	0.9	8,530	0.9
軟鋼	460	0.8	210	0.8	7,830	0.9
鋁合金	310	1.0	69	1.1	2,700	1.6
聚醯胺 (PA) 6/6 30% 玻璃纖維	190	1.2	9.5	1.7	1,370	2.2

鋅 / 黃銅 / 軟鋼 / 鋁合金

溫度 最低和最高使用溫度 (-500°C, 0, 500°C, 1,000°C)

傳導性 (導電 %IACS / 導熱 W/mK, 100, 0, >250)

鋅 / 黃銅 / 軟鋼 / 鋁合金

成本 原物料價格 (0 $/kg >5)

能量 能源需求 (0 KJ/kg >250)

可用性 每年生產量 (0 百噸 >50)

回收性 使用壽命終結時的回收率 (0 % 100)

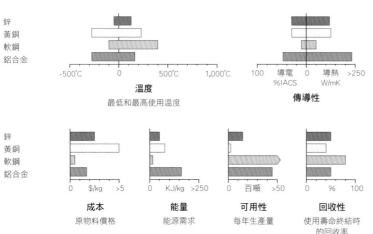

於作為材料外覆層使用，熱膨脹係數意指隨溫度改變，每單位材料長度或體積的變化。

鑄造合金有兩個主要家族：薩馬克合金(Zamak) 和鋅鋁合金 (ZA)。前者含有約 4% 鋁，可鑄性出色；鋅鋁合金 (ZA，又稱 Zn-Al) 含鋁量更高，強度優異。Za-8、Za-12、Za-27 含鋁量分別為 8.5%、11%、26.5%，抗拉強度與硬度增加，但伸長率與衝擊強度減少。Za-12 與鑄鐵相當 (請見第 22 頁)，強度與密度稍低。鋅的優勢在於流動性更高，可以鑄造的零件壁厚更薄、細節更細小。

Zamak 3 (亦稱為 3 號鋅合金) 因其強度與伸長率達良好平衡而廣泛使用；Zamak 7 (亦稱為 7 號鋅合金) 純度較 3 號更高，可鑄性、伸長率與表面光潔度更佳，而這代表 Zamak 7 更容易溢料，也就是熔融的鋅會流入模具所有微間隙，包含半模之間的隙縫。Zamak 5 (亦稱為 5 號鋅合金) 銅含量更高，拉伸強度也更高，與3號鋅合金相比，伸長率較低，但是表面光潔度更佳，機械加工性能也更好。

鋅的六方密堆晶體結構 (類似鎂，請見第 56 頁) 限制了鋅能完成的塑性變形總量，例如透過壓製或鍛造成型。

永續發展
世界各地大量開採鋅，主礦石是一種稱為閃鋅礦 (sphalerite) 的硫化鋅礦物。將閃鋅礦磨成細粉，然後從脈石 (周邊物質) 利用泡沫浮選分離礦物質，浮選適合處理許多不同材料，這是利用礦物不同的疏水性，含鋅礦物質會形成泡沫浮在表面，進而能篩出進行下一步。在這個階段，濃縮物約含有 50% 鋅與其他元素，如銅、鉛、鐵等，經過高爐 (熔煉) 中焙燒，鋅可藉由化學處理 (硫酸) 或是以碳熔煉萃取，其中後者以碳熔煉非常耗能，並不常見。鋅的製造過程會排放氣體、

工業設計與傢俱

可鑄性
鋅的熔點為 420°C，相對比較低，熔融時黏度也低，使鋅鑄造效益佳，比其他結構合金，更能完成更複雜的幾何形狀或是壁更薄的區塊。

表面光潔度
由於鋅的高流動率與相對較低的成形收縮率，鋅鑄造時表面光潔度優異，可幫助塗漆或電鍍，讓後續處理相對簡單。

衝擊強度
鋅擁有良好伸長率與延長性，兩者相加能提供非常良好的抗衝擊性。

廢棄物與有害副產品，雖然排出物質大部份都能收回後經過處理，然後重新利用，但是整體來説，開採鋅仍對環境有不利的影響。

鋅可以完全回收，無論什麼情況下都可還原，壓鑄、包層或是其它高含鋅的來源產出的高品質廢料，相對來説容易辨別，因此可以直接重複使用，它也在工業製程中被回收，例如鍍鋅鋼電弧爐。

大多數工業用鋅在於鍍鋅與電鍍鋼，營建回收的鋼材通常會重新利用，鋅塗層可保護這些鋼的使用壽命，將鋅與鋼以電化學分離，然後分別回收，這種做法並不實際。

鋅在工業設計與傢俱中的應用
由於鋅的黏度低，成形收縮率也低，鋅鑄件是淨型 (net shape)，公差範圍精準，需要的機械加工極少，甚至不需要，優異的表面光潔度可藉由電鍍和塗漆再次加強，鋅一般用於廚房與浴室零件，完成外觀類似金 (請見第 90 頁)、黃銅或鋼。

幾乎所有鑄造技術都能施用在鋅，最常使用的是高壓壓鑄，由於工具成本，這項技術僅適用大量生產，例如

用來生產高品質、壁薄的精密零件，像是消費產品、廚房設備、門窗五金、水龍頭和浴室的固定設備等。

鋅的可鑄性優異，加上鋅的機械性能，讓鋅能直接與鋁 (請見第 42 頁) 競爭，大部份情況下也能與射出成型的熱塑性工程塑膠競爭，特別是聚醯胺 (PA，尼龍) (請見第 164 頁)、聚碳酸酯 (PC) (請見第 144 頁) 和聚丙烯 (PP) (請見第 98 頁)。但是，鋅的密度相對較高，因此不適合用於輕量化為關鍵的應用範圍。

鋅無法用在高於 100°C 的應用範圍，否則將折損鋅的強度與硬度，事實上，即便在室溫下，鋅仍會發生潛變 (creep)，也就是在壓力下固體材料緩慢變形。

鋅在建築與營建中的應用
鋅幾乎半數投入營建，大部份用於鍍鋅或是電鍍鋼，而鋼是營建中最常見的金屬，其次為鋁。類似銅 (請見第 66 頁) 和鈦 (請見第 58 頁)，鋅多半應用在材料外覆層，特別是在歐洲。當鋅暴露在空氣中時，會發展獨特的藍灰色表面，銅、鈦、鋁通常會加入少量鋅合金，影響表面的銅鏽顏色。

有水氣但沒有二氧化碳幫助銅鏽生成時，鋅在潮濕的環境中容易腐蝕，表面形成氫氧化鋅 (又稱為銹)，使鋅如鋼材生鏽一樣變質。

廚房用具壓鑄鋅外殼 (右頁)
KitchenAid 攪拌機因其耐用性與使用壽命而聞名，這種特點來自壓鑄 Zamak3 號合金，鋅的許多特質，讓鋅成為這類應用範圍的理想選擇，例如良好的機械效能平衡、絕佳可鑄性與高品質的表面光潔度。鋅的密度和震動時減振效能，可幫助穩定，壓鑄能確保機械加工量減至最低 (只限關鍵零件與表面)，進而幫助降低成本。鑄件表面加上光澤表面處理，不僅提供功能上的優勢，就美學上也很有吸引力。

建築與營建

耐腐蝕
鋅能以鍍鋅的形式,在鋼的表面提供連續不透水金屬薄層,避免鋼腐蝕。如果刮傷,鋼仍會受到保護,因為鋅一般會腐蝕,換句話說,鄰近區塊的鋅會比裸露的鋼材先腐蝕,這種替代腐蝕現象稱為「犧牲陽極」或「陰極保護」。

無毒性
與銅不同,鋅逕流完全清澈,不會傷害周邊植被,接觸時不會在材料上留下污漬或是發生腐蝕。

成型性
片材可延展,而且相對容易成型,有利現場安裝的外覆層或排水系統。

低成本
作為建築材料,鋅在正常情況下需要的養護非常低,至少可以維持 80-100 年才需更換。

可重複使用與回收性
根據統計,歐洲每年軋製鋅回收率約 95%。

鋅外覆 (上圖與右頁)
位於韓國首爾的斜屋 (Leaning House) 為 PRAUD 建築事務所設計,2014 年完工,傾斜的設計能引入最多日光,也能一覽周邊景色。「盒子」所有側面接縫都經過相同的處理,使用鋅外覆,條狀材料使直立縫接合,建築師利用這種輕量建築工法,同時保留功能與視覺美觀,每條材料側邊在輔助吊掛固定設備上,以機械接縫密封,不需要外部貫穿,確保因應天氣時有卓越保護力。影像由 Kyungsub Shin 提供。

為了避免這種情況,面板背面、外覆層、溝槽會加上塗佈,另一層考量則是鋅在溫暖的天氣下會大幅膨脹,約為鋼的兩倍,因此像是直立接縫的組裝系統,也就是鋅的片材折疊後將邊緣接合,產生與屋頂垂直的接縫,請見第上圖,像這樣的接縫運用,保留彈性移動,避免鋅彎曲或鼓起。

鋅與銅合金、鐵或鋼接觸或沾到雨水逕流時,容易發生電位差腐蝕 (鍍鋅鋼不影響),這是特定金屬比其他並存金屬優先腐蝕的現象,此外也不推薦將鋅與 pH 低於 5、高於 7 的材料接合,這包含某些種類的木材,例如落葉松 (請見第 310 頁)、橡樹 (請見第 342 頁)、栗樹 (請見第 346 頁)、樺樹 (請見第 334 頁)、檜木 (請見第 318 頁)、道格拉斯冷杉 (請見第 314 頁) 等。其他像是松樹、銀杉 (請見第 304 頁) 與白楊木 (請見第 324 頁) 可放心使用。鋅塗層可提供不透水屏護和陰極保護 (請見上面方框說明) 來保護鋼材,塗層選擇取決於使用部份和應用範圍,傳統熱浸鍍鋅工法可用在大型零組

天然色　　　預鈍化灰　　　預鈍化黑

礦物顏料顏色範例

鋅的顏色選擇

鋅的外覆層有自然色（暗藍灰色）可選，或可預鈍化 (pre-weathered)，用於檯面或是內部應用範圍時，一般鋅保持未處理樣貌；使用在建築物外部時，預鈍化可以提供更多顏色選擇與表面處理。加入礦物顏料（可用於室內室外應用範圍），產生更廣泛的顏色選擇，隨著鏽生成發展出獨特的外觀。

件，會產生超過 50 微米的厚塗層，適合用於會暴露在室外數十年、甚至數百年的零件。將鋼藉由一系列浸泡、清除油漬、清洗表面做預備，鍍鋅的過程是將材料浸泡在熔融的鋅，讓鋅在零件細部流動，確保徹底塗佈，鋼與熱鋅接觸時形成冶金結合，產生不透水塗層隔絕濕氣，會快速失去光澤變暗，轉成霧面灰色。

另一種鍍鋅過程稍微修改過，是將鍍鋅零件放在機架上旋轉，除去多餘的鋅，這種技術適合完成尺寸較小的零件，特別是螺栓和固定零件。

鋼板（和鋼線）可以連續高速工法塗佈，長型材料依序放入鍍鋁槽，最高可達每分鐘 200 公尺，利用氣動刮刀精確控制塗層的厚度，這種刮刀以高壓均勻的層流形成，如鋼材離開鍍鋅槽一樣。鍍鋅片材可像沒有塗佈的鋼材切割、壓製、組裝製造，使鍍鋅成

為長期抗腐蝕保護非常經濟的做法。高鋁鋅合金（又稱為 Galvalloy 合金或 AX 合金），能提供更好的防腐蝕耐性，但可成型性降低，主要用於沿海地區、汽車和運輸。熱噴塗技術適合用在不適合熱浸鍍鋅的大型結構，塗層厚度可達 200 微米，略帶孔隙，但因鋅的沉浸量足，所以非常耐用。電鍍或機械電鍍技術可用於小零件，例如機械扣件，在機械電鍍的情況下，零件與鋅粉、玻璃珠放在滾筒中，滾動時鋅粉鎚擊附著在表面上。在某些情況下，會將鋅粉加入塗料，藉由噴塗施用。金屬不會形成冶金結合，然而鋅仍然可以提供陰極保護，也可在熱浸鍍鋅加上鋅粉塗層或噴塗，雙層系統可提供卓越的保護層，並有各式各樣的顏色與表面處理可供選擇。

金屬 / 貴金屬

銀

銀的許多特性相當討喜，具伸長率、反射性、高傳導，在工業或銀器製作上都是珍貴的材料。此外，銀具備天然抗菌特性，可運用在消臭運動服到表面抗菌等應用範圍。銀的價格昂貴，因此可藉由鍍銀來取用其明亮美麗的外觀。

類型	一般應用範圍	永續發展
· 純銀 · 925 純銀 (英幣標準銀 Sterling silver)、958 純銀 (不列顛尼亞白銀 Britannia silver)、950 純銀 (墨西哥銀 Mexican silver)、935 純銀 (鍺銀 Argentium silver)、900 純銀 (造幣銀 coin silver)	· 電子產品 · 醫療 · 珠寶與布料 · 餐具與裝飾	· 銀大多為銅、鉛、金提煉時的副產品 · 可完全回收

屬性	競爭材料	成本
· 優異傳導性 · 高反光性 · 伸長率 · 抗腐蝕	· 金與鉑 · 銅、鎳銀 · 鍍鋁 PET 薄膜	· 昂貴，但製造成本仍只是金與鉑的一小部份

84

簡介

銀長期在人類生活中扮演重要的角色，就像金一樣 (請見第 90 頁)，銀素來用於鑄幣與儀典器具，事實上，不管是鑄幣或儀典器具，兩者經常摻入相同合金。一直到現代，銀仍用在有重要象徵意義的物品，如珠寶、餐具和裝飾等。近年來，銀獨特的性能已被證明有利於多種現代科技的發展，從太陽能電池到穿戴式感應器等。

銀是貴金屬，就像金與鉑，這代表銀相對穩定，而且耐腐蝕。隨著時間推移，銀暴露在大氣中會形成深色硫化銀，在裸露的表面上，可藉由拋光維持銀明亮的光澤。

商業類型和用途

含銀量達 99.9% 被稱為 999 足銀 (fine silver)，是最純的銀，伸長率非常強，即使柔軟度仍略遜於金，但因此開發出合金，讓銀更堅固，能適用在更廣泛的範疇。純銀可用於電鍍，例如刀叉、淺皿和飾品。純銀反光性高，呈現銀白色。925 純銀含有 7.5% 銅 (請見第 66 頁)，銀可以與其他金屬合金，但銅最常用於珠寶、餐具、裝飾，因為銅在強度與成型性擁有良好平衡。由於銅的含量，拋光後可產生比純銀更大的顏色深度，隨著時間過去，因刮傷與穿戴時磨損會使表面生成銅鏽。為了辨識，銀的千分比數字代表含銀量，因此標註為 925 純銀，而含有 80% 的則標註為 800 純銀。

除了 925 純銀，其他受歡迎的類型還包括含銀量 95.84% 的 958 純銀 (不列顛尼亞白銀 Britannia silver)；950 純

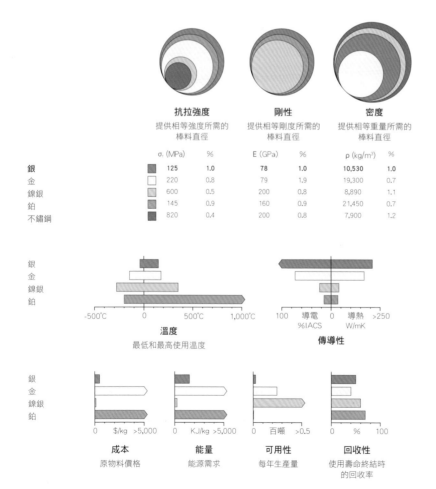

	抗拉強度 提供相等強度所需的棒料直徑		剛性 提供相等剛度所需的棒料直徑		密度 提供相等重量所需的棒料直徑	
	σ (MPa)	%	E (GPa)	%	ρ (kg/m³)	%
銀	125	1.0	78	1.0	10,530	1.0
金	220	0.8	79	1.9	19,300	0.7
鎳銀	600	0.5	200	0.8	8,890	1.1
鉑	145	0.9	160	0.9	21,450	0.7
不鏽鋼	820	0.4	200	0.8	7,900	1.2

銀
金
鎳銀
鉑

-500℃　　0　　500℃　　1,000℃
溫度
最低和最高使用溫度

100　導電　0　導熱　>250
　　%IACS　　W/mK
傳導性

銀
金
鎳銀
鉑

0　$/kg　>5,000
成本
原物料價格

0　KJ/kg　>5,000
能量
能源需求

0　百噸　>0.5
可用性
每年生產量

0　%　100
回收性
使用壽命終結時的回收率

銀 (墨西哥銀 Mexican silver) 的含銀量隨時間略有波動,但是一向高於92.5%;935 純銀的商標名稱為「鍺銀 (Argentium silver)」,這是再生材料重製的合金,含銀量約 93.5% 至96%;900 純銀(造幣銀 coin silver) 的含銀量約 90%。就像 925 純銀,每種類型都是用含銀量千分比標示,例如「958 純銀」、「925 純銀」。

銀同時擁有抗腐蝕特性與高傳導性,其中導電性甚至高於銅,可用於軟硬電子器材,可鍍銀在接頭與開關,增加傳導效率,或是混紡在織品上,讓布料可以感應並傳導電力。銀鈀可用網版印刷做成電路,雖然因為近年來鈀的成本上升,這類型的應用漸漸減少了,銀粉是太陽能電池中主要前驅物質,作為導電銀漿使用。而銀的高反射率 (95%),特別是光譜中紅外線部份,可用在望遠鏡和太陽能集熱器上,也就是將太陽光聚焦在含鹽的集熱器上,然後驅動發電機。

浮雕與凹雕 (Repoussé and chasing)

來自婆羅洲 (Borneo) 的傳統銀器,利用金屬的伸長率手工成型,「repoussé」指的是從反面敲打完成浮雕設計,「chasing」是從正面敲打的凹雕技法,可讓設計更完美,細節更銳利,有時會使用柔軟的背襯或支撐物,被稱為「chaser's pitch」凹雕護面,金工鍛敲或鏤空時,可減少錘子每次敲打的影響區域,提高薄板材作業的精準度。浮雕與凹雕是一種古老的工藝,加工過程緩慢,但是非常經濟,功能多變,取決於銀匠的技巧,可以完成複雜而精緻的作品,其他金屬像是鋼、銅合金或金,都和銀一樣能用這種方法成型。

同樣的特性也用於窗戶塗層上，減少現代建築的太陽能吸收，最高可達95%。過去會將玻璃（請見第 508 頁）加上銀塗層製成鏡子，被稱為鍍銀（silvering），直到今天，頂級鏡面與餐具仍使用這種方法製作。銀如果暴露在空氣中，會快速生成暗色暗漬，因此可以在背面塗上透明材料，或是用透明塗層保護。

現在比較常見的是使用真空沉積鋁塗層（請見第 45 頁），可用於具反射性的表面，這種做法價格更低，而且在表面生成的保護性氧化物是透明的，因此不會影響光學特性。

和銅一樣，銀具備天然抗菌特性，銀離子會阻斷細菌細胞的化學鍵，實際應用時，這代表食物或飲品保存在銀器中，新鮮度可以維持更久。就醫療上也相當有利，例如傷口敷料中加入銀，可幫助保持衛生，促進傷口癒合，此外，銀也能作為簡單的食品添加劑，當作殺菌劑來對抗細菌，特別是對健康有重大危害的細菌，像是惡名昭彰的抗甲氧苯青黴素金黃色葡萄球菌（methicillin-resistant Staphylococcus aureus，MRSA）。近年來，消費產品製造商開始將奈米銀加入塑膠、合成纖維與塗料中，利用銀的抗菌與抗真菌性能，應用範圍包括冰箱、空調設備到運動服飾。

使用實心銀製作的 925 純銀餐具與淺皿，與不鏽鋼幾乎相等（請見第 28 頁）。鍍銀通常採用鎳銀（銅合金）作為基底金屬，因為鎳銀的外觀和 925 純

鍍銀服飾

由紐約 ARJUNA.AG 設計的連帽上衣，靈感來自銀全方位的保護功能，整體結構使用聚醯胺（請見第 164 頁），加上總重 18% 的銀塗層，銀的傳導防護可以隔絕電磁輻射，同時抗菌功能能抵禦細菌，隨著時間流逝，銀的顏色變暗，漸漸變成深色。

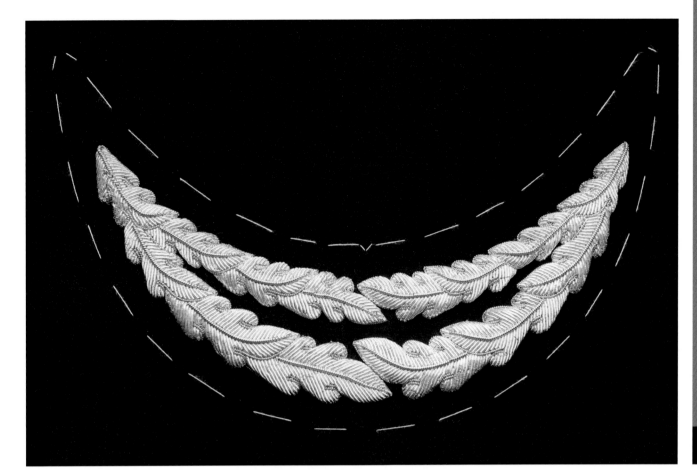

銀非常接近。不鏽鋼與鎳銀餐具可以大量生產,但是 925 純銀單品仍保持手工製作。

永續發展

銀存在許多礦物形式中,例如與鉛、銅、金結合,淬煉這些金屬時,會製造銀作為副產品,分離的方法取決於礦物類型,通常包括電解或化學處理。銀作為副產品,內耗能源取決於材料的負面影響,以及分離過程中使用多少有害化學物質,例如汞和氰化物。處理效率取決於礦石,例如,含硫的硫化鉛(方鉛礦),每噸礦石可產生約 1 公斤的銀。

因為銀的價值高,只要情況允許,都會將銀回收再利用,可幫助減少整體環境衝擊,但是因為銀的應用範圍很廣,使用方法多元多變,而且銀主要應用在工業範圍,回收後從廢棄物中分離出銀,有時這種做法並不實際。

時尚與紡織品

反射性
銀是反射性最高的金屬之一,擁有銀白色的外觀,但是銀閃亮的外表很短暫,因為暴露在陽光與空氣中,銀很快就會變暗失去光澤。

成型性
銀具伸長率,可以徒手加工,而且不斷裂。

傳導性
銀的傳導性優異,可用於紡織品製作電路板,也能抗電磁輻射或抗靜電,可作防護衣物。

銀在時尚與紡織品中的應用

銀在紡織品中的應用有許多形式,銀線可用於貼線刺繡和沙發布,通常使用細絲線固定在紡織品表布,讓銀的銀白色光澤可以充分展現,不像金,銀表面容易生成暗漬失去光澤。因為

銀線刺繡

上圖為軍用帽的細部刺繡,這是英國倫敦刺繡品牌 Hand & Lock 的產品,使用銀線在織物表面刺繡而成。刺繡周圍的平針縫線是暫時的假縫,用來標記帽子的邊緣。銀線刺繡的用途類似金工飾物(請見第 95 頁),可提升禮儀用品或軍用品的價值。本例的銀線刺繡是使用 3D 立體刺繡的技法來提升設計效果。由於是銀線刺繡,之後隨著時間的流逝,表面會漸漸失去光澤,使浮雕處與深色凹陷處的對比更強,讓刺繡圖案的質感更豐富。

銀的價格高,通常會電鍍在價格更經濟的金屬或塑料絲線上,除了增加美感與觸感,薄薄的塗層具有高導電性,這種特性有好幾種不同的運用方式。例如,鍍銀纖維手套讓使用者可以操作觸控螢幕,觸控螢幕上的電

容式感應器能回應手指的滑動，電鍍非常薄，因此不會嚴重影響纖維垂墜度或手感，這種方法也適用針織或彈性纖維，有趣的是，取決於纖維的拉伸方式，導電性可能增加或減少。隨著資料匯入與匯出的技術越來越迷你，導電服裝的應用範圍也擴展到新領域，包括醫療、保健、軍事和遊戲等。

將奈米銀粒子 (1-100 奈米) 與紡織品結合，就能運用銀的抗菌特性，應用範圍從醫療到運動服裝，或是野營設備，抗菌效果有助減少異味產生，有助保持衛生，但是值得注意的是雖然銀已知對細菌、真菌與其他微生物非常有效，但是不知道具體對廣大環境有什麼危害，目前有許多研究針對這點進行討論，但是科學家認為在進一步了解銀的影響力之前，應該限制奈米銀的使用；但也有科學家表示沒有新的重大危害。

奈米銀粒子具導電性，可以結合墨水做成軟式電路板，藉由噴墨印刷能在一系列材料上貼膜，包括塑料薄膜，(請見第 152 頁聚對苯二甲酸乙二酯)。

銀在珠寶中的應用

儘管珠寶僅佔銀消費總量的一小部份，但是這可能是人們最熟悉的應用方式，銀匠使用的技術有一整個系列，同樣的製作過程可用來製作餐具、裝飾與其它銀製品。因為銀可以彎折、鍛敲、壓製成各式各樣的形狀，相對來說適合徒手加工，錘敲可用來增加紋理，也能製作不同形狀，銀匠用的金工槌有各種不同的材質與花紋，能完成不同的飾面。

需要連續不間斷的形狀時，例如戒指，會使用長條狀的銀棒來處理成合適的尺寸，然後進行彎折和焊接，藉由在晶體結構中形成差排，銀在壓製與成型的過程中會變硬，退火 (加熱後冷卻) 會讓晶體結構找到平衡，然後

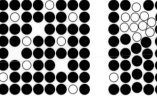
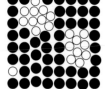

合金熱處理

淬火

將雙相合金加熱到一定的相變溫度之後 (取決於合金) 會導致 β 相原子完全溶解在晶格中，接下來淬火時，β 相原子會固定在原位，保持機械效能，只要一直維持低溫，金屬就能一直保持這種狀態。

析出硬化

金屬若持續低溫加熱 (或僅是長時間加熱)，β 相原子會從溶質中析出且聚集，這些基團有效阻礙差排移動，就能硬化金屬產生強度更高的合金，溫度與時間要恰到好處，才能達到最佳機械效能。

恢復原本的可塑性。一旦成型完成，特定的幾何形狀會因為加工而變得更硬，變成彈簧張力更高的強大材料。

由於 925 純銀中銅的含量，這些銅會形成雙相合金，又稱 α - β 合金 (請見第 68 頁)，925 純銀容易析出硬化。這種技術利用在室溫下金屬所含的兩種晶相，當加熱到特定溫度時，β 相的小晶體自 α 相析出，進而硬化。分離的 β 相阻礙晶格中差排的移動，減少金屬變形的容易度。這種技術主要應用於鋼、鋁 (請見第 42 頁)、鎂 (請見第 54 頁) 和鈦 (請見第 58 頁)。雙相晶體的另一個好處是退火與淬火 (快速冷卻) 時，不會形成 β 相，因此能使金屬伸長率極佳，更容易塑型，隨著時間增加 (速度隨加熱增加)，β 相成型並使金屬硬化，這就是為什麼析出硬化又稱為時效硬化 (age hardening)。

與金或鉑一樣，銀的價格昂貴，因此會用在價格較低的金屬上作為飾面，鎳銀因為外表非常相似，經常拿來做鍍銀製品的基底，除了成本上的優勢，鎳銀還有其它好處，例如鎳銀適用於鑄造與機械加工，製造過程簡

單，大規模生產時通常會產生廢物，這在鎳銀上不成問題，電鍍的缺點是電鍍層很薄，最終會磨損並且露出基底金屬。

銀容易失去光澤的特性可在表面處理過程中妥善利用，雖然一般利用拋光產生明亮的銀白色與高反射飾面，但是也能運用硫化鉀處理產生深灰黑暗漬，一定程度的表面暗漬可融入設計中的浮雕細節，最後完成的外觀還能因日常使用越來越好看。

珠寶

反射性
銀是反射性最高的金屬之一，擁有銀白色的外觀，但是銀閃亮的外表很短暫，因為暴露在陽光與空氣中，銀很快就會變暗失去光澤。

成型性
銀具伸長率，可以徒手加工，而且不斷裂。

傳導性
銀的傳導性優異，可用於紡織品製作電路板，也能抗電磁輻射或抗靜電，可作防護衣物。

鍛敲銀墜 (右頁)

由盧森堡珠寶品牌 Stine Bülow 手工製作的 925 純銀吊墜，形狀從片材切割下來，利用鍛敲成錢幣形狀，表面鍛敲製造的紋理取決於錘子表面的形狀，加上銀的反射特性，從表面紋理折射的光線創造銀飾獨一無二的外觀，加工硬化會影響鍛敲過程，可藉由加熱與冷卻來控制加工硬化。

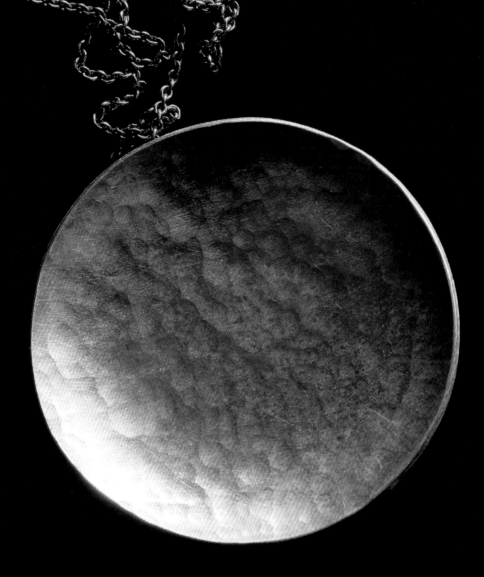

金

金因為其美學與文化價值備受尊崇，又因其功能性而受到讚揚。金是有效導體，不容易失去光澤或快速氧化，因此外觀能保持不變，黃金是最昂貴的金屬之一，部份原因是開採時深具挑戰，黃金價格會受股市交易支配。

類型	一般應用範圍	永續發展
· 黃金 · 白金 (與鎳、鎂或鉑合金) · 玫瑰金 (與銅合金)	· 珠寶 · 電子接頭 · 食物與飲料 · 藝術品	· 金開採與提煉時會產生污染，而且能源損耗密集。 · 使用壽命結束時回收率高。
屬性	競爭材料	成本
· 伸長率與可塑性 · 熱傳導與導電性良好 · 抗腐蝕	· 銀、鉑、銅、錫 · 瓷器、寶石、科技陶瓷 · 鍍鋁 PET (聚對苯二甲酸乙二酯)薄膜	· 取決於原料成本 · 製造成本相對較低

簡介

自古以來金一直保持尊貴的地位，世界各地的人們都會用金製作高價值物品，例如貨幣、珠寶、飾品等，無論皇帝或平民都非常喜愛。到了現代金價特別高昂，這意味著金不再適合用於鑄幣，但是可作為投資買賣。

據估計，黃金總量的一半是用於珠寶與餐具，除此之外，因為金的導電性高、抗腐蝕性佳，還可用於音響系統與通訊設備的電子零件，這種案例中，金會電鍍在接頭上，確保性能長期保持不變。

金適合手工加工更勝機械加工，相對於其它較軟的金屬 (例如鋁合金，請見第 42 頁)，金傾向不使用如機械的切削成型方法，因為金價太高，反之，金一般會用手工細心鑄造、彎折、壓製、拉伸成需要的形狀。

純金優異的伸長率使金能鍛敲成極薄的金箔，這種技巧的使用已經存在數千年了，傳統上利用這些金箔來為雕像、雕刻、藝術品、畫框與書籍貼金。今日，甚至可以在食物和飲料的裝飾上發現金箔，同時金箔也可用於飲食包裝。

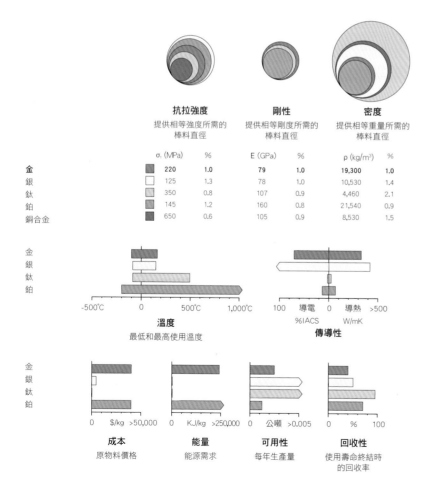

	抗拉強度 提供相等強度所需的棒料直徑		剛性 提供相等剛度所需的棒料直徑		密度 提供相等重量所需的棒料直徑	
	σ_i (MPa)	%	E (GPa)	%	ρ (kg/m³)	%
金	220	1.0	79	1.0	19,300	1.0
銀	125	1.3	78	1.0	10,530	1.4
鈦	350	0.8	107	0.9	4,460	2.1
鉑	145	1.2	160	0.8	21,540	0.9
銅合金	650	0.6	105	0.9	8,530	1.5

溫度
最低和最高使用溫度

傳導性

成本
原物料價格

能量
能源需求

可用性
每年生產量

回收性
使用壽命終結時的回收率

鍍金骨瓷項鍊 (右頁)

設計師 Reiko Kaneko 設計製作的 Hula 項鍊是以高級骨瓷注漿成型 (請見第 480 頁黏土)，首先製作長管，然後手工切出長度，每一件細心打磨、燒製與上釉，準備鍍金時，純金以強酸溶解，保持懸浮在樹脂溶液中，同時加入少量助熔劑，轉檯轉動時，液態金刷在環狀骨瓷表面，裝飾後的骨瓷再次焙燒，用更低的溫度去除樹脂，並將鍍金定位。

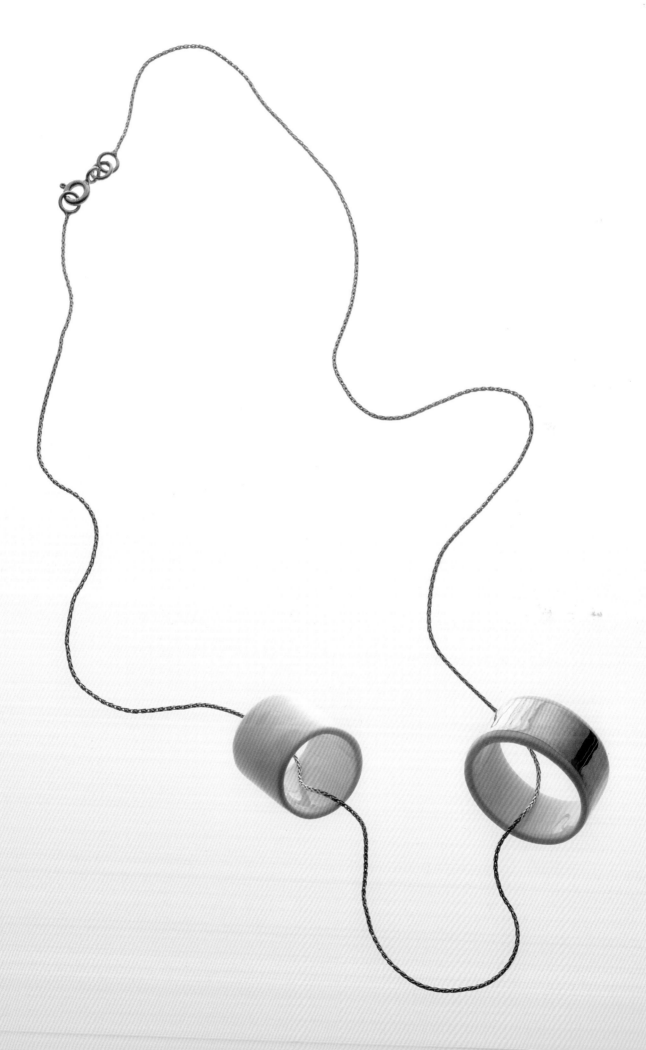

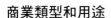

金與其合金

金的顏色取決於合金成份的類型與比例，從左至右為 24K 金、18K 金、9K 金、18K 玫瑰金、9K 玫瑰金、18K 白 K 金、9K 白 K 金。使用帶有銀色澤的合金元素，像是鋅、銀、鎂、鉑，會產生白 K 金，鎳同樣用於白 K 金上，但是要避免用在會與身體接觸的物件上，因為鎳會造成皮膚刺激。白 K 金為 18K 以下（75% 金加上 25% 合金元素），在某些案例中，白 K 金會鍍在銠（rhodium）上，加強白 K 金的銀色澤，與銅合金會產生玫瑰金，銅用得越多，金位越低，顏色也會越紅，取決於紅色澤的合金元素用量，顏色從粉紅色到紅色。

鑄造白 K 金戒指 (右圖)

右圖是日本珠寶品牌 Atelier Shinji Ginza 製作的 Clover 戒指，是用手工雕刻蠟模鑄造而成，像這種應用範圍需要高強度與耐用性，18K 白 K 金採用鉑合金製作，屬於鉑族一員，相對惰性，不會產生任何過敏反應，使其適合與金結合，成為珠寶用理想合金。

商業類型和用途

黃金的純度以「ct」（克拉）計算，有時會拼成「開金 (karat)」、「kt」，24K 為純金、18K 為 75%、14K 為 58.3% 金、10K 為 41.1% 金，百分比按重量計算，和其他黃金標準不同，英國標準不容許任何負公差。

合金含量會影響顏色，也可根據技術目的進行調整。例如，加入鈀可增加金的硬度，改善耐用度與穿戴時的磨損程度，鈀的含量一般介於 10% 至最高 15%，15% 鉑的合金被稱為高鈀白 K 金（high-palladium white gold）。

金可電鍍在價格較低的零件上，電鍍也可用於不適合以金作為基底金屬的情況，例如應用範圍有成型或強度需求，完成需要的形狀之後，以電鍍將薄薄的金層沉積在表面上，這層電鍍非常柔軟，因此應用時不太耐用。

永續發展

黃金的開採量相對較低：全球一年開採 2500 噸，而銅一年達兩千萬噸。過去，金利用汞齊法自液態汞中提煉，這種過程會製造嚴重污染，對人類或環境都有重大負面影響，因此，現在世界許多地方漸漸淘汰這種做法，但是不幸的是開發中國家仍以這種處理方法為主流。

現在，大部份的金藉由氰化從金礦中提煉，在世界各地，開採金（以及銀）耗用的氰化物約佔總量的五分之一，處理過程包括將粉碎的礦石溶解在氰化鈉水溶液中，金溶解在溶液後以複雜的電化學過程還原。

氰化物是天然存在的化學物質，可生物分解，但是濃縮後毒性非常高。因此，氰化物需要非常謹慎管理，確保不會對人類或環境造成負面影響。過

去曾數次發生氰化物外洩，嚴重破壞影響地方環境，因此自 2005 年制定了國際氰化物管理守則（International Cyanide Management Code），訂出了自發性守則，由第三方單位進行認證與查驗。

珠寶

高價值
金是最昂貴的金屬之一，與鉑相當，約高於同等重量的銀二十倍。

惰性
與其他金屬不同，金不會與氧產生反應，可以保持光澤、顏色與外觀。

成型性
金具有可塑性與伸長率，熔融後流動性佳，這些特性代表金可以產出任何形狀，從金箔到複雜的鑄件。

黃金在珠寶中的應用

黃金被賦予許多正面意義:古埃及人將黃金的顏色與太陽連結;用於婚戒,將黃金永不褪色、不生鏽的特性用來象徵永恆的關係;而黃金的價值呼應作為貨幣的用途。這些因素都形塑了人們認知的黃金重要性。皇家飾品中使用黃金,如皇冠、珠寶和宗教象徵,包含寺廟、聖殿、神壇與教會,都以黃金作為華麗裝飾。使用的黃金類型取決於應用範圍,最常見的黃金類型是 14K 金,在各性能間取得良好平衡。

金箔

黃金被敲打成 2-4 微米薄的金箔,使黃金極為精緻,金箔無法用手拿起,因為容易黏在皮膚上,需要使用特殊的刷具或夾子放上貼金的部位,然後摩擦使其附著在表面。金箔非常輕,就連最微弱的一陣風都會在貼上前吹跑金箔。金箔除了用於裝飾食物外,可應用在藝術品、畫框、雕塑與室內裝潢。

精緻珠寶一般使用 18K 金，24K 金因為過於柔軟，通常只適合用來鍍金。

金、銀、鉑會利用標誌來標明使用的材料，提供純度認證，這個標準已經採用了好幾個世紀，是最早的消費者保護形式之一。這個標誌的組成分為三個部份：製造商標記、千位數純度標記（標明貴金屬在部件中使用的數量，例如 18K 金包含 75% 金，因此標示為「750」）以及製造地標記。製造商可能會加入其它資訊來說明貴金屬的類型，例如日期或圖形（像是用皇冠代表黃金）。

鍍金物件不能加上標誌，相反地，是在物件上戳印字母，「GP」意即鍍金 (gold plated)，「HGP」意即重鍍金 (heavy gold plated)，「GEP」意即電鍍金 (gold electroplated) 或「RGP」意即滾鍍金 (rolled gold plated) 等。

珠寶商會採用各種不同的成型技術，將金定型為固態，用鍛敲、彎折、雕刻等手工成型，或用機器壓製、拉伸和鍛造，金的伸長率與可塑性代表成型相對容易，但這些性能也代表金在應用時非常脆弱，相對來說鉑合金的彈性係數（剛度）(E)（純度 95%）為金的兩倍，這表示相同的剛度只需要一半橫截面，薄薄的金製品因為厚度不足將導致變形，例如戒指。

金熔融後流動性非常高，所有類型的鑄件都有可能完成精緻的飾面，最常用的技巧是包膜鑄造 (investment casting)，無論只生產一次或大量生產都適用，又稱為脫蠟鑄造 (lost-wax casting)，因為過程中要先製作完全精準的複製蠟模，藉此完成金屬鑄造。蠟模可用雕刻、模塑、機械加工或特殊配方的蠟快速成型。蠟模成型後，會塗上陶瓷漿料。

這個過程可從極細緻到粗糙，確保表面細節的再現與模具的堅固性都能有最高品質，陶瓷會形成堅硬的外殼，

食品

無毒性
金是惰性金屬，安全可食用，沒有味道或氣味。作為食品著色劑，金被稱為「E175」，這是歐盟委員會指定編號。在一些國家除了有金箔，還有碎片、金粉等形式。

可塑性
金夠柔軟，能鍛敲成非常薄的金箔，可安全食用。將薄薄的金箔應用在食物的表面作為裝飾時，因為厚度非常薄，不會影響食物的口感。

焙燒後移除蠟（融化），然後製成耐用的鑄造模具，陶瓷外殼的空腔裝填熔化的金屬，利用這種方式可以精準再現精細複雜的形狀，而不會浪費任何珍貴的材料。

黃金在食品中的應用

金作為食品添加劑，可用於外部裝飾，特別是巧克力。金是最昂貴的食品添加劑之一，被視為奢華與款待的象徵。一般認為高純度的黃金 (22K 至 24K) 具生物惰性，大多數國家認為安全可食用。食用後，黃金通過消化系統，不會被吸收，有時會少量與銀合金（見第 84 頁），這種合金也被認為安全可食用。

有些文化認為黃金有神秘特性與藥性，根據報導指出，早在 16 世紀黃金即用來裝飾食物，長達幾世紀之久，在燭光下，黃金的顏色可完美展現，這大概也是讓黃金能在古時候佔得成功地位的因素之一。

黃金在紡織品中的應用

黃金是一種特別的材料，適合用於各種紡織品與服飾，非常昂貴，工藝師傅需要高超的刺繡技巧與紡織技術才能將黃金應用在布料上。因此黃金一般僅用於儀典服裝和高級訂製服。

紡織品

惰性
金的表面不會與大氣產生反應，因此可保持明亮光澤。

可塑性
柔軟度足夠，能用手加工而不破裂，讓金可以結合複雜的紡織品結構，應用在編織或刺繡設計中。實際應用時，這種特性能讓金承受一定程度的彎折。

密度
金的重量會影響纖維的垂墜度與外觀，有助強化金的價值與意義。

傳統上，黃金用於彩花細錦緞「lampas」，可用於帷幔和室內裝潢的織品、錦緞「brocade」（不連續緯線極有特色的布料）、蕾絲（針織或編織的鏤空布料）和刺繡（用於預先織好的布料上的裝飾用絲線）。

金線有幾種不同種類，取決於使用目的與應用方法，可將長條狀（或稱片狀）金線用於刺繡或捲繞在線上製造柔韌的金包紗。亦可用金絲纏繞在桿子上，之後移除桿子，形成空心線圈，一般稱為繡邊「purl」。這些不同的類型、形式與金線形狀，都能應用在刺繡上。

黃金的使用有許多便宜的替代品。塑料薄膜，特別是聚對苯二甲酸乙二酯 (PET)（請見第 152 頁聚酯），可鍍鋁著色，任何金屬色都可以，從綠色到粉紅色，能創造類似金片的外觀。若做成長條狀可直接應用，或是捲包在核心外層，製作適合紡織或編織的金屬外觀絲線。另一種做法是將彩色金屬箔層壓在纖維表面，賦予類似金屬箔或金箔的外觀。

金繡（右頁）
右圖是倫敦 Hand & Lock 刺繡的塞爾維亞外交制服，表布以手工刺繡利用交織的金線完成圖騰。金繡因其外表的光澤而備受喜愛，將織布繡成立體圖騰，華麗的色彩更為醒目。

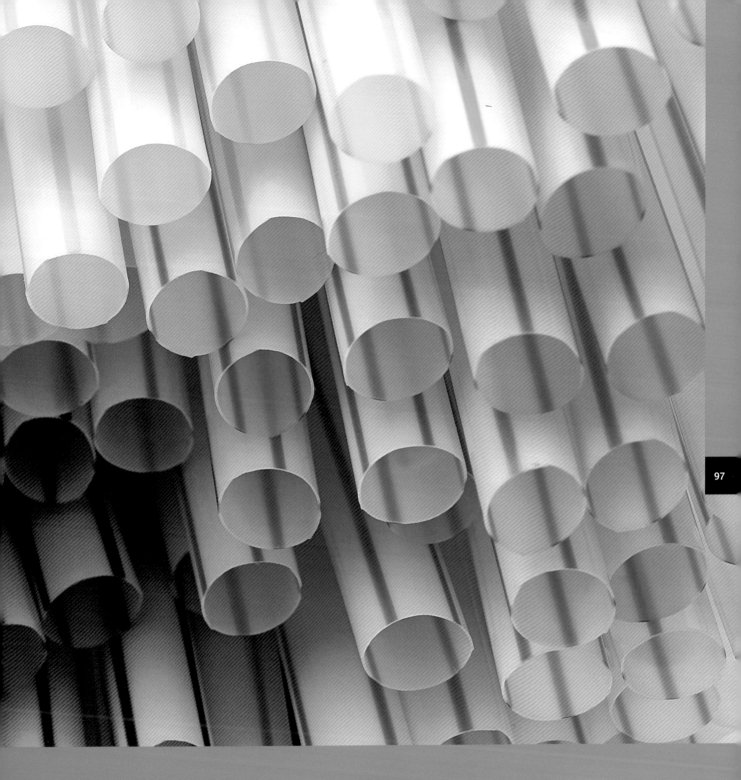

塑膠 **2**

聚丙烯（PP）

聚丙烯是功能最多樣的塑膠之一，從一般家用品、科技纖維到工業產品等，幾乎各種終端應用都能發現聚丙烯的存在。聚丙烯外觀為半透明、重量輕巧、有彈性，許多方面類似聚乙烯 (PE)，原料價格不昂貴，可直接用於成型、薄膜與纖維的製造。

類型	一般應用範圍	永續發展
· 聚丙烯：均聚物 (PPH) 與共聚物 (PPC) · 發泡聚丙烯 (EPP) · 雙向拉伸聚丙烯薄膜 (BOPP)	· 消費產品與工業產品 · 包裝 · 汽車 · 地毯與服裝	· 內含耗能高 · 依照應用範圍不同，回收率也有差異，回收代號為 5 號

屬性	競爭材料	成本
· 堅韌而有彈性 · 半透明但容易上色 · 具疏水性	· 聚乙烯 (PE)、聚苯乙烯(PS)、聚對苯二甲酸乙二酯 (PET)、丙烯腈-丁二烯-苯乙烯共聚物 (ABS)，聚碳酸酯 (PC) 和聚醯胺 (PA) · 聚苯乙烯 (EPS) 和 聚氨酯 (PU) 發泡材 · 鋼與鋁合金	· 材料成本低，容易製造，因此整體成本相對低

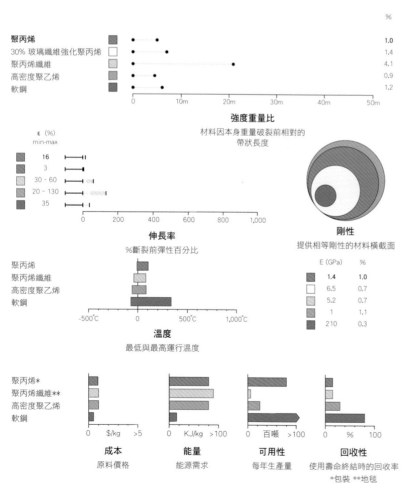

聚丙烯
30% 玻璃纖維強化聚丙烯
聚丙烯纖維
高密度聚乙烯
軟鋼

	%
	1.0
	1.4
	4.1
	0.9
	1.2

強度重量比
材料因本身重量破裂前相對的帶狀長度

ε (%)
min-max

16	
3	
30 - 60	
20 - 130	
35	

伸長率
%斷裂前彈性百分比

剛性
提供相等剛性的材料橫截面

E (GPa)	%
1.4	1.0
6.5	0.7
5.2	0.7
1	1.1
210	0.3

聚丙烯
聚丙烯纖維
高密度聚乙烯
軟鋼

溫度
最低與最高運行溫度

聚丙烯*
聚丙烯纖維**
高密度聚乙烯
軟鋼

成本
原料價格

能量
能源需求

可用性
每年生產量

回收性
使用壽命結束時的回收率
*包裝 **地毯

簡介

聚丙烯 (PP) 的製造始於 1950 年，從那時候開始，聚丙烯成為最廣泛使用的塑膠之一，應用範圍遍及不同產業，從汽車、家電、傢俱到服裝。聚丙烯經常拿來與聚乙烯 (PE) 比較，聚丙烯拉伸強度較高，能在稍微高一點的溫度下作業。

聚丙烯因為半結晶結構 (請見第 166 頁)，具機械效能、化學性能與耐熱性，半結晶結構也是讓聚丙烯看起來呈乳白色的原因，而不是完全透明，因為結晶區域與可視光線的緣故。聚丙烯聚合作用時若加入透明劑就能變透明，可運用在包裝上。添加劑可阻止晶體大面積積聚，進而減少塑膠的結晶性來影響聚丙烯的透明度。

商業類型和用途

聚丙烯可以是均聚物 (一種單體類型) 或是共聚物 (含有兩種單體)。均聚物類型 (有時縮寫成 PPH) 適合一般用途的應用範圍，能與聚乙烯相比。藉由丙烯的聚合作用，加入乙烯創造出均聚物 (有時縮寫成 PPC)，能以無規或嵌段與聚合物化學鏈連結。

無規排列能提高彈性與透明度，這兩種性能的運用範圍如包裝瓶或薄膜等；嵌段能改善機械效能，韌性改善後可耐溫度最低達 -20°C，能與熱塑性工程塑膠相比，例如丙烯-丁二烯-苯乙烯三元共聚合物 (ABS 樹脂) (請見第 138 頁) 和聚碳酸酯 (請見第 144 頁)，可用於日常運用範圍，如傢俱和玩具，也可用於需求更高的產品，如保護用包裝、汽車保險桿和

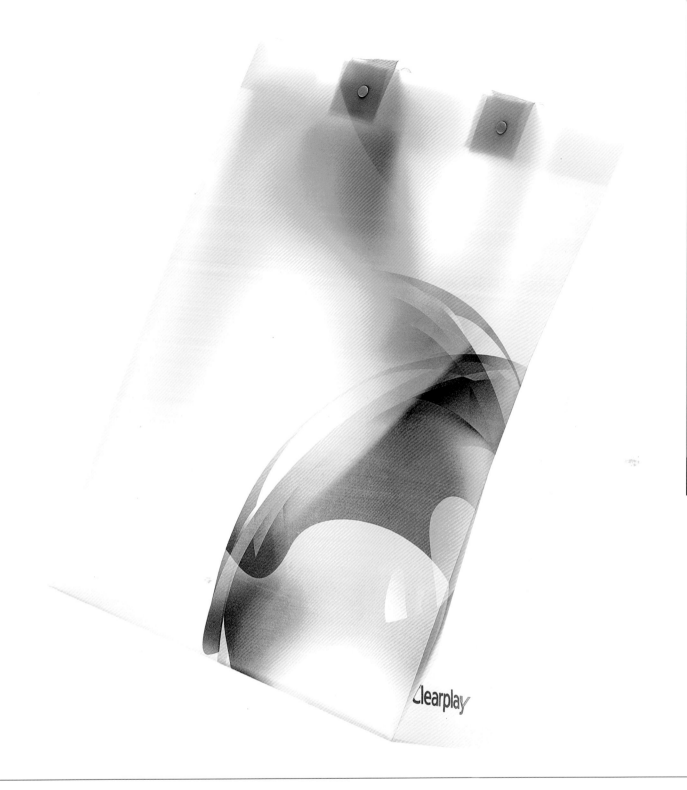

板條箱。和熱塑性工程塑膠相比，聚丙烯價格更便宜，製造更容易。

增加乙烯含量可提升衝擊強度與彈性，藉由調整製造過程，最高可以加入達 25% 的乙烯，聚丙烯與乙烯共聚成為乙烯丙烯橡膠 (EPR 或 EPDM)（請見第 216 頁合成橡膠），最終獲得的材料擁有雙相：剛性均聚物結合能

吸收衝擊的 EPR 分散粒子。藉由調整 EPR的比例，可以創造不同的剛性。熱塑性彈性體（TPE）（請見第 194 頁）以聚丙烯為底體，最高含約 50% 的橡膠，彈性更佳，能承受強烈衝擊，主要用於汽車應用範圍。

聚丙烯在溫度較高的時候比聚乙烯穩定，160°C 以下不會融化，因此適合

印花購物袋

Progress Packaging 為英國平面設計公司 Roundel 生產的印花購物袋，這個手袋以半透明的聚丙烯印刷，剪裁後折疊，熱壓成型。印刷時選用平版印刷，在重製色調圖像上能提供最好成果，最後成品精確，輪廓印刷平滑，精準呈現原始設計。成本與前置開版相關，因此通常適量或大量生產時才會使用平版印刷。影像由 Progress Packaging 提供。

的應用範圍更廣泛，這種特性對與食品相關的物件特別重要，像是食品包裝與餐飲設備，這種應用範圍的作業溫度可達 100°C。

永續發展

聚丙烯和聚乙烯一樣，是塑膠中回收率最高的類型之一，這部份是因為廣泛應用在包裝上，讓聚丙烯容易快速識別出來（塑膠分類標誌 5 號），另一部份則是因為聚丙烯實際應用時通常是單獨使用，因此分離時很有效率，處理起來也很經濟。

聚丙烯可浮在水面上，因此可從混合廢棄物中分類，例如包裝內有許多聚對苯二甲酸乙二酯（PET）（請見第 152 頁）、聚丙烯和聚乙烯，其中聚丙烯和聚乙烯會浮起來，PET 會沉下去。材料中若含有添加物和強化纖維時，例如含有玻璃纖維，廢棄物就不會浮起，增加分類的挑戰性。

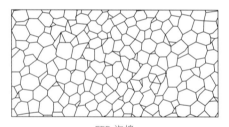

EPP 泡棉

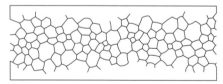

射出成型泡棉

泡棉成型

聚丙烯的性能取決於製造方式，EPP（發泡聚丙烯）利用蒸氣成型，聚丙烯粒子加上添加劑，用熱氣與壓力使粒子緊密結合。所得的發泡結構或多或少保持縝密；另一方面，射出成型泡棉則是粒子較密集的表層夾著內層的泡棉，這是聚合物冷卻時速度不同的結果，讓表面一定的厚度凝固（固化），降低發泡劑的效果，密度取決於注入聚合物的總量，聚合物用量少能讓泡棉空間更多，進而使密度降低。

輕量
聚丙烯是密度最低的塑膠之一，相同壁厚下重量為鎂的一半，加入玻璃纖維可以增加強度重量比。

衝擊強度
共聚物類型比均聚物更柔軟，即使在低溫下耐衝擊強度一樣優良。

色彩多變
聚丙烯顏色選擇廣，固色力合理，色彩濃度取決於基底樹脂的半透明度和染料稠度。

表面光澤度
成型後表面光澤度品質非常好，選擇範圍從亮面到霧面皆有，而且聚丙烯擁有良好的表面耐磨性與抗污力。

使用 100% 回收的聚丙烯是可行的，例如用於射出成型或是熱塑成型，預估可減少能量耗損達四分之三，回收前分離顏色能增加材料再利用的價值，但是聚合物會因加熱與暴露在紫外線（UV）下分解，因此無法在密閉循環過程中無限循環繼續使用。回收材料與聚丙烯新料混合能有助抵銷內含耗能。

聚丙烯在工業設計、傢俱與照明中的應用

聚丙烯的應用範圍包括單椅、精緻的燈罩與半透明的收納用具等，很明顯與聚丙烯相關的設計可能非常多，聚丙烯雖然是半結晶，但是因為融化黏度低，代表在模具中流動性佳，因此射出成型的表現優異，有助提高生產效率，能精準再製模型（有利於製作紋理），並能在單次成型中生產相對較大型的零件。

聚丙烯的融點相對較高，耐化學物質，這代表聚丙烯非常適合用於廚房用具上，包括電鍋、烤土司機和水壺，在這種情況下，聚丙烯相當於其它高價材料，像是鋼（請見第 28 頁）和鋁（請見第 42 頁），最近開發出透明等級的聚丙烯，讓聚丙烯可以與 AS 樹脂（苯乙烯-丙烯共聚物 SAN）（請見第 136 頁）和 PC 相比。

聚丙烯若添加玻璃纖維（glass-fibre，縮寫為 GF）（請見第 106 頁）與其他強化材料，可以改善剛性與拉伸強度，短玻璃纖維（short glass fibres，縮寫為 SGF）適合重視表面品質的應用範圍，例如傢俱。加入玻璃纖維會使成本略為增加，因此只在必要時才會使用強化纖維。但如果要在玻璃纖維強化聚丙烯、工程塑膠甚至金屬之間選出一種材料，其實玻璃纖維強化聚丙烯一般能使成本降低，表面品質受到零件設計的影響，同時也受模具表面光潔度的影響。紋理有助遮蔽焊接線、強化肋和鉚釘等缺陷。

聚丙烯一般會留下加工處理時的靜電荷，這代表聚丙烯的表面會吸附灰層與髒污，加入添加劑可以減輕這種問題，但是這種做法會造成不利條件，像是表面印刷變得幾乎不可行，有些情況下會造成表面變白（白化），還會隨時間推移越來越嚴重。聚丙烯纖維基底塑料因為強度夠、重量輕、成本低，可用於一系列工業設計範圍。自增強聚丙烯（SrPP）利用拉伸纖維令人印象深刻的特性，並加上片材的硬度與剛性，這種複合材料百分之百採用 1990 年代開發的聚丙烯，通常會用品牌名稱來稱呼，像是「Curv」。SrPP 的製造過程從織造纖維開始，施加精準的熱度與壓力，纖維外層融化，聚結形成固態片材，與擠壓片材相比，SrPP 無論在強度重量比、抗衝擊或是剛性都更高，截至目前為止，SrPP 已經成功運用在行李箱、防彈面

板、運動器材和汽車零件上，就像傳統片材以熱塑成型，然後包覆成型來隱藏切邊，並整合接點和各項功能。與傳統複合材料不同，不仰賴不同材料的混合，像是玻璃纖維強化塑膠 (GFRP)，如此以來在環保上就能擁有幾項優點。

使用高強度聚對苯二甲酸乙二酯 (PET) 也能製作類似的自增強複合材料，這種替代方案可提供更高耐受溫度與衝擊強度，但是相對來說價格也更高。

聚丙烯在包裝中的應用

聚丙烯有一些適合用在包裝上的優勢，聚丙烯半透明的視覺特點主要應用在商店街的單張折疊包裝，高強度聚丙烯纖絲則是工業麻袋主流素材。聚丙烯成型後的產品、纖維製品、薄膜和泡棉等，皆提供輕量能反彈的保護包裝，幾乎可用於所有使用終端的包裝上。聚丙烯可做成托盤、包裝盒、蓋子、瓶蓋等，性能可滿足射出成型的需求，價格低廉，在大部份應用範圍具有成本效益的優勢，聚丙

輕巧可疊放的單椅

美國設計師 Don Chadwick 為美國現代傢俱品牌 Knoll International 設計的 Spark 系列堆疊休閒椅，在 2009 年上市，以玻璃纖維強化塑膠模製成型，重量輕巧與高品質的表面光潔度來自射出成型，內層採玻璃纖維填充的聚丙烯發泡板，外層則為高級彩色玻璃纖維填充聚丙烯塑料。內層先以射出成型，包含少量發泡元素，接下來加上彩色外層材料，將聚丙烯發泡板包在裡面，讓回收材料可以用來製作內層，冷卻後，發泡元素開始膨脹，減少較厚的區塊產生孔隙和凹痕的可能。捨棄布料包裹的聚氨酯 (PU) 泡棉墊，這張單椅不僅可用於室內，也適合戶外使用。影像由 Koll, Inc. 提供。

烯的成功來自獨特的視覺與觸覺質感，成為許多全球品牌的同義詞，例如無印良品的 PP 收納系列和特百惠 (Tupperware)。聚丙烯帶有磨砂質感，加入透明劑添加物可強化透明度，使聚丙烯製成的包裝盒看起來幾乎像水一樣清澈。因此讓聚丙烯可以媲美其它包裝用塑膠，包括聚對苯二甲酸乙二酯 (PET)、聚苯乙烯 (PS) (請見第 132 頁) 和聚氯乙烯 (PVC，請見第 122 頁)。聚丙烯可製成片材，用於包裝袋、包裝盒等各種開刀模摺紙成型的物件，與應用在類似範圍的聚乙烯、聚氯乙烯 (PVC)、乙烯醋酸乙烯酯

超堅固行李箱 (上圖)

美國 Pelican 行李箱採用聚丙烯共聚物 (PPC) 射出成型，不只提供輕量化耐衝擊保護，並能防水、耐化學物質，這些行李箱設計用於嚴苛的極端用途，包括軍事、消防、生命科學、電影拍攝與航空太等。使用者表示他們的 Pelican 行李箱經過撞擊、爆炸或海嘯後仍倖免於難，這些行李箱堅固不可摧毀的特性，證明了聚丙烯令人驚豔的優異耐久性。

(EVA，請見第 118 頁) 相比，聚丙烯的剛性更高 (彈性更低)，擠壓後製作亮面或帶紋理的表面光潔度，就像聚丙烯成型處理，能創造光滑觸感，因為摩擦係數低，這方面類似聚乙烯與和聚醯胺 (PA，尼龍，請見第 164 頁)。

合成纖維編織麻袋 (右頁)

聚丙烯可用於製造低成本包裝織品，近年來為模仿粗麻布而研發出合成纖維編織麻袋，傳統麻袋用編織黃麻製成 (請見第 404 頁)，但因為聚丙烯麻袋更輕 (運送時能源耗損較低)，單價較不昂貴，更容易掌握 (高度工程化)。然而，因為人工合成纖維的外觀，有些情況下聚丙烯不受歡迎，但對製作沙包或是農用麻袋則沒有影響，可用來包裝咖啡和其他高價值商品。聚丙烯可透過紡紗來調整，製作更「天然」的外觀，像是纖維加上紋理，切成短纖維等。雖然，聚丙烯可完全回收，然而，黃麻是一種耐久的天然纖維，種植時對環境造成的負面影響極微小，並能用永續發展的方法來加工。

包裝

整合鉸鏈
因為聚丙烯獨特的疲勞強度，極致的抗拉強度和伸長率，聚丙烯薄片的彎折次數似乎沒有極限，使聚丙烯成為整合鉸鏈的理想材料。

顏色與半透明度
從自然漫射到透明，聚丙烯能用低成本完成各種視覺效果。

耐熱性
聚丙烯的耐受溫度高於聚乙烯，可用於承裝熱的物件，也可冷凍和微波。

重量輕
聚丙烯密度低，這也代表若使用聚丙烯來包裝物件，所增加的重量可以降至最低。

隔絕
聚丙烯耐化學品，具惰性與疏水性。

聚丙烯具有疏水性，原本就能耐水，需要這種防護特性的應用範圍都能運用聚丙烯，像是包裝。BOPP 可以金屬化、塗層、共擠押出 (coextruded) 或作層壓。金屬化與塗層是最便宜的，在某些情況下，可提供與層壓或共擠押出相同的優點。藉由層壓可改善印刷的成果，也就是將墨水夾在兩層聚丙烯之間，完成高光澤、耐磨損的表面處理。透過共擠押出技術，聚丙烯可以加上聚丙烯混合聚乙烯做外層當成熱封膜使用。

近期新推出的聚丙烯薄膜，經過一段時間後可降解，這種可氧化分解的薄膜含有光活性或熱活性成份，優點在於物理特質和傳統 BOPP 相同，但是處理後可分解。不過，雖說這種聚丙烯薄膜應該會破碎變成細小粒子，但是生物降解性還沒有獲得科學證明。

科技纖維

輕量
聚丙烯纖維是同尺寸纖維之中重量最輕，大約是PET的三分之一、PA的五分之一。

疏水性
聚丙烯不會受水的影響，因此無論在潮濕或乾燥的條件下，物理性質可保持恆定。

顏色
聚丙烯有各種飽和色可選，固色性優良，高性能紡織品可以少量生產，顏色選擇較少。根據等級與厚度不同，薄膜的選擇範圍從透明到霧狀皆有。

便宜
聚丙烯是最不昂貴、功能最多變的塑膠之一。聚丙烯就像聚乙烯，用於紡織品可當作薄膜或纖維使用，各種類型的製作過程都適用。

發泡聚丙烯 (Foamed PP) 又稱為膨脹聚丙烯 (EPP)，在包裝上越來越普遍，EPP 能提供輕量化耐衝擊保護層與隔離層，具有良好的結構完整性，這種特性也適用於汽車零件，可用於防撞保護。

聚丙烯的強度讓設計有許多可能，像是整合鉸鏈、嵌件、固件、搭扣等，與聚苯乙烯 (EPS，請見第 134 頁) 相比，聚丙烯更有彈性、剛性更低、更耐用 (回復力較佳)，但是同樣的聚丙烯也更昂貴。與 EPS 不同，EPP 製造時不採用發泡劑 (正戊烷)，EPP 採用超細切粒製作，將泡珠填入蒸氣箱模具，利用蒸氣加熱加壓熔合。

與 PET 類似，聚丙烯薄膜的性能可以隨著拉伸程度來改善，在製造過程中，沿著薄膜的長和寬拉伸可增加強度、剛性與透明度。雙向延伸聚丙烯 (BOPP) 已知具有雙向拉伸特點，廣泛用於銷售端點的包裝應用，例如烘焙產品。聚丙烯硬度夠、有光澤，能製作成光滑閃亮的經典外觀。

聚丙烯是包裝工業中重要的紡織纖維，可用於不同的纖維編織結構，包括紡織 (麻袋和布料)、針織 (可透氣的網袋)、編織 (膠帶和繩索) 以及不織布 (購物袋)。從薄膜壓出 (自細縫擠出一定寬度) 或短纖維製作纖維，兩種都能藉由拉伸增加抗拉強度和剛度，價格低廉，非常適合工業與廣告宣傳用的應用範圍。

聚丙烯在科技纖維中的應用

聚丙烯布料能以薄膜織紡、纖絲或短纖維來製作，纖絲紡出後經過拉伸可增強物理性質，密度相對較低，是同尺寸中最輕的纖維，不受濕氣影響，適合戶外使用。但是聚丙烯布料會受紫外線影響，慢慢在戶外降解，即使加入紫外線穩定劑也無法改善。

用聚丙烯編織的繩索成本低，適合從船舶到運輸等日常使用。聚丙烯最大的優點之一在於密度低，也就是能漂浮在水面上，因此可用做拖繩和安全繩索 (特別適合小艇和滑水板)，聚丙烯繩索的強度不像聚對苯二甲酸乙二

酯(PET)、聚醯胺 (PA) 或超高分子量聚乙烯 (UHMWPE) (請見第 108 頁聚乙烯)，但是需要大直徑繩索的情況，像是為了讓繩索能方便抓握時，則聚丙烯的密度低與疏水性，成為最輕的材料選擇。聚丙烯可作為纖維棉紡成繩索，模擬傳統的大麻 (請見第 406 頁)、黃麻和粗麻布。

聚合物鈔票 (右頁)

1980 年代澳洲曾嘗試使用杜邦 (DuPont) 泰維克 (Tyvek) 印製紙鈔，這是一種高密度聚乙烯不織布。失敗後發現 BOPP 是更適合的材料，1988 年正式引進，委託澳洲安保國際製作 (Securency International of Australia)，商標名稱「Guadian」，現在這種聚合物鈔票已有超過 20 個國家使用。生產時採用發泡過程將薄膜與不透明層結合 (發泡過程中擠出管狀後，利用氣體充氣造成泡狀膨脹)，能在印刷前先嵌入安全識別，觸感來自表面突起的印刷，這種鈔票運用好幾項塑膠特有的創新技術來防止偽鈔製造，例如加上透明窗，並採用極精細的印刷技術，許多採用了聚合物鈔票取代紙鈔的國家證實，這種安全識別讓偽鈔仿製極其困難，偽鈔率降低了 80-90%。聚合物鈔票比紙鈔更乾淨、更耐用，因為使用壽命延長了，因此平均下來價格也比較不昂貴。聚合物鈔票就像紙鈔也能回收。

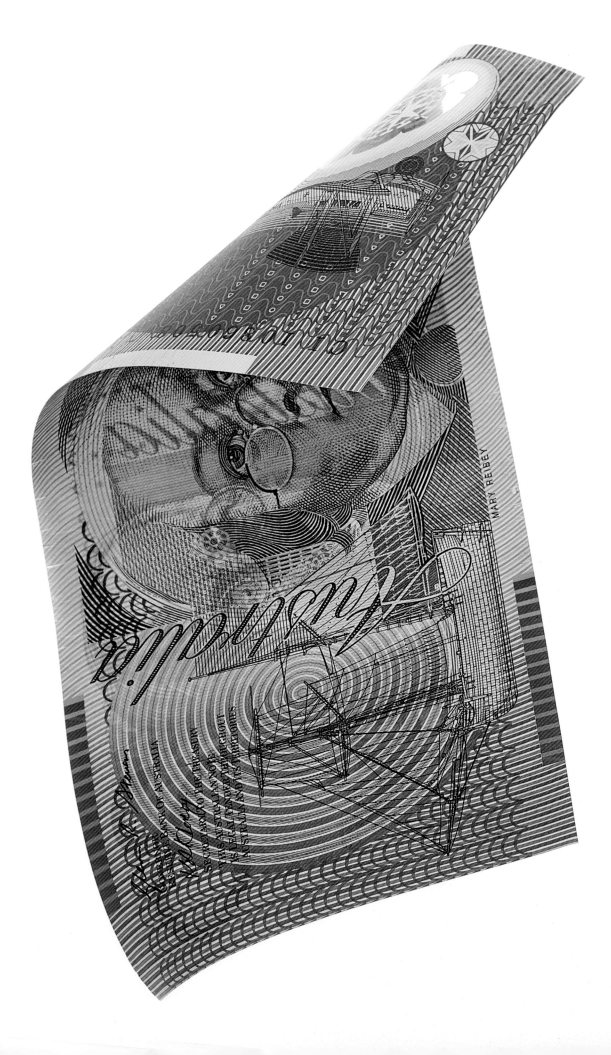

聚丙烯紡織原料大量用於地毯、包裝與農業，因為具有疏水性，接觸皮膚時不舒服，因此很少用於服裝。聚丙烯紡織原料最大的應用範圍是無紡布(不織布)，可用於茶包、尿布和外科口罩。聚丙烯無紡布(不織布)價格低廉，是將新製成的纖維排在集合表面，然後黏在一起。

附加材料層藉由層壓或是針戳與紡黏底層結合，密度可以從透明薄織（能透光）到重磅的地工織布。如果材料只使用聚丙烯，使用壽命結束時回收更簡單。

和包裝一樣，薄膜的特性也可以根據需求訂製，高強度的 BOPP 較其他塑膠薄膜優異，結合可印刷、耐久性與透明度等特性，1988 年澳洲研發的聚合物鈔票使用的就是 BOPP，現在已經推廣到世界各地。

聚丙烯在汽車與運輸中的應用

汽車產業也開發出各種射出成型的等級與技術，充分利用聚丙烯重量輕、有彈性的特質。使用短玻璃纖維 (SGF) 強化，能改善聚丙烯的強度重量比與剛性。一般供應的塑膠已經混合強化材料，玻璃纖維添加約自重量的 10% 到 40%，最高可達 60%，但如此一來會犧牲衝擊強度（韌性），增加玻璃纖維會降低伸長率。玻璃纖維強化聚丙烯的應用範圍包括電風扇、外殼、引擎蓋、座椅支架、儀表板支架和其他壁較薄的結構件。

玻璃纖維會影響表面光潔度，而且玻璃纖維可以從外觀看到，特別是深色的塑膠。在特別重視視覺效果的應用範圍，會運用各種表面處理技術來隱藏玻璃纖維，例如加重紋理（效果取決於內含的纖維總量）或塗佈，另一種做法是將高品質的聚丙烯外殼包覆高強度的內部夾層（請見 101 頁圖例）。

長玻璃纖維 (LGF) 從 12 至 25 公釐，即使在高溫下也具有顯著的機械效能，包括將收縮率降至最低、將強度

與剛性與鋼性提到最高、能量吸收率更好。長玻璃纖維含量低時，能與短玻璃纖維達到同樣強度，也就是讓零件重量比較輕。因為長玻璃纖維原物料製造過程（拉擠成型）價格更昂貴，射出成型技術更困難（短玻璃纖維在設計上自由度更高），因此長玻璃纖維一般保留給最嚴苛的應用範圍，一般會出現在半結構零件上，例如前端或是引擎罩下的各樣零件，這些零件以往採用更昂貴的熱塑性工程塑膠或鋼料製作。

玻璃纖維強化塑膠 (GFRP) 以聚丙烯為基質，採用連續纖維或是非常長的纖維製造，比起模製成型塑膠產品，使用玻璃纖維強化塑膠材料在設計上的考量，與傳統複合材料的關係更緊密（參見第 228 頁不飽和聚酯、第 232 頁環氧樹脂與第 236 頁碳纖維強化聚合物 (CFRP)）。

一般使用兩種不同類型的聚丙烯泡棉：一種是發泡聚丙烯 (EPP，與包裝用的相同)，另一種是結構發泡射出成形 (SFIM)。EPP 可成型作為壁較厚的零件，可用於絕緣和衝擊防護，例如保險桿、側板、腳踏板或汽車內裝。也可用做核心材料，因 EPP 有優異的強度重量比與剛性，可層壓在自增強聚丙烯複合材料兩層之間。

相比之下，SFIM 以射出成型為基礎，添加發泡劑，當熔融的聚合物射出時，發泡劑活化使聚丙烯在模具中膨脹。

汽車與運輸

耐衝擊
聚丙烯在汽車的應用就像應用在包裝上，能提供輕量化、耐衝擊的防護，並能提供結構完整性。

超輕量
聚丙烯泡棉材料即使在密度非常低的情況下，一樣能保留良好的機械性能，可用來降低重量，同時保留衝擊防護功效。

強度重量比
聚丙烯的密度非常低，與玻璃纖維結合使用時，能以更低的價格，提供媲美熱塑性工程塑膠的強度重量比。

色彩多變
聚丙烯能製作成各種飽和色產品，降低塗層的需求，降低成本的同時幫助提高耐用性。

密度可藉由使用的塑膠量來控制（含量高會使泡棉填充的空間減少），除了加工優勢（使用材料較少、流動性較佳、壓力較低等），發泡元件還能改善剛性與衝擊強度的平衡，加入玻璃纖維和其他添加劑則能改善特定機械性能。

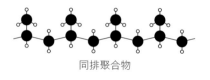
同排聚合物

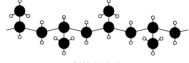
對排聚合物

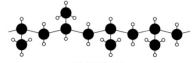
雜排聚合物

聚合物結構
聚丙烯的性能取決於聚合物內單體的方向與排列，聚丙烯形成三者其中一種基本鏈結結構：同排、對排或雜排。聚丙烯組成立體規則性的同排或對排，扭成簡單的螺旋，結晶後形成堅硬的塑膠，為聚丙烯提供理想的機械性能。相較之下，雜排的鍵結具有隨機性，意味著材料不會結晶（保持無定形），因此產生橡膠狀塑膠。

越野摩托車整流罩（右頁）
川崎 (Kawasaki) KX 450F 越野摩托車側板採白色聚丙烯射出成型，輕量化的整流罩可以保護騎手不受排出廢氣干擾，亮面的外殼有助避免賽道上的泥土噴濺，或是沾到騎手的褲子。類似的應用範圍通常會採用 ABS 樹脂，表面光潔度優異，但是耐用性差，所以主要用於公路車，少用於越野車。賽車整流罩會使用玻璃纖維強化塑膠（請見第 228 頁圖例）。

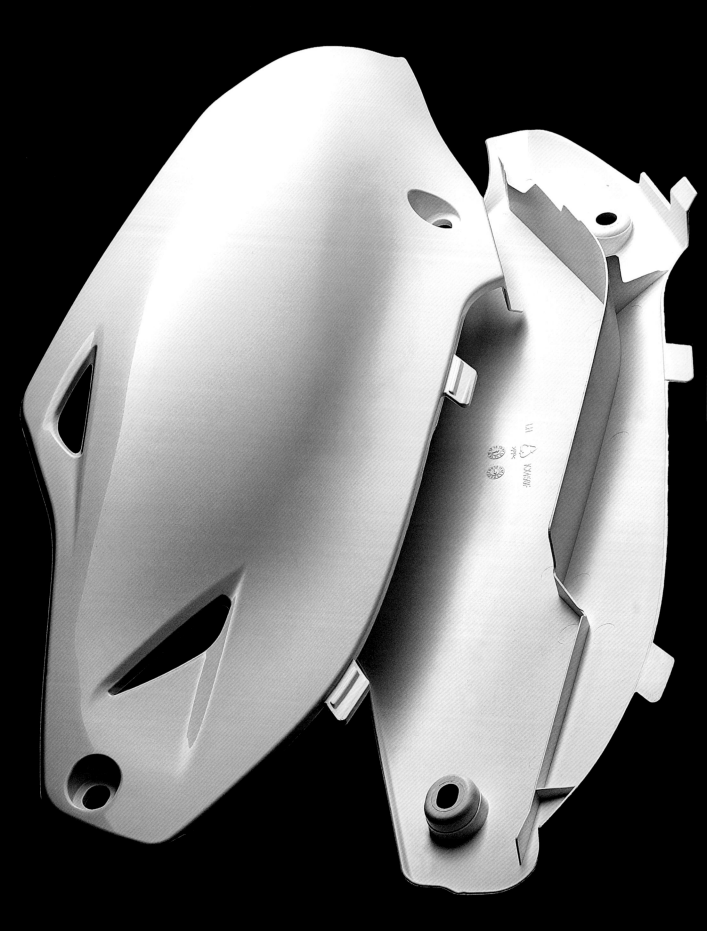

聚乙烯（PE）

聚乙烯作為熱塑性塑膠的一員，機械性能廣泛，從購物袋到防彈保護，各種想像得到的塑膠用途都能應用聚乙烯，聚乙烯半透明，外觀呈現霧狀，有各種顏色可選擇，堅韌、有彈性、能防水。商品類型的聚乙烯價格不昂貴，具有非常適合加工的理想特性。

類型	一般應用範圍	永續發展
· 聚乙烯：低密度聚乙烯 (LDPE)；超低密度聚乙烯 (ULDPE)；線性低密度聚乙烯 (LLDPE)；高密度聚乙烯 (HDPE) 以及超高分子量聚乙烯 (UHMWPE)	· 包裝 · 防護衣 · 科技布料 · 消費產品與傢俱	· 普遍用於商品類型 · 回收率取決於應用範圍 · LDPE 回收代碼為「4」、HDPE 回收代碼為「2」 · 內含耗能高

屬性	競爭材料	成本
· 高衝擊強度和耐磨性 · 低密度 · 半透明	· 聚丙烯 (PP)、乙烯醋酸乙烯酯 (EVA)、聚氯乙烯 (PVC) 和聚酯 (PET) · 聚酯 (PET)、聚醯胺 (PA)、芳綸纖維和碳纖等高性能纖維	· 聚乙烯不昂貴 · UHMWPE 價格較昂貴，不好處理，一般應用時會採用標準規格

簡介

聚乙烯 (PE) 在許多方面都類似聚丙烯 (請見第 98 頁)，兩者皆大量用於相同的應用範圍，其中最關鍵的區別在於操控聚乙烯的聚合物結構，產生的塑膠具備的基本特徵雖然相似，但機械極限更大。例如，透過聚合過程的調整，聚合鏈的長度增加幾個量級，使材料擁有更高的強度重量比，是標準芳綸纖維的兩倍 (請見第 242 頁)，這種特色也讓聚乙烯在包裝上佔有的優勢大幅增加，也就是高抗撕裂與抗穿刺性，使超高分子量聚乙烯 (UHMWPE) 可以適用於最嚴苛的防彈情境。

聚乙烯材料是半結晶體 (請見第 166 頁)，抗化學品、耐磨性與疲勞強度優異。聚乙烯就像聚丙烯也會漂浮在水中，可在使用壽命結束時進行回收。雖然聚乙烯比聚丙烯具有更高的抗衝擊強度，但是運作溫度較低，相同等級如低密度聚乙烯 (LDPE) 和高密度聚乙烯 (HDPE) 則抗衝擊強度較差。由於結晶性，聚乙烯呈半透明，因為摩擦係數低，表面摸起來有蠟的質感，減少東西沾黏的可能，有利於某些用途 (可保持衛生)，但是另一方面也可能造成困難 (不利印刷與塗佈)。

可擠壓醬料瓶 (右頁)

這是荷蘭設計師亞里安·貝克弗德 (Arian Brekveld) 為廚具品牌 Royal VKB 設計的可擠壓醬料瓶。醬料瓶有彈性半透明的部份是利用厚塑膠 LDPE 吹塑成型，上方黑色的部份則使用 ABS 樹脂射出成型，瓶身可用來預備盛裝醬料和其他配件，LDPE 的彈性代表醬料瓶可以反覆擠壓不會裂開，蠟質表面可防止內容物黏在瓶身或內壁上，使容器更容易保持清潔和衛生。

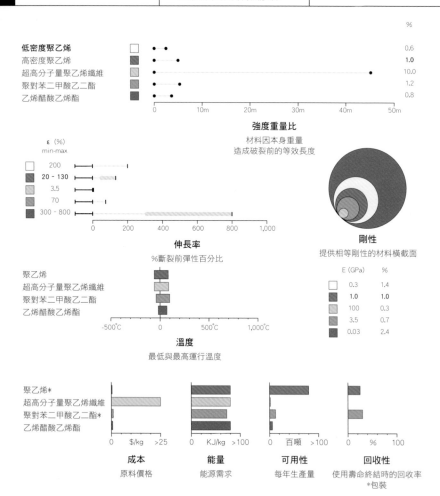

低密度聚乙烯 / 高密度聚乙烯 / 超高分子量聚乙烯纖維 / 聚對苯二甲酸乙二酯 / 乙烯醋酸乙烯酯

%
0.6
1.0
10.0
1.2
0.8

0　10m　20m　30m　40m　50m

強度重量比
材料因本身重量造成破裂前的等效長度

ε (%) min-max
200
20 - 130
3.5
70
300 - 800

0　200　400　600　800　1,000

伸長率
%斷裂前彈性百分比

剛性
提供相等剛性的材料橫截面

E (GPa)	%
0.3	1.4
1.0	1.0
100	0.3
3.5	0.7
0.03	2.4

聚乙烯 / 超高分子量聚乙烯纖維 / 聚對苯二甲酸乙二酯 / 乙烯醋酸乙烯酯

-500℃　0　500℃　1,000℃

溫度
最低與最高運行溫度

聚乙烯* / 超高分子量聚乙烯纖維 / 聚對苯二甲酸乙二酯* / 乙烯醋酸乙烯酯

0　$/kg　>25

成本
原料價格

0　KJ/kg　>100

能量
能源需求

0　百噸　>100

可用性
每年生產量

0　%　100

回收性
使用壽命終結時的回收率
*包裝

商業類型和用途

與聚丙烯相比，聚乙烯具有類似的聚合物結構，是所有商用塑膠最簡單的一種，不是分支狀 (branched) 就是線性，分支狀聚乙烯生產最簡單，成本最不昂貴，包含 LDPE 與超低密度聚乙烯 (ULDPE)，具有大量的短鏈與長鏈支鏈，可預防聚合鏈形成緊密的晶體結構，形成低拉伸強度、高伸長率、良好透明度與理想的模塑特性，可用於包裝，例如包裝袋、保鮮膜、半硬狀保鮮盒等。聚乙烯多出現在耐用產品上，像是玩具。ULDPE 低溫彈性更佳，不會發生彎曲龜裂，但是製造時不容易。

乙烯與短鏈 α-烯烴共聚合造成短支狀，完成線性低密度聚乙烯 (LLDPE)。由於聚合物填充效率更高，因此密度高於 LDPE 和 ULDPE，因為韌性高與透明度，常用於薄膜，其他應用範例包括射出成型塑膠管或是吹製成型的保鮮盒。

HDPE 是乙烯製成的均聚物，但是使用不同的催化劑，完成線性聚合物結構（低分支性），結晶度更高，進而改善強度與剛性，一般認為 HDPE 是萬用塑膠，可用於吹製成型的塑膠瓶、擠出成型的塑膠管和射出成型的消費產品。

UHMWPE 包含各種等級的線性結構與非常長的聚合鏈，也被稱為高性能聚乙烯 (HPPE)，雖然在聚合鏈中作用的凡得瓦鍵 (van der Waals bonds，分子間較弱的電性交互作用力) 不夠強，但是增加分子鏈長度會使重疊數增加 (密度僅高於 HDPE)，因此，UHMWPE 具有優異的強度重量比、抗衝擊強度與韌性。

乙烯作為塑膠化學製造過程中成本低廉的基底，能與各式各樣的單體聚合，為特殊的用途創造不同塑膠。例如：乙烯醋酸乙烯酯 (EVA)(請見第

118 頁)，這是一種有彈性、具韌性的塑膠，可用於包裝膜、鞋子和運動用品的泡棉；以乙烯為基底的酸共聚物和離聚物 (請見第 130 頁) 可用於和水晶玻璃 (請見第 518 頁) 同樣的應用範圍，不只提供裝飾用的包裝材料，也能提供堅韌耐磨的薄膜，用於包裝膜和運動用品上。

永續發展

塑膠的內含耗能相對較高，但使用時能提供輕量化的處理方式，例如用在包裝上可以使整體重量減輕，使用期間節省的能源，可抵銷塑膠在製造過程中消耗的能源。重複使用和回收可以進一步降低消耗的能源。但是，因為聚乙烯的形式種類非常多，有塑膠瓶、塑膠膜、保鮮膜等，全球回收率低於 30%，遠遠低於鋼和鋁的預估回收率。

儘管如此，聚乙烯使用非常廣泛，有不同的塑膠分類標誌，LDPE 為 4 號、HDPE為 2 號。工業廢料的回收更簡單，一般用於對等或價值更高的產品上。消費產品廢棄物必須分類才能重複使用。聚乙烯與聚丙烯一樣的優勢是能在水面浮起，使回收程序更簡單，也更具成本效益。

聚乙烯不只可從石油生產，利用甘蔗乙醇 (ethanol sugarcane) 生產也是可行的。只要小心處理，使用可再生新料有助於減少排放有害物質，並減少開採和精煉石油產品造成的破壞。然而甘蔗乙醇生產也會產生不利影響，包括污染與森林砍伐。巴西石化公司 Braskem 開發的生物衍生聚乙烯，可直接替代商用類型塑膠，像是 LDPE、LLDPE、HDPE，可以利用相同的管道進行回收。這種聚乙烯的價格比較昂貴，目前還沒有廣泛使用。

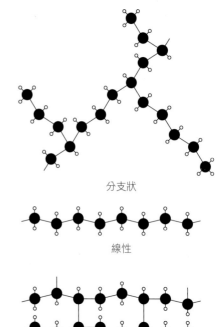

分支狀

線性

交叉鏈接

聚合物結構

分枝狀與線性聚合鏈是最簡單的合成聚合物結構，由重複的乙烯單位組成，線性聚合鏈增加效率高，因此可以產生密度較高的聚乙烯，結晶度更高。LDPE 具有分枝裝結構，因此保留輕量與彈性的特色。相較之下，HDPE 的線性結構擁有更高的拉伸強度與剛性。增加分子鏈的長度可增加機械性能，像是 UHMWPE 具有優異的強度重量比與韌性。聚乙烯的機械性能可藉由聚合鏈交叉來改善，稱為交聯聚乙烯 XLPE（或 PEX），將熱塑性塑膠轉變成熱固型塑膠（物理交叉鏈接），加入催化劑（過氧化物），聚合鏈之間的弱氫鍵以較強的碳與碳鍵取代，將這些分子鏈緊緊結合，相較於傳統 HDPE，XLPE 的分子量更高，因此提高抗拉強度、衝擊強度與環境應力破裂抗性等。

UHMWPE 層壓布料 (右頁)

Hyperlite Mountain Gear 設計的束口袋使用高強度 UHMWPE 纖維製作，將 UHMWPE 纖維層壓在聚對苯二甲酸乙二酯 (PET) 薄膜之間，最初為競速風帆設計，因為強度重量比優異，是戶外裝備的理想材料。UHMWPE 的商標名稱為「Cuben Fiber」，採用電漿處理減少潛變，對於特別重視性能表現的應用範圍，採用 UHMWPE 纖維避免可能產生的問題。

包裝

低成本
聚乙烯是最廣泛生產的塑膠，也是最不昂貴的塑膠之一。

重量輕
與聚丙烯類似，聚乙烯密度低，可幫助生產超輕量包裝。另一方面，也有助於從混合廢棄物中分類找出聚乙烯。

隔絕性
聚乙烯耐水性良好，可耐化學品，但阻隔力普通，因為密度的緣故，HDPE 優於 LDPE，可藉由共擠成型、塗佈或層壓改善阻隔力。

抗穿刺
聚乙烯的伸長率非常好，能提供優異的抗穿刺和耐撕裂特性，在這方面 LDPE 優於 HDPE。

多功能
聚乙烯幾乎可用於各種不同形式，像是纖維、薄膜、片材、模塑等。LDPE 與 HDPE 流動性優異，適用於旋轉成型、射出成型與吹塑成型。

耐低溫
聚乙烯在低溫下韌性優異，熔點低，適合熱封類型的應用範圍，減少製造過程消耗的能源。但這也代表聚乙烯不適合作業溫度高於 80°C 的應用範圍。

阻隔氣味，需要多一層聚醯胺 (PA，尼龍) (請見第 164 頁)；如果想要抗穿刺、耐撕扯的強度更高，則需要多一層 LDPE 或 ULDPE。LDPE 和 ULDPE 隔絕氣體功效低，這種特質適用於某些特定的肉品，也就是需要氧氣來保持鮮度的類型。

聚乙烯纖維用於包裝的方式幾乎和聚丙烯相同：紡織袋與針織網。來自杜邦 (DuPong) 的紡黏 HDPE 商標名為泰維克 (Tyvek)，具有透氣性、防水性、輕量化，結合紙張、薄膜與布料的優點，可用於醫療、食品、電子應用範圍等。UHMWPE 為織品類的應用範圍提供許多優勢，擁有極高的強度重量比，能抗撕扯，可用於高性能與高價值的包裝上。

聚乙烯薄膜與布料經過電暈處理 (corona)，利用高電壓電擊調整表面光潔度，讓薄膜或布料的表面可供印刷使用，不只能套用所有傳統技術，而且聚乙烯的基底顏色可以選擇不透明、半透明或上色。

聚乙烯是聚氯乙烯 (PVC) (請見第 122 頁) 的替代材料，雖然一般認為聚乙烯是最有害的塑膠類型之一，但是仍繼續應用在消費產品中。

聚乙烯在包裝中的應用

聚乙烯首次出現是在 1946 年，當時作為特百惠 (Tupperware) 密封盒銷售，不過沒有立即取得成功，消費者對這種新形式的包裝抱持觀望的態度。後來，模塑聚乙烯保鮮盒藉由所謂特百惠團體銷售，作為輕便可靠的食物收納方法，在戰後的美國家庭之間越來越受歡迎，現在已經公認是塑膠包裝史上最著名的產品之一。從那時候開始，聚乙烯幾乎被用在各式各樣的終端應用上，從塑膠膜、塑膠纖維、塑膠瓶到塑膠袋等。聚乙烯密度低，可耐衝擊，讓聚乙烯成為聚對苯二甲酸乙二酯 (PET) (請見第 152 頁) 低成本的替代品。

聚乙烯可應用在各種吹塑成型的容器上，從牛奶瓶到大塑膠桶。對需要高彈性與韌性的應用範圍建議使用 LDPE，需要高衝擊強度並能抗穿透的應用範圍則建議 LLDPE。HDPE 適合需要更高抗拉強度與剛性的的應用範圍，耐化學品性更高，適合包裝具有刺激性的食物、藥品和工業產品。

薄膜的選擇取決於應用範圍的需求，像是機械性質、阻隔性與外觀。像是拉伸包膜的應用類型，LDPE 和 ULDPE 因為伸長率而適用。相較之下，HDPE 因為剛性與強度較高，適用於需要保持物件形狀的包裝。市面上有磅數輕於 LDPE 的 HDPE 薄膜。

阻隔性取決於聚乙烯的密度與磅數 (厚度)，某些食物需要 HDPE 多層膜的高阻隔性，像是乾糧類，如玉米片需要好好隔絕濕氣，或是肉類需要盡量避免暴露在氧氣中的可能。如果需要

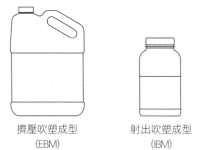

擠壓吹塑成型　　　　　射出吹塑成型
(EBM)　　　　　　　　(IBM)

吹塑成型 (上圖)
擠壓吹塑成型 (EBM) 是最常見的塑膠吹塑成型技術，功能多樣、成本低廉、可用於各種形狀。容器成型時可製作一體式的把手，並能完成多層結構。射出吹塑成型 (IBM) 的差異在於容器的頂部是射出成型，讓瓶頸和瓶口設計細節可以複雜精確，這種成型技術需要兩段加工 (其中一段為射出成型、另一段為擠壓)，使前置作業較昂貴。

聚乙烯在工業設計、傢俱與照明中的應用

一般認為聚乙烯是商用塑膠，雖然價格低廉，但是擁有某些特別出色的性能，在某些案例中聚乙烯是不可取代的材料。聚乙烯能提供堅韌有彈性的保護，而且能隔絕水氣。聚乙烯類似聚丙烯，由於結晶的關係，擁有特殊的霧狀表面，結晶度越高，則密度更高，透明度越低。

充氣包裝 (右頁)
這種優雅又簡單的包裝方式，能在運送時提供緩衝功效，充氣聚乙烯薄膜價格低、重量輕，抗衝擊或抗撕裂的強度高，確保緩衝墊可以在整個運送過程中保持完整。緩衝墊超過 99% 由空氣組成，代表充氣前或放氣後，緩衝墊只佔空間一小部份，有利收納或使用壽命結束時便於處理。

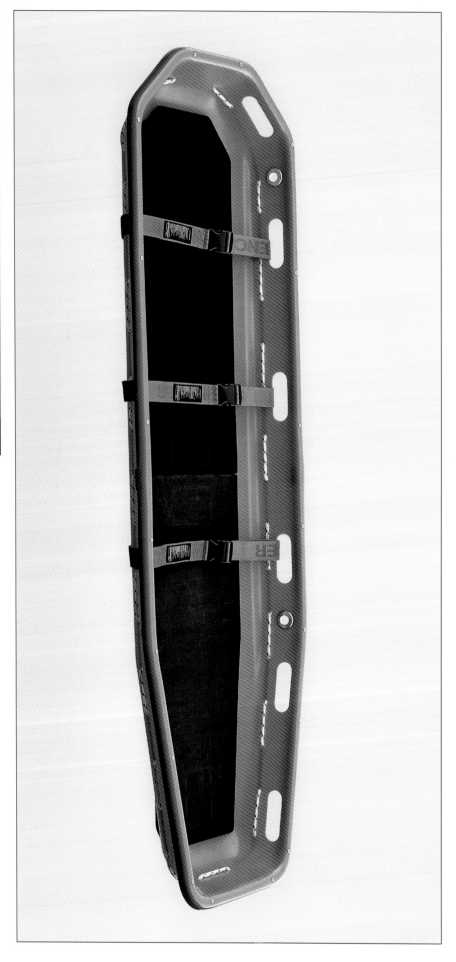

聚乙烯的應用範圍從家用照明到海事防禦、砧板到防護用的設備等，獨特的機械性能組合改變了人們的生活。像是輕量化的防護裝備，如頭盔和防彈背心就是使用 HDPE 和 UHMWPE 生產，比起其他重量相等的替代材料，擁有極高的抗撕裂性，可以吸收衝擊力。UHMWPE 用於髖關節和膝關節置換術已經有幾十年歷史，能在關節內提供可靠耐用的滑動表面。

立體產品最常使用的加工方法是射出成型與旋轉成型，射出成型可以大量生產，這種技術提供許多優勢，包含能生產複雜的形狀、將附加材料共同射出，讓設計功能與固件整合成單一成型步驟。

旋轉成型可以用來生產數量較少的中空零件，雖然旋轉成型也能提供一些和射出成型一樣的優點，但是受限於缺乏壓力與控制整體壁厚的功能。不過，材料創新的重大突破讓設計有更多可能，目前可以產出流動性較佳的粉末，能製作更複雜與更精細的表面細節，還可以藉由混合熔化溫度稍微不同的塑料，將發泡層整合在內壁，換言之，材料可以分層構建，每種材料具有些微不同的特性，取決於材料如何熔化與聚結。

吹塑成型可以生產的幾何形狀類似旋轉成型，可製作大型薄壁零件，但是受限於開模成本，所需的生產量相對較大。

輕量化的籃式擔架

HDPE 是強韌的全能型塑膠，能用在難以到達的地方，方便攜帶、拖曳和拖拉。用在救援時，HDPE 是籃式擔架的理想材料，提供輕量化的全身支撐，能漂浮在水面上，並與 X 光相容。

工業設計、傢俱與照明

低成本

原料價格低廉，擁有理想的成型性能，讓整體成本可以降低。

重量輕

聚乙烯密度低，代表壁厚再厚都能保持輕盈，像是為了加強耐用性而加強壁厚的情況下，還能維持重量輕巧，這對以往採用鋼料或木材製作大型零件的應用範圍特別有幫助。

顏色持久

與一般在成品上漆或塗覆不同，顏色一般施作在基底樹脂上，因此顏色可以更耐久，不會因為刮擦或磨損掉色。不過聚乙烯會受紫外線影響而降解。

無毒

一般認為聚乙烯與食物接觸是安全的，甚至可用於醫療植入。

旋轉成型的燈具

上圖是出自英國設計師湯姆·迪克森 (Tom Dixon) 的 Jack Light，在 1994 年上市，以聚乙烯為材質旋轉成型，勻稱的中空外殼提供一致的漫射效果，任何內部細節都會藉由背光照亮。燈具堅韌，而且顏色能經久不衰，因此燈光的質感不會因為刮傷或是凹陷而改變。

輕量無紡布 (不織布) 外套 (左頁)

Map 設計的後工業民族外套，採用泰維克 (Tyvek) 製作，這是杜邦 (DuPont) 紡黏 HDPE 纖維的商標名稱，這件外套重量不到 225 克。泰維克是一種高機能材料，一般用於工業產品、醫療包裝、防護衣等。與傳統機織或針織的時尚布料不同，無紡布 (不織布) 具等相性 (非定向的)，具有光滑的表面，質感類似紙張，可以根據應用範圍的需求來製造各種不同的密度。用作外衣的情況下，HDPE 無紡布 (不織布) 可提供柔軟、可印刷、耐撕裂、防風、防潑水的保護力。

人工草坪 (右圖)

人工草坪一般使用聚乙烯、聚丙烯或混合兩種塑料製作，條狀塑膠薄膜擠出成型後，加上紋理與輪廓，模仿青草的質感。圖中的人工草坪由 TigerTurf 製造，以紡織的聚乙烯背板為基底，加上綠色植絨聚乙烯塑膠條。植絨的長度按照應用範圍需求不同可調整，無論比賽環境條件再嚴苛，使用壽命都能維持好幾年。折舊後的人工草皮可以回收。

因為 UHMWPE 的極端分子量，直接製作成品相較之下較有挑戰性。UHMWPE 結晶性非常高，意味著加熱時會變成橡膠狀，不像 LDPE 或 HDPE 會流動，使生產到燒結處理方法受到限制，不利使用像是注塞擠壓成型 (ram extrusion) 和加壓成型等工法。因此，一般應用時會按照標準形式，像是纖維、片材或柱狀材料。織品透過編織、紡織或是紡黏 (不織布) 處理；繩索以編織處理；立體零件以實心材料機械加工製作。

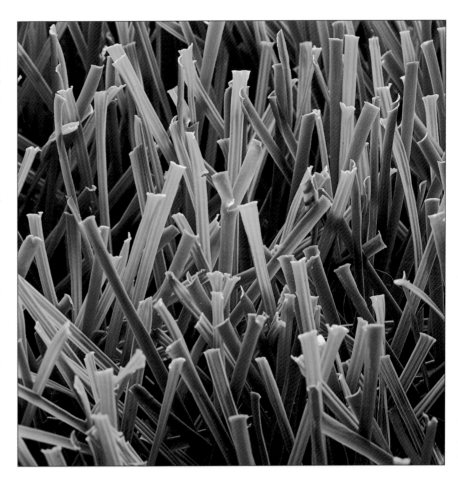

科技纖維與時尚

低成本
聚乙烯價格便宜，根據選用的等級不同，機能從彈性佳到高強度不等。

多功能
聚乙烯作為熱塑性塑料，生產形式包括薄膜、纖維、無紡布(不織布)等。適合用於熱成型，能提供可靠的熔接密封。

隔絕性
聚乙烯能耐大部份的化學溶劑、酸性物質與鹼性物質，此外不受潮濕影響，能漂浮在水面上。

堅韌
聚乙烯柔韌具有彈性。耐磨性優異。

聚乙烯在科技纖維與時尚的應用

聚乙烯纖維可利用紡織、針織、紡黏、植絨等不同的技術，應用在各種不同類型上。聚乙烯布料出現在許多消費者產品上，從抗撕扯的防水地圖到輕量連帽夾克，皆可使用聚乙烯。

磅數重的 HD 聚乙烯纖維可以紡織製成長度較長、無縫隙的管狀材料。這種輕量化、極耐撕扯、色彩鮮豔的紡織原料，現在已經變成各種環境中都常出現的素材，從建築工地 (防水油布) 到海灘 (防風) 都能看到 HDPE。與

LDPE 層壓的 HDPE 能為池塘與儲水池提供防水襯裡。而聚乙烯塑膠繩或塑膠網可用於各種應用，包含釣魚、運動、安全設備等。在這種情況下，聚乙烯可替代聚丙烯、聚對苯二甲酸乙二酯 (PET)、聚醯胺 (PA)；聚乙烯的優點在於成本效益佳、可浮於水面上且不吸水 (聚醯胺有吸濕性，潮濕時強度降低 10-20%)，UHMWPE 強度重量比與抗磨損強度優異，通常會以商標名稱來稱呼，像是 Dyneema、Spectra。這些纖維可與碳纖 (請見

236 頁) 和芳綸 (請見 242 頁) 搭配，應用在嚴苛的環境，例如競賽帆船、防彈頭盔等。UHMWPE 與高性能的纖維相比，柔韌性與彈性更高，彎曲時不易破裂，但是熔點明顯較低，某種程度上限制了應用範圍。雖然 LDPE 和 HDPE 有許多顏色可選，但是 UHMWPE 多半只使用自然色——白色。UHMWPE 還是有許多顏色可供選擇，但一般是出於技術原因而開發，例如用於醫療用品的識別，或是提高釣魚線的能見度。

乙烯醋酸乙烯酯（EVA）

EVA 結合乙烯 (ethylene) 與乙酸乙烯酯 (vinyl acetate)，生成柔軟堅韌的共聚物。EVA 能有效隔絕液體、氣體與化學品，綜合這些性能的 EVA 可用於包裝、鞋子、運動器材與工業產品。EVA 價格不昂貴，不含塑化劑，可當作聚氯乙烯 (PVC) 的替代品，用於食品和醫療應用範圍。

類型	一般應用範圍	永續發展
· 乙烯醋酸乙烯酯 (EVA) · 乙烯-乙烯醇共聚物 (EVOH)	· 包裝與玩具 · 服飾與運動 · 醫療	· 可當作 PVC 替代品 · 可回收，回收代碼為「7」與「其他類塑膠」

屬性	競爭材料	成本
· 有彈性與韌性 · 透明帶光澤 · 顏色度良好	· 天然橡膠 · 低密度聚乙烯 (LDPE)、聚氯乙烯 (PVC)、熱塑性彈性體 (TPE)、聚氨酯 (PU) · 合成橡膠	· 比低密度聚乙烯 (LDPE) 和聚氯乙烯 (PVC) 稍微昂貴 · 加工過程不昂貴

118

簡介

EVA 是雜排聚合物共聚物，由 10-30% 的乙酸乙烯酯 (VA) 組成，VA 單體或多或少隨機摻入聚乙烯 (PE) (請見第 108 頁) 聚合鏈中，乙酸乙烯酯含量低於約 10% 以下，EVA 彈性類似增塑聚氯乙烯 (PVC，第 122 頁)。

增加 VA 含量可降低聚乙烯結晶度，並能增加彈力 (硬度範圍從邵氏硬度A型 70 度到邵氏硬度 D 型 45 度)，降低聚合物的軟化點與融化點能減少需要的能源，有助提高生產效率。VA 含量高於 45%，EVA 完全非晶質 (請見第 106 頁)；聚乙烯鏈中的共聚單體形成結晶的距離不足，非晶質塑膠會讓氣體與液體更容易滲透。

商業類型和用途

EVA 可用於包裝膜、塑膠袋、擠出塗層等，與聚乙烯相比，EVA 薄膜的彈性更高、熔點更低，在包裝應用中特別有用。EVA 能代替 PVC 用於食物包裝，具有生物相容性，可用於醫療應用，像是製造塑膠管、設備、醫療袋與醫療包裝等，能用在與熱塑性彈性體 (TPE) 相似的應用範圍。

發泡 EVA 比聚乙烯更柔軟、更有彈力，具有更大的復原力。

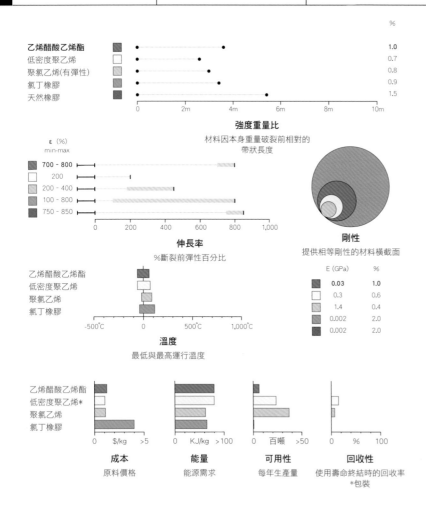

%

乙烯醋酸乙烯酯	1.0
低密度聚乙烯	0.7
聚氯乙烯(有彈性)	0.8
氯丁橡膠	0.9
天然橡膠	1.5

強度重量比
材料因本身重量破裂前相對的帶狀長度

ε (%) min-max

| 700 - 800 |
| 200 |
| 200 - 400 |
| 100 - 800 |
| 750 - 850 |

伸長率
%斷裂前彈性百分比

剛性
提供相等剛性的材料橫截面

	E (GPa)	%
	0.03	1.0
	0.3	0.6
	1.4	0.4
	0.002	2.0
	0.002	2.0

乙烯醋酸乙烯酯
低密度聚乙烯
聚氯乙烯
氯丁橡膠

溫度
最低與最高運行溫度

乙烯醋酸乙烯酯
低密度聚乙烯*
聚氯乙烯
氯丁橡膠

成本	能量	可用性	回收性
原料價格	能源需求	每年生產量	使用壽命終結時的回收率 *包裝
$/kg >5	KJ/kg >100	百噸 >50	% 100

塑膠雨衣 (右頁)

這種半透明的雨衣以 EVA 薄膜製成，下擺熔接，夾克可修改至正確長度，能提供可靠的防水能力，經常用於預防措施。這種雨衣價格低廉，結構小巧而且重量輕便。

EVA 泡棉是半剛性，密度範圍從 30 至 400kg/m³，密閉性發泡結構使液體或氣體無法滲透，應用範圍多樣多變。片材形式的 EVA 可當作襯墊 (用於汽車或工業)、地板 (用於運動場或遊戲區)、包裝、防護、玩具、服裝和地毯襯底等，EVA 可熱成型變為半剛性物件，為包包和包裝提供保護層。EVA 表面通常有纖維覆蓋，例如聚對苯二甲酸乙二酯 (PET，請見第 152 頁聚醯胺 (PA))，保護 EVA 免受磨損。

EVA 泡棉可 3D 立體成型，密度藉由成型循環過程來控制，並能根據應用範圍的需求來調整，能塑形應用在鞋子、鞋墊、包裝、襯墊 (保護人體) 和浮具 (密閉性發泡結構不吸水)。在這類應用範圍中，EVA 可直接與 TPE 競爭；某些情況下，EVA 能與聚氨酯樹脂 (PU) (請見第 202 頁) 直接競爭。

乙烯-乙烯醇共聚物 (EVOH) 可控制 EVA 水解作用過程，這種轉化產生的聚合物能有效阻隔氣體，但是會溶解於水，而且製造過程較具挑戰性。大部份用於多層膜，吹塑成型製成包裝，幫助增加阻隔效果，和 EVA 相同，EVOH 絕佳的機械性能來自兩種單體的比例。

永續發展

EVA 在許多方面都能媲美聚乙烯，但是EVA 使用不普遍，因此回收的可能性較小，回收代碼為「7」與「其他類塑膠」。

磨砂塑膠薄型手袋 (上圖)

EVA 薄膜的乙烯基含量讓 EVA 擁有獨特的橡膠般觸感，藉由這點能區別 EVA 與聚丙烯、聚乙烯，圖中的廣告用手提袋是英國設計公司 MadeThought 為傢俱品牌 Established & Sons 設計，由廠商 Progress Packaging 生產製造。採用磨砂 EVA 賦予手袋半透明的質感，在表面用網版印刷印上平面設計。網版印刷用來印製色塊很理想，例如圖中的 LOGO，成本低，前置作業簡單。影像由 Progress Packaging 提供。

一體成型泡棉鞋 (右頁)

EVA 的彈性、衝擊強度、低溫耐久性，適合加工成型，製成運動鞋的鞋底。在這個案例中，整雙鞋子都是採用 EVA 加工成型。以 Crocs EVA 鞋子的成功案例為基礎，2009 年日本推出了 Puma 100 Injex。這款一體成型的鞋子運用兩種顏色，分別加工成型後疊在一起，這款 EVA 懶人鞋是經典 RS 100 的低成本模仿版，設計上配有仿造縫線與鞋帶的設計。

聚氯乙烯（PVC）

PVC 是使用最廣泛的熱塑性塑膠，一般簡稱為乙烯基 (vinyl)，能與各種不同成份組成複合物，為廣大的應用範圍量身訂製需要的物理性質，多功能特色讓 PVC 一直很熱門，雖然後來有人提出 PVC 某些成份可能帶有毒性。

類型	一般應用範圍	永續發展
· uPVC（無塑化劑） · PVC（含塑化劑）	· 營建 · 時尚與織品 · 包裝	· 內含耗能中等 · 回收率取決於應用範圍，回收代碼為「3」

屬性	競爭材料	成本
· 取決於塑化劑含量，可從堅硬到有彈性 · 防油性與耐化學品的強度優良	· 聚丙烯，聚乙烯,聚對苯二甲酸乙二酯(PET) · 乙烯醋酸乙烯酯 (EVA)，聚胺脂系彈性體 (TPU)，熱塑性彈性體 (TPE)，聚氨酯(PU)，人造橡膠和天然橡膠 · 鋁、木材和鋼料	· 材料成本低 · 製造成本低

122

簡介

聚氯乙烯 (PVC) 是一種非結晶性塑膠 (Amorphous) (請見第 166 頁)，獨特的特性來自聚合物結構中含有氯原子，雖然 PVC 是非結晶性型態，但是經久耐用，可耐油與化學品，並具有阻燃性。

PVC 透明，薄膜清澈度優良，有一系列鮮豔色彩可供選擇，但是，許多添加物與 PVC 本身不相容，因此讓 PVC 變成半透明或是不透明。

PVC 融化時帶有黏性，因此不可用於大型射出成型，但是非常適合複合式擠出成型（窗框）和吹塑成型塑膠薄膜（包裝），可以製造具有高光澤度的 PVC。

商業類型和用途

PVC 可以和塑化劑結合，使成品更有彈性；或不使用塑化劑 (uPVC 或 PVC-U)，讓 PVC 堅硬具有剛性。塑化劑的含量決定了機械性能，包括抗拉強度和衝擊強度，加入 PVC 的塑化劑大多數為化合物，促進聚合物結構內部移動。與共聚物不同，塑化劑不會與聚合鏈形成化學鍵，因此化學品可以自由移動，穿透塑膠，隨時間的推移聚積在表面，最後塑化劑藉由蒸發或磨損，散逸在空氣與周圍環境中，導致 PVC 變脆。

PVC 鍍層購物袋 (右頁)

三宅一生 Lucent 系列 Bao Bao 購物袋使用三角型 PVC 板包覆 PET 底材，結構與排列方式賦予手袋摺紙般的質感，可根據袋中主要物件折疊，PVC 具有光澤的表面光潔度，加上鮮豔的顏色，這些特質強化了手袋表面的設計，能集中光線並往幾個不同方向映射。

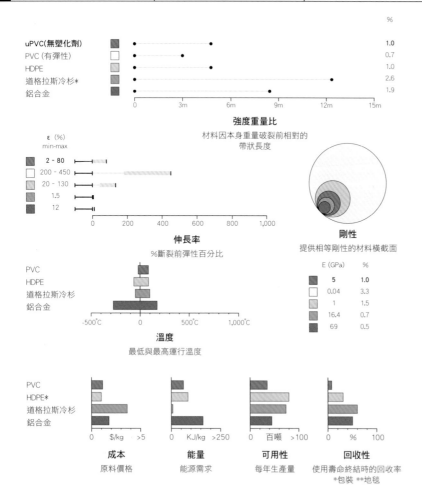

強度重量比
材料因本身重量破裂前相對的帶狀長度

	%
uPVC(無塑化劑)	1.0
PVC (有彈性)	0.7
HDPE	1.0
道格拉斯冷杉*	2.6
鋁合金	1.9

ε (%) min-max

	2 - 80
	200 - 450
	20 - 130
	1.5
	12

伸長率
%斷裂前彈性百分比

剛性
提供相等剛性的材料橫截面

	E (GPa)	%
	5	1.0
	0.04	3.3
	1	1.5
	16.4	0.7
	69	0.5

PVC
HDPE
道格拉斯冷杉
鋁合金

溫度
最低與最高運行溫度

PVC
HDPE*
道格拉斯冷杉
鋁合金

成本	能量	可用性	回收性
原料價格	能源需求	每年生產量	使用壽命終結時的回收率
$/kg >5	KJ/kg >250	百噸 >100	% 100
			*包裝 **地毯

具有剛性的 uPVC 可用在各種應用範圍，從營建到包裝等。柔韌的 PVC 質感類似橡膠，可應用於不同情況，像是塑膠皮革或是耐化學品手套。在配混過程中，可用於 PVC 的添加劑有各式各樣不同類型，能提高加工性、彈力、抗衝擊性與阻燃性。此外，PVC 也能與其他高性能塑料結合，補足 PVC 的缺點，PVC 與許多不同塑膠相容性良好，因此能用在不同配置上，機械性能可根據每個應用範圍不同需求量身定做，舉例來說，如要提高抗衝擊強度，可添加丙烯腈-丁二烯-苯乙烯共聚合物 (ABS 樹脂) (請見第 139 頁)、聚乙烯 (PE) (請見第 108 頁) 或乙烯醋酸乙烯酯 (EVA) (請見第 118 頁)。

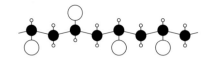

聚合物結構

PVC 具有類似聚丙烯的線性聚合物結構 (請見第 106 頁)，但是添加相對大量的氯原子，隨機分佈的氯使鏈結難以有序堆疊，最後使 PVC 成為非結晶性塑膠，只有一小區域產生結晶。但是不像其他非結晶性塑膠，PVC 一般堅硬易碎，因為氯原子使聚合物鍊之間形成相對較強的化學鍵，再加上塑化劑減少這些鍵結的效力，加速聚合物之間的移動，結果形成較柔韌的塑膠。

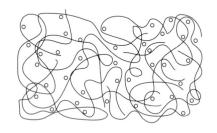

添加塑化劑的 PVC

塑化劑的作用在於破壞氯與碳鍵結的強度 (這個方法取決於化學品)，藉此增加塑膠的彈性與柔軟度，塑化劑的成份分散於非結晶性結構中，不與聚合鏈形成鍵結，可自由移動至表面，這些化學物質蒸發讓 PVC 擁有獨特的「新」氣味。因為鄰苯二甲酸酯塑化劑有潛在的危險性，暴露在高溫或磨損時，體積小到可擴散在環境中，因此引發健康疑慮與環保問題。

永續發展

考慮到 PVC 的強度與耐用性，相對來說價格並不昂貴，PVC 用於水管與排水溝，能確保基礎設施安全可靠，進而幫助改善生活品質。PVC 能與一系列材料競爭：鋁 (請見 42 頁)、實木 (請見第 314 頁道格拉斯冷杉) 和鋼 (請見第 28 頁) 與其他各種塑膠，這是因為 PVC 的功能多樣多變。木材在許多方面具有環保優勢，相較之下金屬材料的運用受制於材料本身的限制。

與其他塑膠相比，PVC 的內含耗能相對較低，因為分子量一半來自於鹽，其他部份來自烴原料，例如油或產糖作物。

但是，PVC 的主要成份乙烯基氯 (VC) 單體高度易燃且致癌，雖然幾乎所有 VC 單體都在 PVC 製造過程聚合，仍有可能遺留少量未聚合，之後有機會從塑膠釋出進入食物或是周邊環境。

PVC 可回收，塑膠分類標誌為「3」，使用上多樣多變造成 PVC 使用壽命結束後回收困難，因為要從其他塑膠中分類出 PVC 並不容易。PVC 是價格低的塑膠，意味著回收必須要非常有效率才能獲得經濟效益。塑膠廢棄物如果回收利用效率不高，會焚化產生能源，問題是 PVC 焚化時會產生戴奧辛，不過對現代焚化爐不是問題，因為現代焚化爐燃燒過程受到嚴格監控，若非如此，燃燒 PVC 所產生的戴奧辛會是嚴重的隱憂。

PVC 在工業設計與工業領域中的應用

PVC 是使用最廣泛的塑膠之一，應用範圍從無黏性工業零件到代表性的玩具，PVC 的成功一部份原因來自於能以相對較低的成本達到一系列物理性質，另一個主要因素則是兼容各種廣大的製造工法。浸漬成型與旋轉成型可用於一體成型的空心物件；浸漬成型適合製造有開口的輪廓，讓浸漬成型的模具可以脫膜，例如蛇腹管、手套等。而旋轉成型適合生產完全密閉的零件，不需要任何開口，適合作浮力、緩衝和充氣材，利用這些加工程序，壁厚可從頭到尾保持一致，並能配合應用範圍調整，同時 PVC 的彈性也可以同步配合調整。

另一種加工形式是將 PVC 片材熔接充氣，像是製造浮具、充氣泳池、充氣睡墊等，PVC 與下列塑膠截然不同，包括熱塑性聚氨酯 (TPU) (請見第 194 頁熱塑性彈性體)、乙烯醋酸乙烯酯 (EVA)、聚對苯二甲酸乙二醇酯 (PET) (請見第 152 頁聚酯) 和聚醯胺 (PA，尼龍) (請見第 164 頁)，PVC 可適用高週波熔接 (radio-frequency，縮寫為 RF)，又稱為電介質或是高頻熔接 (high-frequency，縮寫為 HF)，這種熔接技術具成本效益，可用於產品、包裝和建築，不只能製作直線，這種熔接技術也可處理波浪造型。

工業設計與工業領域

多功能

PVC 的質地能從橡膠般有彈性到剛硬，適合各式各樣的終端應用，除此以外，PVC 的價格低廉，兼容各種少量生產的製作工法，包括浸漬成型與旋轉成型。

低成本

一般認為 PVC 比起競爭材料價格低廉，特別是高性能的彈性體，如矽膠（請見第212頁）、含氟聚合物（請見第 190 頁）和合成橡膠（請見第 216 頁）。

可上色

PVC 作為非結晶性塑膠，生產時可添加廣大的鮮豔色彩，並能選擇透明到不透明各種質感。

耐用

PVC 展現了塑膠經久不壞的使用壽命，服役期限非常長，可耐風化，耐化學品，這些特性代表 PVC 不需保養就能使用數十年。

充氣護舷材

利用旋轉成型生產，防水護舷材在船身與浮筒之間提供緩衝，液態的 PVC 倒入模具後，一邊旋轉一邊加熱後固化，確保壁厚維持一致。利用浸塗將末端著色，孔眼的部份需要更加堅硬強壯，因此結合兩種類型的 PVC。護舷材能壓成扁平的，排出空氣以節省倉儲時佔用的空間，壓力一釋放就會回彈，還原成充氣的狀態，可以利用打氣機增加充氣量，來提高緩衝效果。

PVC 在建築與營建中的應用

PVC 是建築與營建中使用最廣的塑膠，大部份用於基礎設施和內部裝潢；同樣的，營建也是 PVC 主要消費族群，兩者關係發展已經超過數十年，因為相對來說 PVC 價格不昂貴而功能多樣多變。

PVC 是傳統材料的替代素材，包括玻璃、木材、金屬、橡膠；在某些以成本為導向的情況與應用範圍，PVC 的機械性能特別有優勢，質地強硬而且密度低，能節省整體重量，經久耐用，抗候性佳，耐化學品，可抗衝擊，耐磨損，而且相對來說容易在現場安裝或調整。

PVC 的應用主要包含剛性擠壓成型（例如管線、窗戶與地板）和彈性織品（如地板、充氣材與拉伸結構），PVC 熔融後的黏度可用於複合式擠壓成型，也就是簡單的水管與廢棄物管路，也能實現細緻的窗框細節設計，並能保留其功能性。PVC 相對來說製作上簡單，且具成本效益。

PVC 可以當作塗裝施作在 PET 或 PA 上，另一種處理方法是當作薄膜使用，不另外添加強化纖維。PVC 可當作壓克力或是酚醛樹脂（PVDF）上層塗佈使用，讓一般正常戶外使用的壽

PVC 拉伸結構

藝術家安尼旭‧卡普爾（Anish Kapoor）2009 年作品《Dismemberment, Site 1》，採用 Structureflex 製作安裝，作品座落於紐西蘭凱帕拉港（Kaipara Harbour）佔地 400 公頃（990 英畝）的雕塑公園，鋼製橢圓型每個重 43 噸，PVC 織品沿著單絲纏線拉緊，將水平橢圓轉變成圓形，另一端則變為垂直橢圓形，熔接的纖維結構重量僅 5.9 噸。採用 PVC 是因為這種材料可以承受暴風雨和日曬，並能長年保持明亮的紅色外觀。影像由 Structureflex 提供。

建築與營建

經濟效益
由於 PVC 成本低、密度也低，相較於其他高價材料（如鋁和硬木），無論成本或性能 PVC 都相當具有優勢。

耐用
PVC 在戶外或地下環境至少可使用35年以上，所需的保養極少。抗化學品耐受性優良，但易受極端溫度影響。

多變
PVC 有各種形狀與形式可選，從布料到擠出成型的形狀，PVC 在許多情況下都能提供理想的解決方案，可在施工現場切割造型，熔接與接合直接簡單。

阻燃性
PVC 暴露在火中會燃燒，但是會自行熄滅，產熱量相對較低。PVC 起火時會釋放有毒物質，包含二氧化碳（CO_2）、戴奧辛和氯化氫氣體。

命延長至少 15 年。對於會暴露在高劑量紫外線的使用環境，PVC 預估至少可以使用 10-15 年，可加上二氧化鈦 (TiO_2) 塗佈，增加自我清潔功能，能幫助拉長表面明亮乾淨的期限 (有些玻璃也使用相同的塗層)。

PVC 屬於熱塑性塑膠，可用熔接或黏接等工法。PVC 面板一般在安裝場所以外製造，包括所有必要的接點和套管，確保可以直接在現場安裝，接點可以非常堅固，具密封效果，代表 PVC 結構安全緊密，能防風擋雨，也可充氣或灌水使用。

PVC 營建織品的替代方案包含聚氨酯 (PU) (請見第 202 頁) 和含氟聚合物 (請見第190頁)，這些塑膠能提供許多優勢，但是價格也貴上非常多。

PVC 在包裝與廣告中的應用

uPVC 硬質膠布是透明的，具有光澤而且強硬，能有效隔絕氣體，優於聚丙烯 (PP) (請見第 98 頁) 和聚乙烯，同時抗油與抗化學品耐受性優異；對水蒸氣滲透性稍高，能幫助減少食品包裝時水氣凝結。有彈性的 PVC 薄膜可用於拉伸包裝，但近年來已經大量被 LLDPE 取代 (請見聚乙烯章節)。

uPVC 熱成型特性優異，可塑形作為托盤、插件、對折式包裝盒、口服製劑包裝 (加上鋁箔蓋)。上述的應用範圍可用加上塗佈的聚丙烯來取代 PVC，聚丙烯的水蒸氣滲透性稍低，對大部份的情況都很有利，但是聚丙烯是半結晶體構造，熱塑成型時較為困難。

PVC 螢光書衣

香港出版社 Victionary 2013 年九月出版的《Neom》，軟精裝書衣採用 PVC 製作。PVC 是書衣理想的合成材料，廣泛應用在書籍裝幀與文具，PVC 具有彈性，經久耐用，顯色度極佳，還可直接在表面印刷。

包裝與廣告

彩色
PVC 原本是透明的，加工時可選擇各種不同色調、顏色與表面光潔度，可利用螢光色染劑呈現邊緣發光效果。

低成本
PVC 美觀觸感佳，手感從高亮澤到柔軟皆有，使 PVC 有別於傳統材料，而且價格可以保持低廉。

觸感
PVC 的觸感就像橡膠，在許多情況下是相當討喜的，例如用於襯墊、凝膠填充或其他彈性物件。

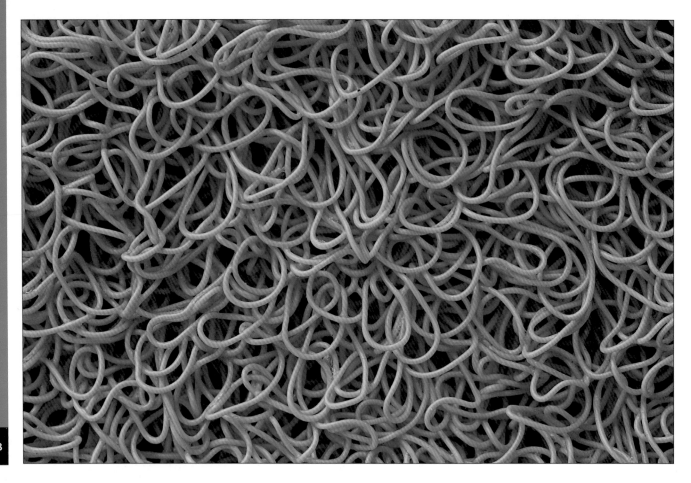

PVC 同樣也可用於吹塑成型的飲料罐，但是就像 PVC 塑膠膜一樣，PVC 飲料罐也逐漸被食物醫療包裝淘汰，瓶罐與托盤通常改採 PET 生產，在某些案例中會使用聚丙烯或聚乙烯，這些材料接受度越來越廣，特別是與食物相關的應用範圍。用來裝飾卡車、窗戶或是展覽牆面有彈性的電腦割字是利用 PVC 片材切割製作，厚度從 0.8 至 0.08 公釐皆有，表面處理可選擇霧面或亮面，複雜或多種顏色的設計，可以印刷在白色或透明 PVC 上完成，不需用多個單色塑膠片切割。

高週波熔接可用來生產氣密薄膜包裝，在這種應用範圍中，可以用 EVA 取代 PVC，但是價格稍微昂貴一些。PVC 可形成防水密封包裝，所以物件可以用凝膠填充或是充氣，也適用於單純功能性包裝（血袋）。這種特性也可用於裝飾性應用範圍（書衣）。

熔接可結合壓印浮凸與切割，讓設計有更大的彈性，而且不會增加成本。舉例來說，熔接工具可以預先雕刻，讓物件擁有裝飾性外觀與浮刻輪廓。易撕密封熔接能用一個步驟拆除密閉性包裝，切割邊緣與熔接工具結合，在材料上加壓時，能讓材料輕易分離，易撕密封熔接除了確認物件邊緣，還能利用材料本身製作切口。

PVC 在時尚與紡織品中的應用

從充氣物件到情趣服裝，PVC 成為色彩繽紛、低成本、橡膠質感的同義詞。無論是作為塗佈或是單獨擠出成型作為塑膠薄膜使用，廣泛的應用範圍說明了 PVC 的功能多變多樣。

PVC 塗層織物是一種複合材料，纖維穩定的強度與尺寸結合彈性與表面抗性。PVC 塗層織物類似 PET 和 PA 纖維，能提供與布料相當的強度，但 PA 價格更高，一般傾向保留給需要

環圈塑膠絨毛

這種耐磨的 PVC 地墊採用纖絲製作，擠出成型後直接黏合（PVC 保持在熔融狀態），這種過程也被稱為絲狀噴射型（silk）。這種堆疊方法可以將集塵力最大化，使用者走過地墊時能收集灰塵與碎屑等，環圈的尺寸取決於加工過程的速度。

更高強度與彈性的應用範圍，例如充氣物件；其他應用範圍 PET 已經足夠應付，PET 服飾可滿足工業織品的需求，是可行的解決方案。PVC 是第一種合成皮革，可代替真皮，是價格低廉的替代方案。相較於真皮，PVC 貼附在皮膚上會覺得悶熱、黏膩而且不透氣，一般稱為塑膠皮革（pleather），有許多顏色可供選擇，並有表面壓光或浮雕紋理可選，以利模仿常見皮革的質感（請見第 444 頁牛皮、第 452 頁羊皮與第 456 頁豬皮），也可模仿珍稀皮革（請見第 462 頁）。這些布料一般用於服裝、鞋履、電子產品（耳機）、

時尚與紡織品

光澤且多彩
PVC是透明的，而且非常顯色，能呈現出來的顏色範圍非常廣，包括亮色、暗色、螢光色、粉彩色等。

觸感
PVC的柔韌性取決於增塑劑的含量，從硬材質到橡膠感都有。使用 PVC 塗層的織物比獨立膜更堅固，其性能取決於所選的材料和塗層厚度。

CP 值高
PVC比它模擬的紡織品（例如油布、皮革和乳膠）便宜得多。和類似用途的高性能合成塗料聚氨酯(PU)相比，PVC的價格只有一半左右。

行李、運動用品、室內裝潢與汽車內裝。 不過 PVC 已經被 PU 塗佈纖維取代，後者能提供的觸感更逼真，也更舒適。

塑膠皮革的表面不像天然皮革，會逐漸破裂並開始分層，PVC 承受的壓力越大，複合物分解的速度越快。最便宜的塑膠皮革製品不用布料背襯製作，而是將 PVC 薄膜直接黏合在泡棉或其他底材上，因此損壞的速度較擁有堅固布料背襯的 PVC 更快。

油布是一種防水布料，類似上蠟棉布。油布傳統使用亞麻布製作，加上亞麻油塗佈的基底，PVC 塗布的棉布是具成本效益的多功能替代品，圖案與裝飾可利用網版印刷完成，顏色與設計的選擇幾乎不受任何限制，為蓋布、桌布、圍裙和手袋等提供非常實用又不昂貴的解決方案。

高筒防水膠靴
防水衣一般使用 PVC 塗佈的 PET 製作。對於需要高拉伸與回彈力的應用範圍，PVC 可結合 TPU（彈性織物）製作，縫線縫合後熔接，確保水不會流入膠靴內。這款加壓成型的膠靴熔接鞋筒，價格最便宜的鞋筒會採用 PVC 製作。如果應用範圍需要較高性能表現，會使用 PU 靴子結合 PVC 鞋筒，更輕巧，使用壽命更長，在冷水中依然可以保持彈性。

酸類共聚物與離聚物

熱塑性塑膠可以用在各種應用範圍，從塑膠膜到高爾夫球外殼，擁有獨特的機械性能。這些熱塑性塑膠以聚乙烯 (PE) 為基礎，含四分之三或更高的乙烯單體，因此具有許多相同的基本性能，差異在於韌性和黏合的強度獲得改善，並擁有優異的透明度。

類型	一般應用範圍	永續發展
· 基於乙烯的酸類共聚物：丙烯酸 (EAA)、甲基丙烯酸 (EMAA)、丙烯酸乙酯 (EEA)、丙烯酸甲酯 (EMA) 和離聚物	· 食物與包裝用塑膠膜 · 運動用品 · 汽車	· 回收代碼為「3」與「其他類塑膠」 · 不容易從混合廢棄物進行分類

屬性	競爭材料	成本
· 絕佳熱封性 · 韌性高 · 耐化學品強度高，耐磨損	· 熱塑性聚氨酯 (TPU) 和聚氨酯(PU) · 聚乙烯和聚丙烯 · 含鉛玻璃	· 與 PC 相比，通常是少量製造，價格昂貴

簡介

這系列熱塑性塑膠以聚乙烯共聚物 (PE) (請見第 108 頁) 為基礎，分散在乙烯單體中的共價酸性鍵增強了物理性能，與聚乙烯相比韌性更好，以黏合劑黏合時強度更強。

透過中和過程，質子酸 (acid protons) 與金屬離子交換，產生離聚物，這種聚乙烯帶有極性離子簇 (請見第 110 頁交叉鏈結形式)，交叉鏈結可還原，因此雖然變硬、韌性提高、酸類共聚物的抗化學品耐受性增加，都不會壓縮熱塑性塑膠的成型性。離聚物的強度與重量幾乎是低密度聚乙烯 (LDPE) 的兩倍。

其他類型的離聚物由含氟聚合物共聚物形成 (請見第 190 頁)，商標名稱為 Nafion，擁有絕佳的熱塑性與化學性能，因此可當作燃料電池交換膜。酸類共聚物和離聚物具有自我修復行為，有可能延長使用壽命，但是這個功能直到最近才開始成為研究題目。

商業類型和用途

酸類共聚物一般以聚乙烯為基礎，但也有可能以聚苯乙烯 (PS) (請見第 132 頁) 或聚氨酯 (PU) (請見第 202 頁) 形成，包含最高達三分之一的酸性物質，共聚單體含量會影響結晶性 (請見第 166 頁)，增加酸類含量會降低結晶性。離聚物利用添加物中和酸類，如鋅、鈉、鋰或其他金屬鹽。可能具有離子性能的塑膠包含聚乙烯酸類共聚物和含氟聚合物共聚物。

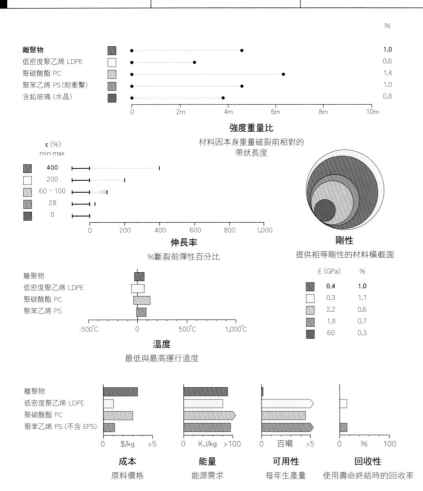

酸類共聚物主要用作層壓或吹塑成型的包裝材，能用於聚乙烯的應用範圍，可改善黏合性、透明度與屏蔽的完整性。包裝線如用酸類共聚物可用更高運行速度作業，因為酸類共聚物的熔點較 LDPE 低，常見的產品包括以紙或鋁箔為基材的小袋或口袋。

離聚物的韌性與耐磨性可用於運動用品，例如高爾夫球、保齡球、防撞頭盔、雙板滑雪靴等的外殼。

離聚物具有非常優秀的光學透明度與阻隔特性，就像酸類共聚物，可用於多層包裝薄膜，適合著重顏色與平面設計的應用範圍。高拉伸率可用於能拉伸的包裝，可加熱成型後作為對折式包裝盒與口服製劑包裝。

離聚物可用來代替水晶玻璃（請見第 518 頁），作為高級化妝品與香水包裝。離聚物結合聚碳酸酯 (PC)（請見第 144 頁），能帶來一系列設計的可能性，能成型做出複雜的形狀，並利用拋光、磨砂或刻面等表面加工增強與玻璃質感相似的透明度。離聚物發色非常良好，能產出豐富濃厚的色彩飽和度，另一方面，平面設計也能整合與包覆成型，減少塗佈，讓表面光潔度更流暢。

永續發展

這些熱塑性塑膠的生產量相對較少，雖然許多特徵與聚乙烯相似，但是一般不會回收再利用。這些熱塑性塑膠通常用於黏合層、阻隔層或是複合材料結構的其他部份，能有許多優勢，

透明的離聚物包裝

日本設計師高田賢三設計的 Kenzo Flower In The Air 香水瓶蓋使用杜邦 Surlyn 樹脂，每一面都可以看到印刷的罌粟花冠，透過包覆成型加工過程，圖案封存在兩層高透明的離聚物之間，物件看起來像是懸浮在塑膠中。除了封存印刷塑膠膜，杜邦也展現了將其他細緻的織品包覆成型的加工工法，包括蕾絲。

例如可以減少包裝重量，幫助讓食物與飲料保存期限拉到最長，但是正因如此回收不實際，幾乎不可能將這些熱塑性塑膠與金屬或紙張基底分離，這點使整個組件無法回收。

聚苯乙烯（PS）

PS 沒有顏色、硬脆易碎，透光性出色，有一系列飽和色可供選擇，質地從淺色到不透明皆有，抗衝擊強度可用橡膠調整，並能提高伸長率，因此呈現半透明的狀態。PS 成本低，能用硬質塑膠和發泡材形式大量應用在包裝、產品與營建中。

類型	一般應用範圍	永續發展
· 通用級聚苯乙烯 (GPPS，或簡稱 PS) 與高耐衝擊聚苯乙烯 (HIPS) · 發泡聚苯乙烯 (EPS) 與擠塑板 (XPS)	· 包裝 · 消費產品與防護衣 · 阻絕與浮具	· 廣泛回收，回收代碼為「6」 · EPS 回收需要額外加工，因為密度低，會造成某些回收困難

屬性	競爭材料	成本
· 通常硬而脆，確切的機械性能取決於塑膠的等級 · 無臭、無毒 · 不耐化學品，耐候性差	· 苯乙烯丙烯腈(AS) 樹脂、丙烯腈-丁二烯-苯乙烯 (ABS) 樹脂 · 聚丙烯、聚乙烯和聚對苯二甲酸乙二酯(PET) · 聚碳酸酯 (PC)、聚甲基丙烯酸甲酯 (PMMA) · 澱粉塑膠	· 材料成本低，製造簡單

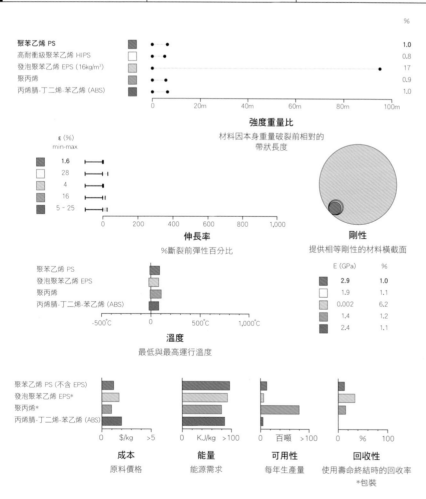

簡介

儘管聚苯乙烯 (PS) 有許多缺點，但是價格便宜，消費量極大，通用級聚苯乙烯質地堅硬，抗拉強度與伸長率低，造成材料非常脆，由於 PS 是無定形塑膠 (請見第 166 頁)，抗化學品耐受性差，而且會風化，藉由基底聚合物改質可克服這些限制，目前已經開發出不同等級的聚苯乙烯。

根據消費產品與汽車設計的應用範圍不同，密切相關的 AS 樹脂 (請見第 136 頁)、ABS 樹脂 (請見第 138 頁) 在許多方面都優於 PS。當然，AS 樹脂、ABS 樹脂價格更加昂貴，而且本身也有缺陷，但是能提供更強硬與堅韌的替代方案，同時保持 PS 理想的可塑性與著色力。

商業類型和用途

通用級 PS 因為相對耐用性較差，主要用於價格較低的產品，包裝類佔大多數，包括罐子、杯子、餐盤等，採用射出成型與熱塑成型生產。PS 熔點低、流動性高，可以高速製作壁薄的物件，尺寸精準度良好，雖然目前許多情況下會以聚丙烯 (PP) (請見第 98 頁)、聚乙烯 (PE) (請見第 108 頁)、聚對苯二甲酸乙二醇酯 (PET)(請見第 152 頁聚酯) 代替 PS，上述塑料在壁厚較薄的包裝中具有優異的機械性能。

PS 半結晶等級 (請見第 166 頁) 以商標名稱 Xarec 製造，一般加上玻璃纖維 (GF) 強化，和其他添加玻璃強化纖維的結構樹脂相比，半結晶 PS 擁有理想的成型性與尺寸穩定性，抗水解耐受度高，能耐多數的酸性與鹼性物質；

相較於聚對苯二甲酸丁二醇酯 (PBT) (請見第 154 頁) 和聚醯胺 (PA，尼龍) (請見第 164 頁)，PS 介電強度優異。可用於製造小型電氣零件，像是連接器、外殼和手機天線。

水罐

擁有出色的透光性和表面光澤，並有高飽和的色彩，PS 曝曬在紫外線下會降解，這個缺陷來自 PS 原本脆弱的性能，因此一般用於不打算長期使用的物件，像是派對用品或是廣告品。比較耐用的替代方案價格更昂貴，像是 PC、AS 樹脂，PC 幾乎是 PS 價格的三倍、AS 樹脂幾乎是 PS 價格的兩倍，因此一般保留給設計要能長久使用的物件，或是用來製造所謂「打不破」的物件 (相較於玻璃)。

高耐衝級聚苯乙烯 (HIPS) 是強韌版 PS，在聚合過程中含有高達 15% 聚丁二烯，橡膠含量增加伸長率，可增加耐衝擊強度，但犧牲了抗拉強度 (約三分之一)。HIPS 是半透明的，但是著色性非常好。

HIPS 受到廣泛運用是因為射出成型時可完成高品質表面，精細的表面細節能夠完美重製，例如商標或是使用說明，藉此可除去印刷平面設計的必要，也能節省其他昂貴的二次加工，使用案例包含單次使用的產品，例如刮鬍刀、文具、免洗餐具、廣告贈品、玩具和遊戲 (包括經典的 Airfix 塑膠模型) 以及實驗室器材。

雖然就重量而言，發泡聚苯乙烯 (EPS；俗稱保麗龍) 的使用量不是最高，但是就數量而言，大多數包裝材料以保麗龍佔大宗，一個保麗龍盒子只有 5% 為 PS，其餘都是空氣，閉孔結構提供約束力與緩衝功能，一般密度為 16kg/m³、32kg/m³ 和 48kg/m³。抗壓強度、抗拉強度與隔熱效果根據密度增加而增加。

物品密封時保麗龍可以提供非常好的隔熱效果，例如食品保溫盒，因為溫度被阻隔在空氣結構中。

鬆散填充的保麗龍包裝基本上已經被膨脹填充的聚乙烯緩衝材取代 (請見第 113 頁插圖)，或是用生物基塑膠製作的鬆散填充物取代 (請見第 260 頁澱粉塑膠)，與保麗龍不同，聚乙烯緩衝材使用後只要簡單戳穿，就能有效減少佔用的空間，便於回收；而生物基塑膠緩衝粒如果妥善製成堆肥，就不會造成垃圾掩埋量增加。

塑膠成型模具僅稍微昂貴一點，因此大部份情況下，保麗龍成型時會根據需要保護的零件精準設計，所有表面細節會精準再現，品質取決於密度。

發泡前聚苯乙烯珠粒

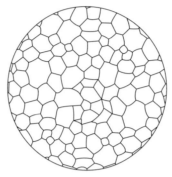

泡沫聚苯乙烯珠粒

閉孔結構

這個工法包含發泡劑 (通常採用戊烷)，在聚合過程加入 PS，使 PS 的小珠粒膨脹到原本尺寸的好幾倍，形成閉孔結構保麗龍，PS 非常薄的區塊將珠粒結合在一起，細小的結構中高達 98% 是空氣支撐，空氣困在結構中，這種珠粒放入模具，利用蒸氣與壓力，進一步膨脹熔融在一起，形成堅硬的蜂窩狀結構。

保麗龍表面抗磨損或抗穿刺的強度很差，這點會造成問題，像是保護電子產品與電器時，保麗龍會搭配紙箱 (請見 268 頁)；保麗龍額外加上發泡層，例如聚氨酯樹脂 (PU) (請見 202 頁)，可改善耐衝擊強度，增加抗震阻尼。

保麗龍片材適合熱塑成型，例如供食物外帶用的對折式包裝盒和餐盤，PS 具有防潮性，保麗龍具有閉孔結構，因此包裝短時間內承裝液體中沒有問題。保麗龍大量用於建築，主要作為隔熱和隔音使用，通常以片材形式應用，必要時可加工成型 (例如模組化建案)，可應用作成大量塑膠塊。

這兩個領域是保麗龍的主要應用範圍，除此之外，可用於浮具 (像是衝浪板和游泳圈)、防護衣 (頭盔)，也能作為複合板的核心層或是作為地工泡棉 (geofoam) (例如減少堤岸下沉或是作為絕緣用)。

PS 可利用擠出成型製作長型的閉孔泡棉，保麗龍與 XPS 的差別，在於後者是在擠出成型時直接發泡，成品略有不同，可用顏色編碼識別，例如藍色、粉紅、綠色。保麗龍壓縮強度為 0.1 to 0.4 MPa (10–60 psi)，XPS 密度更高，壓縮強度最高約達 0.7 MPa (100 psi)，數值越高，應用在建築範圍特別有利。

永續發展

PS 可完全回收，回收編碼 #6，PS 是許多產品的外包裝，這些包裝不能立即識別為 PS (或未標有回收識別碼)，造成絕大多數不回收直接掩埋。

另一方面，保麗龍可以立即識別，但是因為保麗龍 PS 含量低，因此運送保麗龍到回收場非常不實際，藉由壓縮系統可以有效率運送保麗龍廢棄物，重新加工做成 PS。回收材可用來製造新產品，例如包裝 (也能再次做成保麗龍)、文具、花盆和衣架。

保麗龍重量輕，可以減少運輸需要的能源，但是保麗龍運送通常不太有效率，因為包裝材體積大。少數大型物件運送時保麗龍很實用，例如運送家電，因為相對來說包裝材佔的空間很少；但是運送小一點的物件時，例如像是筆記型電腦的尺寸與重量，熱塑型淺盤會更實用，減少包裝體積有利在容器裝進更多產品。

發泡包裝 (右頁)

EPS 包裝 (保麗龍) 可用來保護內容物免受擠壓、震動或熱波動。這種包裝有硬度，在運送過程中可以將所有物品固定，在崎嶇不平的道路上有利於包裝沉重的貨品。高容量低密度的 EPS 適合當作保護性包裝，但是使用壽命結束時處理上很困難，因為 EPS 的尺寸，使回收與運送變得不實際，低密度意味著再加工後能獲得的資源非常少。

苯乙烯-丙烯腈共聚合物（AS 樹脂）與丙烯腈-苯乙烯-丙烯酸酯共聚合物（ASA）

苯乙烯-丙烯腈共聚合物 (SAN)，通稱 為 AS 樹脂，這是一種透明塑膠，耐熱衝擊，抗化學品強度良好，這種塑膠價格比較不昂貴，容易加工製成高性能透明塑膠，像是 PC 和 PMMA，因此可用來製作廚房、實驗室、醫療與個人衛生用品等，和不會承受高壓力的包裝。

類型	一般應用範圍	永續發展
· AS 樹脂 · ASA (以丙烯酸改質的 AS 樹脂)	· 包裝 · 實驗室、醫療與衛生設備 · 廚具	· 可回收，回收代碼為「7」與「其他類塑膠」 · 不容易從混合廢棄物進行分類

屬性	競爭材料	成本
· 透明 (90%) · 硬而脆 · 高耐熱	· 聚苯乙烯 (PS) · 聚甲基丙烯酸甲酯 (PMMA) · 聚碳酸酯 (PC)	· 成本幾乎為 PS 兩倍，但製造相對容易

136

簡介

在機械性能方面，AS 樹脂介於 PS (132 頁) 和 PMMA (174 頁) 之間，這三種塑膠都是透明的，AS 樹脂的強韌度高於 PS (抗拉強度約為兩倍)，對化學品、酸性物質等抗性更高，相對較容易加工處理成光潔的表面。

商業類型和用途

AS 樹脂無味無毒，不含苯二甲酸酯 (phthalates)、雙酚 A (bisphenol A，縮寫為 BPA) 或是其他被許多國家禁用的有害物質，因此適合應用在接觸食物、飲料、個人衛生的產品上。

像是牙刷與化妝品包裝等浴室用品，多利用 AS 樹脂卓越的表面特質。AS 樹脂也同樣適用於一些廚房用具，像是攪拌缽 (食物處理機)，能安全承受熱食或是洗碗機洗滌。AS 樹脂抗化學品耐受度高，包括酸性物質、鹼性物質和油類，代表 AS 樹脂可用於實驗室與醫療設備。

AS 樹脂也被用來製作傢俱，像是一體成型的椅子，如設計師羅貝多·福斯卡 (Roberto Foschia) 2007 年作品 Slim chair 的椅背，流線型設計運用 AS 樹脂的著色性與表面光潔度，而且 AS 樹脂易於成型。

AS 樹脂具有非常高的尺寸穩定度，AS 樹脂的透明度能賦予物件良好色彩深度，相較於玻璃 (請見第 508 頁)，AS 樹脂重量更輕，價格更便宜，利用射出成型可製作複雜的形狀，讓設計擁有比玻璃成型工藝更大的自由。AS 樹脂也可使用擠出成型，但長度不及

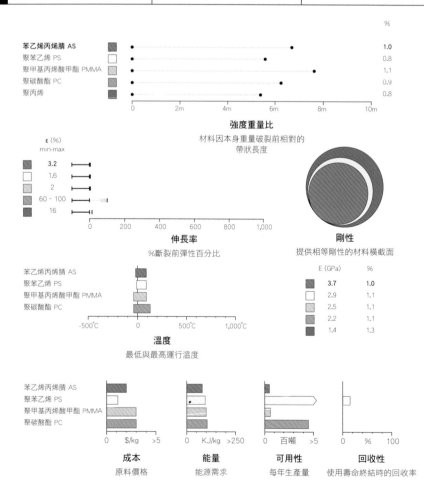

玻璃，而且成型後隨時間推移會慢慢褪色或發黃。

ABS 樹脂 (請見第 138 頁) 是以 AS 樹脂加上丁二烯橡膠 (BR) (請見第 216 頁)，這種組合使材料具有 AS 樹脂的剛性、硬度與抗性，並有優異的抗衝擊強度。一樣的費用下，ABS 樹脂製造的數量更多，可用於廣大的產品。

AS 樹脂形成 ASA 前，在聚合過程中加入彈性體製造的材料性能與 ABS 樹脂相似，但是抗候性增強。可用於戶外與汽車相關的應用範圍，ASA 的耐用性代表顏色可以更持久，就算經過長時間曝曬也一樣。相比之下，ABS 樹脂中的丁二烯含量使其易受紫外線、熱源與化學物質破壞，隨著時間推移變色脆化。

ASA 減少在汽車零件上漆的必要，可用於水箱罩、後照鏡、內裝、蓋子等，具有明亮彩色的光澤表面，適合加工成型，可單獨使用或是與其他塑膠搭配用作雙色成型、多次注射成型等，提供具保護作用的透明表層 (也可著色)，利用這種方式，通常可與抗性較差的塑膠結合使用，例如 PVC (請見第 122 頁)、ABS 樹脂以及其他非塑膠材料，像是金屬與木材等。

永續發展

這些苯乙烯類塑膠的優點在於出色的耐候性，不管是單獨使用或是當作保護層，可保持表面不變，而且其機械性能大部份都能維持長期不變，因此可幫助延長零件的使用壽命，

就像大多數熱塑性塑膠一樣，可以完全收回，工廠中產生廢棄物可以直接回流到生產線。回收代碼為「7」與「其他類塑膠」，代表這類塑膠難以從混合廢棄物中回收。這類塑膠含有丙烯-單體 (請見 180 頁聚丙烯腈)，本身就會造成污染，而且有毒。

透明水瓶

丹麥設計品牌 Stelton 推出的「My Water Bottle」是可重複使用的容器，利用 AS 樹脂的透明度與清潔感，加工成型的 ABS 樹脂瓶蓋可分成兩個部份，寬窄兩種的瓶頸設計讓容器能當作水瓶或杯子使用，也使清潔更容易。這種寬口造型也有製造上的優勢：讓 AS 樹脂可以射出成型，製造精準的壁厚與內部表面。結合瓶頸造型代表容器採用吹出成型 (因為模型凹穴)，設計時會造成另一種挑戰。

丙烯腈-丁二烯-苯乙烯共聚合物（ABS 樹脂）

別名
商標名稱：「Cycolac」、「Novodur」、「Terluran」、「Absolac」
ABS/PC 合膠商標名稱包括「Bayblend」、「Terez」、「Cycoloy」

ABS 樹脂表面光潔度絕佳，抗衝擊強度優異，以苯乙烯-丙烯腈共聚合物 (AS樹脂) 結合丁二烯橡膠 (BR)，作為非結晶性塑膠合膠製造，ABS 樹脂適用吹塑成型與射出成型，是消費產品與玩具的材料首選，利用吸引人目光的添加劑可加強視覺品質。ABS 樹脂也適合金屬電鍍。

類型	一般應用範圍	永續發展
· ABS 樹脂 · 合膠：ABS/PA、ABS/PC 和 ABS/PVC	· 消費產品 · 電話通訊 · 汽車 · 玩具	· 可回收，回收代碼為「7」、「其他類塑膠」或「ABS」 · 不容易從混合廢棄物進行分類

屬性	競爭材料	成本
· 堅韌 · 色彩範圍出色，美學效果優異	· 聚碳酸酯 (PC) 與 聚醯胺 (PA) · 苯乙烯丙烯腈 AS 樹脂與丙烯腈-苯乙烯-丙烯酸酯(ASA) · 聚丙烯和聚乙烯	· 單位價格低 · 製造成本低

138

簡介

AS 樹脂 (苯乙烯-丙烯腈共聚合物 SAN) (請見第 136 頁) 自 1940 年代開始作為商用塑膠，在剛性、硬度與耐熱度上具有良好平衡，雖然 AS 樹脂以前身聚苯乙烯 (PS) (請見 132 頁) 為基礎調整改善，但受限於韌性相對較低；在 AS 樹脂嵌段共聚物中加入丁二烯橡膠 (BR) (請見第 216 頁)，得到三元共聚物會使強度重量比下降，但是大大提升韌性，也就是丙烯腈-丁二烯-苯乙烯共聚合物，簡稱 ABS 樹脂。

1950 年代 ABS 樹脂首次應用在商業範疇，結合高光澤著色性和耐用性，因此成為最受歡迎的工程塑膠之一。ABS 樹脂常見於消費產品附件、家電外殼、玩具、汽車零件……等，多年來用於生產許多經典產品，像是樂高積木 (始於 1960 年代)，Stelton 真空罐和百靈牌 ET66 計算機，這些例子只是經典 ABS 樹脂產品的一小部份。聚碳酸酯 (PC) (第 144 頁) 和聚醯胺 (PA、尼龍) (第 144 頁) 多用於需求更高的應用範圍，強度重量比、耐熱性、韌性優異，ABS 樹脂的優點在於價格便宜了約三分之一，不過這取決於等級，因為高級的 PC 和 PA 價格可能高上好幾倍。

ABS 水壺 (右頁)

Stelton 設計的 EM77 真空罐是史上最暢銷的產品之一，這款水壺由艾瑞克·曼格努森 (Erik Magnussen) 在 1977 年設計，每年春季重新推出新色與表面設計，採用 ABS 樹脂確保高品質的表面光澤，加上鮮豔飽和的顏色，像是圖片中的銅棕色。另一方面，ABS 樹脂可用橡膠塗料加上塗層，增加觸感，創造乾燥粉霧表面外觀。

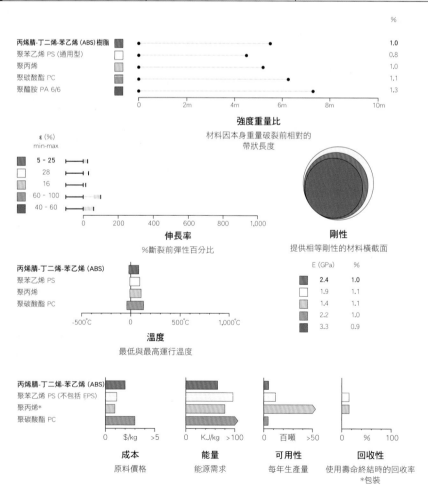

丙烯腈-丁二烯-苯乙烯 (ABS) 樹脂　1.0
聚苯乙烯 PS (通用型)　0.8
聚丙烯　1.0
聚碳酸酯 PC　1.1
聚醯胺 PA 6/6　1.3

%

強度重量比
材料因本身重量破裂前相對的帶狀長度

ε (%) min-max

5 - 25
28
16
60 - 100
40 - 60

伸長率
%斷裂前彈性百分比

剛性
提供相等剛性的材料橫截面

E (GPa)	%
2.4	1.0
1.9	1.1
1.4	1.1
2.2	1.0
3.3	0.9

丙烯腈-丁二烯-苯乙烯 (ABS)
聚苯乙烯 PS
聚丙烯
聚碳酸酯 PC

溫度
最低與最高運行溫度

丙烯腈-丁二烯-苯乙烯 (ABS)
聚苯乙烯 PS (不包括 EPS)
聚丙烯*
聚碳酸酯 PC

成本 原料價格	**能量** 能源需求	**可用性** 每年生產量	**回收性** 使用壽命終結時的回收率 *包裝
0　$/kg　>5	0　KJ/kg　>100	0　百噸　>50	0　%　100

工業設計、傢俱與照明

低成本
ABS 樹脂可用於製造高品質且耐用的產品，價格約為 PC 或 PA 的三分之二。

韌性
丁二烯橡膠含量能提供彈力，輕微敲擊或下墜可以回彈，用於塗料與合膠可保護表面韌性，因為 ABS 樹脂不堅硬，容易刮傷或是磨損。

視覺質感
ABS 樹脂含有苯乙烯，確保絕佳的表面光潔度，模具可以精準再製，表面可製成高光澤、霧面或帶有紋理。

著色性
ABS 樹脂的透明等級可提供卓越的著色性，ABS 樹脂的視覺美感可藉由染料進一步加強，例如結合閃亮的金屬片。

商業類型和用途

ABS 樹脂和各種合膠可用於商業範疇的包括射出成型等級與擠出成型等級，能不加入強化纖維使用，也可以加入玻璃強化纖維 (GF) 或是礦物添加物，來增加強度與剛性。使用強化材料可減少熱膨脹，提高尺寸穩定性，對於汽車結構零件而言，這種特性特別實用。

成型作為大型複雜結構時，通常會用金屬包覆或塗布，增加耐用性與美觀度，當與 PA 合膠 (ABS/PA) 或與 PC 合膠 (ABS/PC)，表面更耐用，因此可以不加塗層使用。ABS/PA 合膠擁有絕佳的霧面表面，這種材料提供更好的聲學阻尼性能，ABS/PA 合膠結合兩種材料的優點：在高溫與低溫下具備優異的耐衝擊強度，與傳統 PA 相比收縮率降低，顏色品質高，霧面表面處理，並能耐化學品。

ABS/PC 合膠是 PC 的低成本替代材料，與通用型 ABS 樹脂相比，ABS/PC合膠中的 ABS 有助提高加工效率與化學應力耐性，PC 則能改善尺寸穩定性、抗衝擊強度與耐溫性，可用於需要剛性、衝擊強度與耐高溫的結構零件，提供良好的表面性能，因此可用於需要良好顏色與美學的零件，像是便攜式電子產品外殼、汽車內部零件、安全頭盔和電腦機殼等，並可藉由添加阻燃劑或與聚氯乙烯 (PVC) (請見第 122 頁) 合膠增加阻燃性。

ABS 樹脂能透過螢光染劑可產生強烈的色彩，不透明度從透光到實色皆有。ABS 樹脂抗紫外線或氣候影響的強度不如丙烯腈-苯乙烯-丙烯酸酯共聚合物 (ASA) (請見第 136 頁)，顏色很快就會褪色，特別是明亮飽和的色調。使用於戶外時需要加上塗佈保護表面褪色或磨損，例如用於汽車外部零件。

永續發展

ABS 樹脂可完全回收利用，回收代碼為「7」、「其他類塑膠」或直接寫上「ABS」，不容易從混合廢棄物中分開，但是工業廢料通常回收後與新料一起再加工，例如在射出成型時產生的廢料，有助降低材料成本。

ABS 樹脂在各式各樣的應用範圍中廣泛使用，因此開發出數量龐大的不同等級與合膠，強化與顏色等級不一，為了維持材料的高品質與一致性，回收時不同類型不應該混在一起，但對不重視外觀與結構的零件而言則不成問題。

ABS 樹脂作為結構塑膠，內含耗能相對較低；其他常用的工程材料在製造過程中消耗更多能源，像是 PC 和 PA，導致原料價格的差異：ABS 樹脂約為 PC 和 PA 價格的三分之二，但是就像所有合成材料，從原油製造代表來源不可再生，而且含有丙烯腈單體

(PAN) (請見第 180 頁聚丙烯腈)，本身就會造成污染，而且有毒。樂高宣布在 2030 年前會嘗試尋找可永續使用的替代材料取代 ABS 樹脂，這家公司每一年使用數千噸材料，樂高面臨的挑戰是尋找和 ABS 樹脂一樣安全的材料，而且被小朋友啃咬、踩踏、丟在戶外後還能繼續使用。

PVC 在工業設計、傢俱與照明中的應用

ABS 樹脂可用於一系列價格不昂貴、經久耐用的量產商品上；其抗衝擊強度與韌性適用於電話通訊產品、電器、汽車、行李箱與運動用品上。ABS 樹脂除了機械性能優異，透明等級 ABS 樹脂具絕佳著色性，除了運用一般染料與染色系統，還可加入許多不同類型的添加劑強化視覺效果。

金屬效果的顏料可讓塑膠增加亮片與珠光色，不透明度與覆蓋率取決於塗料用量或份量，一般小於重量的 5%。低濃度大亮片可創造閃爍效果，高濃度的細顆粒則會產生不透明的金屬色，與著色劑一起使用，金屬效果的顏料能增加色彩深度與吸引力。

ABS 樹脂風扇外殼 (右頁)
義大利設計師馬克·札努索 (Marco Zanuso) 在 1973 年為 Vortice 設計的 Arianti 風扇，風扇的設計充分利用 ABS 樹脂許多有利的特性，製造時完成高光澤飽和色的表面光潔度，風翼需要非常好的流動性，在成型時才能確保足夠的強度與品質。和其他以義大利為據點的重要設計師一樣，札努索是現代塑膠產品的先驅，其他還有設計師埃托利·索特薩斯 (Ettore Sottsass)、馬里歐·貝里尼 (Mario Bellini)、蓋兒·奧倫蒂 (Gae Aulenti) 和理查·德薩帕 (Richard Sapper) 等人，札努索第一件塑膠成型單椅就是與德薩帕合作，於 1964 年上市（兒童椅第 4999 號，義大利設計品牌 Kartell 製造）。

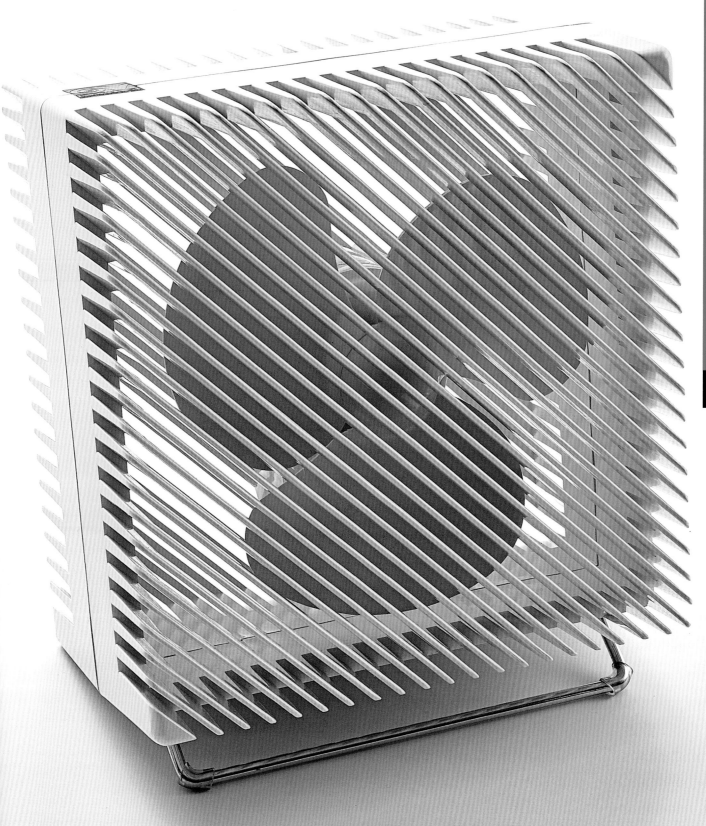

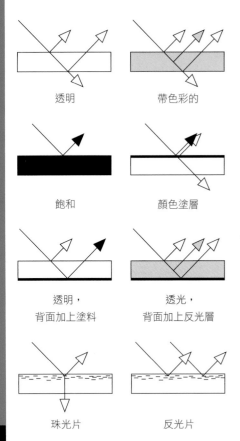

透明

帶色彩的

飽和

顏色塗層

透明，
背面加上塗料

透光，
背面加上反光層

珠光片

反光片

丙烯腈-丁二烯-苯乙烯共聚合物（ABS 樹脂）

142

染色與塗料

透明塑膠的光學透明度取決於光線穿透率（一般超過 85%）、反射性（鏡面反射或透射）與霧化（來自雜質），加入的染劑或顏料低於飽和量會造成顏色透明，半透明的程度取決於顏色的吸附量，飽和度超過 85% 將使塑膠看起來不透明。顏色的質感取決於壁厚，壁厚較薄的零件需要較多染劑避免透視，運用顏色塗佈也有同樣的效果。塗層的厚度會影響顏色飽和度，較薄的塗層（或說飽和度較低）可讓更多光線穿過，運用透光表層可幫助加強視覺品質，只要補足底層的顏色即可（例如在透光表層底下加上具反射效果的反光片染料來增加顏色），背面塗佈以飽和色結合透明塑膠的視覺效果，創造出視覺的深度。反光塗層可增加對比，視覺上能讓透光顏色更明亮，但反光片的金屬表面幾乎反射所有光線，但珠光片有層次的結構會分離光線，讓一些光能穿透，進而創造出閃亮燦爛的視覺效果。

塗料的品質與效果取決於使用材料的類型，舉例來說，鋁是銀色（或有色），明亮帶反射性，相對密度較低，代表與密度較重的金屬相比（例如銅和金），可用更少材料達到相同覆蓋率。有時候可能會以雲母片替代金屬，許多片狀顏料不一定能相容於全部類型的塑膠。

無論方向如何，球狀金屬顆粒都會產生精準的反射，另一方面，明亮的片狀顏料，根據形狀與角度不同會有不同的反射，方向取決於塑膠填充模具的方式，因此會特別凸顯一些潛藏的缺陷，像是流動的變化、熔化後液體流動前端的邊緣效果與覆蓋率……等等，為了避免這種情況，採用片狀顏料的零件在設計時一般會避免複雜的幾何形狀，以免干擾塑膠融化後的流動性，像是孔洞、補強肋、壁厚的變化。雖然非常具有挑戰性，但如果一開始就設定好想要達成的美感目標，這一切都能克服。

ABS 樹脂具有極性（就像 PA、PC、PVC）：分子具有正負極（偶極距；dipole），極性影響聚合鏈的作用力（可溶度），因此也會影響滲透性，極性塑膠通常比非極性塑膠更具滲透性，使用高濃度片狀顏料時，容易失去強度，特別是抗衝擊強度。添加劑減少強度的程度也取決於使用的片狀顏料（抗拉強度與伸長率），也取決於片狀顏料的尺寸，顆粒較小一般影像較大。

可與 ABS 樹脂結合使用的塗層類型有好幾種，噴塗可用來施作上色或是光澤透明度，並加強耐用度；金屬塗層是以全金屬製作的替代方案，具成本效益且功能多樣，作為極性材料（就像 PA 和 PC），ABS 樹脂特別適合金屬塗層，可強力黏合塗層與基底材料。雖然如此，薄薄的金屬層相對容易磨損，應該避免運用在經常穿戴的應用範圍，或是不要用在設計時預估使用壽命要能更耐久的產品上。

近期，在積層製造（又稱快速原型或 3D 列印）技術的開發領域，出現新的應用範圍：熔融沉積成形法（Fused deposition modeling，縮寫為 FDM），又稱熔絲成型（fused filament modelling，縮寫為 FFF）發明於 1988 年，特色是使用熱塑性塑膠的連續長絲，一般使用 ABS 樹脂，將 3D 模型分成為每片 0.2 公釐，塑膠長絲直接從加熱噴嘴擠出，依序列印每個切片。

對這類型低成本桌上型積層製造而言，ABS 樹脂作為工程材料，軟化溫度合理可行，在印表機噴嘴中加熱到 230℃，就能充分軟化擠出，然後黏合在前一層印刷物上。聚乳酸（PLA）（請見第 262 頁）也可當成這種印刷方法的替代品，一般認為印刷相對容易，因為熔點低不需要萃取（ABS 樹脂加熱時會產生有害煙霧），但這是生物基塑膠，因此使用壽命不如 ABS 樹脂長，價格較貴，伸長率較差。高耐衝擊聚苯乙烯（HIPS）（請見第 134 頁）更便宜，但是機械效能較差。PC、PA 與熱塑性聚氨酯（TPU）（請見第 196 頁）也能與某些 3D 印表機兼容，但是因為價格高，所以不常使用。

雙板滑雪和滑雪板用安全頭盔 (右頁)

由瑞典公司 POC 製造的 Receptor Backcountry 滑雪頭盔，主打令人驚艷的材料科技，採用雙層保護殼結構：外層使用帶有光澤的 ABS/PC，內層使用一層薄薄的 PC/PTFE。這樣可以完全通風，又不犧牲安全性。這種技術被稱為 MIPS（多向衝擊保護系統），雙層保護殼設計在遭受撞擊時分開旋轉，減輕斜向衝擊時對大腦造成的影響。加入一層芳綸（請見第 242 頁）可改善整體硬度，加強抗穿刺強度。內部保護殼採用模壓成型的發泡聚丙烯內襯（EPP）（請見第 98 頁），在撞擊時提供保護。整體而言，這個設計誕生了市面上最可靠高效能的安全頭盔之一。

聚碳酸脂（PC）

別名
商標名稱：「Lexan」、「Xantar」、「Makrolon」

PC是一種非結晶性工程塑膠，適合嚴苛的應用範圍，具有優異的韌性、透明度與熱穩定度。目前PC已經開發出一系列不同等級與合膠，可因應各種終端用途不同的挑戰，例如改善韌性、提升耐候性、加入強化纖維與增加阻燃性等。

類型	一般應用範圍	永續發展
・PC ・合膠：PC/ABS、PC/ASA、PC/PET 和 PC/PBT	・運輸與航太 ・消費產品與電器 ・醫療 ・包裝	・可快速回收，但廢棄物收集不普遍 ・包含禁用的有害化學物質，如雙酚A (bisphenol A；BPA)

屬性	競爭材料	成本
・剛硬堅韌 ・透明 ・尺寸穩定性良好	・丙烯腈-丁二烯-苯乙烯 (ABS 樹脂)、聚醯胺 (PA)、聚對苯二甲酸乙二酯 (PET) ・苯乙烯丙烯腈 (AS 樹脂)、丙烯腈-苯乙烯-丙烯酸酯 (ASA) 和聚甲基丙烯酸甲酯 (PMMA) ・鋁、鎂、鋼 ・鈉鈣和硼矽酸鹽玻璃	・材料成本中等偏高 ・製造成本低到中等

144

簡介

聚碳酸脂 (PC) 的商業生產始於 1960 年，從此 PC 成為重要的工程聚合物之一，PC 的物理性質不只適用於各種工程應用範圍，理想的美學質感對消費產品與汽車的外觀和感覺也產生重大影響。

聚醯胺 (PA，尼龍) (請見第 164 頁) 是一種高強度工程塑膠，可用於和 PC 類似的應用範圍，具有優異的機械性能，一般稍微貴一點。PC 的表現優於 PA，擁有較佳的耐衝擊強度、著色性與尺寸穩定性，雖然 PA 是非結晶性塑膠，著色性表現優異，尺寸穩定度較佳，但是價格也比較昂貴。

PC 並不便宜，標準價格約比 ABS 樹脂貴三成 (請見第 138 頁 ABS 樹脂)，幾乎是相同重量的鋁材 (請見第 42 頁) 的兩倍價，像是應用於光學範圍的高性能等級，這種訂製等級還要貴上好幾倍。因此若沒有要求 PC 等級的強度、耐熱和穩定性，可改用低成本的 ABS 樹脂，甚至聚丙烯 (PP) (請見第 98 頁)，例如聚丙烯製的前照燈組件鏡片大都類似 PC，聚丙烯製外殼可結合車體結構。

高光澤 PC 外殼 (右頁)

日本工業設計師深澤直人 (Naoto Fukasawa) 設計的 Plus Minus Zero 加濕器，採用高光澤的 PC 外殼，提供兼具保護性與美觀度的塑膠殼，加濕器要放置在地板上，因此必須容易清潔，還要可以承受碰撞。Plus Minus Zero 加濕器的外觀模仿水珠滴下的時刻，光澤的外表證明 PC 能使用射出成型完成極優越的表面品質。這個設計不單單只是有趣的物件，同時展現深澤直人的設計動力在於創造與情感同步的物件。

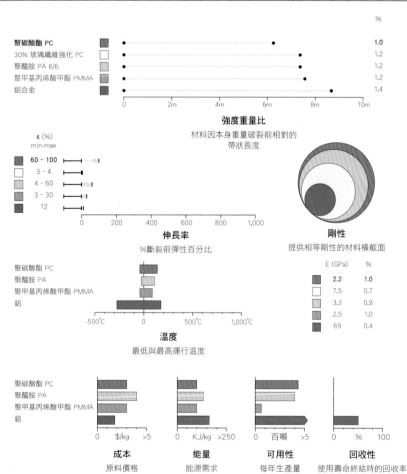

強度重量比
材料因本身重量破裂前相對的帶狀長度

聚碳酸脂 PC — 1.0
30% 玻璃纖維強化 PC — 1.2
聚醯胺 PA 6/6 — 1.2
聚甲基丙烯酸甲酯 PMMA — 1.2
鋁合金 — 1.4

ε (%) min-max
60 - 100
3 - 4
4 - 60
3 - 30
12

伸長率
%斷裂前彈性百分比

剛性
提供相等剛性的材料橫截面

E (GPa)	%
2.2	1.0
7.5	0.7
3.3	0.9
2.5	1.0
69	0.4

聚碳酸脂 PC
聚醯胺 PA
聚甲基丙烯酸甲酯 PMMA
鋁

溫度
最低與最高運行溫度

聚碳酸脂 PC
聚醯胺 PA
聚甲基丙烯酸甲酯 PMMA
鋁

成本
原料價格

能量
能源需求

可用性
每年生產量

回收性
使用壽命終結時的回收率

聚甲基丙烯酸甲酯 (PMMA) (請見第174 頁) 具有優異的透光度與表面硬度，類似 PC，可用於傢俱、照明與包裝，強度重量比與硬度與 PC 相當，但是伸長率較低，換言之，不夠堅韌，與 PC 受衝擊時相比，PMMA 更快破裂。

商業類型和用途

PC 消費量相當驚人，以重量計算的話超越 PA，而且用量還在不斷增加。可單獨做均聚物使用，或是合膠結合兩種以上樹脂的優點。PC 是非結晶性塑膠，具有線性聚合物結構，高分子重 (長聚合鏈)，由於苯基和甲基作用，聚合鏈的作用力讓 PC 擁有許多獨特的優勢。PC 本身是透明的，抗衝擊強度高，擁有良好的強度重量比，應用範圍多樣化，包括 CD、DVD、鏡頭 (汽車和內裝)、產品外殼、透明包裝等。基底樹脂改性後優化，有利於各種加工過程，像是射出成型、吹塑成型、旋轉成型和擠出成型。使用添加劑可加強特定性能，例如需要阻燃劑、在極端溫度下運行或抗紫外線……等。

加入玻璃纖維 (GF) 和其他強化材料可改善強度、硬度與尺寸穩定性，但會犧牲韌性 (衝擊強度)。強化纖維可用於產品結構與框架，有助於提高強度重量比，並減少需要材料的數量，玻璃纖維另一個好處是溫度升高時可保持機械性能。

PC 與其他塑膠混合時可讓材料選擇時多一些選項，這些共混物也稱為合膠，與共聚物不同 (例如苯乙烯-丙烯腈共聚合物；請見 136 頁 AS 樹脂)，也不像三元聚合物 (如 ABS 樹脂)，合膠樹脂保留每種材料獨特的性能，藉由合膠來保留最佳部份，像是 PC 與聚酯 (聚對苯二甲酸乙二酯，縮寫為 PET) 混合，或與聚對苯二甲酸丁二醇酯 (PBT) (上述兩種塑膠請見第 152 頁)，創造的塑膠擁有優於 PC 的抗化

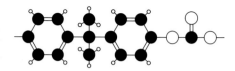

苯基與甲基

聚合物結構

PC 是由重複的苯基與甲基側基組成線性聚合物，苯基 (芳環) 之間的作用力將聚合鏈吸附在一起，作用中的力量對 PC 的物理性能影響包括降低分子鏈的流動性，以增加尺寸穩定性與耐熱性 (但導致熔體流動降低)；防止晶體結構形成，創造透明的塑膠；分離分子鏈需要更多能量，因此提供了韌性。

學品耐受性，高於 PET 或 PBT 的衝擊強度，這種合膠的性能可調整每種比例訂製，以滿足每個應用範圍特定的需求，例如汽車保險桿、電動工具的外殼，一般應用在較厚的區塊，因為熔融時黏度高。

PC/ABS 和 PC/ASA (請見 AS 樹脂) 將 PC 的機械性能優勢結合 ABS 和 ASA 的長處，這些合膠加熱時黏度較低，所以更適合成型作為壁厚較薄的複雜零件，適合需要高衝擊強度與耐熱性的應用範圍，而且需要成本較 PC 低。這些合膠保留每一種樹脂絕佳的著色性與表面質感，是消費產品、汽車零件與火車車廂常用材料。

永續發展

PC 作為一種高性能工程塑膠有許多好處，例如幫助減少運輸重量 (代替玻璃)，在危險情況下增加安全性 (高強度頭盔與護目鏡) 或是改善醫療設備。但是，PC 仍有自身的缺點，PC 大多由雙酚 A (BPA) 單體製成，雙酚 A 是 PC 基本成份，雖然雙酚 A 具有許多優勢，但是雙酚 A 一直是眾多研究的核心議題，因為雙酚 A 對人體與環境具有風險 (雙酚 A 是一種內分泌干擾物質，可能會模擬人體的雌激素)，令人擔憂的是食品包裝材中少量化學物質，可能會轉移到包裝的內容物上。

美國食品藥品監督管理局 (US Food and Drug Administration，縮寫為 FDA) 與歐洲食品安全局 (European Food Safety Authority，縮寫為 EFSA) 認為目前食物中雙酚 A 遷移限值是安全的，換言之，兩方目前批准在食物容器與包裝材料上使用 PC (雙酚 A 存在於金屬罐中內襯的環氧基塗料與 PC 中)，雖然大多數研究針對 PC 與食物的接觸，但是基礎科學理論也可應用在醫療設備上，無論 PC 是不是安全的，輿論認為既然有「更安全」的替代方案存在，就應該避免使用PC。2008 年至 2009 年間，歐盟國家禁止兒童食物產品使用雙酚 A，FDA 緊跟在 2012 年採取相同措施 (不過之後因雙酚 A 遭大量棄用，該禁令已修改)。

PC 回收容易，但很少收集後重新加工，因為 PC 回收代碼為「7」或「其他類塑膠」，除非清楚標誌了「PC」，否則辨別不出來。PC 作為工程材料，運用在不同的外觀與混合物上，並結合各種添加劑和強化纖維，因此從混合廢棄物中回收的材料不太可能擁有夠高的品質，無法用在與 PC 新料相似的應用範圍上。

玻璃纖維強化外殼 (右頁)

這款牧田 (Makita) 無線電鑽的外殼採用 15% 玻璃纖維 (GF) 塑膠成型，與手機殼 (請見 148 頁) 相似，利用雙料射出成型，在第二次成型循環時，加入熱塑性彈性體 (TPE) 手柄，玻璃強化纖維可以增強抗拉強度、剛性與尺寸穩定性，雖然這些是嚴苛應用範圍必備性能，但會犧牲抗衝擊強度與表面質感，因此外殼成型時會相對較厚，以確保耐用性，透過這個光滑的表面可以看到結合玻璃纖維後的視覺效果。

108219
LBJ13025BMPV5

Made in China

PC 在工業設計、傢俱與照明的應用

1998 年上市的 Apple iMac G3 出自蘋果首席設計長強納森•艾夫 (Jonathan Ive)，讓 PC 獲得更多觀眾的注意，最初使用邦迪藍 (Bondi Blue) 與白色，與當時的競爭對手推出的型號截然不同，從那時候開始，許多消費產品都使用 PC 作為材料，包括手機、平板電腦、筆記型電腦、螢幕、電動工具和廚房設備等。

射出成型可用於外殼、燈具、擴香器，甚至整張椅子都可以使用射出成型。除了使用顏料與染劑製作顏色效果 (請見 ABS 樹脂)，另外也能利用成型技術創造視覺效果，多重射出成型可結合兩種 (雙料射出) 或更多不同材料，製成單體無縫的產品，如果材料呈現對比色、不透明度或彈性不同，可依序射出成型，選擇範圍取決於材料的兼容性。不管是因為裝飾或技術等不同目的，在各種各樣的塑膠製造上都能運用這種方式，不限於 PC。利用所謂的「深度效應」，顏色 (顏料) 或圖案 (膠片或轉印) 被封存在透明或半透明的外殼中，將能創造有趣的視覺效果。

因為 PC 收縮率非常小，因此在模具中可以做到一模一樣翻模複製，提供高品質表面光澤度，從拋光到霧面皆有。但 PC 表面並不是特別堅硬，在光澤表面會因使用而出現細小的划痕裂紋，加上透明或彩色硬質塗層可避

雙料射出成型 PC 手機殼 (左頁)

Nokia Lumia 620 可換殼手機，結合兩層 PC，每一層分別射出成型，一層直接注塑在另一層，這兩種材料形成不可穿透的鍵結，而且無法還原。因為材料是半透明的，顏色互相作用，隱約透色，彼此補強。這種效果可用於所有透明或半透明塑膠，但 PC 能為整體提供卓越的抗衝擊強度與耐用度，對這項產品至關重要，因為手機必定會墜落幾次。同時，PC 的彈性方便撬開手機殼更換，不會造成損壞。

衝擊強度

PC 綜合韌性、伸長率與強度，在結構應用範圍並能提供優異的耐衝擊強度，與其他較脆的材料不同，在遭到衝擊時，PC 會彎折偏轉來適應負載。

表面質感與顏色

PC 表面不是特別耐用，但是結合紋理和塗層，可以承受日常穿戴與磨損，PC 是透明的，容易上色，可用的顏色從淡粉色到螢光色都有。

成型性

PC 的熔體流動根據 PC 的等級不同或是與 ABS 樹脂合膠而有不同，收縮率非常少，因此成型後表面光澤度良好，可以實現光亮到霧面的表面質感。

接觸食物

雖然雙酚 A (BPA) 是 PC 產品的基礎成份，而雙酚 A 是一種有害化學物質，但 FDA 和 EFSA 認為與食品接觸是安全的，請注意許多與食品接觸的塑膠可能包含具有潛在威脅的成份。

免刮傷，例如聚氨酯 (PU) (請見第 202 頁) 塗層擁有高出 PC 好幾倍的硬度，對抗刮傷與磨損的能力更高。

在某些情況下，強化纖維與添加劑會意外影響視覺品質，例如，玻璃纖維 (GF) 會在成型零件產生纖維質感，當然，影響的程度取決於玻璃纖維的比例。同樣，添加劑和合膠也會影響透明度與著色性，某些加工程序可以在加入玻璃纖維後保持優異的表面光澤度，這是傳統射出成型的升級版，例如高速高溫成型技術 (Rapid Heat Cycle，縮寫為 RHCM)，但是有些幾何形狀施作時會受某種程度限制，無法保證完成的結果，仍依零件的設計而定，如果結果不理想，可以施作塗佈或添加紋理。

雖然添加紋理更具成本效益 (在成型過程不會增加成本)，但是不能像施加塗層一樣保護物件表面，舉例來說，因為 PC 是非結晶性結構，PC 易受化學品破壞，因此應該避免用於可能暴露在有油、油脂或溶劑的應用範圍。對於結構零件，PC/PBT 可能可以提供必要的抗化學品耐受性，或者也可施作塗層來保護表面。

半透明的 PC 能讓傢俱、照明與包裝可以擁有兼具裝飾性與功能性的外表，同時也成為醫療設備不可取代的

材料，過去使用玻璃 (請見第 508 頁) 來提供透明度，現在已經是 PC 主宰這個市場，結合輕巧與堅韌，有助提升醫療專業人員搶救生命時的敏捷度，重要的是以目前最常用的方法消毒後，PC 機械性能仍保持良好，確保非拋棄式器材能有足夠的使用壽命。

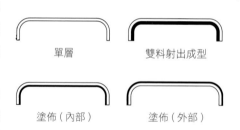

單層　　　　雙料射出成型

塗佈 (內部)　　　塗佈 (外部)

深度效果

PC 透明度 (高達 90% 的透光率) 可用來創造有趣的視覺效果，傳統射出成型產生單層材料，使這種半透明可以部份隱藏產品的內部功能，而不像不透明材質，因此用於裝飾效果，例如 Apple iMac G3，另外也能滿足功能目的，例如掩蓋醫療器材因為殺菌而引起的變色。雙料射出成型會產生兩層塑料，在設計上比較微妙，因為塑料重疊時會產生雙倍壁厚，運用對比色、紋理與不透明度，可以製造豐富的視覺質感，而且還有可能把平面設計與顏色封存在層次之間 (膜內裝飾或是油墨轉印)，藉由逐步減少壁厚 (在合理範圍內減少)，也能製造平面設計的漸層效果 (點狀圖騰)，塗料可施作在內部或外部，內側的顏色塗層會壓在半透明或透明模製品下，產生類似雙料射出成型的效果，但是可以展現所有模具的特徵，例如輔助肋或是開口；而外側顏色塗層的透明度與結霜效果則會影響視覺深度效果。

汽車與航空器

衝擊強度
PC 出色的高耐衝擊強度結合成型性，讓保護用零件可以做出流暢的輪廓，增加設計自由度。

透明度
以 PC 製成的全景天窗和光罩重量為玻璃的一半，而 PC 透明度有助實現廣泛的色彩，從透光指示燈罩到純黑車身等都有可能。紫外線穩定等級的 PC 可長期固色。

多功能
PC 已經開發出許多不同等級，每一種都擁有優異的機械性能，適用於特定領域，像是高耐熱、阻燃性、模製成型性等，合膠進一步擴大材料選擇的可能。

零件整合
PC 與其合膠可以在一次成型加工中產出多個零件，有助減輕重量，並同時提升品質。

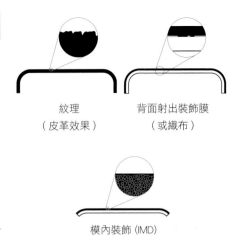

紋理
（皮革效果）

背面射出裝飾膜
（或織布）

模內裝飾 (IMD)

就像 PET，PC 可吹塑成型成為中空容器，例如瓶子或罐子，PC 的價格高出 PET 約兩倍，聚乙烯 (PE)（請見第 108 頁）的四倍，因此只用在優異衝擊強度的應用範圍，因為 PC 的耐用性，可用在能回收與重複使用的包裝上。

PC 在汽車與航空器中的應用

汽車的設計從頭到尾都可以使用 PC 作為材料，從外部保險桿、玻璃窗、儀表板到內部覆層。類似汽車的範圍也可以應用 PC，像是卡車、巴士、火車等，也許最讓人印象深刻的應用範圍是航太領域，將 PC 結合性能最高的結構材料，如鈦合金（請見第 58 頁）、碳纖維強化塑膠 (CFRP)（請見第 236 頁）、鋁與鋼（請見第 28 頁），例如 PC 層壓後成型做成輕量化高強度座艙罩，使彈射更安全可靠（請見第 63 頁的圖片）。

汽車業與運輸業是 PC 成型塑膠消費品的最大宗，目前開發出各種機械性能強化類型，並快速拓展到其他終端應用。

PC/ABS 合膠為內部零件提供絕佳的機械性能平衡，具有足夠的韌性、剛性與抗性，成型性更佳，熔融的黏度降低，意味能更忠實再現細微精巧的表面細節，進而有機會實現各種觸覺質感，而不需要添加塗層，例如皮革效果與表層粒面。

PC/ASA 合膠適用於內外零件，ASA 耐候性良好，減少上漆的需求，利用射出成型，可以利用一個單一模具完成多個零件，例如前方格柵與飾邊。

PC/PET 與 PC/PBT 耐受性良好，可耐化學品、溶劑、潤滑劑和清潔劑，能用於外部車身零件，如保險桿、導流板、擋泥板和擾流板。事實上，使用 PC 與其合膠來生產整個汽車外部是可行的，例如 Smart Forfour 的全景天窗、外部面板和燈罩都採用 PC，製造商表示與傳統材料相比，如鋼材與玻璃，使用 PC 重量減輕約 40%，對燃油的經濟性、煞車距離和整體操控都有巨大影響。

原本就帶有顏色的塑膠比塗佈上色更具成本效益（一般價格不到一半），顏色可來自樹脂中的顏料，但與塗層的顏色不同，損壞時不會影響顏色，顏色保持不變，只是刮痕深。但某些情況下，塗料有顯著的優點，像是窗戶為了改善紫外線穩定性添加塗層（例如施作在全景天窗上），同時可以增強耐磨性，等離子噴塗的塗層可提供近似玻璃的耐磨強度。

模內裝飾與效果

利用射出成型可以完成一系列模內裝飾效果，能提供獨一無二的觸覺與視覺效果，減少塗層的需要。與 PC 相比，PC/ABS 和 PC/ASA 合膠改善了成型性，有了這些合膠，可以將表面紋理施作在模具上，像是粒面、皮革效果和柔軟的觸感，都能一模一樣精準再現。材料令人驚艷的各種性能也能複製，背面射出塑膠薄膜，可以整合印刷，實現各式各樣平面設計，裝飾可施作在高強度透明薄膜，如 PC 或 PET，依照模具的形狀成型，插入後從背面注射塑膠，進而將薄膜推至前方，封存裡面的平面設計圖案。運用類似的技術可以整合布料或木質飾面，模內裝飾 (IMC) 將射出成型結合反應射出成型 (reaction injection moulding；縮寫為 RIM)，基層成型後，將第二層類似塗佈的樹脂（即反應射出成型的 PU）注射在上層，無需所有昂貴的表面處理步驟，就能提供所有塗層的優點。除此之外，還具有 PU 的優點，能選擇透明或上色、塗層厚薄、實心或泡棉等。但是部份幾何形狀會有限制，替代方法是利用噴塗射出塑膠的工具內部表面，完成模內裝飾塗層。

車燈組件 (右頁)
台鈴機車 Suzuki GSX-R 前燈燈罩採用耐高溫 PC 製作，改性 PC 可提供必要的抗高溫、耐衝擊與透光性，與玻璃鏡片相比，PC 的重量約為一半，並能提供更大的設計自由度。

聚對苯二甲酸乙二酯（PET）
與聚酯（Polyester）

別名

首字母縮略與英文縮寫：「PES」、「PEL」、「PETE」、「BOPET」、「poly」

商標名稱：「Mylar」、「Melinex」、「Hosta-phan」、「Dacron」、「Terylene」、「Trevi-ra」、「Corterra」、「Sorona」、「Radyarn」、「Ultradur」、「Crastin」、「Rynite」

這些高強度工程塑膠各種性能之間擁有良好平衡，讓人愛不釋手，可耐熱，機械性能良好，具抗化學品耐受性，功能極廣，幾乎能用在所有產品上，應用範圍從低成本商品到金屬替代品皆可。因為 PET 廣泛用於一次性包裝，所以是 PET 是回收再利用的塑膠中最常見的一種。

類型	一般應用範圍		永續發展
· PET 與甘醇改性 PET (PETG) · 聚三甲基乙烯對苯二甲酸酯 (PTT) 和聚丁烯對苯二甲酸酯 (PBT) · 雙向延伸 (BOPET) 聚酯薄膜	· 汽車 · 紡織品	· 傢俱 · 包裝	· 可回收，回收代碼為1或標示為 「PET」 · PET 是回收最廣的塑膠之一

屬性	競爭材料	成本
· 抗化學品強度良好，可耐熱 · PET 抗拉強度高，PTT 和 PBT 彈性回復力則較高	· 聚丙烯、聚乙烯、聚醯胺、聚乳酸 (PLA)、聚羥基脂肪酸酯 (PHA)、 聚羥基丁酸酯(PHB) · 天然纖維、合成纖維和動物纖維 · 鈉鈣玻璃 · 鋁和鋼	· PET 成本低 · 其他類型較昂貴

簡介

聚酯可分為兩類：飽和聚酯和不飽和聚酯 (請見第 228 頁)，飽和聚酯屬於熱塑型塑膠，聚合鏈不會形成交叉鍊結，因此熔融後可以加工成型與重製。生物基熱塑型塑膠聚脂包含聚乳酸 (PLA) 與聚羥基脂肪酸酯 (PHA) 和聚羥基丁酸酯 (PHB，見 PLA 章節)。

聚對酸乙二酯 (PET) 在 1941 年取得專利，目前已是使用最廣泛的熱塑性塑膠之一，主宰消費產品與工業產品，PET 是最重要的熱塑性聚酯，是比較塑膠差異時的基準。PET 的成功在於性能結合適用範圍，最重要的還有成本。PET 可耐大多數化學品，抗拉強度高，耐熱性良好，因為成本低而廣泛使用，其中伴隨高回收率 (雖然相較於金屬，回收率仍偏低)，特別是用於飲料、家用品與化妝品的瓶罐回收最廣泛。

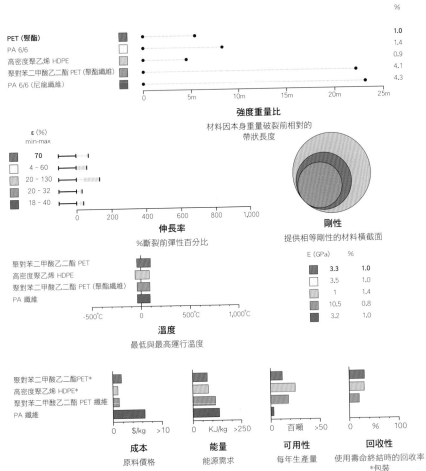

PET (聚酯)　　　　　　　1.0
PA 6/6　　　　　　　　　1.4
高密度聚乙烯 HDPE　　　0.9
聚對苯二甲酸乙二酯 PET (聚酯纖維)　4.1
PA 6/6 (尼龍纖維)　　　4.3

0　5m　10m　15m　20m　25m

強度重量比
材料因本身重量破裂前相對的帶狀長度

ε (%) min-max
70
4 - 60
20 - 130
20 - 32
18 - 40

0　200　400　600　800　1,000

伸長率
%斷裂前彈性百分比

剛性
提供相等剛性的材料橫截面

E (GPa)　%
3.3　1.0
3.5　1.0
1　1.4
10.5　0.8
3.2　1.0

聚對苯二甲酸乙二酯 PET
高密度聚乙烯 HDPE
聚對苯二甲酸乙二酯 PET (聚酯纖維)
PA 纖維

-500°C　0　500°C　1,000°C

溫度
最低與最高運行溫度

聚對苯二甲酸乙二酯PET*
高密度聚乙烯 HDPE*
聚對苯二甲酸乙二酯 PET 纖維
PA 纖維

0　$/kg　>10　　0　KJ/kg　>250　　0　百噸　>50　　0　%　100

成本　　　**能量**　　　**可用性**　　　**回收性**
原料價格　　能源需求　　每年生產量　　使用壽命終結時的回收率
　　　　　　　　　　　　　　　　　　　*包裝

針織跑鞋 (右頁)

Nike 革命性創新運動鞋，採用新開發的 Flyknit 技術。2012 年這款運動鞋上市前，鞋面使用皮革、網眼、編織或層壓製作，這種輕量化替代方案採用高強度聚酯纖維，紗線平織加上鏤空結構，減少不必要的材料，也減輕重量。據稱經過四年緊湊的開發，平織鞋面可提供最理想的支撐性、靈活性與透氣性。相較 Nike 先前的跑鞋 (Zoom Streak 3)，Flyknit 技術整體輕了 19%，除了技術優勢之外，Flyknit 以平織鞋子結構打破時尚潛力，展現鞋形、圖騰與顏色等全新的設計可能。

聚對苯二甲酸乙二酯（PET）與聚酯（Polyester）

153

雖然大多數 PET 都包含再生成份，但有些產品會特別標明使用回收 PET (rPET) 製作。

商業類型和用途

PET 使用乙二醇改性 (PETG)，降低脆性，避免過早老化，聚三甲基乙烯對苯二甲酸酯 (PTT) 和聚對苯二甲酸丁二醇酯 (PBT) 的機械性能差別很小，唯獨彈性較大，但其他部份類似PET。

聚酯薄膜重量輕，強度高，製造過程中拉伸可改善結晶狀態，讓機械性能更理想。這種方式製造出的 PET 稱為雙向拉伸PET (BOPET)，機械性能更高，因為配向步驟而使單價增加，一般當作特殊薄膜使用。儘管如此，BOPET 可用範圍很廣，包括金屬箔膜 (作為包裝材料與花式金屬絲)、真空包裝、印刷電子產品 (柔性顯示器與電路) 以及層壓高性能帆布。

從服飾到科技產品，聚酯纖維主宰了紡織市場，生產形式包括實心、中空、紋理、長絲等，尺寸從超細到高丹尼纖維皆可。與薄膜一樣，纖維在製造過程中拉伸 (拉長) 能增加長度與穩定性，這是目前為止最便宜的服裝纖維，但是比工業或地工織布使用的聚乙烯或聚丙烯價格較為昂貴。

聚酯是吹塑成型塑膠瓶的代名詞，輕量而且耐衝擊，在許多案例中讓 PET 可以取代玻璃 (請見第 508 頁)，例如包裝水、飲料、化妝品，以及其他液體。尺寸與重量減少可以節省運送相關的成本和能源，也能防止破損，畢竟瓶身破裂不只麻煩也很危險。

射出成型聚酯可用於工程應用範圍，例如汽車引擎蓋下的零件、傢俱、安全產品等，可不加入強化纖維使用，也能結合玻璃纖維或填充料來增加抗拉強度與剛度，聚酯與剛性塑膠結合柔軟有彈性的基質，可轉化成熱塑型彈性體 (TPC)。

聚對苯二甲酸乙二酯 (PET) 與聚酯 (Polyester)

154

紡織品

低成本
PET 價格約為聚丙烯兩倍，但是相同重量下，價格是 PA 的一半不到。

易染色
與 PA 和聚丙烯相似，聚酯可以在生產的任何階段進行染色，有助降低成本，並有最高靈活度。

硬度
PET 定形性非常良好，但因為剛性高，纖維性能在反覆彎折後會開始破裂。

高強度
拉長的纖維強度重量比是聚酯成型的四倍，在各種纖維中，強度高於聚丙烯，但稍微比 PA 低。

纖維孔型
根據所需的功能，橫截面可在紡紗過程訂製，能以實心、中空、紋理、長絲等形式生產，尺寸從超細纖維到高丹尼皆可。結合能刺激毛細管作用的孔型，也就是能從身體吸收水份，創造吸濕排汗功能。

永續發展

PET 廣泛用於寶特瓶，因此容易辨識，可以輕易從混合廢棄物中分類，在世界許多地方，包括美國與歐盟國家，寶特瓶廢棄物會單獨處理，進一步提升整體效率。

PET 包裝回收後製成新的紡織材料已經很少見了，從紡織品和塑膠成型產品回收塑料更具挑戰性，主要因為無法有效快速從塑膠廢棄物中辨識出聚酯纖維，更困難的情況是好幾種塑膠混合使用，因此無法有效將這些廢棄物分類。

聚酯不含雙酚 A (BPA)、苯二甲酸酯或戴奧辛。

PET 在紡織品中的應用

聚酯纖維是一種多功能纖維，可用來製造各種紡織品，應用範圍從商品到高性能產品，無論是用新料或是回收塑料，聚酯纖維擁有高強度，回彈性與耐溫性良好，表面具有自然光澤。

PET 是聚酯纖維中最常見的類型，一般常見的品牌包括「Dacron」、「Terylene」，聚對苯二甲酸丙二酯 (PTT) 是最新開發的材料 (雖然 PTT 的發現已經有一段時間了，但花了許多時間才實現大規模生產)，作為纖維，聚酯纖維柔軟度更佳 (與 PA 相比)，彈

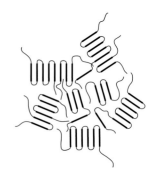

定向晶體排列

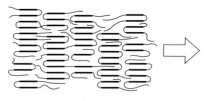

拉伸誘導結晶

半結晶性聚合物

結構的特徵在於非結晶性區域 (排列較沒有次序) 抓住高度有序的結晶混合物，聚合物拉出會使聚合鏈產生方向性，不論是作為聚酯纖維或是作為聚酯薄膜，這種排列導致聚合物進一步結晶，從而產生改善抗拉強度、剛性與硬度的材料，晶體以帶狀成型，以非結晶性區域連結 (這些區域容易結成球狀)，在單軸拉伸材料中，與拉出方向垂直的剛性會降低，這對聚酯纖維不成問題，但是會影響聚酯薄膜，因此用於聚酯薄膜時必須雙向拉伸。

性也更好，商標名稱包括「Sorona」(部份為生物基)、「Corterra」。聚對苯二甲酸丁二醇酯(PBT)纖維常見商標名稱如「Radyarn」，觸感更柔軟 (剛性更低)，染色效果比 PET 更明亮。

PBT 與 PTT 彈性回復力更好（最高達 50%），定形性經過改善，特別是緊身服飾，可用於運動服、內衣與塑膠成型布料（例如汽車內裝）。

以 PET 的價位來說，機械性能的平衡良好，表面帶光澤，可產出鮮豔的顏色，可用於仿絲面料，也因為這樣的質感，使 PET 擁有識別度高的亮光，這種質感與低成本服飾密不可分。聚酯在服飾中以廉價、不舒服的面料而廣為人知，但是隨著纖維不斷開發（PTT 與 PBT）以及超柔軟纖維（PET）越來越廣泛，聚酯纖維重新受到歡迎，慢慢取回市場佔有率。

聚酯有疏水性（防潑水），不會受水影響。這對運動服飾與戶外服飾很有利，也代表聚酯可以用作面料，覆蓋內裡的吸水中層，當中層吸滿水後，聚酯面料可以保持表面觸感乾燥。聚酯纖維緊貼皮膚時，在暖和的天氣會感覺濕涼，與天然纖維混紡可以克服這個問題，例如與羊毛混紡（請見第426 頁）。應用範例包括體溫調節或是吸濕排汗織物，例如「Coolmax」和「Thermocool」。

聚酯纖維可以在生產過程中任何階段染色，從原料到成品生產皆可。一般採用機械設備製造物件時，設置過程不免冗長，像是紡織和經編針織，因此可以在生產過程的後段染色，如此一來就能避免每一種顏色都要重新在機器穿線，也能在讓選色延後到生產過程的最後一分鐘。

聚酯可以染成的顏色範圍廣，從黑色

層壓 PET 複合船帆

由 OneSails GBR (East) 設計製造的帆布，結合 PET 薄膜的低拉伸性能與碳纖優異的伸展強度，讓船帆的強度最大化，同時將重量降到最低。碳纖（或其他高強度強化纖維）沿著應力線排開，帆布搭建為面板形式，創造最理想的「飛揚形狀」與接縫黏合，粘合劑黏合比縫線更輕，並可使表面更光滑。影像由 OneSails GBR (East) 提供。

到螢光色皆有，適合多種不同染色系統，包括分散染色法。分散染色法這種技術主要用於生產純色布料，與轉印背後的原理相同，分散染料可以從一個介質昇華到另一個介質，不需要轉化成液體（直接從固狀變成氣體），在操作過程中，熱度與壓力使印刷顏色從紙張轉移到聚酯纖維，讓整個染色過程乾淨又有效率。

PET 印刷在轉印紙上更簡單，價格較直接印刷在聚酯上便宜，少量印刷或大量生產皆適合，大量轉印紙可倉儲 (紙張比織品佔用的空間少)，減少處理時間。

PET 的性能具有成本優勢，因此大量應用在室內裝潢應用範圍，例如床墊、窗簾、地毯與室內裝飾品。聚酯纖維的垂墜性與手感遜於棉花 (請見第 410 頁)、麻布 (請見第 400 頁亞麻) 等天然纖維，耐磨性不如羊毛或 PA，因此，一般傾向避免在高磨損的應用範圍中使用 PET，否則比起這些更昂貴的替代材料，PET 必須經常更換。PTT 彈性較佳，比 PET 更適合高磨損的應用範圍。

高強度聚酯薄膜可用於許多產業，抗拉強度與尺寸穩定性良好，雖然薄膜是透明的，並且金屬化後具有高反射性，但是較厚的塑膠片也有半透明或不透明的顏色可供選擇，表面光澤度範圍從光亮到紋理皆有。PET 比聚氯乙烯 (PVC) (請見第 122 頁) 和聚乙烯 (PE) (第 108 頁) 更昂貴，聚酯薄膜一般保留給需求更高的應用範圍。聚酯薄膜的拉伸性非常低，因此大多數服裝類型並不實用，像是夾層透氣纖維、防水外套、輕量化鞋款等這類應用範圍，更適合的薄膜包括聚四氟乙烯 (PTFE) (請見第 190 頁)、熱塑性聚氨酯 (TPU) (請見第 194 頁熱塑性彈性體) 和乙烯醋酸乙烯酯 (EVA) (請見第 118 頁)。

包裝

輕量
PET 與鋁、鋼、玻璃相比，在重量上具有相當多優勢，不但輕，而且幾乎打不破。舉例來說，寶特瓶的重量約較相同容量玻璃瓶輕85%。

剛性
PET的彈性模數較聚丙烯和聚乙烯更高，可幫助減少壁厚、重量與成本。

隔絕
PET具有疏水性，可用來隔絕濕氣、氣體與香味，多層擠出成型與功能塗佈能增加隔絕性能。

可回收
PET主要用在薄壁包裝，有助確保回收率合理，能回收做成同等價值或更高價值的物件，包括包裝與紡織品。

PET 在包裝中的應用

聚酯廣泛運用在包裝上，最重要的包括軟性包材、吹塑成型的瓶罐與熱塑包裝。

高強度薄膜 (BOPET) 與科技布料交叉運用，雖然需求可能完全不同，但材料相同。BOPET 價格比聚丙烯、PE、

PVC 昂貴，優點是出色的強度與尺寸穩定性 (即使溫度偏高)，並結合隔絕性能，在商用類型的薄膜中更有優勢。

某些商品的包裝需要加上功能性的塗層，同時延長保存期限，例如聚偏二氯乙烯 (PVDC) 可用於像是餅乾和西點的軟性包材；聚丙酸聚合物塗層可用於包裝食物或化妝品的軟性包材。也可以在 PET 上加上薄薄的鋁層或鋁箔 (請見第 45 頁)，金屬化夾層透過層壓或塗佈封入薄膜的結構中，這樣的結合方式提供許多功能上的好處，像是改善光、液體與氣體的隔絕效果，屏蔽靜電干擾等，也可用於美學目的。印刷薄膜可用於各種應用範圍，從立體袋、真空包裝到產品標籤等，除了廣泛應用在包裝上，印刷薄膜還可用來裝飾玻璃面板夾層，為電子顯示器和醫療看片 (X 光片) 提供防眩光、防反射的功能。處理後的 PET 薄膜可改善與高速印刷處理工法的兼容性，包括網版印刷、膠板印刷與柔版印刷。對於少量生產，可使用數位印刷。薄膜的顏色與透明度 (或金屬化) 決定最後完成的視覺質感。

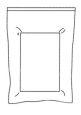   

| 真空包裝 | 立體袋 | 熱塑成型 | 吹塑成型 |

聚酯纖維針織 Fleece 刷毛衣 (左頁)
冰島戶外服飾品牌 66° NORTH 推出的 Vik 連帽毛衣採用 Polartec Power Stretch 纖維，這款輕量化 Fleece 刷毛衣採用混紡材料，53% 聚酯纖維可提供絕佳保暖性，纖維的細緻與形狀可幫助留住空氣層；37% PA 纖維貼膚舒適，能排除濕氣，轉移到衣服表面快速蒸發；9% 氨綸纖維可增強貼身性。混紡後纖維加上塗覆，增加防水功能，合成刷毛衣非常適合用於戶外用品，在許多情況下比羊毛更實用，特別是健行與攀岩。

薄膜包裝
薄膜厚度範圍為 10-250 微米，多功能薄膜透夠共擠押出成型或是塗佈，藉由改變任一邊的材料性能，有了多樣化的選擇，例如將自黏封口結合印刷薄膜，管狀與面板塑膠膜可以膠黏或熔接做成立體袋，將薄膜的功能性與成本優勢整合，加上立體袋能為設計與行銷帶來更多的可能，毋庸置疑，這種包裝方法越來越受歡迎。

薄壁硬式包裝
利用熱成型技術 (又稱為真空成型)，利用真空壓力將零件壓在單面模具上成型，零件外型有開口，通常根據尺寸修整過開口突緣，作為低成本加工方法，適合一次性應用範圍，但因為真空壓力低，能完成的細節程度不高；另一方面，吹塑成型 (請參考聚乙烯) 使用封閉模具。擠壓管型坯 (或是射出成型) 置入後充氣填充空腔，產生具有均勻壁厚的中空形狀，旋轉瓶蓋與其他細節整合使用一種材料，因此模具價格昂貴。

電暈放電處理可提高聚酯和其他塑膠的表面能 (鍵結強度)，藉由近距離高壓、高頻放電截斷塑膠表面分子鏈，讓表面與後續處理形成強力化學鍵，像是油墨、油漆與黏合劑等。

包裝封口可用熱感壓膠黏合劑密封，黏合劑的選擇取決於包裝要永久黏合或是自黏式封口，如果會影響食物的口感與氣味，一般會偏好使用熔接，兩種方法製造出來的氣密密封都能與真空包裝兼容。

吹塑成型的聚酯容器堅固輕巧，和聚酯纖維與聚酯薄膜一樣，製造過程中藉由拉升 (定向) 可使塑膠的強度更理想，這種技術用於家用、工業用或醫療用的瓶罐，快速冷卻讓塑膠的結構沒有時間結晶，形成像水一樣透明的塑膠，可依功能 (延長使用壽命) 或是美學來添加顏色。主要根據 PET 開發出的添加劑有非常多種，能增強特定的性能，例如聚酯韌性增加，可創造出足夠的耐熱性，用來承裝熱食，可用於外帶或熟食。就像玻璃與鋁一樣，PET 保鮮盒符合衛生標準，能抵抗微生物攻擊，不會發生生物降解，仔細設計並好好選擇材料，PET 保鮮盒甚至能夠耐巴氏殺菌。雖然 PET 本身不會與食物或飲料發生反應，但是一些敏感成份通常不會選擇用 PET 保存，因為 PET 的隔絕性能仍不足完全阻隔氧氣與二氧化碳進入，為了克服這點，番茄醬、果汁、碳酸飲料等，會用多層 PET 容器包裝 (在某些情況下使用多達九層)，這樣一來會導致高成本，因為吹塑過程增加隔絕層是很昂貴的 (例如 PA 奈米複合材料)，這就是為什麼 PET 啤酒罐並不普遍的原因，即使在玻璃瓶不安全的情況下，隨著時間發展，這點當然會改變，終究會出現價格較不昂貴的多層次結構，或是開發出內建 (或塗佈) 阻隔性能的單層 PET。

工業設計、傢俱與照明

低成本
PET是種經濟效益高的工程塑膠，價格約為 PA 和 PC 的一半。

高強度
PET通常會用玻璃纖維增強以獲得最佳的剛度和重量強度，在輕型結構物件的領域，PET 與 PA 以及鋁合金是互相競爭的材料。

鮮豔的色彩
不論是紡織品，薄膜還是模塑產品，聚酯都有優異的著色性，且有多種顏色可供選擇。此外，亦可製成白色物品，並且在製作過程後期加上彩色印刷。

絕緣強度
PET是良好的絕緣體，具有尺寸穩定性。這些特性對製造連接器和印刷電子產品而言非常重要。

抗腐蝕性
PET對多種化學物質都有良好的抵抗力，包括酒精、脂肪、油、燃料和製動液都無法將它腐蝕。

可回收性
在可能的情況下，使用低等級的再生材料可降低成本。有高達 25% 的回收含量並不會影響機械性能。理論上，兼容的 PET 產品可與包裝一起回收。

包裝可以混合材料生產，回收材含量達 20% 以上的案例並不罕見，但是只有兼容聚酯、塗層與共擠層的廢棄物才能進行回收，也就是說並不是所有聚酯包裝都能被回收。

PET 在工業設計、傢俱與照明中的應用

PET 布料在室內裝潢隨處可見，像是地毯、窗簾與傢飾。PET 布料相對耐磨性較差，容易起毛球，代表 PET 布料不適合用在經常流通的應用範圍，PTT (triexta) 作為 PET 的替代品上市，可滿足嚴苛的室內裝潢應用範圍，也適用汽車。例如，杜邦推出的 Sorona 是版本比較新的 PTT，含有 37% 可再生植物成份，雖然柔軟度、抗污力、顯色度與固色性都與聚丙烯類似，但是更耐折舊與磨損，當然價格也更昂貴，不過對於許多應用範圍來說，因為耐用性提高了，所以價格提高是合理的。

戶外應用範圍包括輕量化的帳篷、背包與繩索，PET 布料能與高性能類型競爭，像是 PA 與超高分子量聚乙烯纖維 (UHMWPE) (請見 PE)，雖然 PET 布料強度重量比較低，但是一般認為

是良好的全能型材料。性能塗層可保持布料的透氣性，並增強特定屬性。例如，布料以鋁材金屬化，能創造一種高反光的布料 (反射光與輻射熱)；另一方面，像是聚氯乙烯 (PVC)、聚氨酯 (PU) 與丙烯酸塗層，則可提高材料抗磨耗與耐候性。與 PA 相比，PET 一般不用於攀岩設備，因為在負載情況下，PET 拉伸率相對較低 (萬一發生墜落時，要能吸收能量)。

聚酯紡織品利用熱與壓力形塑成立體結構，這種技術可用在各種產品上，從吸音板、傢俱到背包等，同時也適用於精緻的產品與內襯 EVA 發泡板的堅固物件，設計師三宅一生 (Issey Miyake) 曾利用類似技術做成褶皺單品 (Pleats Please 系列作品)。

鍍鋁 PET 包裝 (右頁)
有些成份容易受氧氣影響，需要額外的保護，像是鐵觀音綠茶。PET 金屬化可結合鋁材卓越的隔絕性能，搭配 PET 薄膜的強度與多功能。同時，鍍鋁 PET 包裝的反光表面 (高達 95%) 可為平面設計印刷提供明亮的金屬底色。

射出成型 PET 和聚對苯二甲酸丁二醇酯 (PBT) 結合性能與便於加工，適用於各種工業與工程零件，具耐候性，吸水性低，可用於戶外產品，像是太陽能板、槍托、汽車零件 (擋風玻璃雨刷、外殼、門把)。PBT 改善了電子絕緣性，可用於連接器與端子台，就像塑膠家族裡的兄弟 PET，可用來生產大型複雜傢俱，抗拉強度足以用於結構，而且成型時流動速率高，讓長而薄的橫截面成型相對更容易。

PET 網眼室內裝飾 (上圖)

上圖是 1992 年義大利設計師阿爾伯多·梅達 (Alberto Meda) 為品牌 Alias 設計的 Highframe 休閒椅，用擠壓成型鋁製橢圓管和壓鑄鋁件組成，坐墊和椅背採用加上 PVC 塗層的紡織 PET 網眼，藉由鋁材結構拉緊，PET 纖維的高強度與高剛性能讓織品保持自身的形狀，提供均勻且一致的支撐，PVC 塗層確保表面的耐用性與耐候性。影像由阿爾伯多·梅達提供。

PET 吸音板 (右頁)

義大利設計師阿爾伯多·梅達與同為設計師的兒子法蘭斯可·梅達 (Francesco Meda) 為傢俱品牌 Caimi Brevetti 設計的 Flap 吸音磁磚。2013 年推出的新穎設計採用 PET 無紡布吸音效果，背面留有空間可密閉空氣，內部夾層的密度優化讓吸音效果更好，特製面料讓外觀極簡而正式，這些都是採用 PET 構成，因此可以一起回收再利用。輕巧堅硬的吸音磁磚可以直接安裝在牆壁或天花板上，並可就地調整，改變周圍空間的外觀與聲音，多邊形造型避免長直線設計，視覺上可幫助打破大面積架設吸音板。影像由 Caimi Brevetti 提供。

這種自由度讓設計師能開發出各種產品，從單椅、電動工具的外殼到運動用品等。這些塑膠可不添加加強化纖維，用於需要流動速率非常高與表面品質優異的零件；加入強化纖維，製造 A 級高品質、無瑕疵的表面光澤度，雖然不是不可能，但是非常有挑戰性。玻璃纖維可加入最高達 50%，能提高機械強度與尺寸穩定性，適合與食物接觸的等級（需要清潔度和抗化學品耐受性），可成型作為包裝、廚具、醫療產品等。

塑膠成型聚酯的另一個優點是可轉印，墨水可從轉印紙轉移到聚酯零件，熱成型加上延長高溫加壓時間，可以印出立體表面，將圖像印在紙上，而不是產品表面，讓設計有機會完成以前只能印在平面材料上的複雜高解析度圖像。同樣的技術也可用於印刷長條紡織品的低成本替代方案。

雙向拉伸聚酯薄膜（BOPET）在低負載的情況下伸長率低，因此成為印刷軟性電路板理想的基底材料，BOPET彎折時不會拉伸，能幫助保持電路完好，此外介電強度（絕緣性能）、熱穩定性與抗切割耐受性優異，目前BOPET 用於硬式顯示器（例如為前層提供防眩光、防反射的功能）、軟式顯示器和印刷電路板（在表面使用導電油墨，例如以銅或銀為基底的油墨）。

以 BOPET 為基底電子產品的彈性與輕量，讓快速成長的穿戴式電子設備提供許多設計的可能，目前有兩種應用範圍，一為形狀永久固定的印刷薄膜（例如曲面顯示器）或是可以彎折的應用範圍（例如軟式顯示器）。雖然一些商業消費電子產品已經實現了前者成型方法，但是後者可以彎折的應用範圍挑戰性更大，BOPET 的剛性、強度與熱性能是印刷電路板理想的基

FES 電子紙智慧錶 (上圖)

上圖出自 Sony 旗下的獨立品牌 Fashion Entertainments 設計案，FES 電子紙智慧錶是一款革命性新手錶，採用電子紙製作錶面與錶帶，佩戴者可以自己選擇想顯示的圖騰，總共有 24 種不同選擇。超低功耗顯示技術利用反射光（與背光相反），電子紙以彈性聚酯薄膜（PET）為基質，利用重新定位電子紙上不同顏色的微粒來創建影像，不同顏色分別帶正電和負電，像是黑色與白色，在每一個像素內，電流方向決定了顯現黑色或白色，因此能夠形成圖像。影像由 Sony 提供。

底材料，但是同樣的這些性能也代表BOPET 不是最符合人體工學的材料，穿戴上也不舒服。如果設計上主要考量不著重和人體接觸，透明的 BOPET 印刷電路板可提供新的設計可能，薄型軟式顯示器整合晶體管、電池和電路，能提供各式各樣的功能，這種低成本電子產品製作方法已經被汽車、消費電子產品、航空航太與包裝產業採用。

一體成型聚羥基丁酸酯 (PBT) 懸臂椅

雖然一體成型的塑膠椅已經不是新產物，但是 Myto 單椅將塑膠成型運用到淋漓盡致，這個獨一無二的聯名設計案來自 BASF（塑膠供應商）、Plank（製造與分銷商）和 Konstantin Grcic 工業設計（KGID）。BASF 為汽車應用推出商標名稱為「Ultradur」的 PBT 塑料，當時正在尋找可以打開新市場的方法，KGID 接獲委託並接受挑戰，設計出的新款椅子在 2008

年米蘭國際傢俱展首次推出，經過來來回回的設計過程，一種新形式懸臂椅誕生了，工程師不僅發展出新設計，還調整了材料性能，讓抗拉強度與成型流動速度兩者取得理想平衡，最後完成複雜的一體成型塑膠椅，椅子底部較厚的區塊需要的強度最高，稍微薄一點的區塊則更需要彈性。影像由 Plank 提供。

聚醯胺（PA），尼龍

雖然聚醯胺的消費量並不特別高，但是因為過去數十年成功行銷，聚醯胺可能是最廣為人知的工程塑膠。1939 年推出時，聚醯胺應用在襪類，作為絲綢的低成本替代品，是第一種真正的合成纖維，時至今日，從積層製造到輕量化的運動服，各式各樣的終端用途都能發現聚醯胺的蹤影。

類型	一般應用範圍	永續發展
· 聚醯胺：6、12、4/6、6/6、6/10、10/10 和 6/12 · 聚鄰苯二甲醯胺 (PPA)	· 紡織品與時尚 · 汽車與工業 · 工業設計與傢俱 · 包裝	· 內含耗能相對較高 · 因為應用範圍廣、混合材料多，因此回收較具挑戰

屬性	競爭材料	成本
· 堅韌但具凹痕感度 · 耐熱性與抗化學耐受性良好 · 具吸濕性 (可吸水)	· 鋁合金、鑄鐵和鋼 · 聚丙烯、聚碳酸酯(PC)、聚對苯二甲酸乙二酯(PET)、聚羥基丁酸酯(PBT)和 聚甲醛(POM) · 布料：芳綸纖維、PET、黏膠纖維、嫘縈 (Rayon)、絲、棉、麻	· 材料成本中等偏高 · 製造成本中等

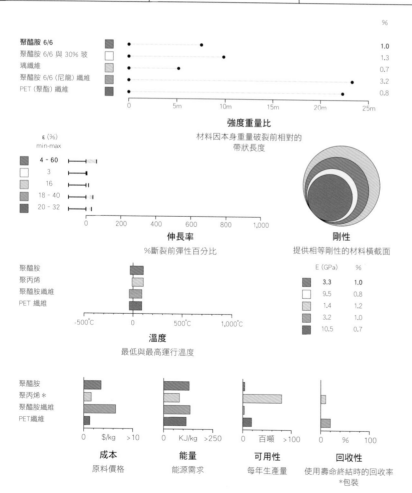

聚醯胺 6/6
聚醯胺 6/6 與 30% 玻璃纖維
聚醯胺 6/6 (尼龍) 纖維
PET (聚酯) 纖維

%
1.0
1.3
0.7
3.2
0.8

0　5m　10m　15m　20m　25m

強度重量比
材料因本身重量破裂前相對的帶狀長度

ε (%)
min-max

4 - 60
3
16
18 - 40
20 - 32

0　200　400　600　800　1,000

伸長率
%斷裂前彈性百分比

剛性
提供相等剛性的材料橫截面

E (GPa)　%
3.3　1.0
9.5　0.8
1.4　1.2
3.2　1.0
10.5　0.7

聚醯胺
聚丙烯
聚醯胺纖維
PET 纖維

-500°C　0　500°C　1,000°C

溫度
最低與最高運行溫度

聚醯胺
聚丙烯 *
聚醯胺纖維
PET纖維

0　$/kg　>10　　0　KJ/kg　>250　　0　百噸　>100　　0　%　100

成本
原料價格

能量
能源需求

可用性
每年生產量

回收性
使用壽命終結時的回收率
*包裝

簡介

聚醯胺 (PA) 可作為高性能纖維使用，也是多功能工程塑料，通常被稱為「尼龍」，這個名字最早為杜邦發明，今天多家大型化學公司以各種不同商標名稱命名聚醯胺，但是尼龍最為普遍，仍是最常使用的名稱。

聚醯胺纖維徹底改變了時尚與紡織品產業，作為低成本替代方案，可取代相對較為昂貴的紡織品，包括絲 (請見第 420 頁)、棉 (請見第 410 頁) 和麻 (請見第 400 頁亞麻)，與目前競爭材料相比，聚醯胺的著色性、強度與彈性較為優異，特別是黏膠纖維與醋酸纖維素 (請見第 252 頁)。聚醯胺首先用在牙刷與襪子，然後迅速推廣到整個時尚產業，同時也進入工業和軍事用途，隨著時間發展，聚丙烯 (請見第 98 頁聚丙烯) 和聚對苯二甲酸乙二酯 (PET) (請見第 152 頁聚酯) 出現，變成成本更低的替代方案，進而降低聚醯胺的主導地位，然而聚醯胺仍然是科技布料、時尚與鞋履採用的重要纖維。

聚醯胺經過塑膠成型、機械加工或鑄造，可用於機械與結構應用範圍，和其他工程塑膠一樣，聚醯胺的機械性能讓它能與結構金屬抗衡，像是鋁 (請見第 42 頁) 和鋼 (請見第 28 頁)，聚醯胺還可以粉末形式應用於積層製造，因此不只限定大規模生產，同時也適用於一次性或少量製造。

商業類型和用途

聚醯胺確切的性能取決於配方，典型聚醯胺是碳原子聚合物結構，以醯胺

基 (amide group) 結合，相對於類似的芳綸 (請見第 242 頁) 聚合物是以醯胺基結合的苯環 (benzene ring) 組成，聚醯胺組成有兩種形式，可使用一種單體，或以兩種單體組成。

聚醯胺有好幾種不同類型，數字命名法來自工序：一個數字 (如 6 或 12) 代表單個單體碳原子，兩個數字 (如 6/6 或 6/12) 則代表使用兩個單體以及每種單體的原子數，例如聚胺 6/6 是利用己二酸 (adipic acid；一種六碳二元酸) 和己二胺 (hexamethylene diamine；一種六碳脂肪族二元胺) 反應製造。碳原子的比例決定每種聚醯胺不同特性，當碳原子數量增加，吸收水份的能力降低，尺寸穩定性與電子相關性能增強，但是伸長率、耐熱性與強度則降低。數字越高通常價格也越高。

輕量化外套 (上圖)

自從聚醯胺 6/6 首次紡成襪子以後，合成纖維已經有了重大的發展。Uniqlo 這款連帽羽絨外套採用精紡聚醯胺長絲 (PET 也可製造類似的長絲，某些案例中兩種纖維可以互換使用)，經過緊密紡織讓表面具防潑水功能，光滑的紗線讓布料閃閃發亮，聚醯胺卓越的彈性與耐磨性，使超輕表布能折疊收入極小的收納袋，絕對是能減少體積的最迷你材料。

 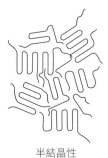

非結晶性　　　　　半結晶性

聚合物型態

非結晶性（無定形）與半結晶性聚合物結構之間的差異是排序，或說是沒有排序。非結晶性塑膠包括 PS、ABS、SAN、PMMA、PVA、PC 與特定類型的聚醯胺，因為是隨機結構，這類型塑膠是透明的，收縮率低因此尺寸穩定（因此不太可能會在成型後翹曲），也沒有明確的熔點（加熱時會慢慢軟化）；另一方面，半結晶性塑膠冷卻時會密集堆疊，形成有序的聚合物結構（排序取決於塑膠的類型、添加劑與工法），這類型塑膠包含聚丙烯、聚乙烯、聚甲醛（POM）、聚對苯二甲酸乙二酯（PET）、聚對苯二甲酸丁二醇酯（PBT）、聚醚醚酮（PEEK）和大多數類型的聚醯胺，這類塑膠往往是半透明或不透明的（結晶區域會分散光線），強韌、堅硬、耐磨損（有時能提供滑動表面），而且對化學物具有耐受性。

脂肪族　　　　　芳香族

聚合鏈型態

脂肪族聚合物由直鏈或是支鏈形成，例如聚丙烯、聚乙烯、PS 和某些特定聚酯（例如 PLA、PHA、PHB）和聚醯胺，原子以單鍵、雙鍵或三鍵形成鍵結型態。引入芳香族成份進入聚合物主鏈有幾個好處，芳香族可保持原子閉鏈，更穩定，能耐熱，具抗化學耐受性，塑膠的芳香族結構有各種不同比例，並能以非結晶性或半結晶性結構，非結晶性如 PC，半結晶性如 PET 和 PPA，藉由提高芳香族成份的比例，可以提高一定程度的效益。芳綸與液晶高分子聚合物（LCP）芳香族比例非常高，可提供一些特殊性能，芳香族結構確保單體連結在一起，形成更長的完整鏈結（增加分子量），晶體結構具有高度方向性。

聚醯胺 6 和 6/6 最受歡迎，因為兼具強度、剛性與韌性。雖然許多方面這兩種纖維都能互換，但是聚醯胺 6/6 稍微強硬輕巧；聚醯胺 6 吸水性稍高，伸長率（耐衝擊強度與彈性）較佳，並且容易加工成形。根據成份不同，聚醯胺是半結晶或無定形，半結晶的聚醯胺韌性夠，具有良好的耐熱性、抗化學耐受性與耐候性，受限於親水性，尺寸穩定性會有影響。聚醯胺可改性變成具阻燃性、堅韌與超堅韌等版本，顏色從自然白到灰白色，取決於類型的不同，聚醯胺可選擇色系為柔和色到黑色，就像用於紡織品一樣，聚醯胺可用於各種應用範圍，包括引擎蓋下的汽車零件（替代金屬）、外殼（從電動工具到手持電子產品）、消費者產品、廚具與傢俱等。

非結晶性聚醯胺可用特定單體產生，本身是透明的，壁厚 2mm 的聚醯胺透光率達 94%，令人印象深刻，相當於聚甲基丙烯酸甲酯（PMMA）（請見第 174 頁），重量比最接近的競爭材料聚碳酸酯（PC）（請見第 144 頁）輕，非結晶性聚醯胺密度低於半結晶類型。但是，聚醯胺一般價格稍高，用於需要結合透明度（著色性）、彎曲強度與抗化學耐受性的應用範圍，例如輕量鏡架、運動裝備、包裝容器（作為不含雙酚 A 的嬰兒奶瓶替代方案）、外殼與工業零件等。

聚醯胺薄膜可用在各式各樣的應用範圍，包括軟式食物包裝、建築、醫療與航空等，聚醯胺和 PET、聚丙烯一樣，雙向拉伸聚醯胺薄膜（BOPA）可提供高剛性，耐穿刺，具阻隔功能，質地透明。其半結晶結構能提供出色的阻隔性，隔絕氧氣、氣味與香氣，這些特性有助延長食物保存時間，利用真空包裝與熱成型外殼，聚醯胺薄膜與聚乙烯（PE）（請見第 108 頁）和聚丙烯共擠出，可綜合這三種塑膠的性能獲得更多優勢。

聚鄰苯二甲醯胺（PPA）是半結晶半芳香聚醯胺，部份芳香族結構提供更高的耐熱性與更低的吸水性，結合出色的抗化學耐受性，PPA 彌補聚醯胺與高性能塑膠的差異，例如聚醚醚酮（PEEK，請見第 188 頁）和含氟聚合物（PTFE，190 頁），可成型作為零件或纖維，能滿足嚴苛的高需求應用範圍，特別是汽車與航空航太零件。

永續發展

回收聚醯胺很有挑戰性，回收代碼為「7」，即「其他類塑膠」。除了需要分離各種化學品外，聚醯胺通常還會結合各種強化纖維、填充料、添加劑與顏料，因此除了有些工業廢料會重新加工，一般聚醯胺回收並不常見。

聚醯胺的生產內含耗能相對較高，雖然大多數是石油衍生的單體製造，但是目前已經有新等級出現，採用天然可再生成份生產，用蓖麻油衍生的單體取代傳統成份，比例約 20% 至 100%，取決於應用範圍的需求。

聚醯胺生產量相對較低，因此比其他石油衍生物價格高，例如 Rislan（聚醯胺 11）、Pebax（聚醚嵌段聚醯胺 polyether block amide，請見 TPE）、Ultramid Balance（聚醯胺 6/10）、Zytel RS（聚醯胺 10/10）和 EcoPaXX（聚醯胺 4/10）。每種都有自己的特性，取決於成份，機械性能可因應各領域，從汽車結構部件到透明包裝膜等。

包覆成型
玻璃強化纖維聚醯胺手柄 (右頁)

Fiskars 輕便斧的手柄採用射出成型玻璃纖維強化聚醯胺（GFPA），採用熱塑性彈性體（TPE）（請見第 194 頁）包覆成型的柔軟手柄，綜合玻璃纖維強化聚醯胺彈性強度、輕巧、堅韌的優點，大大提高可用性，同時減少破損的可能，鍛造鋼刀片崁入成型固定在手柄中，利用聚醯胺在成型時的收縮加強固定，形成強力的接點。

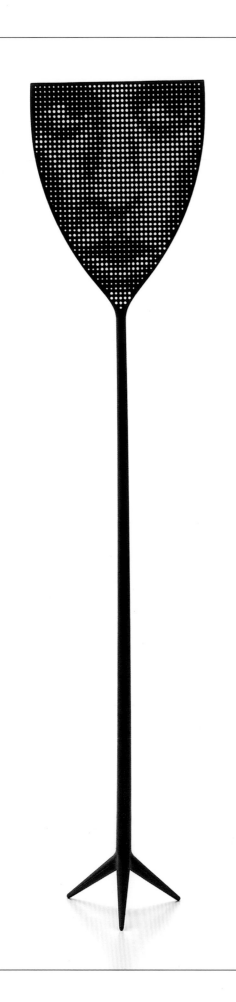

聚醯胺在工業設計、傢俱與照明中的應用

高性能熱塑性塑膠各種性能具有理想平衡，通常是替代金屬的首選，從汽車機械零件到吉他弦，聚醯胺在許多終端用途上比金屬更適用。

聚醯胺價格稍昂貴，約為 PET 和聚甲醛（又稱聚縮醛，請見 184 頁 POM）的兩倍，價格與 PC 相當，一旦有其他更便宜的塑膠具有與早前金屬材料一樣好的機械性能，聚醯胺就會快速被取代，因此需要不斷開發新的應用範圍來保持銷售。今天，使用聚醯胺的產品從透明眼鏡、耐高溫炊具、電動工具到一體成型的塑膠傢俱等應有盡有。使用範圍的多樣化，正好證明了聚醯胺的多功能，除了用於紡織品，一般用於塑膠成型的零件、擠壓成型塑膠段、鑄造塑膠塊、精密加工零件和使用添加劑製造的樣品。聚醯胺兼容於幾種大規模生產技術，包括注射成型與吹塑成型，中低產量製造的空心零件則可採用旋轉製造。

許多成型零件指定使用聚醯胺的原因有很多，聚醯胺具有優異的彎折強度與疲勞強度，因此可用於間歇負載的結構與零件。聚醯胺韌性夠，伸長率高，適合用於緊壓密合 (interference fit) 的應用範圍。除此之外，聚醯胺與聚丙烯類似，也適合用於搭扣密合。聚醯胺的摩擦係數低，可用於乘載或可能發生損耗的應用範圍。將潤滑劑添加到基礎樹脂中可改善滑動性能，這點聚醯胺的表現優於通用工程塑膠，像是 POM、PET 和超高分子量聚乙烯纖維 (UHMWPE)，價格遠遠低於高性能類型塑膠，像是 PTFE 和 PEEK。

射出成型蒼蠅拍 (左圖)

法國設計師菲利普 · 史塔克 (Philippe Starck) 為 Alessi 設計的蒼蠅拍 Dr. Skud，在 1998 年首次推出，展現聚醯胺令人印象深刻的韌性與彎折強度，隨時間過去，射出成型的結構慢慢顯現聚醯胺的尺寸穩定性不佳，長長的腳架將會因為頭部重量慢慢彎曲，讓這張臉看起來更加古怪。

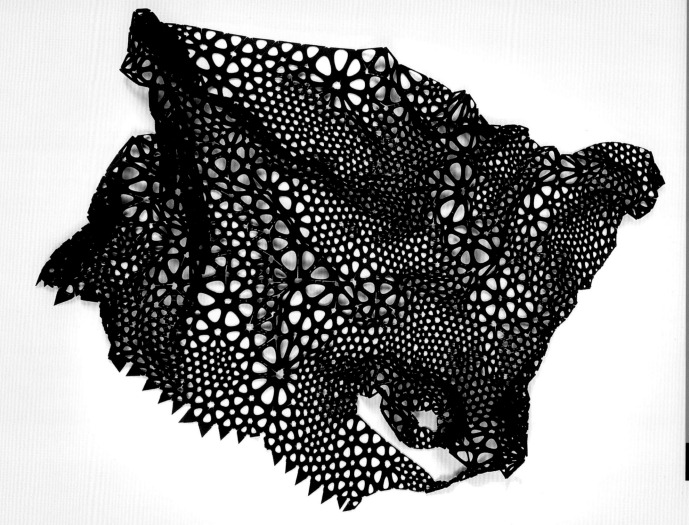

玻璃纖維強化聚醯胺以補強成型或擠出成型，可顯著提高強度、剛性與熱變形溫度，但是可能會導致各向異性提高（橫向與縱向擁有不同的物理性質），這會影響模具收縮，最終讓變形更嚴重，在零件設計時應該考慮這一點，避免各向異性造成問題。聚醯胺6/6與其他塑膠不同，玻璃纖維不會降低衝擊強度，對於嚴苛的應用範圍是一大利多。

類似 POM 與 PEEK，聚醯胺可當作機械加工的原料，可用來鑄造塑膠塊 (聚醯胺6和聚醯胺12)，或是擠壓塑膠段 (一般為聚醯胺 6、6/6、12 和 4/6)，鑄造可用於生產較大的塑膠塊，擠出成型價格更便宜。模製零件有時需要機械加工，因此如果區塊的壁厚必須

非常薄，或是鑽孔與細節無法採用模具，在這些案例中，都可以利用機械加工簡單完成高品質的表面光澤度。

鑄造通常用來生產半成品零件，像是塑膠棒、塑膠管、塑膠片等，讓製造壁厚非常厚的零件時，不會產生空隙，並比模具成型或擠壓成型的材料擁有更高結晶度 (可以增強強度與剛性)，可根據應用範圍的需求加入添加劑訂製 (例如加入油、潤滑劑和熱穩定劑)，除此之外，還可以生產近淨形 (Near Net-Shape) 零件，減少後續加工時間與浪費。雖然聚醯胺機械加工性能良好，零件可以製造出的尺寸非常精準，但是聚醯胺尺寸穩定性差，吸收水份後會膨脹，因此零件的尺寸精準度為關鍵時，要避免採用聚

積層製造 (3D 列印) 洋裝 (上圖)

2014 年由設計工作室 Nervous System 推出的 Kinematics 洋裝，採用 SLS 選擇性雷射燒結 (Selective Laser Sintering)，設計師潔西卡・羅森卡蘭茲 (Jessica Rosenkrantz) 與潔西・路易斯羅森伯格 (Jesse Louis-Rosenberg) 將身體掃描所得的混合數據加上細密結構，利用轉軸交織以數千個三角形面板。洋裝小心利用工程繪圖軟體交疊，讓尺寸縮小可以符合印表機列印平台規格，整件一次製造完成連結。影像由 Nervous System 提供。

醯胺。吸濕性也會影響機械性能，包括抗拉強度、抗壓強度、硬度與摩擦係數。吸濕率取決於類型，舉例來說聚醯胺6/12吸濕率約比聚醯胺6/6少25%，並可使用添加劑進一步降低吸濕性。

工業設計、傢俱與照明

強度重量比
相同重量的聚醯胺比 PET 強度高約 40%，含有 30% 玻璃纖維強化聚醯胺強度與彈性高於高強度鋁合金。

強韌
聚醯胺韌性高於 PET，機械性能讓聚醯胺可用於結構零件，也能用於軸承或長期磨耗的應用範圍。

彈性
聚醯胺在負載下會變形，但是比起同類塑膠能快速恢復原始形狀（另見 TPE）。

摩擦係數低
聚醯胺表面觸感光滑，被認為是自潤性質，換言之，通常不需油或油脂，同樣的特質可幫助表面在其他零件上滑動，進而避免折舊或磨耗。

成本
雖然對於許多終端用途來說，聚醯胺價格算是昂貴的，但是在一些應用範圍，聚醯胺甚至媲美其他更昂貴的塑膠，例如 PTFE 和 PEEK 等。

聚醯胺的粉末可作為積層製造（3D 列印）的原料，兼容 SLS 選擇性雷射燒結，可作為適用於工作情境下的功能性模型，加入玻璃纖維或碳纖強化的聚醯胺等級，能提供優異的機械性能。

聚醯胺在汽車與航太中的應用

近十年來，在汽車與航太應用範圍熱塑性工程塑膠的使用量已經顯著成長，為了追求更輕、更省燃料的運輸方式，效能低的金屬零件已經被聚醯胺和其他熱塑性工程塑膠取代，聚醯胺用於製造機械零件與結構零件的零件不計其數，例如冷卻、電氣與燃油系統等。

在塑膠中添加礦物或玻璃纖維，可改善強度與剛性，特別是溫度升高超過聚合物玻璃轉移溫度（縮寫為 TG），其中非結晶區域變得易曲折，加入三分之一玻璃纖維強化聚醯胺，已經證明能用在傳統金屬的嚴苛應用範圍，像是引擎蓋、進氣口、散熱片水箱等，聚醯胺取代金屬趨勢仍持續進行中，因為不只易於維護或是提高性能，改用聚醯胺還可以降低成本，減少多達 30-50% 的重量。

長玻璃纖維可讓零件強度重量比更高，同樣的強度可以用更少的纖維達到，但是加工難度也大大增加，因為纖維會在模製成型過程中降解。

和類似的塑膠一樣，採用射出成型工法可以製造空心零件與發泡零件。氣體輔助射出成型可用來生產空心零件，像是聚醯胺門把。在模製成型過程中加入氣泡，能幫助減少缺陷，在複雜的幾何形狀中增加強度，另一種稱為「MuCell」的技術在模製成型過程中產生泡沫，帶來絕大好處：能減

汽車與航太

熱穩定性
聚醯胺 6 與聚醯胺 6/6 皆有合理的耐熱性（分別為 110℃ 與 130℃），聚醯胺 4/6 可承受達 140℃ 的溫度。

抗化學耐受性
聚醯胺 6 與聚醯胺 6/6 對廣譜化學品的耐受性佳（但對酸類耐受性有限），而 PPA 因為半芳香結構表現更好。

可塑性
半結晶性聚醯胺在熔融時具有高流動性，讓聚醯胺成型效率高，適合用在壁厚較薄的零件上，利用射出成型，可將多種功能整合在單一零件上，將成本壓到最低，而且可減少組裝錯誤。

多功能
除模製成型和擠出成型零件外，聚醯胺還可以當作纖維用在汽車內部裝飾。

成本
雖然對於許多終端用途來說，聚醯胺價格算是昂貴的，但是在一些應用範圍，聚醯胺甚至媲美其他更昂貴的塑膠，例如 PTFE 和 PEEK 等。

輕重量，減少製作週期，降低體積大的零件發生翹曲的可能。

聚醯胺 4/6 結晶性更高，因此比聚醯胺 6 或聚醯胺 6/6 熔點更高，但是價格更昂貴，在某種程度上使應用範圍受限。聚鄰苯二甲醯胺（PPA）具有半芳香結構，因此有一些特殊優點：與聚醯胺相比，PPA 尺寸穩定性與整體耐受性更高，因為玻璃轉移溫度更高，熔點也更高，吸收性顯著降低（吸收水份與化學品），與聚醯胺 4/6 一樣，PPA 比常見塑膠的價格更高，可用來取代金屬，如鑄鐵（請見第 22 頁）與鋁合金，在需求越來越高的應用範圍，PPA 可進一步減輕重量，提高運送效能。最近出現一種透明的半芳香聚醯胺，稱為「Novadyn」，混合聚醯胺 6 與聚醯胺 6/6 以提高性能，就是為了針對 PC 抗化學耐受性不足的透明應用領域。

聚醯胺纖維具有出色的韌性、彈性、固色性與高熔點，整個汽車內部裝飾都能運用聚醯胺纖維，像是輕量化的氣囊纖維，可用聚醯胺 6/6 纖維紡織製造，可承受汽車駕駛時衝擊載荷、機械應力與高溫。聚醯胺生產的內部裝飾和地毯可耐受高使用量、液體潑灑和磨損，品質保持長久不變，色彩與紋理選擇廣泛，包含亮色、半暗與暗色等不同選擇。

輕量耐衝擊的聚醯胺合成物（右頁）

直到最近，高性能纖維強化合成材料仍被視為過於昂貴，因為製作週期長，無法應用在大量生產。汽車生產商奧迪（Audi AG）、德國複合材料研究所 Bond-Laminates、塑膠廠商 Jacob Plastics、德國特殊化學品集團朗盛（LANXESS）與機械工程集團 KraussMaffei 共同合作，開發出製作週期短的生產技術，在操作中，纖維強化塑膠片材利用熱塑成型製成模具的形狀，然後在全自動加工過程中使用聚醯胺背注塑（Back Injection）技術。這種創新技術有許多名稱（包括 SpriForm 和 FiberForm），讓高性能複合材料可以較以往更廣泛運用在汽車零件上，奧迪 A4 的車門防撞樑零件，即採用聚醯胺基底加上多層編織的玻璃纖維製作。

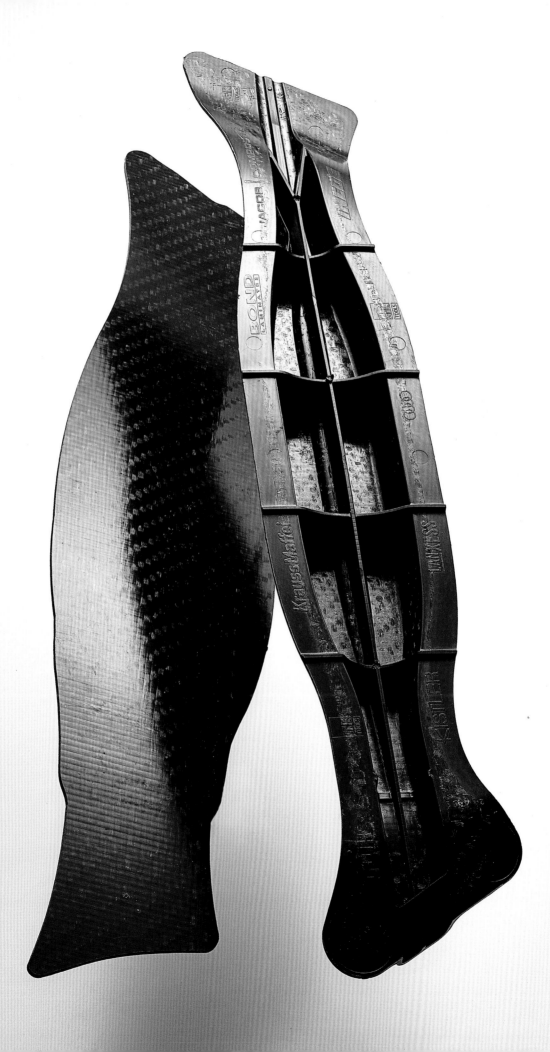

汽車工業作為聚醯胺最大宗消費者之一，已經深入研究過重複使用這種材料的可能，雖然聚醯胺有許多不同類型，經常與其他添加劑結合，但聚醯胺廢料仍可為新產品提供有用的原料，要讓大型製造商採用這些成功的回收工法只是時間早晚的問題。

聚醯胺在時尚與紡織品中的應用

雖然「Cordura」和「Trilene」等名稱推廣的聚醯胺已獲得廣泛認可，但其實聚醯胺應用在時尚與紡織品的纖維中僅佔一小部份。聚醯胺有些非常理想的特性，但是受限於價格太高，就像純聚醯胺高性能紡織品一樣，因此聚醯胺常常混紡，方便用較低的價格來取得聚醯胺的性能。

輕便耐磨鞋履 (上圖)

美國陸軍大部份戰鬥服都是採 Cordura 纖維生產，包括這些沙漠靴，聚醯胺紡織品被稱為「防彈纖維」，可提供全方位的耐用性，抗磨損耐受性優異，而且抗撕裂強度高，在紡紗過程可加入顏色（溶液染色），或者也可以紗線織成後上色，表面可以印刷，像是添加迷彩等效果。

時尚與紡織品

耐磨
聚醯胺有出色的抗表面折舊耐受性與耐磨性，適用於使用頻繁的用途。

彈性
聚醯胺具有非常高的回彈力，聚醯胺達最大拉伸率後還能回彈成原始形狀，這個拉伸率相較於其他高性能纖維高出 20%—40%，僅遜於彈性體 (TPE) (請見 194 頁) 與橡膠 (請見 216 頁)。

強度重量比
聚醯胺纖維在製造過程中可藉由拉伸提高機械特性，約比模製成型的相同重量聚醯胺強 300%。聚醯胺的性能優於 PET 和聚丙烯，但是相對於相同重量，強度不到超高分子量聚乙烯 (UHMWPE) 的一半。聚醯胺潮濕時強度會折損 10%-20%。

在服裝應用範圍，最常見的聚醯胺混紡包括與棉和黏膠纖維混紡，大約三分之一的聚醯胺含量就能獲得成本效益佳的機械性能，與羊毛混紡 (請見第 426 頁) 可增強強度、彈性與耐磨性，用於服裝與地毯，聚醯胺可用酸性染劑染色，動物纖維也可，為製造過程保留最大的彈性。

目前紗線結構的發展已經可以妥善運用聚醯胺出色的性能，例如防撕裂纖維是每隔一段距離有稍大的經紗和緯紗織成，能阻止布料撕裂。在支撐紗線之間的纖維可以在技術允許範圍盡可能輕量化，使聚醯胺可用於大面積的紡織品，像是競速帆船、降落傘、熱氣球等。

聚醯胺可用於著重觸感和外觀的應用範圍，同時兼顧機械性能。雖然大多數纖維製造時採用簡單的圓形橫截面，但是改變纖維形狀與含量可以實現圓形做不到的複雜效果，搭配材料選擇，紡織品的屬性可以訂製，以滿足需求最高的應用範圍。

纖維橫截面可以在紡紗期間調節，外部形狀可以選擇規則或不規則，顏色則有暗色到亮澤不等，纖維可以是中空或有空隙，以便改善絕緣性或有助吸濕排汗。

除此之外，聚醯胺可以將許多不同類型整合成單根纖維，或是與其他聚合物合併，這種技術發展讓視覺設計有更多可能，功能也是。例如將彩色蕊芯與半透明護套結合產生虹彩，結合蕊芯 (像是聚醯胺 6/6) 與熔點較低的護套 (例如聚醯胺 6)，可在不影響極限強度的情況下，讓纖維成型與黏合。

利用電鍍或真空沉積可以應用薄金屬塗層，來滿足裝飾與功能目的。從導電布料到訂製珠寶各種應用範圍，基礎材料有許多選擇，品質與顏色則取決於運用的技術與材料，導電布料又稱為智慧布料，適用於科技應用範圍，像是電磁干擾防護 (EMI)、隔熱 (救護衣和消防員制服，請見第 47 頁)、雷達反射、抗菌 (鞋履與醫療用途)、穿戴式電子裝置與柔性加熱元件 (座椅、電毯、口袋襯裡與手套等)。金屬塗層布料也可用於裝飾性應用範圍，像是花式紗等。

圓形

異形

芯鞘型

左右相稱型

帶狀

三角型

帶狀分隔型

派狀分隔型

中空

多層型

海島型

放射狀

合成纖維的橫截面

合成纖維的橫截面會影響許多屬性，包含性能、體積、外觀與觸感，最簡單也最常見的紡紗形狀為棒狀，具有圓形橫截面，從大自然中學習，像是棉、羊毛、絲獨特的橫截面有利其獨一無二的特性。之後出現一系列橫截面，有助拓寬合成纖維的吸引力，像是三角型纖維可反射大量光線，因此看起來明亮有光澤；或者是異形三管延伸的外型可增加纖維的體積但不增加重量，有助毛細作用 (可用於運動服)，並能遮蓋泥土 (對地毯很實用)。這類型的纖維有許多不同設計，像是帶狀具有扁平的橢圓形輪廓，類似絲綢，可以反射許多光線，因此與合適塑料合成後看起來閃閃發光 (像是聚醯胺或是醋酸纖維)，三角形纖維具有類似的亮澤外觀，橫截面較大；中空與多層型纖維可增加毛細作用與絕緣性能，類似羊毛。

對稱型纖維橫截面

對稱型纖維結合兩種或多種聚合物屬性，通常是用不同構造形狀共擠成型後紡紗，實現單一纖維無法辦到的複雜配置，芯鞘型纖維保留內部材料的功能性，例如顏色、傳導性、冷卻性或高韌性等，再加上裝飾性或保護性外殼。對稱型纖維模仿羊毛的結構，除非暴露在高熱中，否則是平的，遇熱後一側會較另一側收縮更快，導致纖維捲曲。對稱型纖維兩側排列有各種不同配置與不同功能，可生產非常精細的纖維要素，因為較大的基質可以保護細緻的股線，紡紗後細絲分離出來就能產生超細纖維，這些可用機械完成，或是將另一種組成成份完全溶解來取得，超細纖維非常柔軟，垂墜性佳，可用於裝飾或技術應用範圍。

聚甲基丙烯酸甲酯（PMMA）、壓克力（Acrylic）

別名

常見商標名稱：「Acrylite」、「Altuglas」、「Lucite」、「Oroglas」、「Perspex」、「Plexiglas」、「Plazcryl」、「Tessematte」

複合材商標名稱：「Corian」、「Gemini Acrylic」、「Hi-Macs」、「Rauvisio」

聚甲基丙烯酸甲酯 (PMMA) 俗稱壓克力，經常拿來與玻璃相比，但 PMMA 更容易成型製造，因此提供更大的設計自由度，顏色選擇多，從淺色到不透明皆有，經常與照明結合使用，擁有非常高的透光性，可以產生發亮的顏色，PMMA 堅硬，但質地稍脆。

類型	一般應用範圍	永續發展
· PMMA	· 工業設計、傢俱與照明 · 包裝與銷售端應用 · 鑲嵌與室內裝潢 · 珠寶與配件	· 內含耗能中等 · 可回收，回收代碼為「7」和其他類塑膠 · 不容易從混合廢棄物進行分類

屬性	競爭材料	成本
· 耐刮 · 高強度與高剛性 · 透明且耐風化	· 苯乙烯-丙烯腈共聚合物 (SAN)、聚碳酸酯 (PC)、聚苯乙烯 (PS) · 鈉鈣玻璃 · 水晶玻璃	· 雖然 PMMA 複合材價格更高，但材料成本仍算適中 · 低製造成本

174

簡介

聚甲基丙烯酸甲酯 (PMMA) 與聚碳酸酯 (PC) (請見第 144 頁) 和聚苯乙烯 (PS) (請見第 132 頁) 相似，都是非結晶性塑膠 (請見第 166 頁)，因為聚合鏈排列無序，三種塑膠都是透明的，尺寸穩定度良好，而且收縮率低，三者的機械性能各有不同，聚甲基丙烯酸甲酯 (PMMA) 強度重量比優異，剛性高，表面硬度良好；PC 因為結合伸長率與剛性，耐衝擊強度高；PS 強度較差，但是更硬，非常脆。PMMA 和 PC 的價格差不多，依照等級不同，同等重量的 PS 價格約為一半。

PMMA 經常與玻璃相比，和玻璃一樣以透明片材供應，適用的終端用途一樣，和普通的鈉鈣玻璃比起來 (請見第 508 頁)，PMM-A 強度重量比高出許多，經過回火 (增加韌性) 後的玻璃抗拉強度更高，在許多承重的應用範圍中需要回火，回火後性能更接近 PMMA。

PMMA 耐衝擊強度比玻璃更高，衝擊過大時，PMMA 會裂開，形成大片不鋒利的碎片，相比之下，玻璃會碎裂。在某些情況下這種特性非常理想，像是汽車玻璃，雖然在許多應用範圍中，更需要的是高耐衝擊強度，當然，如果耐衝擊強度至關緊要，PC 則優於這兩種材料。

PMMA 的光學品質不像玻璃會隨厚度增加快速降低，因此需要用透明物件來乘載負重的應用範圍，像是水族箱、水下船艙、飛機窗戶等，通常會使用 PMMA。

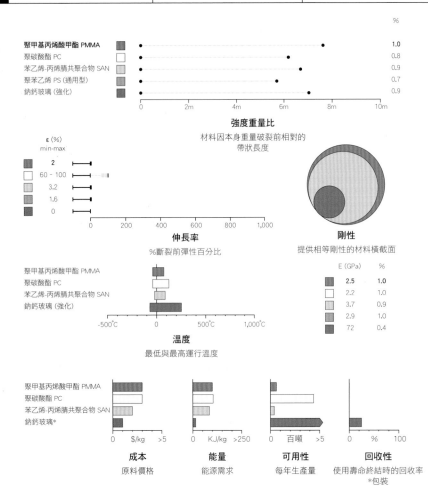

聚甲基丙烯酸甲酯（PMMA）、壓克力（Acrylic）

商業類型和用途

PMMA 兼容所有熱塑性成型技術，但是因為應用範圍的關係，主要使用射出成型與擠出成型。類似聚醯胺（PA，尼龍）（請見第 164 頁），甲基丙烯酸甲酯（MMA）單體可澆鑄成塑膠筷，PMMA 鑄件比擠出成型的片材更昂貴，但具有許多優點，表面光澤度與光學性能優異，透光率最高可達92%，可承受的作業溫度更高（約比擠出成型的 PMMA 高 10℃），抗化學耐受性更高。

射出成型的彩繪 PMMA（上圖）

PMMA 的光澤透明度不像其他塑膠，結合顏色與高光澤表面，使 PMMA 會讓人誤會產品使用的是水晶玻璃（請見第 518 頁），而這些例子中是不太可能使用這種材料。設計師馬里歐・貝里尼為義大利傢俱品牌 Kartell 設計的Shanghai Vase，高達半公尺（20 英吋），但仍輕巧可攜帶，採用 PMMA 射出成型，有多種顏色可供選擇，包括金屬真空沉積版本。

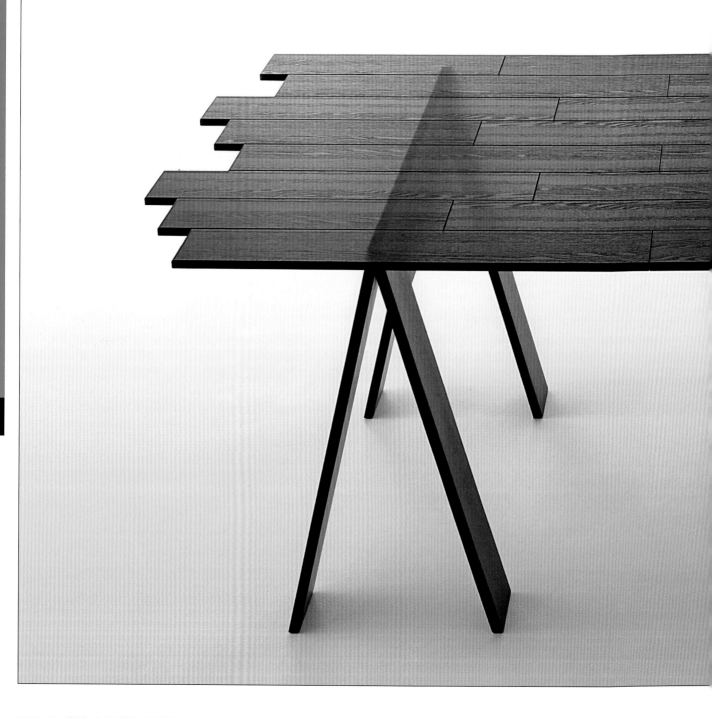

PMMA 鑄造片材分為兩種類型：夾在兩片玻璃板中的塑膠塊或是兩片拋光不鏽鋼中的連續片材。因為體積小，可以訂製生產，例如訂做特殊顏色或表面紋理深度，由於鑄造工法，PMMA 的分子量（鏈長）比擠出成型更高，因此更硬，更容易切割與加工製造。與其他熱塑性塑膠不同，PMMA 拋光非常困難。

PMMA 能與增強劑和添加劑結合使用來增加特定性能，傳統上 PMMA 一般不當作高強度纖維強化複合材料（見第 228 頁不飽和聚酯）。相反地，PMMA 常與礦物結合，主要是來自鋁礬土（bauxite）的三水合氧化鋁（Alumina Trihydrate），產生擁有獨特美學屬性的複合材料。也許最知名的案例是杜邦製造的 Corian，結合塑膠與礦物，產生華麗如岩石般的表面質感，又具有 PMMA 理想的性能，可熱成型，適合機械加工，能使用粘合劑膠合，適用於工作台面、室內裝潢、塑料覆面和傢俱等。

其他單體如丙烯酸甲酯（methyl acrylonitrile）和丙烯腈（acrylonitrile）能與 MMA 合成，形成不同類型的丙烯酸塑膠，改變共聚物中這些單體的比例會影響彈性與其他性能。

工業設計、傢俱與照明

透明性
PMMA 透光率高達 92%，相當於玻璃，並優於其他所有熱塑性塑膠（PC 約為89%）。

光學效果
PMMA 有一系列深具市場競爭力的標準片材可供選擇，包括不同顏色、色調、濾光效果與其他光學效果，PMMA 對紫外線的抗性可確保光學品質能長久不變。

表面硬度
PMMA 在熱塑性塑膠中表面硬度最高，可用塗層來進一步保護，避免刮傷或折舊。即便如此，表面耐用程度仍無法與玻璃相比。

鑄造透明桌 (上圖)
由 Nendo 事務所的創辦人佐藤大 (Oki Sato) 設計，2011 年為米蘭設計週打造的透明桌，桌面採用 PMMA 板材製造，用木材鑄造成型，紋理明顯，用灰色塑膠忠實還原木材表面的質感，包括邊緣斜角。影像由攝影師林雅之 (Masayuki Hayashi) 提供。

建築與營建

耐候性
PMMA 抗紫外線強度高，代表即使在戶外使用也可以保持色澤與表面光澤度長久不變。

強度重量比
PMMA 有一系列深具市場競爭力的標準片材可供選擇，包括不同顏色、色調、濾光效果與其他光學效果，PMMA 對紫外線的抗性可確保光學品質能長久不變。

透明度
PMMA 的透光率非常高，大約等於高品質的玻璃，而且 PMMA 在厚度厚的情況下，光學品質依然非常卓越。

色彩
PMMA 有一系列多樣的標準色與表面處理可選。

永續發展
PMMA 呈惰性，不會殘留單體，不會造成任何健康風險；而 MMA 會導致過敏。PMMA 是沒有味道的，有一些等級適合與食物接觸的應用範圍。

PMMA 回收容易，塑膠廢料如果來源可靠，像是來自生產設備，可以磨碎後轉化成適合模製成型與擠出成型的塑膠粒。PMMA 回收代碼為「7」與其他類塑膠，但是不容易從混合廢棄物進行分類，因此使用壽命結束後很少回收。

化學回收可將 PMMA 分解為原始的 MMA 單體，這種過程被稱為解聚合（depolymerization），PMMA 與熔融鉛接觸可加熱到超過 500℃，導致聚合鏈分解，雖然可以產生高純度的 MMA，但是鉛的使用會造成負面環境衝擊，目前正在開發替代技術克服對鉛的依賴。

PMMA 在工業設計、傢俱與照明中的應用
PMMA 的透明度與高品質的表面光澤度可用在各種物件，從手機螢幕、大型鑄件傢俱或是射出成型的照明設備，強度重量比高，對一般化學品具有耐受性。唯一主要的缺點是 PMMA 稍微脆一點，這因為高剛性與低伸長率的結果。

高階大尺寸手機與平板電腦的螢幕主要採用矽酸鋁玻璃（請見 522 頁），與普通鈉鈣玻璃相比，強度與剛性更優異，PMMA 一般用於低階消費產品，用低廉的價格提供玻璃的錯覺，雖然第一眼看起來很相似，但是螢幕使用時立刻會發現表面反射與剛性的明顯差異，玻璃的美學品質依然比較高。

與玻璃相比，透明塑膠的主要優點是可以射出成型，在熱塑性塑膠中，PC 與 PMMA 是性能最高的透明結構材料，兩者的差異在於 PC 抗衝擊性明顯高出許多，PMMA 具有優異的透光性，可抗刮擦，依照應用範圍不同，每種材料都有自己的主場，可以依據這些應用範圍看出差異，像是 PC 用來製造遮陽板、鎮暴盾牌、可重複使用的集裝箱、前大燈和電動工具外殼⋯⋯等；PMMA 可用來製造鏡片、光導管、尾燈、招牌、銷售端點顯示器⋯⋯等，兩者通常採用射出成型，但是 PMMA 也經常以片材形式應用。

與其他透明材料相似，PMMA 片材的邊緣比周圍更明亮，這種現象被稱為「邊緣光亮」或是「發光邊緣」，是光線穿越表面在內部折射後遇到切邊的結果，在切割線可以看到相同效果，例如利用雷射切割製造的刻痕，可以使用螢光顏料強調，這種屬性適合用於招牌（讓光源可以隱藏起來）、塑膠光纖、促銷品等，或是讓包裝與銷售端點更醒目。

PMMA 具有光澤度極高的表面光澤度，並能透過金屬真空沉積強化，在塑膠表面增加高反射的鋁塗層，用於反射器和燈罩上能保護塑膠背面，或是塗在物件的外表，給人使用實心金屬的錯覺。

PMMA 在建築與營建中的應用
PMMA 可用來代替地板、牆壁、天花板、屋頂與覆層中的玻璃，室內設計所有範圍都能使用 PMMA，例如傢俱、照明、招牌與互動顯示器等，讓建築師可以擁有更大的設計自由度，同時為應用範圍提供各樣好處。

德國建築師弗雷‧奧托（Frei Otto）與甘特‧拜尼施（Günter Behnisch）利用 PMMA 讓慕尼黑奧林匹克體育館整體拉伸天篷更有戲劇效果，輕量化的 PMMA 覆蓋面積大，幫助節省材料，讓拉伸天篷橫跨區域更大，透明天篷在 1972 年完工，至今仍服役中。

PMMA 片材容易加工，適用熱成型、雷射切割與機械加工，能用較低的成本製造各種形狀。相較之下，玻璃要做成 3D 造型更具挑戰性。PMMA 片材有各種厚度與顏色可供選擇，從透明到不透明、螢光到粉色，光線漫射的透明程度與質感取決於添加劑與表面處理方式。PMMA 片材能與薄膜和其他片材層壓，創造深度與色彩偏移效果，或是封存布料打造各種有趣的效果。鑄件時可將物件封存在片材中，製造漂浮層或是漫射效果。

CNC 銑床加工透明立面 (右頁)
右頁是英國服裝品牌 Reiss 位於倫敦的總部，五層樓高的建築以 PMMA 打造立面，白天時，造型面板內部可折射陽光，入夜後，以面板下方的 LED 燈條打亮 PMMA，創造日夜截然不同的外觀。外部立面最初希望使用鑄造玻璃，並在背後加上布料垂墜，但是建案設計師 Squire and Partners 建築事務所發現這種方法的侷限性，找到 PMMA 作為替代方案，鑄造的超大型片材後經過機械加工，創造厚度不一的線性圖騰，半透明材料可稍微遮蔽光線，讓光線可以在面板之間流動。

聚丙烯腈（PAN）、壓克力纖維

別名
常見的商標名稱包括「Dralon」、「Dolan」、「Dolanit」、「Kanekalon」、「Kanecaron」

聚丙烯腈（PAN）大多作為壓克力纖維或改質聚丙烯腈纖維 (modacrylic fibre) 使用，確切的屬性取決於使用的成本。作為多功能服裝纖維，可單獨使用也能輔助羊毛或棉料，可抗紫外線，具有耐候型，適合各種戶外應用範圍，從敞篷汽車的屋頂到遊艇內部裝潢都適合。

類型	一般應用範圍	永續發展
· PAN · 纖維：壓克力纖維與改質聚丙烯腈纖維 · 結構塑料：SAN 與 ABS	· 針織品與人造皮草（絨毛布料） · 室內與戶外紡織品 · 工業產品	· 生產時較一般常用纖維耗用更多能源，如 PET 與聚丙烯 · 回收不容易

屬性	競爭材料	成本
· 取決於成份不同，質感從柔軟到硬挺不等 · 具耐候性，可抗化學品，燃燒慢	· 羊毛與棉花 · 黏膠纖維與醋酸纖維 · PET、聚醯胺 (PA)、聚丙烯 (PP) 纖維	· 價格不像 PET 或聚丙烯便宜，但是與天然纖維相比，成本相對較低

簡介

本節重點在於壓克力纖維與改質聚丙烯腈纖維中 PAN 的運用，以及製造碳纖（請見第 236 頁）時作為前驅物使用。PAN 在結構塑膠中的運用請參考苯乙烯-丙烯腈共聚合物（請見第 136 頁 AS 樹脂）與丙烯腈-丁二烯-苯乙烯共聚合物（請見第 138 頁 ABS 樹脂）。

PAN 的強度不像聚對苯二甲酸乙二酯 (PET)（請見第 152 頁聚酯）與聚醯胺 (PA，尼龍)（請見第 164 頁）或聚丙烯 (PP)（請見第 98 頁），潮濕時強度還會再減弱15%。雖然 PAN 是熱塑性的，但是加熱後不會熔融，反之熱導致纖維分解而發泡，這種特質可用於膨脹型塗料與密封。熱敏感代表 PAN 為基質的服裝洗滌燙熨時要保持相對低溫，確保纖維不會失去理想的性能。壓克力纖維容易起火，而改質聚丙烯腈纖維則具有阻燃性，可用於防護衣或是收縮襯。

PAN 具有高結晶結構（請見第 166 頁），因此適用於需要抗化學耐受性與耐候性的嚴苛應用範圍，與聚丙烯相比，對大部份酸性物質與鹼性物質具有非常好的耐受性，耐候性也非常出色，與其他常見布料纖維相比，PAN 擁有卓越的耐光色牢度。

壓克力纖維混紡針織衫 (右頁)

街頭時尚品牌 Topshop 推出的麻花針織毛衣，三分之二採用壓克力纖維製造，有利於降低零售價格，這點是街頭時尚品牌關鍵需求。雖然這件麻花針織毛衣大部份是合成纖維，但是擁有羊毛的觸感與外觀，穿著時不會刺激皮膚，通常比羊毛更輕，也就是說厚重的針織單品不會變得太重、太臃腫。

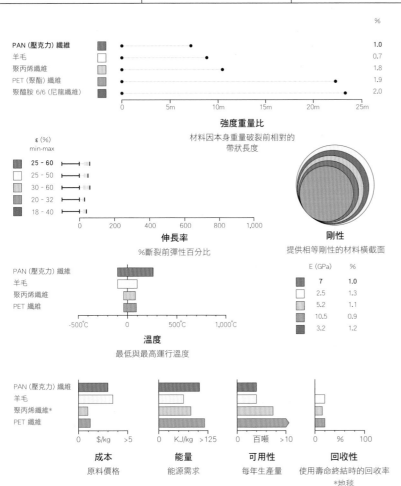

PAN (壓克力) 纖維 / 羊毛 / 聚丙烯纖維 / PET (聚酯) 纖維 / 聚醯胺 6/6 (尼龍纖維)

%
1.0
0.7
1.8
1.9
2.0

強度重量比
材料因本身重量破裂前相對的帶狀長度

ε (%) min-max
25 - 60
25 - 50
30 - 60
20 - 32
18 - 40

伸長率
%斷裂前彈性百分比

剛性
提供相等剛性的材料橫截面

E (GPa)　%
7　1.0
2.5　1.3
5.2　1.1
10.5　0.9
3.2　1.2

PAN (壓克力) 纖維 / 羊毛 / 聚丙烯纖維 / PET 纖維

溫度
最低與最高運行溫度

PAN (壓克力) 纖維 / 羊毛 / 聚丙烯纖維* / PET 纖維

成本
原料價格
$/kg >5

能量
能源需求
KJ/kg >125

可用性
每年生產量
百噸 >10

回收性
使用壽命終結時的回收率
% 100
*地毯

聚丙烯腈（PAN）、壓克力纖維

聚丙烯腈線性聚合物

穩定後

結晶

碳化

碳纖維製造

大部份碳纖維是由聚丙烯腈作為前驅物製成，這個過程部份採化學加工、部份為機械加工。首先，在空氣中加熱到約 200 - 300℃，抽出聚丙烯腈－長絲後使其穩定，讓線性聚合物中的鍵結重新排列，提升熱穩定性。接下來加熱到 700 - 1,200℃（不使用氧氣），使大部份非碳原子排出，剩餘的碳原子會形成緊密結合的晶體，平行於纖維長軸排列。在高溫下焙燒後，使剩餘的氮排出，讓前後相接的鍵結並排連結，使碳原子平面形成六方晶體結構。

對於柔軟的紡織品，像是應用在服裝與室內裝潢物件的材料，PAN 可用低成本替代羊毛（請見第 426 頁）與棉料（請見第 410 頁），通常會與天然纖維混紡，充分利用兩者不同的優點。相較之下，PAN 更柔軟輕巧，可以增加份量感與隔絕性，作為合成纖維使用，不容易受到蠹蟲破壞或發霉，可用於針織物，像是毛衣、外套與襪子等。PAN 毛細作用非常高，能從使用者身上吸走濕氣，排到織物表面蒸發，這種屬性適用於運動服與襪子。

商業類型和用途

PAN 均聚物纖維相當堅固耐用，染色非常困難，因此會與能提高染色力

的單體結合運用，變成共聚物之後，能與各種染色技術兼容，而且能在聚合物原料到纖維成型任何階段應用上色，特別適合套用亮色系，因為抗紫外線能力優異，色彩比其他大多數染色纖維更持久。溶液染色固色性最持久（在紡紗前將顏色加到單體），纖維截斷面整個都能保持一致的色彩。

壓克力纖維至少含有 85% 丙烯腈（AN），纖維屬性可按應用範圍的需求訂製，這種均聚物性能幾乎單一，耐候性可用於最嚴苛的戶外應用範圍，像是汽車車頂、海事紡織品與拉伸結構。與相同價位的合成材料相比，耐候性與耐光色牢度優異，比起成本較低的替代品，機械屬性、顏色與彈性壽命更長，通常可藉由加入其他單體提高耐用性、柔韌性與回彈力。

短纖維可用作絨毛，例如用於裝飾包裝和促銷品，纖維可黏在紙上（請見 268 頁）、紙板上或織品上，用末端立住黏合，產生天鵝絨般的表面，表面亮澤還能結合鮮豔的色彩，根據纖維的長度與直徑不同，可提供柔軟滑順的布料，或讓布面硬挺耐用。

改質聚丙烯腈纖維含有添加成份，例如氯乙烯，丙烯腈含量僅 35-85%。因為添加其他成份，改質聚丙烯腈纖維具有阻燃性，回彈力更高，這些特質是犧牲了韌性與耐磨性。改質聚丙烯腈纖維容易起毛球，光澤也容易消失。

改質聚丙烯腈纖維軟化溫度較低，因此比壓克力纖維更容易拉伸、壓花或模製成型，作為工業纖維，改質聚丙烯腈纖維可用滾筒上漆或濾網，也能作為強化材料使用。

永續發展

PAN 可利用溶劑紡絲生產，即壓克力纖維與改質聚丙烯腈纖維。在乾式紡絲法過程中，PAN 與共聚物懸浮在溶劑中，抽吸通過噴絲頭，當長絲從噴

頭進入空氣中時溶劑蒸發。另一種加工方式用濕式紡絲法製造纖維，長絲從噴頭拉出時，經過化學藥劑或溶劑洗浴，用這種方法化學品更容易控制回收。改質聚丙烯腈纖維只能使用乾式紡絲法生產。

纖維的橫截面取決於紡絲技術，進而影響屬性。乾式紡絲法會產生狗骨頭般的形狀，加強彈性（柔軟度）與表面光澤。相較之下，濕式紡絲法會產生圓形或豆狀的輪廓，纖維剛性高且具有韌性。

在紡絲後，兩種類型的纖維處理方法一樣，例如拉伸（請見 PET）、捲曲、乾燥等。在壓克力纖維製造過程中用水量幾乎與羊毛生產一樣。

丙烯腈是壓克力纖維與改質聚丙烯腈纖維的主要成份，也是最重要的工業用化學品之一，丙烯腈會造成污染，並且有毒，是一種使用上極度危險的物質，非常容易揮發，在室溫下易燃，在室溫下產生有毒的空氣濃度。除了這些，最重要的是 PAN 製造時比聚丙烯耗用更多能源。雖然 PAN 大致等同 PET，但是回收時比其他常見熱塑型布料困難度更高，因為無法重新熔融。當然，生產時的廢料可以直接回收，但是使用壽命結束後，廢棄纖維難以回收再利用，幾乎無法回收。

仿皮草外套（右頁）

PAN 的細緻與高回彈力可製成輕而細緻的絨毛，用於編織組成皮草（請見第 466 頁）或毛髮（可用於時尚假髮與玩具）。這種纖維生產時可以控制熱收縮屬性，當表面混合不同收縮率的纖維，加熱可使纖維產生不同長度與形狀，因此可製造更逼真的皮草外觀，使用各種噴塗和染色技巧，可以創造更複雜的色彩效果。

聚甲醛（POM）、縮醛

別名
其他常見名稱：「polyacetal」
常見的商標名稱包括「Delrin」、「Ultra-form」、「Hostaform」、「Celcon」

POM 是高強度低成本工程材料，適用於需要精準度與耐用性的應用範圍，以 POM 作為工程零件的金屬替代材料案例非常多，POM 表面摩擦係數非常低，因此觸感很滑，這就是為什麼 POM 會用在齒輪、軸承或拉鍊，同樣的屬性也讓 POM 難以上漆或上膠黏合。

類型	一般應用範圍	永續發展
· POM-C（共聚物） · POM-H（均聚物）	· 汽車 · 引擎、軸承與拉鍊 · 電信與電器	· 可回收，回收代碼為「7」、「其他類塑膠」或「POM」 · 不容易從混合廢棄物進行分類 · 成型時產生廢氣

屬性	競爭材料	成本
· 強度高 · 具尺寸穩定性 · 摩擦係數低，耐磨損	· 聚醯胺、PET、聚丙烯 · PTFE · 鋼與鋁合金	· 材料成本低 · 製造成本低

184

簡介

自從 1960 年代杜邦首次將聚縮醛樹脂（POM）應用於商業領域，目前已經發展出全系列相當專業的功能，POM 的特點在於強度與低摩擦力，這些屬性讓 POM 適合製造使用頻繁、長期耗損的零件，並必須保持機械性能不變。使用 POM 的機械與組件包括齒輪、軸承、滾輪、襯套、拉鍊、輸送帶、醫療器材（例如運送裝置）、車門把手、電子器材（像是刮鬍刀與手機）與幫浦。

摩擦係數低的塑膠可幫助減少保養次數，延長產品的使用壽命，與金屬零件相比，塑膠在保養與清潔上明顯具有優勢，像是減少潤滑的需求，讓滑動零件更安靜，使移動時更有效率。與另外兩種摩擦係數低的塑膠相比，即聚醯胺（PA，尼龍）（請見第 164 頁）和聚四氟乙烯（PTFE）（請見第 190 頁），POM 價格更便宜，但是這兩種塑膠有其他優勢，POM 無法媲美，像是 PTFE 耐溫性優異，聚醯胺在相同重量與相同硬度下強度更高。

商業類型和用途

POM 有兩種主要類型，共聚物（兩種單體）和均聚物（單一單體），分別用字母 C 和 H 標示。POM 主要由甲醛製成（請見第 224 頁），但是製造過程不同，屬性差異約為 10%，許多情況下可以互換使用。

由於聚合鏈中接合方式不同，POM-C 比 POM-H 耐溫性更好，有助放慢熱降解過程，如果聚合鏈沒有這些連結，分子結構會迅速分解（稱為解聚合），但是 POM-C 的熔點約為 10℃，比

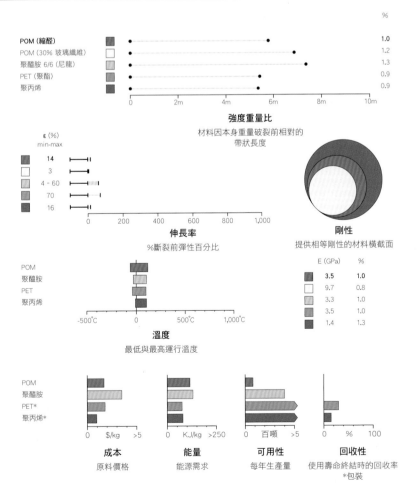

POM-H 低，因此造成偏轉的溫度臨界值較低。

與 POM-C 相比，POM-H 結晶度更高，可製造更高抗拉強度、剛性與抗蠕變性 (在負載情況下，隨時間逐漸發生變化)，此外，抗衝擊性明顯更好，因此適用部件能比 POM-C 更薄。這種差異代表設計時如果零件要長時間磨損並暴露於高溫下，一般傾向使用 POM-C 製造；如果偏好短期機械性能優秀，則 POM-H 勝出。

音響喇叭護網 (上圖)

汽車內裝零件如果需要配色（不加噴塗）與精準模製成型時都可採用 POM，堅韌耐刮擦，非常適合用在容易敲撞、磨損的部位。音響喇叭護網採一體成型，組裝時採用搭扣固定。因為 POM 熔融時流動率高，可均勻填充壁厚較薄的部份，零件背面採用精準的六角形輔助肋，有助成型，增加整體剛性，同時確保最出色的音質。

除了不使用強化纖維或玻璃填充兩種等級之外，POM 還有幾個改良版，包括增韌 (分子量更高)、增加耐磨度 (低摩擦係數) 與紫外線穩定等級，這些調整都有所犧牲，例如增加韌性會增加黏度，這樣一來會造成模具較薄的部份更難填充。

永續發展

就像其他熱塑性塑膠，POM 可以完全回收，但製造量不足，不能確保可從混合廢棄物中分類，因此一般不回收廢棄的消費產品，比較常見工業廢料回收，像是模製生產與機械加工時產生的廢料。

POM 長時間加熱後，會分解轉化成氣態產品，氣態產品是甲醛，需要萃取以保護鄰近區域的所有人員，POM 可能會完全分解，導致射出成型的機器中壓力上升，因此絕對要避免高溫，即使會造成作業時間延遲。

汽車

低摩擦係數
POM 是一種成本效益非常好的材料，適合工程應用範圍，相較於上漆的金屬零件，以 POM 射出成型的零件大約便宜三分之一。

韌性
相較於聚丙烯和聚醯胺，POM 在強度與伸長率有良好的平衡，這種韌性強的塑膠可用於重視功能與美學的嚴苛應用範圍。

耐磨損
表面摩擦係數低，因此耐用抗磨損。

增韌的 POM 在模製成型過程中，可能會釋放低劑量的異氰酸 (isocyanates)，目前已知會造成眼睛、腸胃道、呼吸道嚴重刺激，對某些人反覆接觸可能導致過敏，之後若再次暴露於類似環境，有可能誘發嚴重氣喘。

射出成型 POM 拉鍊 (上圖)

採用 POM 製造的模製成型拉鍊彩色鏈齒，利用射出成型直接套用在聚對苯二甲酸乙二酯 (PET) (請見第 152 頁)，經久耐用，適合各種類型的服裝結構，從一般服裝到厚磅的衣服都合用，POM 的表面摩擦係數低，鏈齒可以輕易打開或拉上，不僅花費的力氣最小，同時可以降低折舊與磨損。塑膠鏈齒使用模製成型，代表理論上所有類型的顏色都可行，包括金屬色、飽和色、螢光色與夜光 (在黑暗中可發光)，雖然一般不會具體指定顏色，但是這種設計上的自由度其實已經説明有許多標準顏色可供選擇，鏈齒的顏色可以與拉鏈條一致或搭配對比色。

POM 在汽車業中的應用

POM 可以在整個汽車內裝中與引擎蓋底下找到，特別是沒有經過塗裝的機械零件，應用範圍包括緊固零件、把手與通風口，POM 可以進行配色，但是顏色範圍有限，一般受限於灰白底色，深色與深色調比較容易做到，這也是一般常用於汽車零件的顏色。

CNC 銑床加工防水盒 (右圖)

POM 絕佳的機械加工性能可用於軍事裝備，例如這款防水收納盒，彩色 POM 實心桿在車床上切削生產最終零件，這是與金屬切削一樣的技術，這個防水盒不使用任何射出成型技術。擠出成型的 POM 顏色選擇很有限，如果生產量合理，可以訂製顏色。

汽車零件如果需要用堅固耐磨損的塑膠製作，一般會使用 POM 製作，例如車門周邊的零件與腳踏處。因為 POM 結晶性高，因此容易收縮，特別是加入玻璃纖維強化後，因此大型覆蓋面積一般會採用非結晶性塑膠製作，例如 ABS/PC (請見 138 頁) 或是聚丙烯代替。對於需要耐光性的零件，若能混合聚對苯二甲酸丁二醇酯 (PBT) 和丙烯腈-苯乙烯-丙烯酸酯 (ASA) 會更好。

包含苯乙烯的材料具有優異的外觀，如 ABS/PC 和 PBT/ASA。與 POM 相比，苯乙烯翻製模具的表面可以更精準，因此從光澤到霧面都能完成，可獲得高品質的表面光澤度。

雖然 POM 堅韌，但是因為結晶性使 POM 具凹痕感度，相對較脆，因此一般會避免做成尖銳的邊角或突起。

POM 在工業設計、傢俱與照明中的應用

因為 POM 常用於打火機或射出成型的拉鍊，例如色彩繽紛的 Bic 打火機，所以一般人都很熟悉 POM，這些產品利用了 POM 兩種獨特的屬性：抗化學耐受性與低摩擦性。

這些產品的用色清楚演繹了 POM 可以實現的效果，POM 的結晶性讓這種塑膠只有不透明的顏色可選，和傳統顏料一樣，可以完成一系列金屬效果 (請見第 140 頁)，在樹脂中內建顏色與效果的零件，生產時能免去二次加工的必要，去除上漆與預製則能壓低成本，並減少整體對環境的影響。

工業設計、傢俱與照明

低摩擦係數

類似聚醯胺，POM 具有光滑的表面，減少移動式零件的摩擦，可幫助減少操作時需要的能量，也可以利用牽引力將折舊與磨損降至最低。

高強度

POM 多方面都與 PET 相當，兩者都是結晶性塑膠，具有相同的強度重量比與剛性，而且成本大致一樣。

抗化學耐受性

POM 對許多化學品具有耐受性，包括醇類、酮類、洗滌劑、燃料與油性物質。

機械加工性

POM 類似聚醯胺，可以與傳統切削器材搭配良好，目前有幾種標準尺寸的擠出成型塑膠棒、塑膠管、塑膠條與塑膠板可供選擇。

聚醚醚酮（PEEK）

這類昂貴的塑膠可用於航空與醫療應用範圍，用來代替輕量的金屬，其機械屬性可藉由纖維強化加強，耐高溫，因此加工困難。不過這類型塑膠可以兼容射出成型、積層製造（3D 列印）、機械加工與紡紗等各種加工應用。

類型	一般應用範圍	永續發展
· 聚芳基醚酮 (PAEK · 聚醚醚酮 (PEEK) · 聚醚酮 (PEK)	· 汽車 · 引擎、軸承與拉鍊 · 電信與電器	· 可回收，回收代碼為「7」、 　「其他類塑膠」或「POM」 · 不容易從混合廢棄物進行分類 · 成型時產生廢氣

屬性	競爭材料	成本
· 高強度、高韌性、耐磨耗 · 耐高溫，抗化學耐受性良好	· 鋁與鋼 · 聚四氟乙烯 (PTFE)與聚醯胺 · 纖維強化環氧樹脂與聚酯	· 成本材料非常高，製造費用昂貴

188

簡介

某些性能最高的熱塑性塑膠可以承受長時間暴露在高達 250°C 的溫度，有時還能承受更高溫度。具有出色的抗化學耐受性，耐磨損，吸水性低，並且暴露在火焰中發煙極少，幾乎不會散發有毒煙霧。

這類型塑膠昂貴，而且數量相對較少，導致售價偏高，同等重量下，聚醚醚酮 (PEEK) 比聚醯胺 (PA，尼龍)(請見 164 頁) 高出 20 倍，鋁 (請見第 42 頁) 貴 40 倍。

這類型塑膠是半芳香半結晶熱塑性塑膠，依靠苯基 (芳環) 之間的作用力將聚合鏈吸附在一起 (請見第 144 頁聚碳酸酯)，以氧橋連結 (醚和羰基，即酮)，確切的屬性取決於醚和羰基的比例，因此有幾種不同型態存在，延伸至聚醚酮醚酮酮 (polyetherketonether ketoneketone；縮寫為 PEKEKK)。

這類型塑膠用於以往使用金屬製造的零件，作為金屬的替代品，也可運用其獨特性能創建零件，相較於金屬鑄造與製造，塑膠射出成型可提供更高設計自由度，如果生產量可平衡昂貴的開模成本，有機會讓進一步整合零件並可減少壁厚，依據零件整體使用壽命來看，可累積節省費用，因為這類塑膠重量更輕，可提高燃油效率，具出色的耐用性，可使用更久，而且無須養護。

低產量可利用機械加工與積層製造(3D 列印)來生產，和射出成型相比，機械加工有許多優點，甚至包括在大規模生產中運用機械加工。例如，

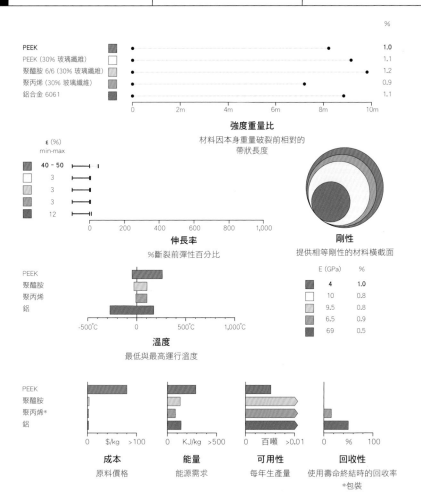

		%
PEEK		1.0
PEEK (30% 玻璃纖維)		1.1
聚醯胺 6/6 (30% 玻璃纖維)		1.2
聚丙烯 (30% 玻璃纖維)		0.9
鋁合金 6061		1.1

強度重量比
材料因本身重量破裂前相對的帶狀長度

ε (%) min-max

40 - 50		
3		
3		
3		
12		

伸長率
%斷裂前彈性百分比

剛性
提供相等剛性的材料橫截面

E (GPa)	%
4	1.0
10	0.8
9.5	0.8
6.5	0.9
69	0.5

PEEK
聚醯胺
聚丙烯
鋁

溫度
最低與最高運行溫度

PEEK
聚醯胺
聚丙烯*
鋁

成本	能量	可用性	回收性
原料價格	能源需求	每年生產量	使用壽命終結時的回收率 *包裝

機械加工可以生產具有不同壁厚、底切、細節複雜的零件，利用射出成型是辦不到的。積層製造 (3D 列印) 目前並不普遍，但是目前仍不斷發展中，粉末與長絲適合 SLS 選擇性雷射燒結與 FDM 熔融沉積技術。

積層製造優於機械加工的關鍵優勢在於精心規劃後，可避免物料浪費，考慮到這類型塑膠的昂貴價格，這會是主要的優勢，但是要注意 SLS 選擇性雷射燒結的粉末遠比機械加工的原料價值更高，因此這種加工過程產生的廢料要比機械加工更仔細斟酌。工法的選擇取決於零件的數量 (多個零件可在 SLS 選擇性雷射燒結的列印平台嵌套) 與幾何形狀 (越簡單的形狀對機器來說越具成本效益)。

商業類型和用途

PEEK 是最知名也最重要的聚芳基醚酮 (PAEK) 成員，具有非常好的機械性能與抗化學耐受性，可承受的溫度最高達 260°C。出色的滑動性能 (表面摩擦低)，可減去齒輪與軸承等移動式零件對潤滑劑的需求。PEEK 自然色為米色，有時候會使用黑色，也可上色，但並不常見。

未加入強化纖維的 PEEK 強度重量比幾乎相當於高性能鋁合金，但是更具彈性，伸長率更高；一般認為纖維強化 PEEK 剛性更高、強度更強，PEEK 結合連續碳纖維 (CF) (請見第 236 頁) 強化，能提供與不鏽鋼相同的強度與剛性，而且重量大約只有三分之一左右。

作為紡紗纖維，PEEK 適合編織、紡織與針織，類似所謂的超級纖維，包括間位芳香族聚醯胺纖維 (meta-aramid) (請見第 242 頁)、聚醯胺與超高分子量聚乙烯纖維 (UHMWPE) (請見第 108 頁聚乙烯)，雖然 PEEK 纖維在強度與韌性表現優異，但是耐熱性與抗化學耐受性更是無與倫比，主要用於工業用途，但也適合用在模製成型 PEEK

相同的終端用途。

聚芳基醚酮 (PAEK)、聚醚酮 (PEK)、聚醚酮醚酮酮 (PEKEKK) 與其他相同家族塑膠提供許多類似的優勢，僅有微小的差異，像是 PAEK 燃燒時釋放的毒性最小，聚醚酮 (PEK) 具有更高的耐溫性，比標準 PEEK 高 30°C。

PAEK 就像 PEEK 具有生物相容性，能用於外科植入物，不具細胞毒性，異物反應與 UHMWPE 相近，其中一個主要好處是 PAEK 使用碳纖維強化，能比其他材料更接近骨頭的彈性係數 (特別是股骨)。

需要訂製骨骼修補時，使用電腦斷層掃描 (CT) 產生的數據來製造所需塑料的確切形狀，製造的零件可滿足病患需要的精準尺寸，塑膠植入物兼容 X光、電腦斷層掃描和核磁共振成像 (MRI) 技術，可以密切監控癒合部位。

這類型塑膠也經常用於醫療器材的外殼或結構，可耐熱，在熱水、蒸汽與大多數的溶劑或化學品中保持尺寸穩定。

永續發展

雖然這類型的塑膠容易回收再利用，但是通常只有生產過程製造的廢料會再次加工 (成本高有助於將廢棄物降至最低)，一般不會在使用壽命結束後回收材料並分類。

使用新料生產會導致內含耗能高，但這點可以透過整體使用壽命節省的能量來抵銷，因為相對重量較輕。例如，用於航空航太與汽車應用範圍，可增加燃油效率，藉此樽節的費用足以打平成本。

碳纖強化 PEEK 工具 (右圖)

美國工具品牌 Aven 出產的精密鑷子，傳統以鋼製造，圖中為 PEEK 射出成型，含 30% 碳纖維，靜電放電安全 (ESD)，可替代 PTFE 尖端鑷子，主要用來處理清潔、化學相關、裝配過程等領域的精密零件。

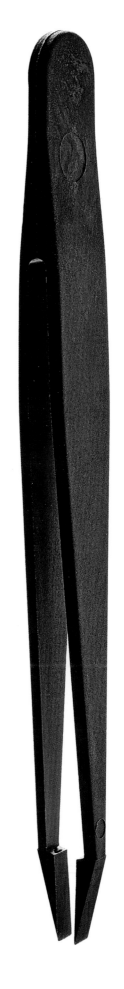

氟聚合物

這系列熱塑性塑膠具有特殊的屬性,特別是抗化學耐受性、耐熱性與耐候性非常優異,這種塑膠價格非常昂貴,因此會盡可能減少用量,像是以塗層、薄膜或纖維來應用。主要以商標名稱來稱呼 (例如「鐵氟龍」和「Gore-Tex」),因為不斷的行銷推廣,這些已經成為家喻戶曉的品牌。

類型	一般應用範圍	永續發展
· 聚四氟乙烯 (PTFE) · 乙烯四氟乙烯共聚物 (ETFE) · 有側鏈的聚四氟乙烯 (PFA) · 乙烯丙烯氟化物 (FEP)	· 屋頂、天篷與臨時建築物 · 服裝與科技布料 · 炊具與包裝	· 內含耗能高 · 生產時使用全氟辛酸 (PFOA),已知對人體和動物有害

屬性	競爭材料	成本
· 抗化學耐受性、耐熱性與耐候性高 · 低摩擦係數 · 有彈性,伸長率高	· 矽膠、聚氨酯(PU)、聚氯乙烯(PVC)、熱塑性彈性體(TPE)、聚醯胺和聚乙烯 · 聚對二唑苯(PBO)、芳綸纖維與碳纖維 · 科技陶瓷	· 材料成本非常高 · PTFE 生產成本非常高,可熔融加工類型製造成本較低

190

簡介

含氟聚合物得名來自化學結構中含有氟,「碳—氟」鍵是穩定的,最不活潑,也是最強大的化學單鍵。作為鍵結具有非常好的抗化學耐受性、耐熱性與耐候性,表面能量極低,摩擦係數也非常低,因此不會造成表面沾黏。

結合這些獨特的屬性,便可用在環境嚴苛的應用範圍,像是建築、農業、汽車業、工業、包裝與廚具等,但是價格非常昂貴,製造起來非常有挑戰性,因此使用上有所限制,如果應用範圍中耐熱性與抗化學耐受性不是關鍵,可以使用擁有類似特徵的熱塑性塑膠,價格比較便宜,像是聚醯胺(PA,尼龍) (請見第 164 頁)、聚乙烯(PE) (請見第 108 頁) 和聚氯乙烯 (PVC)(請見第 122 頁)。

商業類型和用途

1938 年杜邦公司的科學家首次發現聚四氟乙烯 (PTFE),目前仍廣受歡迎。

不沾含氟聚合物塗層剪刀 (右頁)

雖然 PTFE 塗佈以及其他類型的含氟聚合物主要用於工業範疇,但是卓越的「不沾」與「自潤」性質,也是各式各樣消費應用範圍不可或缺的性能,包括這個在 2002 年重新設計的日本美濃燒 (Hayashi Cutlery) 經典 Allex 剪刀。它將粉末形式的 PTFE 加上顏色與其他強化物,將粉末乾燥後以類似靜電塗覆的方式應用;或是懸浮在液體中噴塗,液體蒸發後,就能在表面留下乾粉。零件燒結後均化,讓PTFE 可以黏到基質上,產生耐用不具滲透力的塗層。此工法因為運用高溫,因此兼容的材料受到限制。

類似聚乙烯，PTFE 具有線性聚合物結構，差異在於含氟聚合物部份或全部氫原子被氟取代，因為獨特的組成，聚合鏈形成堆疊非常緊密的晶體結構（請見第 166 頁）；含氟聚合物是密度最高的塑料。

PTFE具有一些獨特性能，可以耐受大部份化學品，操作環境溫度最高可達 250°C，甚至更高（雖然超過 200°C 後機械性能明顯下降）。

當然，這些優點並非零缺點，除了非常昂貴之外，PTFE 製造非常困難，抗拉強度低，而且耐磨性很差。

PTFE 無法兼容傳統熱塑性成型工法，像是射出成型、吹塑成型……等等，PTFE 以粉末形式成型或作為塗層施作，燒結以形成均勻塑料。具有連續橫截面的塑膠管或外型是以糊料擠出成型（將極細的 PTFE 粉末與潤滑劑混合後，從壓模擠出來）；薄膜也是以糊料擠出成型，或從壓制成型的塑膠桿切削（從車床剝出）後燒結，複雜或壁厚薄的中空容器採用均壓成型 (isostatic)，利用橡膠模具填充粉末，施加高壓後得到的零件燒結完成。

PTFE 適用於汽車與航空航太範圍的「自潤滑」軸承或滑動表面，也適合金屬與玻璃的「不沾」塗層、電纜塗層、植入式醫療設備與高強度纖維。PTFE 有許多不同的商標名稱，包括「鐵氟龍」、「Texolon」、「Polyflon」、「Fluon」和「Tecaflon」。

PTFE 本身為白色，但是可以用顏料上色，與其他工程塑膠一樣，可採用玻璃纖維 (GF)（請見第 522 頁）和碳纖維 (CF)（請見第 236 頁）強化來提高強度、剛性與耐熱性。

快速拉伸 PTFE 可創造微孔材質，甚至比傳統 PTFE 強度更強，一般稱為膨體聚四氟乙烯 (expanded PTFE)，擁有獨一無二的性能，孔洞的尺寸

與材料的本質代表蒸汽可以自由通過，但液體無法滲入，1969 年由 Bob Gore 研發，這種材料首先用在工業應用範圍，像是接縫密封膠。今日，這種材料應用於薄膜，為高性能服裝與包裝提供「透氣性」，一般稱為「Gore-tex」，這是美國 W. L. Gore & Associates 公司為這種材料申請的註冊商標，雖然專利到期之後出現了許多競爭對手，這些公司都有自己的商標名稱。

透氣性的替代材料可使用具有高透濕性 (moisture vapour transfer rate；縮寫為MVTR) 的薄膜，例如由熱塑性聚胺彈性體 (TPA) 擠出的薄膜（請見第 194 頁熱塑彈性體）。

PTFE 纖維可用紡絲或擠出成型，紡絲纖維的特性與一般PTFE相當，用纖維素基質生產，之後除去纖維素基質，PTFE 燒結完成；另一方面，糊狀擠出纖維 (ePTFE) 具有較高抗拉強度（高出二至三倍），收縮率較低，主要用於工業，作為繩索、過濾系統、墊圈等，耐熱且可抗化學品，能抗風化，因此對建築物與海邊遮陽棚很有用。ePTFE 也可當作牙線。PTFE 纖維本身顏色介於棕色到白色之間，纖維能以各種不同顏色來生產，一般會用商標名稱稱呼，例如鐵氟龍纖維是基質紡絲，而 Tenara 和 Dyneon 纖維則是糊狀擠出成型。

為了調整與改善 PTFE 的基本性能，四氟乙烯 (TFE) 會與一系列單體共聚合，因此現有許多不同變體，大多用於非常專業的工業應用範圍，像是電纜護套與絕緣薄膜等。

乙烯四氟乙烯共聚物 (ETFE) 由聚合鏈中的乙烯與四氟乙烯替代組成，ETFE 發現年代晚於 PTFE，1973 年杜邦公司第一次應用於商業上。因為共聚合，ETFE 可用傳統熱塑性塑膠成型技術加工，例如射出成型、吹塑成型與擠出

成型。ETFE 質地堅固，重量比 PTFE 輕巧，耐衝擊、耐磨損、抗撕裂，並能承受從 100°C 至 -150°C 的溫度。ETFE 不像 PTFE 可抗化學品，但依然非常耐用。

有側鏈的聚四氟乙烯 (PFA) 和乙烯丙烯氟化物 (FEP) 與 ETFE 一樣可以熔融加工，雖然 PFA 應用範圍幾乎可以和 PTFE 互換，但是一般認為 PFA 更貴；FEP 的價格較低，但是抗化學耐受性較低，熔點也偏低，可用於耐溫性不是關鍵的工業應用範圍。

永續經營

含氟聚合物因為製造過程使用化學品，因此是一種製造上有危險的材料。四氟乙烯 (TFE) 聚合時使用全氟辛酸 (PFOA)，又稱為 C8，已知對人體有害，可能具有誘發癌症的風險，雖然在完成的材料中無法檢測出來，因為含氟聚合物生產的最後步驟會去除 PFOA，以利回收後再利用，儘管如此，仍然無法忽視原料生產中曾經使用這些有害成份。

與其他熱塑性塑膠一樣，含氟聚合物可以在使用壽命結束後回收，這個過程對熔融加工類型而言非常簡單，包括 ETFE、PFA 和 FEP，製造過程產生的廢料可以直接重複使用，但是因為應用範圍性質，加上含氟聚合物使用量偏低，因此很少循環利用，幾乎不回收。

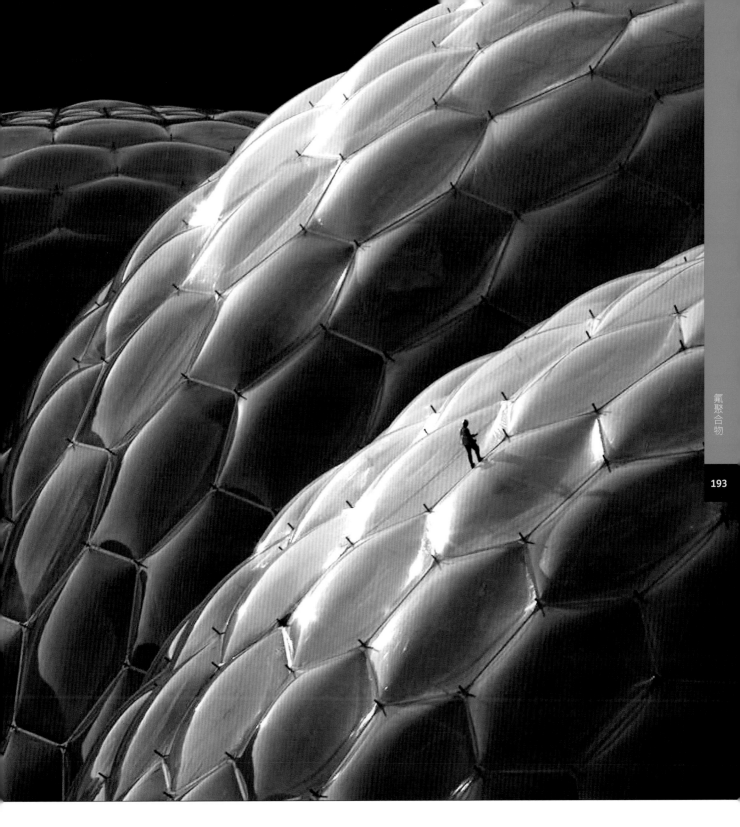

超輕量 ETFE 覆層

ETFE 薄膜（或稱 ETFE 箔板）重量輕、透明、非常耐用，最初當作惰性塗層應用，可用於農業薄膜（即溫室建材），也可作為休閒中心游泳池和動物園的覆蓋層。ETFE 的價值首次展現在現代建築上是 2001 年位於英國康威爾的伊甸園計劃（Eden Project），由 Grimshaw Architects 建築事務所設計，像泡泡一樣的生態園靈感來自美國建築師與發明家富勒

（Richard Buckminster Fuller）著名的地理系統。伊甸園計劃是世界上最大的自立式透明建築外牆，由發明 ETFE 覆層技術的專業設計公司 Vector Foiltec 負責施工，今日這個技術商標名稱為「Texlon」。伊甸園計劃每一個生態園的覆層使用數百個訂製面板，每一個面板皆使用 ETFE 薄膜層組成，圍繞周邊焊接，鎖住夾層中的空氣，ETFE 不受紫外線影響，能抗風

擋雨，甚至能經受飛沙與砂石的磨損，低摩擦係數確保污垢與灰塵不會沾附在覆層表面，有助保持非常高的透光率（高達 95%）。在這個成功的建案之後，ETFE 鑲板繼續用在許多其他建築物上，從私人住宅到奧林匹克體育場等。影像由 Vector Foiltec 提供。

熱塑彈性體（TPE）

彈性體是一組橡膠狀的塑膠，兼容熔融成型技術，特別是射出成型與回收工法，可拉伸為原本長度的好幾倍，載荷移除後又能回彈成原本的形狀。廣泛應用於玩具、運動用品、服裝與鞋履等。

類型	一般應用範圍	永續發展
· 嵌段聚合物：苯乙烯類 (TPS)；共聚酯 (TPC)、胺酯聚合物 (TPU) 與聚醯胺 (TPA) · 聚烯纖維摻混 (TPO) 與合金 (TPV)	· 紡織品、鞋履與運動用品 · 消費產品與傢俱 · 工業與汽車	· 可回收，回收代碼為「7」、「其他類塑膠」 · 不容易從混合廢棄物進行分類

屬性	競爭材料	成本
· 有彈性，彈性係數取決於類型 · 可熔融加工 · 強度與表面電阻中等	· 天然橡膠 · 聚氨酯 (PU)、矽膠與合成橡膠 · 聚乙烯、乙烯醋酸乙烯酯(EVA)、離聚物與聚氯乙烯(PVC)	· 材料成本中等 · 製造成本低

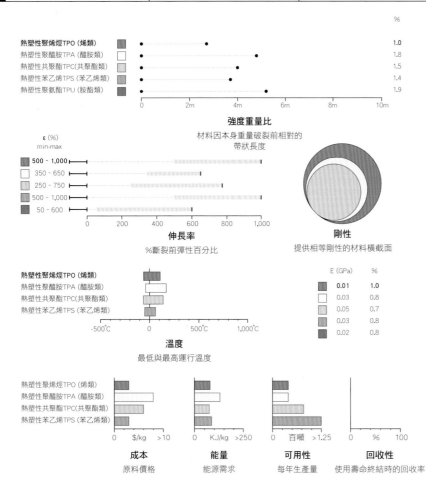

別名

簡介

這類型的塑膠統稱為熱塑性彈性體 (TPE)，填補了塑膠與橡膠之間的空白，因此有時候又被稱為熱塑性橡膠 (TPR)。TPE 不像與熱固性彈性體 (請見第 202 頁聚氨酯、第 212 頁矽膠、第 216 頁合成橡膠) TPE 不會形成化學交聯，因此兼容射出成型、吹塑成型、熱塑成型與其他熔融成型的工法。結合類似橡膠的性能與塑膠的加工效率，讓設計有更多可能。

彈性體家族分為兩種不同組合：嵌段聚合物 (請見第 196 頁) 與聚烯纖維摻混與合金。每種屬性都取決於基底聚合物與內含彈性體的比例。有許多種不同硬度 (彈性) 可供選擇，從凝膠狀到半剛性，按照邵氏硬度試驗 (Shore)，TPE 落在邵式硬度 A 型 0 度 (非常柔軟) 到邵式硬度 D 型 85 度 (堅硬) 之間。

可穿戴科技智慧手環外殼 (右頁)

Nike+ Fuelband 智慧手環在 2012 年推出，使用 TPE 外殼封裝結構，只有電磁、接收器與 USB 連接器露出。彈性電路板安裝在射出成型聚丙烯底板，接著把整個組件重新置入模具，包括電路板、處理器、感應器、天線、USB 連接器與 LED 燈，只有電池分開，然後分兩個階段進行 TPE 模製成型 (從裡到外)。這種工法特別具有挑戰性，因為如果最後模製成型階段發生任何問題，整個手環都浪費了，包括人工、零件和物料。

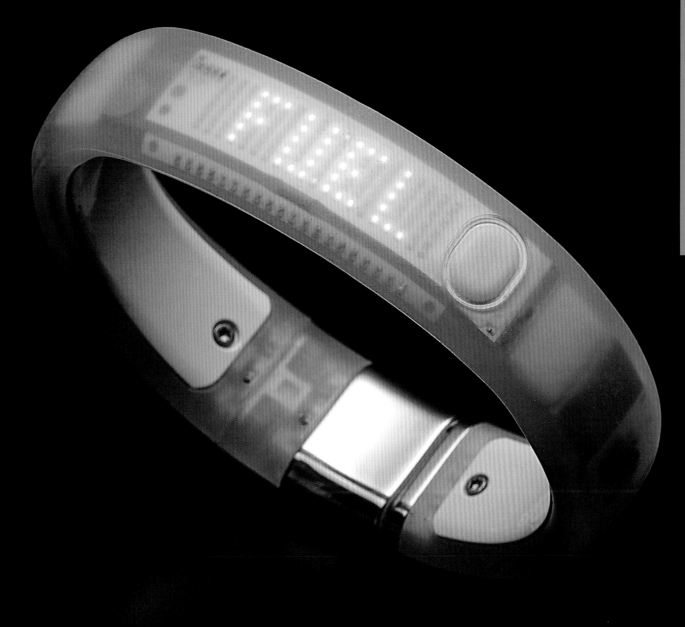

無定形嵌段共聚合物

由兩種以上單體組成，分離形成聚合主鏈（嵌段）較長鏈段，各自形成不同基團，彼此分離。例如 TPE 聚合鏈由苯乙烯末端嵌段與丁二烯中間嵌段構成，在固態下，熱塑性末端嵌段連結在一起（形成物理交聯），彈性體中間基團提供較高的伸長率。加熱時，苯乙烯嵌段之間的連結減弱，使聚合物可以流動。

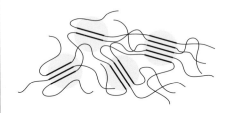

半結晶嵌段共聚合物

在 TPU 的情況下，二異氰酸酯（diisocyanate）與聚酯（polyol）反應形成軟段，二異氰酸酯與短鏈二元醇（diol）形成硬段。因此，每個 TPU 聚合鏈由無規交替軟段與硬段組成，冷卻之後，鏈段組成不同區域，硬質部份形成高度有組織的團簇，形成物理交叉（提供韌性與物理性能），軟質部份形成柔性結構（提供彈性），整體性能取決於柔段與剛段的長度與比例，而柔段與剛段是由一開始的成份來決定的。TPU 類似半結晶結構，包含酯類的硬段，如聚對苯二甲酸丁二醇酯（PBT）（請見 152 頁），加上軟段，可能是醚類（TPC-ET）、酯類（TPC-ES）或是結合兩者（TPC-EE）。TPA 由醚類共聚物組成，加上聚醯胺的硬段，聚醯胺類型帶物理屬性，同樣的相形態（morphology）可以透過結合兩種不同類聚合物結構（像是無規聚合物與等規聚合物，請見第 106 頁）用單一種塑膠完成，例如在聚丙烯（PP）彈性體的例子中，等規鏈段形成高度結晶基團，以非結晶性無規橡膠態的區域連結，與熱塑性塑膠和彈性體嵌段連結方式有相同效果。

商業類型和用途

在苯乙烯基彈性體（TPS）的情況下，藉由苯乙烯鏈中添加丁二烯來提供彈性，這是來自苯乙烯 - 丁二烯 - 苯乙烯的線性結構（縮寫為 SBS）。與其他嵌段聚合物相比，生產量相對大，成本效益優於其他嵌段聚合物，TPS 能用在鞋履、運動用品、黏著劑與墊圈，容易受紫外線與高溫影響，屬性可藉由氫化來改善，藉由氫化使中間的嵌段變為乙烯 - 丁烯（SEBS），硬度範圍從邵氏硬度 A 型 0 度到邵氏硬度 D 型 65度。

熱塑性共聚酯彈性體（TPC）具有透明性、韌性與彈性，結合耐高溫、抗化學品耐受性，與其他 TPE 相比，加工性優異，但是相對較為昂貴，硬度範圍從邵氏硬度 D 型 35 到 85 度。彈性等級可用於醫療與藥品的包裝和塑膠管；半剛性等級可用在汽車的結構零件、傢俱、運動用品等。熱塑性聚氨酯（TPU）採用與熱固性 PU（請見 202 頁）相同等級的原料製作，主要的區別在於 TPU 不會形成化學交聯，因此可以加熱、熔融與成型，可利用一般射出成型與擠出成型等工法。

TPU 的硬度範圍從邵氏硬度 A 型 70 度到邵氏硬度 D 型 75 度，除了彈性，所有的機械性能與物理性能都隨著剛性增加而改善，TPU 耐折舊、耐磨損抗性高，抗拉強度良好，低溫下仍保持彈性。取決於使用的等級和添加物不同，TPU 可以是透明的或有顏色的，能上漆，具生物相容性與阻燃性，化學上的多樣化代表 TPU 適用於許多不同情況，像是鞋履、紡織品、層壓版、醫療器材、運動用品、電線與電纜護套（代替 PVC，請見第 122 頁）以及輸送帶等。

TPU 主要有兩種類型：聚醚和聚酯，雖然這兩種許多方面都非常相似，但是聚醚 TPU 抗水解耐受性更高，更

適合用在潮濕的環境，彈性可承受更低溫度不減弱，而且重量更輕，聚酯 TPU 抗磨損特性優異，較不受油類或化學品影響。

TPSiV 彈性體是由道康寧（Dow Corning）生產的 TPU 與交聯聚矽氧（請見第 212 頁）混合物，結合 TPU 的優點，並加上聚矽氧的柔軟度、抗紫外線與抗化學耐受性。可用等級的硬度範圍從邵氏硬度 A 型 50 到 80 度，因為含有聚矽氧具有獨特的觸感，上色性良好，並有耐光性。TPSiV 彈性體許多屬性都是穿戴式技術、手持電子產品與家用電器的理想材料。

熱塑性聚胺彈性體（TPA）可分成幾種不同等級，主要類型由柔軟的聚醚組成，以剛性嵌段聚醯胺（PA，尼龍）固定在一起，又稱為聚醚嵌段醯胺（PEBA）。TPA 在 TPE 中性能最廣泛，包括機械屬性與化學屬性，低密度，與 TPU 相比強度重量比良好，並有絕佳的疲勞強度，結合不錯的抗化學耐受性，作業溫度範圍大，硬度從邵氏硬度 A 型 70 度到邵氏硬度 D 型 70 度。TPA 的機械屬性適合各種運動器材（鞋履、鞋底、雙板滑雪靴）、紡織品和醫療用品等，價格往往比其他 TPE 貴。

TPA 擠出的薄膜類似含氟聚合物（請見第 190 頁），具有防水性與透氣性，不同的地方在於 TPA 不是微孔結構，透氣性來自薄膜的高透濕性（moisture vapour transfer rate；縮寫為 MVTR）適合用於建築、包裝與運動服裝。

兒童洗澡玩具（右頁）

北歐玩具品牌 Flexibath 推出這款色彩繽紛的玩具，質感類似橡膠，採用 TPE 射出成型。一般認為 TPE 是安全的材料，不含任何有害成份，的確如此，有些需要審慎處理的接觸食物應用範圍，像是嬰兒餐具，可從好幾種 TPE 中挑選材料。

工業設計與傢俱

多功能
TPE 通常利用射出模製成型、吹塑成型、擠出成型以及其他熔融加工技術，有許多幾何形狀與尺寸可供選擇，與熱固性彈性體相比，能讓設計擁有更大自由度。

彈性
從超柔軟膠狀到結構塑膠，TPE 有各式各樣硬度可選擇，因此能實現不同的功能，從能吸收衝擊的鞋墊到人體工學座椅的彈性椅背皆是。

色彩多
可能的顏色範圍取決於成份，透明等級 TPE 能實現最高品質的飽和色，例如熱塑性聚烯烴（TPO）和熱塑性苯乙烯（TPS）。

高山雙板滑雪靴 (左頁)
TPE 自推出以來，讓雙板滑雪靴可以更輕量、更舒適、更耐用，也更安全。雙板滑雪靴結構上層與下層交錯扣合，方便使用者穿脫，每一個部位的材料選擇取決於性能需求。這雙法國滑雪品牌 Rossignol 雪靴 Alltrack Pro 130 下層外殼與上層鞋筒採用射出成型 TPU（聚醚類型），嚴格控制彈性程度，確保負載可以有效從滑雪板轉移到滑雪板邊緣，將操控雪板的可能最大化。TPU 在低溫下仍可維持良好的彈性與衝擊強度（萬一摔倒時能吸收衝擊，保護滑雪者），而且耐風化、耐刮擦、防磨損，這種強韌而輕巧的材料除了用在雙板滑雪靴，也可用在直排輪、冰上曲棍球冰刀鞋、登山鞋與攀岩鞋等，以及運動鞋的鞋底。TPO 與 TPA 可用在相似的情況，TPO 價格比較低，可用在比較經濟型的產品上，另一方面，TPA 在低溫下仍可維持良好的彈性，具耐候性，可避免能量耗損（是所有 TPE 中回彈最有效率的），抗撓曲疲勞能力出色，因此價格比較昂貴。

工作椅彈性椅背 (右圖)
美國現代傢俱品牌 Knoll 在 2009 年上市的 Generation，以創新的方式利用 TPC 與 PBT，由紐西蘭設計團隊 Formway Design 設計，這張椅子能回應使用者的坐姿彈性調整。彈性椅背採用 TPC 模製成型，8 字型結構設計能多方向運動，彈性椅背結構採用 Hytrel RS，這是杜邦出品的 TPC，採用再生來源成份製造。Hytrel RS 等級的塑膠與石化基材料相比，對環境衝擊較低，而且不會壓縮性能。影像由 Koll, Inc. 提供。

熱塑性聚烯烴（TPO）混合聚丙烯（PP）（請見第 98 頁）、未交聯的乙烯丙烯三元共聚物橡膠（請見第 216 頁合成橡膠 EPDM）和聚乙烯（PE）（請見第 108 頁），硬度範圍介於邵氏硬度 A 型 30 度至邵氏硬度 D 型 50 度，具有優異的抗衝擊性與良好的抗化學耐受性，可用於衝擊防護，例如汽車保險桿。熱塑性硫化橡膠（TPV）結合聚丙烯與交聯彈性體結合，如 EPDM、丙烯腈 - 丁二烯橡膠（HNBR）或天然橡膠。

與 TPO 相比，TPV 抗化學耐受性更高，可耐高溫（高達 120°C），能用於汽車引擎蓋下各種應用範圍。

永續發展
TPE 可熔融加工，因此容易回收，雖然不太可能從混合廢棄物中回收，但是生產過程中產生的廢料可以直接再加工，與熱固性彈性體相比，提供許多優點。

TPC 和 TPA 可能含有可再生來源的生物基成份，與本體聚合物一樣（請見第 152 頁 PET 和第 164 頁聚醯胺），有許多潛在的優勢，同時也有需要特別注意的缺點。有些成份比起其他化學品毒性更強，例如用來生產 TPU 的二異氰酸酯是有毒的，因此生產過程必須要很小心。

TPE 在工業設計、傢俱的應用

結合優秀的美感、可塑性與彈性，讓 TPE 獨樹一幟，使用時多利用 TPE 明顯的觸感以及藏在外觀底下的技術細節，應用範圍從小型包覆成型的零件到大型傢俱皆有。

TPE 可在基底材料上進行包覆成型，提供柔軟的觸感，改善抓地力、防水性、彈性與設計功能無縫接軌（彈性按鈕與開合）。材料選擇取決於技術或美感需求，因為 TPE 具有不同兼容性，與化學本質類似的聚合物搭配可高確保兼容性，產生可靠鍵結，如 TPS 搭配苯乙烯基塑料，像是聚苯乙烯（PS）（請見第 132 頁）、ABS 樹脂（丙烯腈丁二烯苯乙烯）（請見第 138 頁）、AS 樹脂（苯乙烯-丙烯腈共聚合物 SAN）（請見第 136 頁）。在某些情況下，TPE 可以於其化學基團以外的聚合物兼容，像是某些等級的 TPS 可以與聚醯胺、聚丙烯、聚乙烯兼容。

除了用在重視觸感的應用範圍外，TPE 也能當作工程塑膠，滿足各種性能標準，適合嚴苛的終端應用範圍，從汽車零件、潛水腳蹼到雙板滑雪靴等。TPE 可提供可靠的彈性，而彈性總量取決於材料選擇、幾何形狀與壁厚的搭配組合，壁厚較厚的部份，塑膠會變得非常堅硬，足夠固定接點。較薄的部份則能利用高伸長率與回彈率，提供卓越的舒適性與抗衝擊強度。

美國辦公傢俱品牌 Herman Miller 推出的 Aeron 座椅，採用 PET 製框架，搭配 TPC 纖維撐張，徹底改變人體工學的辦公椅設計，模製成型的框架結合凹槽與螺絲孔，以連接纖維面板，因此不需要額外鑽孔或其他組裝，自推出以來出現幾個全新配置，雖然看起來可能有點不一樣，但是都依賴 TPE 既有的彈性與耐用性，讓辦公椅支撐力與機動性能有恰到好處的平衡。

拉伸與回復

TPE 長絲可拉伸到 500% 甚至更多，然後還能回復原本的形狀，不會損失任何性能。拉伸總量取決於 TPE 的比例，從些微的彈性到彈性極佳的緊身衣都有可能。

耐用性

TPE 具有出色的表面耐磨性，能抗化學，並具耐候性。用於紡織品的 TPE 可用傳統機器洗滌，最高洗潔溫度可達 40°C。

可熔接

TPE 是熱塑性塑膠，TPE 薄膜與纖維可以利用熱塑性熔接技術接合，與熱固性彈性體相比，多了更多技術優勢。

色彩與表面光澤度

TPE 可處理為鮮豔的顏色，從透明都不透明均有，TPU 纖維適用於各種傳統染色技術。

TPE 在時尚與紡織品中的應用

TPU 是時尚與紡織品中使用最廣泛的 TPE，因為 TPU 用作纖維和薄膜擁有高拉伸力與回彈力，與其他 TPE 相比，TPU 可用在模製成型產品，應用範圍更廣，從穿戴式電子產品外殼到鞋底皆有。

TPE 纖維最廣為人知的是彈性纖維或氨綸纖維（spandex），通常採用 TPU 製造，也可以用 TPC 或 TPA 為基底，能用在貼身的運動服，結合沒有彈性的纖維，提供理想的觸感與表面光澤度，TPE 使用量最高可達約 40%，能製造高拉伸纖維，可用於緊身衣物，像是泳衣、內衣、緊身褲等，可用於運動或醫療應用範圍的壓縮服。

想要結合截然不同的屬性，同時又要保持纖維的高品質，最有效的方法是將材料混合成單一長絲（請見聚醯胺），又稱為雙元纖維（bicomponet）、多元纖維（multicomponet）或多絲纖維（multifilament），這些複合長絲紡紗時混合兩種或多種材料，因此 TPE 的彈性有機會結合高強度聚醯胺。

非合成纖維也能在隨後的紡紗階段與 TPE 結合，像是與棉混紡（請見第 410 頁）。這種非合成纖維可用彈性體包覆纏繞，提供理想的表面光澤度，同時保留彈性，一般稱為包芯紗（core-spun）或包覆紗（covered）。這種技術能為原本硬挺的紡織服飾帶來伸縮性與回復力，像是窄管牛仔褲；另一方面，也能為針織服飾的結構上增加強度與回彈力。

高品質人造皮革是利用熱塑性聚氨酯（TPU）製造，不像施作塗層或層壓類型使用 TPU 薄膜、PVC 薄膜或 PU 製作，無紡 TPU 是纏結纖維，因此可透氣，重量輕盈，經久耐用，仿真度高，令人難以區分是人造皮革或真皮，應用範圍包括服裝、鞋履、模製成型的手機殼與運動用品等。

TPU 薄膜能用在紡織品上，提供防水、耐用、色彩繽紛的產品外觀，TPU 的優點在於許多方面都類似 PU 塗層和 PVC 層壓，應用範圍廣泛，從廣告橫幅、醫療產品到高機能外套等。但是 TPU 優於 PU 最主要的一點是兼容熔接，對製作高拉伸防水接縫特別有用，特別是充氣產品和防水服飾，同時也可作為層壓用紡織品。

複合材料運動鞋（右頁）

Nike Air Max 90 球鞋推出後經過幾次材質與表面處理改版，這個版本主打層壓鞋面搭配 TPU 彩色薄層，熔接中層透氣網眼布和底層合成纖維材質，這種技術稱為「Hyperfuse」，使用的三種夾層結構幾乎無須車縫，可讓鞋面更耐用、更透氣。

聚氨酯（PU）

聚氨酯 (PU) 是一種熱固性塑膠，固化後可在聚合鏈之間產生永久交聯，因此是非常耐用的材料，又有彈性。PU 功能非常多，而且調整混合的成份，可以實現各種各樣的屬性。PU 分為硬質塑膠、彈性體、低密度泡棉與高密度泡棉等不同類型。

類型	一般應用範圍	永續發展
· MDI/polyol, TDI/polyol 或結合兩種	· 室內裝潢與絕緣 · 運動用品 · 服裝與工業紡織品 · 原型設計或少量生產	· 無法直接回收，但是有幾種不同處理方法，像是磨碎再利用，或是塑膠粒重新黏合 · 作為焚化時有效燃料

屬性	競爭材料	成本
· 耐用，可抗撓曲疲勞，耐磨損，抗撕裂 · 長時間暴露在紫外線下會變脆	· 發泡聚丙烯 (EPP)、發泡聚乙烯 (EPE) 及乙烯醋酸乙烯酯(EVA)泡棉	· 材料成本低 · 製造成本中等偏高

簡介

聚氨酯 (PU) 發明於 1930 年代，目前有許多不同類型，藉由調整成份和添加劑，成功應用在各式各樣的範圍，包括室內裝潢、鞋底隔絕與複合紡織品等。聚氨酯可以是熱塑性 (請見 194 頁 TPE) 或熱固性 (即 PU)。熱固性 PU 的差異在於聚合鏈形成物理交聯，而 TPU 則否，物理交聯固化後，不能加熱還原，因此 PU 比 TPU 更耐用，更有彈性，但不可熔融加工。在服飾與科技布料領域，彈性 PU 與其他熱塑性塑膠相比，適用範圍重疊，像是聚氯乙烯 (PVC) (請見第 122 頁)、矽膠 (請見第 212 頁)、合成橡膠 (請見第 216 頁) 以及天然橡膠 (請見第 248 頁)。但 PU 能以低密度提供必要的強度與耐用性，另一項優勢是 PU 的彈性來自混合不同成份，不像 PVC 一類的塑膠彈性是加了塑化劑的結果。

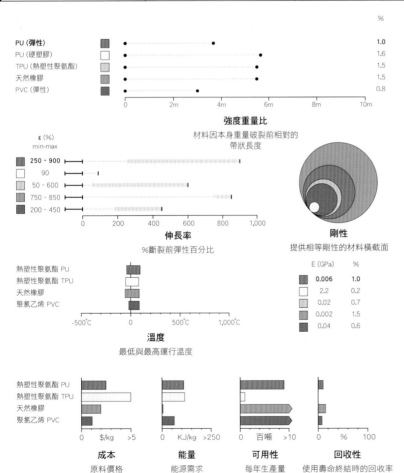

	%
PU (彈性)	1.0
PU (硬質膠)	1.6
TPU (熱塑性聚氨酯)	1.5
天然橡膠	1.5
PVC (彈性)	0.8

強度重量比
材料因本身重量破裂前相對的帶狀長度

ε (%) min-max

250 - 900	
90	
50 - 600	
750 - 850	
200 - 450	

伸長率
%斷裂前彈性百分比

剛性
提供相等剛性的材料橫截面

E (GPa)	%
0.006	1.0
2.2	0.2
0.02	0.7
0.002	1.5
0.04	0.6

熱塑性聚氨酯 PU
熱塑性聚氨酯 TPU
天然橡膠
聚氯乙烯 PVC

溫度
最低與最高運行溫度

熱塑性聚氨酯 PU
熱塑性聚氨酯 TPU
天然橡膠
聚氯乙烯 PVC

成本	能量	可用性	回收性
原料價格	能源需求	每年生產量	使用壽命終結時的回收率

記憶泡棉 (右頁)

記憶泡棉又稱為「viscoelastic」、「temper」、慢回彈泡棉，在床墊、耳塞、室內裝潢等是很受歡迎的材質，廣泛應用於醫院，能幫助長期臥床的病人避免褥瘡。這是一種開孔泡棉，特徵是變形後恢復速度緩慢，密度介於 30-100 kg/m³，堅固性、支撐性與回彈力會受到溫度影響，溫度較低會造成泡棉變得更硬，就連體溫也會影響泡棉的表面，會使泡棉變得更柔軟。因此，記憶泡棉不適合用在無法控制環境溫度的零件，像是汽車、背包和戶外運動產品。記憶泡棉可以使用傳統儀器製造，但因為黏彈性質使加工更有挑戰性，因此相對價格較高。

PU 可用在模型製作、原型製作或少量生產使用的材料，可與鑄造等級的聚醯胺 (PA，尼龍)（請見第 164 頁）、環氧樹脂（請見第 232 頁）和矽膠相比，PU 優勢在於多樣性與低價位。

商業類型和用途

PU 不是單體聚合的結果，反之，PU 來自由異氰酸 (isocyanate) 和多元醇 (Polyol) 反應（烷氧基乙醚長鏈）。熱固性塑膠與熱塑性塑膠不同，首先做成塑膠粒或片材，然後加工做成產品，PU 聚合成最終產品的形狀。

最終聚合物的類型取決於二異氰酸酯和多元醇的種類和共混物，例如硬塑膠或有彈性的塑膠，所用的二異氰酸酯包括亞甲基二苯基二異氰酸酯 (Methylene diphenyl diisocyanate，縮寫為MDI)、甲苯二異氰酸酯 (toluene diisocyanate，縮寫為TDI)，或是結合兩者，MDI 通常用來製造硬質零件，TDI 用來生產低密度具彈性的泡棉。

泡棉密度取決於發泡劑用量，發泡劑在製造過程中與原料混合，藉由異氰酸酯反應或熱分解觸發，反應後釋放氣體，如氮氣 (N_2) 或二氧化碳 (CO_2)，進而造成材料發泡。或也可將二氧化碳或氮氣作為物理發泡物質，直接施加在液體成份上。高密度泡棉一般使用化學發泡物質成型，物理發泡物質則用於低密度泡棉，泡棉的密度可調整從 20 kg/m^3 到 400 kg/m^3，空氣的比例可以低於一半，也能高於 95%，相比之下，實心的 PU 泡棉質量為 1,250 kg/m^3。

因為 PU 基本化學原理功能多變，因此可適用於各種用途，大約四分之一用於硬泡棉（作為建築的保溫層、模型製作與圖騰製作），三分之一用於彈性泡綿（例如室內裝潢或是床墊），10% 用於模製泡棉（汽車零件、室內裝潢與運動用品），其餘則用於塗層（服飾與工業紡織品）、黏著劑或其他產品。

鬆弛　　　　拉伸

交聯

熱固型塑膠具有永久交聯，將聚合鏈緊緊固定（請見第 110 頁），像是合成橡膠或 PU 彈性體一類的塑膠交叉鏈結很少，聚合鏈之間其他連結較弱，因此會互相滑動，當彈性體拉伸時，聚合鏈變得更有方向性，產生半結晶性區域。像是環氧樹脂與聚酯一類的硬塑膠熱固性材料，交叉鏈結很多，可避免聚合鏈如此自由地滑動。

永續發展

PU 泡綿具有高度絕緣性，採用 PU 絕緣的建築物，使用一年不到，節省下來的能源已經超過生產時消耗的能源，除了建築物之外，隔熱效能也能用在冷藏或運輸上。

異氰酸在反應時釋放的氣體是有害的，目前已知會造成氣喘。MDI 系統產生的異氰酸少於 TDI 製造方法，過去，發泡物質的安全性一直有待商榷，從歐盟與美國開始，在 1990 年代泡棉生產開始逐步淘汰氟氯碳化物 (CFC)，2000 年起所有泡棉生產禁用氟氯碳化物，改用氫氟碳化合物 (HCFC)，一般認為對臭氧層的破壞性較低。

PU 容易回收及分離，因為 PU 使用時體積一般很龐大，PU 不能回收後直接做成等價新產品，因為熱固性塑膠固化過程是不可逆的。儘管如此，PU 使用壽命結束後仍有許多不同的處理方法，可將泡棉磨碎，碎片壓縮成塑膠塊，或是黏合作為隔絕材，像是應用

在汽車範圍的材料一樣。透過一系列化學過程，包括水解、氨解、醣解，可提取多元醇以利再次使用，但不幸的是 PU 廢棄物最有效的利用方法仍是焚化後當作能量使用。

PU 在工業設計、傢俱與照明中的應用

反應射出成型 (reaction injection moulding；縮寫為 RIM) 意即立體零件直接採用原料成型，化學品在模具中混合，反應後產生零件成品，這種技術可用來生產傢俱、燈具、運動產品與汽車零件，不像射出成型可用來大量生產數以百萬的相同零件。RIM 一般用於少量生產，最多製數十到數千個零件。

RIM 可用來生產類似的射出成型的零件，事實上，在某個零件長期生產前，經常用這種技術製作零件的原型，因為模具成本相對便宜，單位成本則高出許多，搭扣開合、螺紋嵌件和通風口等細節可以模製整合在零件中，將潛在成本大幅降至最低。

對原型製造與極低量製作，RIM 的模具可以利用 CNC 銑床加工硬質 PU 樹脂塊，這種技術相對來說較不昂貴，可生產具功能性的原型，適合實際應用或測試使用。

合成皮革（右頁）

PU 皮革能提供具成本效益的天然皮革替代品，能滿足嚴苛的應用範圍。人造皮革又稱為仿皮 (leatherette)，生產過程中將 PU 塗層施作在適合的紡織品上，表面可以加上粒面圖騰壓花，看起來或是摸起來更像真正的皮革。常用於單車坐墊、鞋履、運動用品與室內裝潢，PU 皮革保養很容易，比天然材料更加恆定不變，天然皮革不僅只有加了 PU 塗層面料的類型，也能使用 PVC 塗層、TPU 層壓或 TPU 纖維針刺等類型替代。

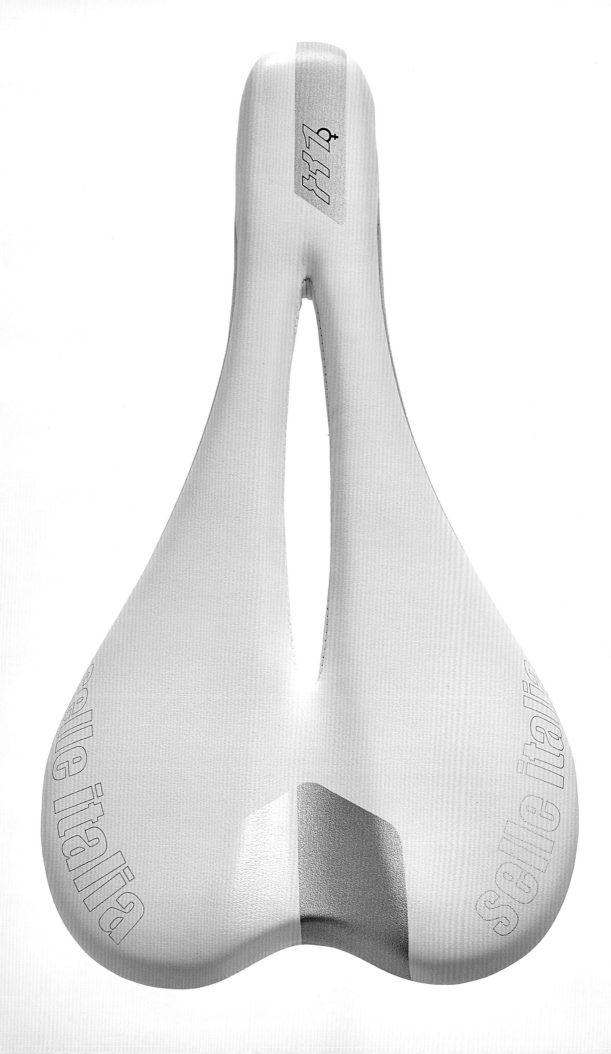

RIM 可用來生產各種外殼，包括醫療設備、自動販賣機、電器和冰箱等，也能用來生產汽車保險桿、車身或是內飾板，對於高強度或更嚴苛的應用範圍，樹脂可加入玻璃纖維或雲母強化，這被稱為增強反應射出成型 (RRIM)。

大多數泡棉會製造成巨大的塑膠塊，俗稱板材 (slabstock)，切割成固定尺寸，能用於絕緣，這種製造方法僅限於長度 60m，任何大於這個尺寸的板材會非常難處理。對於較短的生產週期或較長的生產長度，會先模製圓形塑膠塊 (又稱為圓材) 後，從外部剝離片狀泡棉，就像是薄板一樣 (請見第 290 頁)。

PU 泡棉較柔軟，但仍然可以提供高支撐力，不僅耐用，經過長時間變形後還能保持形狀，回彈成為當初模製的形狀，泡棉細胞結構可以開孔或閉孔，開孔結構的泡棉通常更柔軟，一般作為軟墊填充材料或是加上表面覆蓋；閉孔泡棉自帶蒙皮，可以用來生產不需要布料覆蓋的低成本傢俱。

PU 泡棉廣泛用於室內裝潢，可說是最常見的緩衝材料，像是椅子、沙發或類似的產品經常是利用泡棉片材組裝完成的。

機械加工的咖啡桌 (左頁)

2009 年 Nendo 事務所為義大利傢俱品牌 Arketipo 設計的 Moya 矮桌，採用 PU 桌腳與玻璃桌面，從單塊泡棉切割完成，玻璃下方的無縫凹面給人沒有盡頭的錯覺，不會產生陰影，也沒有邊緣，讓人感受不到深度。影像由攝影師林雅之 (Masayuki Hayashi) 提供。

模製成型落地立燈 (右圖)

這個 Carrara 立燈是 2001 年設計師阿爾弗雷多・哈伯利 (Alfredo Häberli) 為義大利品牌 Luceplan 設計的作品，採用阻燃 PU 模製成型，無縫立燈漆成緞面白色或帶有光澤的黑色，完成優雅內斂的燈具，高 1.85 公尺，視覺上彷彿是利用整塊實心材料雕刻而成。影像由 Luceplan 提供。

工業設計、傢俱與照明

多功能

PU 的多功能是無可取代的，讓設計師即使只生產一件產品，也能擁有和大量生產一樣的品質，從泡棉到硬質塑膠板都是如此，創造許多機會讓設計師可以測試設計，實現自己的設計理念。

兼容性

不僅整個基底材料都可用 PU 黏合劑或塗層施作，也可以作為複合層壓材料的中間夾層。

重量輕

塑膠泡棉重量輕，具浮力與阻隔性，PU 泡棉能精準調整密度或指定使用類型，確保產品最有效率。

大體積的產品可以利用模塑泡棉來製造，因此能用單一步驟完成最終產品的形狀，稱為冷硬化模製成型 (cold-cure foam molding)，與 RIM 唯一的不同僅在於是否使用發泡物質。

包覆成型讓 PU 有機會結合金屬結構（用於自立式零件，例如沙發扶手）、電子產品（用於感應器與座椅加熱）或是纖維布套（減少多一步額外裝飾的必要），可利用插入模製成型，製造複雜的多功能零件，也就是組裝所有必要的組件後，再用無縫發泡外皮進行包覆成型。1950 年代出現第一個 PU 衝浪板胚料，利用硬質發泡海綿手工成型，或使用 CNC 銑床加工成型，並在表面加上纖維強化塑膠 (FRP) (請見第236 頁)，完成非常堅固的層壓結構。同樣的技術也能用來製作雕像、傢俱、劇場或電影的道具。

PU 在汽車與航空器中的應用

模製 PU 可用於汽車從裡到外各種應用範圍，大型的複雜零件可以利用單一步驟模製成型，並有理想的表面光澤度。PU 的優點之一是能從液體模製成型，代表 PU 能夠精確再現細緻的表面紋理，這種屬性可用來製作室內裝潢的面板，例如模仿皮革的質感（請見第 444 頁牛皮），或是製造觸感柔軟的表面處理，外部應用需要加上塗佈，保護 PU 不受紫外線破壞。

PU 當作噴塗施作的塗層時，可提供彩色並具保護作用的表面，避免折舊或磨損，結合 PU 加工與射出成型，塗層可直接施作在模具中，這種技術被稱為模內塗層 (IMC) 或是透明塗層模製成型，能與各種不同材料兼容，包括模製成型的塑膠與木材飾板；外部表面的光澤度取決工具的紋理，可帶有光澤或是霧面，因此即使施作在不規則形狀的面板上，表面依然光滑，這種工法不只能減少施工步驟，提高

汽車與航太

多功能

PU 可以實現各種不同的屬性，代表 PU 適合各式各樣的應用範圍，減少汽車中使用的材料種類，有助於提高回收效率。

少量生產

少量生產的前置作業價格不昂貴，工作時間相對較快，讓設計有更多機會發揮。

耐用

PU 本身能抗發霉，加入抗菌化合物能確保應用在戶外或海洋時，能有充足的使用壽命。

表面質感

雖然 PU 模製成型是一種低壓工法，但是液態樹脂可以製作精細的表面紋理與細節，零件能藉由噴塗加強表面處理，完成想要的顏色，提供抗紫外線的功能。

效率，而且也能高度掌控，讓每次施作時保持表面光澤度完全一致。（請見第 144 頁聚碳酸酯）。

使用相同的方法，能在模塑塑膠的表面創造類似皮革的柔軟表面，柔軟的 PU 覆蓋在現有的零件上，這些零件一般是射出成型的聚碳酸酯 (PC)，PU 可創造紋理豐富的表面，表面光澤度類似 PU 塗層紡織品。

泡棉應用在汽車範圍有許多不同方式，包括座椅、保險桿、吸音板、氣密密封等，材料選擇取決於應用範圍，像是用在越野車座椅的泡棉需要減輕車身震動，會與豪華車輛中提供平穩乘車感的泡棉觸感不同，泡棉用於飛機上則需要滿足嚴苛的航空燃點規範。

室內用座椅的泡棉與布套可以利用單一模製成型的步驟組合，將合成纖維放入模具中，例如 PU 塗佈的布料或是 PVC 塗佈的布料，藉由強力真空拉伸後覆蓋表面，定位之後，在背面射出泡沫，填滿空腔，藉此來保持紡織品的形狀。

PU 硬質泡棉可作為建築用高強度複合材料的夾心層。

複合燃料電池 (右頁)

高性能複合纖維可用於一系列嚴苛應用範圍，從運輸易燃液體，到高強度氣動波紋管，這款由 ATL 為 GTE 賽車耐力賽車身定做，使用專有配方製作的 PU 強化版，具有高韌性，材料的組合產生強健又安全的燃料電池，超過國際汽車聯盟的標準 (Feédeératio International de I' Automobile，縮寫為 FIA)，藉由減輕重量與燃油系統優化來提升性能。彈性體基質的選擇取決於應用範圍，PU 的替代品包括含氟聚合物（請見第 190 頁）、丁腈橡膠 (Nitrile Butadiene Rubber，縮寫為 NBR) 與氯丁二烯橡膠（請見第 216 頁）和 PVC 等。同樣的，對於需要節省更多重量或是需要彈性的應用範圍，聚醯胺強化材料可用芳綸取代（請見第 242 頁）。

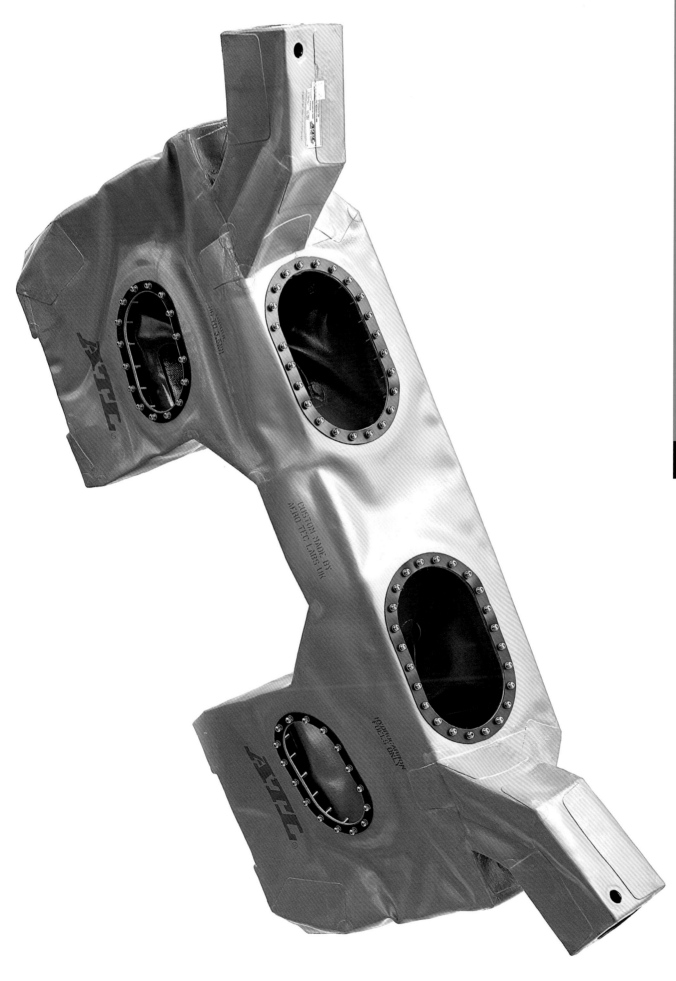

泡棉作為核心加在兩層之間，可以大大強化片材的性能，例如膠合板、合版或強化塑膠，因為剛性增加，但不會大幅增加重量。

PU 能兼容以聚酯 (請見第 152 頁) 和環氧樹脂 (請見第 232 頁) 為基底的符合材料，與強化塑膠層壓，切割為適當的尺寸，用這種方法來製造翼樑和其他扁平結構零件，類似用於製作建築隔熱板的技術。

另一種處理方法是將成型泡綿包覆強化塑膠表皮，成型可透過模塑或研磨，製作方法與衝浪板類似，這種方法可以讓設計擁有最大自由，可用來生產空氣動力學的零件，例如機頂、擾流板、小翼 (飛機的上翻翼尖)；反過來也可行，也就是中空模製成型的零件能用泡沫填充，增強剛性，減少震動。

塑膠泡棉還有許多其他類型，例如發泡聚苯乙烯 (EPS) (請見第 132 頁)、發泡聚丙烯 (EPP) (請見第 98 頁) 及發泡聚乙烯 (請見第 108 頁 EPE)。在某些情況下，這些熱塑性材料可以替代 PU 泡沫，EPS 也適用於包裝，EPP 和 EPE 為工程應用範圍或技術性產品的替代方案，使用的泡棉為半硬質到硬質塑膠，必須具備良好的吸收衝擊性能，例如用於運動與休閒用品。PU 的主要優點在於具有可高度掌控的物理屬性，能提供各式各樣可能的性能。

在汽車應用範圍使用泡棉可幫助增加回收比例，因為這個產業一定要採用日漸嚴格的回收執行方法，以符合法

薄荷綠乙烯基短裙 (左頁)

PVC 與 PU 這兩種材料皆可當作塗層施作在紡織纖維上，一般為聚酯纖維 (請見第 152 頁聚對苯二甲酸乙二酯 PET)，PVC 通常會更硬、更重，光澤更明亮；PU 塗層則更有彈性，表面質感絲滑，結合兩者可以利用不同的優點，這款裙子雖然名為「乙烯基」，事實上是以加了 PU 塗層的 PET 製作。

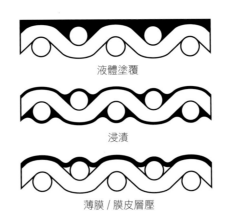

液體塗覆

浸漬

薄膜 / 膜皮層壓

塗層紡織品的橫截面

塗層可加強纖維的視覺和性能，最終結果取決於技術與混合的材料，液體、糊狀和發泡材料施作在布料其中一側，使用的工法被稱為直接塗層，塗層利用刮刀抹在表面，改變葉片高度可以調整厚度。液體則利用浸塗浸漬到纖維中，這種技術直接簡單，將纖維掛在塗料槽中一段時間，吸收率則取決於纖維的屬性。或者，利用層壓施作薄膜或膜皮，但這種技術適用的材料不可用於液體應用範圍，例如微薄膜孔，施作時會加溫加壓，薄膜貼合布料的表面，塗覆完成後，能使用一系列額外表面處理技術，例如壓延或壓花等。

規或法律規範。將 PU 泡棉收集、分類、切碎後，小塊泡棉可用黏著劑黏合再製，可用於隔音 (包括汽車應用範圍) 與地毯的襯墊等，或是將廢棄物製成細小的泡沫粒，作為較不昂貴的填料放回汽車零件中。

PU在時尚與紡織品中的應用

在時尚與科技布料的領域，PU 能以塗層、薄膜和泡棉等形式應用，一般拿來與 PVC、TPU、ePTFE 相比 (請見第 190 頁含氟聚合物)，這些熱塑性塑膠可用於類似的應用範圍，但是每個都各有特殊性，PVC 的價格是最不昂貴的，TPU 與 PU 非常相似，但是前者可以用熱塑性技術加工，ePTFE 有優異的抗化學耐受性與耐熱性，可適用於醫療或其他嚴苛的應用範圍。而PU 塗層能為布料提供防水屏障，除了服裝外，也適用於科技紡織品，像是氣動波紋管、充氣橡皮艇、工業纖維、帳篷與各種拉伸結構，像是篝篷或大型天篷。

低成本
PU 的價格約為 TPU 的一半，PVC 的兩倍，但是具有更高強度重量比，因此要達到相同性能，需要的材料比較少。

外觀
PU 有非常多種不同的鮮豔顏色，從飽和色到螢光色皆有。與 TPU 不同，PU 不能染色，因此施作之前必須在溶液中添加顏色，與 PVC 相比，壓花 PU 製成仿皮更逼真。

耐用
PU 比起天然橡膠與皮革更堅固，重量更輕，也更耐用；與 PVC 相比，PU 具有優異的強度、伸長率、復原力。

防水透氣
微孔 PU 具有疏水性，可透氣，經久耐用，適合高彈性應用範圍。

與 PVC 不同，PU 可透氣，透氣性來自兩種不同方法：利用聚合物結構的水分子擴散，吸收並消散水蒸汽 (汗水)；或是採用微孔結構，讓水蒸氣可以通過，同時能防潑水。

無孔薄膜的厚度會影響水蒸氣傳導速度，薄膜越薄，蒸汽傳導速度越快，服裝中使用的薄膜重量輕、有彈性、透氣性高。更厚一點的塗層適用於手套、帽子和其他需要防水功能更扎實的應用範圍，但如此一來就會犧牲透氣性。

微孔 PU 的工作原理與 ePTFE 相同，水份以氣體方式通過，因此更有效率，使用中較少會變得溼冷或不舒服，功效也更持久，比一般無孔類型更昂貴，但是比 ePTFE 明顯便宜許多，而且更耐用。微孔 PU 可用於高品質的服裝、運動用品和帳篷等。

聚矽氧烷、矽膠

矽膠是堅韌又有彈性的高性能材料，耐磨損，能防水，具抗化學耐受性與耐熱性，抓地力優良，表面摩擦力低，讓矽膠很實用，容易清潔。這類屬性可用於立體零件，或當成塗層、黏合劑使用，矽膠是相對較昂貴的塑膠，適用範圍從炊具到醫療設備等。

類型	一般應用範圍	永續發展
· 高溫硫化矽膠 (HTV) · 室溫硫化矽膠 (RTV) · 液態矽膠橡膠 (LSR) · 熱塑性硫化橡膠 (TPV)	· 廚具 · 汽車與工業零件 · 模具與模型製造	· 回收不可行 · 內含耗能高

屬性	競爭材料	成本
· 表面能低 · 高彈性 · 可耐低溫，也可耐高溫	· PU、合成橡膠與天然橡膠 · 熱塑性彈性體 (TPE) 與乙烯醋酸乙烯酯 (EVA)	· 材料成本高 · 製造成本高

212

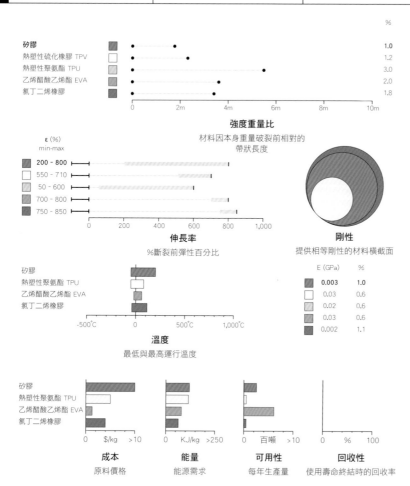

簡介

在 1940 年代開發出矽膠後，矽膠發展出許多應用形式，包括液態、橡膠、凝膠與樹脂，為應用範圍帶來極高的彈性，除了設計師關注的模製成型複合物、黏合劑和塗料之外，其他應用範圍也能發現矽膠，包括洗髮精與廢水處理等。

矽膠穩定的溫度範圍很廣，從 -50°C 到 200°C 都不會發生降解，特殊配方可承受 90°C 到 300°C，矽膠本身就能抵禦細菌，矽膠含有低劑量的揮發性有機化合物 (VOC)，因此適合用於食物製備或是醫療應用範圍。

一般認為矽膠致敏性低，用於嬰兒產品安全無虞，包括吸管杯、湯勺和奶瓶，抗撕裂強度良好，因此可以耐咀嚼或拉扯，能反覆承受高溫滅菌而不會降解，這些屬性對於醫療應用範圍也很實用。

商業類型和用途

矽膠被歸類於半有機材料，因為含有矽，聚矽氧烷主鏈由交替的矽和包圍的氧 (無機) 組成，由甲基 (有機部份) 包圍，矽-氧鍵非常強，並使矽膠擁有許多理想的屬性。藉由矽與二氯甲烷 (methyl chloride) 反應，加上合適的催化劑 (如氧化銅) 製作矽膠，其化學結構讓矽膠生產時可以有多種不同變體，從短鏈流體到長鏈彈性體皆有。

矽膠需要硫化 (藉由固化增韌) 成為熱固性彈性體。不管固化方法為何，結果都是一樣的：在聚合鏈中形成永久交聯。樹脂依固化方法與溫度分類，

高溫硫化 (HTV) 矽膠利用高溫固化，可作為模製成型的材料，一般在模製成型或擠出過程固化，應用範圍涵蓋汽車、家電與消費產品。

液態矽膠橡膠 (LSR) 是雙液型化合物，藉由加入固化劑硫化，液體混合後打入模具，在模具中固化，因此能提供許多加工上的優勢，例如能夠生產形狀複雜的薄壁幾何形狀，可用於各式各樣應用範圍，從汽車零件、炊具到游泳用的蛙鏡等。

室溫硫化矽膠 (RTV) 也是雙成份樹脂。混合的時候，聚合物形成交叉鍵接並且硬化，改性 RTV 使用紫外線固化，用來製造模具與原型，同時也可生產消費類電子產品、電器與機械。

烤模

矽膠可耐低溫，也可耐高溫，加上材質容易凹折，表面不沾黏，是各種廚具的理想材料，從製冰盒、烤箱隔熱手套、餐具到烘焙模具等，事實上，矽膠是少數可以從冰箱直接進烤箱烤的塑膠材料，能做成一系列鮮豔的顏色，質感從半透明到不透明皆可。

機械黏著

化學鍵結或靜電

物理吸附

擴散黏著

黏著機制

黏著意指將毫不相關的材料黏在另一方的過程，作用力一般會混合機械、化學與靜電。利用液體黏著劑填充表面空隙並硬化，形成機械連結，基底的表面是粗糙不平的，要有許多高低起伏，讓黏著劑可以滲入。化學鍵結則是在界面上形成共價鍵、離子鍵與氫鍵。只有某些黏合劑會形成化學鍵（包括矽膠），這種機轉不依賴物理交互鎖扣或表面粗糙。物理吸附則取決於黏合劑與基質兩者緊密接觸，黏合強度取決於較弱的分子間作用力，黏合劑覆蓋多少表面（這種過程被稱為潤濕）取決於相對表面能，低能量聚合物比高能像基質更容易潤濕，例如玻璃和金屬。表面能低的基質則不容易潤濕，像是含氟聚合物、聚乙烯、聚丙烯和矽膠。這適合不沾黏應用範圍，例如廚具與醫療相關領域。擴散黏合則是混合兩種材料的分子，例如熔融熱塑型塑料使接合介面聚結，冷卻後，形成強力的擴散黏合。這種方法需要聚合物可兼容，聚合物擁有足夠的可移動聚合鏈，加熱時可以移動。

在施工現場固化作為密封材料與黏著劑的矽膠，成份略有不同，所有成份混合在單液中，與大氣中的濕氣接觸時產生交叉鏈接，矽膠釋放的氣味是殘留的交鏈劑，例如乙酸。

矽氧樹脂可當作黏著劑和塗層應用，兩種情況都非常有效，因為表面能低，因此在表面可以輕易擴散成薄薄的一層，與基底形成化學鍵結。矽膠與大多數材料兼容，對於粗糙或平順表面都能好好黏附，一旦固化，因為表面能低，可以防止其他材料沾黏在表面上。

作為黏著劑，矽膠可用於汽車、航空航太、建築和消費產品，可作為塗層施作在紡織品上，也能為各種表面提供防水隔絕，從精細的印刷電路板 (PCBs) 到磚石等，鍵能高，有效將老化現象降至最低，在某些情況下，甚至幾乎不會發生老化。

矽膠作為塗層，屬性可以很快移轉到基底材料上，具有出色的耐水性與耐候性，可以用來創造氣密密封。耐久的程度則取決於材料的選擇，硬質矽膠可耐刮擦，具抗化學耐受性，反之，彈性體塗層不耐化學品，特別不耐強酸腐蝕。

矽膠不具導電性，可作為傑出的電絕緣體，這種特質可用在科技應用範圍，像是自潤式電子連結器 (汽車與航空航太領域)，事實上，矽膠可以塗覆整個產品，像是醫療植入物，矽膠形成的外皮永久不壞，不會滲透，具保護功能。

交聯矽膠可結合熱塑性聚氨酯 (TPU) (請見第 196 頁 TPE)，利用後者在射出成型產品中的利多，熱塑性矽膠-氨基甲酸乙酯 (urethane) 聚合物，其中一種即為 TPSiV。道康寧 (Multibase) 公司推出的熱可塑性動態硫化彈性體 (Mltibase) 結合了矽膠的低表面能、獨特觸感、耐熱性與抗化學耐受性等特點，且成本更低 (TPU 價格至少為矽膠的一半)，並能上色，抗拉強度較 TPU 更高 (矽膠雖然伸長率高，但是抗拉強度卻相當低，這是矽膠主要的缺點)，有幾種不同類型可供選擇，增加抗拉強度與撕裂強度，斷裂彈性與伸長率降低，硬度介於邵氏硬度 A 型 50 至 80 度。

除了射出成型與包覆成型外，TPSiV 可兼容後期加工操作，像是熱成型、熔接、熱封等，這種組合可用於需要小心處理的應用範圍，從醫療產品到穿戴式電子器材等。

永續發展

矽膠不是石油基衍生物一類的傳統塑膠，雖然生產時需要使用大量的能源，矽膠獨特的性能有助提高各種產品的使用效率、耐久性與生產率，根據全球矽膠委員會 (Global Silicones Council) 委託進行的報告，使用矽膠 (以及與矽膠緊密相關的矽氧烷與矽烷) 產品可降低二氧化碳排放量達九倍，換言之，與矽膠相關的生產每公斤排放量，在使用時可減少九公斤排放，雖然這個結果非常籠統，而且限定技術使用範圍，像是複合材料使用的消泡劑、油漆添加劑、潤滑劑和玻璃纖維 (GF) 塗層等，很明顯矽膠提供的強化功能，能抵銷矽膠生產時造成的環境衝擊。

大部份類型的矽膠回收再利用非常不切實際，一般用於小零件，而且難以與其他彈性體區分，作為熱固性材料，矽膠會形成永久交叉鏈接，相比之下，TPSiV 可以重新模塑多次，品質不會大幅下降，使 TPSiV 更有可能直接在新產品中重新使用加工廢料與其他來源可靠的廢棄物。

浴室用收音機 (右頁)

法國設計品牌 Lexon 推出的 Tykho 收音機，1997 年由設計師馬克·貝爾提耶 (Marc Berthier) 設計，電子零件封裝在 ABS 樹脂中 (請見第 138 頁)，加上雙層矽膠外殼，按鈕與錐形揚聲器無縫整合在前半部，成為防噴濺的隔絕層，因此能在浴室使用，藉由旋轉天線可調整無線電頻道。

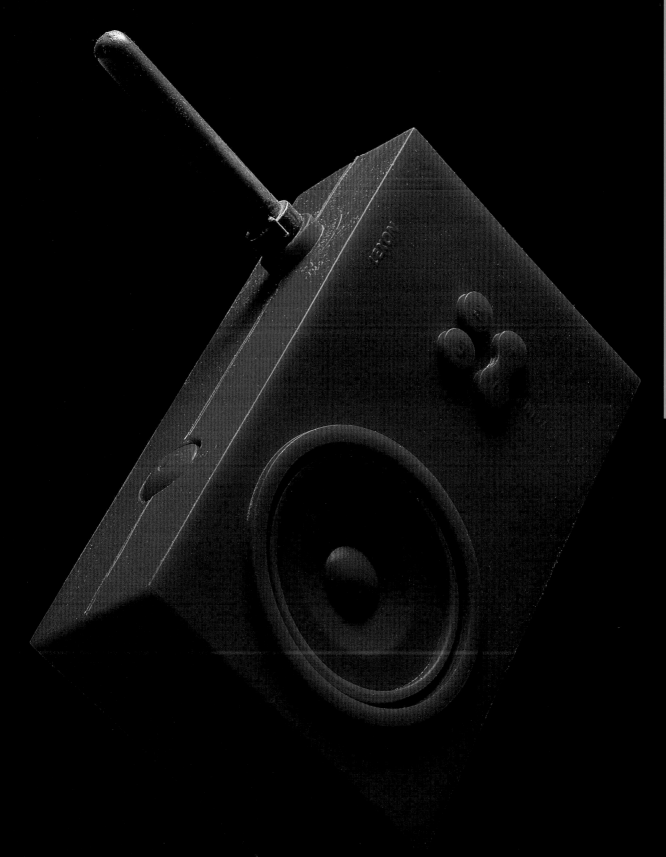

合成橡膠

這類型熱固性彈性體是天然橡膠的替代品，具有優異的抗化學耐受性、耐候性與耐熱性，主要用於汽車與運輸，特別是輪胎，此外也能用於建築、運動用品與時尚產業，合成橡膠彈性有高有低，確切的性能取決於橡膠的類型。

類型	一般應用範圍	永續發展
· 丁苯橡膠 (SBR)、聚丁二烯橡膠 (BR)、丁腈橡膠 (NBR) (丁二烯 butadiene) · 丁基橡膠 (IIR) 和異戊二烯橡膠 (IR) · 氯丁橡膠 (CR) (氯丁二烯chloroprene) · 乙丙橡膠 (EPR) 和三元乙丙橡膠 (EPDM) (乙烯 ethylene)	· 墊圈和密封圈 · 汽車和輪胎 · 鞋履、時尚與布料 · 運動用品	· 回收不可行 · 內含耗能中等

屬性	競爭材料	成本
· 強度高 · 擁有卓越的耐熱性、耐候性與抗化學耐受性 · 質地從硬質到彈性皆有，回彈性良好	· TPE、乙烯醋酸乙烯酯 (EVA)、聚氯乙烯 (PVC) 和含氟聚合物 · 聚氨酯 (PU) 和矽膠 · 天然橡膠與乳膠	· 根據類型與等級不同，成本中等偏高 (雖然一般會低於天然橡膠) · 製造成本中等

簡介

第一次與第二次世界大戰期間，天然橡膠的產量與貨源大幅下降，因此加速了合成橡膠商業化，首先出現的是聚丁二烯橡膠 (BR)、丁苯橡膠 (SBR) 和氯丁橡膠 (CR)。聚丁二烯橡膠和丁苯橡膠是為了運用在輪胎上而開發，直到今天輪胎仍佔最主要的消費大宗。氯丁橡膠結合的性能更均衡，是目前用途最廣的橡膠。

自從 1930 年開始，這些橡膠有了顯著發展，並根據相同的化學反應，出現其他類型的橡膠，聚合物藉由硫化 (固化) 交叉鏈結，大多都需要額外添加碳黑和其他填充物來達到最終性能，就像天然橡膠，也能以乳膠形式應用，或是碎屑、薄片等，這些都需要在製造之前進一步混和與固化為實用的成品。

在特定的情況下，這個章節提到的合成橡膠都能以矽膠 (請見第 212 頁) 或聚氨酯樹脂 (PU) 替代，這些也可被視為合成橡膠，但因為其化學性質，擁有獨一無二的優勢，熱塑性彈性體 (請見第 194 頁 TPE)，以及具彈性的熱塑性塑膠，像是聚氯乙烯 (請見第 122 頁 PVC) 和乙烯醋酸乙烯酯 (請見第 118 頁 EVA)、含氟聚合物 (請見第 190 頁) 等也能運用在類似的應用範圍。

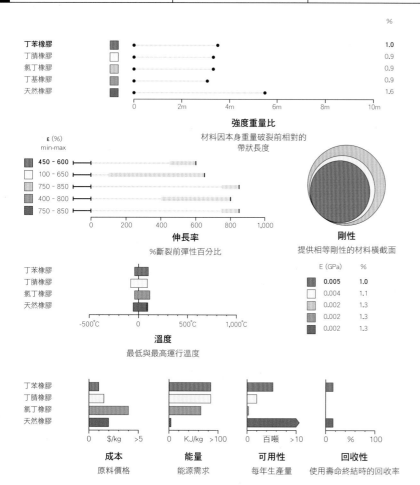

丁苯橡膠　　　　　　　　　　　　1.0
丁腈橡膠　　　　　　　　　　　　0.9
氯丁橡膠　　　　　　　　　　　　0.9
丁基橡膠　　　　　　　　　　　　0.9
天然橡膠　　　　　　　　　　　　1.6

強度重量比

材料因本身重量破裂前相對的帶狀長度

ε (%) min-max

450 - 600	
100 - 650	
750 - 850	
400 - 800	
750 - 850	

伸長率

%斷裂前彈性百分比

剛性

提供相等剛性的材料橫截面

E (GPa)	%
0.005	1.0
0.004	1.1
0.002	1.3
0.002	1.3
0.002	1.3

丁苯橡膠
丁腈橡膠
氯丁橡膠
天然橡膠

溫度

最低與最高運行溫度

丁苯橡膠
丁腈橡膠
氯丁橡膠
天然橡膠

成本	**能量**	**可用性**	**回收性**
原料價格	能源需求	每年生產量	使用壽命終結時的回收率

壓縮成型的供氣管 (右頁)

複雜的立體橡膠零件可藉由壓縮成型做成一體成型，圖片中這個供氣管由丁腈橡膠製成，類似的零件也可用天然橡膠和乙烯丙烯二烯 (EPDM) 製作，材料選擇取決於應用範圍的具體情況。

熱塑性塑膠最大的區別在於聚合鏈之間，不會發展出任何交叉鍊結，因此可以熔融，表現出的抗候性與抗化學耐受性比合成橡膠差，含氟聚合物是一個例外，但是含氟聚合物價格高出許多，應用範圍有限。

商業類型和用途

聚丁二烯橡膠具有優異的耐磨性與良好的彈性，在低溫下仍然可以保持可彎折的特性，1920 年代開發出來後，直到 1960 年代才進入大規模商業應用，主要用於輪胎的胎面與胎側，提供良好的抗龜裂耐受性與低滾動阻力 (良好的燃料效率)，硬度範圍介於邵氏硬度 A 型 40 度至 90 度。也可用於高爾夫球的核心，低玻璃轉移溫度 (Glass Transition Temperature，縮寫為 TG) 約為 -90℃。所謂的玻璃轉移溫度即聚合物結構中無定形區域可以自由移動，能確保許多理想的性能，但也表示聚丁二烯橡膠在寒冷潮濕的條件下，牽引力較差，通常會與丁苯橡膠或天然橡膠混合，也可以和聚苯乙烯 (請見第 132 頁 PS) 共聚來增加韌性 (請見第 138 頁 ABS 樹脂)。

作為真正的合成橡膠其中一項，丁苯橡膠 (SBR) 目前是最廣泛使用的橡膠，丁二烯聚合物根據製造方法不同，主要有兩種類型：溶液聚合 (S-SBR) 和乳液聚合 (E-SBR)。溶液聚合丁二烯聚合物具有優異的機械性能，主要用於汽車與輕型卡車輪胎 (胎面和胎體)，耐磨性與抗衝擊能力出色，其他應用範圍包括鞋底、輸送帶、軟管、地板、墊圈和玩具，與天然橡膠相比，硬度範圍介於邵氏硬度 A 性 30 度至 95 度。彈性低，抗撕裂強度也低，特別是溫度上升時，因此丁苯橡膠主要應用在要求不高的情況。

異丁烯-異戊二烯橡膠 (Isobutylene isoprene rubber，縮寫為IIR)，又稱為丁基橡膠 (butyl rubber)，具有低氣

體滲透性與高耐候性、高抗化學耐受性，耐磨性良好，硬度範圍介於邵氏硬度 A 性 40 度至 90 度。這些屬性可用於輪胎襯裡 (即內胎) 與其他專門應用範圍，丁基橡膠也是一種良好的電絕緣體，可耐高溫。

氯丁橡膠 (CR) 通稱「neoprene」，杜邦公司早前的註冊為「DuPrene」。氯丁橡膠的成功歸功於其獨特的機械強度與耐候性以及抗化學、抗燃料、抗油等耐受性，可利用共聚或共混改性，與其他材料相比，相對較軟，硬度範圍介於邵氏硬度 A 性 20 度至 95 度，但是隨著時間過去硬度容易增加，氯丁橡膠相對較昂貴，一般用於科技應用範圍，例如輸送帶、軟管和墊圈。氯丁橡膠在時尚與紡織品領域是很常見的材料，可以當作潛水衣和防寒衣的隔水層。

丙烯腈-丁二烯橡膠 (Acrylonitrile butadiene rubber，縮寫為 NBR)，又稱為丁腈橡膠 (nitrile rubber) 主要利用其在廣泛溫度區間的抗油、抗化學、抗燃料等耐受性，調整丙烯腈與丁二烯的比例，可產生具有不同彈性與抗溫性的彈性體，硬度範圍介於邵氏硬度 A 性 40 度至 95 度，提高丙烯腈的比例可以提高抗油、抗溶劑的耐受性，並能加強抗拉強度與耐磨性，但是會犧牲彈性與低溫下可彎折的能力。一般情況下，通用等級的丁腈橡膠可提供具成本效益的解決方案，對於較嚴苛的應用範圍，而且特殊變體可因應，像是氫化丁腈橡膠 (hydrogenated NBR，HNBR) 耐熱性明顯更高，聚合物主鏈加入羧酸基團，可使彈性體強度與耐磨性增加。

三元乙丙橡膠 (ethylene propylene diene，縮寫為 EPDM) 與乙丙橡膠 (ethylene-propylene rubber，縮寫為 EPR) 是高性能彈性體，基於與聚乙烯 (請見第 108 頁 PE) 和聚丙烯 (請見第

98 頁 PP) 相同的化學結構單元。三元乙丙橡膠和乙丙橡膠兩者的差別在於前者是三元共聚物，後者是共聚物，乙烯與丙烯單體結合形成穩定的聚合物，耐候性與抗化學耐受性良好，在三元乙丙橡膠成型時包含二烯，提高了抗壓強度與剛性，這類橡膠經久耐用，在低溫或高溫下都能有良好的穩定性，而且耐候性傑出。

加入碳黑可增加強度、彈性與抗紫外線的性能，白色三元乙丙橡膠能應用在熱增益應用範圍，因為加入二氧化鈦能反射太陽光。三元乙丙橡膠新料有各種霧面色系可供選擇，主要用於汽車 (密封) 與營建 (屋頂、密封和防水)。

合成天然橡膠各方面都與天然橡膠相似，具有相同的基本化學式，兩者皆有良好的抗撕裂強度、抗拉強度與抗壓強度。直到 1960 年代才出現具有合適性能的合成天然橡膠，由固特異 (Goodyear) 開發，目前仍持續用於高性能輪胎，並也能用於墊圈或鞋履。相較於天然橡膠可能含有導致過敏的雜質，合成天然橡膠的一致性與純淨度使其適用於醫療用品，像是手套、保險套、塑膠管與針頭護套等。

永續發展

橡膠的生產技術不一，取決於基底聚合物，因為交叉鏈結結構，這些材料回收比熱塑性塑膠更有挑戰性，再生原料會比新料稍不昂貴，主要有三種使用方法：脫硫、回收、碾碎。

以單一類型的橡膠製成的廢料可以脫硫處理，換句話說，破壞已形成的硫化交聯，露出原本的聚合物。

擠壓內管 (右頁)

丁基橡膠具有良好的耐磨性，能抗撕裂，耐彎折，這些特性加上傑出的氣體阻隔性，使丁基橡膠成為內管重要材料，以連續管形式生產，然後切割成一定長度，熔接產生圓柱形內管，完成後硫化取得最大強度。

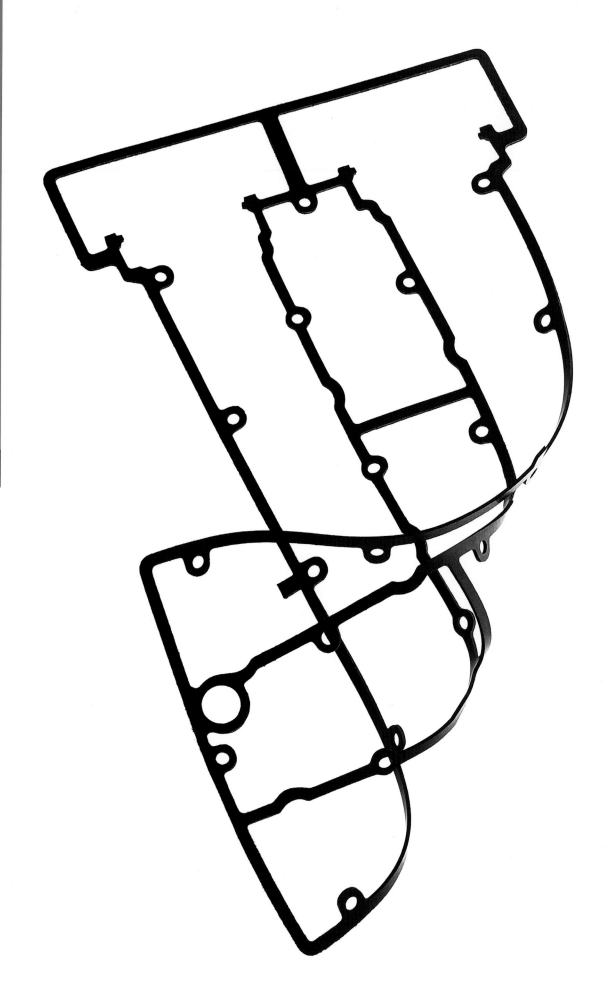

汽車與運輸

低成本
成本取決於合成橡膠的類型。運用在汽車或運輸的類型通常比天然橡膠便宜，合成橡膠的一致性更好，能確實減少生產過程浪費，並能產出更可靠的物件。

可用性
天然橡膠只有熱帶國家才能生產，但合成橡膠則能在世界各地任何地方生產，規格還能保持一模一樣。

耐磨損
與天然橡膠相比，熱塑性彈性體SBS與聚丁二烯橡膠能提供更優秀的抗磨損、耐刮擦性能。

低滲透率
丁基橡膠的氣體滲透性非常低，這種性能可用於輪胎、膜皮或襯裡。

回收再利用指的是利用一系列熱加工與化學過程，重新使用廢棄物，雖然可以去除大部份橡膠中混合的異素材，也就是塑膠或金屬強化材料，但是分離填充物、添加劑、不同類型的聚合物等不一定可行，因此，回收再利用的橡膠會變成等級較低的材料。

有些材料不適用上述任何回收方式，像是廢輪胎，可以磨碎後製成碎屑，填充在新的橡膠產品裡，價格較不昂貴，可以幫助降低整體成本，也能添加到其他材料裡面，用來增加彈性或提升吸收衝擊的性能，廢棄物如果不能回收，會焚燒處理或棄置。

目前已經開發出非石油基材料，嘗試生產可再生能源製作的合成橡膠，例

異型墊圈 (左頁)
合成橡膠具有「形狀記憶」，也就是說施加負載時，合成橡膠會不斷變形，但是也會持續嘗試恢復原本的形狀，這種屬性可應用在密封與墊圈上，所有類型的合成橡膠都適合類似的應用範圍，材料選擇取決於實際應用。這款汽車引擎範例使用丁腈橡膠，即使在高溫下也能提供出色的抗油、抗燃料、甚至抗高溫耐受性。

如利用石灰岩當作氯丁橡膠的原料，雖然不使用石油，但開採時需要大量熱能，對環境的效益全都白費了。

合成橡膠在汽車與運輸中的應用
一般來說，汽車工業與運輸產業是合成橡膠消費的大宗，這些材料能以多種形式應用，消費量最大的是輪胎。

現代輪胎是一種複雜的結構，將所有需要的功能內建在輪胎內，因此不需要內胎。內部氣密層主要使用丁基橡膠，然後是纖維強化層（一般是聚對苯二甲酸乙二酯，請見第 152 頁）、鋼絲強化丁苯橡膠和聚丁二烯橡膠、鋼絲強化胎圈，再加上複合橡膠胎面，橡膠的配方取決於終端應用範圍（例如炎熱氣候或寒冷氣候）以及用在輪胎哪一個區塊。當輪胎需要更高耐熱性的時候，就要增加天然橡膠的比例，小客車輪胎約為四分之三合成材料，卡車輪胎約為四分之一，飛機機輪則採用最高達 100% 的天然橡膠。

腳踏車、摩托車和其他使用小型輪胎的車輛仍需要內胎，在單車應用範圍，丁基橡膠能與乳膠（天然橡膠）競爭，丁基能提供價格優勢，但是乳膠製輪胎可以更薄，製作更輕巧的輪胎，每橡膠管能節省約 10g (0.02 lb)，彈性更高（改善騎乘性能），但是滲透性也更高，需要經常打氣。

合成橡膠零件大多數採用類似的生產方式：硫化前複合、成型和連結，讓設計擁有極大自由。還未固化的橡膠可以輕易塑型（例如利用擠出成型或壓縮成型），並能像熱塑性材料一樣熱熔接，但硫化之後，形狀就固定了，無法單靠加熱恢復原本的狀態。

合成橡膠在
時尚與科技纖維中的應用
合成橡膠的用途之廣，因此在時尚單品或科技纖維中，也能發現合成橡膠的蹤影，兩者都使用相同的基本材料

與工法，使用片狀材料來建構立體物件的，一般為橡膠塗層紡織品，包括服裝到充氣產品等。類似 PU、PVC 或是 TPE，橡膠塗層能提供耐用、防水的隔絕層，另一個好處是橡膠具有優異的抗液體耐受性（像是油類、化學品或燃料）、耐候性與耐熱性。

潛水衣和救生衣使用氯丁橡膠裁剪的片材，並能像普通布料一樣施作，潛水衣的功用是在身體旁形成薄薄的水層，用體溫來加熱。另一方面，防寒衣則使用較厚的氯丁橡膠（5-7 公釐）製作，保持使用者完全乾燥，採用閉孔結構製造，將氣體鎖在這些極微小的口袋中，提供隔絕溫度的性能與浮力，在淺水區域非常實用，但是細胞結構不能承受深水壓力，因此為了因應這種狀況，使用前會將氯丁橡膠先加熱加壓，使孔隙結構崩塌，讓片材減少到大約 7 公釐到 4 公釐。

在表面加上一層平針織物（針織品），能讓成品變換顏色，並可以減少磨損。

時尚與科技纖維

防水
合成橡膠具有疏水性，可提供出色的防水、抗化學品與燃料耐受性。與天然橡膠、PU 和矽膠一樣，合成橡膠可用於防水服裝、充氣產品與液體儲存容器。

彈性
這些橡膠具有絕佳彈性，可彎曲的程度取決於橡膠的成份和添加劑，彈性範圍從可高度壓縮到半硬質皆行。

阻隔性
發泡橡膠或海綿以好幾種不同材料製作，密度從低到高皆有，除了隔熱效果，閉孔發泡結構能改善壓縮效果與回復性，能減震並能隔音。

氯丁橡膠可以直接印刷，但是表面不夠耐用，內部的針織襯裡可加強舒適性，讓使用者的動作更不受限，一般會使用聚對苯二甲酸乙二酯 (PET) 和 TPE (彈性纖維) 增加支撐與拉伸的性能，所有的接縫都用縫合加上封條黏貼 (黏合劑黏貼)，確保水密性，氯丁橡膠的彈性可讓服裝緊密貼身，使效能最大化。

氯丁橡膠的替代品是被稱為透氣膜防寒衣，這採用多種材料層壓製作，一般會包含橡膠 (氯丁橡膠或是丁基橡膠) 來確保水份不滲入，重量輕，可保持使用者乾爽，但是缺乏泡棉可提供的隔熱效果。

浸漬成型可用來生產手套和密封元件 (袖口和衣領)，這種工法成本低，適合用在所有類型的合成橡膠上 (主要為氯丁橡膠和矽膠)，也適用於天然橡膠，外部表面通常帶有光澤，而內部表面則能精準翻印模具，因此零件經常將模製成型後從內部翻面，應用時露出更精準的內部表面。

與浸漬成型不同，壓縮成型能夠生產壁厚不等的物件，橡膠鞋底即以這種方式生產，也能結合多種顏色，像是橡膠商標與名牌，這點可以在多個壓縮過程中實現，每一種顏色分別製作，然後最終成型時合為一體。

保暖長袖潛水衣 (左圖)

由 Palm Equipment 生產的保暖長袖潛水衣，隔絕性高的底層衣使用厚 5 公釐的發泡氯丁橡膠製作，縫線採用黏合加上暗縫，膝蓋特別加固，確保水上漂流或其他激烈的水上運動時能有堅韌的防護。影像由 Palm Equipment 提供。

潛水靴 (右頁)

Zhik 水上運動軟底防水靴採用 4 公釐厚的發泡氯丁橡膠製作，底部有刻紋，有助健行 (靠船緣偏移抵銷傾斜)，內部採用平針織物層壓，以提高舒適感。側綁式鞋帶避免健行時造成阻礙，層壓氯丁橡膠鞋面和彈性橡膠鞋底採用黏著劑接合。

甲醛基底樹脂：
三聚氰胺甲醛樹脂（MF）、酚醛樹脂（PF）、尿素甲醛樹脂（UF）

以甲醛為基底的樹脂，這些是最古老的合成塑膠，能單獨使用或混合多樣複合材料、三聚氰胺、酚醛樹脂和尿素等，目前仍是最重要的熱塑性塑膠。它們的特色是耐用，具有隔絕性能，耐熱性與抗化學品耐受性高，能用在嚴苛的應用範圍。

類型	一般應用範圍	永續發展
· 三聚氰胺甲醛樹脂 (MF) · 酚醛樹脂 (PF) · 尿素甲醛樹脂 (UF)	· 電器外殼、插頭和插座 · 炊具與廚具 · 黏合劑和泡棉	· 回收不可行，內含耗能中等 · 暴露在甲醛中會對健康造成不良影響

屬性	競爭材料	成本
· 耐熱性與抗化學品耐受性高 · 表面硬度夠，經久耐用	· 聚醯胺、PET、POM · 環氧樹脂與不飽和聚酯樹脂 · 陶器、石器與瓷器	· 原料成本中等 · 生產所耗的成本高

224

簡介

這類型熱固性塑膠利用加熱加壓形成立體零件，在固化的過程中，形成複雜的交叉鏈結構網絡，能讓材料擁有非常理想的性能，包括耐候性與抗化學耐受性，高溫下擁有尺寸穩定性，並有良好的介電絕緣作用。

這些是甲醛和三聚氰胺，苯酚或尿素縮聚的結果，電木 (Bakelite) 是第一個實現案例，甲醛縮合樹脂是第一種真正的可模製成型合成塑膠。電木在 20 世紀初取得專利，最初被認為是蟲膠的低成本替代品，一開始發展非常緩慢，直到 1920 年代原始專利過期，在競爭的刺激下，酚醛樹脂的全部潛力才藉由研究與開發完全發揮出來，有幾家公司開始開發這種材料，大規模生產的塑膠產品才漸漸普及。

商業類型和用途

電木原本只有深色，特別是棕色和黑色，主要是為了隱藏增加電木強度的填充料（像是粉末木材）。專利過期後，出現了新的配方，不再需要填充料，因此也有各式各樣的顏色。

酚醛樹脂 (PF) 以層壓塑膠形式應用，樹脂結合紙張、玻璃纖維 (GF) 或棉花（請見第 410 頁）。

樹脂製的廚具 (右頁)

設計品牌 Krenit 由丹麥材料工程師赫伯特·克倫切爾 (Herbert Krenchel) 創立，他本身也是設計師，1953 年首次生產出沙拉餐具組。今天，這款沙拉餐具組由丹麥設計品牌 Normann Copenhagen 製作，採用三聚氰胺甲醛樹脂，顏色從白色、藍色、紅色、灰色到黑色皆有。

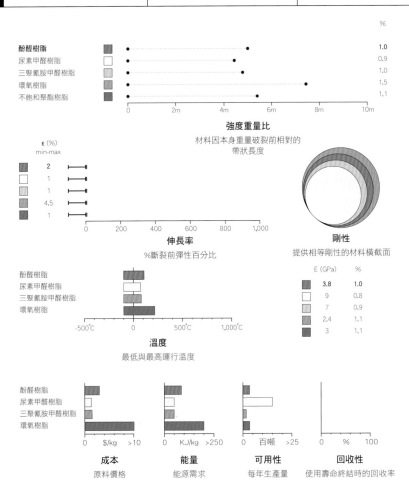

強度重量比 — 材料因本身重量破裂前相對的帶狀長度

	%
酚醛樹脂	1.0
尿素甲醛樹脂	0.9
三聚氰胺甲醛樹脂	1.0
環氧樹脂	1.5
不飽和聚酯樹脂	1.1

伸長率 — %斷裂前彈性百分比

ε (%) min-max
酚醛樹脂	2
尿素甲醛樹脂	1
三聚氰胺甲醛樹脂	1
環氧樹脂	4.5
不飽和聚酯樹脂	1

剛性 — 提供相等剛性的材料橫截面

	E (GPa)	%
	3.8	1.0
	9	0.8
	7	0.9
	2.4	1.1
	3	1.1

溫度 — 最低與最高運行溫度

酚醛樹脂
尿素甲醛樹脂
三聚氰胺甲醛樹脂
環氧樹脂

成本 — 原料價格
能量 — 能源需求
可用性 — 每年生產量
回收性 — 使用壽命終結時的回收率

加壓加熱之後形成強固半硬質片狀材料，主要用於介電絕緣，韌性不如相近的纖維強化材料 (FRP)，因此要避免使用在承重或高壓的應用範圍，但是這種材料非常經濟實惠，因此廣泛用於需求不高的介電絕緣應用範圍，這些情況一般要求使用尺寸穩定的硬質抗性材料。

尿素甲醛樹脂 (UF) 在 1924 年取得專利，自然色為白色，直接優勢勝過酚醛樹脂，像是優異的固色性，電性能佳，並有耐溫性。尿素甲醛樹脂是三種甲醛基底樹脂中使用最廣泛的，主要用於木製品，像是塑合板、中密度纖維板 (MDF) 和膠合板。其他類型木質基底面板採用酚醛樹脂製造。

三聚氰胺甲醛樹脂 (MF) 使用的年代晚了前兩者許多，約在 1930 年代與 1940 年代才出現在消費產品上，和尿素甲醛樹脂相比，三聚氰胺甲醛樹脂具有優異的表面屬性，拒水性更高，不易產生污漬，這也代表三聚氰胺甲醛樹脂適合應用在烹調與餐飲上。和其他樹脂一樣，用來當作表面材料與層壓板，事實上，超過半數的三聚氰胺甲醛樹脂用於層壓板，例如富美家層壓板 (Formica)。

三聚氰胺甲醛樹脂初期獲得的成功，讓陶瓷餐具製造商開始擔心這種材質的未來潛力，三聚氰胺甲醛樹脂製作的杯碗盤採用模製成型，並有彩色外觀，搭配白色內裡，模釉釉面陶瓷 (請見第 480 頁黏土)，這兩種材料的品質完全不同，隨著時間過去，三聚氰胺甲醛樹脂的侷限漸漸浮出水面，雖然掉落時不會輕易碎裂，但是容易剝裂造成小缺口，而且表面脆弱，容易刮傷留下污漬。

大量生產時可採用射出成型，只有某些類型甲醛樹脂可以兼容這種工法，而且與熱塑性塑膠射出成型相比嚴重受限，因為甲醛樹脂的脆性，不建議

使用任何尖銳物件，最好避免使用太薄的橫截面，因為材料非常黏稠，因此不能好好流動，填補較細窄的空間，大部份的應用範圍可以達到的最小壁厚約為 2 公釐，雖然某些情況下壁厚可以更薄，與熱塑性塑膠一樣，整體壁厚不應變化太大，以免因為冷卻不均而造成零件翹曲。

許多熱固性零件使用螺絲組裝，螺紋有三種方式成型，一是用螺紋芯模製，成型後移除螺紋芯；或使用螺紋嵌件包覆成型；或將螺紋刻入成型塑膠零件。

壓縮成型是這些材料最古老也最簡單的生產方法，模具一般只需兩個部份：模腔與施壓側，開模成本低，多用於中低生產量，但也可以用在大量生產，但是比射出成型更需要人力，因此單價會比較高。利用這種技術，可將不同顏色合併為單一物件，每個顏色依序成型，彼此交疊，例如雙色餐具 (杯碗盤) 利用壓縮模製生產外部形狀後，直接在內部成型內襯，第一次與第二次加壓之間，交換內部輪廓的一半模具，以便加上額外的壁厚。

若要在模具中將裝飾應用在這些熱固性塑膠上，可使用兩階段工法，樹脂模塑成型後，一部份固化，這個時候，將想要的印刷貼花放置在零件的頂部，夾緊模具，完成固化步驟。成型作業完成時，印刷層會封進透明樹脂薄層下方，永久黏合在零件的表面，將平面設計封裝在底下。

另一種替代方案是利用熱昇華轉印 (dye sublimation，請見第 152 頁聚對苯二甲酸乙二酯)，這個工法有很大彈性，適合用於模製成型產品與層壓版，但因為使用了油墨，因此對食用級餐具並不安全。

分割簡易的模具也會限制壓縮成型能實現的幾何形狀，因此開發出轉注成

型技術，這種技術縮小了壓縮成型與射出成型的差距，可以生產簡單的壓縮成型無法實現的複雜零件，而且開模成本仍然低於射出成型。

樹脂可作為泡棉應用在各種不同範圍，從插花專用吸水海綿 (可將花材固定在適當位置，並供應水分) 到建築物隔熱層皆能使用樹脂泡綿，但是因為甲醛產品在使用期間可能會釋放氣體，因此目前已經不再使用於會影響空氣品質的應用範圍。

永續發展

甲醛會造成眼睛、皮膚與喉嚨刺激，暴露在高劑量的甲醛下可能會導致某些類型的癌症 (已經證明會在動物上導致癌症)，使用甲醛製造這些塑膠，在使用期間表面可能會釋放氣體，釋放的蒸氣量會隨著溫度升高而增加。

三聚氰胺甲醛樹脂可用於食用級餐具，也可作為壺、鍋或其他廚房設備的把手，美國食品藥品監督管理局 (FDA) 與歐洲食品安全局 (EFSA) 認為使用三聚氰胺甲醛樹脂製造這些物件是安全無虞的，但是雖然三聚氰胺甲醛樹脂能耐高溫 (可用於洗碗機)，但是並不建議加熱或盛裝滾燙的酸性食物，以免造成三聚氰胺甲醛從塑膠中轉移出來。

甲醛使用的應用範圍有很多都會釋放氣體而造成安全疑慮，建築相關的大型應用範圍，可能會造成空氣品質嚴重下降，像是隔熱泡棉與木製品，因此在這些情況下，要用更安全的替代品取代，例如聚氨酯 (請見第 202 頁 PU)。

層壓樺木膠合板托盤 (右頁)

盧森堡設計品牌 Silk & Burg 推出的模製成型樺木膠合板托盤，採用三聚氰胺甲醛樹脂表面。半數以上的三聚氰胺甲醛樹脂都用在層壓板製作，提供堅硬、耐用、衛生的外層，適合各式各樣的應用範圍，藉由熱昇華轉印可以印刷，加上鮮豔的色彩。

不飽和聚酯樹脂（UP）

別名
不飽和聚酯成型材料 (PMC)：片狀成型材料 (SMC) 和塊狀成型材料 (BMC)，又稱為團狀成型材料 (DMC)
生物衍生不飽和聚酯樹脂：「Envirez」

目前不飽和聚酯樹脂 (UP resin) 是複合層壓材料中應用最廣泛的熱固性塑膠，船舶、建築物或傢俱製作時，會將樹脂結合高強度纖維，使用 UP 樹脂的複合材料成本低，能提供與熱塑性工程塑膠相等的強度重量比，而且容易使用，並能兼容各種加工技術。

類型	一般應用範圍	永續發展
· 室溫固化：鄰苯二甲酸系 (Orthophthalic) 與異苯二甲酸 (Isophthalic) · 不飽和聚酯成型材料 (PMC)	· 傢俱與室內裝潢 · 汽車與海事 · 營建	· 回收不可行 · 會釋放揮發性有機物 (VOC)

屬性	競爭材料	成本
· 機械屬性中等 · 高固化收縮 · 異苯二甲酸類型拒水性優異	· 環氧樹脂、酚醛樹脂、尿素甲醛樹脂與三聚氰胺甲醛樹脂 · 聚醯胺、聚對苯二甲酸乙二酯 (PET)、聚對苯二甲酸丁二醇酯 (PBT)、聚甲醛 (POM)、聚醚醚酮 (PEEK) · 鋼與鋁合金	· 原料成本低 · 生產所耗的成本中等偏高

簡介

不飽和聚酯樹脂 (UP 樹脂) 是一種硬而脆的熱固性塑膠，可單獨用於小型鑄件，或混合使用各種填充料，或與高強度纖維強化材料結合，生產複合材料層壓板。不飽和聚酯樹脂價格不昂貴而功能多變，可兼容各種生產技術，從一次性生產到大規模生產皆通用。

不飽和聚酯樹脂不像環氧樹脂 (請見第 232 頁) 或甲醛樹脂 (請見第 224 頁)，不飽和聚酯樹脂會形成平行式交叉聯結，因此不飽和聚酯樹脂容易脆裂，環氧樹脂或甲醛樹脂會形成複雜的立體交叉聯結結構，因此更耐用。

聚酯藉由特定醇類與酸類反應來生產，不飽和聚酯樹脂一開始的成份就有非常廣泛的選擇，因此多樣多變，熱固性聚酯在 1930 年代首次取得專利，與熱塑性聚酯不同 (請見第 152 頁聚對苯二甲酸乙二酯與第 262 頁聚乳酸)，這是碳原子之間的不飽和雙鍵，交叉聯結形式代表不飽和聚酯樹脂不會遇熱就融化。

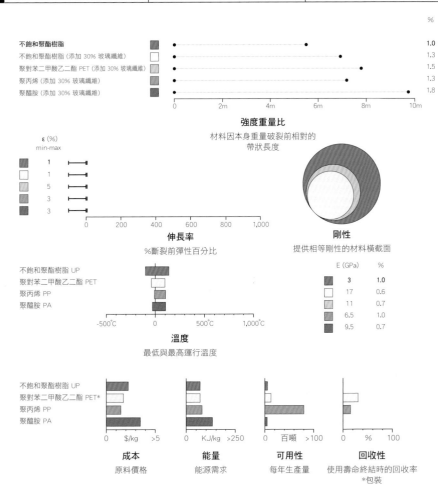

不飽和聚酯樹脂

	%
不飽和聚酯樹脂	1.0
不飽和聚酯樹脂 (添加 30% 玻璃纖維)	1.3
聚對苯二甲酸乙二酯 PET (添加 30% 玻璃纖維)	1.5
聚丙烯 (添加 30% 玻璃纖維)	1.3
聚醯胺 (添加 30% 玻璃纖維)	1.8

強度重量比
材料因本身重量破裂前相對的帶狀長度

ε (%)
min-max

	1
	1
	5
	3
	3

伸長率
%斷裂前彈性百分比

剛性
提供相等剛性的材料橫截面

E (GPa)	%
3	1.0
17	0.6
11	0.7
6.5	1.0
9.5	0.7

不飽和聚酯樹脂 UP
聚對苯二甲酸乙二酯 PET
聚丙烯 PP
聚醯胺 PA

溫度
最低與最高運行溫度

不飽和聚酯樹脂 UP
聚對苯二甲酸乙二酯 PET*
聚丙烯 PP
聚醯胺 PA

成本	能量	可用性	回收性
原料價格	能源需求	每年生產量	使用壽命終結時的回收率 *包裝

纖維強化塑膠 (FRP) 賽車整流罩 (右頁)

整流罩製作一般採用丙烯腈 - 丁二烯 - 苯乙烯共聚合物 (請見第 138 頁 ABS 樹脂) 或聚丙烯 (請見第 98 頁 PP)，纖維強化塑膠以純手工製作，比射出成型熱塑性塑膠更昂貴，但這是卡車的首選，因為重量更輕、更耐用，容易維修。層壓前可在模具加上凝膠塗層，帶有玻璃強化纖維的不飽和聚酯樹脂直接附著在整流罩上，脫模後，凝膠塗層能提供光滑的表面，這種組合是最符合成本效益的複合材料，優異的強度重量比能媲美芳綸纖維 (請見第 242 頁) 或碳纖 (請見第 236 頁) 強化環氧樹脂，但後者的價格更昂貴。

商業類型和用途

液態不飽和聚酯樹脂一般以溶液形式供應，其中高達 50% 為苯乙烯單體。苯乙烯能形成交叉聯結的聚合物結構，不會產生衍生物 (如聚酯和苯乙烯的共聚物)。因為固化不可避免，不飽和聚酯樹脂儲存時間有限 (通常會添加抑制劑)，又因為反應速度很慢，因此用於製造不太可行，會加入催化劑促進聚合，一般使用有機過氧化物，如過氧化丁酮 (methyl ethyl ketone peroxide，縮寫為 MEKP)，這種物質不會參與化學反應，只是觸發整個過程。

加工程序在室溫下進行，過程會放熱 (生成熱能)，溫度可超過 100°C，取決於使用的催化劑材料與零件厚度，填充材料也會影響特定性能 (像是阻燃性)，減少不飽和聚酯樹脂可減少成本，並能讓成型過程更輕鬆 (例如壁厚較厚的部份減少放熱)。

最常見的搭配是使用玻璃纖維強化 (請見第 522 頁 GF)，因為這種材料原本的價格偏低，常與切股纖維氈 (chopped strand mat，縮寫為 CSM) 一起使用，與玻璃纖維織物形成對比。切股纖維氈以長鏈玻璃纖維隨機堆疊組成，加上黏合劑固定。雖然不飽和聚酯樹脂本身非常脆，強度中等，但使用切股纖維氈強化後硬度增加，較相同強度的不飽和聚酯樹脂重量減輕三分之一。使用連續玻璃纖維可大大改善機械屬性：由 70% 玻璃纖維紗束組成的複合材料，強度比添加 30% 切股纖維氈高出 2.5 倍，利用切股纖維氈取得的強度，適用大部份使用不飽和聚酯樹脂的情境，使用連續纖維價格明顯高出許多，不管是原料或是製造過程價格都更貴。

加入切股纖維氈強化的不飽和聚酯樹脂，強度重量比相當於混入相等比例玻璃纖維的熱塑性塑膠，包含聚對苯二甲酸乙二酯 (PET、聚酯) (請見第 152 頁) 和聚丙烯 (PP) (請見第 98

頁)、聚醯胺 (PA，尼龍) (請見第 164 頁) 基質，以及尼龍聚醚醚酮 (請見第 188 頁 PEEK)，但是這些材料更貴，後者 PEEK 的價格特別高。

我們選擇材料並不全是取決於原物料成本，也要考慮固化過程與壓層過程的簡便，使不飽和聚酯樹脂不需要任何昂貴的設備與機器，這些複合材料同樣適用於手工鋪設或全自動生產 (例如樹脂轉注成型或樹脂灌注成型)，提供與熱塑性塑膠截然不同的設計可能，例如不飽和聚酯樹脂結構沒有尺寸限制，特別是使用手工技術製造的結構，因此可用於難以使用熱塑性塑膠製作的物件，像是小帆船、遊艇、工作船隻使用的船體和甲板、建築物立面與屋頂系統、傢俱與室內裝潢和雕塑……等等。

不飽和聚酯樹脂固化期間會收縮5%至 10%，使纖維強化材料或其他填充物透出，在表面可以看到紋理。可利用凝膠塗層將視覺影響最大限度地減少，在層壓或模製成型以前，先施作在模具上，確保表面乾淨沒有缺陷。凝膠塗層也能加強表面耐用度，改善耐磨性與吸水力。

不飽和聚酯成型材料 (PMC) 是最近新開發的材料，1960 年代首次應用後，目前已經取得重大發展。主要分成兩種類型，片狀成型材料 (sheet molding compound，縮寫為 SMC) 和塊狀成型材料 (bulk molding compound，縮寫為 BMC)，又稱為團狀成型材料 (dough molding compound，縮寫為 DMC)。利用預拌切碎玻璃纖維的樹脂組成，不同之處在於片狀成型材料用來生產壁厚或多或少恆定不變的片狀組件，而塊狀成型材料 (或稱團狀成型材料) 則用來生產立體零件，用連續纖維生產的片狀成型材料將可使零件強度更高。

不飽和聚酯成型材料的優勢在於適用

壓縮成型，加熱加壓後，樹脂與纖維流動填充模具空腔，使作業時間比複合材料層壓所需時間更短，約在二到五分鐘，實現高強度零件所需的成本低，這表示不飽和聚酯成型材料有時可能與鋼材 (請見第 28 頁) 與鋁合金 (請見第 42 頁) 競爭。不飽和聚酯成型材料適用於大規模生產，可用於各種情況，包括電器電信零件、汽車零件、傢俱等，甚至營建部門的零件 (門和屋頂)。

和複合材料層壓版一樣，近年來不飽和聚酯成型材料面臨來自射出成型的熱塑性複合材料激烈競爭，雖然射出成型結構上可能較弱，因為纖維強化材料的長度減少，但是這種工法提供許多優點，價格通常比較便宜 (作業循環時間更短)，能夠生產壁厚更薄的複雜零件，並與更多樣材料兼容，除此之外，產生的廢料更少。

永續發展

因為混合材料，造成最主要的環境影響，不飽和聚酯樹脂的化學結構是交叉聯結，不可能循環再利用，這代表生產時製造的廢料都必須拋棄。

不飽和聚酯樹脂另一個問題是固化時會釋放揮發性有機物 (VOC)，的確有不含苯乙烯、揮發性有機物含量超低的樹脂，但是機械性能不如傳統不飽和聚酯樹脂，而且往往更脆。

類似環氧樹脂，不飽和聚酯樹脂某些成份能換成可再生來源的生物基化學物質、其他處理方式的副產品或是可再生材料。降低二氧化碳的排放並減少對原油的依賴，有助於降低原物料帶來的環境影響。商標名稱為「Envirez」是第一個商用生物衍生不飽和聚酯樹脂，農具品牌 John Deere 出品的拖拉機利用片狀成型材料製作車身面板，自 2002 年推出以來，已經開發出新多新等級，生物基含量最高可達22%。

模製成型纖維強化單椅

設計傢俱大廠 Herman Miller 在 1950 年首次推出這款單椅，由美國設計師查理斯・伊姆斯 (Charles Eames) 使用玻璃強化纖維不飽和聚酯樹脂製作。伊姆斯試過層壓膠合板（請見第 296 頁科技木材）與壓製鋼板失敗，最後決定採用模製成型纖維強化塑膠，將切股纖維氈預製件放入模具中，與樹脂一起浸泡，加熱加壓後使樹脂固化。1980 年代末，這張椅子終於問世，但是使用的材料卻會造成負面環境衝擊，因此 Herman Miller 停止生產這款椅子。替代版在 2001 年上市，採用玻璃強化纖維聚丙烯 (PP) 射出成型，但是這兩種不同製造方法完成的單椅，在視覺、觸感與機械屬性等截然不同。在那之後，Herman Miller 使用更長的纖維製作強化纖維塑膠外殼，發展出更具永續發展可能的技術，既可尊重伊姆斯原始設計，又不像傳統 UP 樹脂會造成對環境的負面影響。就像早前版本，將長玻璃纖維預製件浸泡在樹脂中，壓縮成型，使表面變化與紋路一致，讓這款值得珍藏的代表性設計能保持原始樣貌。

人造樹脂、環氧樹脂

環氧樹脂是一種具有良好全方位機械性能的熱固性樹脂，可用於黏著劑、塗料和鑄件，最重要的應用領域就是作為碳纖維強化塑膠 (cFRp) 的基底材料。這些複合材料具有優異的強度重量比，能抗降解，徹底改變了許多產業，包含航空航太、汽車和海事。

類型	一般應用範圍	永續發展
・室溫固化 ・高溫固化	・汽車、航空航太與海事 ・地板與工作檯面 ・塗層與黏著劑	・回收不可行 ・內含耗能高

屬性	競爭材料	成本
・黏著力優異，機械性能良好 ・耐熱性與抗化學耐受性良好 ・抗紫外線功效差	・不飽和聚酯樹脂、酚醛樹脂、尿素甲醛樹脂、三聚氰胺甲醛樹脂 ・聚對苯二甲酸乙二酯 (PET)、聚對苯二甲酸丁二醇酯 (PBT)、聚甲醛 (POM)、聚醚醚酮 (PEEK) ・聚甲基丙烯酸甲酯 (PMMA) ・鈦、鎂與鋁合金	・原料成本中等偏高 ・生產所耗的成本高

簡介

環氧樹脂與不飽與聚酯樹脂（請見第 228 頁 UP 樹脂）不同之處在於硬化劑（通常是胺類），而不是使用催化劑讓樹脂固化，換言之，兩者都是參與化學反應來使聚合物成型，有助於形成複雜的三維交聯結構，此反應不可逆，也不會形成副產品。

環氧樹脂系列包含許多不同類型，包含黏著劑、塗佈樹脂、鑄塑樹脂、層壓樹脂等，除此之外，還有許多不同類型的硬化劑，結合適當的樹脂與硬化劑，能夠訂製樹脂的屬性。環氧樹脂有高黏合強度，而且表面能也夠低，能確保在大多數的材料上有良好的覆蓋率（請見第 202 頁聚氨酯），加上低收縮力，能確保連結區域不會在固化過程受到干擾，確保形成牢固的接點，這種特質讓環氧樹脂在大多數情況下，能與其他材料結合使用。

商業類型和用途

環氧樹脂可以是單液型或雙液型，單液型又稱為乾燥型或半固體環氧樹脂 (SsEP)，藉由加熱固化後，硬化劑與環氧樹脂預拌後，當溫度夠高時兩者發生反應，因為本身的化學性質，具有非常良好的耐熱性，能在高達 220°C 的環境下作業。

鑄造樹酯桌面 (右頁)

由日本建築師長坂常 (Jo Nagasaka) 為英國設計傢俱品牌 Established & Sons 設計的原型，2013 年於倫敦設計節推出「Iro」，以明亮的彩色樹脂包覆道格拉斯冷杉木板，細微的木頭紋理懸浮在兼具實用性的拋光桌面底下。影像由攝影師 Peter Guenzel 提供，版權為 Schemata 建築事務所所有。

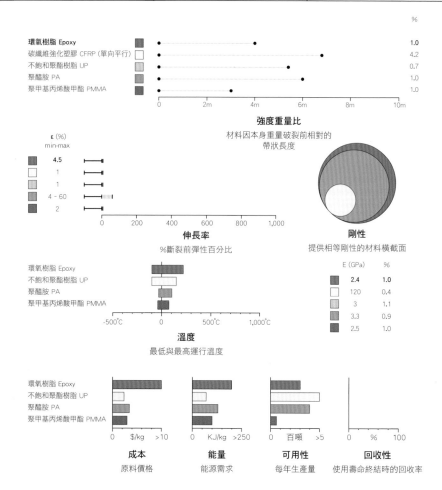

		%
環氧樹脂 Epoxy		1.0
碳纖維強化塑膠 CFRP（單向平行）		4.2
不飽和聚酯樹脂 UP		0.7
聚醯胺 PA		1.0
聚甲基丙烯酸甲酯 PMMA		1.0

強度重量比
材料因本身重量破裂前相對的帶狀長度

ε (%)
min-max

| 4.5 |
| 1 |
| 1 |
| 4 - 60 |
| 2 |

伸長率
%斷裂前彈性百分比

剛性
提供相等剛性的材料橫截面

	E (GPa)	%
	2.4	1.0
	120	0.4
	3	1.1
	3.3	0.9
	2.5	1.0

環氧樹脂 Epoxy
不飽和聚酯樹脂 UP
聚醯胺 PA
聚甲基丙烯酸甲酯 PMMA

溫度
最低與最高運行溫度

環氧樹脂 Epoxy
不飽和聚酯樹脂 UP
聚醯胺 PA
聚甲基丙烯酸甲酯 PMMA

成本 原料價格	**能量** 能源需求	**可用性** 每年生產量	**回收性** 使用壽命終結時的回收率
0 $/kg >10	0 KJ/kg >250	0 百噸 >5	0 % 100

像這種預先混合的環氧樹脂可用於製造纖維強化塑膠 (FRP)，稱為預浸材 (prepreg)。將環氧樹脂浸漬到纖維強化材料中，預備複合層壓，這種方法可以確保與纖維混合的樹脂比例正確，這是實現預設的機械性能必要關鍵，雖然環氧樹脂最常與碳纖維結合使用 (請見第 236 頁 CF)，但也可以適用於其他幾種類型，包括玻璃 (請見第 522 頁 GF) 和芳綸 (請見第 242 頁)。

作為纖維強化塑膠的基質，環氧樹脂可以直接與其他熱固性樹脂競爭，特別是不飽和聚脂樹脂，不飽和聚脂樹脂價格便宜許多，應用在更多產業，不飽和聚脂樹脂每公斤約 1.5 美元至 3 美元，相較之下，環氧樹脂每公斤約 5 美元至 20 美元，但環氧樹脂具有更高熱學特性與機械特性，耐水性更高，固化時間更靈活。

收縮率低是成功的關鍵，不僅可以確保最高黏合強度與尺寸穩定度，並能將透色的可能降至最低，避免表面可以看出添加的纖維。

玻璃纖維強化環氧樹脂複合材料能直接與輕量金屬合金競爭，也就是鋁 (請見第 42 頁)、鎂 (請見第 54 頁) 和鈦 (請見第 58 頁)，用於飛機、賽車和高性能帆船的生產製造，在大規模生產的情況下，環氧樹脂限制較多，因為價格較昂貴，生產率低造成複合材料不盡理想，而且，事實上，環氧樹脂的廢棄物無法回收。

環氧樹脂示範了塑膠有潛力取代金屬，熱塑性塑膠現在已經實現，依照應用範圍的需求，不同的熱塑性塑膠可用來代替熱固性塑膠，包括聚醯胺 (PA，尼龍) (請見第 164 頁)，聚醚醚酮 (請見第 188 頁 PEEK) 和聚丙烯 (PP) (請見第 98 頁)。與環氧樹脂相比，每種熱塑性塑膠各有其優勢與劣勢，但其中一個優點是熱塑性塑膠共有的，那就是僅需透過加熱加壓就能成型，

不需要經過各種的麻煩程序，不會面臨固化、揮發性有機物 (VOC)、儲存或是處理等不同問題。這其實也提供許多可能性，特別是大量生產。

室溫固化環氧樹脂為雙液型，硬化劑與環氧樹脂分離處理，這種工法又稱為濕式或液體環氧樹脂 (LER)。有一個小缺點是化學品如果沒有依照正確比例使用，其中一項會多出來，進而影響最終的機械特性。由於化學性質不同，液體環氧樹脂具有優異的抗化學耐受性，但是耐熱性較低，最高約達 140°C。

固化過程不需加熱，讓設計與製造可以有更多可能，混合樹脂在硬化前可以澆注、塗漆或鑄件，反應速率又稱為適用期 (pot life)，會決定樹脂操作時間，時間的長短取決於使用硬化劑的控制，可從幾秒到幾年不等，較長的固化時間可避免大型零件裂開。雙液型樹脂可用做黏著劑、塗佈樹脂 (水管、包裝、墊子產品、車輛、船舶、建築與室內裝潢)、鑄塑樹脂 (模型製作、雕塑、傢俱和珠寶)。將物件封存在樹脂中，多半是因為技術原因或外觀裝飾，傢俱設計師或是藝術家會偏好用全透明或帶有顏色的半透明樹脂；應用在電子產品上，環氧樹脂塗層將可提供絕緣防水的外層保護。

聚甲基丙烯酸甲酯 (請見 174 頁 PMMA、壓克力) 和聚氨酯樹脂 (請見 202 頁 PU) 可以鑄造成類似的物件，價格較不昂貴。PMMA 與環氧樹脂機械特性或多或少相等，但兩者不同之處在於環氧樹脂為熱固型，因此具有優異的耐受性，PMMA 硬度夠，可拋光，具有出色的透明度 (透光率高達 92%)，抗紫外線耐受性媲美環氧樹脂。這些特性讓表面質感非常出色。但是另一方面，PU 彈性更高 (可曲折與拉伸彈性更高)，吸收衝擊的性能更好，比環氧樹脂具有更高的耐磨性，

透明度優異，曝曬在紫外線底下不會馬上降解，雖然最後還是會發黃。

環氧樹脂與聚氨酯都能用做地板覆蓋物，每一種都有自己適用的範圍，但是總體來說，需要高硬度與抗壓強度的情況下，一般會偏好使用環氧樹脂，像是倉庫與配送中心；PU 更有彈性，抓地力更好，可用於停車場和人行道。

永續發展

雖然環氧樹脂有助於減輕重量，提高運輸時的燃油效率，但同時也有許多缺點，首先環氧樹脂是熱固性塑膠，代表回收不可行；其次，環氧樹脂內含耗能高。第三點，環氧樹脂中某些成份對人體與環境有害，特別是雙酚A單體 (BPA) (請見 144 頁聚碳酸酯)。雙酚A是環氧樹脂主要成份，再加上環氧氯丙烷 (ECH)，據統計，約有 85% 的環氧樹脂利用這兩種成份反應而得。

這就是環氧樹脂的負面影響，因此人們不斷尋找其他替代方案，像是 Entropy Resins 推出的 Super Sap，採用生物基與可再生成份製造，原物料是其他工業過程的副產品或廢料，37% 為生物基原料，因此，製造商表示這種材料的製造過程所產生的溫室效應氣體，為傳統石油機環氧樹脂的一半，截至目前為止，已經開發出適合層壓、融滲、壓縮成型或鑄造成型的樹脂系統與黏度。

樹脂實驗 (右頁)

由安瑟爾‧湯森 (Ansel Thompson) 創作的一系列實驗材料，展示環氧樹脂在藝術上的可能。上圖為明亮色彩的片狀環氧樹脂，切成條狀後鋪設在白色環氧樹脂基底上，形成起起伏伏的條紋圖騰。中間為透明鑄塑樹脂結合陽極鋁條，波浪在材料上投下陰影，取決於觀看的角度，能創造出獨一無二的視覺效果。下圖為樹脂填充泡沫鋁材料後拋光，每一個細胞都呈現不同濃度的灰階色彩，取決於背後泡沫的形狀。

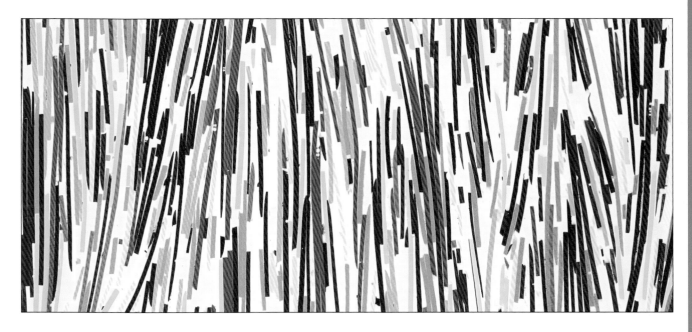

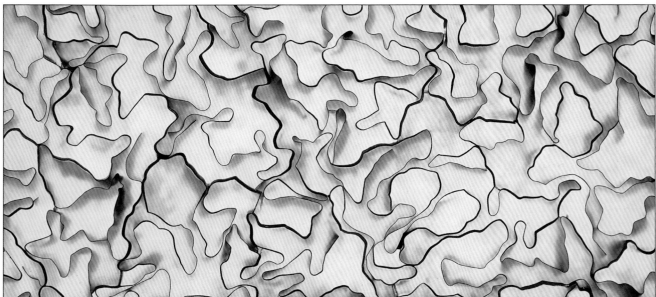

碳纖維強化塑膠（CFRP）

以非常強大的結晶碳絲組成的纖維，可用於增加塑膠和混凝土的強度，長度短的纖維隨機混入，或是根據預計的負載以連續長絲定向加入。碳纖維與熱塑性和熱固性塑膠基質相容，材料的選擇取決於應用範圍，最終屬性取決於材料組合。

類型	一般應用範圍	永續發展
· 碳纖維：超高分子量 (UHM)、高分子量 (HM)、中模數等級、高抗拉 (HT) 與超高抗拉 (SHT)	· 汽車與航空器 · 運動與軍事 · 營建	· 雖然碳纖維的高價值是一大重要誘因，但是複合材料回收不可行

屬性	競爭材料	成本
· 強度重量比高 · 硬而脆 · 耐熱性與抗化學耐受性高 · 具傳導性	· PBO、芳綸與 UHMWPE 纖維 · 玻璃纖維與鋼纖維 · 鋁、鎂與鈦合金	· 材料成本高，但是因為需求增加了，所以價格快速降低中 · 製造成本中等偏高

236

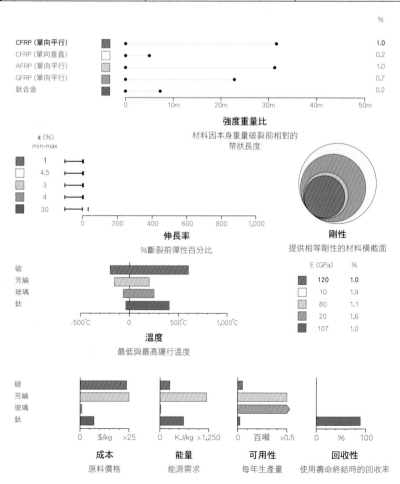

簡介

碳纖維在 1960 年代開始應用於商業上，碳纖維 (CF) 具有一些傑出的特性，由碳晶體組成，顏色只有黑色，而且碳纖維並不是所謂超級纖維，不具備更高的強度重量比，像是超高分子量聚乙烯纖維 (UHMWPE) (請見第 108 頁聚乙烯) 和聚對二唑苯 (請見第 246 頁 PBO)，碳纖維獨特的地方在於強度、剛性、穩定度等，還有耐候性、抗化學耐受性，並能耐高溫。

碳纖維是氧化丙烯 (PAN) 或丙烯酸纖維 (請見第 180 頁) 的產物，緊密結合的碳晶體與纖維方向一致，碳纖維至少含有 90% 的碳，若是碳含量更高則稱為石墨 (高達 99%)，目前最常見是以 PAN 作為聚合物原料，其他類型如黏膠纖維 (請見第 252 頁) 比較少見，碳纖維的品質與特性高度依賴原物料的一致性與結晶性。

截至目前為止，碳纖維因為生產成本高，價格非常昂貴，但是近十年前需求增加了，特別是汽車與航空航太領域使用量大增，使價格下降，價格下降加上大量生產製造技術發展，使許多高端消費產品開始採用碳纖維強化塑膠。

商業類型和用途

雖然碳纖維有許多不同類型，從低模數到高模數 (意指剛性) 不等，抗拉強度增加，碳纖維強化塑膠有各種可能的配置，包括現成的圖騰，也可以定製，代表設計上有許多不同可能。

根據碳纖維的性質可以分類如下 (極限抗拉強度以 GPa 為單位)：碳纖維：超高分子量 (UHM) (>2.25)、高分子量 (HM) (1.52.5)、中模數等級 (4.5)、高抗拉 (HT) (3.3) 與超高抗拉 (SHT) (>4.5)。根據熱處理可進一步分類，範圍從約 1,000℃ 到 2,000℃，更高的處理溫度能使強度與剛性更高。

纖維強化塑膠 (FRP) 是根據材料的組合與纖維的方向性來分類，無論是碳纖維強化材料、芳綸纖維強化材料 (請見 242 頁 AFRP)、玻璃纖維強化材料 (請見不飽和聚脂第 228 頁) 或是其他類型的纖維組合。

纖維強化塑膠 (FRP) 是由熱塑性塑膠與熱固性塑膠組成，這兩種基質主要的差別在於熱塑性塑膠可以透過加熱和熔融塑形，但是熱固性塑膠不行，因為聚合鏈會形成永久聯結。因此，每一種材料會需要不同的製造過程，不管是熱塑性塑膠可熔融加工 (例如射出成型或是熱成型)，熱固性塑膠在不可逆反應中堆疊固化 (例如壓縮成型和預浸料層壓)。

這些不同的處理方法具有不同的設計可能與限制，同時也具有截然不同的特性，熱塑性塑膠性能範圍廣泛，包括成本低又有彈性的聚丙烯 (PP) (請見第 98 頁)、強韌的聚醯胺 (PA，尼龍) (請見第 164 頁) 和耐受性特別高的含氟聚合物 (請見第 190 頁)。

複合材料足球鞋 (右圖)

Nike Mercurial 足球鞋鞋底採用碳纖維強化熱塑性聚氨酯 (TPU) (請見第 194 頁 TPE)。鞋底利用包覆成型，像傳統鞋靴一樣黏合到鞋面上，碳纖維的剛性結合 TPU 的彈性，據說能提高加速度，這種材料已知的優勢讓高價位變得可接受，而且這些優點並不容忽視。碳纖維強化熱塑性聚氨酯不只用在足球鞋，同時也用於自行車鞋 (卡鞋)、滑雪靴、運動鞋等 (甚至能應用在筆記型電腦和手機上)。

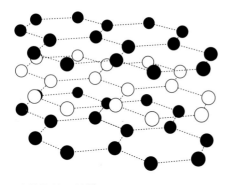

碳纖維結晶結構

藉由長時間的熱處理，氫與氮會從 PAN 排出，碳原子平面形成六方晶體結構（請見第 180 頁 PAN），平面的作用力微弱，使其能相互滑動（使石墨變脆，這就是鉛筆能留下墨跡的原因），這些平面沿著纖維長度有固定的方向，彼此纏繞。（碳纖維的特殊強度來自這種交互鎖扣）。長時間熱處理會形成幾乎純淨的石墨。

熱固性塑膠的結構會形成物理交叉聯結，使塑膠擁有更高的耐熱性與抗化學耐受性，抗拉強度不大，例如環氧樹脂（請見 232 頁）和不飽和聚脂（請見第 228 頁 UP)，但是硬度較熱塑性塑膠更硬，也更耐用。

碳纖維最常與環氧樹脂配對，因為結合兩者能提供卓越的強度與耐用性，這種組合兼容各式各樣的製造工藝，包含預製件層壓（賽車與航空器面板）、壓縮成型（大量生產的汽車零件和運動用品）與纖維纏繞（汽車與工業用圓柱型零件）。

熱塑性塑膠結合碳纖維擴大了可能實現的幾何形狀，碳纖維適用所有形式的熱塑性塑膠加工方式，包含射出成型零件（運動用品與汽車零件）、板材零件（遊艇、賽車、航空航天）與薄膜層壓（營建、競賽用船帆）。

複合材料自行車車架 (上圖)

義大利單車品牌 Colnago C60 的目標是讓自行車的設計更有效率，同時不犧牲強度或可靠性，進而減少騎手的疲憊。混合使用圓柱管和星形管，不同的橫截面變化有助於減輕重量，因為增加體積可使壁厚比合金管更薄。用於車架的碳纖維強化零件分別製作，然後組裝在一起，包括異型頭管、加大尺寸的下管、不對稱立管、底部五通接頭和車叉等。中空的零件利用可吹脹波紋管成型，確保內部造型一致，完成的車架經過塗裝，隱藏基底的碳纖維強化塑膠材料。上圖影像由 Colnago 提供。

碳纖維類似石墨，具有高導電性，在某些情況下很有優勢，但反之則會造成問題，除了利於某些與導電性相關的終端應用 (如抗靜電防護)，碳纖維與金屬結合使用挑戰性很高，因為會有電位差腐蝕的風險，當金屬具有不同活性且在電解質存在下接觸時會發生這種情況，電化學活性大的一方會成為陽極，因而受到腐蝕，與碳纖維結合使用時，輕量金屬合金容易受到嚴重的電位差腐蝕，包括鋁 (請見第 42 頁)、鎂 (請見第 54 頁)。因此，這些材料之間必須做好絕緣。相較之下，鈦合金 (請見第 58 頁) 和碳纖維強化塑膠不會互相腐蝕，在重視重量的嚴苛應用範圍特別佔有優勢，尤其是航空領域。

永續發展

碳化的過程複雜而耗能，執行時環境控制在 2,600°C，持續好幾個小時，溫度越高，特性越高，纖維強度越大。就像類似的高性能材料，碳纖維強化塑膠可能節省的重量，能夠打平在製造過程中損耗的大量能源。

複合材料回收非常困難，但是因為需求不斷增加，加上碳纖維的價格高，市場正在提倡回收，扭轉目前趨勢，熱塑性基質可藉由熔融或焚燒去除，而熱固性塑膠 (最常使用的基質) 則只能依賴溶解。

研究證明包括 50% 回收碳纖維與 50% 熱塑性塑膠的壓縮成型複合材料，能提供相當於新料一半抗拉強度與 90% 的抗拉模數，雖然如此，因材料本身具有的挑戰性，回收碳纖維要成為可靠的材料，仍有很長的路要走。

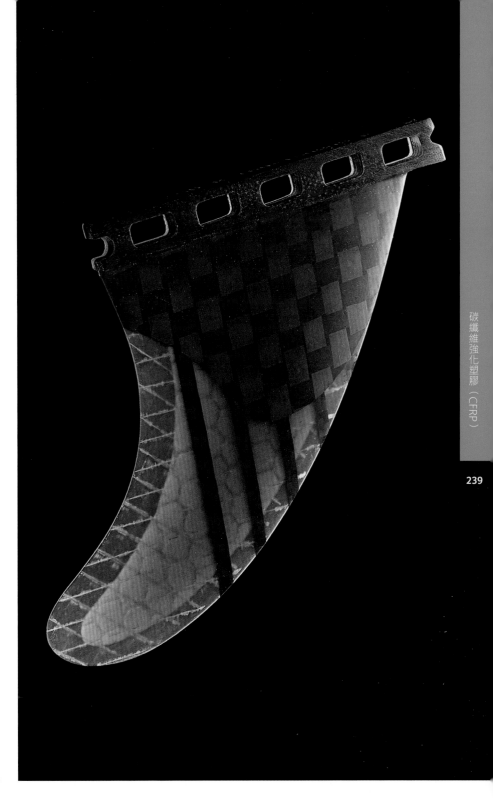

複合材料衝浪板尾舵

由加州衝浪板品牌 Futures Fins 生產製造，這個設計結合了多種不同材料，實現極致的衝浪性能，尾舵的造型、水翼與彈性皆審慎考慮，因為這些因素都會決定衝浪板的性能，例如結合碳纖維強化塑膠與玻璃纖維強化塑膠，加上蜂巢結構夾層採用無紡聚對苯二甲酸乙二酯 (PET、聚脂) (請見第 152 頁) (又以商標名稱稱為 Lantor Soric)。

採用稱為樹脂灌注的成型法 (樹脂轉注成型的進化版)，將碳纖維強化塑膠與玻璃纖維強化塑膠組裝在無紡夾層周圍，放入封閉模具中，在真空下吸入環氧樹脂，夾層的蜂巢細胞因樹脂在其中流動而撐開，固化後形成塑膠蜂巢，強度增加，重量最大限度地減少 (蜂巢對樹脂吸收量極低，與固態層壓相比，重量節省了三分之一)。

單向

平織

平紋

斜紋

三軸向織物

客製化

汽車與航空器

強度重量比

與傳統整體工程材料相比，碳纖維強化塑膠可以大幅節省重量，強度高度依賴纖維定向，垂直強度約為縱向強度的 20% 而已。

剛性

碳纖維強化塑膠比其他纖維強化塑膠擁有更高的剛性，但是硬度低於鋼材與特定銅合金。

耐用性

碳纖維強化塑膠非常耐用，疲勞強度足，這代表製作出的零件不會像金屬替代品一樣很快磨損殆盡。

耐腐蝕特性

碳纖維結合環氧樹脂或其他適合的基底材料，碳纖維可提供卓越的抗腐蝕耐受性，但是聚合物若受到濕氣影響，將會變得脆弱。

導電性

碳纖維的高傳導性對特定應用範圍很實用，例如提供抗靜電防護，但是碳纖維與特定金屬接觸時，會發生電位差腐蝕，特別是與鋁或鎂接觸時。

碳纖維與其他高強度長絲相比，擁有最強張力，因此，碳纖維零件整體強度重量比，關鍵因素在於纖維鋪放，單向纖維由平行排列的紗束構成，讓所有紗束強度保持對齊，根據預先計算的應力方向，通常以夾層形式施作；另一方面，編織紗束通常有標準配置，組成為經紗（warp yarns）（沿織機方向縱向延伸）加上緯紗（weft yarns），緯紗英文又稱為「filling yarns」（沿織機方向橫向延伸）。平紋編織是最簡單的（又稱為 0-90 或是雙軸），每個經紗穿過緯紗下方後，再穿過上方，反之亦然，被稱為 1/1 法法。

平織正面與背面看起來完全相同，使用相同的圖騰，但是編成兩組或多組經紗，緯紗數量不變，產生籃式編織，交織較少，可讓織品更柔韌。在平紋編織中，每根經紗或緯紗交錯在兩根以上的緯紗或經紗上，又稱為 2/1 織法。斜紋編織每次重疊時，至少會穿過四根紗束，又稱為 4/1 織法。三軸向織物由兩個經紗和一個緯紗織成，紗線以 60 度交織，創造尺寸穩定性更高的織物，輕盈而堅固，通常只需要平紋的一半紗束。另一種作法是紗束按照客製化配置鋪放，將強度最大化，使需要的材料數量降至最低。

碳纖維強化塑膠在汽車與航空器中的應用

由於生產與工程技術的發展，碳纖維在汽車與航空航太領域越來越普遍，過去碳纖維被貼上價格高的標籤，所以大多用於少量生產高單價的零件。

現在因為經濟規模擴大，所以價格降低了，現在碳纖維的價格已經能用在大量生產的應用範圍，商業化之後，這些領域的創新發展很快就能應用在各個角落，近年已經能看到碳纖維出現在消費產品、體育用品、休閒娛樂和建築營建等不同範圍。

運用碳纖維可以減少飛機的重量，約較傳統鋁合金減少 20%，進而減少了燃油消耗，現在航空航太領域有許多重要的應用範圍採用碳纖維，包括空中巴士 A350 的客機機身（組裝在框架上的四層面板）和機翼，以及波音 787 的飛機結構與主要結構。碳纖維強化塑膠適用於張力負荷普遍存在的地方，並且要避免使用在可能壓縮的零件，與鋁、鈦、鋼正好相反。因此這些飛機一半以上採用碳纖維強化塑膠、20% 鋁材及 15% 鈦金屬。

碳纖維運用在車輛與船舶上的優勢與飛機類似，與鋼和鋁相比，碳纖維強化塑膠分別節省約 50%、30% 重量，長期以來，賽車與遊艇主要採用碳纖維強化環氧樹脂製作，大規模生產交通運輸工具的主要考量因素是發生撞擊時乘客的安全，因此，碳纖維的限制在於脆性，金屬會在撞擊時變形，

碳纖維強化塑膠則會粉碎。賽車手受到超強單體結構保護，由碳纖維製作的厚實區塊組成，同樣的手法也運用在生產汽車上，雖然經過簡化使成本效益降低，例如在 BMW i3 電動車上，碳纖維強化塑膠內部車身（部份採用單體結構）安裝在一塊鋁製底盤上（支撐驅動裝置、懸吊系統與底盤），外殼則以塑膠面板構成。

由於晶體結構，碳纖維是各向異性，沿著長度強度最強，晶面鍵結相對較弱，使碳纖維質地脆，彎曲時容易損壞，因此纖維的方向性是強度重量比最大化的關鍵。有各式各樣的纖維配置，從標準編織圖案，到特別為複合材料層壓而設計的科技纖維。

每一種配置都有自己的優點，單向纖維提供最大的控制力，因為每一層可以排成不同方向，從 0 度到 90 度皆可。雙軸編織纖維的方向為 0 度和 90 度。平織提供勻稱的外觀，正面與背面看起來完全相同，大量重疊會讓織物表面產生高低差異極大的波浪，與其他編織樣式相比，機械性能較低（纖維平鋪可創造起伏較少的扁帶，減少高低差異的波浪），平紋纖維垂墜度更好，因為經紗和緯紗間的交織較少。

斜紋編織讓纖維彼此更緊密，基本上斜紋編織是平紋的延伸，但斜紋編織是平面的，一樣垂墜度高，但是因為交錯數量較少，處理上可能較棘手，因為纖維很容易滑走，不方便對齊。

將織物切割成圖案，類似服裝製作的過程，依循立體輪廓圍繞，盡可能錯開接點，減少潛在的缺點。碳纖維一般使用預製件加工，樹脂預先浸透纖維強化材料，這種技術可確保樹脂的比例正確，這點對確保材料的可預測性與性能最優化至關重要。

編織與纖維纏繞可用來製作無縫管狀結構，這兩者的區別在於編織會創造圖案，纖維纏繞則會覆蓋纖維，後者功能更通用，因為纖維的方向性可以依據每一層調整，讓強度與重量比最大化，當然，這種方法更耗時間，因此生產量較大的應用範圍會偏好採用編織。

藉由客製化纖維排列可以實現最先進的複合材料處理方法，根據電腦輔助設計軟體的數據，纖維按造預定的應力線鋪設，經過電腦引導頭架放置，透過層壓固定，雖然這是最複雜、最耗時的，但是可以減輕重量，而競爭優勢能打平成本，像是賽車帆（請見242 頁芳綸）、一級方程式賽車與太空梭等應用範圍。

複合材料門板模組 (右圖)
由賽車製造商 Prodrive 為 Aston Martin GT3 賽車製造的複合材料門板模組，以碳纖維預製件製作，面板切割後，手工放入模具，確保模具與詳細紀錄細節的操作手冊完全一致。準備就緒後，將模具與碳纖維預製件放入密封袋，施加真空，然後置於熱壓爐中，在熱壓爐溫度與壓力上升，固化樹脂基材。

芳香族聚醯胺、芳綸纖維

芳綸纖維大約發明於 50 年前，可用於高性能防護衣、運動器材、輕量化複合層壓板等。較廣為人知的是芳綸纖維的商標名稱「Kevlar」和「Twaron」，芳綸纖維強大堅硬，耐切割與耐熱性傑出，本身的顏色為明亮的金黃色，另外也有黑色可供選擇。

類型	一般應用範圍	永續發展
· 對位芳綸 (p-aramid) · 間位芳綸 (m-aramid)	· 汽車、航空航太、工業用紡織品 · 防護衣 · 賽車與運動用品	· 生產時使用能源密度非常高 · 回收不可行

屬性	競爭材料	成本
· 高強度、高剛性，蠕變性低 · 高耐熱、耐磨損 · 抗紫外線耐受性差	· 玻璃、碳、聚對二唑苯(PBO)與超高分子量聚乙烯(UHMWPE) · 聚醯胺與聚鄰苯二甲醯胺(PPA)	· 材料成本高 · 製造成本高

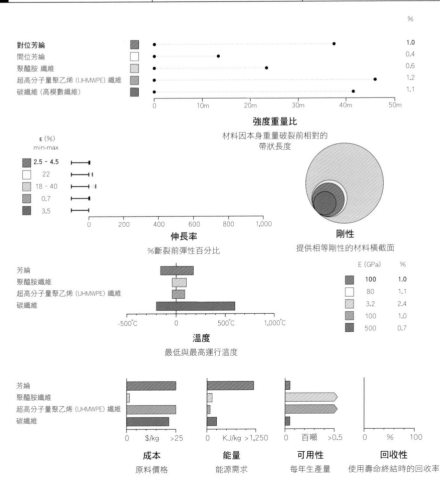

強度重量比
材料因本身重量破裂前相對的帶狀長度

伸長率
%斷裂前彈性百分比

剛性
提供相等剛性的材料橫截面

溫度
最低與最高運行溫度

成本	**能量**	**可用性**	**回收性**
原料價格	能源需求	每年生產量	使用壽命終結時的回收率

簡介

芳綸包含各種高性能合成纖維，有些類型因為抗滲透而聞名，有些則因為既有的耐熱性與阻燃性而備受推崇。

芳綸能提供獨一無二的性能組合，無論是單獨使用或是與其他所謂的超級纖維一起使用，像是碳纖維 (請見第236 頁)、玻璃纖維 (請見第 522 頁)、含氟聚合物 (請見第 190 頁) 和超高分子量聚乙烯 (UHMWPE) (請見第 108頁聚乙烯) 等。與碳纖維相比，芳綸不易碎裂，具有更高的抗疲勞強度 (反覆凹折後不會折損強度)；與玻璃纖維相比，芳綸強度重量比更高；與含氟聚合物相比，芳綸價格較低，低潛變 (在負載下不會發生變形)；與 UHMWPE相比，耐熱性更高。但是，芳綸易受紫外線影響，無法承受壓縮力。

芳綸與聚醯胺 (PA，尼龍) (請見第 164頁) 的差別在於芳綸具有芳香族結構 (聚合物主鏈由封閉原子環組成)，聚醯胺是脂肪族 (線性或分支聚合鏈)。芳綸具有高比例的芳香族含量，使芳綸尺寸穩定性高，並具有高耐熱性，強度來自硬質棒狀分子結構，形成高度定向的晶體聚合物。

商業類型和用途

芳綸兩種主要類型是間位芳綸 (m-aramid) 和對位芳綸 (p-aramid)。1960 年代由杜邦公司發展出間位芳綸，以商標名稱「Nomex」命名，外觀類似聚醯胺，間位芳綸由聚間苯二甲間苯二胺 (MPIA) 組成，不像聚醯胺或對位芳綸強大 (聚合物結構紡絲過程中不能有效對齊)，但是具有優異的耐

熱性與尺寸穩定性，聚醯胺纖維的熔點約為 250°C，間位芳綸高了三分之二倍，約在 370°C 才會分解，同時具有良好的低溫性能，直到 -160°C 才會發生脆化。

芳綸應用在需要高溫穩定性與阻燃性的應用範圍，例如飛機、賽車、防護衣等，除了直接以纖維形式應用之外，還可用於防火無紡布，例如蜂窩夾層複合面板的生產，在需要高強度的應用範圍，間位芳綸會使用對位芳綸加強。

對位芳綸在 1970 年由杜邦公司應用於商業範疇，讓高強度纖維取得新突破。

摩托車車褲 (上圖)

芳綸最廣為人知的一點也許是應用在防護衣上，以及最理所當然的使用範例——防彈背心與隔熱手套，芳綸隱藏在許多日常服裝中，這件摩托車車褲由 Hood Jeans 生產製造，採用紡織對位芳綸襯裡，向下延伸到小腿，對位芳綸優異的耐切割、抗磨損特性，讓使用者萬一在瀝青路面翻車時能有額外的保護力。

芳綸曾經被稱為其重量量級中最強大的纖維，後來被其他所謂的超級纖維超越，包括超高分子量聚乙烯 (UHMWPE) 和聚對二唑苯 (PBO) (請見第 246 頁)，這些纖維可以單獨使用，也能夠結合取得絕佳的強度與耐用性。

芳綸通常以商標名稱稱呼，最知名的是「Kevlar」和「Twaron」，「Technora」是日本帝人 (Teijin) 生產的黑色芳綸 (溶液染色)。

對位芳綸由聚對苯二甲醯對苯二胺 (PPTA) 製成，採用乾噴濕紡技術，將聚合物溶解在濃縮硫酸溶液中，利用噴絲頭擠出，噴絲頭與上方凝聚槽距離短，因此新鮮的纖維會先穿過空氣，再穿過溶劑，液晶高分子聚合物保持方向性，依據流動方向排列，藉由熱處理進一步細化晶體排列，產生具有兩倍以上拉伸模數與伸長率減半的纖維。

對位芳綸有各種織品形式，包括長絲、短纖維 (長度短)、粗紗 (平行長絲束)、短纖紗、變形紗 (textured yarn) 與無紡布等，纖維與長絲能兼容傳統編織、針織與編結技術，終端應用包含高強度繩索與纜繩 (降落傘和救生繩)、防護衣 (防彈背心、防割手套和極限運動防護衣)、音響錐體和工業布料等。

對位芳綸織品可用於層壓複合材料中，與 PBO 和碳纖維相比，對位芳綸作為強化纖維具有顯著優勢，質地不易碎裂，抗疲勞強度更高，因此，不管是軟性材料或硬質複合材料表現同樣出色。柔性終端應用中包含帆布 (聚對苯二甲酸乙二酯薄膜，請見第 152 頁 PET 聚酯)、輪胎 (與合成橡膠結合，請見第 216 頁) 和充氣產品 (使用聚氨酯 PU，請見第 202 頁合成橡膠)。硬質與半硬質複合材料包含用於汽車、航空航太的面板、模製成型的賽艇船

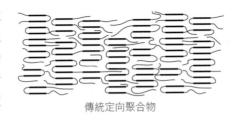

傳統定向聚合物

液晶高分子聚合物 (LCP)

聚合物結構

芳環 (請見第 166 頁) 確保單體連結時成為直而長的完整鍵結，非結晶性區塊非常少，即使沒有經過拉伸，也能讓晶體結構整齊並具有高度方向性。使纖維具有更高韌性、剛性與抗化學耐受性，高度方向性結構，這種現象稱為液晶高分子聚合物，與傳統定向聚合物結構的隨機排列成為對比，傳統定向聚合物結構是由纏結的非結晶區域，加上結晶區域組成。芳綸結構是各向異性的，沿著纖維長度鋪放能提供更高強度與模數，反覆彎折與壓縮會造成扭結帶與纖維化 (棒狀分子結構分離)。

身、螺旋槳 (用於飛機、風力渦輪)、輕量化結構 (懸臂式屋頂)、運動用品、消費電子產品 (對位芳綸不具傳導性，可用於手機與平板電腦背板) 和硬質防彈護具 (頭盔和汽車防護) 等。

複合材料除了可使用預製紡織品之外，另外也開發出各式各樣先進的纖維鋪放技術，以充分利用超級纖維卓越的性能 (請參考第 236 頁碳纖維強化塑膠)，或是將長絲接成短長度 (短纖維)，並使用熱塑性塑膠射出成型。芳綸具有比玻璃纖維 (GF) 更高的強度重量比，抗疲勞強度表現非常優秀，但是芳綸價格高出許多，而且壓縮特性很差，因此僅限用於張力為主的應用範圍。

類似 PBO，芳綸也是液晶高分子聚合物 (LCP) 結構，彎折或壓縮會導致棒狀分子結構分離 (纖維化) 形成扭結帶

(kink band)，使抗拉強度降低，在複合層壓的情況下，纖維可彎折的程度是有限的，因為打結或環狀的強度只有抗拉強度的三分之一，在繩索與纜繩這類的終端應用需要特別留心。在拉伸類應用上，終端使用正確，芳綸就能保持強度完整。使芳綸在彎曲時變弱的特性，另一方面則使芳綸擁有卓越的韌性，在斷裂前，扭結和微纖維化可吸收能量，讓芳綸在防彈方面非常實用。

永續發展

芳綸是一種生產時使用能源密集度非常高的材料，與其他合成纖維相比，每單位內含耗能相對較高，使用壽命結束時回收不可行，特別是當作複合材料形式使用時，芳綸主要用於安全性至關緊要的應用範圍，材料一定要可靠、可預測，因此只能使用新料。

芳綸用於防彈，可提高守護生命的防護性能，與其他高性能材料一樣，有助於減輕運輸重量，某種程度上抵銷了偏高的內含耗能。

纖維強化賽艇船帆層壓材料 (右頁)

輕量化賽車船帆的結構使用對位芳綸搭配其他超級纖維，包括碳纖維 (這個結構中的黑色纖維) 和 UHMWPE。這些纖維都非常強大，選用這些纖維可互補其特性，對位芳綸具有優異的能量吸收特性，能抗磨損；碳纖維強硬，具有優異的拉伸模數；UHMWPE 的強度重量比高於對位芳綸，加上彈性高，彎折時不容易破裂。以粗紗形式夾在 PET 薄膜之間，沿著預定的應力線鋪放，使纖維用量降至最低，讓重量盡可能保持最輕巧。

聚對二唑苯（PBO）

這種所謂的超級纖維具有聚合物中最高強度與剛性，表面優於鋼材、芳綸、和碳，價格昂貴，可用於最高性能的應用範圍，使用案例包括賽艇索具、船繩、航空航太與一級方程式賽車使用的繫繩，有各種標準色可供選擇，包含金色、棕色與黑色。

類型	一般應用範圍	永續發展
· PBO 纖維：紡絲 (AS) 和 高模數 (HM)	· 防護衣 · 運動用品 · 纜繩與索具	· 回收不可行 · 生產時使用能源密集度高

屬性	競爭材料	成本
· 強度與剛性非常高 · 不耐磨損，抗紫外線與抗濕氣耐受性差	· 纖維如 發泡聚四氟乙烯 (ePTFE)、液晶高分子聚合物 (LCP)、超高分子量聚乙烯 (UHMWPE)、芳綸、碳與玻璃	· 非常昂貴，但不到 PTFE 的價位

簡介

聚對二唑苯 (PBO) 通常拿來與另一種所謂超級纖維對位芳綸 (請見第 242 頁) 比較，PBO 展現優異的強度與剛性，蠕變發生率幾乎為零 (蠕變指的是長時間負載後，造成拉伸長度不可復原)，伸長率非常低 (僅可拉伸約 3%)。

商業類型和用途

PBO 是芳香族 (請見第 166 頁) 雜環硬質棒狀聚合物，由噁唑環組成，這種結構比芳綸硬度更高，製造起來更具挑戰性，目前僅由一家廠商供應，即日本東洋紡織株式會社 (Toyobo)，商標名稱為「Zylon」。

PBO 有兩種類型的纖維可供選擇：紡絲 (AS)，之後可以進行熱處理 (500-700℃)，形成高模數 (HM) 類型。兩者關鍵的差異在於高模數纖維具有明顯更高的拉伸模數、斷裂伸長率更低，纖維回潮率也更低 (約為 0.6%，相較於 AS 纖維為 2%)。

PBO 耐磨性差，抗紫外線與抗濕氣耐受性不良，暴露在這些元素中，濕氣與紫外線會造成芳香環結構發生破壞 (水解的結果)，使強度與纖維可靠性明顯降低，因此如果沒有足夠防護，不建議使用於戶外。之所以會發現這個缺點是源自一場悲劇，曾有用 PBO 製造的警用防彈背心被子彈穿透 (該名警員最後倖免於難，但是受到重傷)。

根據應用範圍需求不同，保護可採不同的方式，例如編結繩索時使用合成護套包覆，並在合成薄膜中層壓編織布料或無紡布料。

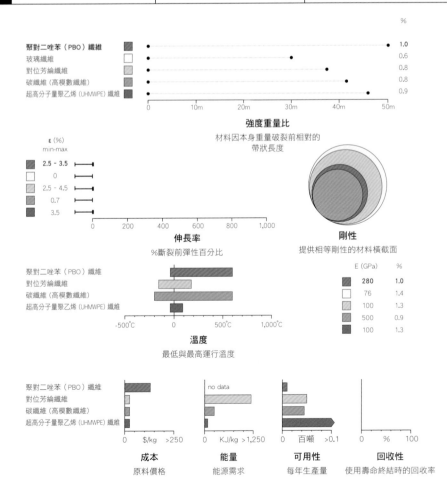

聚對二唑苯（PBO）纖維 — 1.0
玻璃纖維 — 0.6
對位芳綸纖維 — 0.8
碳纖維 (高模數纖維) — 0.8
超高分子量聚乙烯 (UHMWPE) 纖維 — 0.9

強度重量比
材料因本身重量破裂前相對的帶狀長度

ε (%) min-max
2.5 - 3.5
0
2.5 - 4.5
0.7
3.5

伸長率
%斷裂前彈性百分比

剛性
提供相等剛性的材料橫截面

E (GPa)	%
280	1.0
76	1.4
100	1.3
500	0.9
100	1.3

聚對二唑苯（PBO）纖維
對位芳綸纖維
碳纖維 (高模數纖維)
超高分子量聚乙烯 (UHMWPE) 纖維

溫度
最低與最高運行溫度

聚對二唑苯（PBO）纖維
對位芳綸纖維
碳纖維 (高模數纖維)
超高分子量聚乙烯 (UHMWPE) 纖維

成本
原料價格

能量
能源需求

可用性
每年生產量

回收性
使用壽命終結時的回收率

PBO 展現超高耐溫性，在極高溫度下也不會熔融，約到 650°C 才會開始降解，具有優異的阻燃性，能造成影響的溶劑種類非常少，這是因為 PBO 的硬質分子主鏈。因為這種獨特的屬性，PBO 可用於一些非常嚴苛的應用範圍，例如防護衣、運動用品 (例如弓弦和自行車輪等)，並可作為複合材料中的強化材料。

編結 PBO 繩索與纜繩可用於賽艇索具和繫繩，應用範圍包括工業、航空航太與賽車等，固定繩索是一項挑戰，因為打結會讓 PBO 的強度降低約三分之一，彎折會造成紐結帶，造成纖維化。如果繩結要承受連續不斷負載，強度還會進一步降低，雖然拼接可以提供合理的解決方案，但是採用末端配接或截斷更可靠。正確配接，PBO 相較於鋼索或鋼桿，可節省重量達 65%。

永續發展

PBO 生產會密集損耗能源，因此內含耗能將高於其他商用纖維 (但是目前沒有具體數據)，類似芳綸，利用溶劑紡絲將原料轉換為纖維，特別是乾噴濕紡技術 (濕紡的變化版)。利用這種方法，在磷酸溶劑中進行聚合，將聚合物溶液在凝聚槽上方擠出，進入凝聚槽前先通過空氣，空氣間隔避免微孔形成，因為微孔會對 PBO 纖維特性產生負面影響。

乾噴濕紡技術使用的是有害化學物質，儘管如此，這種加工方法的優點在於液體形式的化學藥劑更容易控制，使用完畢甚至可以回收或循環再利用。

辮繩護套 (右圖)

這款辮繩護套採用兩條平行的 PBO 紗束編結，包覆 UHMWPE 繩蕊。PBO 繩索專為賽艇開發，提供出色強度，在極端負載下，仍可在絞盤上平穩精準操控，在使用壽命不是關鍵的應用範圍，能夠不需要外層保護直接應用。

天然橡膠與乳膠（Latex）

天然橡膠存在於許多不同種類的植物中，但是大部份來自亞馬遜盆地帕拉橡膠樹 (Pará)，用於衣物及住宅防水已經有超過千年歷史了。化學原理揭秘後，天然橡膠開始面對合成替代品的激烈競爭，雖然如此，天然橡膠仍受到廣泛使用，是非常重要的商業用工程材料。

類型	一般應用範圍	永續發展
· 乳膠：高氨乳膠或低氨乳膠 · 片狀橡膠：白皺膠 (pale crepe)、風乾膠 (ADS) 和煙膠 (RSS) · 技術分級橡膠 (TSR)	· 輪胎、橡膠管、密封件 · 防水布料 · 室內裝潢和緩衝墊	· 內含耗能低 · 有些人對乳膠內的蛋白質過敏 · 能採公平貿易生產，並可取得認證

屬性	競爭材料	成本
· 彈性優異 · 韌性高、有彈力 · 抗撕裂強度高	· 合成橡膠、聚氨酯 (PU) 與矽膠 · 熱塑性彈性體 (TPE)、聚氯乙烯 (PVC)、乙烯醋酸乙烯酯 (EVA)	· 材料成本中等偏低 · 製造成本中等

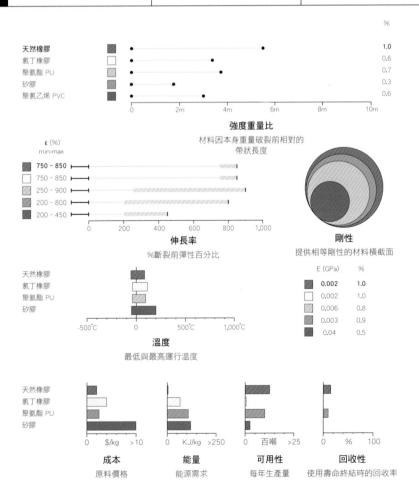

強度重量比
材料因本身重量破裂前相對的帶狀長度

伸長率
%斷裂前彈性百分比

剛性
提供相等剛性的材料橫截面

	E (GPa)	%
	0.002	1.0
	0.002	1.0
	0.006	0.8
	0.003	0.9
	0.04	0.5

溫度
最低與最高運行溫度

成本
原料價格

能量
能源需求

可用性
每年生產量

回收性
使用壽命終結時的回收率

簡介

橡膠防水布是由蘇格蘭外科醫師詹姆斯·賽姆 (James Syme) 率先發明的，但是由查爾斯·麥金塔希 (Charles Macintosh) 在 1823 年取得專利，並註冊了符合商業應用的工法。而在 1839 年，查理斯·固特異 (Charles Goodyear) 發現加熱後加入硫磺可改變橡膠的稠度，後來這種方法被稱為硫化過程，固特異的發現徹底改變了橡膠工業。橡膠可製造充氣輪胎，大幅提升原物料的需求。橡膠由帕拉橡膠樹 (Pará) 的樹液製成，這種樹產自熱帶區域，包括南美洲、非洲與亞洲，產量有限，第一次世界大戰與第二次世界大戰期間，橡膠供應被迫中斷，加速了合成替代品的開發。今天市面上有許多合成橡膠 (請見第 216 頁)，便於取得，其中一種合成橡膠甚至使用與天然橡膠相同的聚合物主鏈，即聚異戊二烯 (polyisoprene) 開發，即便如此，天然橡膠具有非常高的彈性、抗拉強度、伸長率、耐磨性、抗撕裂強度與抗疲勞強度，硬度範圍從邵氏硬度 A 型 30 度到 90 度，任何領域都沒有單獨一種合成材料可以與其相等，合成橡膠僅能改善個別特性。

膠合橡膠棉外套 (右頁)

由英國防水外套品牌 Hancock 推出的防水外套，採用雙層棉包覆單層硫化橡膠製造，為了確保外套防水，所有接縫都使用橡膠黏合，純手工製作，Hancock 出品的外套製作以大量工藝為基礎。Hancock 創立於 2012 年，這個全新英國品牌靈感取自歷史，英國發明家托馬斯·漢考克 (Thomas Hancock) 在 1820 年代發明了 Mackintosh 大衣，簡稱「mac」，Hancock 根據原始的優雅版型生產現代防水外套。影像由 Hancock 提供。

248

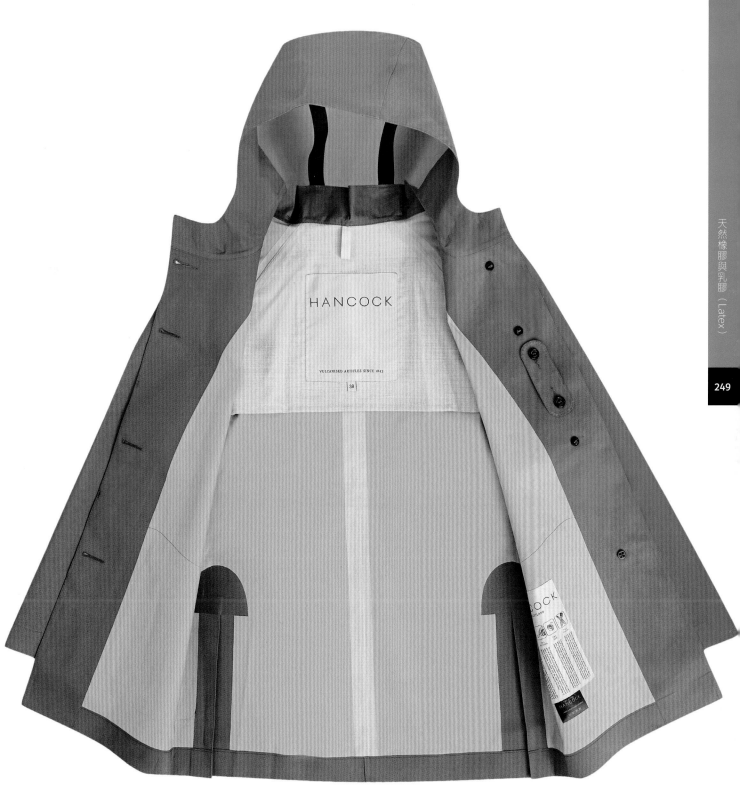

商業類型和用途

「乳膠」這個名詞是在描述任何水基液態聚合物，換言之，「乳膠」不限定天然橡膠，天然橡膠的乳膠是來自橡樹的白色樹液，或是其他合適的植物，經過精製和加工後，使其適合用於浸漬模製成型或是塗佈，或者進一步加工和乾燥製成橡膠。

橡膠原物料有幾種不同類型，從樹上汲取樹液之後，加入氨保存，濃縮的乳膠經過離心機處理後，樹汁約含有 60% 乾膠 (DRC)，主要分成兩種類型高氨乳膠 (HA) 和低氨乳膠 (LA)，差異介於 0.6-0.8%，相對於 0.2-0.3% 氨，高氨乳膠是最常見的類型，可作為浸漬成型的起始材料，產品包括手套、氣球、保險套。低氨乳膠用於可能影響空氣品質的情況。

在實際應用之前，乳膠濃縮物會與添加劑混合，包括硫化劑 (硫、活性劑與促進劑)、穩定劑、顏料與填充物，能適用各式各樣的工法，包括浸漬成型、鑄造、發泡、噴塗等。預硫化乳膠使用上最直接簡單，只需要在應用後乾燥。硫化乳膠價格比較低，但是成型後需要加熱，以活化交聯劑。

白皺膠 (pale crepe) 是完全白色的，採用乳膠製作，徹底清洗後，使用亞硫酸氫鈉 (sodium hydrogen sulphite) 製作，研磨成薄片 (約1公釐) 與厚片 (3-5公釐)，較厚的片狀乳膠像是橡膠鞋底 (15 公釐) 是將許多層乳膠層壓在一起，除了高品質白皺膠，另外還有幾種類型是採用橡膠廢料製作。

煙膠 (RSS) 是乳膠直接處理，採用甲酸或乙酸凝固，風乾後在烤箱中熏製硫化，品質較白皺膠低，污染物含量高。風乾膠在無煙室生產，產生未硫化的材料，質感更透明。

技術分級橡膠 (TSR) 又稱為塊狀橡膠，根據 ISO 定義的精準參數與原產國進行分級，例如標準馬來西亞橡膠 (SMR) (前稱 Hevea 粒狀橡膠) 或標準印尼橡膠 (SIR)。技術分級橡膠採用乳膠和乾膠製作，仔細掌控成份來確保想要的特性，目前已經變成交易量最廣泛的生膠原料形式。技術分級橡膠的一致性使其適合應用在技術需求更嚴苛的應用範圍，例如輪胎與墊圈；除此之外，航空業使用的輪胎也含有高比例天然橡膠，以及拖拉機、卡車輪胎等。

撇蒸橡膠 (Skim Rubber) 是乳膠的副產品，乾膠含量較低，約 5%，製造方法幾乎與煙膠類似。

將生膠「嚼碎」(切碎) 並混合，摻入填充物後混合備用，以擠壓、模製成型或延壓製成想要的形狀，在這個階段，聚異戊二烯鏈以弱化學鍵結合，所以橡膠可以壓製成型，藉由加熱並加入硫磺來形成永久物理交聯，一般還會加入活化劑與促進劑，之後材料就會保持形狀不變 (請見 202 頁聚氨酯)，這就是橡膠成為實用材料的原因：變形時會不斷嘗試回彈成原本的形狀。

天然橡膠經常會與其他橡膠混合達到理想的特性，並使價格降到更低，例如運用在汽車輪胎的情況下，天然橡膠會與聚丁二烯橡膠 (BR) 和丁苯橡膠 (SBR) 混合。

壓縮成型是製造橡膠產品最簡單的方法，而且通常也是最經濟實惠的方法，加熱加壓後，將橡膠壓入模具空腔，經過一段時間後發生硫化。為了縮小壓縮成型與射出成型的差距，會將模製成型用來生產更複雜的零件，施壓將一塊橡膠擠入封閉的膜腔。射出成型受限於模具的高成本，一般用於生產量高的零件，使作業時間更快來減少單位價格。

永續發展

橡膠大部份原料來自帕拉橡膠樹 (Pará，學名：Hevea brasiliensis)。近幾年，也有許多其他植物種類用於生產乳膠，市面上出現了替代來源的新型橡膠，例如植物橡膠公司 Yulex 是利用「灰白銀膠菊 (學名：Parthenium argentatum)」這種植物的汁液，生產獲得認證的橡膠，不僅過程符合永續發展，而且原料可再生，讓這個發明成為備受期待的演進。戶外用品品牌 Patagonia 結合 Yulex 的灰白銀膠菊橡膠與氯丁橡膠製成潛水衣，並將專利的橡膠提供給衝浪業界其他業者，試圖讓需求量增加，降低價格，並減少整體環境衝擊，讓對環境的影響低於全部使用氯丁橡膠。

大理石花紋氣球 (右頁)

右頁這種大量生產的乳膠氣球採用浸漬成型，完成半透明或不透明的顏色，成型後表面可以施作各種圖騰與平面設計。覆蓋整個氣球表面的大理石圖案是利用水轉印技術再現，讓一層墨水漂浮在印刷水洗槽上，能印刷或利用手工澆注，浸入氣球時，墨水便轉移到乳膠的表面。

醋酸纖維素（CA）與黏膠纖維

從色彩豐富的塑膠到柔軟的紡織纖維，纖維素是各式各樣材料的基礎，來自許多不同類型的原料，包括木材、竹子或棉花，傳統纖維素的萃取技術複雜，而且無法永續發展，目前開發的新技術是利用電腦封閉循環工法，不會製造污染，並能回收化學物質。

類型	一般應用範圍	永續發展
· 醋酸纖維素 (CA)、醋酸丁酸纖維素 (CAB) 和醋酸丙酸纖維素 (CAP) · 醋酯纖維、三醋酸纖維、 · 黏膠纖維、莫代爾（modal）、萊賽爾（lyocell）	· 眼鏡架和配件 · 服飾與家用紡織品 · 健康與衛生用科技布料	· 原物料可再生 · 內含耗能中等偏高 · 使用壽命結束時可回收、可生物分解

屬性	競爭材料	成本
· 塑膠類高光澤、高韌性、抗化學耐受性良好 · 纖維：強度低、抗磨損強度高、柔軟舒適，垂墜度良好	· 塑膠類包括聚醯胺、聚對苯二甲酸乙二酯 PET、聚丙烯 · 纖維類包括聚丙烯、聚對苯二甲酸乙二酯 PET、棉、絲、羊毛 · 眼鏡方面與鋁合金和鈦合金競爭	· 原料成本中等偏高 · 製造成本一般很低，但是手工醋酸纖維素成本高

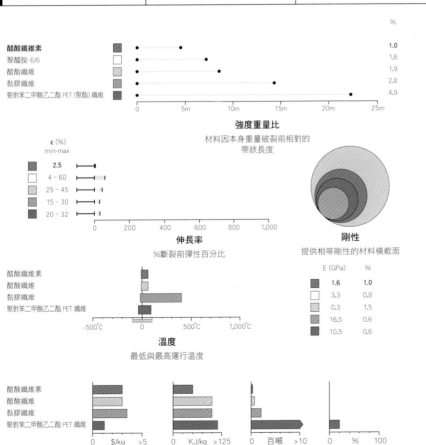

簡介

纖維素用於塑膠生產已經超過一個世紀，這些是半合成材料，來自天然原料與可能可再生的原料，但是需要添加化學品才能製成可用的材料。醋酸纖維素 (CA) 是最常見的材料，通常簡稱為醋酸鹽 (acetate)，可製成高質感鏡架，與皮膚接觸時觸感舒適，因此醋酸纖維素成為許多人熟知的材料。

醋酸纖維薄膜相對價格昂貴，並受限於強度低，在許多使用案例中，經常用成本更低、更可靠的合成材料取代，例如聚丙烯 (PP)（請見第 98 頁）和聚對苯二甲酸乙二酯 (PET、聚酯)（請見第 152 頁）。

纖維素為基底的纖維來自可再生纖維素，最初是為了取代相對較昂貴的天然纖維而開發，例如棉（請見第 410 頁）、絲（請見第 420 頁）和羊毛（請見第 426 頁），既然要當作替代材料，製造時會模仿這些天然纖維的視覺質感，或是混紡減少紡織品總成本。近十幾年來，由於聚丙烯、PET 和聚醯胺 (PA，尼龍)（請見第 164 頁）等低成本合成材料的品質提高，使可再生纖維素纖維面臨激烈的競爭。

黑白花紋鏡架 (右頁)

右圖是英國光學品牌 Larke 的手工鏡架，採用醋酸纖維實心片材切割製造，與倫敦設計品牌 Darkroom 聯名合作，黑白花紋為塑膠本身自帶的花紋，運用在鏡框上，刻意不截斷連續花紋，利用這種方式，輕鬆創造出每季都有全新色彩搭配的嶄新花紋設計。

商業類型和用途

纖維素取自許多不同類型的原料，包括木材、棉花和竹子，天然聚合物濃度各有不同，就像澱粉一樣（請見第 260 頁澱粉塑膠與第 262 頁聚乳酸），纖維素是由多醣類，由多個葡萄糖單體形成，藉由酯化過程，使用乙酸從原料中提取醋酸纖維素，使用的萃取化學品取決於一開始使用的原料。

醋酸纖維素結合丁酸鹽（CAB）和丙酸鹽（CAP）來增強某些特性，這類特色為高韌性、高透明度與良好的表面特性，可用於光學鏡架、工具手柄等類似應用範圍。CAB 比醋酸纖維素吸濕性較低，衝擊強度更強（伸長率更高）、耐溫性更高。CAP 可利用其優異的抗化學耐受性，應用範圍包括藥品運送和手術器械等。

這類塑膠含有 70% 植物來源成份與塑化劑（請見第 122 頁聚氯乙烯）和各種添加劑結合使用，能應用在不同情況。類似石油基熱塑性塑膠，醋酸纖維素（CA）、醋酸丁酸纖維素（CAB）、醋酸丙酸纖維素（CAP）可組成複合物擠壓成型，做成適用於各種加工工法的粒料，應用範圍包括手柄、玩具、文具等，薄膜能用於包裝，片材可加熱成型做成容器使用。

醋酸纖維薄膜通常也叫做賽璐玢（cellophane），俗稱玻璃紙，雖然賽璐玢是英國製造商英諾薄膜（Innovia Films）擁有的商標名稱，但在某些地方賽璐玢泛指透明薄膜。再生纖維素使用二醇和水塑化，減少脆性，改善透明度，已經使用幾十年了，也許最廣為人知的應用範圍是糖果包裝和開窗信封上的透明薄片，除此之外，還可用來包裝新鮮的起士、雪茄等，或是包裝衛生棉條。玻璃紙也是透明膠帶耐用的背襯，透明膠帶的英文為「Sellotape」，名字即來自「cellophane」。

Mazzucchelli 醋酸纖維（上圖）

採用模壓醋酸纖維板材切割的最高品質光學鏡架，手工排列每一種顏色後壓製成型，讓每一副鏡框都是獨一無二的，這個小樣本的放大圖尺寸不超過 30 公釐，展現使用的的工藝技術，圖騰逐層堆疊，每種顏色的組合是使用單獨小塊壓製、切割與拼裝，藉此完成期待的圖騰，結合醋酸纖維的物理特性，這種工法讓成品擁有任何材料都無法複製的特殊質感。

透明賽車燃油濾清器（右頁）

活用醋酸纖維的韌性、透明度與抗化學耐受性，可用於製造賽車燃油濾清器。這是 Moose 賽車濾清器外殼，採用模製成型醋酸纖維，超聲波焊接形成密閉裝置，濾清器零件則採聚醯胺製作。

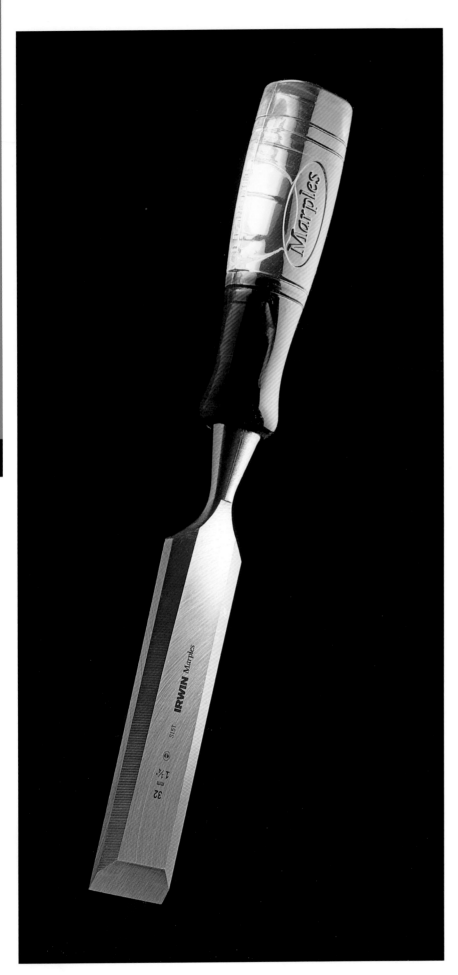

醋酸纖維水份滲透性高、氣體滲透性非常低，當作塗佈使用可提供屏蔽與密封特性，適用於有這類需求的應用範圍，但很遺憾的是也因為這點醋酸纖維無法堆肥分解。

纖維素可利用各種技術轉換為纖維，雖然纖維素來源各有不同，決定纖維特性的其實是生產技術，而非原料。

醋酸纖維一般利用木漿衍生的纖維素乾式紡絲製成，將提取的聚合物溶解在丙酮中，產生適於紡絲的粘稠溶液。將溶液打入噴絲頭中，噴入熱空氣中，丙酮從纖絲中蒸發，這種技術會產生大量的揮發性有機化合物 (VOC)。

醋酸纖維和三醋酸纖維的差別在於纖維素羥基的數量，三醋酸纖維乙醯化更完全，超過 92% 轉化為乙醯基，由於化學結構略有不同，耐熱性更高，潮濕時強度更高。

醋酸纖維可用來製造直接接觸皮膚的紡織品，例如睡衣、連衣裙、襯裡等，通常會與棉或羊毛混紡，讓形狀可以保持不變。醋酸纖維可以按詳細的需求規格生產，接觸皮膚時安全無虞，吸收性高，因此對於科技應用範圍很實用，例如用做濾芯、尿布、濕紙巾等。

黏膠纖維是濕式紡絲，在這個過程中，醋酸纖維從木漿中以化學萃取出來，加入氫氧化鈉 (苛性鈉) 混合，經過一段時間後使材料老化，最長可達 50 個小時，然後與與二硫化碳混合形成黃酸纖維素鈉鹽 (sodium cellulose xanthate)。

高耐衝鑿子 (左圖)

醋酸丁酸纖維素用於工具手柄已經超過 50 年，在韌性、硬度與強度之間擁有良好平衡，結合溫暖、平滑的表面處理，即使反覆敲擊也確定不會碎裂，使醋酸丁酸纖維素成為理想的鑿子手柄。原始設計來自美國歐文工具木工系列 (Irwin Marples)，採用雙色手柄，之後雖然經過重新設計，但一直採用醋酸丁酸纖維素，刀片則是鉻釩鋼（請見第 28 頁）鍛造後回火處理。

這個過程會產生黃色碎屑物質，將其溶解在氫氧化鈉中，進一步老化後成為黏膠纖維溶液，壓入噴絲頭，藉由高剪力（橫向應變），以高黏稠結合高壓力穿過噴絲頭，製造縱向排列的分子結構，纖絲擠出到稀硫酸洗滌槽中，藉由稀硫酸分解黃原酸鹽，使纖維素再生變成固態纖維。

高濕係數（HWM）黏膠纖維韌性更好，藉由調整化學過程，改善纖維結構，在黃酸纖維素鈉鹽階段，加入氫氧化鈉，壓入噴絲頭時將纖絲拉伸數倍長，讓纖維成品的晶體結構與鏈長最大化，減少纖維化使材料更強大。

黏膠纖維因美學特性和吸收力，主要應用於時裝和家用紡織品，光澤的表面與自然光澤則可用於繡線，科技應用範圍包括濕紙巾、濾芯和醫療用繃帶等。

莫代爾纖維是改良版的高濕係數黏膠纖維，因為調整過製造工法，使聚合作用更高，強度與尺寸穩定度等特性也更佳，且有高吸水力，即使吸收大量水份仍然感覺乾爽，加上柔軟度夠，這種特質讓莫代爾纖維特別適合製作貼身衣物。

萊賽爾（Lyocell）是最新開發的產品，1992 年進入商業生產，這種工法是為了替代傳統的黏膠纖維，目的是為了減少對環境的衝擊，黏膠纖維生產時會產生許多副產品，例如硫磺、金屬鹽（銅與鋅）和氨，這些物質可能對人體和環境造成危害。萊賽爾藉由電腦封閉循環工法，有害化學品用量更少，進而克服黏膠纖維的缺陷，製造過程從木漿開始，溶於甲基氧化嗎啉 NMMO (N-methylmorpholine-N-oxide) 的水溶液，這是種氧化氨類型。得到

漿粕後，擠壓通過噴絲頭，可製成纖絲，並有良好的分子排列，將纖絲加入稀釋的甲基氧化嗎啉 NMMO 溶液中讓纖維結構定位，將纖維洗滌後捲繞，甲基氧化嗎啉 NMMO 溶液可以回收重複使用。

薄膜包裝 (上圖)

醋酸纖維素薄膜是一種特殊產品，近年來，許多情況下改以聚丙烯 (PP) 和聚乙烯 (PE)（請見第 108 頁）取代醋酸纖維素薄膜，這是因為聚丙烯和聚乙烯價格較低，能提供更強大的功能性。儘管如此，醋酸纖維素薄膜仍持續使用中，因為特性獨一無二，有別於其他低成本替代品，例如醋酸纖維素薄膜具有透氣性，對某些包裝不可或缺，例如需要黴菌成熟的起士，如果應用範圍需要更多空氣流通，薄膜還可穿孔使用。

改良後的濕式紡絲工法能生產沒有任何副產品的纖維，纖絲具有圓形的輪廓，縱向外觀較黏膠纖維更平滑，這種物理特性許多方面都足以媲美棉花，應用範圍包括服裝與濕紙巾，特別是嬰兒服裝。

永續發展

用於塑膠或纖維的纖維素萃取精製需要大量能源，因此，雖然纖維素也許來自可再生資源，但是整體對環境造成的衝擊並不亞於傳統塑膠。

目前技術不斷開發，嘗試減少對環境的負面影響，例如萊賽爾 (lyocell) 纖維明顯優於傳統黏膠纖維，另一個知名案例是義大利材料商 Mazzucchelli 製造 M49® 醋酸纖維，採用生物衍生塑化劑，而非石油基塑化劑，不含苯二甲酸酯。

竹子 (請見第 386 頁) 是一種生長快速的可再生材料來源，能用來生產黏膠纖維或是萊賽爾纖維，也能生產天然植物纖維。天然短纖維或是採用萊賽爾技術製造的纖維也許符合永續發展，但是竹纖維大部份生產的是黏膠纖維，因此紗束和纖維對環境造成的衝擊，相當於採用相同工法的所有其他類型材料。

與澱粉基塑膠類似，纖維素基底塑膠使用壽命結束時，有許多不同的處理方法可供選擇，可以回收，雖然通常不太回收。

某些類型可以生物降解，例如用於包裝和開窗信封的醋酸纖維素塑膠，能堆肥後分解。

醋酸纖維與黏膠纖維在工業設計與配件中的應用

醋酸纖維通常用來製造鏡架、珠寶和其他時尚配件，用作原版的仿制品，相對價格便宜，容易操作，舒適有彈性，而且可套用的顏色和圖騰幾乎有無限種可能。這種彩色圖騰的製作結合手工與機器，將彩色醋酸纖維片材仔細放入模具，壓製成塊狀後，色彩貫穿整個元件，從頂部切片後，每一層就會有獨一無二的圖騰。

為了用更便宜的價格來生產同樣美麗的圖案，義大利材料商 Mazzucchelli 設計出許多嶄新的方法，共擠成型製造多色片材，創造出的材料整段塑料都帶有圖騰。

相對現代的合成塑膠，像是聚醯胺與聚碳酸脂 (PC) (請見第 144 頁)，在類似的產品中可提供許多優於醋酸纖維的優勢，堅韌、透明 (並有高品質色彩)、彈性高，但是射出成型不可能製作圖騰，反而需要第二道加工施作，例如印刷或是噴塗，因此，雖然這些材料也許能提供優異的機械性能，但是美觀性完全不同，而且表面並不持久。

醋酸纖維與黏膠纖維在時尚與紡織品中的應用

利用可再生纖維素製造的纖維，通常會拿來與高品質天然纖維比較，像是棉、絲、羊毛。半合成纖維的優點在於能高度掌握其特性，即使這些纖維來自天然可再生材料。

工業設計與配件

光澤
這類塑膠擁有高光澤表面，觸感溫暖，接觸皮膚時像天然材質，表面常被描繪為自體發光，因為材質柔軟，不會刮傷，反而會凹陷，然後反彈。

顏色
醋酸纖維素有各式各樣的顏色與效果，包括半透明與不透明色彩、金屬與珠光效果，醋酸纖維的透明度 (高達 90%) 確保顏色能高品質呈現。

衝擊強度
這些材料本身就很堅韌，可以承受重大衝擊，彈性取決於塑化劑的比例。

時尚與紡織品

柔軟度
這些纖維能貼合身體，擁有良好的垂墜度，接觸皮膚時觸感舒適。

吸水性
這些纖維吸水性高，吸收水份後仍感覺乾燥，這種質感適合製造貼身衣物或是尿布襯裡等各種物件。

顏色
這些纖維具有光澤表面，能夠染色或是生產各種耐用的顏色。

這類纖維有一致性，能以許多不同方法進行改性，這點對於天然纖維是不可能或不可行的，例如纖維在處理過程中，還浸在溶液中就能著色 (稱為紡前染色)，並能使用添加劑改性，在纖絲紡絲後，便能用來製造品質更高的成品。除此之外，生產過程還有可能改變直徑、長度、形狀與成份 (請見第 173 頁)。

在溶液中染色的纖維具有優異的固色性，相較之下，紗束染色的纖維容易隨時間或暴露在特定因素下逐漸褪色，像是萊賽爾纖維這種表面較低的的纖維，或像是高濕係數黏膠纖維這種表面更光滑的材料，更難處理和染色，雖然還是可以創造與黏膠纖維相同的各種顏色，但是價格會更昂貴，顏色可能不太持久。

萊賽爾洋裝 (右頁)
右圖這件瑞典時尚品牌 H&M 的和服風洋裝是以 100% 萊賽爾纖維製作，採用獲得永續森林經營認證的木材，並利用封閉循環製程生產纖維，將大部份使用過的化學品回收。這種材質比黏膠纖維造成的環境衝擊更低。例如，天絲採用森林管理委員會 (Forest Stewardship Council，英文縮寫為 FSC) 認證的永續森林經營樹木，像是尤加利樹 (Eucalyptus)，萃取出木漿製作，原料可生產的纖維素比例高，減少浪費並進一步提高永續發展的可能。將木漿轉換為紗束後，可使用相同的化學過程製成最後成品，如染色等工藝技術。

澱粉塑膠

澱粉來自植物，例如馬鈴薯、玉米、小麥、白米……等等。每個種類都有獨一無二的澱粉顆粒，可以按照原本的狀態使用，只需稍微調整，或是結合填料和可生物降解的聚合物使用。澱粉塑膠主要用於一次性物件，因為使用完畢可以堆肥分解，提供低成本、低環境衝擊的替代方案來取代石油衍生的塑膠。

類型	一般應用範圍	永續發展
· 澱粉塑膠 · 熱塑性澱粉塑膠 (TPS)	· 拋棄式用品 (尿布、餐具等) · 包裝	· 取決於生物質來源 · 可完全生物降解

屬性	競爭材料	成本
· 低抗拉強度 · 耐衝擊特性良好 · 不耐濕氣	· 聚苯乙烯 (PS)、發泡聚苯乙烯 (EPS)、聚丙烯、聚乙烯、聚對苯二甲酸乙二酯 (PET) · 聚乳酸、聚羥基脂肪酸酯 (PHA)、聚羥基丁酸酯 (PHB) · 紙類	· 材料成本中等偏低 · 製造成本低

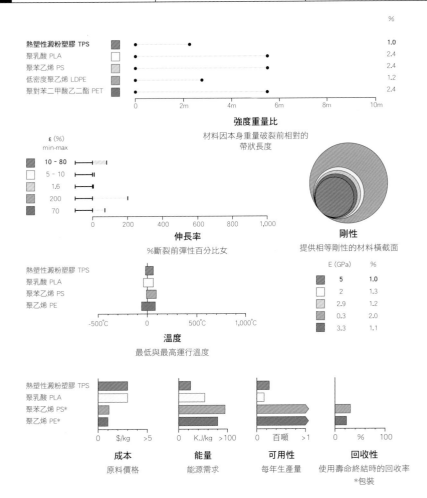

簡介

生物衍生塑膠的生產持續增加，並且不斷開發新的類型，目前有兩種主要類別：可堆肥處理的塑膠以及使用可再生來源製作的標準塑料。第一種材料包括澱粉或纖維素 (請見第 252 頁) 衍生物，特性類似石油衍生塑膠，但是生產能源只需要三分之一；第二類包含許多傳統塑料，像是以生物乙醇為基質的聚乙烯 (PE) (請見第 108 頁)、來自蓖麻油的聚醯胺 (PA) (請見第 164 頁)、還有以生物丙二醇為基底的聚對苯二甲酸乙二酯 (PET、聚酯) (請見第 152 頁)。

進一步區分可堆肥處理與可生物降解的差異，兩者不同在於「可堆肥」代表這類塑膠符合美國與歐盟標準 (分別為 ASTM 6400 和 EN 13432)，堆肥情況下會發生降解，超過 90% 必須轉化為二氧化碳 (CO_2)、水和生物能；而「可降解」代表材料經過合理時間後會藉由微生物分解為二氧化碳、水和生物能。

商業類型和用途

澱粉是由多個單醣分子結合在一起的多醣聚合物 (葡萄糖)，可形成直鏈或者有分支的長鏈聚合物，形成部份晶體結構 (請見第 166 頁)，在自然形式裡，澱粉不會熔融，到達晶體熔點前就會先分解。

澱粉基塑膠不需要進一步加工，相較之下，聚乳酸 (PLA) (請見第 262 頁) 和聚羥基羧酸酯 (PHA) (請見 PLA) 是藉由細菌發酵生產然後聚合，因此這類塑膠很昂貴。

澱粉的晶體結構以熱機械作用分解後，藉由凝膠化過程，讓澱粉顆粒吸收塑化劑 (像是水)，可降低分子之間鍵結的強度，所得的材料能使用傳統塑膠設備熔融加工，例如射出成型、擠出成型、熱塑成型等。可用於各式各樣的包裝和一次性物件，例如可分解的包裝用填充材料 (乖乖粒)、熱塑性托盤、吹製成型的薄膜 (包裝袋和包裝膜) 等。

澱粉含有羥基 (氧-氫單元)，具有親水性，代表澱粉易受濕氣影響，因此許多應用範圍並不適合澱粉塑膠。機械特性較差，模製成型後容易老化，為了生產更有用的材料，同時保持生物可降解，會將澱粉塑膠與 聚乳酸 (PLA)、聚羥基脂肪酸酯 (PHA) 混用。

永續發展

雖然生物基塑膠內含耗能一般低於石油基塑膠，但是對整體環境衝擊卻不一定比較低，有許多因素必須納入考量，從原料生產到應用範圍的性能表現等。與傳統塑膠一樣，整體環境衝擊必須進行生命週期評估 (LCA)，生物質的來源是關鍵，因為種植作物造成的影響可能會讓一切優點歸零，例如為了種植作物砍伐森林、進行基因改造 (GM)、採用石油動力機械，取代當地糧食生產，並使食物價格上升等。

可堆肥處理餐具 (右圖)
在某些情況下，可堆肥處理塑膠很有利，像是當回收不可行或不實際時，透過生物降解可避免物件變成碎片，進而污染土地或海洋，範例如餐點外帶，用餐後剩餘的食物、拋棄式包裝與餐具不太可能分類，最後會全部掩埋，如果將所有不是食物的物件都改用澱粉塑膠，就能讓廢棄物有了同質性，適合一起堆肥處理。

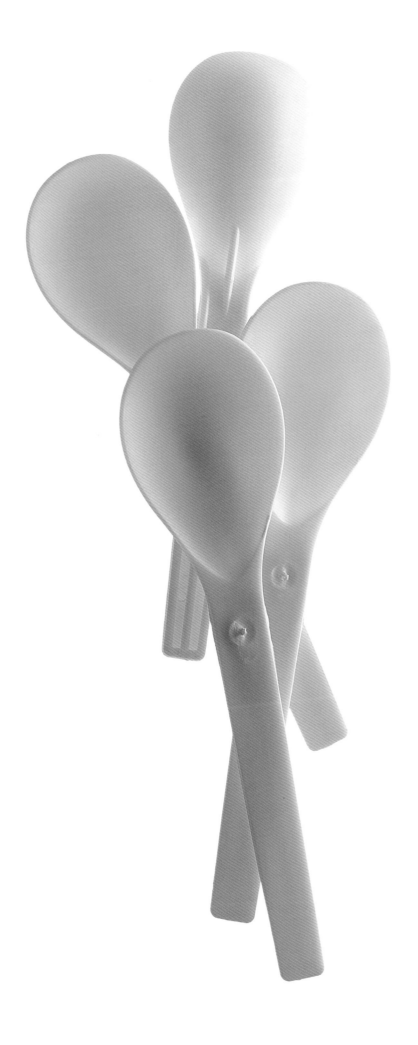

聚乳酸（PLA）

聚乳酸 (PLA) 是一種生物基塑膠，可以像傳統熱塑性塑膠一樣擠出成型、射出成型、拉伸製成纖維。聚乳酸來自天然乳酸，從植物中存在的澱粉中提取出來，包括馬鈴薯、玉米、小麥、白米以及其他植物。可用於包裝和其他可能堆肥處理的物件，包括尿布和花盆等。

類型	一般應用範圍	永續發展
· 聚乳酸 (PLA) · 聚羥基羧酸酯 (PHA) 和聚羥基丁酸酯 (PHB)	· 包裝 · 紡織品 · 文具	· 完全生物基 · 使用壽命結束時可堆肥或回收

屬性	競爭材料	成本
· 光澤感、透明度、清澈度優異 · 易碎但可增韌處理	· 熱塑性苯乙烯 (TPS) · 聚乙烯、聚丙烯、聚對苯二甲酸乙二酯 (PET)、聚苯乙烯 (PS)、乙烯醋酸乙烯酯 (EVA)	· 原料成本中等 · 製造成本較傳統熱塑性塑膠稍微貴一點

262

簡介

聚乳酸 (PLA) 是唯一在商業上取得重要地位的生物基塑膠，完全自可再生能源衍生而得，生產聚乳酸比生產石油衍生塑膠稍微昂貴一些，因此聚乳酸的成本約為其他與其競爭的非生物衍生塑膠二至三倍。聚乳酸的特性從堅硬到彈性皆有，取決於成份，目前已經用在瓶子、包裝用薄膜、玩具與消費電子產品的零件等，隨著對天然可再生材料的需求不斷增加，聚乳酸也不斷開發更多應用範圍。

聚乳酸是由澱粉提供原料，也就是右旋糖 (dextrose)，經發酵處理產生乳酸，乳酸分子由環狀丙交酯組成。藉由聚合過程，環狀丙交酯打開，連結形成長鏈，就像傳統聚合物一樣，基礎樹脂會製成塑膠粒預備製造為成品。而聚羥基羧酸酯 (PHA) 就像聚乳酸 (PLA)，藉由糖經細菌發酵後產生，根據生產方式不同，可產生一系列單體。微生物以糖為食，不斷繁殖，產生的量足夠時會使營養成份改變，例如氧氣或氮氣受到限制，這時加入額外的碳，會使細菌合成 PHA，生物合成後，細胞的細胞壁被分解，萃取單體，準備聚合，從各式各樣不同的單體可以實現不同的特性。

生物基塑膠水杯 (右頁)

聚乳酸有幾種類型獲得食品接觸認證，具有優異的光澤度、透明度與清澈度，這些特質對食物包裝不可或缺，食物的包裝必須看起來乾淨，而且不能妨礙視線，要能看清楚內容物是什麼，除此之外，聚乳酸可有效隔絕香氣，雖然這點對水杯沒有影響，但用於托盤和保鮮盒等要長時間放在貨架上的包裝則非常有利。

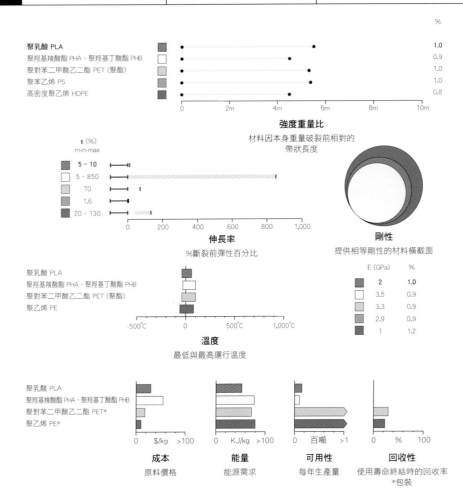

	%
聚乳酸 PLA	1.0
聚羥基羧酸酯 PHA、聚羥基丁酸酯 PHB	0.9
聚對苯二甲酸乙二酯 PET (聚酯)	1.0
聚苯乙烯 PS	1.0
高密度聚乙烯 HDPE	0.8

強度重量比
材料因本身重量破裂前相對的帶狀長度

ε (%) min-max

	5 - 10
	5 - 850
	70
	1.6
	20 - 130

伸長率
%斷裂前彈性百分比

剛性
提供相等剛性的材料橫截面

	E (GPa)	%
	2	1.0
	3.5	0.9
	3.3	0.9
	2.9	0.9
	1	1.2

聚乳酸 PLA
聚羥基羧酸酯 PHA、聚羥基丁酸酯 PHB
聚對苯二甲酸乙二酯 PET (聚酯)
聚乙烯 PE

溫度
最低與最高運行溫度

聚乳酸 PLA
聚羥基羧酸酯 PHA、聚羥基丁酸酯 PHB
聚對苯二甲酸乙二酯 PET*
聚乙烯 PE*

成本	能量	可用性	回收性
原料價格	能源需求	每年生產量	使用壽命終結時的回收率 *包裝

聚羥基丁酸酯 (PHB) 是研究最廣泛的材料，特性類似聚丙烯 (PP) (請見第 98 頁)，但是 PHB 的成本高出許多，以密度計算大約高出四倍，讓 PHB 的生產與應用受到限制。到目前為止，只有少數應用在商業上的案例，主要商標名稱為「Mirel」和「Sogreen」，一般不會單獨使用，經常與 PLA 或是 TPS 混合，擴大可能的應用範圍。

聚乳酸、PHA、PHB 這些案例都是熱塑性聚酯的形式 (請參考第 152 頁聚對苯二甲酸乙二酯 PET 聚酯)，可藉由微生物降解，導致酯鏈酵素催化水解，也就是說，在微生物活躍的環境可以完全生物降解。

商業類型和用途

聚乳酸與熱塑性塑膠加工設備兼容，配合包裝應用已經發展出各種不同等級，能與聚乙烯 (PE) (請見第 108 頁)、聚丙烯 (PP)、聚苯乙烯 (PS) (請見第 132 頁) 和 PET 抗衡，剛性與透明度出色，能用於熱塑成型的托盤、吹製成型的瓶罐與薄膜。

除此之外也適用射出成型，可用於類似 PS (聚苯乙烯) 的應用範圍，包括拋棄式刮鬍刀、文具、可重複使用的包裝與食器 (杯子、盤子、餐具……等)。聚乳酸作為紡織纖維有許多優點，因為吸濕能力高，而且排濕性良好，觸感舒適，保養很輕鬆。聚乳酸輪廓為圓形，外表光滑，加工特性多多少少與 PET 相似，適合用於各種終端用途，例如服飾、家用紡織品 (寢具、地毯、室內裝潢)，也可當作無紡布使用 (尿布、抹布、包裝材料)。

聚乳酸纖絲可兼容積層製造 (也就是 3D 列印，又稱快速原型)，這個過程稱為熔融沉積成形法 (Fused deposition modeling，縮寫為 FDM)，又稱熔絲成型 (fused filament modelling，縮寫為 FFF)。將纖絲熔融後，逐層沈積，搭建複雜的立體結構。聚乳酸可替代丙烯-丁二烯-苯乙烯三元共聚合物 (請見第 138 頁 ABS 樹脂)，雖然價格更昂貴，但是不需要抽取，不像 ABS 會在熔融時釋放有害煙霧，在使用桌上型 3D 列印機的環境是一大優點，除此之外，聚乳酸熔

生物基塑膠粒

聚乳酸塑膠粒看起來就像傳統熱塑性塑膠，原料擠出一定長度後切成粒狀，準備好進一步加工。

點稍低，建置完成後較不容易發生翹曲。

聚乳酸有各種不同的飽和色與珠光色 (請見第 142 頁)，配合 FDM 應用範圍對聚乳酸的需求，已經開發出全新亮眼的等級，金屬化的聚乳酸加入各種銅合金 (請見 66 頁) 生產，讓完成的模型更有重量、密度更密，並且可以拋光。木頭填充等級可使用各種原料，包括竹子 (請見第 386 頁)、白楊木 (poplar) (請見 330 頁) 等其他材料製作。聚乳酸經過改性，可生產增韌等級，耐衝擊強度更高，或是有彈性的聚乳酸，類似熱塑性彈性體 (TPE) (請見第 194 頁)。

永續發展

類似熱塑性澱粉塑膠 (TPS) (請見第 260 頁)，使用天然可再生材料能幫助最大限度地減少對環境的整體影響。但是，聚乳酸生產時需要使用的能量更高，消耗的化石燃料更多，而美國製造商 NatureWorks 表示自己生產的材料「Ingeo」，二氧化碳 (CO_2) 排放量比 PS 和 PET 等傳統材料低了 75%。

就像所有生物基塑膠，生物質來源是關鍵，確保材料可永續發展 (請見熱塑性澱粉塑膠)。雖然用於聚乳酸的原料大部份來自玉米，但還有其他許多植物能產生合適的糖份作為初始材料，在未來隨著生產工法的發展，可以期待會有更多樣的農業副產品出現。

生物基塑膠在使用壽命結束後，比任何石油衍生塑膠相比，擁有更多處理方法可供選擇，聚乳酸可以回收再利用、堆肥、焚化或是轉化變回乳酸。

聚乳酸與傳統熱塑性塑膠非常類似，生產中的廢料可直接回收，品質不會明顯下降。但目前要將消費產品廢棄物回收再利用挑戰較大，因為聚乳酸回收代碼為「7」或「其他」，會與其他塑膠混在一起，要將這些塑膠分類再利用是不可行的。

聚乳酸可堆肥處理，從技術上看來，這代表聚乳酸符合歐盟標準 (分別為 ASTM 6400 和 EN 13432)，按照要求在受控條件下 90 天內超過 90% 必須轉化為二氧化碳 (CO_2)、水和生物能；但是這並不代表在家庭堆肥的情況下聚乳酸可以分解。

生物基塑膠茶包 (右圖)

茶包一般採用紡織聚醯胺 (PA，尼龍)（請見第 164 頁）或無紡聚丙烯 (PP) 製造，為了生產更具永續發展可能的產品，一些製茶廠改用紡織 PLA 纖絲製造，雖然這些茶包不一定會像廣告中暗示的拿來做家庭堆肥，但是至少生物基塑膠對環境的影響少於採用傳統塑膠製作的茶包。

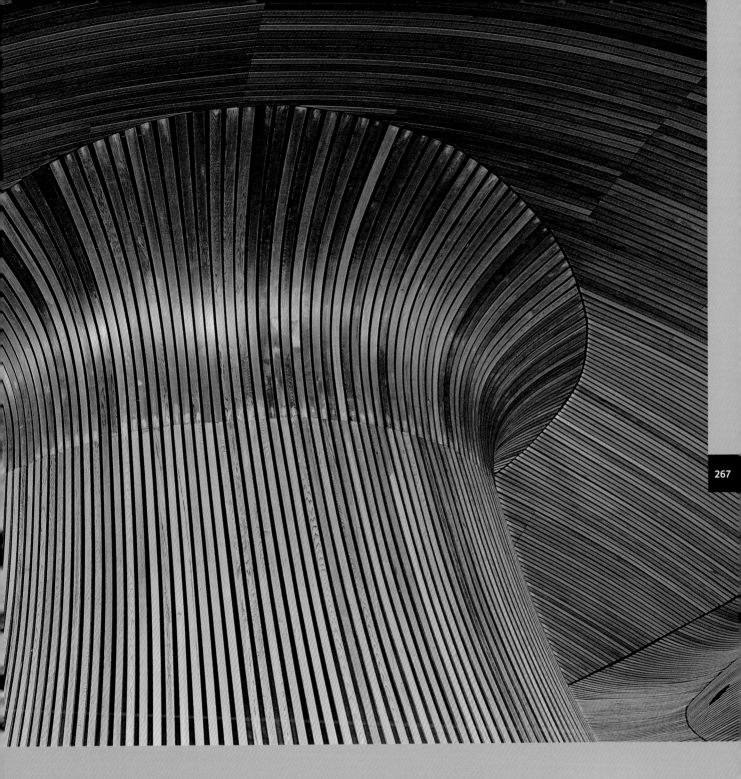

木材 3

木漿、紙張、紙板

紙是歷史悠久的材料，現在能以極快的速度大規模生產。人類使用紙張已經有數千年歷史，紙張功能廣泛，至今仍是許多應用範圍的首選材料，單單使用紙材就能完成極為精緻的成品。這種特質適合用於包裝與輕量結構，也可作為強韌密實的紙板使用。

類型	一般應用範圍	永續發展
· 紙漿：軟質木、硬質木、植物、葉子 · 紙張與紙板：單層、多層、塗佈、不上塗佈或層壓	· 印刷媒材與包裝 · 裝飾品與燈具 · 製成模型或是圖騰	· 原物料可從獲得認證的森林取得 · 製造過程採用化學品與水 · 廣泛執行回收再利用

屬性	競爭材料	成本
· 軟硬度依製造方法而異 · 從平滑到粗糙皆有 · 抗撕裂的強度低	· 聚丙烯、聚乙烯和 聚對苯二甲酸乙二酯 (PET) 薄膜、無紡層壓材料與透明膜 · 無紡棉布、大麻與黃麻 · 發泡聚苯乙烯 (EPS)、發泡聚丙烯 (EPP) 和 發泡聚乙烯 (EPE)	· 商用類型不昂貴 · 特殊類型可能非常昂貴

268

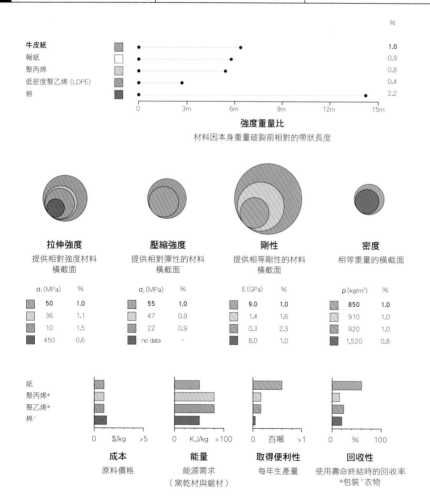

	%
牛皮紙	1.0
報紙	0.9
聚丙烯	0.8
低密度聚乙烯 (LDPE)	0.4
棉	2.2

強度重量比
材料因本身重量破裂前相對的帶狀長度

拉伸強度
提供相對強度材料橫截面

σ_t(MPa)	%
50	1.0
36	1.1
10	1.5
450	0.6

壓縮強度
提供相對彈性的材料橫截面

σ_c(MPa)	%
55	1.0
47	0.9
22	0.9
no data	–

剛性
提供相等剛性的材料橫截面

E(GPa)	%
9.0	1.0
1.4	1.6
0.3	2.3
8.0	1.0

密度
相等重量的橫截面

ρ(kg/m³)	%
850	1.0
910	1.0
920	1.0
1,520	0.8

	紙 聚丙烯* 聚乙烯* 棉†		

| **成本**
原料價格
0 \$/kg >5 | **能量**
能源需求
（窯乾材與鋸材）
0 KJ/kg >100 | **取得便利性**
每年生產量
0 百噸 >1 | **回收性**
使用壽命終結時的回收率
*包裝 †衣物
0 100 |

簡介

手工造紙術自中國漢代 (西元前 206 年至西元 220 年) 發明以來改變極少，紙張製作是先將纖維材料用水製成漿，以便釋放纖維素，接著利用篩網瀝乾，乾燥之後，纖維中所含的天然黏著劑就會釋放出來，彈打後，將隨機定向的結構固定在一起，完成紙張。紙張可用來作為書寫的材料，也能製作紙鈔，隨著生產量擴大與印刷術的發展，紙張已經變成我們日常生活不可或缺的一部份。而造紙的知識從中國傳遍亞洲、中東，乃至歐洲，原物料與生產技術不斷進步，現代工業紙張生產以木纖維為基底，每分鐘可生產數百公尺的紙張，並且有精準的尺寸與統一的性能。

新鮮木質纖維可製成紙漿、紙張和紙板。許多種類的木材可作製紙漿，像是雲杉和松樹 (請見第 304 頁) 和樺木 (請見第 334 頁)，雲杉和松樹可生產長纖維，而樺木可提供優異的光學特性。桑樹是提供造紙材料最古老的纖維，目前部份亞洲地區仍繼續以桑樹來製造高品質的紙張，也能結合某些植物纖維提高耐用度與抗撕裂強度，例如大麻 (請見第 406 頁)、亞麻 (請見第 400 頁) 和棉花 (請見第 410 頁)。

模切花瓶 (以紙張切割的花瓶) (右頁)
日本建築設計事務所 Torafu Architects 在 2010 年創作的「空氣花瓶 (Airvase)」，充分利用紙張眾多獨一無二的特性，極薄的紙板可輕易穿孔，讓生產過程更具成本效益。這款手工製作的花瓶，在剛性與輕量化之間取得良好平衡，確保結構能夠保持直立，並能回彈還原為原本的形狀，每一面都有不同的顏色，因此外觀會根據視角不同而變化。

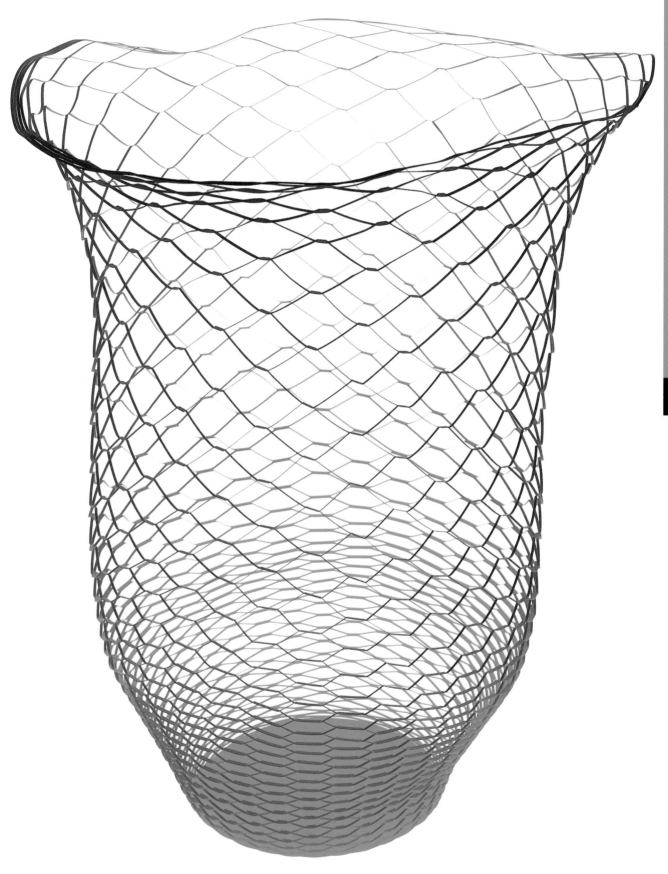

機器造紙

一般紙張與紙板兩側通常是光滑的，紙張磅數超過 150 g/m² 通常稱為紙板

報紙，磅數約為 40 - 50 g/m²，這是最便宜的紙張，可以承受高速印刷過程，沒有塗佈，混合機械紙漿，這種輕量材質要用來印刷是非常特殊的技術，印刷線一般都是專用的。

銀行紙與證券紙，磅數約 50 - 120 g/m²，這是薄脆、韌性高、品質高的書寫用紙，可用於信箋、家用或辦公室使用的列印紙，或是其他紙類文件。銀行紙磅數最高達 63 g/m²，這個磅數以上則稱為證券紙。

書面紙，磅數約 60-90 g/m²，用於教科書製作（沒有插圖的書籍），使用機械紙漿製造，加上少量化學紙漿增加強度。

雜誌與印刷用紙，磅數約 80-260 g/m²，同樣不加塗佈，但是主要使用化學紙漿製成（又稱為非樹木紙張），因此不會隨著時間過去而泛黃。

藝術紙板，磅數超過 300 g/m²，無塗佈厚紙板，用於書籍封面，分成一層、兩層等。

特殊塗佈

目前開發出各式各樣不同類型塗佈，方便滿足少量印刷應用的需求。

彩印紙，磅數約 75-130 g/m²，單面防水，可用於標籤、包裝與海報，之所以取名為彩印紙，因為這種紙最初是為了彩色印刷而生產的，另有紙板形式。

複寫紙，磅數約40-240g/m²，又稱為無碳式(NCR)或化學壓感複寫紙，加上塗佈可直接複寫，不需要使用碳紙，將微膠囊無色染料塗覆在紙張表面，書寫時或印刷時的壓力破壞膠囊並釋放染料，染料與相鄰的紙片反應，產生可視色彩，塗佈可以施作在正面(CF)、背面(CB)或兩面都施作(CFB)。

浸漬紙，可用於一系列工業應用範圍，例如建築材料、屋頂材料或濾紙，加上樹脂浸漬產生高性能片材，如環氧樹脂（請見第 232 頁）或酚醛樹脂（請見第 224 頁）。

文具與家用紙

添加化學成分可獲得想要的性能，例如濕強劑（用於紙巾）或矽膠（使烘焙紙表面不沾黏）。

面紙，磅數約 14-18 g/m²，面紙與紙手帕都是適用臉部肌膚的紙張，柔軟、能吸水、用後即可拋，包含高比例原漿，可能含有少量回收成份，製造時結合柔軟劑、乳液與香料。

紙巾，磅數約 14-50 g/m²，這種高吸水性紙張可用於衛生紙、廚房紙巾、餐巾紙等，製造時通常採用多層（最小層重 7 g/m²），可增加表面面積，進而增加吸力。

烘焙紙，磅數約30-90g/m²，有烘焙紙和油紙（烤盤紙）兩大類，表面都不沾黏，適合烘焙與包裝。烘焙紙生產過程會經過硫酸處理，發生反應使纖維物凝固，形成防水防油的表面；油紙表面則有矽膠塗佈。

機器塗佈

在紙張上塗一層礦物質可提高光滑度、光澤度與印刷品質，一般使用瓷土(高嶺土)，白色紙張通常加上高劑量光學增白劑，吸收紫外線後在可視光譜中散發，讓紙張看起來更明亮，添加二氧化鈦可以改善不透明度，減少透印。

輕塗紙，磅數最高達 45 g/m²，這種紙非常薄，最低磅數可達 40 g/m²，應用在高印量的雜誌、手冊與型錄。

聖經紙，磅數約 40-75 g/m²，又稱為輕量塗佈紙(LWC)這種質量高、重量輕的書籍用紙，重量與報紙相同，無酸紙可耐久，適合印刷大型書籍，例如字典和百科全書。

美術紙，磅數約 75-130 g/m²，品質極高的紙張，可用於彩色印刷，從一般家庭或辦公室到雜誌都能應用，又稱為中量塗佈紙(MWC)和高量塗佈紙(HWC)。

塗佈紙(CC)，磅數約 80-400 g/m²，這種紙張能提供高光澤，可用於高品質彩色列印，例如標籤或紙箱。

霧面

可當作高品質印刷的媒材，表面紋理可避免光線反射，進而減少眩光。

仿古紙，磅數約 70-90 g/m²，機器直出沒有任何表面處理，是可用於印刷機可印的紙張中表面最粗糙的一種，雖然也可以用手工印刷或是少量印刷技術處理，例如網版印刷。

圖畫紙，磅數約 70-220 g/m²，重量較沉的白色紙，可用於藝術品與文具，外觀類似仿古紙。

絲面紙，磅數約 90-300 g/m²，紙面光滑但不會造成反射，使用範例如高品質的產品手冊，方便閱讀而且印刷品質高。

折疊紙盒用紙

又稱為紙板，可以塗佈，也可以不塗佈直接使用，通常採用多層紙漿構成，多層成型不只可以加速製程，還能將不同種類的纖維結合在一張紙材裡面。

例如低成本的中層機械紙漿，可以像三明治夾在高品質的兩層化學紙漿中間，外表通常會加上塗佈處理為白色，內層為灰白色，如果兩面都是白色，被稱為白紙板。也可以和塑膠薄膜、鋁箔、油紙等層壓在一起。

漂白紙板(SBB)，磅數約 200-500 g/m²，高品質折疊紙盒用紙，採用化學紙漿製作，堅固、光滑、密度中等，屬性能完成出色的壓花和印刷，可用於包裝高單價物件，如食品、化妝品、藥品、甜點等。

未漂白紙板(SUB)，磅數約 200-500g/m²，抗撕裂強度高，可用於包裝玉米片、冷凍食物、冷藏食品等，或製作運送用的紙箱。

壓光處理

又稱為釉面紙，這種紙張表面具有高光澤，紙張經過高拋光輥筒整飾，利用熱度、壓力與摩擦施作，讓紙張表面光滑，應用在塗佈紙可完成高光澤的表面處理。

無塗佈壓光紙，磅數約 40-75 g/m²，各式各樣具成本效益的紙張，適合用於新聞副刊、型錄、廣告材料。

超級壓光紙，磅數最高達 50-60 g/m²，含有高比例礦物填充料，這種紙經過大量壓光處理，完成非常平滑高光澤的表面，可用於雜誌。

輕量塗佈紙(LWC)，磅數約 50-75 g/m²，這種低成本紙張可用於雜誌，混合化學紙漿和機械紙漿，壓光後完成帶有光澤的表面處理。

玻璃紙，磅數約 50-90 g/m²，有光澤的半透明紙張，可防潑水，能隔絕空氣，耐油脂，這是防油紙的基礎材料。

通用包裝

以下介紹各式各樣用於保護或促銷紙材。

薄棉紙，磅數約 20-50 g/m²，輕巧的包裝材料，適合家用或工業用，帶有抓皺紋理的稱為皺紋紙 (cr pe)。

單面塗佈紙，磅數約 50-100 g/m²，單面塗佈紙有各種類型，包括帶有光澤或帶有浮凸的表面處理。這種紙可用於標籤、包裹或作為柔軟的包裝材料，背面可加工處理避免捲曲。

彩色紙，磅數約 80-300 g/m²，也稱為封面紙，這種紙無塗佈，適合用於封面、包裝和文具。

牛皮紙，磅數約 70-300 g/m²，這種堅固的紙張採用無漂白化學萃取的長纖維製作，強度較高是來自化學製漿的結果，加入黏著劑可強化濕潤強度，這種稱為濕強牛皮紙，吸飽水份時抗拉強度仍有 25%，可用於外層來提供防水功能，與其他類型紙張一樣，也能漂白、加上塗佈或上蠟。

隔層紙，塗佈或沒有塗佈的紙加上擠壓鋁箔或聚乙烯(PE) 擠出成型薄膜（請見第 108 頁）。

瓦楞紙，採用平滑外層夾住有凹槽的紙芯製成，從微型瓦楞到三層瓦楞皆有，比實心紙板提供更高的剛度重量比，有各種厚薄與配置可供選擇，可以結合原漿與回收纖維，並能選擇漂白或未漂白款式。

塗佈白紙板(WLC)，磅數約160-190 g/m²，以回收紙漿為基底，加上高品質的白色塗佈表面，能用來製作低成本的紙盒包裝，例如鞋盒、電子產品和其他食品以外的物件包裝。

灰紙板，磅數通常超過 250 g/m²，是低成本的實心紙板，採用回收材料製作，主要當作精裝書封面，讓硬度更挺，但也可以當作促銷材料，呈現工業風的美感。

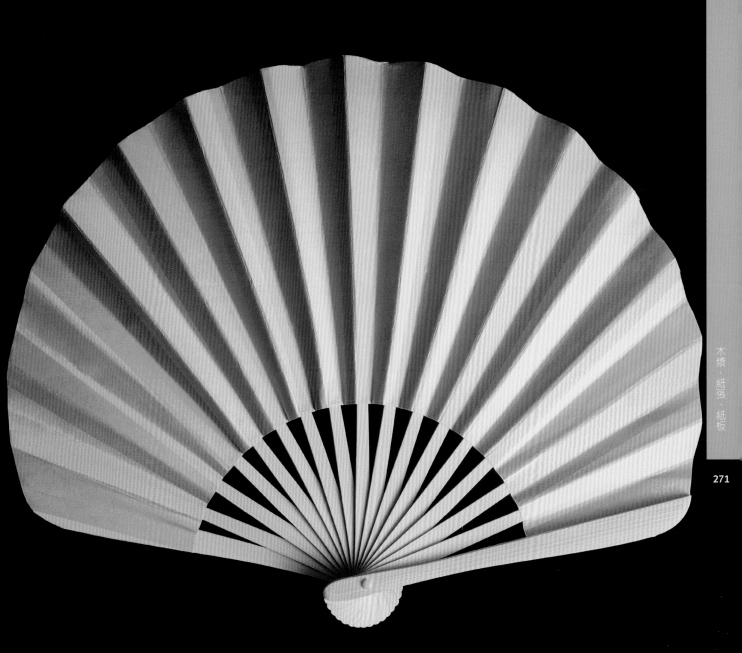

早在紙張生產工業化以前，就有許多纖維來自回收的植物纖維基底紡織品，俗稱「碎布」。葉子纖維可製造品質特別高的紙張，特別是馬尼拉麻 (abaca) 與瓊麻（Sisal）(請見第 394 頁)。紙張製造時也能添加人工纖維，像是聚對苯二甲酸乙二酯 (PET，聚酯，第 152 頁)、黏膠纖維 (第 252 頁) 和玻璃纖維 (GF，請見第 522 頁)。

商業類型與用途

工業化造紙技術是將潮濕的纖維壓在一起，乾燥後形成片狀材料，從超輕量的面紙到堅固的包裝用紙板都能製作，可以採用原生木漿、再生纖維材料、植物纖維製作，或是混合上述材料，製作特定的機械性能、視覺效果與不同觸感。

木質纖維能藉由機械方法、化學處理或化學預熱機械製漿 (CTMP) 萃取，機械磨漿可將約 95% 的原料轉成紙漿，將原木壓在轉動的粗糙石頭上研磨萃取纖維，產生硬而短輕薄的纖維，密度低於化學漿或化學熱磨機械漿。高產量使機械製漿成本低，機械

手持紙折扇 (上圖)

一般認為手持紙折扇起源於日本，在造紙術從中國傳入日本之後，誕生於西元六世紀到九世紀之間。這種手持紙折扇依靠紙張驚人的特性，經過反覆摺疊後依然堅固，很快地紙扇就從地位的象徵變成裝飾用物件，在 17 世紀的歐洲大大流行了起來。圖片中色彩繽紛的設計來自丹麥設計品牌 HAY。

紙漿木質素含量高，意味著紙張會隨時間累積變黃，適合製作報紙或類似的產品，但不適合應用在使用時間較長的產品上，例如書籍。

印刷包裝紙 (左圖)

紙張用於包裝上的質感優異難以超越,包裝紙能按照包裝的內容物折疊,讓紙張產生褶皺,避免包裝突然散開。左圖為義大利烘焙坊 G. Cova & C 的義式果乾麵包 panettone,採用漂亮裝飾的包裝紙包裹,這種紙張質感堅韌,表面光滑,可用於高品質印刷。包裝印刷主要使用兩種方法:平版印刷 (lithography,簡稱 offset) 與柔版印刷 (flexography,簡稱 flexo),兩者都能重現高品質色彩,如何選擇取決於應用範圍,不過平版印刷影像一般比較銳利,而柔版印刷製版費用比較低,適合少量印刷。

在化學製漿的過程中,利用化學品與加熱來溶解木質素,以便萃取纖維,這種方式獲得的紙漿會減少到木材原料的 50%,木質素含量明顯降低。化學紙漿的纖維柔軟,產生由大量強而有力的鍵結組合成為強大網狀結構。因此化學紙漿可用作高品質的紙張,或是當作包裝紙板的外層,這種類型的生產方法主要採用牛皮紙方法,將木纖維混合氫氧化鈉和硫化鈉溶液,放入蒸煮器加熱,萃取纖維並以化學方法溶解木質素,這是許多強韌紙張的建構基礎,包括列印紙、紙巾與濾紙等,甚至包含和紙 (見第 276 頁)。

化學預熱機械製漿 (CTMP) 採用經化學加熱軟化的木屑製作,在轉盤盤磨機中磨漿,和磨碎的紙漿相比,獲得的纖維更柔韌、更耐用,並具有更高的密度。

在生產過程中,紙漿在篩網與輸送帶中以高速運行傳送,使纖維可按照傳送的方向排列,因此紙張會出現方向性,纖維排列呈現縱向對齊機器時 (machine direction,MD) 質感會更硬;若是橫向 (CD) 則容易產生皺褶。

回收紙可以製造出大部份的紙漿製品,紙質回收材料有幾種不同類型,例如瓦楞紙、混合紙、雜誌、辦公室廢紙、報紙、高質廢紙與紙漿替代品 (如鋸木廠的廢料)。與回收紙漿相比,原紙漿重量更輕、質感更硬,組成成份清楚。基於這些特性,有些嚴格要求的用途需要紙面特別乾淨時,多半會優先選用原紙漿。紙張在回收後,木纖維的長度會稍微縮短,因此許多紙基產品製造時會用回收紙漿混合原漿,雖然如此,還是有很多產品採用 100% 回收紙製造,例如紙巾、報紙、雜誌、瓦楞紙、紙漿模塑包裝等。

再生紙漿的外觀、觸感與特性都與原漿十分類似,包括顏色,難以區分,但是嚴重污染的廢紙需要大量再加工

才能製成明亮的白紙,所以需要優異的亮度與剛性時,不見得會優先選擇使用回收紙。

紙張的品質取決於磅數 (g/m^2)、厚度 (微米)、體積 (g/m^2 與微米之間的關係)、粗糙度 (或光滑度)、吸收力與不透明度,選擇取決於美學要求,並也取決於生產時的技術考量。紙張類型極其繁多,因此開發出各式各樣標準規格 (請見 270 頁)。

永續發展

紙張只要來源正確都可再生,使用壽命結束時可生物降解,與其他拋棄式替代材料相比,像是無紡聚丙烯 (PP) (請見第 98 頁) 和聚乙烯 (PE) (請見第 108 頁)。紙張具有永續發展的優勢,但是也因為紙張壽命短暫,而限制了應用範圍。

工業造紙會耗用大量的水、漂白劑、染料與其他化學物質,相比之下,使用當地可再生材料手工造紙,對環境幾乎沒有負面衝擊。有時造紙會為小型社區帶來重要的收入來源。

原紙漿必須來自永續森林經營認證的木材 (請見第 290 頁薄板),才能確保對環境造成的影響降至最低。紙張與紙板的生產幾乎不會產生廢料,所有材料都能轉換成其他原料,或當作生

包裝

耐折疊
紙張可以反覆摺疊不會破裂，紙張破掉前可承受的折疊總數取決於例子方向，橫向耐折疊的特性更高。

抗拉強度
極限強度取決於纖維類型、長度與方向性，紙張縱向會比橫向更強韌，這是因為在生產過程中產生的纖維方向性。

低成本
紙張採用大量生產，作為包裝成料具成本效益，而且紙張類型之廣泛無與倫比。大量製作工法會受限於模製紙漿的設置成本。

可印刷
印刷業主要依據紙張的品質發展，雖然目前已經能用合理的價格完成極高品質的印刷，但是業界仍在不斷尋找新的方法，讓效益盡可能提升到最高，進而帶動新產品與新規格的開發。

折疊紙盒
上圖是英國包裝公司 Alexir 為有機食品製造的包裝，這類紙盒與紙箱切割成型後，用連續高速工法做出結構。首先印刷高品質的紙板，然後模切後壓製形狀並凹出摺線，成型後的零件送入折疊與黏合作業線，每個折疊都要按照精心設計過的順序步驟，首先摺出水平線，成型後黏合固定，然後摺出垂直線，將這些部件壓平堆疊，因為平整包裝有利運送，等送達店面要使用時再進行組裝。

物燃料，壽命結束時，紙漿產品可以回收利用。

紙製品使用壽命結束時有各種處理方法，雖然紙張可生物降解，但是一般來說回收會更有效益，因為減少水與空氣的污染，減少垃圾掩埋量，回收紙漿比原漿耗用的能源更少，降低了原物料的損耗。儘管如此，按重量計算，在歐盟與美國，廢棄物中紙質約佔三分之一，比其他任何材料還要高。混合材料更難回收，有時甚至是不可能回收的。例如包裝飲料常見的鋁箔紙盒（這是壽命很長的產品），由於有使用約 20% 塑膠和 5% 鋁層壓，因此無法用傳統方法來回收。

木漿、紙張、紙板
在包裝中的應用

紙張具有良好的剛性，能產生褶皺，與塑膠和金屬一樣，褶皺能讓紙張更堅固，摺紙藝術即是利用紙張這種特性，目前已經有好幾世紀的歷史。同樣的原則也可應用在包裝與其他工程結構上，紙張與其他硬質材料的最大差異是，紙張可以反覆摺疊不破裂。

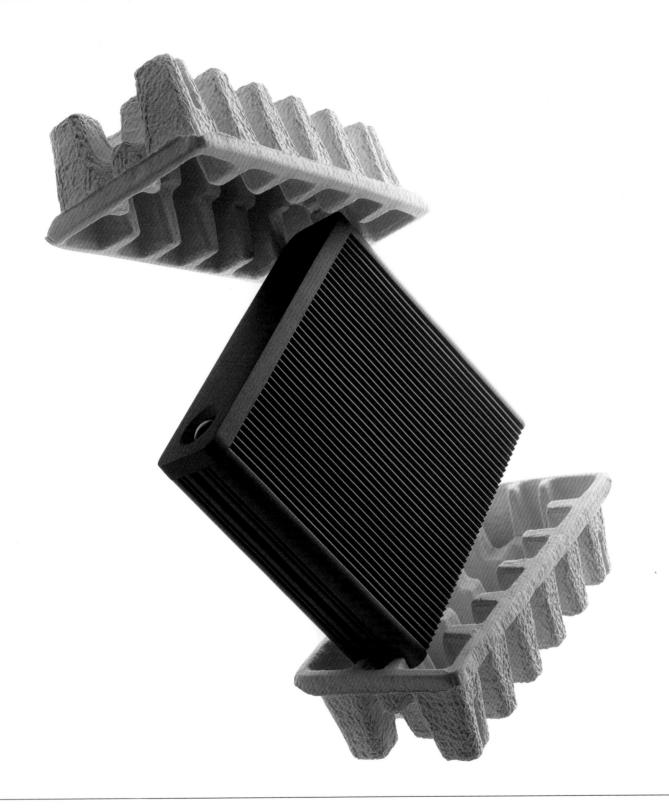

紙漿模製包裝 (上圖)

紙漿模製包裝是絕佳的包裝形式,單位成本低,而且使用壽命終結後,可與其他紙質包裝材料一起回收。天然顏色為灰色或棕色,通常棕色是以牛皮紙和灰紙漿組成,灰色則是結合回收報紙。可使用添加劑改善性能,例如防水或防油。圖中的紙漿模製格子可用來保護 LaCie 擠壓成型鋁製隨身硬碟,並避免硬碟直接接觸外盒,保護運輸時不受撞擊。

PaperFoam 環保紙漿發泡包裝 (右頁)

PaperFoam 是由同名的新興荷蘭公司開發,作為傳統紙漿與保麗龍的替代品,使用 70% 馬鈴薯澱粉,加上 15% 木漿和少許專利成份,利用食用色素上色,並與一點點水混合,水份會使澱粉發泡,進而形成堅硬、輕量的部件。與紙漿生產不同,紙漿生產很混亂,需要大量的水,PaperFoam 採用射出成型,開模也許很昂貴 (如同紙漿模製包裝),但是讓設計師擁有更多設計可能,製作過程乾淨、快速、精準,少量製作可採用壓製成型。

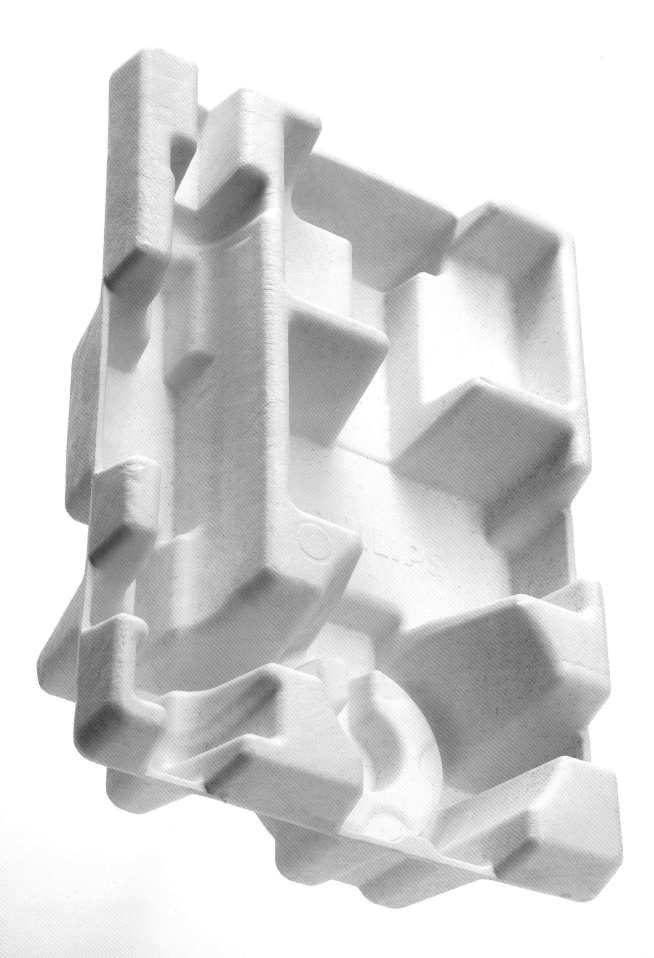

立體日本和紙(上圖與右頁)

上圖與右頁這兩個設計案來自設計師佐藤大 (Oki Sato) 於 2002 年創辦的日本 Nendo 設計事務所,兩者都使用了傳統日本紙,稱為和紙「washi」。雙色和紙燈罩(上圖)是由「谷口‧青谷和紙 (Taniguchi Aoya Washi)」這家紙廠生產,該公司是日本唯一一家製造立體和紙的公司。製作這種和紙的過程,就像紙漿模製包裝,主要來自

將桑樹的纖維與水混合,利用篩網的表面收集放乾,顏色在燈罩成型中分成兩個步驟完成。裡層是明亮的白色,不會干擾燈光的顏色,外層則選用亮色或深色裝飾。第二個設計案(右頁),則是由小津和紙 (Ozu-washi) 公司為「五十崎社中 (Ikazaki Shachu)」公司製造的,名稱是「cs007」,此商品使用來自愛知縣的和紙,愛知縣自日本

平安時代(西元 794 至 1185 年)以來就以紙張聞名,配方包括三椏(結香)和煙灰墨(書法用的黑色墨水),將紙張製成平面後,壓成盤子的形狀。雙色和紙燈罩影像由吉田明広 (Akihiro Yoshida) 提供;cs007 影像由岩崎寬 (Hiroshi Iwasaki) 提供。

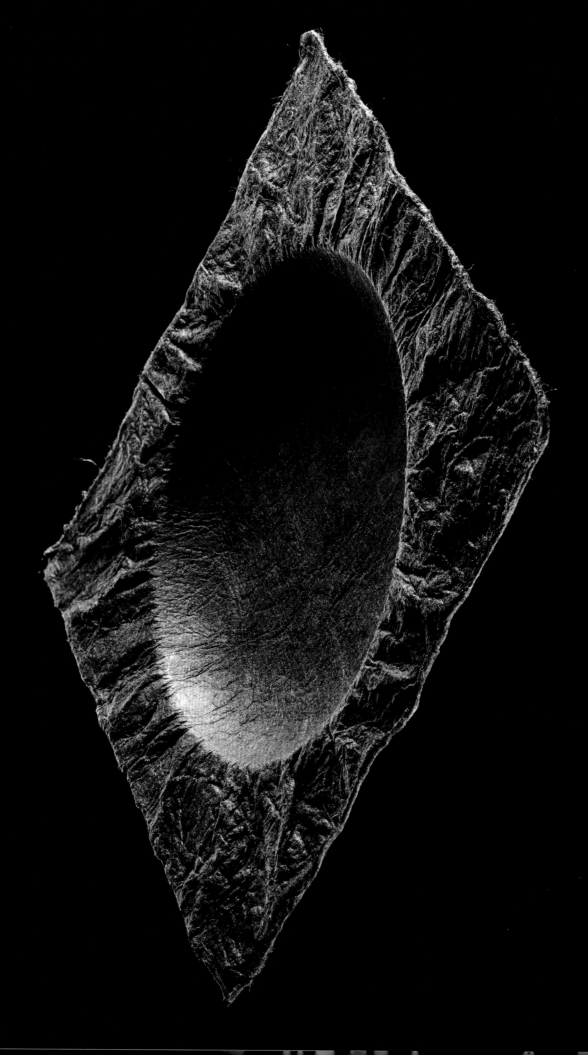

這種特性被稱為耐折強度，讓包裝能有反折與封口設計，對其他類型的片狀材料幾乎是不可行的。聚丙烯是少數具有相同性能的塑膠，這種情況下聚丙烯被稱為活動鉸鏈。

木漿、紙張、紙板
在工業設計與家具中的應用

紙張的操控方式具有大量不同形式，能與金屬化聚酯膜層壓，產生光學鏡面材料，又稱為鏡面紙或鏡面板。紙張能實現各式各樣的特殊效果，包括各種彩色色調與雷射膜。紙張表面可以植絨，產生裝飾效果並製造奢華感，紙張可利用黏合劑滿版植絨，或是只選擇部份區域應用彩色植絨粉。紙張表面適合印刷、壓花（加壓形成凹痕稱為打凹，或是讓表面有輪廓突起，稱為壓花）與燙金。層壓或塗層紙張可以像傳統紙張一樣加工，雖然不是所有油墨都能附著在紙面上。

紙張因為本質的緣故，吸收水分後機械效能容易受到影響，潮濕時會失去抗撕裂強度，不過，目前開發出的紙巾結構具有非常良好的抗撕裂強度；紙張可與塑料層壓，當作基礎材料，做成用來包裝液體的紙盒。

木質紙張的替代材料已推出多年，無紡布是以天然或纖維黏合在一起組成，與紙張不同，像是杜邦泰維克這種無紡合成材料重量輕、抗撕裂、不受水份影響，以高密度聚乙烯 (HDPE)（請見聚乙烯）纖維製作，卓越的耐用性適合各種包裝和印刷媒材。

片狀塑膠又稱為合成紙，在某些情況下可當作紙張的替代材料，有好幾種塑膠已經用來取代紙箱、紙盒及許多非包裝物件的紙質材料，主要為聚丙烯、聚乙烯和 PET（請見第 105 頁聚合物鈔票），輕量紡織品柔軟像是紗布、篩網等，不像紙張僵硬，可用來取代輕塗紙，例如用於需要高抗撕裂強度的包裝。

工業設計與家具

多功能
紙張有各種格式可供選擇，能支援測試生產與大量生產，沒有其他材料能和紙張一樣多功能。

低成本
原物料價格低，在許多國家本地就能取得原料，有利紙張成為最便宜的媒材之一，適用於所有生產規模。

機械性能
紙張具有良好的強度重量比，最終強度取決於紙漿纖維性能與片材結構，紙張結構不均勻，最終強度取決於強度最低的區域，因此很難精準預測紙張何時會破裂。

紙漿模製包裝將紙張的優點轉換成立體結構，來自造紙工業的廢料切碎後，加水混合做成紙漿，然後模製成型，可以重複使用或回收再製，而且使用壽命結束後可完全生物降解。在乾燥作業期間，可藉由濕壓或熱壓改善模製的光滑度，利用這項技術，還可以在紙漿模製包裝上壓印商標或是細小的文字。在這種應用範圍中，紙張可以和合成泡棉競爭，例如發泡聚苯乙烯 (EPS)（請見第 132 頁）、發泡聚丙烯內襯 (EPP)（請見聚丙烯）和發泡聚乙烯 (EPE)（請見聚乙烯）。

紙張運用的方式有非常多種，可折疊形成永久摺痕、以蒸汽並加壓模壓、切成紗束、刻痕、扭轉、撕開、刺繡、壓花或是印刷。同時，新的技術還在不斷出現，改變紙張及其潛力，例如可印刷電子產品（例如電路與天線），或是感溫變色添加劑（根據溫度改變顏色）。

紙張可以用不同方法變成結構面板，例如薄紙板可以捲起、折疊、層壓等，製成類似金屬的夾層板（請見第 58 頁鈦金屬）。紙條黏合後，製成蜂窩結構，可用作纖維強化塑膠 (FRP) 的核心，紙質蜂窩結構重量輕，吸收能量的機能良好，可用於車門或是建築材料（即門與面板）。

手工紙因為製造過程只需徒手加工，這種生產規模適合用於實驗。事實上，紙張在許多文化中都被認為是一種藝術形式，技巧純熟的造紙師傅受到高度重視。紙張設計從成份與加工方法開始，幾乎所有類型的纖維都能加入。基礎成份來源從含足量纖維素的植物到黏合樹脂皆可，以往經常使用回收紡織品造紙，將使用壽命結束的碎布、紡織品先撕成碎片，然後加入紙張，改善紙張的強度與彈性，現在已經知道木質纖維以外的材料可以使用多少比例，能有效預測完成紙張的品質，品質較高的紙張，往往會使用比例較高的非木質纖維。

紙張可以結合花瓣、葉子、花朵等，當作裝飾效果，一般會當天新鮮採摘，保持材料的顏色，或是先將材料乾燥壓花，幾乎任何薄而有彈性的材料都可以運用相同的原理與紙張結合，有一些纖維純粹用於裝飾，也有一些纖維能改善強度與其他重要的機械效能。製作時將這些材料隨機擺放，可以排成簡單的圖騰或是複雜的配置，為了確保能固定在紙張裡面，可以與纖維混合後，當作中層放入薄棉紙夾起來。有時放在某一側會比另一邊更醒目，具體取決於實際擺放的位置。

可壓平包裝的摺疊式紙盒喇叭（右頁）
右頁為無印良品紙盒式喇叭，將包裝材料與電子器材結合，外觀就像傳統的紙箱一樣，使用薄紙板模切，並在同樣的加工過程中加上摺線。這也許是將低成本電子產品發揮到最極致的設計案。這款喇叭寄送時是平整的包裝，讓消費者可以自行組裝紙盒。

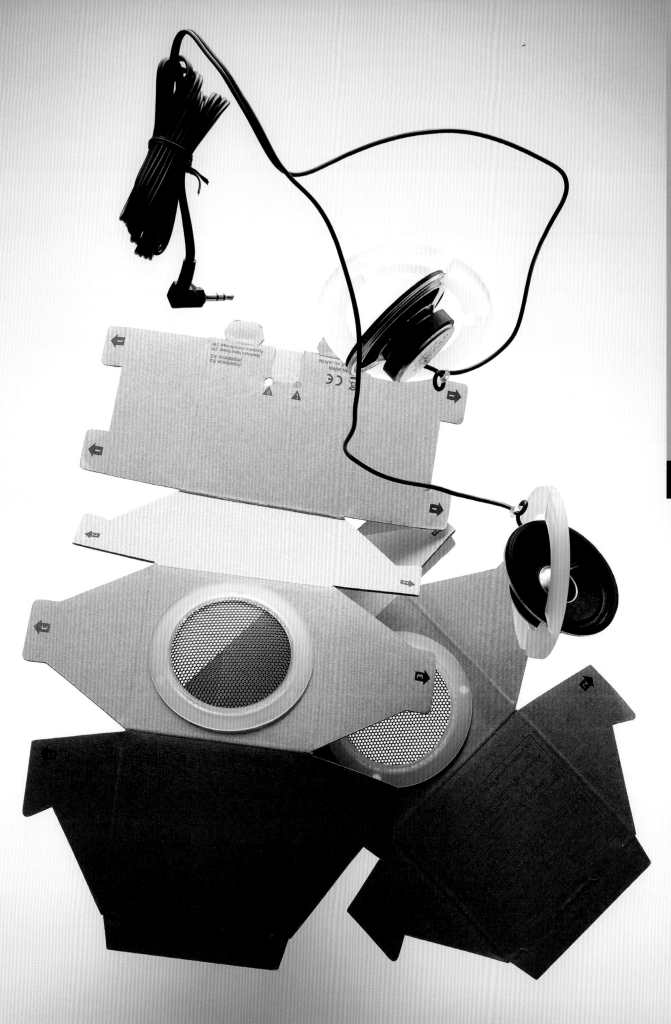

樹皮

樹皮包含樹木的木質樹幹外層所有組織，從橡木到桑樹，樹皮原本在樹幹擔任保護的角色，其特性即來自這種保護功能，具抗菌、抗真菌作用，加上優異的排水特性，傳統樹皮與原住民手工藝關係密切，近年來則在現代設計上展現出龐大的設計潛能。

類型	一般應用範圍	永續發展
· 剝皮樹皮 · 樹皮布	· 包裝 · 紡織品 · 傢俱	· 樹幹可從再生來源獲得，許多情況下，樹皮的收入能支持地方社群

屬性	競爭材料	成本
· 防潮但可透氣 · 抗微生物、抗真菌 · 堅固但質脆	· 紙張、貼皮、皮革 · 棉、大麻、黃麻 · 合成纖維如聚丙烯、聚對苯二甲酸乙二酯 (PET) 和聚醯胺	· 商用類型中等價低 (如樺木與棕櫚) · 需要更多手工的類型價格中等偏高 (如桑紙)

280

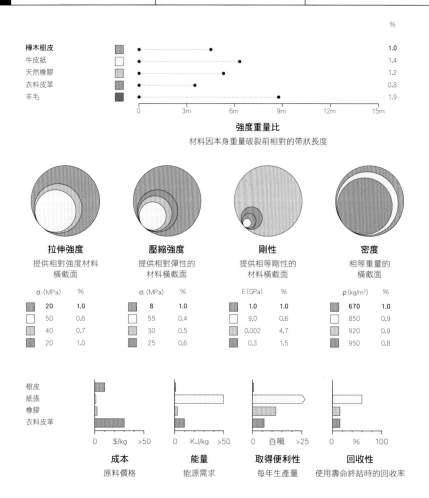

	%
樺木樹皮	1.0
牛皮紙	1.4
天然橡膠	1.2
衣料皮革	0.8
羊毛	1.9

強度重量比
材料因本身重量破裂前相對的帶狀長度

拉伸強度		壓縮強度		剛性		密度	
提供相對強度材料橫截面		提供相對彈性的材料橫截面		提供相等剛性的材料橫截面		相等重量的橫截面	
σ, (MPa)	%	σ, (MPa)	%	E (GPa)	%	ρ (kg/m³)	%
20	1.0	8	1.0	1.0	1.0	670	1.0
50	0.6	55	0.4	9.0	0.6	850	0.9
40	0.7	30	0.5	0.002	4.7	920	0.9
20	1.0	25	0.6	0.3	1.5	950	0.8

樹皮
紙張
橡膠
衣料皮革

成本	能量	取得便利性	回收性
原料價格	能源需求	每年生產量	使用壽命終結時的回收率

簡介

自史前時代起，人類已懂得採集樹幹來製造書寫材料、服裝、儲存容器、獨木舟或是矮棚。採集樹皮需要高超的技巧，加上只有少數人有能力採集，因此樹皮是相當昂貴的材料。直到今日，樹皮仍使用傳統技巧採集，世代更迭以來採集方式改變極少。

樹皮的品質與特性根據樹木的種類與萃取的方法而有所不同，樹皮內外具有不同的性能，樹皮內裡表面較為柔軟，除非是內皮，內皮內外兩面的屬性非常類似，但是剝除內皮對大部份樹種而言，會導致樹木枯死。樹皮以天然色應用，顏色根據樹木的類型與收穫時的年份而定。如果需要裝飾，則採用天然成份來染色，保留傳統。樹皮表面覆蓋著皮孔 (Lenticels)，作用如毛細孔，讓內部木質組織與大氣之間的氧氣或二氧化碳可以流通，否則樹皮不能排水或透氣。像是樺木 (樺木科，英文學名為 Betulaceae family) (請見第 334 頁) 與其他一些樹種，樹皮上可以看見皮孔，表面具有獨特的線形記號。應用時樹皮任何一面都能當作向外露出的那側，樹皮內裡表面光滑勻稱，這種屬性對於食物容器內壁表面特別實用；外層表面通常更凹凸不平，更有裝飾效果。

櫻桃木樹皮茶葉罐 (右頁)

這種使用櫻桃木樹皮的工藝品被稱為「kabazaiku」，在日本已經存在幾世紀之久，分為自然色或拋光處理兩種，可展示豐富的色彩，凸顯線性記號 (即皮孔，類似樺木)。用於儲藏茶葉時，櫻桃木樹皮提供良好的儲存條件，濕氣無法滲透，因此能保持正確濕度，皮孔讓內容物可以透氣。

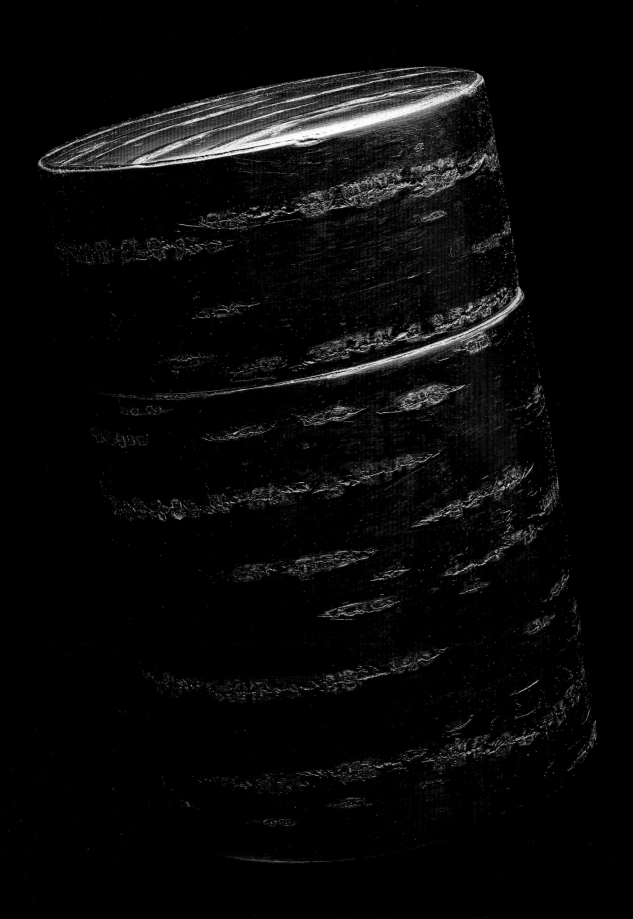

Tapa 織品 (左頁)

構樹具有柔軟的特性,乾燥、浸泡、敲打之後可以用來製作柔韌的構樹皮紡織品,這種技術來自太平洋群島,如斐濟、東加與大溪地,目前幾乎消失了。有一些其他類型的樹皮也能製成類似的成品,樹皮的選擇取決於地理位置。

編織籃 (上圖)

這款樺木樹皮編織籃來自芬蘭,樺木是北方氣候隨手可得的材料,傳統上應用在各種不同的地方,從建築物隔絕保溫到食物儲存等,樹皮本身具有抗菌、抗真菌特性,可以確保空氣品質良好,幫助延長食物保鮮時間,隨著時間過去,樺木薄板會變得更乾、更硬、更脆,有利保持收納籃的形狀,但這也代表彎折時籃子容易龜裂。

樹皮的成分類似樹木,即纖維素、半纖維素、木質素等,但是比例不同,通常含有較少纖維素和半纖維素,油脂、蠟與精油的比例比較高,這些成份讓樹皮有療癒力和保護性,能抗菌、抗真菌,樹皮的優點應用在醫學與治療已經有數千年歷史。將樹皮應用於包裝上,這些成份也能用保護樹木的方法,同樣保護包裝的內容物。

某些種類的樹木產生的樹皮可以打成類似紙張的紡織品,這種材料更有彈性,彎折時不會破裂,假若回溯到幾千年前,這種材料可能是紙張的起源。樹皮加濕捶打之後,可以釋放內部的樹脂,成為可捆紮的材料,例如構樹樹皮布 (paper mulberry tree,學名為 Broussonetia papyrifera),雪松樹皮布 (來自結毬果的樹種,柏科,請見第 318 頁檜木科) 以及取自納塔爾榕樹 (mutuba,學名為 Ficus natalensis) 的烏干達樹皮布。

商業類型與用途

樹皮的混搭與應用取決於地理位置,也取決於當地原住民傳統上如何利用樹皮的特性。

樺木的種類很多,生長地點遍佈北美洲、亞洲與歐洲。樺木功能多元,長久以來,在不同應用範圍的實用物件都能發現來自樺木各個部位的材料。樹皮一般在初夏採收,具有獨特的閃亮白色外皮,生活在樺木生長地區的

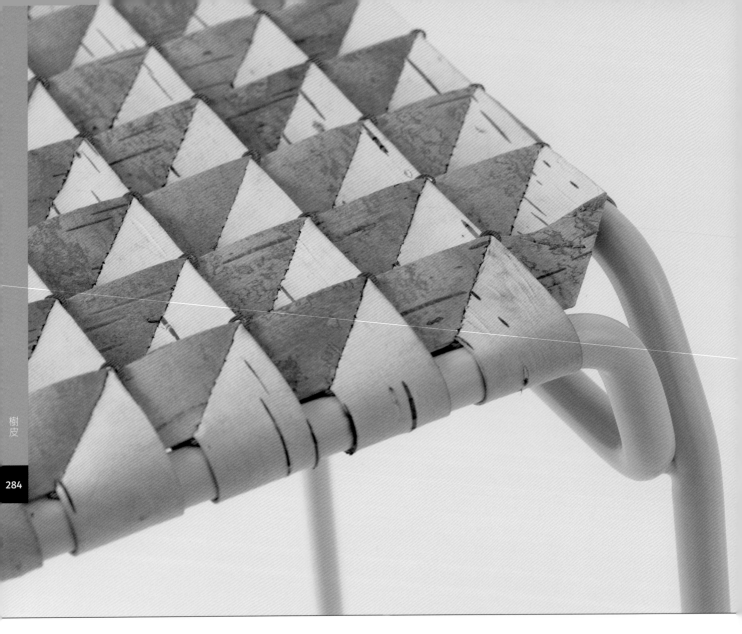

人們使用樹皮的方式略有不同，像是在北美地區，會將樹皮縫在一起製成容器與獨木舟；在北歐與西伯利亞，會將樹皮切成長條，然後編成籃子、鞋子與包材。

樺木樹皮並不是非常耐用的材料，編織鞋幾週內就會磨穿，但不彎折也不磨損的話，產品可以使用更長時間。樹皮能耐腐朽，可在戶外環境使用或是浸泡在水中，傳統芬蘭漁網就是使用樺木樹皮製作。

構樹遍佈亞洲與太平洋地區，來自內皮的纖維非常珍貴，可用來造紙，例如日本和紙（請見第 276 頁）、泰國桑（Saa）紙與中國宣紙。在太平洋地區

發明了另一種技術，將條狀內皮擊打在一起，然後製成適合書寫與繪畫的柔韌材料與衣服，這種稱為 Tapa 紡織品，能用來製作沙龍巾、圍巾、帽子等，曾經是斐濟、東加、大溪地等太平洋島國主要衣料來源，現在僅保留給儀式場合使用。

在烏干達，納塔爾榕樹（mutuba）的內皮能用於類似的紡織品，在雨季時採收，用木槌捶打後讓樹皮更柔軟、更堅韌。這種樹皮的自然色是帶有赤土陶器的顏色，能漂白成灰白色，也可染成黑色；製成的白色與黑色布料非常尊貴，是國王與酋長的裝束。這種布料目前幾乎已經被低成本大量生產

樹皮室內裝飾品（上圖）

俄羅斯設計師 Anastasiya Koshcheeva 在 2015 年設計的椅凳 Taburet，將條狀樺木樹皮縫在一起，繃在焊接鋼製椅架上（請見第 28 頁），混合傳統西伯利亞傳統手工藝與現代材料和工法，設計師 Anastasiya Koshcheeva 將這種古老的材料引入當代設計空間。影像由 Crispy Point Agency 提供。

的棉花替代（請見第 410 頁），現在只有少數工匠生產。目前也正在研究這些材料是否能當作纖維強化材料，其中一個例子是 Barktex，這是烏干達與德國合資企業，結合樹皮纖維與天然樹脂或合成樹脂的現代技術發展，這種新發明不像天然纖維強化材料一樣普遍（請見第 406 頁大麻與第 404 頁

樺木樹皮獨木舟(上圖)

在北美許多地區,樺木樹皮獨木舟是原住民文化重要的一環,打造獨木舟需要的技術透過世代相傳,到了現代已經很少有人知道打造獨木舟的技巧。圖中範例來自美國緬因州 Steve Cayard 在 2010 年設計,展現瓦班納基諸 (Wabanaki) 部落的傳統,製作過程從剝取長長的樹皮開始,與木舟或帆布獨木舟不同,打造樺木樹皮獨木舟先從樹皮開始,然後加上輔助肋與木板條,由外而內完成結構。首先要將樹皮鋪好,利用雲杉縫接 (請見第 304

頁)。舷緣採用北方白色雪松 (請見檜木科與雪松),獨木舟的橫樑採用岩楓 (請見第 330 頁),依造框架的形狀將樹皮作成信封的形狀,樹皮內裡朝外,讓獨木舟擁有光滑的外部表面。接著將樹皮與雲杉根部綁在一起,內部排上預先彎折好的輔助肋。在裝上輔助肋的過程中,用沸水澆在樹皮上,讓樹皮更柔韌,慢慢施力完成獨木舟的形狀,並將所有鬆掉的部位處理好。接縫使用松脂與豬油黏合。影像由 Steve Cayard 提供。

樹皮剝取

樹皮採收的部位取決於樹種,大部份的情況下只剝除外皮,內皮夾在外皮與木質核心組織之間,留下不切割內皮,因為如果破壞內皮會導致樹木枯死。如何取下樹皮取決於樹種和之後的利用方式,例如用來編織的長條可以沿著樹幹周圍轉圈以長螺旋取下,或是縱向切割,樹皮剝下後可以平放,或是按照樹皮天然的曲線捲起。根據樹皮的直徑、樹幹的厚度、皮孔的大小、疤痕、顏色、木理等,每張樹皮都有不同的外觀,強度取決於生產的類型與方法,但是樹皮如果沿著纖維長度強度能更強,紙張 (請見第 268 頁) 擁有極優異的機械性能,即使兩種材料都是用同樣材料製作,紙張經過精製,除去原始材料的不穩定因子與弱點。

黃麻),主要因為材料數量有限,材料如果正確混合,有可能創造出輕量高強度的材料,與其他任何複合材料相比,視覺效果與觸感更新鮮有趣。

在北美洲的西海岸,當地人使用針葉樹 (柏科) 樹皮製作雪松樹皮布,同樣也用來製作服裝,樹皮也可編織做成首飾、籃子、帽子或避難所。棕櫚樹 (棕櫚科) 原產於熱帶地區,但能在全歐洲與北美洲發現它們的蹤影,剝下的樹皮能製作防水服裝,像是斗篷與帽子,木理富含纖維,在叢林中可用來做成強而有力的繩索。

永續發展

採收下來的樹皮可像軟質木一樣具永續發展性,並可再生 (請見第 304 頁松樹),只要採收時特別小心。樹皮取自特定的樹種,因為內皮負責向上運輸供水及營養到樹梢,如果只取外皮,不傷害內皮,就不會造成永久破壞,可保持樹木完整無缺。最好是從近期剛剛砍伐或是即將砍伐的樹木上取下樹皮。

軟木

軟木的獨特屬性來自化學性質與立體閉孔結構，取自常綠軟木橡樹 (學名為 Quercus suber)，這種樹是生長於地中海西部與北非，大約每十年可以從樹幹採收一次樹皮，即為樹皮再生的時間。

類型	一般應用範圍	永續發展
・原生軟木 ・粒料 ・複合黏聚物，橡膠處理或膠合	・包裝 ・絕緣 ・傢俱	・內含耗能低 ・可再生，原物料可從獲得認證的森林取得
屬性	競爭材料	成本
・能隔絕水份與空氣 ・隔絕性良好 ・擠壓後不會橫向散開	・塑膠泡棉，例如：乙烯醋酸乙烯酯 (EVA)、聚乙烯、聚丙烯和聚氨酯 (PU) ・橡膠與皮革	・材料成本與製造成本中等偏低

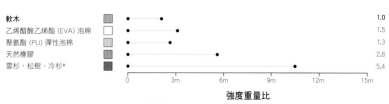

強度重量比
材料因本身重量破裂前相對的帶狀長度 *理論上與木理平行

軟木　　　　　　　　　　　　　　　　　　1.0
乙烯醋酸乙烯酯 (EVA) 泡棉　　　　　　　　1.5
聚氨酯 (PU) 彈性泡棉　　　　　　　　　　　1.3
天然橡膠　　　　　　　　　　　　　　　　2.8
雲杉、松樹、冷杉*　　　　　　　　　　　　5.4

拉伸強度		壓縮強度		剛性		密度	
提供相對強度材料橫截面		提供相對彈性的材料橫截面		提供相等剛性的材料橫截面		相等重量的橫截面	
σ_t (MPa)	%	σ_c (MPa)	%	E (GPa)	%	ρ (kg/m³)	%
0.85	1.0	9.0	1.0	0.05	1.0	150	1.0
0.8	1.0	0.5	4.2	0.03	1.1	60	1.6
1	0.9	0.7	3.6	0.006	1.7	100	1.2
40	0.1	30	0.6	0.002	2.2	920	0.4

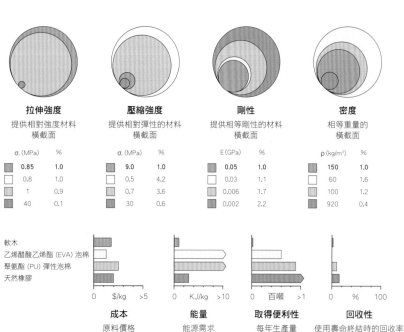

軟木
乙烯醋酸乙烯酯 (EVA) 泡棉
聚氨酯 (PU) 彈性泡棉
天然橡膠

成本	能量	取得便利性	回收性
原料價格	能源需求	每年生產量	使用壽命終結時的回收率

簡介

從 17 世紀開始，就已將軟木用於密封葡萄酒，目前仍是重要的工業與家用材料。軟木中大約有一半是由木栓素組成，這種惰性蠟質能隔絕水分滲入，並讓軟木具有抗菌、抗真菌特性 (氣體與水分在大氣與內部木質組織間運輸是透過所謂的「皮孔通道」)。軟木有高壓縮性與柔韌性，是密封酒瓶理想的天然材料。

軟木與木材一樣含有木質素、多醣類 (纖維素和半纖維素)、蠟與單寧。兩者都含有同樣比例的木質素，這種硬質天然聚合物是軟木的剛性來源。軟木約 25% 為纖維素和半纖維素，遠低於木材，木材單單纖維素就含有 50%。而纖維素是一種強力的半結晶聚合物 (請見第 166 頁)，可防止細胞塌陷，這些天然聚合物與生長方向對齊，提供與晶粒平行的強度。

軟木具有類似蜂窩的結構，細胞柱圍繞生長環排列，生長環面朝外 (放射狀)，因此軟木具各向異性：與放射狀垂直時性能大致相同，而與放射狀平行的性能則有差異。相比之下，木材細胞結構則是呈現縱向延伸 (軸向)。因為密度 (約 120 至 240 kg/m³)、成份與細胞尺寸的變化，所以幾乎無法準確預測材料的性能。由於軟木的結構，蒲松比 (Poisson's ratio) 幾乎為零，也就是説軟木受到擠壓時橫向膨脹非常小，這就是為什麼軟木可以輕易塞進酒瓶，也可以輕鬆拔出來。如果是天然橡膠 (請見第 248 頁)，其蒲松比約為 0.5，壓縮時將會橫向膨脹，讓橡膠塞不進酒瓶裡。

軟木的閉孔結構與木質特性使其成為有效絕緣材料，同時，軟木也能提供良好的隔音性能。低密度加上高孔隙率代表聲音傳導差，聲波會被吸收，轉換成熱能。從本世紀以後，未經加工的軟木價格漸漸下降了約 50%，主要是為了要與合成替代品競爭，特別是乙烯醋酸乙烯酯 (EVA) (請見第 118 頁) 和聚氨酯 (PU) (請見第 202 頁)。與這些合成替代品相比，軟木的性能變化範圍有限，不可避免受限於天然生長模式。

商業類型與用途

全世界超過四分之三的軟木來自地中海西半部 (葡萄牙、西班牙和法國部份地區)，絕大多數用來生產瓶塞，於是判斷原料的品質取決於適不適用於製作瓶塞。

當樹的直徑約為 250 公釐或樹齡屆滿 20 年，就能第一次剝取樹皮，這時剝下的樹皮非常不規則，不適合生產瓶塞。取而代之，初次剝下的樹皮可用來製造黏聚物 (塊狀材料)，第二次剝取的樹皮經常也只能用來製造黏聚物。

製造黏聚物時，會將軟木碎片 (包含來自瓶塞生產的廢料) 碎成小片，在高壓釜 (高壓加熱室) 壓縮，溫度約為 300°C，高溫使木栓完成的材料自然色為深色，趨近黑色，稱為膨脹軟木，作為隔音隔熱與減震結構。這種黏聚物是完全天然材料，但是強度明顯低於優質軟木，將粒料與塑膠 (如 PU 或合成橡膠，請見第 216 頁) 結合，可產生更強韌、更有彈性的材料。

釣魚用浮標 (右圖)

軟木密度低使其具有浮力，這種特性用來製作釣魚用浮標已經有數千年，軟木含有高比例蠟質木栓素，讓軟木不會沉入水中。天然樹脂使浮標耐腐蝕，可以保持數十年不壞。圖中範例為英國目前所剩不多的浮具製造商製作的手工浮標。

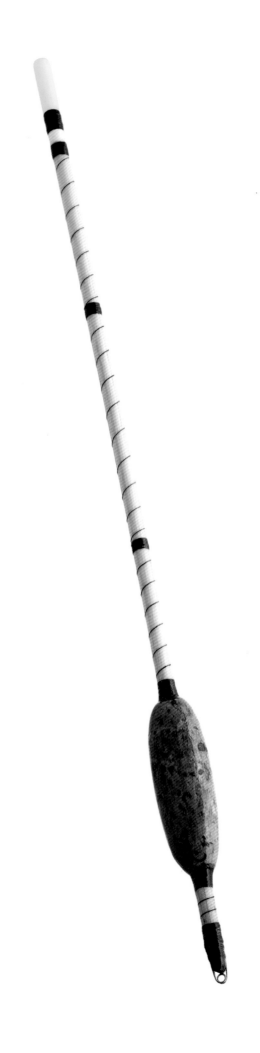

軟木布料 (左圖)

直接從軟木切削的薄片能透過層壓做為織品的背襯。首先將條狀軟木並排排好，使捲材達 1.4 公尺。結合類似皮革的表面質感，加上類似紙張的彈性，天然樹脂使其防水、耐髒汙，大部份軟木布料採手工生產，因此這種材料相對昂貴，可應用於手袋、鞋履和室內裝潢等。

陶瓷與軟木茶壺 (右頁)

來自設計師 Raquel Castro 作品 Whistler 茶壺，以葡萄牙最古老的軟木橡樹命名。這是名為 Alma Gémea（靈魂伴侶）的軟木陶瓷產品系列之一，由 Amorim 軟木複合材料研發公司和陶瓷品牌 Matceramica 共同合作，這個合資企業是為了研究這兩種葡萄牙傳統材料的關係與潛力而成立。

若藉由改變填充密度與合成黏著劑，可以改變軟木的各種特性，從柔性轉為剛性，依應用需求而定，這種稱為複合黏聚物、橡膠軟木或凝聚軟木，可用來製造各種產品，從高性能的墊圈、地板 (例如亞麻地板)、玩具到鞋底等，還能用來製作葡萄酒瓶瓶塞，裝瓶之後要在六個月內食用完畢。

立體物件可以用壓製成型完成最後形狀，或是利用實心塊狀材料切割，粒料尺寸從細粉到約 12 公釐，合成軟木採用介於 0.5 至 0.2 公釐的軟木，加上約體積 3% 的黏著劑，小型粒料可讓品質一致，並使表面光滑，價格最低的材料使用品質較低的大塊軟木製作。

軟木第三次剝取時適合用於瓶塞生產，根據品質分級，而品質取決於顏色、厚度和缺陷。最好的樹皮可直接打成軟木塞，約佔總產量的三分之一，加工要沿著樹木生長垂直方向，

讓「皮孔通道」可以橫向貫穿軟木塞，皮孔通道即氣體與水分在樹木的運輸通道。

軟木有許多不同標準形狀，從側向平行的酒瓶塞到蘑菇頭的有帽軟木塞，軟木是天然多變的材料，軟木塞必須通過一系列檢查，確保符合使用用途的需求。

軟木塞使用前會煮沸，讓細胞中的氣體可以膨脹，讓細胞結構更均稱，氣體約佔細胞體積的 60%，因此，煮沸後可讓軟木獲得最高機械性能。

永續發展

軟木可再生，符合永續發展，並能從通過認證的森林取得。樹齡屆滿後，每隔十年可以剝取一次樹皮，平均一棵軟木橡木可生產 40 至 60 公斤的樹皮，採收軟木仍是一個純手工、高技能的過程，剝取樹皮外層不會對樹木造成永久傷害，這些樹還能繼續生

產軟木達 200 年，這種做法已經存在很久，並利用橡樹周邊產物發展副產業，像是黑色伊比利豬即專門使用橡子餵養，養成後可製作伊比利亞火腿 (Pata Negra)。一般認為軟木橡樹對生物多樣性非常重要，因此在葡萄牙砍伐這些樹是違法的，不管是已經枯死或仍活著的樹木。

軟木產品在使用壽命結束後，可將軟木回收或堆肥處理。軟木塞每年消耗量約有 120 億，近年成立了一些回收計畫，以利回收這些軟木塞，如葡萄牙的 Green Cork、法國的 Ecobouchon，義大利的 Etico 和美國的 Recork 等。如果使用橡膠軟木，未來其廢棄物可能只會棄置、以垃圾掩埋處理。

薄板

將木材切成薄片可製作帶有圖案的薄板，切割時是依照木材橫切，或是沿著樹幹繞一圈切割，每片薄板獨特的顏色與圖案取決於樹種、生產方式與年輪，軟質木和硬質木都能製作，如果帶有因為樹枝或疾病造成的紋理，將是最受歡迎的材料。

類型	一般應用範圍	永續發展
· 木皮板 · 薄板 · 層壓	· 傢俱 · 室內裝潢 · 汽車 · 樂器	· 取決於木材的類型與運送的距離 · 指定薄板可減少使用異國硬質木
屬性	**競爭材料**	**成本**
· 獨特視覺特質 · 各向異性類似實木 · 機械性能取決於樹種與生產方式	· 實木 · 醋酸纖維 · 酚醛和三聚氰胺	· 薄板成本低 · 木皮板成本中等偏高 · 帶有圖案紋理最為昂貴

290

簡介

薄板有兩種主要用途，可作為傢俱與室內裝潢的表面裝飾材料，或將多層板材層壓做成高強度科技木材 (第 296 頁)，主要用於建築與傢俱製作。

木材是天然複合材料，由木質部組織構成，這是一種纖維材料，主要由帶有縱向剛性細胞壁的細胞組成，能為樹木向上運送水分，並提供垂直支撐，年年成長的年輪是季節變化的結果，可以透過年輪判斷樹齡。在生長季節初，樹木快速生長，使木材顏色一般較淺，因為細胞較大；深色的年輪代表生長變慢，這是生長季節結束後形成的。有些樹木生長飛快、挺拔、筆直，有些樹木則生長緩慢，形成交錯年輪 (請見第 368 頁)，年輪與木質線交錯，木質線從樹木髓心放射狀往外延伸，用來橫向運送養份與廢物。年輪與木質線兩者結合會產生圖案與色斑，當樹木切片作為薄板時就會顯露出來。

綜合上述因素，從不同樹種與不同地方切下的薄版會有特定的視覺質感，薄板是天然、可食用、可生物降解的材料，因此木材容易受昆蟲或動物破壞，又或是腐朽、生病等，像是樹枝或疾病造成年輪扭曲 (圖案紋理)，在某些應用範圍這種特質可能會被視為缺陷，但用於薄板卻備受歡迎。

木製織品 (右頁)

右圖是由 Elisa Strozyk 為柏林 Gestalten 設計的木製織品，以三角形的染色薄板木片排列黏貼在彈性布料背襯上，可用於室內裝飾。展現的效果是取決於每塊拼板的幾何形狀和尺寸。影像由 Elisa Strozyk 提供。

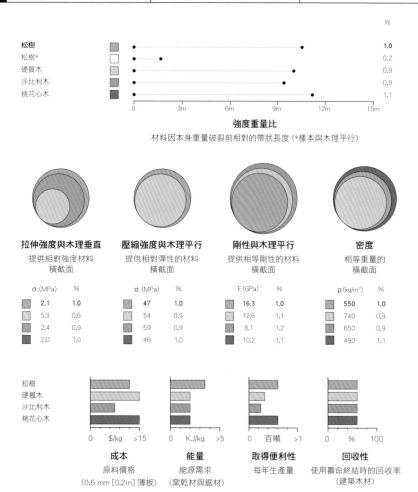

		%
松樹		1.0
松樹*		0.2
硬質木		0.9
沙比利木		0.9
桃花心木		1.1

0 3m 6m 9m 12m 15m

強度重量比
材料因本身重量破裂前相對的帶狀長度 (*樣本與木理平行)

拉伸強度與木理垂直	壓縮強度與木理平行	剛性與木理平行	密度
提供相對強度材料 橫截面	提供相對彈性的材料 橫截面	提供相等剛性的材料 橫截面	相等重量的 橫截面

σₜ (MPa)	%	σc (MPa)	%	E (GPa)	%	ρ (kg/m³)	%
2.1	1.0	47	1.0	16.3	1.0	550	1.0
5.3	0.6	54	0.9	12.6	1.1	740	0.9
2.4	0.9	59	0.9	8.1	1.2	650	0.9
2.0	1.0	46	1.0	10.2	1.1	490	1.1

松樹
硬楓木
沙比利木
桃花心木

成本	能量	取得便利性	回收性
0 $/kg >15	0 KJ/kg >5	0 百噸 >1	0 % 100
原料價格 (0.6 mm [0.2in] 薄板)	能源需求 (窯乾材與鋸材)	每年生產量	使用壽命終結時的回收率 (建築木材)

European ash 歐洲白蠟木
淺色硬質木，可用於裝飾，或生產強健耐用的夾板。（請見第 354 頁）

French beech 法國山毛櫸
四分切薄版具有獨特的銀色斑點（木質線），密實堅硬，晶粒緊密堆疊，可用於傢俱。（請見第 338 頁）

Scandinavian birch 北歐樺木
常做為薄版與夾板用於傢俱與室內裝潢，樺木顏色淡，具有均勻的紋理。（請見第 334 頁）

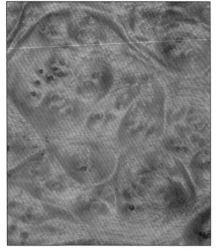

Bird's Eye, sugar maple 鳥眼楓木, 糖楓
具有罕見紋理的楓木，非常昂貴的硬質木，具有自然形成的紋理圖案。（請見第 330 頁）

Lebanese cedar 黎巴嫩雪松
與松樹相關的輕量軟質木，雪松會產生天然油脂，可以驅逐小蟲，保護木材不腐朽。

Sweet cherry 甜櫻桃木
這是一種昂貴的硬質木，木理通直均勻，櫻桃木最受稱讚的是色調光澤與表面質感。（請見第 360 頁）。

Spanish sweet chestnut 西班牙甜栗樹
輕巧耐用的硬質木，栗樹不易腐朽。（請見第 346 頁）

Ebony 黑檀木
珍稀硬質木，因為顏色深，加上絕佳的表面硬度而廣受好評，許多樹種現在已經瀕危。（請見第 374 頁）

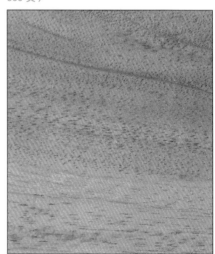

Mahogany 桃花心木
桃花心木是一種珍稀硬質木，因為亮澤的表面質感與耐用性而廣受好評，許多樹種現在已瀕危。（請見第 372 頁）

薄板

292

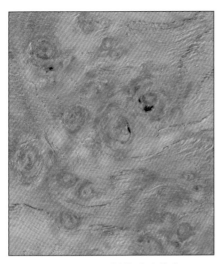

Burr, Canadian oak 毛刺加拿大橡木
帶有紋理的橡木非常少見而且昂貴。

Bog oak 沼澤橡木
這種橡木生長在沼澤，受沼澤裡的單寧影響而染成了深褐色。

Padauk 紫檀木
這種樹材非常密實和穩定，因為紫檀木帶有裝飾效果的色澤而獲採用。

Scandinavian pine 北歐松樹
常見的軟質木，砍伐後可用於各式各樣的應用範圍。能染色上漆完成出色的表面光潔度。（請見第 304 頁）

Rosewood 花梨木
顏色豐富、密實的硬質木，帶有甜味，花梨木價格昂貴，在樂器與像俱是相當受歡迎的材料。（請見第 374 頁）

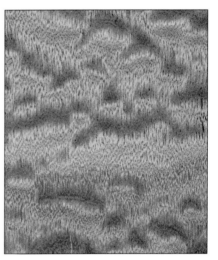

Sapele 沙比利木
這是桃花心木的替代品，可製作耐磨又有裝飾性的薄板，因為色澤豐富與紋理圖案而廣為人知。（請見第 372 頁）

Black walnut 黑胡桃木
這是種密實、強健、沉重的木材，胡桃木是一種高價值的硬質木，木理通直。（請見第 348 頁）

Wengé 雞翅木
深巧克力色的珍稀硬質木，雞翅木表面非常堅硬，目前嚴重瀕危。（請見第 374 頁）

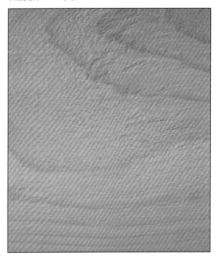

European yew 歐洲紅豆杉
紅豆杉被認為是最古老的樹種之一，生長時木理通直，帶有少量樹結。

商業類型與用途

軟質木與硬質木都能改成薄板使用，軟質木是指針葉樹，通常是常綠樹，包含雲杉與松樹（請見第 304 頁）和雪松（請見第 318 頁檜木科）。硬質木一般為落葉喬木與闊葉樹，包括各種常用類型，如橡木（請見第 336 頁）、樺木（請見第 334 頁）、楓木（請見第 330 頁）與其他更珍稀昂貴的樹種，包括花梨木（請見第 374 頁珍木）、柚木（請見第 370 頁）與桃花心木（請見第 372 頁）。除了豐富的多樣性與美麗的色澤，樹木生長時可能產生精密圖案紋理，依照圖案與顏色不同，這些紋理非常珍貴又充滿魅力，會大大增加薄板的成本。

薄板可以來自任何種類的樹木，裝飾用的樹皮切成約 0.6 公釐後，結構用薄板剝取後，厚度約 1 到 5 公釐，珍稀硬質木一般生產更薄，厚度約 0.1 到 1.5 公釐，背面加上無紡布，避免裂開。

薄板的尺寸與外觀受到切片技術影響，旋切薄板尺寸可以非常大，因為薄板繞著圓木周圍切割。刨切薄板從原木其中一側切割出條狀，尺寸取決於樹木的寬度。

如果應用時需要覆蓋的面積大於薄板，會將不同的薄板並排，紋理圖案的視覺效果取決於薄板如何拼接，兩種最常見的方式為「合花」和「順花」，拼接方法的選擇取決於圖案（紋理）與顏色如何與想要的效果搭配，薄板可單獨使用，也能層壓做成高強度、重量輕的結構。例如可以使用強力黏著劑層壓，製作成高承重科技木材，將木材切割為條狀或薄板，然後黏合在一起，可大大增加材料的強度，並能抗收縮、抗扭曲與抗翹曲。應用於結構上，木材應該要沒有瑕疵，確保紋理均勻一致。

藉由層壓的過程，可進一步增加彎折薄板的強度，例如，立體層壓材料可用來製作傢俱，最有彈性的木材包括樺木、山毛櫸（請見第 338 頁）、白蠟木（請見第 354 頁）、橡木和胡桃木（請見第 348 頁）。結合其他木工技術，層壓能提供設計師更大的創作自由（請見第 296 頁科技木材）。

許多用於塑造、成型、修飾紙張與皮革的工法也適用於薄板，例如模切、雷射切割、壓花和印刷技術等。對於這些二次加工技術，一定要考慮木材的品質，因為大多數施工方法最初並未考慮到木材自然尺寸的變化。

永續發展

無論是作為裝飾表層或是作為整個結構，薄板都是複合材料整體結構的其中一小部份，與實心木材相比，會使整體內含耗能增加，增加量取決於全部組成成份的總和。舉例來說，需要黏著劑將薄板貼到基礎材料與其他材料上，通常會使用甲醛基底黏著劑（請見第 224 頁）。

木材永續發展的可能性取決於來源與樹種，有些常用於薄板的類型，像是樺木，可以從管理良好的森林取得，認證計畫包括森林認證系統 PEFC〈Endorsement of Forest Certification，英文縮寫為PEFC〉、森林管理委員會（Forest Stewardship Council，英文縮寫為 FSC）等，可以檢驗從森林到工廠與終端用途的流水線作業，確保木材來源符合永續發展標準，全球只有 7% 的森林獲得認證，不過歐洲約有半數取得認證，北美約有 40% 取得認證。使用來自通過認證的木材來源，或是利用原產地追蹤系統，可以幫助避免使用來源有爭議的木材，像是發生森林濫砍亂伐的國家。

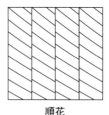 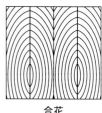

順花
(Slip match)

合花
(Book match)

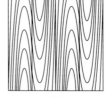 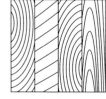

逆花
(Reverse slip match)

隨機拼接
(Random matched)

薄板排列 (Veneer arrangement)

當施作表面積大於單片薄板尺寸時，會將薄板並排，按照木材紋理作「合花」或「順花」拼接，順花意思是從原木取下薄板，並排排列，這種拼接類型是四分切薄板中最常見的。冠切薄板會產生波浪圖案，在四分切薄板則會產生人字形圖案。合花會讓薄板產生鏡像，就像書頁對開一樣，創造對稱且重複的圖案，當然每張片材都能以許多不同方式拼接，包含偏合 (Mismatch) 或是完全隨機拼接。

生長緩慢與稀有的木材，包括幾種珍貴的硬質木，讓木材來源的永續發展更有挑戰性。將這些木材製成薄板，結合生長快速的可再生木材作為基底，不使用實木，就能減少珍稀木材的消耗。

層壓楓木單椅 (右頁)

1990 年由設計師 Frank Gehry 設計的 Cross Check 單椅，由美國現代家具品牌 Knoll 生產製造，這個系列單椅是 Gehry 經過好幾年不斷實驗後的成果，完成曲面木傢俱原始的設計方法。堅硬的白色楓木薄板切成 50 公釐（2 英吋）寬條，然後層壓達 6 層至 9 層厚。紋理按照每層長度排列，以利讓強度與彈簧張力最大化。利用尿素甲醛膠合（請見第 224 頁），這種複合材料結構穩固又有彈性，可以承受合理的律動。影像由 Koll 提供。

科技木材

木質基底的複合材料可以使鋸材的橫截面與長度尺寸最大化,讓工程師與設計師在設計案中徹底發揮潛力,包括平整包裝的傢俱到多樓面建築等不同應用範圍,現有各種多元的標準格式,能夠滿足特殊需求。

簡介

木材用於營建有各種好處,木材便於取得,材料可再生,並具有令人印象深刻的強度重量比,但是鋸材受限於大自然的可變因素,加上異向性 (anisotropy) 的限制 (與木理垂直的方向強度明顯更小),橫截面和長度也有限。為了克服這些缺點,將木材切成小片或製成薄板 (請見第 290 頁),利用高強度黏著劑黏起來 (請見第 224 頁酚醛樹脂與第 202 頁聚氨酯),與鋸材相比,這種作法有兩個明顯的優點,首先分散了木材的缺點,去除材料上最主要的缺陷,產生更有一致性、更可靠的建築材料;其次,尺寸依運輸與處理方式而定,而不受樹木天然生長限制,讓橫跨長度有機會延伸更長距離,不會截斷表面積。

類型	一般應用範圍	永續發展
· 板材 · 角料 · 塑木複合材料	· 工業設計與傢俱 · 營建 · 運輸	· 內含耗能低 · 可用於工程領域的科技木材種類更多 · 可從通過認證的森林取得

屬性	競爭材料	成本
· 強度重量比高,但取決於類型與製造方法 · 品質一致、可靠	· 鋁和鋼 · 聚氯乙烯 (PVC) · 松樹、雲杉、道格拉斯冷杉、落葉松和檜木 (如西洋紅檜)	· 商品類型成本中等偏低 (例如樺木與棕櫚) · 需要更多手工加工的成本中等偏高 (例如構樹)

296

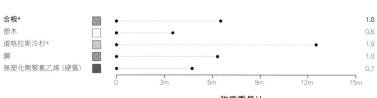

		%
合板*		1.0
塑木		0.6
道格拉斯冷杉*		1.9
鋼		1.0
無塑化劑聚氯乙烯 (硬質)		0.7

強度重量比
材料因本身重量破裂前相對的帶狀長度
(*理論上與木理平行)

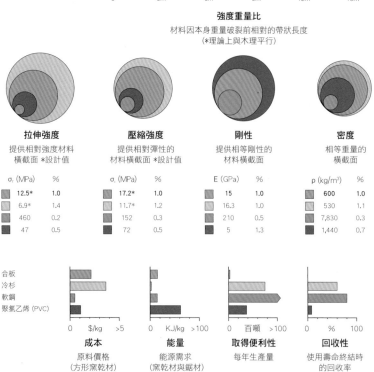

拉伸強度		壓縮強度		剛性		密度	
提供相對強度材料橫截面 *設計值		提供相對彈性的材料橫截面 *設計值		提供相等剛性的材料橫截面		相等重量的橫截面	
σ, (MPa)	%	σ, (MPa)	%	E (GPa)	%	ρ (kg/m³)	%
12.5*	1.0	17.2*	1.0	15	1.0	600	1.0
6.9*	1.4	11.7*	1.2	16.3	1.1	530	1.1
460	0.2	152	0.3	210	0.5	7,830	0.3
47	0.5	72	0.5	5	1.3	1,440	0.7

	合板 冷杉 軟鋼 聚氯乙烯 (PVC)

成本	能量	取得便利性	回收性
0 $/kg >5	0 KJ/kg >100	0 百噸 >100	0 % 100
原料價格 (方形窯乾材)	能源需求 (窯乾材與鋸材)	每年生產量	使用壽命終結時的回收率

夾板 (右頁)

夾板有非常多標準規格,順時針從上開始為樺木夾板 (可用於運輸業隔音,特別是火車與巴士)、樺木與塑膠塗層褐色纖維板 (回收模板)、銀色熱塑性塗佈樺木夾板 (非常耐用的板材,可耐候、抗龜裂,適合用於嚴苛的室內、室外應用範圍)、酚醛薄膜包覆樺木夾板 (讓表面更光滑,免保養,適合用於運輸與農業做護牆板)、浮雕樹脂塗佈樺木夾板 (可用於地板,將線條圖案印在表面上,可以更耐用並止滑)、山毛櫸夾板 (適合室內使用的高品質硬質木板) 和雲杉夾板 (輕量化通用型夾板)。中間兩種是鑽石浮雕樹脂塗佈樺木夾板 (耐用的地板材料) 和厚 4 公釐三層板,用白蠟木外層熱處理後加上樺木中層 (另一種適用於室內使用的硬質木板材)。

科技木材範圍從指接板 (finger joint) 到再生板都是，有許多標準類型可供選擇，實際情況取決於製造商，每一種都具備獨特的技術性能與美學表面，可以根據設計案的要求，製作屬於自己的規格，包括夾層的數量、厚度與方向性，有時也能指定樹種。

商業類型與用途

木底的複合材料大致可分為結構產品（板材與角料）、非結構產品（板材）和塑木複合材料 (WPC)。

板材主要以薄板或壓縮再生木料層疊組成，利用高強力黏著劑黏合。夾板由層壓薄板(夾層)組成，分為結構用（以壓力分級）與不可承重兩類，面板以產品標準分類，依原產國或進口國而異，包括薄板的耐用性與黏著劑的防潮性，目前室內用板材已經為建立低釋放量標準，製造時標準尺寸包括 1220 × 2440 公釐到 1525 × 3660 公釐，厚度從 4 公釐到 50 公釐，取決於樹種，並有許多標準規格。

橡木薄板休閒椅 (上圖)

荷蘭設計師 Marcel Wanders 為品牌 Moooi 在 2013 年設計的 Nut 休閒椅，採用橡木貼皮夾板製作，加上實心橡木椅腳，這個版本染色為肉桂色。將薄板加壓壓製後，製作成堅固硬質外殼。影像由 Moooi 提供。

軟質木夾板一般採用雲杉和松木 (請見第 304 頁)，具有良好的強度重量比，可用於結構應用範圍，也就是機械功能比視覺效果更重要的地方。被稱為模板 (shuttering ply)，這個名字來自軟質木夾板通常使用在臨時結構 (模板工程)，在混凝土凝固前幫助保持形狀。根據表面光澤度分級，包括無磨砂拋光、有樹瘤 (有樹瘤並拋光過)、磨砂拋光與無樹瘤等不同分級。

硬質木夾板主要利用其外觀，雖然有些樹種也可用於結構性應用範圍。樺木 (請見第 334 頁) 夾板是一種高品質面板，物理性能與機械性能優良，比軟質木類型重，重量約 750 kg/m³，相較之下雲杉只有 500 kg/m³，價格也更貴，可用於高品質的傢俱、店面裝潢與室內設計。工業應用範圍包括模具 (用於刀模壓裁) 與工程模型 (鑄件)。

楊木 (請見第 324 頁) 夾板重量輕，與雲杉具有相似的機械性能，雖然耐腐朽能力不似雲杉讓人印象深刻，可用於以重量為主要考量的應用範圍，例如運輸 (車輛與拖車)、傢俱、門、船隻與包裝。

若要妥善利用樺木與楊木的彈性，薄夾板 (一般為三層) 可以層壓，紋理沿著相同方向排列，比起紋理交叉的木板，彎折時更牢固，紋理可以指定順著木板長度排列，或是依循寬幅橫向排列。

表面品質分級為 A、B、C 和 D (最優到最差)，品質範圍包括適用於高品質塗漆的無瑕疵表面到無磨砂拋光級別。背面品質分為 1、2、3、4 (最優到最差)，如果兩面都加上高品質薄板，夾板的級別會標為 AA、AB……等，以此類推。因此 AA 或 A1 是品質最高的，可用於兩面都會被看到的應用範圍，A4、B4 則有一面特別好，適用於背面隱藏看不到的情況。

戶外用夾板以黏著劑層壓耐用的薄板，抗潮濕能力強，又稱為防水夾板 (WBP)，可水煮不開膠；海洋夾板 (marine plywood) 專為高濕度環境設計，完全適合結構性應用範圍，這些最耐用的夾板種類使用高抗腐朽的木材製作，例如熱帶樹種 (又稱為熱帶夾板)，適合造船與甲板使用。

組合木板包括定向粒片板 (OSB)、纖維板 (fibreboard) 與刨花板 (particleboard)。

OSB 板又稱為標準板 (sterling board) 採用小直徑的原木切割而成，可製造更具成本效益的產品，將纖維對齊疊層 (三到五層)，模仿夾板的垂直紋理，與防水黏著劑混合，加熱加壓後黏合在一起，適用於結構性性用範圍，通常會當作工字結構 (I-joists) 使用，同時提供屋頂、牆面、地板結構底層。這種方法其中一個缺點是邊緣吸收水氣後容易受影響，潮濕時會膨脹，與夾板相比，黏著劑的用量與黏合表面積會增加，造成蠕變的可能。

薄片板 (waferboard) 採用與 OSB 板相同的成份製造，屬於同一種材料集合，統稱為碎料板 (flakeboard)，歐松板最主要的區別在於纖維不會對齊，因此價格比較低，但是機械特性較差，可與裝飾用的薄板層壓，用於低成本的傢俱。

刨花板與纖維板有許多不同類型，混合木材碎粒，使用高強力黏著劑熱壓製造，刨花板又稱為集合板，是一種不昂貴的木板，廣泛用於營建與傢俱製造。高密度，具有規則的一致性，但是張力不強，常見於廚房、浴室與辦公室，表面覆蓋裝飾用薄板或三聚氰胺甲醛樹脂 (MF，第 224 頁)。

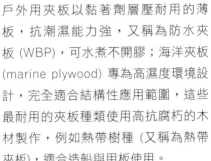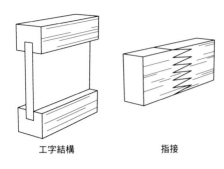

工字結構　　　　　指接

結構木材

工字結構的設計是為了承受彎折與軸向負載，軟質木或層壓薄板木材 (LVL) 製作的工字結構凸緣 (上方及下方)，紋理順著長度延伸。網狀結構一般採用 OSB 板、纖維板或夾板製作。指接是製作連續長度木料最簡單的方法 (例如用於生產集成材與 CLT 交叉層壓木材)，將沒有重大缺陷的木板切割成小塊 (薄片)，然後將紋理對齊朝縱向長度黏在一起。

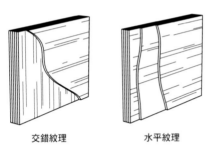

交錯紋理　　　　　水平紋理

層壓薄板

這些結構木材利用高壓結合多層薄板 (夾板)，根據需求，將大型平面木板製造為單數或偶數夾板，木皮的方向保持一致，讓紋理可以垂直延伸，將強度重量比最大化 (縱向)。在某些情況下，會使用交錯紋理提高穩定度。

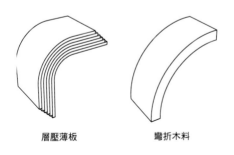

層壓薄板　　　　　彎折木料

成型

最低彎折直徑取決於個別薄板的厚度，因此許多薄片可以堆疊在一起，然後緊密彎折，因為木材具有各向異性的特性，彎折時順著縱向木理更輕鬆，實木可以蒸汽加工再彎折 (請見第 357 頁)，但是能彎折的最小直徑仍高於層壓薄板。

射出成型塑木複合材料 (左圖)

丹麥設計品牌 Stelton 推出的「Rig-Tig」儲存罐，採用射出成型的丙烯 - 丁二烯 - 苯乙烯 (ABS 樹脂) (請見第 138 頁) 底座，加上 WPC 塑木蓋板。將塑膠加入木粉填充，可以利用傳統設備射出成型，設計時就像沒有加入填充物的塑膠一樣，真正的差別在於塑木複合材料顏色趨近木料，並有斑駁的外觀，當然顏色與一致性取決於填充料，可配合應用範圍來調整。

承重的應用範圍，例如製作家具、室內裝潢、鑲板、收納架、儲藏、隔音罩 (用於揚聲器)、包裝等無數情況。密度超過 800 kg/m³，高密度密集板比起中密度密集板 (約 450–800 kg/m³) 重量重而穩定，可用來替代硬質板，用於地板與櫥櫃製作。

木質複合板作為連續長度生產，最長可達 25 公尺，長度限制取決於運輸與處理限制，就像結構板產品以應力分級，採軟質木、硬質木或混合兩者製作。在相等的重量下，設計值幾乎可達結構用軟質木鋸材的兩倍，像是雲杉、道格拉斯冷杉與落葉松。

木質複合板中強度最高的是長條型薄板，以高強度黏著劑黏合。膠合層壓木料 (膠合板) 以三層以上指接薄板 (短木塊) 組成，紋理縱向排列，厚度取決於應用範圍，最厚可達 45 公釐，較薄的區塊可彎折，幅度能更彎曲，相同的方法也可用來生產輕量化的結構性面板，這種材料可稱為交叉層壓木材 (英文名稱為 CLT、Crosslam 或 Xlam)。

層壓薄板木材 (LVL) 的結構類似夾板，薄板每層使用黏著劑膠黏，紋理方向取決於用途。木材天然的變化，例如會折損強度的缺陷，可藉由這種方式分散，因此這種木材具有更高強度，能用於整個結構應用範圍中承重的部份，例如樑柱、橫梁、托樑等。層壓薄板木心板採用厚度 3 公釐以上的薄板製作，最厚可達 75 公釐。

硬質纖維板也以商標名稱標註為「Masonite」，這個名字以發明人威廉·梅森 (William H. Mason) 的名字命名，加入防水油類 (最初使用亞麻油) 製造，烘烤後產生更穩定耐用的產品，表面光澤度取決於製造方法。在潮濕的加工過程中，木屑改製為纖維，與篩網對齊，乾燥後形成硬質板，利用木材中的天然樹脂黏合，熱壓後兩面產生光澤表面，與紙張一樣

(請見第 268 頁)，木板的品質取決於木纖維的種類與長度。

纖維板以合成黏著劑將粒片黏合，產生表面光澤度優異且強度更高的產品，可分為中密度密集板 (MDF) 或是高密度纖維板 (HDF)。這些都是多功能材料，具有絕佳的機械性能，光滑的表面與一致的結構使纖維板成為切割與上漆理想的材料，具有高品質的表面光澤度。MDF 密集板可用於不需

細條基底的木心板，即平行細條木心板 (PSL) 和層壓細條木心板 (LSL) 強度較弱，但是價格便宜。就像定向粒片板 (OSB)，使用尺寸較小的木料製作，將木材切成細條，以黏著劑塗覆，對齊後加熱加壓膠合，雖然平行細條木心板使用的細條可長達 300 公釐，但是層壓細條木心板則可達 3 公尺。因此，平行細條木心板強度更高，應用範圍類似層壓薄板木材 (LVL)。

塑木板複合材料 (WPC) 結合木粉 (粉末狀) 與熱塑性塑膠，如聚丙烯 (PP) (請見第98頁)、聚乙烯 (PE) (請見第 108 頁) 或聚氯乙烯 (PVC) (請見第 122 頁)，完成的材料屬性類似木材，又能像塑膠一樣成型，性能取決於塑膠的選擇和木質添加物的比例 (最高達 55%)，塑木板複合材料常用於甲板，一般認為塑木製作的產品保養需求低，尺寸穩定，適合外部應用。雖然聚丙烯、聚乙烯與 PVC 適合用於戶外，但木粉會吸收水汽，最重要的是塑木不像 100% 塑膠或是 100% 木材，使用壽命結束後無法簡單處理。

永續發展

所有木材都應該取自通過認證的森林。科技木材其中一個優點是可利用木材生產的副產品製作，也能利用非結構樹種製作，例如楊木，分擔生產木材的樹木負擔。

科技木材的可靠性與一致性不斷提升，代表科技木材在營建中大跨徑幅度可以更遠，減少整體所需材料，地板與窗戶也使用木材的兩層木造結構房屋相較於同樣規格的石造房屋，預估二氧化碳排放量可減少八噸。

薄板使用酚醛樹脂 (PF，請見第 224 頁) 黏著劑層壓，酚醛樹脂是廣泛使用的工業化學品，可作為黏著劑、油漆或紡織品，使用酚醛樹脂的產品必須符合國際甲醛釋放量限值，減少對室

強度重量比

層壓木料與鋸材相比，一致性、可靠性與強度更優秀，讓設計師擁有更多設計上的可能，能製作更薄更輕的結構，又不失去木材理想的美學與觸感。

多變性

今天所生產的木製傢俱主要依賴各種形式的科技木材，從密集纖維板到射出成型的 WPC 塑木，這些複合材料幾乎可以製作成任何形式，從面板、木料到立體成型等。

成本

以體積計算，原料的成本低於結構金屬，例如鋼或鋁，除此之外，能夠使用傳統木工設備進行加工處理。

內空氣品質的負面影響。尿素甲醛樹脂 (UF) 膠合產品的排放量略高，但仍可符合與甲醛釋放量或含量相關的最嚴苛歐洲標準。硬質板製造時不需添加合成黏著劑，這代表硬質板內含耗能低 (類似紙張)，整體對環境的影響較小，但強度不如使用合成黏著劑製造的產品。

科技木材在工業設計與傢俱中的應用

科技木材的多功能與重要性已經從低成本的店面裝修延伸到經典的設計上，像是伊姆斯夫婦、阿瓦·奧圖 (Alvar Aalto)、華特·葛羅培斯 (Walter Gropius) 和馬歇·布勞耶 (Marcel Breuer) 等人的設計作品。高品質、高強度層壓薄板，成本低且設計用途廣泛，主要取決於黏著劑與製造方法。夾板是科技木材最早的形式，20 世紀初時開始利用於商業上。不久之後，設計師開始在產品與傢俱上使用層壓薄板。與鋁 (請見第 42 頁) 或鋼 (請見第 28 頁) 相比，夾板價格便宜且加工容易，層壓木材讓設計師有更多機會嘗試輕量化結構。由於夾板在當代設計中的應用與技術突破，讓夾板的重要性延續至今。

擠出塑木 (上圖)

WPC 塑木長條材料是以 PVC 或 PE 加上木粉共擠，與鋸材鋪板類似，有各種標準尺寸可供選擇。作為擠出成型材料，可以製造各種型材，從薄壁圓筒到厚磅箱型橫截面皆可。

科技木材有各種不同的標準規格，可以直接應用，也可以加上塗漆、上膠或層壓處理。結合上漆與拋光能完成高亮澤的表面光澤度，事實上，一些最昂貴的室內裝潢均採用中密度密集板為基底，加上多層拋光漆。

夾板、刨花板 MDF 密集板有各種不同的薄板材料，如果應用範圍需要表面更耐用、色彩更繽紛，可加上酚醛樹脂表面處理，這種工法室內室外都能使用，適用於家用或工業用，雖然用於戶外時，顏色可能會隨著時間過去，因為暴露在紫外線中而產生變化。

裝飾用薄板面板能讓表面擁有高價實木木材的外觀，費用只需實心木材的一小部份。一般常用的包括白蠟木、山毛櫸、櫻桃木、楓木、橡木、沙比利木與胡桃木。視覺品質取決於樹種和製造方法 (請見薄板章節)。

木材只能朝一個方向彎曲 (順著紋理)，多向彎曲會讓木材過度拉伸超出自身彈性限制。然而，三向薄板層壓可以讓彎度更大，這種薄板層壓最早由 Reholz 公司開發申請專利，目前專利是 Danzer 公司所有。特薄木片加上纖維強化，避免木材開裂，然後加熱加壓層成型。有許多樹種都可以利用這種方式成型，包括山毛櫸、橡木與櫻桃木。

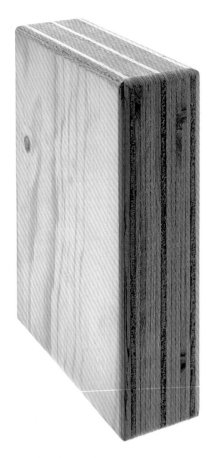

層壓薄板木材 (上圖)

這個樣本來自林業公司 Metsä Wood，商標名稱為「Kerto」，堅固、穩定、可靠，以 3 公釐旋切軟質木薄板製作，黏接作為連續長木料，木料可切割成不同長度，鋸成樑柱、木板或片材尺寸。Metsä Wood 生產三種標準尺寸：Kerto-S、Kerto-Q、Kerto-T。Kerto-S 適合大跨徑，紋理延長度排列。Kerto-Q 如圖所示，是一種穩定的面板產品，五分之一為橫向膠合，改善橫向彎折的強度與剛性。Kerto-T 重量最輕，適合承重或非承重結構，例如牆板，與Kerto-S 相同，但採用較輕的薄板製作。

建築與營建

強度重量比
工程木材的設計價值高於鋸材，除此之外，工程木材的特性能保持一致，代表跨徑能更廣。

低衝擊
木材是一種天然可再生的建築材料，符合永續發展標準，與其他建築方法相比，生長、採伐、製造、運輸、安裝、使用、保養與處置等各方面使用的能源更低。科技木材可以取代結構用混凝土、石砌與鋼骨。

成本
科技木材可以快速在現場安裝，不需要特別的器材切割、接合或調整。預製面板的生產可以集中處理，讓成本盡可能降至最低，例如木地板地基。到達現場後，木質結構的搭建能以一天一層的速度進行。雖然如此，但是交叉層壓木材製作地板的價格仍高達應力混凝土的兩倍。

精準
藉由預製模板建築元件，能使公差精準度達到最高。

WPC 塑木能提供完全不同的觸感，介於木材與塑膠之間。主要利用傳統合成塑膠製作，例如聚丙烯和聚氯乙烯，加上木粉可減少塑膠的含量。

WPC 不能回收，折損速度比純塑膠更快，生物衍生塑膠是另一種替代基質，例如澱粉塑膠 (請見第 260 頁) 和聚乳酸 (PLA) (請見第 262 頁)。這些塑膠的內含耗能比傳統塑膠低，使用壽命結束之後能夠堆肥處理。

科技木材在建築與營建中的應用

科技木材已經成為不可或缺的材料，使用範圍從臨時結構到多樓層建築等，因為技術與裝飾兩大利多而獲得廣泛應用，不只應用於建築物的構造，也應用於營建工程中，例如鷹架與混凝土用的活動遮板 (框架)。科技木材安裝完成時，同時也完成了表面處理，可在運送到現場前，先在工廠製作完成所有功能與開口，因此能利用電腦指引確保精準度。科技木材可用與鋸木同樣的方法，以傳統工具與設備在施工現場安裝、調整與成型。

CLT 交叉層壓木材是越來越受矚目的輕量化建築材料，將小片木材接合作成大片面板，將木材的天然變因和缺陷降至最低。幾乎可以製作成任何尺寸，最大達 3 × 24 公尺，厚度 400 公釐，雖然這種尺寸的面板可能很難運送。CLT 交叉層壓木材的多功能，讓建築師可以創造連續不間斷的一體表面 (建築跨徑最長可達 8 公尺)，外觀則取決於樹種，一般採用雲杉製造，但也可以改用軟質木。

流線白色木材雲杉膠合板結構 (上圖)

英國 WWF 協會總部 Living Planet Centre 由 Hopkins 建築事務所在 2013 年設計，新建築坐落於混凝土墩座上，周圍種植灌木、樹木與花草，80 公尺長的彎折木材格柵跨徑達 37.5 公尺，讓室內空間的使用彈性更廣。採用雲杉建造，膠合板提供輕量化解決方案，兼具成本效益，拱樑使用多層雲杉指接完成想要的長度，木材層疊時使用黏著劑，趁黏著劑還潮濕時，完成拱樑的外型，木條以螺絲固定在一起。黏著劑固化之後，邊緣與表面磨砂，完成平滑的表面處理 (請見第 310 頁落葉松，以及下一頁的松樹與冷杉)。影像由 Airey Spaces 提供。

雲杉、松樹、冷杉

針葉樹中包括幾種重要商業類型，這幾種樹木具有相似的特徵，例如生長快速，主要用於建築與紙漿生產，暴露在容易腐朽的環境下時，木材中的樹脂提供的保護力不夠，因此使用於戶外時，必須浸染處理或額外保護。

類型	一般應用範圍	永續發展
· 松樹：西部白松 (western white)、糖松 (sugar) 南方松 (southern yellow) 和蘇格蘭松 (Scots) · 北美雲杉 (Sitka)、挪威雲杉 (Norway) · 冷杉：香脂冷杉 (balsam)、高山冷杉 (alpine)	· 建築與科技木材 · 傢俱與室內裝潢 · 樂器	· 可從通過認證的森林取得 · 全球分銷廣泛
屬性	**競爭材料**	**成本**
· 纖維強度高 · 密度低、容易加工 · 顏色從純白色到灰白色，隨氣候因素變成淺灰色	· 落葉松、道格拉斯冷杉、柏樹 (如西部紅柏)、科技木材 · 鋼、混凝土 · 聚氯乙烯 (PVC)	· 價格具有競爭力 · 加工處理簡單直接

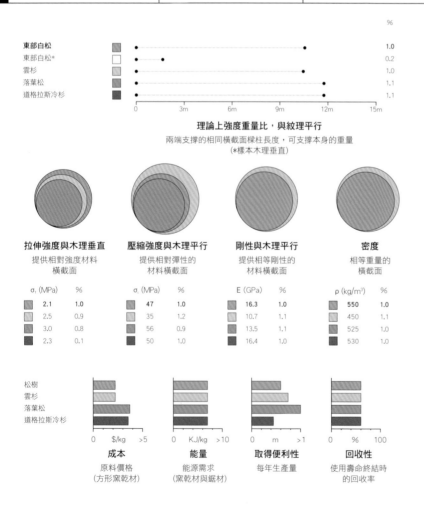

%

東部白松		1.0
東部白松*		0.2
雲杉		1.0
落葉松		1.1
道格拉斯冷杉		1.1

0　3m　6m　9m　12m　15m

理論上強度重量比，與紋理平行
兩端支撐的相同橫截面樑柱長度，可支撐本身的重量
(*樣本木理垂直)

拉伸強度與木理垂直	壓縮強度與木理平行	剛性與木理平行	密度
提供相對強度材料橫截面	提供相對彈性的材料橫截面	提供相等剛性的材料橫截面	相等重量的橫截面

σ_t (MPa)	%	σ_c (MPa)	%	E (GPa)	%	ρ (kg/m³)	%
2.1	1.0	47	1.0	16.3	1.0	550	1.0
2.5	0.9	35	1.2	10.7	1.1	450	1.1
3.0	0.8	56	0.9	13.5	1.1	525	1.0
2.3	0.1	50	1.0	16.4	1.0	530	1.0

松樹
雲杉
落葉松
道格拉斯冷杉

0　$/kg　>5　　0　KJ/kg　>10　　0　m　>1　　0　%　100

成本	能量	取得便利性	回收性
原料價格（方形窯乾材）	能源需求（窯乾材與鋸材）	每年生產量	使用壽命終結時的回收率

簡介

軟質木在世界各地的消費量大，廣受歡迎，木材品質從價格低廉佈滿樹節的鋸木到備受讚譽的弦切木板，弦切木板適合用來製作樂器。

木材具有垂直紋理與一致的結構，顏色淺，依照樹種不同顏色從白色到偏紅的淡粉色，暴露在不同因素下，顏色會慢慢變深，一般情況下會加上一層塗漆封存木料。

木材容易腐朽，因此主要用於室內，應用範圍包括非結構元件，像是傢俱、隔間牆等，或是應用在到木結構上，木材可進一步延伸用作工程木材 (請見第 296 頁) 和紙漿 (請見第 268 頁紙張)。

木材可按照兩種方法分級：目視分級和機械應力分級，鋸切木材藉由目視分級，經驗豐富的分級師傅根據木材視覺特徵分類，這些視覺特徵與木材強度相關，像是樹節、記號、環裂、分岔與樹紋的傾斜來判斷。

小提琴面板與背板 (右頁)

傳統上，品質最高的弦樂器採用弦切實心雲杉共鳴板製作，藉由彈奏樂器來產生聲波，聲波穿過木材的紋理傳出，一般認為雲杉產生的音調最豐富。據說樹木在冬季會休眠，趁著冬季砍下木材，因為這段時間樹木最不活躍，確保木材含油量與含水量最低。木材鋸開後風乾十年以上，準備就緒後，手工雕刻製作共鳴板，藉由這個過程調整木材的「音色」，經驗豐富的製琴師藉由敲擊表面，就能聽見材料哪個部份需要削減，隨著使用年份增加，聲音的品質只會越來越好，因為隨著木材越來越乾燥，材質越來越硬脆，對音波震動的回應越來越敏銳，在這個範例中，背板採用楓木製作 (請見第 330 頁)。

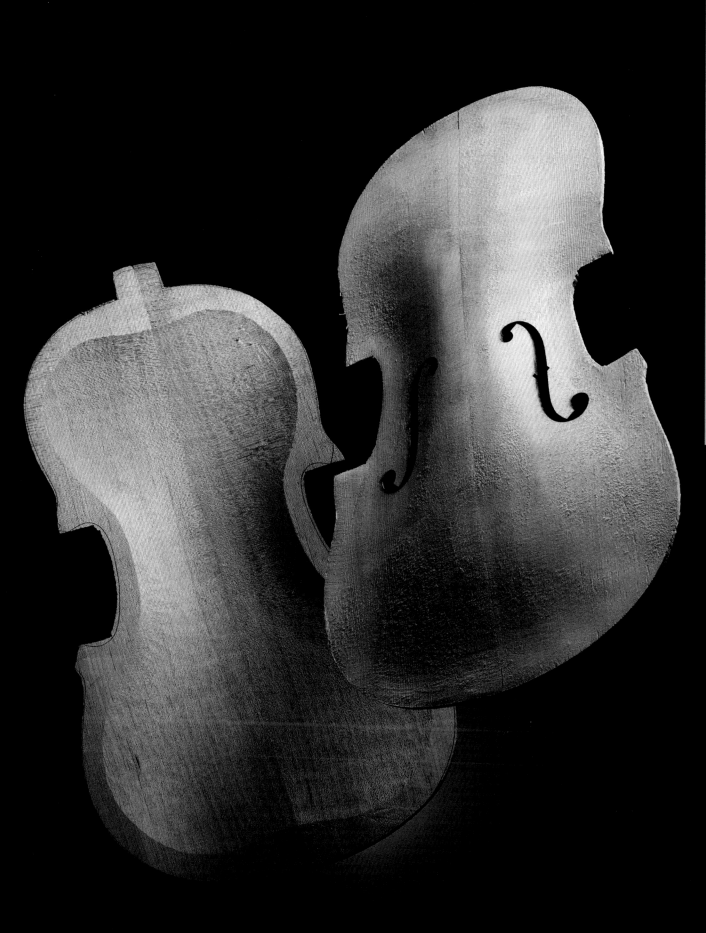

雖然這種方法經過證明相當可靠，但是藉由機器分級可降低變因的可能。對於必須精準確定物理性質的嚴苛結構情況，藉由機器分級特別有利。機械應力分級 (MSR) 木材使用標準化設備進行機械測試，確認木材的物理性質，過程不會破壞木材，例如判斷彎曲強度、彈性模數 (E) 和拉伸強度，不過有一些缺陷只能依靠目視分級來判斷。目前市面上已經出現名為機器分級木料 (MEL)。

商業類型與用途

作為建築用鋸木，這些樹種擁有類似的特性，以通用名稱分組命名，取決於原產國，例如在美國與加拿大，一些中等強度的樹種歸類於雲杉-松木-冷杉 (SPF) 群組；在歐洲，松樹被稱為紅木 (ER)、雲杉被稱為白木 (EW)。雲杉-松木-冷杉又可進一步分為東部與西部樹種，前者包含黑雲杉 (Picea mariana)、紅雲杉 (P. rubens)、白雲杉 (P. glauca)，班克松 (P. banksiana) 和香脂冷杉 (Abies balsamea)。西部樹種包括白雲杉，英格曼雲杉 (P. engelmanni)，旗杆松 (P. contorta) 和高山冷杉 (A. lasiocarpa)。這樣區分是根據氣候對樹木品質的影響，東部雲杉-松木-冷杉生展速度較慢，因此強度更高；西方雲杉-松木-冷杉則容易長得較為高大。

松樹具有獨特的樹脂氣味，包括淺棕色心材的白色邊材，強度適中，加工性能良好，主要用於輕型結構作業或是當作紙漿。商業上，松樹分為軟松與硬松，軟松如東部白松 (Pinus strobus)、西部白松 (P.monticola) 和糖松 (P. lambertiana)，這些木材顏色淺，具有均勻的結構與細緻的生長紋路。與硬松相比，木材強度低，耐衝擊抗性差，木材勻稱，加工性非常良好，適用於窗框、木門與傢俱，也可用於輕型建築作業。

硬松重量更重、更耐用，通常包含一些特殊樹種，因為本身的顏色通稱為「黃松」或「紅松」，確切的屬性取決於氣候和生長條件，例如南部的黃松，如大王松 (即長葉松) (P. palustris) 和芒刺松 (即短葉松) (P. echinata)，某些方面耐用程度相當於道格拉斯冷杉，重量適中，因此適合用於室內細木工，如樓梯、層架與傢俱。此外也適用於建築和科技木材，自生長速度快的產區獲得的黃松強度中等，可彌補軟松與成長緩慢樹種之間的差異。

紅松包含蘇格蘭松 (P. sylvestris) 和挪威松 (P. resinosa)，兩種主要特色為紅棕色的心材，蘇格蘭松樹廣泛分佈於北半球，因此品質取決於實際生長區域，生長速度慢的木材會更強壯堅硬，挪威松強度與耐衝擊強度中等，機械加工屬性良好，主要用於建築、包裝與紙漿。

雲杉可製造顏色極淡的木材 (雖然北美雲杉的顏色較深)，心材與邊材色差極小，幾乎沒有氣味，強度中等，剛性良好，可用於輕型建築作業、科技木材，或作為紙漿用來造紙。木材外觀勻稱，沒有樹節，木材乾燥之後收縮極少，因此製造的木材具有優異的聲學特性，可用於製造樂器共鳴板，例如鋼琴、大提琴與小提琴。

主要兩種最重要的樹種為北美雲杉 (P. sitchensis) 和挪威雲杉 (P. abies)，結構細緻均勻，具有一致的垂直紋理，雖然作為建築木材使用價格不昂貴，但是樹齡古老、沒有樹節的木材則非常珍貴，可用於製作樂器使用。

冷杉顏色偏白，一般來說帶有樹節 (不包含道格拉斯冷杉，請見第 314 頁，這種高強度木材適合用於建築)，重量輕 (385 kg/m³)，強度、硬度與耐衝擊強度相對較低，可用做紙漿，或用於輕型結構。

永續發展

這些木材是軟質木生產的大宗，對環境的衝擊非常小。事實上，生產中耗用的能源可能比樹木生命週期中藉由光合作用儲存於樹木中的更少，包括伐木、加工、運輸等。每一立方米的樹木，生長時可吸收約 0.9 噸二氧化碳，因此，利用木材代替如混凝土 (請見第 496 頁) 或鋼 (請見第 18 頁) 等材料，可以顯著減少二氧化碳排放。

松樹、雲杉與冷杉可以自可再生能源獲得，年輕的林分 (stand，群集生長的樹木) 約需三年的時間長成，然後至少需要 60 年的時間才能砍伐。在這段時間樹木至少需要「瘦身」兩次，修剪下的樹枝可以用作生物燃料或紙漿，或者留在地面任其腐爛。

雲杉膠合板與鋼骨混合結構 (右頁)
緊鄰英格蘭雪菲爾市中心外圍的 The Moor 市場於 2013 年完工，由倫敦建築公司 Leslie Jones Architecture 設計，全覆蓋市集主要採用雲杉層壓板 (膠合板，請見第 300 頁) 製成曲線網格結構，雲杉是用來製造膠合板的主要材料，可作為經濟有效且兼具實用的解決方案，可預先製作，再根據需求將結構工程與內部面板後送到現場。影像由 Hufton+Crow 提供。

鐵杉

鐵杉類似松樹，但是樹節較少，強度稍強，價格更為昂貴。生長範圍遍佈北美洲，主要用於建築、細木工與夾板。鐵杉顏色偏紅棕色，因為視覺上相當顯眼的年輪，使鐵杉擁有獨特的生長紋路，相對來說木理通直，可以刨平拋光，完成細緻的表面處理。

類型	一般應用範圍	永續發展
· 東部鐵杉（也稱為加拿大鐵杉）、西部鐵杉（也稱為加州鐵杉）	· 結構木材與工程木材 · 室內細木工 · 傢俱與包裝	· 可從通過認證的森林取得 · 僅限北美洲\

屬性	競爭材料	成本
· 木材紋理垂直、無樹節 · 硬度與強度中等 · 抗腐朽強度非常低，但是處理上非常容易	· 雲杉、松樹、冷杉、道格拉斯冷杉、落葉松 · 橡木、桃花心木、沙比利木	· 價格中等，較松樹高約 25% 左右 · 製造成本相等

308

簡介

生長緩慢的鐵杉（鐵杉屬）可製造品質非常高堅韌的木材，較最接近的競爭對手松樹、雲杉與冷杉生長速度更慢（請見第 304 頁），因為鐵杉可以忍受陰暗的成長環境，但如果在有利的條件下，鐵杉也可以用同樣快的速度長大。鐵杉會自我修剪，樹幹高大、沒有旁枝，在密集的林分中，大部份的樹幹乾淨，可製造沒有樹節、高品質的木材。

不過，鐵杉容易發生輻射開裂（年輪分離），這會嚴重降低結構強度，因此，作為結構木材，鐵杉的評價不如松樹、雲杉、冷杉，和其他結構缺陷一樣，這個缺點在鋸切前很容易在樹幹上發現，因此不會等到製成木材才發現。

鐵杉心材通常是淺紅棕色，類似山毛櫸（請見第 338 頁）的顏色，邊材的顏色較淺，但除了這點難以區分心材與邊材的差異。鐵杉類似道格拉斯冷杉（請見第 314 頁），在年輪上可明顯看出春季與夏季成長顏色的差異。

商業類型與用途

在加拿大與美國主要培育兩種商品類型：東部鐵杉（T. canadensis），也稱為加拿大鐵杉與西部鐵杉（T. heterophylla），也稱為加州鐵杉。這兩種木材略有差異，主要因為生長條件不同，西部鐵杉可長得較高大，是大型無節木材僅有的珍貴來源，木材硬度更硬、強度更高（15-20%）、木理通直，而且樹脂含量更低。

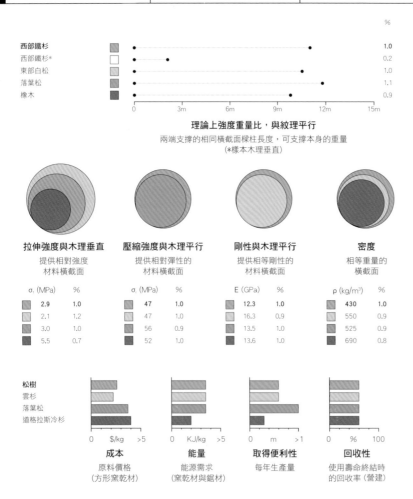

理論上強度重量比，與紋理平行
兩端支撐的相同橫截面樑柱長度，可支撐本身的重量
（*樣本木理垂直）

	拉伸強度與木理垂直	壓縮強度與木理平行	剛性與木理平行	密度
	提供相對強度材料橫截面	提供相對彈性的材料橫截面	提供相等剛性的材料橫截面	相等重量的橫截面
	σ, (MPa) / %	σ, (MPa) / %	E (GPa) / %	ρ (kg/m³) / %
西部鐵杉	2.9 / 1.0	47 / 1.0	12.3 / 1.0	430 / 1.0
西部鐵杉*	2.1 / 1.2	47 / 1.0	16.3 / 0.9	550 / 0.9
東部白松	3.0 / 1.0	56 / 0.9	13.5 / 1.0	525 / 0.9
落葉松	5.5 / 0.7	52 / 1.0	13.6 / 1.0	690 / 0.8
橡木				

成本	能量	取得便利性	回收性
原料價格（方形窯乾材）	能源需求（窯乾材與鋸材）	每年生產量	使用壽命終結時的回收率（營建）

松樹 / 雲杉 / 落葉松 / 道格拉斯冷杉

為了簡化木材的設計的行銷，通常會與同一個地區其他樹種混合，例如北美沿海混合西部鐵杉與美國冷杉 (Amabilis fir) 或巨冷杉 (grand fir)，標記為「HEM-FIR」；東部鐵杉與北美落葉松 (tamarack，請見第 310 頁)，標記為「HEM-TAM」。

乾燥之後的木材非常穩定，相對來説木理通直，這點代表加工上很容易，可以輕鬆完成沒有裂縫的表面處理。鐵杉的強度介於松樹與道格拉斯冷杉之間，因此，能夠與這些木材互換使用，可替代道格拉斯冷杉，作為更具成本效益的替代方案。使用範例包括木框、木造結構、細木工與木製品 (門窗與模製品)。

鐵杉的強度與對防腐劑的耐受度使其也能適用於室外環境，例如橋樑與木樁，並可使用阻燃劑處理，有效完成防焰機能，這點對公共建築與室內應用特別實用。

鐵杉可用於木屋建築，高單寧含量可保護鐵杉免受蟲害。鐵杉樹皮曾經比木材更有價值，能為皮革與毛皮鞣製工業提供豐富的單寧酸來源。鐵杉木材乾燥後會變得更硬，因此一般偏好在木材仍是綠色時 (仍潮濕時) 的情況下進行切割與鑽孔。

永續發展

鐵杉佔北美森林很大一部份，但不幸的是鐵杉目前受到鐵杉球蚜 (hemlock woolly adelgid) 蟲害，這種害蟲在二十世紀中意外自亞洲引入美洲，樹木感染後在五到十年間會逐漸凋零，最後枯萎死亡。

鐵杉可從通過認證的森林取得，主要商業種植僅限美國與加拿大，西部鐵杉 (以及西部紅柏，請見第 318 頁檜木科) 以工業規模自古老森林中大量採收，可能會威脅這些獨特棲息地中遠古遺跡。

迴旋梯的樓梯中心柱 (右圖)

鐵杉常用於室內細木工，如範例中迴旋梯的樓梯中心柱 (kite winder flight)。鐵杉的機械性能足夠應付輕型結構，能提供良好的彎區強度、剪切強度與剛性，機械加工容易，可輕鬆膠黏，並能有效固定釘子與螺絲，通常以半成品供貨，能施作高品質塗漆或染色表面處理。

落葉松

落葉松是松樹科 (Pinaceae) 的成員之一，因為強度與耐用性而受到重視，性能全面且優良，適合用於建築與外層，使落葉松成為最有經濟意義的軟質木之一。即使在潮濕的條件下，帶樹脂的木材可自我保護，避免腐蝕，心材顏色從偏黃色到紅棕色，隨著時間過去會逐漸變為銀灰色。

類型	一般應用範圍	永續發展
· 西部落葉松、東部落葉松 (美洲與北美落葉松)、西伯利亞落葉松、歐洲落葉松與日本落葉松	· 營建 · 傢俱 · 造船	· 可從通過認證的森林廣泛取得 · 乾燥速度快 · 窯乾材可製作品質更穩定的木板，但覆面不一定要使用窯乾材

屬性	競爭材料	成本
· 耐腐朽 (取決於樹種程度中等偏高) · 強度重量比良好	· 松樹、道格拉斯冷杉 · 柏樹 (如西部紅伯) · 橡木	· 價格中等偏低，取決於材料是本地生產或進口

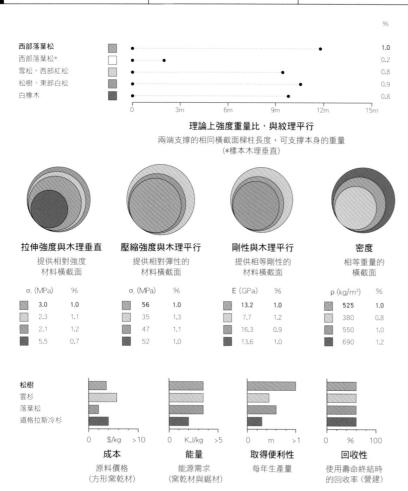

西部落葉松　　　　　　　　　　　　　　　　　　　　　1.0
西部落葉松*　　　　　　　　　　　　　　　　　　　　0.2
雪松，西部紅松　　　　　　　　　　　　　　　　　　0.8
松樹，東部白松　　　　　　　　　　　　　　　　　　0.9
白橡木　　　　　　　　　　　　　　　　　　　　　　0.8

0　　3m　　6m　　9m　　12m　　15m

理論上強度重量比，與紋理平行
兩端支撐的相同橫截面樑柱長度，可支撐本身的重量
(*樣本木理垂直)

拉伸強度與木理垂直	壓縮強度與木理平行	剛性與木理平行	密度
提供相對強度材料橫截面	提供相對彈性的材料橫截面	提供相等剛性的材料橫截面	相等重量的橫截面

σ, (MPa)	%	σ, (MPa)	%	E (GPa)	%	ρ (kg/m³)	%
3.0	1.0	56	1.0	13.2	1.0	525	1.0
2.3	1.1	35	1.3	7.7	1.2	380	0.8
2.1	1.2	47	1.1	16.3	0.9	550	1.0
5.5	0.7	52	1.0	13.6	1.0	690	1.2

松樹
雲杉
落葉松
道格拉斯冷杉

0　$/kg　>10　　0　KJ/kg　>5　　0　m　>1　　0　%　100

成本	能量	取得便利性	回收性
原料價格 (方形窯乾材)	能源需求 (窯乾材與鋸材)	每年生產量	使用壽命終結時的回收率 (營建)

簡介

落葉松 (落葉松屬) 可作為外層材料，成本效益合理，也能用於結構作業，因為生長季節明顯，具有獨特的紋理圖案，通常附帶許多小樹節，因此容易在建築物上辨別出來。

品質最優秀的木材一般專供傢俱製作與造船使用，相同截面積下落葉松比西部紅柏 (請見 318 頁檜木科) 重約三分之一，這雖然代表落葉松不適合用於輕型船隻，但是落葉松的耐受性高，可防凹陷、耐磨耗，使落葉松成為強健船體、甲板與其他類似嚴苛應用範圍的理想材料。

落葉松木材乾燥速度快，但是容易發生大量變化，特別與松樹科其他樹種相比，落葉松變化更多，窯乾技術能製作更穩定的木材。雖然如此，仍不建議採用落葉松製作指接板，特別是榫槽或隱藏式固件接合，木板邊緣容易刨薄，然後彼此重疊在一起。

落葉松相對較脆，很少用於曲木應用範圍，不過少量彎折曲度仍是可行的，能預先鑽孔避免使用釘子或螺絲接合時裂開。

落葉松折疊椅 (右頁)

加拿大工作室 Knauf and Brown 在 2012 年設計的 Profile Chair，類似設計師 Giancarlo Piretti 在 1967 年設計的知名作品 Plia，椅子繞著單軸旋轉，這件作品用現代設計重新詮釋折疊椅，結合粉體塗料鋼材與實心落葉松，在人體會接觸的零件使用木材，例如座椅與椅背，同時利用鋼材製作結構，轉軸機械盡可能簡化，只使用少量零件。影像由 Knauf and Brown 提供。

彎曲膠合板拱門 (左頁)

位於英格蘭雪菲爾的冬日庭院 (The Winter Garden) 出自 Pringle Richards Sharratt 建築事務所的設計，於 2002 年完工，巨大的玻璃外牆結構是以 21 個拋物線拱門組成，橫跨了 70 x 22m 的寬廣空間，拱門中間高達 22m，讓樹木可以成長茁壯。落葉松膠合板提供了輕巧又優雅的解決方案，結構重量僅為使用鋼材版本的三分之二，比混凝土清四分之三。整體採用未經處理的落葉松構成，拱門會因氣候因素漸漸變為銀灰色。影像由 Peter Mackinven 提供。

未經處理的落葉松外牆 (右圖)

奧地利南布根蘭邦 (Southern Burgenland) 的夏日別墅 (The Summer House)，由 24gramm Architektur 建築事務所的設計師茱蒂絲·班瑟 (Judith Benzer) 設計，2009 年完工，靈感來自「Kellerstöckel」，意思是「釀酒師的酒窖」，這是奧地利當地典型建築，外牆完全採用未經處理的落葉松，朝外的落葉松表面會漸漸變為銀灰色。影像由 Martin Weissw 提供。

未經處理　　　六個月　　　十年

未經處理的落葉松風化週期

未經處理的落葉松一般用於戶外，隨著時間過去，或暴露在不同幻境下，顏色會漸漸變為淺灰色。若不想要這種效果，可染色或上漆，但是因為落葉松樹脂含量高，因此加工處理困難。落葉松的邊材不如心材耐用，如果預計用於戶外環境，需要施作保護塗層。

商業類型與用途

落葉松是一種落葉針葉樹，每逢秋天落葉，部份樹種可作為木材。這些樹種原產於全球某些區域，目前已遍佈美國、歐洲、俄羅斯與亞洲。常見樹種包括東部落葉松 (L. laricina，也稱為美洲或北美落葉松)、西部落葉松 (L. occidentalis)、西伯利亞落葉松 (L. sibirica，也稱為俄羅斯落葉松)、歐洲落葉松 (L. decidua) 和日本落葉松 (L. kaempferi)。東部落葉松遍佈北美，產量最大，高度可達約 20 公尺，西部落葉松與歐洲落葉松可以長得更高，約達 30 公尺，能生產更長的木板。氣候較溫暖的地方，例如英國，落葉松生長的速度更快，生產的木材強度與

密度較低，樹節更多。至於生長速度緩慢的落葉松，例如西伯利亞的落葉松能生產密度高且堅固的木材，遠勝於松樹和雲杉 (請見第 304 頁)，也優於柏樹和雪松，其樹節較不明顯，且有高樹脂含量，耐久性較優異。

落葉松有各種用途，包括木材、刨花板、結構用膠合層壓木材 (膠合板，請見第 300 頁)。結構類的用途偏好使用西伯利亞落葉松與生長速度較慢的落葉松，包含膠合板，因為強度高、更耐用。直紋與不帶樹節的落葉松可用來生產薄板，經常使用熏 (烘製) 處理或染色，利用鮮明的紋理，創造類似高價深色木材的外觀，例如胡桃木 (請見第 348 頁) 或雞翅木 (請見第 374 頁珍木)。從小木屋到碉堡，落葉松用於建築已經超過數千年之久，若將落葉松的耐用年限納入考量，這是一種成本效益合理的結構與外牆材料，落葉松一般比橡木和西部紅柏便宜，不過仍依地區不同，取決於供貨量。

永續發展

落葉松可從通過認證管理良好的森林中大量取得，與其他軟質木相比，落葉松生長速度相對來說比較快。高品質落葉松紋理乾淨，樹節比起其他木材幾乎為零，樹齡可能超過一百年，林業基本上每五十年左右砍伐一次，因此，雖然每年種植的落葉松大於砍伐數量，但是來自造船業對於極高品質木材的需求，這些用途仍不斷耗用既有的老落葉松。落葉松這類樹種邊材能迅速轉化為心材，而心材是樹木最耐用的部份，不過最終耐久性取決於樹種與生長速度。生長緩慢的落葉松在沒有處理的情況下用於營建，可以維持長達一世紀或更長時間。採用耐用木材建造的木屋可長久保存，不過在溫帶與更溫暖的氣候下，未經處理的木材可能無法使用超過 25 年。

道格拉斯冷杉

別名

此名稱也用於：卑詩省松樹、哥倫比亞松樹、奧勒崗松樹、紅杉、道格拉斯冷杉、道格拉斯雲杉、花旗松

道格拉斯冷杉是一種高性能木材，足以媲美鋼材，以其重量而言，質地堅硬牢固，具備與落葉松相似的機械屬性。道格拉斯冷杉是最著名的商用木材之一，應用範圍廣泛，從裝飾地板、窗戶到結構木材，抗腐朽能力中等，用於戶外木材若未經處理僅能保存幾年。

類型	一般應用範圍	永續發展
· 北美黃杉 (海岸或內陸) 　與歐洲黃杉	· 營建與工程木材 · 傢俱與室內裝潢 · 紙漿	· 可從通過認證的森林取得 · 廣泛栽種於北半球

屬性	競爭材料	成本
· 木理通直 · 高強度、硬度重量比 · 心材顏色偏黃至紅棕色，邊材為 　乳白色	· 落葉松、檜木 (如美西紅檜)、 　鐵杉、松樹、雲杉 · 橡木、大綠柄桑木	· 原料價格中等 · 施作性能良好

簡介

道格拉斯冷杉 (Pseudotsuga menziesii) 是一種松科 (Pinaceae) 常綠針葉樹，常與落葉松相比，兩者經常歸為同一類稱為道格拉斯冷杉-落葉松 (英文縮寫為 D Fir-L 或 DF-L)，用途與松、柏 (如美西紅檜) 有許多相近處。道格拉斯冷杉其實是松科，並非冷杉 (請見第 304 頁)，因此稱呼別名時，要連寫為「道格拉斯冷杉」，不會單獨稱為冷杉。該別名是以蘇格蘭植物學家大衛·道格拉斯 (David Douglas) 命名，他紀錄了太平洋西北地區的這類樹種。而道格拉斯冷杉的物種名稱「Archibald Menzies」，則是紀念早年在温哥華島嶼上發現這種樹的植物學家。

道格拉斯冷杉高大沒有枝節 (特別是來自北美沿海森林的道格拉斯冷杉)，能生產高品質、無樹節的長木材，這種樹與木心樹輪廣的年輕樹種有極大的不同，與其他軟質木相比，木材堅硬，抗拉強度與壓縮強度有良好平衡，與落葉松同為最強大的軟質木。雖然道格拉斯冷杉與落葉松有許多相似的特性，但是道格拉斯冷杉的樹脂較少，代表道格拉斯冷杉適合用於外露的室內木頭結構，但用於戶外環境不像落葉松耐用。

道格拉斯冷杉具有獨特的外觀，心材顏色從黃色到紅棕色，邊材為乳白色。春材與夏材相比，木材具有明顯的木理，鋸開時暴露出垂直木理 (稱為弦切)，隨著時間過去，加上日光照射，顏色會漸漸加深，最後變成灰色，表面光澤度良好，上漆、清漆或染色處理的固色力極佳。

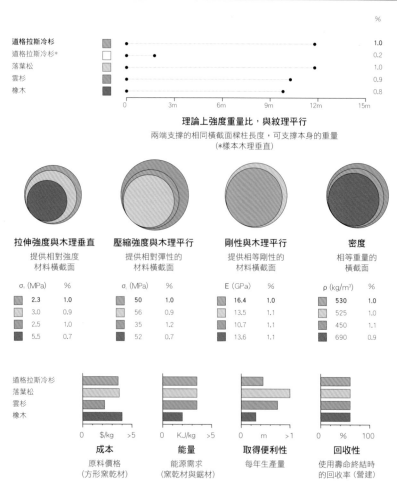

理論上強度重量比，與紋理平行
兩端支撐的相同橫截面樑柱長度，可支撐本身的重量
(*樣本木理垂直)

拉伸強度與木理垂直		壓縮強度與木理平行		剛性與木理平行		密度	
提供相對強度 材料橫截面		提供相對彈性的 材料橫截面		提供相等剛性的 材料橫截面		相等重量的 橫截面	
σ (MPa)	%	σ (MPa)	%	E (GPa)	%	ρ (kg/m³)	%
2.3	1.0	50	1.0	16.4	1.0	530	1.0
3.0	0.9	56	0.9	13.5	1.1	525	1.0
2.5	1.0	35	1.2	10.7	1.1	450	1.1
5.5	0.7	52	0.7	13.6	1.1	690	0.9

成本	能量	取得便利性	回收性
原料價格 (方形窯乾材)	能源需求 (窯乾材與鋸材)	每年生產量	使用壽命終結時 的回收率 (營建)

商業類型與用途

道格拉斯冷杉遍佈美國、加拿大、法國、紐西蘭與澳大利亞。木材生長的地方會影響木材的屬性，舉例來說，北美有兩種品種：海岸與內陸，來自海岸森林的道格拉斯冷杉往往生長速度快得多，因此更高大、顏色更淺、木理粗糙、樹節大；相比之下，來自內陸森林的木材（又稱為洛磯山脈道格拉斯冷杉），一般更小、木理細緻緊密，歐洲道格拉斯冷杉類似北美內陸生長的道格拉斯冷杉。

道格拉斯冷杉有許多等級，從高品質的結構用木材到一般木材皆有。道格拉斯冷杉可製成輕量化科技木材（請見第 296 頁），能製造枕木、木樁、鐵軌枕木與類似的高磨損戶外結構，常用於工業環境，例如木桶與收納箱。論戶外耐用度，道格拉斯冷杉與松樹、雲杉、鐵杉列於同一等級。未經處理的道格拉斯冷杉用於戶外平均壽命為五到十年，若需要更高的耐用度，可加上防腐劑處理，將戶外的可用壽命延長到三十年以上。

木材桁架屋頂結構（上圖）

位於加拿大卑詩省素里市 (Surrey) 的城中購物中心 (Central City Shopping Centre) 中庭屋頂，佔地約 3,400 平方公尺，由譚秉榮建築事務所 (Bing Thom Architects) 設計，結構工程由 Fast＋EPP 事務所完成，複雜的彎曲幾何形狀利用 2.1 公尺四面空間桁架支撐，加上中央主柱和纜線輔助，圓形木材為道格拉斯冷杉無樹皮心材（旋轉剝皮後原木剩餘的材料，請見第 290 頁薄板），心材是膠合板產業中相對價格較低的副產品，能作為強而有力的橫樑使用，完成輕量高效能的屋頂結構。影像由 Fast＋EPP 事務所提供。

木材、鋼骨與玻璃 (上圖)

道格拉斯冷杉具有美麗天然的外觀，這棟位於巴黎凡爾賽宮的訪客中心，由 Explorations 建築事務所設計，結合木製遮陽板「brise-soleil」，加上鋼材（請見第 28 頁）與玻璃（請見第 508 頁），設計靈感來自日本伏見稻荷大社緊密排列的千本鳥居，這個館場於 2008 年完工，成為凡爾賽宮臨時主要入口，道格拉斯冷杉木板條減少太陽眩光的影響，並能為場館增添暖色背景。影像由 Michel Denance 提供。

道格拉斯冷杉相對容易加工，因為密度高，所以表面耐用度良好，並具備尺寸穩定性，高纖維強度能有效固定釘子，這些特點可用於細木工、櫥櫃製作、門框與窗框等。表面耐用度高，並能抗開裂，讓道格拉斯冷杉適合用作木地板，這是少數幾種軟質木可在高磨耗的情況下保持外觀不變，並維持原有水平。道格拉斯冷杉纖維相對較長（約 4 公釐），可用於紙漿與紙板，因為顏色的關係，通常不適合製作白色紙張或紙板。

永續發展

道格拉斯冷杉是少數幾種能取自有效管理與通過認證森林的木材，可用於不間斷的長跨徑上，有助於減少整體材料的消耗，道格拉斯冷杉可作為滿足成本效益的解決方案。另一方面，木材也能切割為小塊後，重組作為工程木材，使強度重量比達到最高，大跨徑橫樑可用於橋樑與體育場，能載重的水平架構則能用於住宅、商用建築與工業結構。

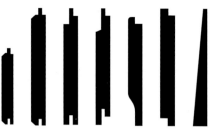

耐候外牆

標準外牆型材有各種系列，因製造商而異，厚薄從薄邊 6 公釐到刨花板 22 公釐，利用切割機製作的鋸材可生產不間斷的型材，長度沒有限制，設計師可以指定深度、紋理與方向（水平、垂直或對角）。因此即使是標準形狀也有一定的靈活度。訂製型材可藉由重新設計切割機刀具的形狀來製作，選擇範圍取決於預算（如木材種類、厚薄、加工與層疊）、美觀與耐用度。

耐候木製外牆 (右頁)

右頁是來自 Explorations 建築事務所執行的另一個專案，位於巴黎附近的阿爾帕隆（Arpajon）法國公社運動中心，外牆使用道格拉斯冷杉木板條覆蓋，隨著時間過去，心材逐漸轉為灰色，使建築融入周邊的公園。影像由 Michel Denance 提供。

道格拉斯冷杉

柏科

這個針葉樹科的木材主要利用其香氣與機械特性，可在世界各地取得，樹種取決於地理位置，心材天然抗腐朽，優於其他任何軟質木，可用於各式各樣的應用範圍，從造船到桌球拍等，有些樹種因為用在儀典建築上而備受追捧。

簡介

雖然柏科 (Cupressaceae) 內許多樹種都以雪松 (cedrus) 命名，並有相似的香氣與耐用性，但是其實這些樹種跟雪松沒有直接關係，真正的雪松是黎巴嫩雪松 (C. libani)，為松科 (Pinaceae) (請見第 304 頁)，在英文中會用連字符號來區分柏科與真正的雪松，例如「western red-cedar」是指美國西部紅側柏。

這種木材的機械特性各有不同，整體來說不是特別堅固，但是非常輕巧，低密度使這種木材不管是使用手動工具或機械都很容易加工，可完成細緻的表面光澤度，但也容易凹陷或刮傷，這種木材一般擁有垂直的木理，沒有瑕疵，乾淨美觀的外表在美學上備受推崇，而機械加工的效益也非常受歡迎。舉例來說，北美洲的美洲原住民部落會利用這種木材的輕巧與耐水性，歷代均使用這種木材製作船隻與獨木舟。在日本，同樣的特性可用於浴室、浴缸、水桶等，有一些樹種能夠彎曲，製成曲線輪廓，相較之下，其他樹種的輕巧反而會使木材彎曲時容易開裂，因此開發出不同的結構技巧，能夠將這些木材有利的特性運用在各式各樣不同的應用範圍。

就像雪松，這些木材具有獨特的氣味 (與口感)，常見於鉛筆、防蠹蟲衣架、鞋撐等。木材的香氣來自木材中天生的油脂，深色木材的氣味更濃郁，用來防範蠹蟲，木材的油脂可驅除昆蟲，用於鞋撐據說可以除臭。油脂也能提煉後作為香水、用於芳香療法或製成天然除蟲劑使用。

類型	一般應用範圍	永續發展
· 雪松 (如美國西部紅側柏) · 柏樹 (如努特卡扁柏和落羽松) · 紅杉 · 杉木	· 營建與戶外 · 造船與獨木舟 · 鉛筆	· 雖然有些作為木材採伐，但有些則因過度開採而瀕臨滅絕 · 粉塵是強大的過敏原

屬性	競爭材料	成本
· 重量輕、密度低 · 耐腐朽 (耐用) · 具香氣	· 松樹、雲杉、落葉松、道格拉斯冷杉 · 橡木、大綠柄桑木	· 價格高低取決於樹種與等級 · 密度低，代表單位重量的價格比單位長度的價格更昂貴

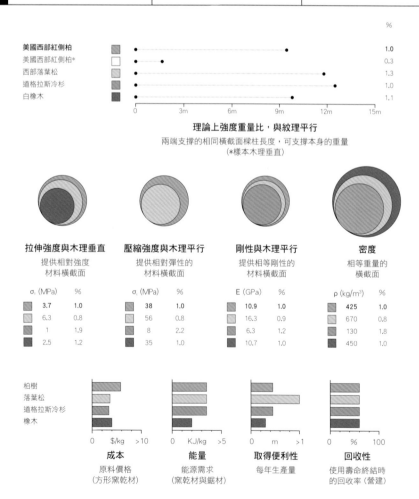

	%
美國西部紅側柏	1.0
美國西部紅側柏*	0.3
西部落葉松	1.3
道格拉斯冷杉	1.0
白橡木	1.1

理論上強度重量比，與紋理平行
兩端支撐的相同橫截面樑柱長度，可支撐本身的重量
(*樣本木理垂直)

拉伸強度與木理垂直	壓縮強度與木理平行	剛性與木理平行	密度
提供相對強度材料橫截面	提供相對彈性的材料橫截面	提供相等剛性的材料橫截面	相等重量的橫截面

σ, (MPa)	%	σ, (MPa)	%	E (GPa)	%	ρ (kg/m³)	%
3.7	1.0	38	1.0	10.9	1.0	425	1.0
6.3	0.8	56	0.8	16.3	0.9	670	0.8
1	1.9	8	2.2	6.3	1.2	130	1.8
2.5	1.2	35	1.0	10.7	1.0	450	1.0

柏樹
落葉松
道格拉斯冷杉
橡木

成本	能量	取得便利性	回收性
原料價格 (方形窯乾材)	能源需求 (窯乾材與鋸材)	每年生產量	使用壽命終結時的回收率 (營建)
0 $/kg >10	0 KJ/kg >5	0 m >1	0 % 100

商業類型與用途

柏科中有許多樹種可作為工業設計、傢俱與營建的珍貴木材,多數為常綠針葉樹,遍佈全球,從北方到南方不同氣候都能發現柏科。美國西部紅側柏 (western red-cedar,學名為 Thuja Plicata),可長到 60 公尺高,遍佈美國西部與加拿大,與美洲印地安人緊緊相關,對美洲印地安人而言,這種樹非常重要,擁有許多用途。舉幾個案例來說,像是奎諾特族 (Quinault)、考利茨族 (Cowlitz) 與史考克密斯族 (Skokomish) 看重樹木每個部份,從樹皮、木材到樹葉,可用於醫藥、服飾、住家建築、籃筐與獨木舟等。雖然柏科並不特別堅固,但是重量輕,極耐腐朽,在營建上具有重要商業價值,從建築裏裏外外都能應用,還用於裝飾、傢俱與屋頂木瓦。從心材到邊材,未受風化影響的木材顏色從深棕色到灰白色皆有。

日本扁柏泡澡桶 (上圖)

日本扁柏 (Japanese cypress) 具有完美的垂直木理,色澤淺而勻稱,帶有舒服的香氣,這些特質使日本扁柏成為沐浴用品理想的材料,包含浴缸和水桶,甚至整間浴室都能使用扁柏製作。將扁柏切割後成型,可完成光滑的表面,便於保養清潔,這種防潑水木桶使用與酒桶相同的專業製桶 (coppering) 技術生產,桶板 (垂直木板) 和底座不使用黏著劑、釘子或螺絲固定,而是將桶板精準裁成錐形斜角,然後利用銅箍 (請見第 66 頁) 圍起來後,往下壓緊,讓銅箍將木板條固定在一起。

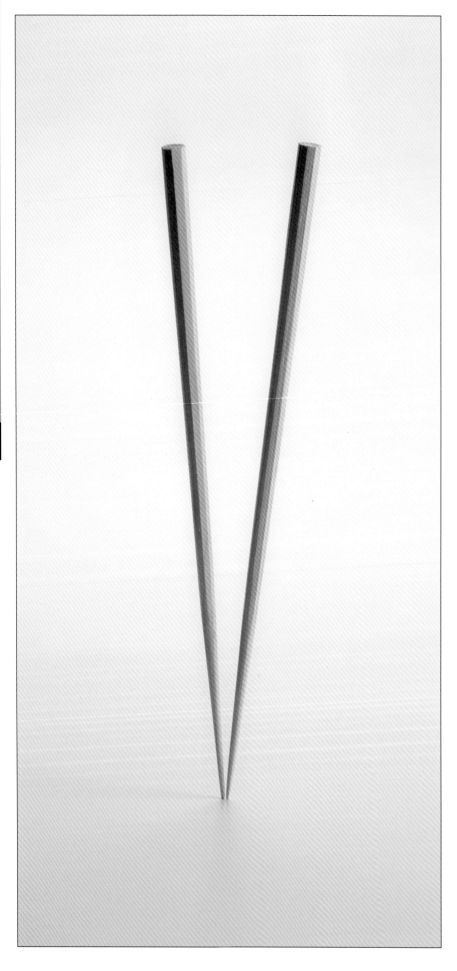

東部香柏 (eastern white-cedar，學名為 Thuja occidentalis) 又稱北方白柏，是很輕的結構木材，適合用於造船，就像美國西部紅側柏一樣，美國印地安人目前仍繼續使用，例如密克麥克族 (Mi'kmaq) 和奧吉布瓦族 (Ojibwe)，利用東部香柏製作樹皮獨木舟的結構、屋頂木瓦和籃子，東部香柏具有出色的拒水性，能防甲蟲與白蟻，未經風化的顏色從淺棕色到灰白色皆有，高度可達約 20 公尺。

東部紅側柏 (eastern red-cedar，學名為 Juniperus virginiana) 又稱為紅刺柏、鉛筆柏或香柏，這種樹成長緩慢，來自北美南部與東部，高度可達 15 公尺，最初用來製作鉛筆，目前已經被價格較便宜的美國肖楠 (Calocedrus decurrens) 取代。未經風化的顏色呈粉紅色、淡黃色到紫紅色，耐腐朽能力絕佳，自然芬芳，驅蟲效果絕佳，因此可用於衣架或製作衣櫥內襯。

肖楠 (Incense cedar) 又稱為圓柏 (white-cedar)，重量輕、質地軟，不像美國東部紅側柏堅固，但是比美國西部紅側柏更好，伴隨垂直的木理而來的特性是這種木材相對容易切削，切削後可完成平滑的表面，之所以能用來製作鉛筆，因為削尖後表面光澤度良好，不會開裂，適合業務使用，也耐咀嚼。肖楠抗腐朽能力優秀，因此可用於戶外，適合做成木瓦與柱子，也適合做成籃筐。肖楠原產於北美，可長到約 45 公尺高。

日本免洗筷 (左圖)

黃檜 (Hinoki) 和柳杉 (sugi) 適合用來製造各種餐具，包括餐盤、砧板和筷子。木材柔軟輕巧，容易切割，而且成品能有光滑的輪廓。一般認為日本最早出現的筷子是使用黃檜製作，實例可追溯到七世紀，因為耐用度優異，廢棄的木料還是能保持完整無缺。有趣的是，很多日本筷子的發現位置，都和使用相同木材建造的古廟非常接近。

美洲花柏 (port Orford-cedar) 又稱為俄勒岡香柏 (Oregon cedar) 或勞森柏樹 (Lawson cypress)。這是原產於北美西部的柏樹，高度可達 50 公尺，原木為淡黃色到灰白色，帶有密集排列的垂直木理，一致的視覺質感搭配中等強度與耐用性，讓美洲花柏成為高品質玩具、收納盒與建築（日本神社與寺廟）的理想木材。最初美洲花柏應用範圍從造船業、弓箭的箭身到吉他面板，結果過度開發後，現在供應量有限，因此價格非常昂貴。

日本柳杉 (Japanese-cedar) 和日本扁柏 (Japanese cypress) 在日本當地被稱為「sugi (杉)」和「hinoki(檜)」，在亞洲是重要的木材，在中國、泰國、日本廣泛種植。日本柳杉的高度可達 70 公尺或更高，原木呈現偏紅的粉紅色，可用於建築與傢俱製造，與美洲花柏類似，日本扁柏外觀輕盈，具有一致性，帶有垂直的木理，生長速度比日本柳杉慢，高度僅有柳杉的一半，可切削隱藏樹節，用於傢俱、衛浴用品與清酒杯。

努特卡扁柏 (Nootka cypress)，又稱為黃扁柏 (yellow cypress)、黃杉 (yellow-cedar)、阿拉斯加黃杉 (Alaska-cedar) 等各種不同名字，原產於北美西部，也能在歐洲全地發現，約可長至 40 公尺高，木材顏色為淺黃色到灰白色，樹身非常筆直，木理一致，是傢俱結構無可取代的木材。表面堅硬耐用，拋光後能有極為閃亮的光澤，作為基底材料非常耐用，而且抗腐朽，這是柏科中最堅固的木材之一，強度約高過西部紅側柏三分之一。北美印地安人善用這些有利的特性，特別是努特卡族 (Nuu-chah-nulth或拼成 Nootka)，這是努特卡扁柏名字的由來，這些原住民善用努特卡扁柏製作船隻與獨木舟，同時也用於雕刻和樂器。

紅木 (Redwood) 目前幾乎瀕臨滅絕，一般認為這是最高大的樹木之一，可長到高約 100 公尺或更高，紅木的尺寸、輕巧與柔軟結合抗腐朽能力，使其成為非常具有成本效益的木材，應用範圍的使用量非常高，如建築、屋頂木瓦、電線桿、鐵路枕木……等，紅木現在來自加州、歐洲全地與紐西蘭管制林場。未經風化的木材為黃色至深紅棕色，請不要和紅色的熱帶木材（請見第 374 頁）或是蘇格蘭松 (Pinus sylvestris) 混淆，後者經常稱為赤松 (redwood)，以便和歐洲雲杉 (whitewood) 區隔。

落羽松 (Bald cypress，直譯為禿柏) 又稱為沼澤柏，或簡稱柏樹，原產於北美東南部，最高可達 40 公尺，與其他柏樹不同，這是一種落葉針葉樹，每年冬天針狀葉會落盡，這種樹生長速度並不特別快，因此不像其他樹種廣泛常見，禿柏能生產非常耐用的木材，抗收縮與翹曲能力佳，不會散發影響氣味的物質，因此能製成像是裝水的容器與水桶等物件，具有絕佳防蟲與耐水能力，這種特性可用於戶外建築與屋頂木瓦。禿柏根部會纏繞（膝根），可採伐雕刻後作成傢俱和裝飾品。

福州杉 (Chinese-fir)，又稱為中國雪松，不過這種樹既不是杉樹也不是雪松。福州杉是亞洲用於建築和傢俱最珍貴的木材之一，與巒大杉（學名為 C. konishii）密切相關，巒大杉因為過度開採目前瀕危。福州杉原產於中國南部（當地稱為杉木）、台灣與越南，高度可達 50 公尺或更高，木材本身為淡黃色到偏紅色調的灰白色，非常耐用，抗腐朽能力強，能媲美近親西部紅側柏，因此常用於許多相同的應用範圍，包括造船、建築、裝飾與傢俱製作等。

| 未經風化 | 六個月 | 十年 |

未經處理的西部紅側柏風化週期

各式各樣的柏樹與雪松心材顏色從淡粉紅到紅棕色，邊材顏色則是淺白色。在某些情況下，很難區分顏色的差別，特別是邊材非常窄小的樹種。這些心材包含油脂，拒水並可抗真菌、抗菌，散發獨特的香氣。耐用度更高的樹種不需額外處理就能用於戶外環境，甚至浸泡在水中。最細緻無樹節的木材，年輪緊密排列，適合用於高度要求視覺美感的應用範圍，木材的顏色取決於樹種以及取自樹幹哪個區塊。隨著時間過去，木材會變成銀灰色，使用這些木材製造的老建築與老傢俱保存至今的實例無數，特別是日本，在當地日本柳杉和日本扁柏擁有崇高的地位。

永續發展

有些樹種因為實用性高，在野外幾乎滅絕，例如來自南非的木蘭雪松 (Mulanje cypress)、來自南美洲的智利南部柏 (Ciprés de las Guaitecas)、特定的福州杉與野生紅木，這些都是國際自然保育聯盟 (International Union for Conservation of Nature，IUCN) 的瀕危物種紅色名錄。

其中許多木材可以從管理良好的森林取得，特別是東部紅側柏、肖楠、努特卡扁柏、落羽松、東部香柏和西部紅側柏。柏科成員遍佈世界各地，但是某些樹種僅存在相對範圍較小的地理區域。因此，指定特定樹種木材時，要留意所選的木材運送距離。

這些木材天生具有抗腐朽與防蟲功能，這種特性某些情況下可能會影響人類，像是特定木材切削與加工時產生的粉塵，可能會引發嚴重過敏、呼吸道問題或其他健康疑慮。

建築與營建

重量輕

柏科木材密度低，重量幾乎為道格拉斯冷杉的三分之一、橡木的二分之一。這代表柏科木材雖然不是特別堅固，但是強度重量比非常好，適合作為外牆。

柔軟

柏科木材切削加工相對簡單，完成後表面光澤度細緻，因為密度低，絕緣數值相對高。

永續發展

幾種樹種可從森林認證系統（PEFC）或森林管理委員會 (FSC) 認證的森林中取得，在世界各地皆有種植，因此木材能從當地取得。

耐用度

柏科心材具有優異抗腐朽能力，特定樹種的油脂能驅蟲，可作為長期使用，從古建築上有許多實例可證明柏科心材的耐用度。邊材必要時可使用防腐劑處理。

西部紅側柏木板槽口接合 (上圖)

上圖是倫敦奧林匹克公園的自行車館由 Hopkins 建築事務所設計，2011 年完工，利用西部紅側柏木板重疊製作，在鋼製桁架（請見第 28 頁）之間的木板預製件跨徑約 8 公尺，將每個面板分成四個部份，藉此保持曲線平滑，然後使用鋁條（請見第 42 頁）隱藏末端木理，並使每個面板之間有清楚的劃分。製成不同形狀的百葉板可通風，加上護木油塗層能保持木材的顏色，增強自然耐用度。影像由 Hopkins 建築事務所提供。

西部紅側柏木室內裝潢 (右頁)

右頁為威爾斯國民議會（又稱為 Senedd）建築為理查‧羅傑斯建築師事務所 (Richard Rogers Partnership) 設計，2005 年完工，主要的煙道（稱為「Oriel」）和天花板都採用西部紅側柏，這個建築物採用訂製系統，每一片面板利用幾片木條組成，這些木條以隱藏式固定裝置固定，為了配合形狀的半徑不同，每塊面板採用梯形形狀，柔和變化的木質色調，在室內營造出溫暖的氣氛。

柏科木材在建築與營建中的應用

柏科木材可用於各式各樣的應用範圍，特別是在營建中長期扮演的不同角色，值得進一步討論，柏科木材媲美其他軟質木，包含各種不同的落葉松（請見第 310 頁）和松樹，也能與硬質木相比，特別是橡木（請見第 342 頁）和綠柄桑（請見第 366 頁）。柏科木材與應用在類似範圍的其他木材更硬，並具有優異的抗腐朽能力，因此，主要保留用在表面朝外的應用範圍，這種木材按照視覺質感來分級。

世界各地都將柏科木材用作屋頂和壁板材料，稱為木瓦，這是一種小巧整齊的錐形面板，重疊後能作為防曬、防雨、防雪的保護功能，利用開裂木材製作的稱為「環裂」，因為怕火，而且相對價格昂貴，目前不像以往常見。特定樹種在濕度變化時能抗翹曲或龜裂，在製造過程中非常重要，使用時這些特性也同等重要，特別是這些木板通常在製造時是一種氣候環境，之後將會運送到另一種環境之中

使用。用於戶外應用範圍的木板，運送時通常是綠色（還未乾燥），必要時可乾燥降低水分含量（自然乾燥或窯乾材），並提高穩定度。

白楊木、大齒白楊、三角葉楊

別名
英文又稱為「popple」

這些實用的硬質木可從遍佈北半球通過認證的森林取得，木材比起松樹、雲杉及其他密度低的硬質木更具優勢，可抗開裂，乾燥時沒有味道或氣味，適合用作薄板或食品包裝，大齒白楊 (Aspem) 是製作火柴的主要木料。

類型	一般應用範圍	永續發展
· 白楊木：銀白楊、黑白楊、香脂白陽木 · 大齒白楊：美洲鋸齒白楊、歐洲白楊木、顫楊 · 三角葉楊：毛白楊	· 包裝、木匣、木箱 · 科技木材 · 火柴	· 可自通過認證的森林取得 · 分佈廣泛，經常混合軟質木，如雲杉、松樹和冷杉

屬性	競爭材料	成本
· 重量輕、相對柔軟 · 心材顏色介於偏灰到偏紅的棕色，邊材為灰白色 · 白楊木乾燥時沒有味道、沒有氣味	· 雲杉、松樹、杉樹 · 科技木材 · 橡木、山毛櫸、樺木	· 在硬質木中價格不昂貴 · 製造成本低

簡介

就體積而言，這類木材是價格便宜的硬質木，強度媲美松樹和雲杉 (請見第 304 頁)，但是很少作為木材使用，更多時候製成薄板 (見見第 290 頁)、膠合板 (請見第 296 頁) 或紙漿 (請見第 268 頁)，這是因為下列幾個因素：雖然白楊木與大齒白楊生長快速，但是體型不大，無法作為大小足夠的木材可靠來源；此外，木材通常有不健康的樹節，削弱整體結構，不耐用，而且固定釘子與螺絲的能力較差。

但這些樹種可製成薄板，而且能抗開裂，白楊木可用來製作火柴就是最好的證明 (特別是大齒白楊)。將薄板切削成火柴棒後、浸漬、塗層，然後頂端加上引火介質，火柴棒不只要承受大規模生產的嚴苛條件，同時劃火柴的時候也要能確保安全。

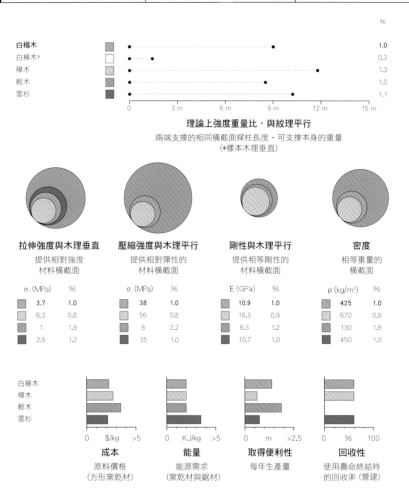

理論上強度重量比，與紋理平行
兩端支撐的相同橫截面樑柱長度，可支撐本身的重量
(*樣本木理垂直)

白楊木 — 1.0
白楊木* — 0.3
樺木 — 1.3
輕木 — 1.0
雲杉 — 1.1

拉伸強度與木理垂直		壓縮強度與木理平行		剛性與木理平行		密度	
提供相對強度 材料橫截面		提供相對彈性的 材料橫截面		提供相等剛性的 材料橫截面		相等重量的 橫截面	
σ_t (MPa)	%	σ_c (MPa)	%	E (GPa)	%	ρ (kg/m³)	%
3.7	1.0	38	1.0	10.9	1.0	425	1.0
6.3	0.8	56	0.8	16.3	0.9	670	0.8
1	1.9	8	2.2	6.3	1.2	130	1.8
2.5	1.2	35	1.0	10.7	1.0	450	1.0

白楊木
樺木
輕木
雲杉

成本	能量	取得便利性	回收性
0 $/kg >5	0 KJ/kg >5	0 m >2.5	0 % 100
原料價格 (方形窯乾材)	能源需求 (窯乾材與鋸材)	每年生產量	使用壽命終結時 的回收率 (營建)

荷蘭傳統木鞋 Klompen (右頁)

荷蘭的農夫、漁夫、園丁和工匠，在工作時會穿上木鞋來保護雙腳。荷蘭傳統木鞋是皮靴的低成本替代品，已經傳承好幾世代。第一雙木鞋確切出現的日期已經不可考 (荷蘭人穿舊的木鞋通常當作薪柴燒掉)，但是在阿姆斯特丹曾經發現一雙可追溯至約西元 1250 年的木鞋。木鞋上的裝飾原本是用來分辨鞋子的主人，在婚禮上則會穿上精緻雕刻與彩繪的木鞋，婚禮後可以放在屋子裡展示。時至今日，木鞋正式獲得歐洲 CE 標誌認可為安全鞋，傳統木鞋採用白楊木雕刻，也可使用柳樹雕刻 (同屬楊柳科，見見第 328 頁)，另外還有利用白蠟木製作的輕量版，是專為跳舞設計的鞋子 (請見第 354 頁)。

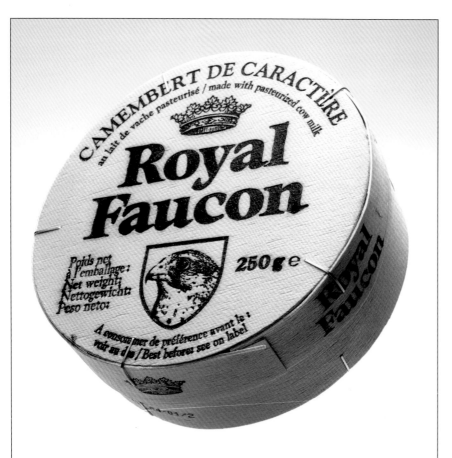

起士包裝 (左圖)
白楊木某些特色很適合用於食物包裝，作為薄板使用時不容易開裂，乾燥時沒有味道或氣味，重量輕，價格經濟實惠。這種形式的白楊木盒子專供起士使用，具備傳統外觀。白楊木的品質沒有遭到漠視，現在已經用於化妝品、巧克力和各種不同產品的外包裝上，賦予這些產品「手工打造」的造型。

薄板覆層機翼 (右頁)
來自 Bobolink-DL 模型滑翔翼的半翼，長 50 公分，以發泡聚苯乙烯 (EPS，請見第 132 頁) 作為夾心，夾在兩層毛白楊飾面中間。前緣與翼尖採用實木製作，確保空氣動力學上性能達到最佳。這種結構方法非常輕巧，結構重量僅 90 克。

大齒白楊主要有三大類型：美洲鋸齒白楊 (bigtooth)、歐洲白楊木、(European)、顫楊 (quaking)，這些不同樹種的樹林幾乎沒有區別。三角葉楊的品種包含毛白楊 (black)、東部三角葉楊 (eastern，又名北美三角葉楊、東部白楊)。這些樹能生產大量乾淨的木材與薄板。

這些硬質木重量都很輕巧，壓縮強度中等，一般會隱藏在木門、傢俱、行李箱內部，作為價格便宜的夾心材料。白楊木實木類似雲杉，適合作為弦樂器共鳴板，共鳴類似，但是美學上比較不吸引人，因此通常會染色或層壓，隱藏在飾面底下。切成薄板後，白楊木可做成科技木材 (請見 296 頁) 和層壓木地板。

永續發展

白楊木生長於北半球，在許多大陸洲隨時都能取得，相對生長速度快，因此一般會將白楊木視為生物燃料作物，並能提供可再生木材能源，作為輕量結構應用。這些木材的特性可藉由熱處理強化，正如其他不耐用的木材，在人工控制的環境中，將木材溫度升高至 160°C 和 260°C 之間，影響木材的化學成分，藉此產生顏色更深、尺寸更穩定、耐用耐候的材料。

木心板

薄板心夾板

低密度夾板

白楊木、大齒白楊和三角葉楊一般用來製作夾板，與其他硬質木材相比，使用這些木材的優點在於質量相對較低，類似軟質木，有多種不同應用形式 (請見第 299 頁)，包括層壓薄板木材 (LVL) 和定向粒片板 (OSB)，心芯板使用自白楊木切割下的木條作為蕊芯排列，或是其他類似低密度的木材，這種經濟有效的解決方案，適合需要極輕薄木板的應用範圍。另一種做法是將薄板堆疊至想要的厚度，可利用相對較厚的薄板製作低密度、低成本的木板，這種夾板可用來製作拖車、木門、船隻、傢俱和玩具。如果需要高品質的飾面，可以將低密度白楊木夾心或用其他適合的木材，夾在裝飾用薄板中間，像是 MDF 密集板或美耐板 (請見第 224 頁)。

商業類型與用途

北美的白楊木有兩種屬，一為楊屬 (Populus)，另一種為鵝掌楸屬 (Liriodendron)，容易讓人混淆。鵝掌楸 (Tulipwood) 又名美國黃楊 (yellow-poplar)、鬱金香木 (tulip-poplar) 或簡稱白楊木，顏色介於乳白色到橄欖綠色，這點可幫助區分楊屬木材。這是北美最大硬質木之一，可製成高品質的木材與薄板。白楊木主要商業樹種是銀白楊 (P. alba，又稱為北美白楊)、黑白楊 (P. nigra)、香脂白楊木 (P. balsamifera)。乾燥時，白楊木沒有任何氣味或味道，這種特質代表白楊木是實用的包裝材料，可以拿來製作盒子、箱子與起士包裝，乾燥後可以彎曲呈稍微緊繃的曲線；不過，白楊木不適合使用蒸氣彎折 (請見第 357 頁)，因為纖維相對較短。

柳樹

柳樹兼具輕量與抗震特性，適用於運動器材，此外，特定樹種的樹枝有彈性，生長速度快，因此是珍貴的籃子製作材料。柳樹常見於北美洲、歐洲、亞洲落葉森林中，但是供應量有限。柳樹適合用來製作傢俱、運動器材、板條箱與籃子。

類型	一般應用範圍	永續發展
· 柳樹包含許多不同種類，商用實例包含黑柳、白柳、爆竹柳和三蕊柳	· 運動器材，特別是板球板 · 籃子與板條箱 · 傢俱與細木工	· 取得便利性取決於地理位置，例如黑柳在美國非常流行，白柳在歐洲與亞洲更常見

屬性	競爭材料	成本
· 密度低 · 交錯木理 · 抗震程度中等	· 山核桃與白楊木 · 竹、黃麻、瓊麻 (sisal) · 聚丙烯(PP)、聚乙烯(PE) 和其他用來製造籃筐類似的合成纖維	· 原料成本低，雖然用於專業板球板最頂級的柳樹可能非常昂貴

理論上強度重量比，與紋理平行
兩端支撐的相同橫截面樑柱長度，可支撐本身的重量
(*樣本木理垂直)

拉伸強度與木理垂直 提供相對強度材料橫截面	**壓縮強度與木理平行** 提供相對彈性的材料橫截面	**剛性與木理平行** 提供相等剛性的材料橫截面	**密度** 相等重量的橫截面
σ₁ (MPa) %	σc (MPa) %	E (GPa) %	ρ (kg/m³) %

σt (MPa)	%	σc (MPa)	%	E (GPa)	%	ρ (kg/m³)	%
2.4	1.0	38	1.0	7.2	1.0	450	1.0
3.7	0.8	26	1.2	10.9	0.9	425	1.0
4.7	0.7	66	0.8	14.8	0.8	830	0.7
4	0.8	60	0.8	20	0.8	600	0.9

成本 原料價格 (方形窯乾材)	**能量** 能源需求 (窯乾材與鋸材)	**生長速度** 年生長率	**回收性** 使用壽命終結時的回收率 (營建)

簡介

柳樹 (柳屬)自古以來就廣泛用於製作各種實用物件，早期案例包括柳條編織的籃子、陷阱、圍棚、籬笆等。某些柳樹種類具有獨特的外觀與強大的療癒特性，因此成為某些文化中的標誌，古埃及人用柳樹皮緩解疼痛，現代已知這種功效來自水楊酸 (阿斯匹林的主成份)。

柳樹心材的顏色從淺紅色到灰褐色，邊材為灰白色，柳樹條有各種顏色可選，棕色的柳樹條已經乾燥過，使用時保留樹皮；淺黃色的柳樹經煮沸幾小時，並去除樹皮；白色的柳樹則是沒有煮沸的情況下去皮。

特定樹種具有交錯木理 (請見第 368 頁)，能防止木材輕易開裂，但是也因此加工時較為困難。

商業類型與用途

柳樹有許多不同品種，從垂柳到大型闊葉木。白楊木、大齒白楊、三角葉楊 (請見第 324 頁) 屬於同一科，楊柳科 (Salicaceae)。

黑柳 (學名為 Salix nigra) 又稱為美洲柳樹或是沼澤柳樹 (swamp willow)，是北美洲最重要的商用樹種，採伐的木料與木材可用於細木工、傢俱製作、板條箱與薄板。

生長於英國的白柳 (學名為 S. alba) 有各種不同類型，是生產最高品質板球板的主要材料，經過仔細分級與加工，讓輕巧、堅固與回彈力三個有正確的搭配，柳樹用來生產板球板已經有好幾世紀，目前仍是首選材料，

因為柳樹在不同特性之間有良好的平衡，先前曾經找過幾個替代方案，但是經過證明不值一試，或是遭到管理機構禁用，即馬里波恩板球俱樂部 (Marylebone Cricket Club；MCC)，這些替代方案包括鋁 (請見第 28 頁)、竹 (用於手柄，請見第 386 頁)、白楊木和層壓柳樹 (黏著劑會降低彈性，因此讓板球板效率更高)。

特定的柳樹樹種適合用來製造籃子，例如白柳、蒿柳 (學名為 S. viminalis) 以及三蕊柳 (almond，有時又稱為「筐柳」-basket willow)，這些相關物種在春天時發出新的枝枒，迅速生長，在一季中柳枝可以長到 2.4 公尺。事實上，因為柳樹生長快速又有效率，可以用來當作生物燃料。新的柳樹苗床需要三年成熟，小心管理下有機會高效生產達三十年。

柳編吊籃 (上圖)

使用柳樹枝條來製作成柳編籃子已經有幾世紀的歷史，可用來手提、包裝、收納或收藏。天然的柳條很實用，而編織籃子的技術則被視為一種藝術形式。

此外，用來編織籃筐的同類柳枝，可作為藝術家炭筆的前身、用於過濾器或是作為煙火的推進燃料等。

永續發展

柳樹在其自然環境中，木材與柳條是可再生資源，能永續發展且成長快速，柳條每隔幾年能收穫一次，木料則需要幾十年才能成熟。這裡使用的柳條已經去除樹皮，未經煮沸，因此保留柳條淺色，編織時會使用不同厚度的柳條，取決於結構每個不同部位需要的彈性。

垂直羅紋　　　　輻射羅紋

平編

將經線 (垂直單股柳條或輻射單股柳條) 和緯線放在正確角度，彼此交錯上下交疊，可製造棋盤圖案 (請見第 240 頁圖說)。當然，任何編織方法都能嘗試，但是平織是最直接簡單的，也是最不耗時的，使用有硬度的經線，搭配有彈性的緯線，能做出熟悉的柳條籃子紋理，改變羅紋織法的角度和圖騰可以做出圓形、橢圓與立體形狀，這種方法很實用，可以用來製作籃子底部、蓋子，甚至編出整個籃子。

楓木

硬楓木以堅韌耐震聞名，但真正備受讚譽的其實是楓木美麗的潔白色澤。某些罕見的情況下，其木理會扭曲，產生理想的圖騰，例如鳥眼和雲狀，這種楓木會切薄作為薄板，且價格非常昂貴。除此之外，楓木也因樹液而聞名，可製成甜蜜美味的楓糖漿。

類型	一般應用範圍	永續發展
· 硬楓木：糖楓、黑楓 · 軟楓木：大葉楓、紅楓、銀楓	· 樂器 · 棒球球棒、槍腔、工具手柄 · 傢俱、工作台、廚房檯面、木地板	· 遍佈北美洲、歐洲、非洲與亞洲 · 可自通過認證的森林獲得 · 可能導致呼吸道敏感

屬性	競爭材料	成本
· 硬楓木具有絕佳抗震能力，耐磨損程度高 · 極少數情況下會產生精細圖騰木理 · 不耐腐朽　· 易受蟲害	· 樺木、白楊木、梧桐樹、山毛櫸、橡木、胡桃木、白蠟木	· 木材成本中等，加工相對簡單 · 如鳥眼的特殊木件價格更加昂貴

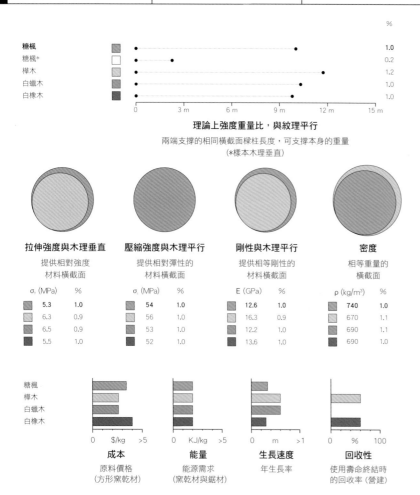

	%
糖楓	1.0
糖楓*	0.2
樺木	1.2
白蠟木	1.0
白橡木	1.0

理論上強度重量比，與紋理平行
兩端支撐的相同橫截面樑柱長度，可支撐本身的重量
(*樣本木理垂直)

拉伸強度與木理垂直	壓縮強度與木理平行	剛性與木理平行	密度
提供相對強度 材料橫截面	提供相對彈性的 材料橫截面	提供相等剛性的 材料橫截面	相等重量的 橫截面

σ, (MPa)	%	σ, (MPa)	%	E (GPa)	%	ρ (kg/m³)	%
5.3	1.0	54	1.0	12.6	1.0	740	1.0
6.3	0.9	56		16.3	0.9	670	1.1
6.5	0.9	53	1.0	12.2	1.0	690	1.1
5.5	1.0	52	1.0	13.6	1.0	690	1.0

糖楓 / 樺木 / 白蠟木 / 白橡木

成本	能量	生長速度	回收性
原料價格 (方形窯乾材)	能源需求 (窯乾材與鋸材)	年生長率	使用壽命終結時 的回收率 (營建)

簡介

一般認為楓木 (楓屬) 是力量與耐用的象徵，這是非常重要的樹種，特別在加拿大，加拿大國旗上妝點著糖楓 (學名為 A. saccharum) 的葉子，這是一種珍貴的商用木料，用途廣泛，從舞蹈用地板到樂器皆可用。

楓木的心材是乳白色到深紅褐色，取決於生長條件。邊材幾乎為白色，不像其他大部份的木材偏好使用心材，楓木一般常用邊材。品質最高的木料按照潔白的程度來分等，因此限制了楓木的取得便利性。一號代表百分百邊材，二號代表表面全使用邊材，剩餘部份則否，不使用邊材的背面最高達 50%。同樣的顏色選擇指南也應用在其他硬質木的邊材上，例如白蠟木 (請見第 354 頁) 和樺木 (請見第 334 頁)。

商業類型與用途

楓木分為硬楓木和軟楓木。硬楓木包含糖楓及黑楓 (學名為 A. nigrum)，糖楓又稱為岩楓，能生產最強韌堅硬的木材。黑楓非常類似，因此商用時常分為同一類。精細的木理圖案一般會出現在硬楓木上，如鳥眼、曲紋和雲狀，這種圖騰非常罕見，而且價格昂貴，往往以薄板形式應用 (請見第 290 頁)。

硬楓木具有非常好的抗衝擊耐受性，並且耐磨，表面硬度佳，這些特性可用在各式各樣的應用範圍上，硬楓木是重要的商用木料，能應用在木地板 (從體育館到保齡球球道)、傢俱、運動器材 (特別是棒球球棒、撞球球桿)、廚房檯面 (紋理與刀刃平行的砧板)、工具與餐廚道具等。

楓木是用於樂器結構的主要木材，例如
小提琴、大提琴等類似樂器的背板、
側板 (英文又稱 ribs) 和琴頸，一般認
為楓木的音質良好，老一輩製琴大師
史特拉迪瓦里 (Stradivarius) 或瓜奈里
(Guaneri) 選擇楓木作琴背，這個傳統
一直延續到今日 (請見第 305 頁圖例)。
楓木最醒目的特色是圖騰紋理，可以應
用在樂器的背板，虎紋 (flame)、曲紋
(curl) 是最受歡迎的，因為在不同的觀
看角度下，會產生有趣的光學效果，顏

色從深色變換為淺色。鼓也是利用楓木
製作的，或者使用樺木。

楓木加工相對簡單，但是因為硬度的
關係，切削工具鈍化速度快。

因為硬楓木應用範圍廣，經常會與其
他幾種硬質木相比。類似白蠟木，各
種屬性之間有良好平衡，可用於運動
器材，包括棒球球棒和撞球球杆。

便利輕巧的椅凳 (上圖)

荷蘭設計工作室 Scholten & Baijings 為日本家
具品牌 Karimoku New Standard 設計的 Colour
Stool 系列，2011 年上市。設計參考了日本
傳統起居的方式，因為佔用的空間很小，相
當受到歡迎。楓木備受推崇的是顏色淺、表
面細緻而光滑。椅凳每個細節皆按照日本工
藝最高標準生產，椅墊採用電腦輔助機械雕
刻，中間較厚確保椅凳堅固，椅腳融入椅墊，
將接合處隱藏在凹槽中，藉由噴塗上色，然
後打磨去除多餘的塗料。影像由 Scholten &
Baijings 提供。

棒球球棒 (左圖)

木製棒球球棒一般使用楓木、白蠟木或樺木製作，白蠟木是最受歡迎的。先前曾開發竹子 (請見第 386 頁) 與複合結構來製作球棒，但並不符合所有球賽的規則。球棒材料的選擇取決於個人喜好，糖楓密度高，可製作的球棒較重，職業球員特別偏好使用糖楓，因為在硬度與剛性有良好平衡，讓球員擊球時發揮的力量更大，圖例中是 Marucci AP5 職業用楓木棒球球棒，採用高品質糖楓製作，棒頭以骨頭摩擦增加表面硬度。白蠟木的物理性質在許多方面都與楓木相當，但是硬度不如楓木，因此球無法像楓木表面一樣有效回彈，這種「柔軟」讓表面更有彈性，創造所謂的「甜蜜點」，又稱為「跳板效果」，觸及時木材會壓縮回彈。樺木的更輕、更硬、更容易擊中，因此非常適合初學者以及剛開始使用木製球棒的新手。

這兩種木材都適合使用蒸氣彎折，這種特性適合從傢俱到雪橇各種不同物件。楓木就像山毛櫸 (請見第 338 頁)、橡木 (請見第 342 頁) 和胡桃木 (請見第 348 頁)，可用於高品質細木工、傢俱和室內設計。楓木與其他樹種的區別在於美麗的白色，樺木擁有相似外觀，事實上，這兩種木材經常用在許多相同的情況上，從傢俱到樂器，但是一般認為楓木更難磨耗損壞。

顧名思義，糖楓能生產最甜蜜美味的糖漿，糖楓的汁液糖份含量是楓屬植物中最高的。

一般認為其他種類的楓木較柔軟。楓木的軟硬度是相對的，這是與硬楓木比較的結果，軟楓木較硬楓木強度弱 (20%)、硬度低 (25%)、重量輕 (20%)……等，軟楓木的成長速度比硬楓木快，這點解釋了兩者屬性的差異，這一類楓木主要樹種包括紅楓 (學名為 A. rubrum)、銀楓 (學名為 A. saccharinum) 和大葉楓 (學名為 A. macrophyllum)。紅楓和銀楓生長地點類似，即使木材看起來非常不一樣，但是商業上不會將兩者分開。

軟楓木在許多方面不如硬楓木，但是在許多情況下，軟楓木都能充分發揮作用，包括傢俱、樂器、室內裝潢等，就像硬楓木一樣，軟楓木也有良好的蒸汽彎折能力，價格較不昂貴，因此也能應用在等級低的物品上，例如製作板條箱和托盤等。

永續發展

楓木可從通過認證的森林取得，一般認為是符合永續發展的硬質木來源，挑選時以軟硬挑選，而非挑選單一樹種，可增加使用當地木材的可能性，因為並非所有樹種都能隨處生長。

一般認為硬楓木就像橡木，也是一種生長緩慢的樹，換言之，需要相對更長的時間，才能生長到適合採伐的大小。但是，硬楓木的優點之一在於表面耐磨，在嚴苛的應用範圍中勝過大部份其他木料，例如用於木地板或廚房檯面。

隱基質皮層菌 (Cryptostroma corticale) 是一種真菌，大量生長於楓木樹皮底下，一般相信這是樹皮剝落造成缺陷的原因，這種缺陷稱為漬紋 (spalting)，這種花紋效果備受木雕師喜愛。但是反覆暴露在隱基質皮層菌的孢子下，伐木工和鋸木廠工人容易變得敏感，結果導致發燒、疲勞、咳嗽不止。

人們使用楓木時會鑿洞使樹液流出，用來製作楓糖漿，如果遵照傳統鑿洞守則，那麼楓樹可以一直維持在健康狀態，持續生產好幾世代。同一產區的楓樹產糖量低於甘蔗，因為楓樹是森林生態系統多樣化的一環，因此這是不可避免的結果。楓木樹液的含糖量相對較低 (約 2%)，使用 44 公升只能生產 1 公升糖漿，需要加熱使樹液沸騰，此過程如果採用可再生生物燃料，那麼整個過程總排碳量或多或少趨近於零。

酒吧台桌 (Pub table)

這是倫敦 Aberrant 建築事務所為設計雜誌 Wallpaper 在 2012 年展覽「Handmade」打造的酒吧台桌,以酒吧桌遊「Devil Amongst the Tailors」命名,設計結合美國楓木與櫻桃木(請見第 360 頁),當時製作了兩個版本,其中一個版本使用美國白蠟木檯面與黑胡桃木底座。金屬部份包括擱腳板、把手、鎖頭採用銀色氧化銅(請見第 66 頁)。這張設計桌與美國硬木出口委員會 (AHEC) 合作,英國傢俱品牌 Benchmark 以傳統細木工技術手工製作,檯面特色是桌蓋,蓋子升起時會出現私人工作站,合起來的時候可以用來玩桌遊。影像由 Angus Thomas 提供。

樺木

樺木是真正的全能木材，木材強韌，功能非常多樣化，例如：其纖維適合製成紙漿，其樹皮可用來打造輕型獨木舟；至於木材，可用於煙燻，燃燒後為食物添增風味。其樹液經鑿孔流出後，能用於食物、飲料或做成糖漿；其樹葉能做成茶葉與化妝品，甚至樹枝也能用在桑拿浴，會散發出令人放鬆的香氣。

類型	一般應用範圍	永續發展
· 樺木：黃樺、銀樺、構樹和其他不同類型	· 傢俱、木製品、玩具、餐廚道具 · 科技木材、紙張與紙張 · 牙籤與免洗餐具	· 廣泛種植於北半球，可自通過認證的森林取得 · 可能是過敏原

屬性	競爭材料	成本
· 光澤細膩如緞面 · 強度重量比高，相當堅硬 · 不耐腐朽，易受蟲害	· 楓木、白楊木、山毛櫸、樺木、鵝耳櫪 · 雲杉、松樹、杉樹	· 原料成本中等偏低 · 加工性能良好

簡介

樺木（樺屬）木材的用途廣泛，從木材、薄板（請見第 290 頁）、夾板（請見第 290 頁科技木材）到紙張（請見第 268 頁）。年輪間視覺對比不明顯、外觀平整，這種美學上「乾淨」的外觀，讓樺木覆蓋大面積也不會刺眼。樺木色調取決於樹種，一般來說，邊材顏色是從白色到淡黃色，心材則是淺色到金黃色。樺木主要是使用其邊材，木理大部分垂直，有時會略呈波浪狀，有一致精緻的木紋。樺木的美學屬性加上夾板的強度與多變，多年來這種組合在許多代表性設計中發揮得淋漓盡致，包括丹麥設計師阿諾·雅克布森 (Arne Jacobsen) 1955 年設計的 7 號椅 (Series 7 Chair)、美國設計師伊姆斯夫婦 (Charles and Ray Eames) 1946 年設計的 DCW 單椅、芬蘭設計師阿瓦奧圖 (Alvar Aalto) 1933 年設計的 Stool 60 三角圓凳（請見第 337 頁圖例）。

除了單件傢俱外，樺木夾板亦可覆蓋整個室內裝潢，經典代表是露出末段木紋的樺木夾板（展現層壓結構），能用於隔間、樓梯間、櫥櫃、系統廚具的結構。使用平面夾板製作傢俱與室內裝潢的優點之一，是能運用電腦輔助刨槽機快速有效切割尺寸。

具有彈性的樺木薄板包裝（右頁）

樺木薄板可製作高級中國茶的禮盒包裝，作為有彈性的禮盒上蓋，包裝盒子彎曲的外型。許多木材都能用這種方式處理，包括胡桃木、沙比利木、紅橡木、楓樹、櫻桃木和山毛櫸。同樣的概念也能用來包裝葡萄酒、食品與其他奢侈品（請見第 326 頁白楊木包裝）。

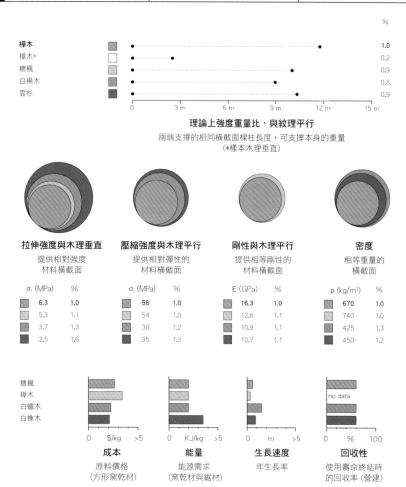

	%
樺木	1.0
樺木*	0.2
糖楓	0.9
白楊木	0.8
雲杉	0.9

0　3 m　6 m　9 m　12 m　15 m

理論上強度重量比，與紋理平行

兩端支撐的相同橫截面樑柱長度，可支撐本身的重量
（*樣本木理垂直）

拉伸強度與木理垂直		壓縮強度與木理平行		剛性與木理平行		密度	
提供相對強度材料橫截面		提供相對彈性的材料橫截面		提供相等剛性的材料橫截面		相等重量的橫截面	
σ_t (MPa)	%	σ_c (MPa)	%	E (GPa)	%	ρ (kg/m³)	%
6.3	1.0	56	1.0	16.3	1.0	670	1.0
5.3	1.1	54	1.0	12.6	1.1	740	1.0
3.7	1.3	38	1.2	10.9	1.1	425	1.3
2.5	1.6	35	1.3	10.7	1.1	450	1.2

糖楓
樺木
白蠟木
白橡木

成本	能量	生長速度	回收性
0　$/kg　>5	0　KJ/kg　>5	0　m　>5	0　%　100
原料價格（方形窯乾材）	能源需求（窯乾材與鋸材）	年生長率	使用壽命終結時的回收率（營建）

（no data）

零件的設計能使用電腦輔助設計，包括接點與其他能轉成平面，並能在同一個操作步驟中切割完成的其他細節。藉由小心嵌套板材上的零件，可以將廢料與成本降至最低，板材通常為 1,220 × 2,440 公釐，這個過程極有可能反覆操作，換言之，一旦設計或是技術確認成功可行，就能使用電腦輔助設計的數據精準重製，不受限全球任何角落，可以在需要的區域製作，節省運輸相關的成本和時間。

商業類型與用途

樺樹的種類非常多，有一些樹種名稱會互換使用，在北美地區主要兩種商用樹種為黃樺木 (B. alleghaniensis) 和構樹 (B. papyrifera)，黃樺木又稱為美洲黃樺木，質地堅硬捲曲；白樺木又稱美國白樺木、獨木舟樺木和銀樺木。構樹不像黃樺木一樣強韌堅硬。垂枝樺 (Silver birch，學名為 B. pendula) 也稱為白樺木，普遍生長於歐洲、俄羅斯和亞洲。

樺木通常根據所在國家或原產地區進行商業分類，例如標示為波羅的海、歐洲或美國。雖然木材可能來自同一樹種，但是有時候分級不疼，使某些標準和某些區域因為特定的品質而聞名，當然木材的缺陷也一樣有名。

樺木的加工屬性非常好，具備精緻的表面光澤度，因此能用在不同領域的應用範圍，包括玩具、餐廚道具、包裝、細木工……等等，甚至可用於免洗餐具和牙籤。樺木廣泛以薄板形式使用，能用於裝飾，也能當作夾板使用。薄板的外觀取決於木材生產方式，在許多方面，樺木類似楓樹和梧桐樹。旋轉剝皮的薄板，例如用來製作夾板的薄板，非常平整，帶有幾乎看不見的波浪木理圖騰。更昂貴的薄板切片時會包入整個木理，充分利用樺木的顏色變化。在某些特殊情況，木材會出現波浪紋，外觀趨近立體，

這稱為火焰 (flame)，這種效果可藉由切割表面的天然光澤進一步強化。

樺木夾板具備許多有利特質，就重量而言很強韌，美學上很悅目（趨近於白色，而且相對來說沒有樹節），與類似的硬質木產品相比，成本很有競爭力，而且可永續發展。目前已經開發各種不同面向的應用範圍，從自行車車架到平整包裝的傢俱，從室內裝潢到飛機，有各種不同表面處理方式可運用，包含薄板包覆、纖維板包覆、酚醛樹脂塗層與熱塑性塑膠塗層（請見第 297 頁圖例）。每種都各有優缺點，選擇取決於用途的需求。

樺木樹皮本身即是一種材料（請見第 280 頁），可用來製作的物件從包裝到獨木舟等，樺木樹皮的用法世代傳承，生活在樺木生長地區的當地人，各自開發了專屬的方式來應用樺木樹皮。而樺樹紙漿來自森林疏伐的木材和夾板生產時製造的廢料，疏伐是將森林中部份樹木移除，方便剩餘的樹木生長。樺樹紙漿具備優異的表面屬性與光學性能，可用來造紙。

永續發展

一般認為樺木是可永續發展的可再生木材，取得來源是遍佈北半球且通過認證的森林。但是採購木材時必須要小心，因為非法採伐在樺木生長地區非常普遍，包括俄羅斯、愛沙尼亞和拉脫維亞。

在生產認證木材的森林中，種植的樹木多過採伐的數量，確保未來能有充足的木材供應，在收穫期間要注意保留枯枝，保持樹木來保護生物多樣性，同時保護野生動物。法規會規定森林中哪個部份必須保持原貌，以保護自然，例如沿著小溪、河岸和發現稀有物種的區域。

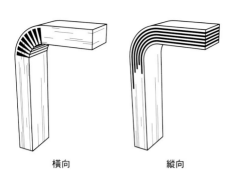

橫向　　　　縱向

切口

這種技術是層壓薄板（請見第 299 頁）與蒸汽彎折（請見第 357 頁）的替代方案，用來生產彎曲的木材，除了樺木以外，其他適用這種技術的木材包括山毛櫸、橡木、榆樹、白蠟木、柳樹、楓木、山核桃、落葉松、綠柄桑和白楊木，取決於木材的彈性與抗開裂耐受度。這種技術也適用於科技木料，有一些標準面板預先切割好，可進行彎折。木材切削後，降低原本的厚度，讓形成的曲度更彎，在橫向切割的情況下，切割厚度（切口）讓木材可以沿著樣板塑型，將成型時必須壓縮的多餘部分除去，保留去除材料後的空隙可以填補、遮蓋或是直接露出。為了保持彎曲的形狀，片狀材料層壓在內部表面上，產生相同形狀更簡潔的作法是縱向切割，例如設計師阿瓦·奧圖 (Alvar Aalto) 的三腳圓凳（請見對頁），將實木改用類似層壓薄板的結構，換句話說，切割區域可以像薄板彎折，但是仍留在實木上不截斷，切口長度不一，避免彎折塊削弱結構，最後將和切口厚度相同的薄木條，用黏著劑黏在切口，在樣板周邊夾鉗固定，黏著劑固化後永久定型，完成強韌的彎折木造結構。後者這種施工方法只適合彎折工件末端。

輕量堆疊椅凳 (右頁)

由芬蘭設計師阿瓦·奧圖打造的 Stool 60 三腳圓凳，在 1933 年首次亮相，直到今日芬蘭傢俱公司 Artek 仍持續生產這張椅凳。樺木椅腳的設計讓整體強韌、穩定、可堆疊，使用當年具有革命性的技術，實心樺木順著木理縱向切鋸，刀具切削（切口）留下的夾縫膠黏薄夾板，木材加熱或施加蒸汽，彎折成型，然後夾鉗固定在模具上，直到黏著劑固化。最後完成的作品設計上看起來不費吹灰之力，這是最廣為人知的北歐現代主義經典設計作品之一。

山毛櫸

山毛櫸是種常見的木材，用途廣，價位中等。山毛櫸原產於歐洲、北美和亞洲，需求量高，便於取得，心材的顏色從淡奶油色到淺紅棕色，四分切鋸木帶有銀紋理(虎斑紋)，雖然山毛櫸並不特別耐腐朽，但是抗磨損耐受度高，並有良好的加工性能。

類型	一般應用範圍	永續發展
· 山毛櫸：歐洲山毛櫸與美洲山毛櫸	· 玩具、工具、樂器、烹飪道具 · 傢俱、木地板、室內裝潢 · 紙漿與纖維素	· 在原產區歐洲、亞洲、北美洲等，隨時都能取得 · 可自通過認證的森林取得

屬性	競爭材料	成本
· 有彈性，可蒸汽彎折 · 耐磨損程度合理 · 木理垂直，木紋勻稱	· 橡木、栗樹、樺木、桃花心木、櫻桃木、白蠟木、鵝耳櫪和楓木	· 原料價格適中，並有良好的加工性能 · 季節會稍微影響品質，造成開裂扭曲

338

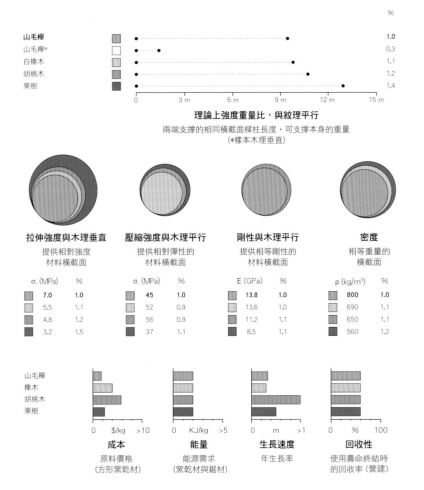

	%
山毛櫸	1.0
山毛櫸*	0.3
白橡木	1.1
胡桃木	1.2
栗樹	1.4

理論上強度重量比，與紋理平行
兩端支撐的相同橫截面樑柱長度，可支撐本身的重量
(*樣本木理垂直)

拉伸強度與木理垂直		壓縮強度與木理平行		剛性與木理平行		密度	
提供相對強度的材料橫截面		提供相對彈性的材料橫截面		提供相等剛性的材料橫截面		相等重量的橫截面	
σ_t (MPa)	%	σ_c (MPa)	%	E (GPa)	%	ρ (kg/m³)	%
7.0	1.0	45	1.0	13.8	1.0	800	1.0
5.5	1.1	52	0.9	12.6	1.0	690	1.1
4.8	1.2	56	0.9	11.2	1.1	650	1.1
3.2	1.5	37	1.1	8.5	1.1	560	1.2

山毛櫸
橡木
胡桃木
栗樹

成本	能量	生長速度	回收性
原料價格 (方形窯乾材)	能源需求 (窯乾材與鋸材)	年生長率	使用壽命終結時的回收率(營建)
0　$/kg　>10	0　KJ/kg　>5	0　m　>1	0　%　100

簡介

山毛櫸(山毛櫸屬)因為有理想的品質與絕佳的加工性能，因此廣泛運用且廣為人知。我們經常能在日常用品中找到山毛櫸，從玩具到餐具、木地板和傢俱皆有。山毛櫸木理通直，就像白蠟木(請見第354頁)，並具備充足的彈性，適合使用蒸汽彎折。

山毛櫸密度大，質地堅硬，木理排列緊密，木材具有非常良好的加工性能，能完美切削與拋光，完成細緻無裂縫的表面，山毛櫸耐磨損，而且防刮擦耐受度良好，能有效進行表面處理與防腐處理，可幫助彌補暴露在某些元素下耐用度偏低的缺點。乾燥後，山毛櫸沒有味道或氣味。

山毛櫸多孔隙，容易吸收濕氣，因此，在許多應用範圍中，山毛櫸有可能變形彎曲，大部份情況下這不是問題，但是如果平整度對功能性非常重要，例如工作檯面或是砧板，木材扭曲可能會變成一大阻礙。

山毛櫸的強度類似樺木(請見第334頁)和橡木(請見第342頁)，但因為纖維長度短與拉伸強度低，不適合用於結構相關的應用範圍。

旋轉陀螺 (右頁)

丹麥設計品牌 HAY 的旋轉陀螺，頂部採用實心山毛櫸製作，聰明的結構設計包含一枚自由旋轉的木環。山毛櫸拋光後效果良好，木材本身沒有味道或氣味，這種質感也是廚房道具經常使用山毛櫸的原因。山毛櫸堅硬、沉重、強韌，可以承受咀嚼或摔落。

商業類型與用途

山毛櫸樹木可以長得非常高大，高 30 米或更高，可以產出高大高品質的木材，並有原木、薄板 (請見第 290 頁) 和夾板 (請見第 296 頁科技木材)。山毛櫸有很多不同品種，兩種主要商業類型是歐洲山毛櫸 (F. sylvatica) 和美洲山毛櫸 (F. grandifolia)，有許多不同別稱，多以原產國命名，例如英國山毛櫸、日本山毛櫸、丹麥山毛櫸等。美洲山毛櫸一般顏色比較深，一致性較低，相較於歐洲，高品質木材生產受到較多限制。

山毛櫸通常會經過蒸汽加熱，均衡水分含量，去除可能的昆蟲，藉此提高木材性能，讓木材更穩定，減少使用時變形的可能 (蒸汽減輕乾燥時的應力)，高溫會使山毛櫸變色，變成深粉紅色，隨著時間過去，顏色均勻不會再改變。未經處理的山毛櫸較有可能變色，一段時間後將變成灰色。基於

同樣的原因，薄板也經常會蒸汽加熱處理，相較之下，木板可能只是「稍微蒸汽加熱」，利用這種處理方法的優點，同時保留理想的淺色調。山毛櫸木材的特性可用於玩具、工具、滑輪、烹飪道具、食品收納盒和樂器等，並廣泛應用在傢俱製造領域，包括曲木家具代表 Thonet no.14 單椅 (現稱「214 單椅」)，從整體結構到將所有細節結合的暗榫接件皆使用山毛櫸，這種木材能用來製作椅凳、工作檯、桌子與燈具。

永續發展

山毛櫸可從遍佈北半球通過認證的森林中取得，歐洲山毛櫸是最常見的硬質木，佔歐洲硬質木森林的半數以上，雖然因為工業採伐，全球大多數地區的硬質木森林面積正在縮減，但是因為實行管理與種植計劃，歐洲標準木材數量已經大幅增加。

舞蹈教室地板 (上圖)

這個舞蹈工作室位於巴黎附近的阿爾帕隆 (Arpajon) 法國公社運動中心，由 Explorations 建築事務所設計 (外觀請見第 317 頁耐候木製外牆)，選用山毛櫸製作木地板，因為這種木材可以承受高使用量與運動時的高衝擊，並有清爽的外觀，比起橡木能讓空間看起來更寬敞，橡木是另一種受歡迎的舞蹈教室地板材料。影像由 Michel Denance 提供。

曲木傢俱 (右頁)

2008 年日本設計師深澤直人 (Naoto Fukasawa) 為「Maruni 木材工業公司」(Maruni Wood Industry) 設計的廣島扶手椅，有山毛櫸 (如圖)、橡木、胡桃木版本。這個漂亮的設計案展現傳統技巧結合現代加工技術可以實現的成果，木材的外觀，包括顏色和木理均經過仔細挑選，確保最後成品的和諧。椅背 (不包含扶手) 的上下部位，是從同一塊木材切割下來的。雖然椅背採用交錯紋理的木材，但是扶手的部份則用垂直紋理的木材切鋸，大致定型後釘住黏合，然後使用 CNC 銑床加工，最後以純手工完成椅子組裝與接合。影像由川部米應 (Yoneo Kawabe) 提供。

橡木

橡木是北半球最重要的硬質木。橡木有許多不同品種，大致分為兩組：紅橡木與白橡木。這種植物區分有助於為所有情況挑選最合適的材料，白橡木較重，密度高，防水耐用；紅橡木比較輕，價格較不昂貴，具備優異的加工性能。

類型	一般應用範圍	永續發展
· 白橡木：東部白橡木、大果櫟、夏櫟、琴葉櫟、星毛櫟、奧勒岡白橡木、雙色櫟、錐栗、沼生櫟、櫟栗等。 · 紅橡木：北方紅橡木、南方紅橡木、鮮紅櫟、柳葉櫟等。	· 木結構 · 傢俱、細木工、室內裝潢、木地板 · 玩具、工業設計、工具、器具	· 可自通過認證的森林取得 · 北半球最充足、最普遍的硬質木 · 可能導致過敏

屬性	競爭材料	成本
· 堅硬、沉重、強韌 · 白橡木非常耐用，沒有孔隙 · 紅橡木加工性能優異，切削輕鬆不費力	· 栗樹，山核桃，楓木 · 落葉松，柏樹 (如西部紅側柏) 和道格拉斯冷杉 · 鋼材和混凝土	· 材料成本中等 · 加工直接簡單

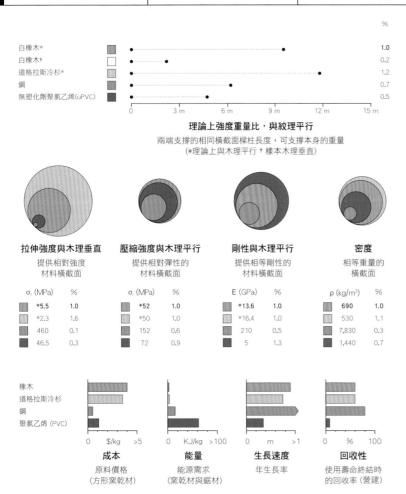

%

白橡木*		1.0
白橡木†		0.2
道格拉斯冷杉*		1.2
鋼		0.7
無塑化劑聚氯乙烯(uPVC)		0.5

0   3 m   6 m   9 m   12 m   15 m

理論上強度重量比，與紋理平行
兩端支撐的相同橫截面樑柱長度，可支撐本身的重量
(*理論上與木理平行 †樣本木理垂直)

拉伸強度與木理垂直	壓縮強度與木理平行	剛性與木理平行	密度
提供相對強度材料橫截面	提供相對彈性的材料橫截面	提供相等剛性的材料橫截面	相等重量的橫截面

σ_t (MPa)	%	σ_c (MPa)	%	E (GPa)	%	ρ (kg/m³)	%
*5.5	1.0	*52	1.0	*13.6	1.0	690	1.0
*2.3	1.6	*50	1.0	*16.4	1.0	530	1.1
460	0.1	152	0.6	210	0.5	7,830	0.3
46.5	0.3	72	0.9	5	1.3	1,440	0.7

橡木			
道格拉斯冷杉			
鋼			
聚氯乙烯 (PVC)			

0 $/kg >5	0 KJ/kg >100	0 m >1	0 % 100
成本	**能量**	**生長速度**	**回收性**
原料價格 (方形窯乾材)	能源需求 (窯乾材與鋸材)	年生長率	使用壽命終結時的回收率 (營建)

簡介

橡木 (櫟屬) 是讓人印象深刻的木材，應用範圍從當代實用的物件到珍貴的古董皆有，極為多樣化，是所有其他北半球的木材比較基準。雖然現在許多應用範圍中，橡木已被其他更現代的材料取代，但是成品外表仍用裝飾層壓版模仿橡木的外觀，這就是橡木受歡迎的證據。橡木作為木材和薄板 (請見第 290 頁) 應用都非常合適，少數情況下，木理會有許多圖騰。橡木心材通常為淺棕色，可能會偏綠色、偏粉紅或偏黃色；邊材幾乎是白色，但是不一定與心材有清楚的區隔。

橡木含有大量的單寧，樹皮中濃度最高，這就是長期以來用橡木保存皮革的原因 (請見第 444 頁)。單寧會使橡木耐腐朽，但也造成一些缺點，高單寧含量代表某些人可能會對橡木敏感，引起皮膚、眼睛、呼吸道刺激。和栗樹一樣 (請見第 346 頁)，橡木的酸度對金屬有影響，特別是鐵 (請見第 22 頁)，經過長時間會使鋼製 (請見第 28 頁) 的釘子和螺絲會產生黑色污漬，通常建議鍍鋅 (請見第 78 頁鋅) 或銅 (請見第 66 頁) 固件，這類材質較不會受到單寧酸的影響。同樣現象也導致沼澤橡木的出現 (請見第 293 頁)，該橡木因為多年埋在泥炭中變成黑色。

橡木適合使用蒸氣彎折與薄板層壓。橡木可成功彎折為密集曲度，但是橡木乾燥係數較大，這表示橡木容易開裂，形成格狀裂紋 (在表面或末端裂開) 與蜂巢裂紋，完全乾燥後就不再變化。

商業類型與用途

橡木佔了殼斗科 (Fagaceae) 絕大多數，同屬殼斗科植物還包含山毛櫸 (請見第 338 頁) 和栗樹。橡木分為兩種截然不同的類型：白橡木與紅橡木，這兩種來自同一屬，有許多通同特質，從木理與顏色也很難區分兩者，每組中有許多不同物種，商業上很少分開銷售。橡木銷售取決於白橡木與紅橡木，確切的物種取決於木材來源。

白橡木主要來自東部白橡木 (Q. alba)，因此得名，因為單一物種無法滿足需求，所以會搭配其他幾種擁有相同屬性的物種，例如大果櫟 (bur)、夏櫟 (European)、琴葉櫟 (overcup)、星毛櫟 (post)、奧勒岡白橡木 (Garry)、雙色櫟 (Q. bicolor)、錐栗 (Chinquapin)，沼生櫟 (Q. michauxii) 和櫟栗 (Q. prinus) 等。

同樣，紅橡木也以主要種類命名，其中包括北方紅橡木 (northern red oak) 和南方紅橡木 (southern red oak)，搭配銷售的其他樹種包括鮮紅櫟 (scarlet)，柳葉櫟 (willow)，水櫟 (water)，黑橡木 (black) 和針櫟 (pin) 等。有些樹種具有獨特的粉色調，但其他樹種看起來則類似白橡木。

這兩類木材在性能上有明顯的區隔，同時品種之間也有極大的變異，特別是紅橡木，這是因為木材的性能取決於類型、土壤、氣候、加工方法等。對於廣泛栽種與應用的木材，變異不可避免，因此，指定橡木時要特別小心，確保木材的差異在應用時不會造成變形或美學上的窘境。

白橡木比紅橡木的生長速度慢得多，因此一般會更重 (750kg/m³，而紅橡

木板包裝 (上圖)

上圖是荷蘭設計師雙人組 Scholten & Baijings 在 2010 年為家具品牌 Established & Sons 設計的現代版本荷蘭小山 (旅行收納盒)。採用橡木薄板結構，內部塗上螢光塗料，成型之前，先用噴墨印刷在表面加上黑色插圖，內容描繪鮪魚的生命過程。木材表面塗覆清漆，保護表面不受紫外線影響。影像由 Scholten & Baijings 提供。

木為 690 kg/m³)，木理排列緊密。這種木材知名的原因在於結合強度、密度及耐水性。

| 白橡木 | 紅橡木 |

橡木的木理與木質線 (ray)

鋸木表面的圖騰取決於木材年輪與木質線 (ray)。白橡木樹種一般生長速度比較慢，代表木理排列更緊實，從樹的中心往外輻射的稱為木質線，用於橫向運送養分與排除廢物，紅橡木木質線比較短，白橡木會產生斑點，非常具有裝飾效果，又稱為銀橡木，色彩比週遭木材輕，因此染色很容易，讓外觀更華麗。紅橡木沒有這種情況，因為斑點顏色比較暗，染色相對顏色要更深。圖例中的樣本是四分之一切，也就是說這些木材切割時保留從中心輻射的圖騰，如果弦切（與木材中心平行切割），木理看起會更寬，帶有別具一格的漩渦圖騰，木質線變得不太明顯。

紅橡木性能良好，與白橡木有許多相同的適用情況，經常用於營建，因此銷售時多半採大量出售，這代表紅橡木通常更便宜，比白橡木柔軟表示紅橡木作業更輕鬆，可用於傢俱、細木工、櫥櫃製作與室內裝飾等。兩種類型都是受歡迎的木地板材料：北美硬質木木地板約四分之三為橡木製作，歐洲約三分之一。

紅橡木具有大而厚的皮孔，相較之下，白橡木的皮孔往往被填充物封住 (tylose)，這是膨脹的生長物，在皮孔內生成像海綿結構一樣的填充物，阻止水份流失，這也是為什麼白橡木比紅橡木耐用的原因（耐腐朽），也是為什麼白橡木可用於需要耐用性更長久的應用範圍，例如葡萄酒桶和其他類型的木桶、造船、外牆包覆等。

永續發展

雖然橡木生長緩慢，橡木仍可大量供應，在北半球依然是最充足的硬質木

來源（僅僅北美洲，橡木即佔硬質木森林的三分之一左右）。紅橡木的生長量還要高於白橡木更多，更容易作為木理勻稱的薄板使用。白橡木作為持久耐用的木材，通常可以回收再利用，原生橡木多數來自北美洲、歐洲、澳大利亞，樹齡約 25 至 30 歲時採伐。橡木取得來源廣泛，因此採購時要特別注意必須從通過認證的森林採伐。來自波蘭、俄羅斯和烏克蘭的橡木建議特別小心，因為證據顯示這些地區的採伐使古代森林遭受破壞，而且是非法開採。

實木桌 (上圖)

法國設計師讓‧普魯維 (Jean Prouvé) 在 1941 年設計的索爾維餐桌 (Table Solvay)，由傢俱大廠 Vitra 負責生產，採用實心橡木製作（如圖）或胡桃木（請見第 348 頁），雖然橡木可能會非常重，但是非常耐用，能輕鬆承受日常使用，橡木已經獲得證明非常適合用來製作各種不同的傢俱，從實木工作台 (farm table) 到辦公桌，從層壓單椅（請見 298 頁圖例）到精緻的櫥櫃等，都可使用橡木製作。影像由 Vitra 提供。

橡木應用的物件極為廣泛，常與其他
種類的材料競爭，例如與塑膠比較 (請
見第 122 頁聚氯乙烯)。橡木是符合
永續發展的再生材料，能安全回收，
可堆肥處理或焚燒；林業生產時的環
境衝擊極有限，約略只有運送與鋸木
廠，與塑膠時大量消耗能源與密集使
用化學品的生產過程形成鮮明對比。

木料貼面室內裝潢 (上圖)

位於英格蘭伯里聖埃德蒙茲 (Bury St Edmunds)
的 The Apex 表演藝術中心，由 Hopkins 建築事
務所設計，2010 年完工，共有 500 個座位的
表演廳設計上採用極富魅力的橡木貼面，橡
木能輕鬆承受無數場嚴苛的現場演出，木板
與天花板皆採用 18 公釐厚的橡木，作為貼面
裝飾在夾板上，讓聲音效果更理想。觀眾席
混合美國橡木的實木與薄板，因其顏色與木
理一致而選用。

栗樹

栗樹是一種美觀耐用的木材，未經處理的狀況下可用於戶外環境數十年；事實上，今天使用的栗樹有許多是從舊木結構回收的。佈滿蟲洞的栗樹，因為單寧含量高，最後會變成濃郁的金棕色。甜栗果實可吃，因此成為無人不知的樹種。

類型	一般應用範圍	永續發展
· 栗樹：美洲栗、甜栗、日本栗、中國栗	· 室內外細木工與傢俱 · 工業設計 · 外牆與木地板	· 北美洲供應量非常有限，但是在歐洲、部份亞洲與非洲地區仍很常見 · 美國栗樹經常會回收再利用

屬性	競爭材料	成本
· 抗腐朽耐受性佳，但是容易受到蟲害 · 含有單寧較難處理 · 密度中等，易開裂	· 橡木、白蠟木、綠柄桑、胡桃木 · 柏樹（如西部紅側柏）和落葉松	· 材料成本中等偏高 · 加工性能中等

346

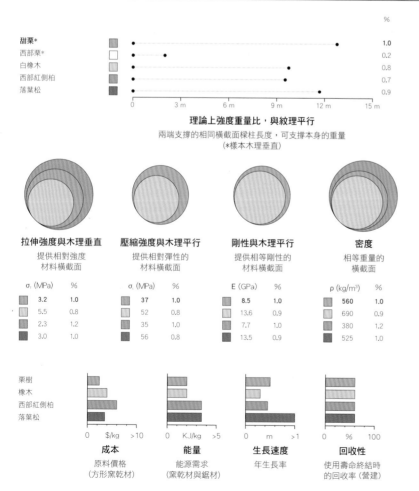

	%
甜栗*	1.0
西部栗*	0.2
白橡木	0.8
西部紅側柏	0.7
落葉松	0.9

理論上強度重量比，與紋理平行

兩端支撐的相同橫截面樑柱長度，可支撐本身的重量
（*樣本木理垂直）

拉伸強度與木理垂直		壓縮強度與木理平行		剛性與木理平行		密度	
提供相對強度材料橫截面		提供相對彈性的材料橫截面		提供相等剛性的材料橫截面		相等重量的橫截面	
σ_t (MPa)	%	σ_c (MPa)	%	E (GPa)	%	ρ (kg/m³)	%
3.2	1.0	37	1.0	8.5	1.0	560	1.0
5.5	0.8	52	0.8	13.6	0.9	690	0.9
2.3	1.2	35	1.0	7.7	1.0	380	1.2
3.0	1.0	56	0.8	13.5	0.9	525	1.0

栗樹
橡木
西部紅側柏
落葉松

成本	能量	生長速度	回收性
0　$/kg　>10	0　KJ/kg　>5	0　m　>1	0　%　100
原料價格 （方形窯乾材）	能源需求 （窯乾材與鋸材）	年生長率	使用壽命終結時的回收率（營建）

簡介

栗樹（栗屬）木材柔軟度中等，重量輕，顏色取決於樹種，心材從偏白的黃色到栗棕色皆有，邊材與心材截然不同，更輕巧，顏色為偏淡的灰白色。心材含有豐富單寧，在地面使用經久耐用，不須防腐處理即可用於戶外。

栗樹具有酸性（單寧酸），類似橡木（請見第 342 頁），因此與栗樹接觸的金屬會發生鏽蝕，特別是潮濕或濕氣重的環境，運用在傢俱和結構上的金屬最容易受影響，應該要避免使用，包括鋼（請見第 28 頁）、鉛和鋅（請見第 78 頁），銅（請見第 66 頁）也會受影響，但是程度相對較低。

雖然栗樹的強度不如橡木（低約 20%），但因為密度低，強度重量比還是相當讓人驚艷的。栗樹的重量與某些白楊木（請見第 324 頁）相當。品質高、無缺陷的栗樹板材，能應用在許多與橡木相同的範圍上，包括木結構、細木工與傢俱。

乾燥木材容易發生木心裂，也就是木材沿著生長的年輪開裂，質地粗糙，容易裂開，這代表栗樹不適合用機械旋轉加工，雖然如此，栗樹可以手工完成高品質的表面處理。

商業類型與用途

美洲栗（American chestnut），曾是東部硬質木森林中常見的樹種，這種受歡迎的木材，有各種應用方式，但是進入 20 世紀時，因為栗疫病真菌感染使美洲栗幾乎滅絕，因此在美國，樹齡高的栗樹非常罕見而昂貴。

目前大部份美洲栗木材是回收材，或是從歐洲進口，又稱為蟲栗 (wormy chestnut)，這個名稱來自栗樹佈滿蟲咬的痕跡，一般來自木結構的橫樑，去除釘子後，鋸切成木板，木材很古老，帶有美麗的金棕色，利用現代指接技術 (請見第 299 頁)，將具有較大缺陷的小片木材去除受損部份，重新組裝成長度夠長的高品質木材。

像是日本栗 (Japanese，學名為 C. crenata)、中國栗 (Chinese，學名為 mollissima) 等亞洲栗樹，本身具有抗體來對抗橫掃美國的栗疫病，目前專為木材而栽種，也與其他比較脆弱的樹種雜交，以便找出合適的混合種。

甜栗 (sweet chestnut，學名為 C. sativa)，同樣也是因為原產地而聞名，如西班牙、歐洲等，生長速度比遠親的美洲栗更快，重量更輕。在顏色與紋理上，心材可以類似橡木一樣，但是沒有銀色木質線斑點。不幸的是栗疫病從美國意外引入義大利，使歐洲某些地區也受到同樣的損害。

因為栗樹本身的耐用性，傳統上一直用於外部應用範圍，包括木瓦、外牆 (覆層)、壁板和圍欄等，除此之外，也能作為薄板使用 (請見第 290 頁)。在栗樹仍常見的地區，可以用合理的價格購買，適用於細木工與傢俱。

某些樹種比其他種類更容易雕刻，例如日本人使用本地原生栗樹 (kuri) 製作廚房用具和飯碗；法國傳統上將栗樹用於裝飾板 (用於門窗) 和傢俱。

永續發展

栗樹和柳樹 (請見第 328 頁) 與白楊木類似，在良好管理的林場栽種，採收後體積小的木料用於木瓦 (外牆)、圍籬和木樁。木材可從通過認證的來源取得，雖然在許多國家因為栗疫病的影響，大型原料供不應求。

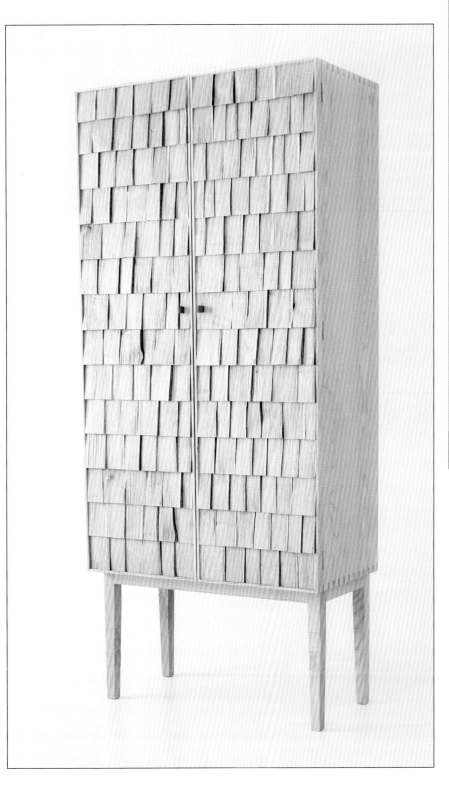

栗樹薄板外層木櫃 (上圖)

英國設計師塞巴斯蒂安・考克斯 (Sebastian Cox) 設計的 The Shake 木櫃，由傢俱品牌 Benchmark 生產，結合實心白蠟木 (請見第 354 頁)，外層使用栗樹木瓦鑲片，傳統木瓦作為耐候材料用於屋頂和牆壁。稱為「Shake」的木板使用開裂的栗樹，順著木理取出薄而輕巧的矩形木瓦 (shingles)，切割時盡可能保持輕薄，讓材料使用量降至最低，進而減少廢料，並減輕整體重量。可用相同方式生產的木材包括橡木和西部紅側柏 (請見第 318 頁柏科)。影像由塞巴斯蒂安・考克斯提供。

胡桃木

帶有巧克力色澤的胡桃木因為機械性能而受到重視，木材密實堅硬，木理排列緊密，可以抗開裂、耐衝擊，質感適合用在奢華的裝飾用薄板或槍托等。木理帶有圖騰的木材非常罕見，而且非常昂貴，例如樹瘤木紋 (burl figure) 和叉枝木紋 (crotch figure)。

類型	一般應用範圍	永續發展
・黑胡桃木、克拉羅胡桃木、波斯胡桃木 (也以原產地稱呼，例如英國胡桃木、法國胡桃木) 和白胡桃	・傢俱製作 ・槍托 ・汽車與海事	・可自全球各地符合永續發展的來源取得 ・粉塵可能導致過敏

屬性	競爭材料	成本
・堅固密實 ・能耐衝擊、抗開裂 ・耐腐朽，但是容易遭蟲害	・橡木 ・桃花心木 ・柚木	・一般木材價格中等，帶有圖騰的木材價格高

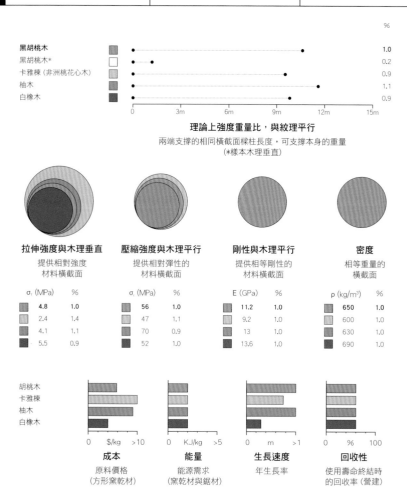

理論上強度重量比，與紋理平行
兩端支撐的相同橫截面樑柱長度，可支撐本身的重量
(*樣本木理垂直)

拉伸強度與木理垂直		壓縮強度與木理平行		剛性與木理平行		密度	
提供相對強度材料橫截面		提供相對彈性的材料橫截面		提供相等剛性的材料橫截面		相等重量的橫截面	
σ, (MPa)	%	σ, (MPa)	%	E (GPa)	%	ρ (kg/m³)	%
4.8	1.0	56	1.0	11.2	1.0	650	1.0
2.4	1.4	47	1.1	9.2	1.0	600	1.0
4.1	1.1	70	0.9	13	1.0	630	1.0
5.5	0.9	52	1.0	13.6	1.0	690	1.0

成本	能量	生長速度	回收性
原料價格 (方形窯乾材)	能源需求 (窯乾材與鋸材)	年生長率	使用壽命終結時的回收率 (營建)

簡介

胡桃木 (胡桃屬) 是北美洲、歐洲、亞洲重要的本地產硬質木，外觀與機械性能介於淺色硬質木與昂貴珍木之間，淺色硬質木包括橡木 (請見第 342 頁)、山胡桃木 (請見第 352 頁) 和山毛櫸 (請見第 338 頁)，珍木例如柚木 (請見第 370 頁) 和桃花心木 (請見第 372 頁)。

胡桃木心材的顏色為不同深淺的深棕色調，到巧克力色到偏紫的黑色，能藉由蒸汽處理產生更均勻的顏色，雖然這種處理方式不一定受歡迎。胡桃木富有圖騰的木理和豐富對比的顏色，在某些情況下是非常理想的材料，顏色足以媲美櫻桃木 (請見第 360 頁)，還有目前非常罕見的桃花心木。實心胡桃木的性能有些實用，整體來說，性能與橡木和山毛櫸相當，雖然密度略低，但也因為如此強度重量比稍好。

胡桃木經常作為薄板應用 (請見第 290 頁)，讓胡桃木應用的範圍更廣，原本有些應用範圍胡桃木不實用或太昂貴。木板可沿著長度切割 (而不是繞著樹切割)，徹底運用胡桃木的色澤與木理圖騰，薄板可黏合在預製成型的結構上，或是層壓彎曲後成型。因為胡桃木色澤漂亮深邃，薄板可用於各式各樣的應用範圍，從櫥櫃、儀表板到茶具等。

商業類型與用途

有些品種的是專為原木生產而栽種，特別是黑胡桃木 (學名為 Juglans nigra)、克拉羅胡桃木 (claro)、波斯胡桃木 (Persian，原產於伊朗)、秘魯胡

桃木 Peruvian (Peruvian) 和白胡桃木 (butternut)，也可作木材或薄板使用。

黑胡桃木原產於北美洲東部，通常被稱為北美胡桃木，生長速度相對比較快，高度可達 35 公尺左右，心材抗腐朽非常好，但易受蟲害。邊材通常不那麼耐用，一般呈現對比鮮明的乳白色，木材木里粗糙，但也因為如此相對容易作業，胡桃木的木理不規則帶有圖騰，使切割或完成平滑表面變得較有挑戰性。木材具有天然光澤，加上表面處理後可以更凸顯光澤，能完成絕佳的拋光效果。

其他類型胡桃木在各方面都很類似，顏色根據生長地點與類型稍有不同，黑胡桃木使用範圍最廣，通常也是最便宜的深色木材類型。木材成本大多取決於顏色、木紋圖騰與花紋。白胡桃木因為顏色比較淺而顯得醒目，木質也較為柔軟。

黑胡桃木和克拉羅胡桃木一般認為較為耐用 (耐腐朽)，雖然歐洲胡桃木和秘魯胡桃木的耐受性較差，但是仍算中等，白胡桃木是所有胡桃木中耐用度最低的。

在美國，木材是依美國國家硬木協會 (National Hardwood Lumber Association，NHLA) 的規定分級，全球採購與銷售均仰賴美國國家硬木協會，確保木材維持一定的品質。美國國家硬木協會分級針對樹種調整，因為每一種樹的供應量和木材天然生長不一。FAS 級 (一級和二級) 為高品質無瑕疵切割木材，適合用於高品質傢俱和室內裝潢，木材最小尺寸一般為寬 150 公釐、長 2.4 公尺。但以胡桃木來說，最小尺寸縮小為寬 127 公釐、長 1.8 公尺，藉此刺激木材的使用量。

實心胡桃木與 20 世紀高級現代傢俱息息相關，許多深具影響力的設計師

採用胡桃木，如美國設計師伊姆斯夫婦、丹麥設計師漢斯・威格納 (Hans Wegner)、日裔美籍設計師中島喬治 (George Nakashima) (請見下一頁圖片)。現在胡桃木仍繼續用在新產品的結構，通常用來代替顏色較淺的橡木與山毛櫸。

實木適用於手工、銑削和車床車削，木理變化很可觀，取決於樹木與木材切鋸的位置，粗紋材最容易切削，但

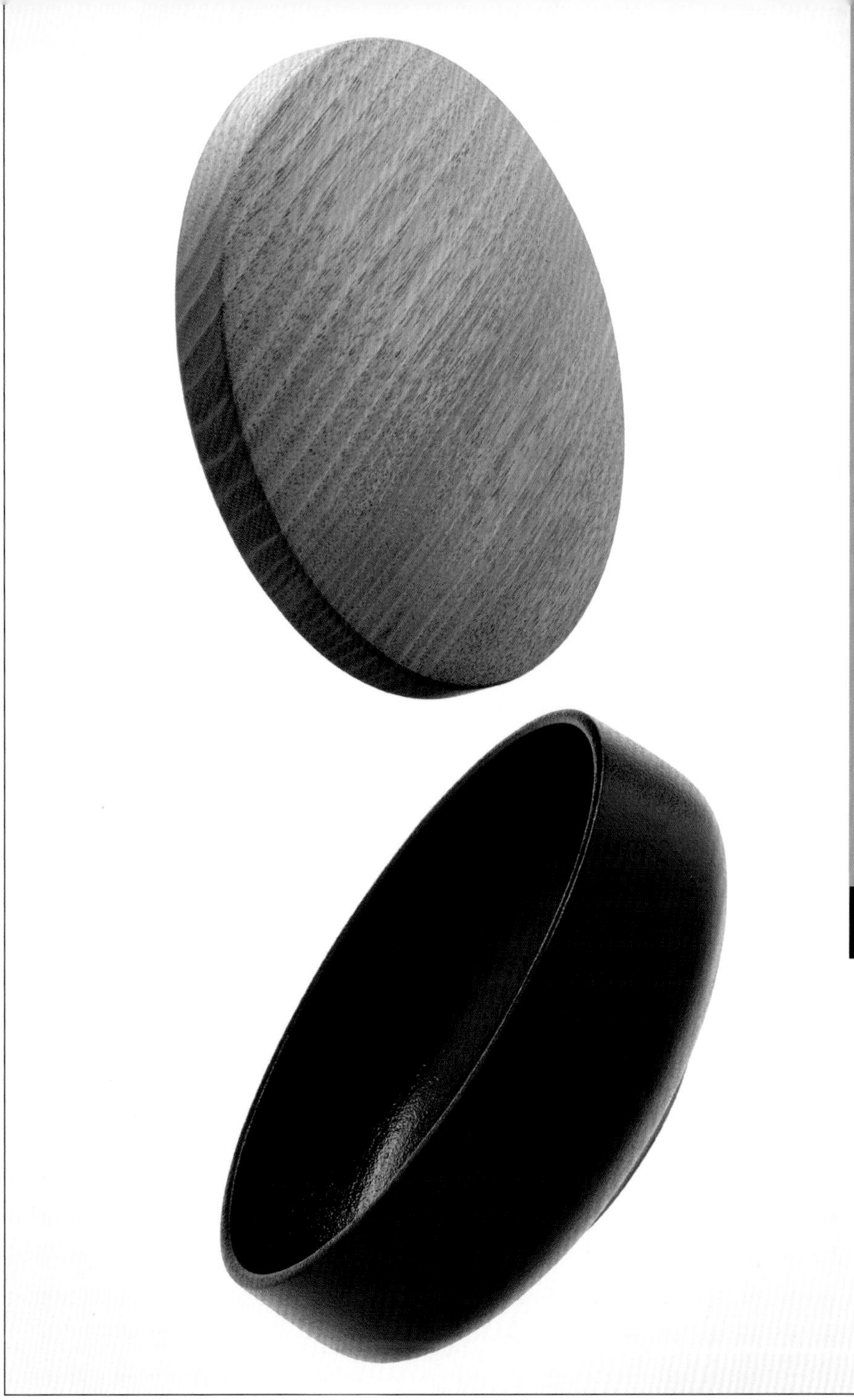

附有胡桃木上蓋的漆藝木盒 (上圖)

出自漆器職人夫妻團隊藤井健一 (Kenichi) 和藤井美奈子 (Minako Fujii)，這個木盒結合了「urushi」生漆與胡桃木上蓋，「urushi」生漆用於日本傳統漆藝，取自同名的日本漆樹樹液，用來製作中國漆器、韓國漆器和日本漆器。從樹上擷取汁液後，收集的漆經過三到五年養成精製，逐層薄薄塗刷，聚合後形成耐用的塗層。胡桃木上蓋以蜂蠟完成表面處理。

胡桃木直背椅 (左圖)

由美國建築師與傢俱製造職人中島喬治 (George Nakashima) 於 1946 年設計，傢俱品牌 Knoll 製造，重新演繹溫莎椅 (Windsor)，椅墊、椅腳與椅背採用黑胡桃木，椅背的紡綞軸則以山胡桃木製作。山胡桃木是胡桃木的近親。胡桃木比起同價位、強度中等的深色硬質木密度較小，相對來說容易加工，這種特質讓中島喬治可將自身的工藝技術轉用於大量生產，而不失去應有的品質。影像由 Knoll 提供。

模製成型的胡桃木儀表板 (右頁)

現代木裝儀表板結合天然材料與大規模生產，在技術上非常具有挑戰性，因為每一件薄板都是獨一無二的，但是模製成型的過程需要絕對精準。在預備過程中，將薄板加熱後，壓縮成形製成背襯，然後將穩固的預製件牢牢夾在射出成型工具的另一半，模具閉合後，注入一種或多種熱塑性塑膠來填充空腔。塑膠會將薄板固定，同時為儀表板做出接點。成品以聚氨酯 (PU) (請見第 202 頁) 塗布，預防磨損或刮傷。現代汽車常藉由印刷技術模仿這種儀表板，為平淡的內裝添加裝飾。

密紋材才能在拋光後完成優異的表面光澤度。粗糙紋理切割時要特別小心，因為容易從表面撕下木材碎片，特別是端口木理。因此，要避免順著木理切割。凸紋和其他花紋圖騰需要填充，確保表面光滑。

薄板的視覺魅力是可用於整個室內裝潢，從層壓座椅到餐具皆可。裝飾貼面一般來說非常薄，採用弦切或四分之一切。弦切可以產生豐富的橢圓形圖案，裝飾上相當具有吸引力；四分之一切可以產生更勻稱的線性木理圖騰，更適合用於層壓曲木。最早的汽車是採用實木、鋼 (請見第 28 頁) 以及鑄鐵 (請見第 22 頁) 混合製作，時至今日，木材已經變成區隔高價位汽車與奢華遊艇的材料，代表舊日的手工藝技術與個性。

木材比沖壓金屬或射出成型的塑膠更昂貴，而且用於汽車內部實用性較差，但是顏色與觸感意味著溫暖、優雅與奢華。使用木材的挑戰之一是無法像金屬或塑膠一樣，在不降低結構性能的前提下，製成複雜的形狀。因此木製零件的形狀有某些限制。

實木木材可以在經過機械加工後，用於交通運輸以外的應用範圍。車輛設計時面對的問題是無法保證材料能按照預測的方向運作，若不是用在保護使用者的關鍵區塊，這點不成問題，實木是可行的材料選擇，雖然價格昂貴。薄板的通用性更高，因為薄板是當作木飾面施作在工程基底上，例如金屬或模製成型的塑膠上。

永續發展

胡桃木生長的地方遍佈許多不同國家，因此通常可購買通過森林認證系統或森林管理委員會認證的當地木材。薄板要靠工廠加工，因此不太普遍，但取得的便利性仍在合理範圍。木材可從林場採伐，也可來自野生樹木。機械加工過程產生的粉塵會導致過敏，會影響眼睛和呼吸，切割與打磨時需保持適度通風並佩戴護目鏡。

山核桃、美洲核桃木

這些落葉樹木遍佈北美洲、歐洲與亞洲，為北半球提供最堅硬、最沉重、最強韌的木材，美洲核桃木不像標準山核桃那樣堅硬或密實，但仍有許多屬性相當類似，這些木材可以機械加工完成精緻的表面光澤度，同時保留邊緣鋒利。

類型	一般應用範圍	永續發展
・山核桃：鱗皮山核桃、糙皮山核桃、絨毛山核桃、光葉山核桃 ・美洲核桃木：長山核桃、水山核桃、苦山核桃肉豆蔻山核桃	・運動器材和工具把手 ・木製飛機 ・傢俱、細木工、木地板	・雖然在北美洲廣泛銷售，但出了北美洲比較不常見，生長速度緩慢 ・可自通過認證的森林取得

屬性	競爭材料	成本
・木理通直 ・非常沉重 ・強韌、堅硬、抗衝擊性絕佳	・白蠟木、楓木、樺樹 ・竹子 ・聚醯胺 (PA)、聚對苯二甲酸乙二酯 (PET)、聚甲醛 (POM) 和其他類似的熱塑性工程塑膠	・原料成本中等偏高 ・因為密度與硬度高，使得加工較困難

簡介

山核桃與美洲核桃木是為了取得原木與堅果栽種，雖然遍佈北半球與南半球少數區域，但在北美洲供應量有限，因此並不知名，使用量不大。

山核桃 (山核桃屬) 具有無與倫比的強度、剛性與硬度組合。在強度與重量比上，山核桃可媲美竹子 (請見第 386 頁)，舒適度上表現優於鋼 (請見第 28 頁)，由於這些令人印象深刻的物理特性，山核桃在歷史上一直是重要的結構木材。Deperdussin 硬殼式結構飛機，1912 年由法國 Deperdussin 航空公司製作，將飛機速度的世界紀錄提高到 202km/h (126 mph) 而聞名。早期硬殼式結構，機身與機翼結構使用山核桃木，加上幾層鬱金香木薄板，製成類似夾板的結構，完成輕量流線的造型，保留內部空間近乎淨空。時至今日，山核桃木主要用於工具把手和運動器材，讓山核桃木與高性能塑膠直接競爭，例如玻璃纖維強化聚丙烯 (GFPP) (請見第 98 頁) 和聚醯胺 (PA，尼龍，請見第 164 頁)，雖然這些材料在設計上與性能上相當有彈性，但是缺乏木材自然百搭的質感。就像白蠟木 (請見第 354 頁)，山核桃可使用蒸汽彎折，木材木理通直無樹結，還能彎折成合理的緊密曲線，彎折幅度比相同橫截面的白蠟木更彎。山核桃容易腐朽，不應該在沒有經過處理的狀況下應用在戶外環境。

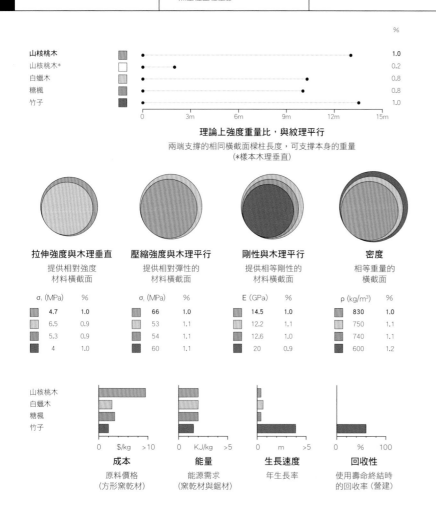

理論上強度重量比，與紋理平行
兩端支撐的相同橫截面樑柱長度，可支撐本身的重量
(＊樣本木理垂直)

拉伸強度與木理垂直		壓縮強度與木理平行		剛性與木理平行		密度	
提供相對強度材料橫截面		提供相對彈性的材料橫截面		提供相等剛性的材料橫截面		相等重量的橫截面	
σ_t (MPa)	%	σ_c (MPa)	%	E (GPa)	%	ρ (kg/m³)	%
4.7	1.0	66	1.0	14.5	1.0	830	1.0
6.5	0.9	53	1.1	12.2	1.1	750	1.1
5.3	0.9	54	1.1	12.6	1.0	740	1.1
4	1.0	60	1.1	20	0.9	600	1.2

成本	能量	生長速度	回收性
原料價格（方形窯乾材）	能源需求（窯乾材與鋸材）	年生長率	使用壽命終結時的回收率（營建）

商業類型與用途

山核桃通常區分為標準山核桃與美洲核桃木，兩者同為核桃屬 (Carya) 胡桃科 (Juglandaceae)，主要的區別在於美洲核桃木比山核桃更輕、更軟、彈性更小，當然這是與同屬植物相比的結果，因為與其他硬質木相比，美洲核桃木仍然沉重密實。標準山核桃包括鱗皮山核桃 (shagbark，學名為 C. ovata)、糙皮山核桃 (shellbark，學名為 C. laciniosa)、絨毛山核桃 (mockernut，學名為 C. tomentosa)、光葉山核桃 (pignut，學名為 C. glabra)。美洲核桃木包括長山核桃 (pecan，學名為 C. illinoinensis)、水山核桃 (water，學名為 C. aquatica)、苦山核桃 (bitternut，學名為 C. cordiformis) 和肉豆蔻山核桃 (nutmeg，學名為 C. myristiciformis)。

這些各種不同的樹種具有相似的外觀，心材從淺棕色到深棕色，邊材近乎白色。心材與邊材之間的顏色對比在視覺上相當有趣，地域不同的變化也很有意思 (例如「鳥啄紋」和其他礦物斑紋)。標準山核桃往往顏色比美洲核桃木更淺，但是這點取決於生長條件，山核桃木理通直，紋理勻稱。

山核桃加工不易，主要是因為材質非常密實，但可產出精細光滑的表面與鋒利的邊緣，雖然美洲核桃木比較柔軟，因此容易雕刻，但是無法與胡桃木或栗樹相比 (請見第 346 頁)，這兩種木材加工更輕鬆，比山核桃收縮率低，應用時更穩定，非常適合用於細木工與傢俱製造。

山核桃的強度、伸縮性與耐用度可用在木製運動器材上，例如高爾夫球桿、網球拍、棒球球棒 (請見第 330 頁楓木) 和滑雪板 (請見白蠟木)。但是在許多現代設備中，已經使用高性能塑膠和複合材料取代木材。山核桃的硬度與耐磨度讓人印象深刻，比橡木 (請

見第 342 頁) 硬度高出三成，是常見的硬質木木地板材料，因此表現極其出色，特別是用在人潮流量高的區域。

永續發展

雖然一般認為山核桃是符合永續發展的木材，但其實生展緩慢，需要花上數十年才能達到適合採伐的大小。

劈斧手柄 (右圖)

標準山核桃木質素含量相對低，這種堅硬的天然聚合物使木材有剛性，因此，山核桃乾燥後具有彈簧般的伸縮性，使木材具有出色的抗衝擊耐受性，因為這個原因，山核桃常用於斧頭手柄，當斧頭劈向木材時，手柄會收縮吸收震動。

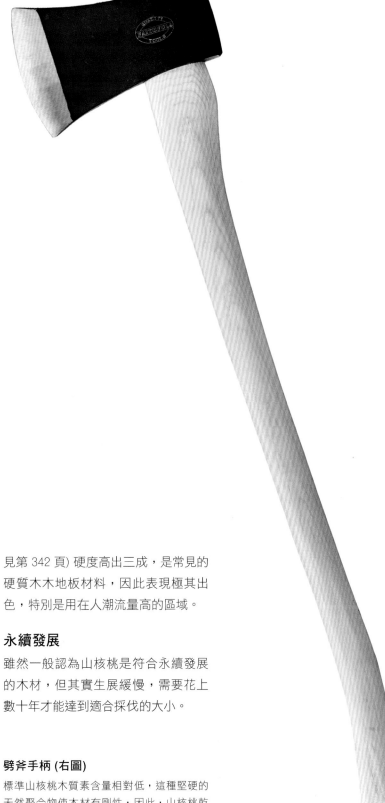

白蠟木

白蠟木是一種實用的硬質木，因為容易加工、物理特性與木理明顯而受歡迎，以其重量來看強韌有彈性，具有令人印象深刻的韌性與抗衝擊耐受性。可作為熱改質木材使用，讓應用範圍更廣，使白蠟木成為真正的多功能材料。

類型	一般應用範圍	永續發展
· 白蠟木：黑梣、綠梣、闊葉白蠟木和歐洲梣木	· 工具手柄與傢俱 · 運動器材 (例如雪橇、球拍、棒球球棒和划船槳) · 木地板	· 遍佈歐洲、亞洲與北美洲 · 粉塵可能導致過敏

屬性	競爭材料	成本
· 強韌有伸縮性，具有抗衝擊耐受性 · 不是非常耐用，容易遭受蟲害 · 木理明顯	· 橡木、山核桃、楓木 · 綠柄桑、柚木、桃花心木與其他熱帶硬質木 · 工程塑膠如 PA 和 PET	· 原料價格中等偏低 · 相對容易加工

354

理論上強度重量比，與紋理平行
兩端支撐的相同橫截面樑柱長度，可支撐本身的重量
(*樣本木理垂直)

	拉伸強度與木理垂直 提供相對強度 材料橫截面		壓縮強度與木理平行 提供相對彈性的 材料橫截面		剛性與木理平行 提供相等剛性的 材料橫截面		密度 相等重量的 橫截面	
	σ, (MPa)	%	σ, (MPa)	%	E (GPa)	%	ρ (kg/m³)	%
	6.5	1.0	53	1.0	12.2	1.0	690	1.0
	5.5	1.0	52	1.0	13.6	1.0	690	1.0
	4.7	1.2	66	0.9	14.8	1.0	830	0.9
	5.3	1.1	54	1.0	12.6	1.1	740	1.0

成本
原料價格
(方形窯乾材)

能量
能源需求
(窯乾材與鋸材)

生長速度
年生長率

回收性
使用壽命終結時
的回收率 (營建)

簡介

維京人認為白蠟木 (梣屬) 是樹木之王，的確，白蠟木經常使用在與紅橡木相似的應用範圍 (請見第 342 頁)，包括櫥櫃與木地板。像橡木一樣，白蠟木擁有通直有孔的木理，紋理粗糙。雖然沒有一樣的銀色木質線斑點，可以染色後讓外觀看起來一模一樣。白蠟木具有較高的強度重量比，但是稍微柔軟，用於切割成型較有優勢。心材顏色介於淺棕色到一般棕色，取決於樹種，而邊材幾乎是白色的，較受青睞的通常是淺色邊材。

黑梣 (Black ash，學名為 F. nigra) 可用來製作籃子，用於這種用途，黑梣的彈性與耐用性無與倫比。隨著每年生長，白蠟木生成多孔的蜂窩結構春材，然後長出密實的夏材，後者可用於籃筐製作，兩者之間有脆弱的連接層，要將適合製作籃筐的夏材從早些生長的春材分離，先將木材浸泡在水中搗碎，春材壓碎後，讓夏材的木條 (稱為梗材) 能被剝離。這種技術在北美洲原住民之間已經採用好幾世代，特別是波塔瓦托米族 (Potawatomi)、皮納布斯高族 (Penobscot)，阿本拿基族 (Abenaki) 和阿岡昆族 (Algonquin)。黑梣搭配生長環境周邊的材料一起使用，例如白樺樹皮 (請見第 334 頁) 和甜草 (sweetgrass)。

商業類型與用途

白蠟木出售方式各式各樣，有時根據樹種或生長區域而定，有時則以邊材或心材區分，因此造成一些混淆，因為像 美國白蠟木 (white ash，學名為 F. Americana) 和黑梣 (有時又稱深色白

蠟木，Brown Ash) 在商業上很重要，邊材銷售時可能以「白蠟木」稱呼，而心材則以「深色白蠟木」銷售。

有幾種品種與白蠟木密切相關，幾乎無法分辨，包括綠梣 (green ash)、闊葉白蠟木 (Oregon ash)、歐洲梣木 (European ash)，這些樹木的木材一般認為非常優異，往往比黑梣更重 (重量約多出 10%)、更硬、更強韌，代表品質更讓人滿意，價格也更昂貴。雖然如此，還是有一定的品質，在許多情況下，這些樹種可以互換使用。

因為許多原因，在傢俱製造上兩種都非常受歡迎，具有優異的加工性能與機械加工品質，能有效固定釘子與螺絲，膠黏效果也很好，能雕刻、打磨和拋光，完成細緻的表面光澤度，可用於各種傢俱的骨架、橫擋和靠背。

曲木休閒椅 (上圖)

丹麥設計師漢斯・威格納 (Hans Wegner) 在 1947 年設計了孔雀椅 (Peacock Chair)，由丹麥細木作工房 PP Møbler 負責製作，採用白蠟木實木搭配紙繩椅墊，靈感來自經典的英國溫莎椅 (Windsor chairs)，蒸汽彎折的椅背使用形狀特別醒目的枝條支撐，枝條上扁平部份是這張單椅名字的由來，這些扁平的部分剛好是使用者背部靠在椅子上休息的位置，漢斯・威格納後來許多大型奢華的設計都從這第一張孔雀椅出發。影像由 Jens Mourits Sørensen 提供，版權為 PP Møbler 所有。

白蠟木

傳統雪橇 (上圖)

這款由德國 Sirch 製造的角型雪橇採用白蠟木製作，幾世代以來，白蠟木一直是雪橇首選木材，在輕巧、回彈力與強度之間取得良好平衡。滑板採用蒸汽彎折來獲得最佳強度重量比，並以鋼條保護底部。木工的部份有上過兩道清漆，因此能保護雪橇不受損。影像由 Sirch 提供。

最知名的使用案例包括夏克椅 (Shaker chairs)、温莎椅和丹麥設計師漢斯・威格納知名的孔雀椅 (圖片請見上一頁，並請參考第 347 頁栗樹木櫃)。

白蠟木通常與山核桃 (請見第 352 頁) 或楓木 (請見第 330 頁) 比較，後者是較為昂貴的替代材料，白蠟木不如山核桃一樣強壯、剛硬或強韌，即便如此，仍用在許多類似的嚴苛應用範圍，包括輕型飛機 (英國皇家飛機製造廠 Royal Aircraft Factory 在 1916 年生產的 S.E.5 戰鬥機)、汽車 (1949 年初代 Jaguar XK) 與自行車車架。白蠟木就像楓木一樣，也用於現代運動裝

備，特別是棒球球棒和撞球球桿。比楓木更有彈性、更柔軟，性能上有某些優勢，事實上，許多棒球選手偏愛白蠟木，兩者看起來非常不同，因為白蠟木的木理更明顯。

白蠟木和這兩種硬質木一樣，可以媲美高性能塑膠 (如聚醯胺 PA 尼龍，請見第 164 頁) 和輕量的結構金屬 (如鋁，請第 42 頁；鎂，請見第 54 頁)，但是白蠟木不像上述現代材料可預測，或可以大規模量產，白蠟木最大的優勢在於天然、可再生、符合永續發展，相對來說，價格也較不昂貴，表面拋光可完成平滑的表面光澤度，並隨日常使用越來越光亮，用於球棒、手柄和傢俱來說，是使用者友善的材料。白蠟木往往僅限於室內應用，因為未經處理的白蠟木耐用度無法承受戶外使用，但是，最近白蠟木能處理成熱改質木材 (TMT) (請參考第 297 頁範例)。採用 1990 年代發明的

工法，最初開發是為了提高軟質木的耐用度，將木材在人工控制的狀況下無氧加熱到約 200℃，減少內含的水份至約 5%，相較傳統風乾處理方法非常低，永久改變木材的化學屬性與物理性質。經過處理的木材吸水能力較差，因此尺寸可以保持穩定，並且更耐用。抗腐朽的能力相當於柚木 (請見第 370 頁) 這代表木材能應用於戶外，而且不需要進一步處理，不會像一般未經處理的木材因為濕度而變化。這會產生卓越的表面質感，提高木材染色或上漆的能力。加熱工法產生的材料不容易受蟲害，因為木材中的食物來源遭到破壞，因此不需要額外的化學處理，將可以更耐用。

熱改質木材另一樣好處是降低傳導性，適用於營建。例如經過處理的窗框、大門與外牆，可以幫助改善建築物的熱穩定性，某種程度上抵銷了第一步驟中加熱工法耗用的能源。

曲木

蒸汽彎折與壓縮木材（曲木）最大的優點是木理會順著長度延伸，若曲木彎折時轉軸多，木材會順著木理扭曲，也就是木理會順著木材整個長度保持在同一面上，讓強度最大化，並使需要的材料將至最低。但是，曲木工法不一定永遠實用，可能沒有質地合適的木材，或是部件體積太大。蒸汽彎折的零件隨著時間過去會回彈，需要盡可能沿著長度固定。替代方法包括層壓薄板（請見第 299 頁）。

夾板（請見第 300 頁）、切口（請見第 336 頁）以及接合長度較短的木材。指接（請見第 299 頁）工法很常用，有許多優點，例如長度較短的木材更經濟，彎折曲度可以比蒸汽彎折更彎，可組合多種不同的木材，橫截面設計不會受限。雖有這麼多優點，但比起蒸汽彎折木理會被切斷，因而折損效率，無法沿用木材本身既有的強度。

熱改質木材顏色能永久保持深色，不會隨著時間或紫外線照射而變色，這讓實用的硬質木（如白蠟木）可以與其他珍木（如第 372 頁桃花心木和第 366 頁綠柄桑）並列，藉由多個加熱溫度，單一樹種能有各式各樣的顏色可供選擇，而不需要染色。其他適用熱改質的樹種包括白楊木（請見第 324 頁）、楓木、樺樹（請見第 334 頁）、榆樹（請見第 358 頁）、橡木和山核桃。熱改質木材通常以商標名稱銷售，例如 Cambia、Thermowood、Thermo Ash 等，室內室外都適用。一般應用範圍包括庭園傢俱、外牆、飾板和木地板，在戶外使用年限至少可達 25 年。

白蠟木的特性使用蒸汽彎折效果非常好，也能轉換成「壓縮木材」使用，在冷卻時彎折。經過極端熱機械沿著

木材長度壓縮，白蠟木和其他幾種常見的硬質木會變得格外有彈性，包括橡木、櫻桃木、楓木、山毛櫸、榆樹和山核桃等，這些木材可以在新鮮的狀態下，壓製成多轉折的緊密曲線，乾燥之後定型，成品也稱為冷彎（cold bending）、壓縮木材、複合木材「compwood」等，這些名字只是其中幾個例子。截至目前為止，這種材料已經應用在傢俱和建築上。

永續發展

白蠟木被視為符合永續發展的硬質木，可以從通過認證的森林中取得，熱改質木材是一種創新工法，代表白蠟木也可以適用於戶外環境，而不需要使用化學品、防腐劑或塗層施作。但是需要額外的能源來生產材料，因為熱改質工法會耗用大量熱能。

白蠟木在新鮮的狀態下（剛剛切鋸）含水量非常低，約為 45%。比橡木、山毛櫸、樺樹等硬質木更乾燥，這些木材約 75%。這代表風乾時或熱改質需要的能源更少。

因為疾病與蟲害，許多白蠟木正在枯亡，引起疫病的真菌名稱是「Hymenoscyphus fraxineus」，會使樹木慢慢從葉子開始枯乾；綠灰蟲的幼蟲以樹的內樹皮為食物，這會破壞樹木運送水份與養份的能力，導致樹木死亡，隨著真菌病與綠灰蟲的影響快速蔓延，這種樹種正在減少，因此白蠟木未來產量將會是嚴重的問題。

鏟子手柄 (右圖)

手柄木材的選擇傾向木理勻稱通直的材料，頂部配合 YD 手柄開衩彎折，雖然白蠟木的成本與物理性質可能不適合現代替代材料，例如鋼（請見第 28 頁）和玻璃纖維強化塑膠（請見 PA），但是白蠟木仍然很受歡迎。未上漆的木材可以吸汗，確保抓握時牢固。在圖例中，這把鏟子結合鏡面拋光的不鏽鋼方鏟。

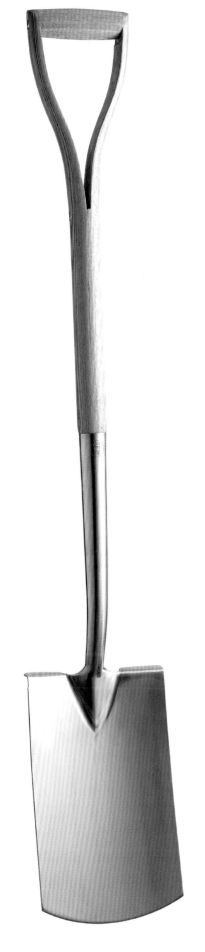

榆樹

這種硬質木曾經數量很多，但是在整個北美洲與歐洲遭受荷蘭榆樹病摧毀了。這種樹木堅硬耐用，可用於木地板、傢俱和造船，木理方向每年都會改變，成為交錯木理，有助於木材開裂，但這也代表木材加工更有挑戰性。

類型	一般應用範圍	永續發展
· 美洲榆、厚葉榆、英國榆、荷蘭榆、岩榆、無毛榆	· 傢俱和製作 · 木地板 · 造船	· 因為荷蘭榆樹病的衝擊，供應量短缺 · 粉塵會導致過敏

屬性	競爭材料	成本
· 交錯木理 · 密度中等，紋理粗糙 · 不穩定，容易翹曲開裂	· 橡木、胡桃木、栗樹、山核桃、白蠟木 · 落葉松、柏樹 (如西部紅側柏) 和道格拉斯冷杉 · 綠柄桑、桃花心木和柚木	· 北方硬質木價格中等偏高 · 因為交錯木理使加工困難，廢料很可觀

簡介

榆樹 (榆屬) 是種多用途硬質木，在許多方面能與櫻桃木 (請見第 360 頁)、橡木 (請見第 342 頁) 和胡桃木 (請見第 342 頁) 相比，在中國是很流行的傢俱製造木材，包括古典到當代設計。

心材是淺紅棕色至一般紅棕色。因樹種不同，識別度極高的木理可以從類似白蠟木 (請見第 354 頁) 至類似熱帶硬質木的質感，像是相思樹 (請見第 364 頁)。四分之一鋸木板帶有美麗的圖形，這來自交錯木理 (請見第 368 頁)；但是，同樣的特色也會在木材加工時造成問題，木理的斜度每年改變，這種現象的形成原因目前仍不清楚，而且在溫帶森林中並不常見，這點在切割與刨削時會使木板撕裂。

交錯木理使木材能有效抗開裂，這點在蒸汽彎折上相當實用，可確保釘子與螺絲固定良好，類似山核桃 (請見第 352 頁) 某些品種的榆樹擁有良好減震效果，這種特質已經應用在工具手柄與運動器材上有好幾年歷史。

商業類型與用途

從北美洲到亞洲，世界各地溫帶地區生長的榆樹分為好幾種，美洲榆 (American，學名為 U. rubra)、滑榆樹 (slippery，學名為 U. rubra)、英國榆 (English，學名為 U. procera) 和無毛榆 (Wych，學名為 U. glabra) 是最大、最受歡迎的樹種，這些樹密度中等，具有粗糙的紋理。

有些榆樹樹種能生產密度更高的木材，高達 720 kg / m³，相較於一般榆樹 570 kg / m³，有時被稱為「硬」榆樹，包括

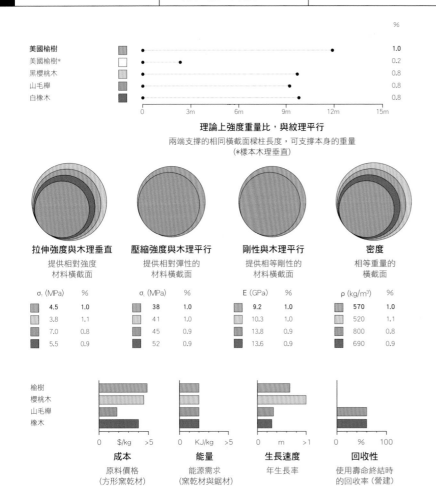

		%
美國榆樹		1.0
美國榆樹*		0.2
黑櫻桃木		0.8
山毛櫸		0.8
白橡木		0.8

0   3m   6m   9m   12m   15m

理論上強度重量比，與紋理平行
兩端支撐的相同橫截面樑柱長度，可支撐本身的重量
(*樣本木理垂直)

拉伸強度與木理垂直	壓縮強度與木理平行	剛性與木理平行	密度
提供相對強度材料橫截面	提供相對彈性的材料橫截面	提供相等剛性的材料橫截面	相等重量的橫截面

σ₁ (MPa)	%	σ₁ (MPa)	%	E (GPa)	%	ρ (kg/m³)	%
4.5	1.0	38	1.0	9.2	1.0	570	1.0
3.8	1.1	41	1.0	10.3	1.0	520	1.1
7.0	0.8	45	0.9	13.8	0.9	800	0.8
5.5	0.9	52	0.9	13.6	0.9	690	0.9

榆樹			
櫻桃木			
山毛櫸			
橡木			

0 $/kg >5	0 KJ/kg >5	0 m >1	0 % 100
成本 原料價格 (方形窯乾材)	**能量** 能源需求 (窯乾材與鋸材)	**生長速度** 年生長率	**回收性** 使用壽命終結時 的回收率 (營建)

厚葉榆 (cedar，學名為 U. crassifolia)、岩榆 (rock，學名為 U.thomasii) 等其他榆樹種。

亞洲榆樹，如中國榆 (Chinese，學名為 U. parvifolia) 和日本榆 (Japanese，學名為 U. davidiana var. japonica)，年輪對比明顯，平鋸時會出現波浪狀圖案，製造傢俱時很受歡迎。中國南方的榆樹顏色較深，能生產的木材非常

密實 (900 kg/m³)，質地強韌，但是施工的時候極為困難。

永續發展

北美洲與歐洲由於荷蘭榆樹病 (毀滅性真菌疾病)，目前榆樹相當少見，供應量很少；亞洲榆樹更有抵抗力，健康的樹木樹齡可以很高，但是在 50 年或 60 年左右就會採伐。榆樹的粉塵可能導致過敏，會造成皮膚和眼睛刺激。

榆樹與山毛櫸椅凳 (上圖)

榆樹非常適合用來製作單椅、桌面、抽屜前板與其他需要承受日常磨損的傢俱。圖中這款椅凳來自英國傢俱製造商 Ercol，採用堅固的榆樹椅墊，雕刻成熟悉的馬鞍造型；山毛櫸 (請見第 338 頁) 以車床加工，椅腳穿過椅墊，在木理端口打入楔子強化接點。這家製造商的創始人盧西恩·埃爾科拉尼 (Lucian Ercolani) 在 1950 年代設計出這張椅凳，之後作為原創系列重新生產。

櫻桃木、蘋果樹、梨樹

櫻桃木是北美最受歡迎的硬質木之一，加工上相對容易，帶有美麗的圖案，隨著樹齡增加，會形成很有特色的陳年色澤，鮮艷的色彩介於橘色與琥珀色之間；蘋果樹、梨樹和其他果樹通常只做小塊原木使用，外觀從勻稱到帶有高度圖案不等，有些具有明顯的香氣。

類型	一般應用範圍	永續發展
· 櫻桃木：黑櫻木（又稱為美國櫻桃木或也櫻桃木）、甜櫻桃木、李樹、杏樹 · 蘋果樹、梨樹	· 傢俱與細木工 · 工具與器具 · 儀器、裝飾與餐具	· 可自符合永續發展的森林取得 · 粉塵可能導致過敏
屬性	競爭材料	成本
· 穩定、密度中等、強韌 · 木理通直勻稱 · 表面品質良好	· 胡桃木、橡木、白蠟木 · 珍木、綠柄桑、相思樹和桃花心木	· 原料價格中等偏高

簡介

櫻桃木（李屬）是北美洲、歐洲、亞洲重要的商業木材，與橡木（請見第 342 頁）、胡桃木（請見第 348 頁）類似，也有許多令人愛不釋手的特質，使其成為傢俱和櫥櫃的理想材料。

心材有獨特的紅褐色，隨著時間過去，木材內部發生化學反應，使顏色逐漸加深，生長圖騰會產生具特色的外觀，使木材具有自然美麗的特徵。但是可能含有髓斑 (pith fleck) 和脂斑 (gum pockets)，使表面處理有困難，特別是染色。有時可以用比較便宜的木材模仿櫻桃木的質感，像是白楊木（請見第 324 頁）就能染成深紅色。

蘋果樹（蘋果屬）、梨樹（梨屬）、木瓜樹（榲桲）和其他果樹可被視為珍木，因為數量較少，價格相對較高，木材比櫻桃木密實，特別是梨樹，外觀取決於樹種，從帶有特別的綠色圖騰開心果果樹（黃連木屬）到外觀簡單的木瓜樹，具有微妙的紋理圖案。有些果樹切鋸或拋光時聞起來就像水果一樣，特別是桃樹（學名為 Prunus persica）、杏樹（學名為 P. armeniaca），這種香氣特質可用於煙燻，讓肉品擁有迷人的味道。

瑞典櫻桃木玻璃模具 (右頁)

櫻桃木可作為模具與成型器具使用，用來為熔融的玻璃整形。與滾燙的玻璃接觸時，會將木材一直浸泡在水中，避免材料開裂。櫻桃木木理緊密勻稱，梨樹與蘋果樹也有相同的質地，能比其他木材更容易保持水份，蒸汽與木材表面碳化能在玻璃上產生光滑的表面。圖中木杓是美國賓州匹茲堡 Hot Block Tools 公司模具師傅葛瑞・蓋道許 (Gary Guydosh) 製作的車床加工模具。

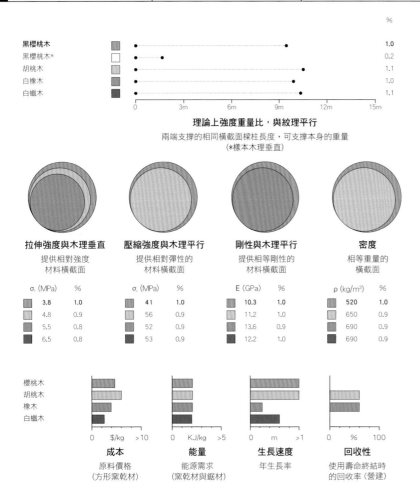

理論上強度重量比，與紋理平行
兩端支撐的相同橫截面樑柱長度，可支撐本身的重量
（*樣本木理垂直）

	σᵢ (MPa)	%
拉伸強度與木理垂直 提供相對強度材料橫截面	3.8 4.8 5.5 6.5	1.0 0.9 0.8 0.8
壓縮強度與木理平行 提供相對彈性的材料橫截面	41 56 52 53	1.0 0.9 0.9 0.9
剛性與木理平行 提供相等剛性的材料橫截面 E (GPa)	10.3 11.2 13.6 12.2	1.0 1.0 0.9 1.0
密度 相等重量的橫截面 ρ (kg/m³)	520 650 690 690	1.0 0.9 0.9 0.9

成本：原料價格（方形窯乾材）
能量：能源需求（窯乾材與鋸材）
生長速度：年生長率
回收性：使用壽命終結時的回收率（營建）

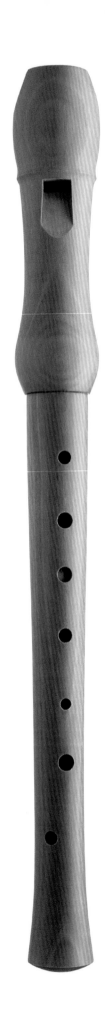

梨樹高音直笛 (左圖)

傳統上使用梨樹製作木管樂器，密度低加上質感細膩，音色溫潤，聲音更安靜，可作為較重木材的替代品，例如非洲黑木 (African Blackwood)、花梨木 (rosewood) 和烏木 (ebony) (請見第 374 頁珍木)。楓樹、梧桐還有其他果樹可用來生產類似的樂器，通常藉由蠟浸漬來保持並保存木材。

商業類型與用途

櫻桃木有幾種不同品種，主要商業木材來自黑櫻桃木 (學名為 P. Serotina)，又稱為美國櫻桃木或野櫻桃木，最高可生長達 25 公尺左右，產生巨大、乾淨、高品質的木板。

櫻桃木比橡木或胡桃木柔軟，木理乾淨筆直，代表櫻桃木在加工或雕刻上簡單直接，能滿足需求。彎折性能中等，作為薄板應用時可以製作出柔和的曲線。就像橡木和胡桃木，櫻桃木可用於各種不同的應用範圍。包括傢俱、鑲板、把手、模具、內裝 (船艇與汽車) 和樂器 (如吉他、豎琴和小提琴)。

櫻桃木乾燥後非常穩定，這種品質適合用於像是印章與模具等應用範圍，用來製作傢俱也很實用。櫻桃木心材耐用，可以抗腐朽，不過這種木材很少用於室外。邊材不耐腐朽，而且容易遭受蟲害。

櫻桃木一般比橡木或楓木更昂貴，但是比胡桃木價格便宜，甜櫻桃木 (學名為 P. avium)，又稱歐洲櫻桃木或野櫻桃木，價格比美國黑櫻桃木便宜三分之一，不會長得像美國黑櫻桃木一樣高，因此原木往往體型比較小，重量可達 650 kg/m³，也是屬於比較沉重的木材。這是很好的通用型細木工木材，可用於傢俱、室內裝潢和木地板。李樹和杏樹為李亞屬 (subgenera of Prunus)，通常木材不做商業販售，但是會出現在小型雕刻件上，例如刀柄和裝飾品。杏樹因為聲學效果，可用於木管樂器和弦樂器。

梨樹分為幾種不同種類，比較盛行的是常見的西洋梨 (學名為 P. communis)、雪梨 (Swiss pear，學名為 P. nivalis)，比其他大多數果樹強壯、密度低，具有細緻的木理與勻稱的紋理，加工非常容易。梨樹很少超過 10 公尺，但是可以產生高品質原木，適合用來雕刻或做薄板使用。底色為均勻的棕色，不太類似美國桃花心木，木材帶有低調的粉紅色，通常會藉由熱改質強化，有時在木板沿著長度會帶有黑色的條痕。

梨樹的穩定性可用於像是製圖設備、器具與梳子等應用範圍，具有良好的聲學特性，適用於木管樂器和弦樂器。

蘋果樹一開始顏色很蒼白，但是會慢慢變成類似櫻桃木的紅褐色。蘋果樹的木材很難找，在歐洲，超過成熟階段的果園會將果樹砍伐作為木材使用，樹木通常非常小，因為蘋果樹經過修剪，讓蘋果保持在方便採收者採摘的高度內。蘋果樹就像梨樹一樣，用在小型雕刻上也很受推崇，並且適合用於木管樂器和弦樂器。

永續發展

這些樹種都沒有列入瀕危物種名單中，但其實除了櫻桃木，這些果樹都很少見，取得不易。這並不代表這些樹種即將滅絕，只是因為果樹的果實比木材更有價值。這些果樹可以在當地用合理價格取得，像是從果園中採伐，如果是進口木材往往會非常昂貴。

實木櫻桃木單椅 (右頁)

丹麥設計師漢斯・威格納 (Hans Wegner) 在 1952 年設計的實木櫻桃木單椅，由丹麥細木作工房 PP Møbler 負責製作，櫻桃木在傢俱製作上很受歡迎，因為相對加工容易，加上裝飾性高，椅背由兩個木材零件組成，自同一塊木材切鋸，確保顏色與木理勻稱。威格納並沒有隱藏接點的木工痕跡，反而利用對比色的花梨木讓接點更醒目。影像由 Katja Kejser 和 Kasper Holst Pedersen 提供，版權為 PP Møbler 所有。

相思樹

這種多刺的樹木可以生產色彩豐富、極具裝飾效果的木材。相思樹原產於澳大利亞，現在遍佈熱帶與亞熱帶地區，某些地方認為相思樹是容易遭蟲的外來樹種。相思樹不只能提供木材，也是珍貴的單寧來源，可以用於皮革製造，還可生產出能食用的種子和口香糖。

類型	一般應用範圍	永續發展
· 相思樹：夏威夷相思樹、金合歡、黑木相思樹、大葉相思樹	· 造船、木結構房屋、木地板與科技木材 · 樂器 · 工業設計與傢俱	· 原產於澳大利亞，目前可在亞洲、太平洋群島、非洲和美洲發現 · 粉塵可能導致過敏

屬性	競爭材料	成本
· 耐用度中等，但是容易受蟲害 · 顏色非常多變 · 耐腐朽	· 胡桃木、沙比利木、桃花心木、綠柄桑和柚木 · 道格拉斯冷杉、柏樹和落葉松	· 中等偏低 · 裝飾用薄板可能非常昂貴 · 加工性優異

364

簡介

某些種類的相思樹 (相思樹屬 Acacia genus) 生產的木材可媲美桃花心木 (請見第 372 頁) 和胡桃木 (請見第 348 頁)。在某些情況下，相思樹的年輪可能模糊不明顯，但是有時候則有很大的顏色變化。邊材顏色從稻草色到灰白色，心材為金色到紅褐色。相思樹被分類為耐用度中等的樹木，有些品種抗腐朽耐受性比較高，可以忍受潮濕的環境，但是用於戶外環境，相思樹通常需要保護。相思樹類似桃花心木，密度會隨著樹齡增長而增加。

商業類型與用途

相思樹有數百種不同類型，但是只有少數用於商業，採伐作為木材。相思樹是通用名稱，像是黑木相思樹 (blackwood)、金合歡 (wattle) 樹種之間的名字可以交換使用。

大葉相思樹 (Brown salwood，學名為 A. mangium) 是亞洲潮濕熱帶低地主要種植的樹種，栽種的國家包括印尼和馬來西亞。大葉相思樹以工業規模作為木材與紙漿應用 (請見第 268 頁紙張)，簡稱為相思樹的木材多半是大葉相思樹，可以生產堅硬、沉重、強韌、牢固的木材，尺寸穩定，適合用在戶外傢俱與窗框。

黑木相思樹 (Blackwood，學名為 A. melanoxylon) 種植於溫帶國家，如巴西、智利、南非、紐西蘭和澳大利亞部份地區，生產的高品質木材可用於傢俱製造、櫥櫃與細木工。請避免和黑檀混淆，這是一種花梨木 (請見第 374 頁珍木)，這是理想的木材，相對來說價格

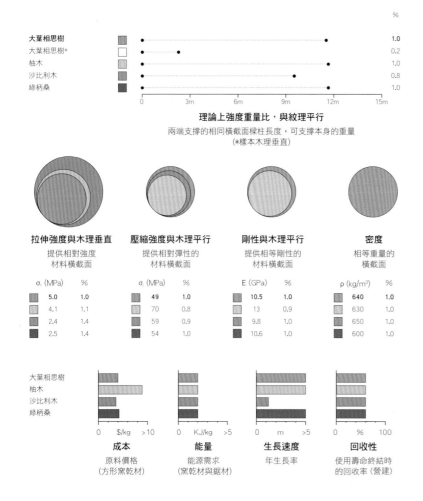

理論上強度重量比，與紋理平行
兩端支撐的相同橫截面樑柱長度，可支撐本身的重量
(*樣本木理垂直)

大葉相思樹				1.0
大葉相思樹*				0.2
柚木				1.0
沙比利木				0.8
綠柄桑				1.0

拉伸強度與木理垂直 提供相對強度材料橫截面		壓縮強度與木理平行 提供相對彈性的材料橫截面		剛性與木理平行 提供相等剛性的材料橫截面		密度 相等重量的橫截面	
σₜ (MPa)	%	σ (MPa)	%	E (GPa)	%	ρ (kg/m³)	%
5.0	1.0	49	1.0	10.5	1.0	640	1.0
4.1	1.1	70	0.8	13	1.0	630	1.0
2.4	1.4	59	0.9	9.8	1.0	650	1.0
2.5	1.4	54	1.0	10.6	1.0	600	1.0

成本 原料價格 (方形窯乾材)	能量 能源需求 (窯乾材與鋸材)	生長速度 年生長率	回收性 使用壽命終結時的回收率 (營建)

昂貴 (太平洋島嶼以外)，供應量少，長期看來，一般不認為黑木相思樹符合永續發展。因此，相思樹主要以薄板形式應用，用於樂器的共鳴板 (請見第 330 頁楓木和第 304 頁雲杉)。

永續發展

相思樹生長速度蓬勃快速，小樹苗只需約 20 年即可預備採伐。過去相思樹的供不應求的情況主要源自林場管理不善，現今，相思樹遍佈亞洲及原生地澳大利亞。相思樹的粉塵可能導致過敏，接觸後會造成皮膚發炎、氣喘、鼻子和喉嚨刺激。

瑞典家居品牌 Ikea 也有使用大葉相思樹的木材，且是從印尼、越南、馬來西亞採購，比珍稀硬質木價格便宜許多，而且更符合永續發展。

手工製作托盤 (上圖)

相思樹加工屬性非常良好，適合用於所有類型的手加工或機械加工，也適用蒸汽彎折，木料本身具有天然光澤，並能利用拋光完成光滑的表面。圖中的大葉相思木托盤適用平鋸木板雕刻而成，充分利用相思樹波浪起伏的色澤。

大綠柄桑木

大綠柄桑木一開始是黃色的，然後顏色逐漸加深，變成濃郁的巧克力棕色，非常耐用，未經處理的狀況下即可用於戶外，因此，大綠柄桑木經常用於造船、花園傢俱、甲板等。這種樹非常巨大，沒有斜枝，可以產出高品質大型木材。

簡介

綠柄桑 (柘屬Milicia excelsa，學名的異名為 Chlorophora genus) 可當作裝飾用和功能性的木材和薄板使用，樹幹筆直，直到 25 公尺都沒有插枝，樹冠可達兩倍高度，樹幹直徑約 2 公尺。綠柄桑不論就經濟面或環境面來看都是珍貴的木材，在非洲某些文化中被尊為神木。

綠柄桑是心材的部份最耐用、最理想，自帶天然油質可以防止腐爛和蟲害，因此能在未經處理的情況下使用，顏色從淡黃棕色到黑巧克力色，和邊材偏黃的白色有明顯的區隔。紋理中等偏粗糙，但是木材堅硬，能有效固定釘子與螺絲。

綠柄桑木材偶爾含有大量碳酸鈣沉積物，稱為「石頭」，會損害切割工具，加工時造成麻煩，具有交錯不規則的木理，切割過程中會導致撕裂。除了上述幾點，木工機器與雕刻性能相對較好。

類型	一般應用範圍	永續發展
· 大綠柄桑木	· 造船、房屋建造 · 傢俱、工業設計和樂器 · 木地板與室內裝潢	· 遍佈整個非洲中部，因為森林濫伐而列入瀕危物種 · 可能導致過敏

屬性	競爭材料	成本
· 非常耐用，可抗蟲害 · 心材會隨時間加深，變成濃郁的巧克力色 · 交錯、不規則的木理	· 橡木、胡桃木 · 柚木、桃花心木、沙比利木 · 白蠟木、白楊木和其他適用於熱改質的木材	· 一般木材價格中等，帶有圖騰的木材價格高

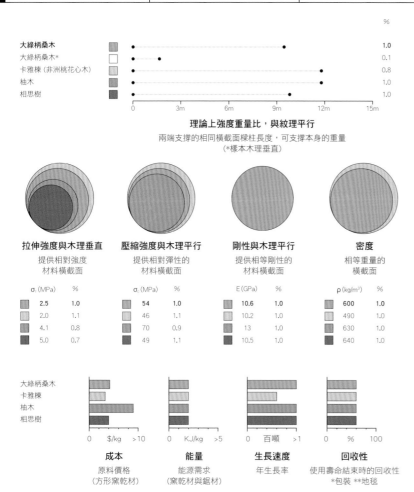

理論上強度重量比，與紋理平行
兩端支撐的相同橫截面樑柱長度，可支撐本身的重量
(*樣本木理垂直)

大綠柄桑木 1.0
大綠柄桑木* 0.1
卡雅楝 (非洲桃花心木) 0.8
柚木 1.0
相思樹 1.0

拉伸強度與木理垂直	壓縮強度與木理平行	剛性與木理平行	密度
提供相對強度 材料橫截面	提供相對彈性的 材料橫截面	提供相等剛性的 材料橫截面	相等重量的 橫截面

σ_t (MPa)	%	σ_c (MPa)	%	E (GPa)	%	ρ (kg/m³)	%
2.5	1.0	54	1.0	10.6	1.0	600	1.0
2.0	1.1	46	1.1	10.2	1.0	490	1.0
4.1	0.8	70	0.9	13	1.0	630	1.0
5.0	0.7	49	1.1	10.5	1.0	640	1.0

大綠柄桑木
卡雅楝
柚木
相思樹

成本	能量	生長速度	回收性
0 $/kg >10	0 KJ/kg >5	0 百噸 >1	0 % 100
原料價格 (方形窯乾材)	能源需求 (窯乾材與鋸材)	年生長率	使用壽命結束時的回收性 *包裝 **地毯

戶外傢俱 (右頁)

由荷蘭建築師暨傢俱設計師馬特·史坦 (Mart Stam) 在 1931 年設計的原版鋼管椅架「懸臂椅」，命名為「S 43」，目前德國傢俱製造商 Thonet 仍持續生產製造。在 S 43 的案件中，史坦將鋼架與椅墊、椅背的模壓夾板相結合 (請見第 296 頁科技木材)，Thonet 在 1935 年以名稱「B 33 g」推出使用相同設計的花園椅，今日這張花園椅被稱為「S 40」，採用森林管理委員會認證的大綠柄桑木生產，用於戶外極為耐用，大綠柄桑木本身具有天然油脂作為保護，暴露在戶外環境可以耐用好幾年。影像由 Thonet 提供。

商業類型與用途

綠柄桑來自兩種樹種 (M. excelsa 和 M. regia)，兩者之間似乎沒有明顯的差異，因為外觀與既有的耐用性而受讚譽，應用範圍包括花園傢俱和甲板，也可用於營建，例如窗框、門檻、大門與外牆等。

綠柄桑經常用於桌面，特別是實驗室與科學教室中，因為綠柄桑在長時間潮濕或化學品可能造成風險的情況下，表現優良，可以忍受日常使用的磨耗。

綠柄桑具有抗化學耐受性，特別是耐酸性，因此可以用於化學儲存槽。時至今日，比較有可能使用旋壓成型的聚乙烯 (PE) (請見第 108 頁)、聚丙烯 (PP) (請見第 98 頁) 或類似的低成本合成材料生產。

綠柄桑可用於河面或海上建築，像是長堤、碼頭、浮橋和船閘等。其他大型建築案包括木結構房屋和橋樑。除了當作實心原木使用，也可以改為科技木材 (請見第 296 頁)，如層壓膠合板 (集成材)，可以完成更大跨度。然而，科技木材如果使用綠柄桑製作，會比使用軟質木價格昂貴許多，像是使用更常見的雲杉、松樹、冷杉 (請見第 304 頁)。此外，未經處理的綠柄桑也不建議使用在持續接觸地面的應用範圍中。

綠柄桑經常拿來與柚木 (請見第 370 頁) 和其他耐用的熱帶硬質木相比，兩者在木理結構、密度與顏色上都很類似，柚木非常昂貴，而且供不應求，綠柄桑強度、硬度或是耐用度不如柚木，但是價格仍可負擔 (約為柚木的三分之一)。在歐洲，綠柄桑越來越普及；反之，在美國綠柄桑不太成功，只要可以取得柚木，柚木仍是造船等類似情況的材料首選。

綠柄桑也經常拿來與橡木相比 (請見第 342 頁)，這兩種木材雖然來自地球兩端，不過確實有一些相似的地方，就像綠柄桑，白橡木也可以在未經處理的狀況下使用於戶外環境。綠柄桑重量差不多 (雖然橡木可能會略重一點)，使用蒸汽彎折效果良好，成本大致相同。因此，兩者可以用於許多同樣的應用範圍，例如傢俱、檯面和外牆。橡木的外觀帶有紋樣，特別是四分之一切鋸的白橡木，上面帶有銀色放射狀斑點。另一方面，綠柄桑的顏色看起來像波浪狀，這是交替旋迴木理的結果，即是染成相同的顏色，也會有截然不同的外觀。

永續發展

綠柄桑可從通過認證的森林中獲得，生長快速，大約五十年之後就能夠採伐。野生的綠柄桑被列為受威脅物種，因為大量砍伐後，這個物種正在減少。一般認為熱帶雨林是極為敏感的生態系統，經過密集砍伐後的森林，恢復原本的樣貌約需數十年至數百年的時間，非洲擁有全球約 20% 的熱帶森林，農業操作、森林砍伐與開發專案使森林的面積每年減少約 1%，在非洲一些地區，只剩下五分之一到四分之一的森林。所以，在一些綠柄桑生長的國家，綠柄桑受到保護。為了解決這個問題，已經啟動無數的計畫與人工造林倡議。

不僅如此，綠柄桑的非法採伐與生長地區的衝突相關，與其他珍貴的熱帶硬質木、寶石 (請見第 476 頁) 和貴金屬一樣，證據顯示這些物產的銷售有助武裝團體取得資金。

暴露在綠柄桑的粉塵中可能導致健康問題，例如氣喘、皮膚發炎和蕁麻疹，建議在木材加工時穿戴呼吸防護用具。較不負責任的林業經營者與鋸木廠中，工人可能無法獲得足夠的保護。

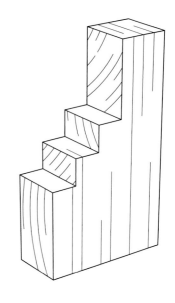

交錯木理

許多熱帶硬質木具有交錯木理，例如綠柄桑、桃花心木 (請見第 372 頁)、非洲桃花心木、沙比利、駝峰棟 (bossé)、花梨木和紫檀木 (padauk) (請見第 374 頁珍木)。有些北方硬質木也會帶有交錯木理，例如榆樹 (請見第 358 頁)、美國梧桐和楓樹 (請見第 330 頁)。插圖為四分之一鋸木樣本 (自樹幹的中心輻射狀切鋸)，長邊面向樹幹中心，樹中心即長出年輪的起始位置。新的纖維繞著樹木的軸心迴旋往外生長，這點與垂直木理的樹木不同，垂直木理的樹木包括白蠟木 (請見第 354 頁)、橡木、雞翅木 (請見珍木)。交錯木理會形成迴旋圖案，定期改變方線 (原因不明)。換言之，每年木理的傾斜角度不一樣，從左切換到右，造成有趣的光學效果，稱為緞帶花紋，顏色根據視角不同從深色變為淺色，這是由於表面暴露的纖維角度不同所引起的，在四分之一鋸板中最明顯，因為年輪與木材表面角度剛好，這會在木材加工時帶來一些挑戰，在刨平和類似表面加工的過程，木理容易撕裂。這點對木材的強度沒有顯著的影響，不過因為木材順著木理的強度最大，其他木理不平整可能就會折損強度，像是木理紋樣與樹節。因此，花紋顏色偏差明顯的話，代表木材較少順著木理平行切鋸。

CNC 機械雕刻木盒 (右頁)

這款梳妝盒來自希臘當代工藝設計工作室 Greece is for Lovers 以實心綠柄桑 CNC 銑削而成，表面上蠟填充木理凹陷的部份，形成帶有光澤的平滑表面。影像由 Nikos Alexopoulos 提供。

柚木

作為造船與戶外傢俱最受喜愛的木材，柚木不僅價格昂貴，而且取得不易，金棕色的心材抗腐朽耐受性極高，對大多數昆蟲具有抵抗力，一般認為柚木是最耐用的木材之一，雖然相對堅固強韌，但是卻意外容易加工，不論是手加工或機械加工都很輕鬆。

類型	一般應用範圍	永續發展
· 緬甸柚木 · 非緬甸柚木 (林場種植柚木)	· 造船 · 戶外傢俱 · 營建	· 可自通過認證的來源取得 · 粉塵可能導致過敏

屬性	競爭材料	成本
· 強韌 · 具尺寸穩定性 · 非常耐用	· 綠柄桑 · 沙比利 · 桃花心木	· 柚木是其中一種最昂貴的木材

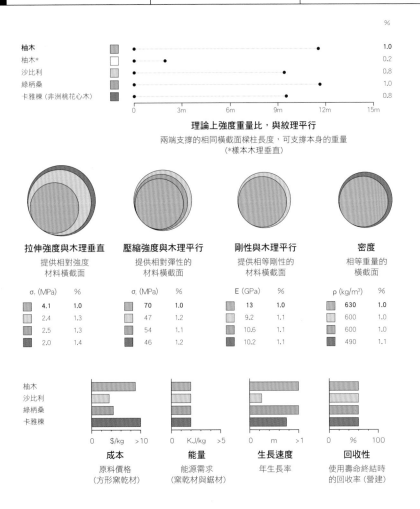

理論上強度重量比，與紋理平行
兩端支撐的相同橫截面樑柱長度，可支撐本身的重量
(*樣本木理垂直)

拉伸強度與木理垂直 提供相對強度 材料橫截面		壓縮強度與木理平行 提供相對彈性的 材料橫截面		剛性與木理平行 提供相等剛性的 材料橫截面		密度 相等重量的 橫截面	
σ_t (MPa)	%	σ_c (MPa)	%	E (GPa)	%	ρ (kg/m³)	%
4.1	1.0	70	1.0	13	1.0	630	1.0
2.4	1.3	47	1.2	9.2	1.1	600	1.0
2.5	1.3	54	1.1	10.6	1.1	600	1.0
2.0	1.4	46	1.2	10.2	1.1	490	1.1

成本 原料價格 (方形窯乾材)	能量 能源需求 (窯乾材與鋸材)	生長速度 年生長率	回收性 使用壽命終結時 的回收率 (營建)

簡介

柚木 (柚木屬) 在原產國已經使用超過數千年，包括印度、緬甸和泰國，用來打造高品質的建築、船艇和傢俱，心材中含有天然油脂，使柚木不受陽光、雨水、霜凍或冰雪的影響。有一些古老的柚木建築至今仍保持完整，在室內使用時，柚木的心材幾乎可說沒有使用期限，因為柚木的心材也能抵擋大多數蟲害。

柚木的密度中等、纖維粗，讓手加工與機械加工相對容易，但是木料生長期間會積聚二氧化矽沉積物，使切割刀片變鈍，柚木木理通直，排列緊密，可以完成高品質的表面處理，拋光後效果非常良好，這些屬性可用於珍貴的手工雕刻，例如棋子與裝飾品，以及帶旋轉功能的木件。

未經處理的柚木暴露在戶外環境時，心材會從深金黃色慢慢變成銀灰色。價格昂貴，因此不能像其他耐候木材大量使用 (請見第 318 頁柏科家族、第 310 頁落葉松、第 342 頁橡木)。

柚木非常穩定，不會變形或開裂，與金屬接觸時也不會變黑，這些特性與本身自有的耐用性，讓柚木成為船隻甲板與飾邊的理想材料，但是因為價格高，代表柚木只能用在最有價值的船隻上，特別是巡洋艦和豪華遊艇，才能使用柚木製作。

商業類型與用途

雖然柚木生長相對快速，但是仍然非常昂貴，因為需求量極高，相當稀缺，柚木的供應曾經經歷一段動盪，

近年來，大部份的柚木都來自緬甸，被稱為緬甸柚木，每個方面都認為是最優異的，美國在 2003 年通過「緬甸自由和民主法」(Burmese Freedom and Democracy Act)，針對該國高壓統治進行制裁，下令禁止緬甸產品進口，使柚木幾乎停止供應，世界其他國家紛紛跟進，包括歐盟在內。

繼歐盟在 2012 年取消禁令後 (美國不久後也取消禁令)，緬甸林業部在 2014 年宣布限制柚木原木出口，以增加價格更高的成品銷售，在過去，非法採伐木材的進口使柚木價格遭到人為壓低，自 2010 年通過的歐盟木材法規 (EU Timber Regulation) 提出木材供應商有責任提出供應鏈溯源資料，迫使非法採伐與木製品交易量縮減，除此之外，為了對抗森林濫伐採取的限制措施，使整體柚木產量持續下降 (每年約減少 5%)。

因此，大多數柚木現在來自人為管理的林場，例如印尼，當地柚木佔全球供應量大宗，人工種植柚木的生長速度比自然生長的速度快，這種類型的種植需要施肥與灌溉，可能對木材的品質與當地環境造成不利的影響，許多木材被認為其實不如舊有的庫存緬甸柚木。

有許多柚木替代材料價格相對較低，雖然與溫帶硬質木相比，這些替代材料仍然相對昂貴，有些替代材料甚至以柚木取名，即便根本不是柚木，這些替代品包括巴西柚木 (零陵香豆屬；Dipteryx genus)、羅得西亞柚木 (柚木豆屬；Baikiaea genus)、非洲柚木 (美木豆屬；Pericopsis genus)，這些都具有深色的心材，但是耐用性等級較差。綠柄桑 (請見第 366 頁) 具有和柚木一樣的屬性，通常當作比較便宜的替代品使用 (綠柄桑有時會被稱為非洲柚木)。

永續發展

柚木使用壽命長，代表老柚木可以像新柚木一樣好，甚至更好。雖然柚木實際回收狀況不可知，但是因為原物料成本極高，相對較有可能回收，只要有任何回收再利用的方法，營建用的柚木不太可能棄置或焚化，因此，有許多用老柚木製成新傢俱的例子。切割和打磨過程中產生的粉塵極易引發過敏，可能引起嚴重的過敏反應，需要穿著合適的防護衣，避免柚木粉塵影響眼睛、皮膚與呼吸系統。

柚木小猴子 (上圖)

這隻猴子出自丹麥設計師凱伊·波約森在 1951 年的設計作品，這是設計品牌 Rosendahl 木製動物系列其中一員，猴子肚子、雙手、雙腳與臉部使用淺色林巴木 (Limba) 心材，與柚木形成鮮明的對比。雖然一開始設計時預想作為兒童玩具，但是柚木的高價位代表柚木小猴子更可能收為裝飾品和傳家寶珍藏，而不是玩具。

桃花心木

大葉桃花心木是一種熱帶硬質木，能產生巨大乾淨的木板，帶有美麗的木理與顏色，野生桃花心木有可能在不久的將來滅絕，一般只能買到林場種植的桃花心木，常見的替代品包括卡雅棟(非洲桃花心木)、沙比利和駝峰棟。大部份木材來自林場，交易受控管，因為許多物種在野外受到威脅可能滅絕。

類型	一般應用範圍	永續發展
· 真正的桃花心木：宏都拉斯桃花心木、墨西哥桃花心木、巴西桃花心木 · 卡雅棟（又名非洲桃花心木）、沙比利、駝峰棟、西班牙雪松等	· 造船和營建 · 工業設計與傢俱 · 樂器	· 野生樹種剩餘數量不多，幾乎所有大葉桃花心木都來自林場 · 有些相關的樹種符合永續發展 · 可能導致過敏
屬性	競爭材料	成本
· 不特別強壯，但是非常穩定 · 木理帶有紋，天然具有光澤 · 耐用程度中等偏高	· 胡桃木、橡木、柚木、相思樹和幾種珍稀硬質木	· 價格中等偏高，取決於樹種與品質 · 加工屬性良好

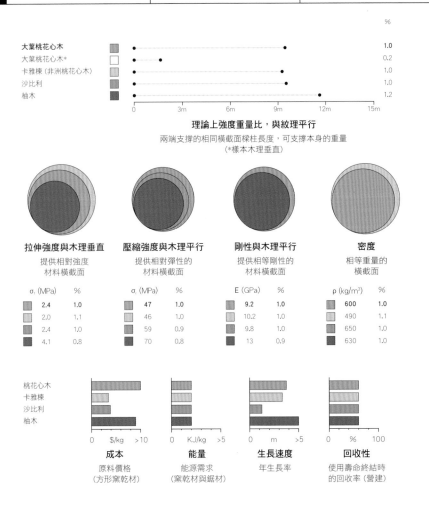

大葉桃花心木
大葉桃花心木*
卡雅棟 (非洲桃花心木)
沙比利
柚木

%
1.0
0.2
1.0
1.0
1.2

0　　3m　　6m　　9m　　12m　　15m

理論上強度重量比，與紋理平行
兩端支撐的相同橫截面樑柱長度，可支撐本身的重量
(*樣本木理垂直)

拉伸強度與木理垂直 提供相對強度 材料橫截面	**壓縮強度與木理平行** 提供相對彈性的 材料橫截面	**剛性與木理平行** 提供相等剛性的 材料橫截面	**密度** 相等重量的 橫截面
σ_t (MPa) ／ %	σ_c (MPa) ／ %	E (GPa) ／ %	ρ (kg/m³) ／ %
2.4 ／ 1.0	47 ／ 1.0	9.2 ／ 1.0	600 ／ 1.0
2.0 ／ 1.1	46 ／ 1.0	10.2 ／ 1.0	490 ／ 1.1
2.4 ／ 1.0	59 ／ 1.0	9.2 ／ 1.0	650 ／ 1.0
4.1 ／ 0.8	70 ／ 0.8	13 ／ 0.9	630 ／ 1.0

桃花心木
卡雅棟
沙比利
柚木

成本 原料價格 (方形窯乾材)	**能量** 能源需求 (窯乾材與鋸材)	**生長速度** 年生長率	**回收性** 使用壽命終結時 的回收率 (營建)
0　$/kg　>10	0　KJ/kg　>5	0　m　>5	0　%　100

簡介

許多不同類型的木材都叫做桃花心木，全部都屬於棟科 (Meliaceae)，因為這層關係，這些木材擁有很多相同的屬性，但是所謂的「真正的桃花木」通常是指來自桃花心木屬 (Swietenia genus) 的木材，其中包括古巴桃花心木 (S. mahogani)、宏都拉斯桃花心木 (S. macrophylla)，又稱為美洲桃花心木、巴西桃花心木等，野生桃花心木是受威脅物種。

桃花心木不像柚木 (請見第 370 頁) 一樣強韌或堅硬，也不耐腐朽，且容易遭蟲害。即使如此，桃花心木仍可用於造船，或是在未經處理的狀況下於戶外長時間使用。最重要的特質是穩定，乾縮率約只有其他普通硬質木的一半左右，因此在乾燥時不容易發生翹曲或乾裂。

桃花心木顏色介於淺棕色到濃郁的深棕色或紅褐色，隨著時間過去，並且暴露在紫外線下，顏色會逐漸加深。桃花心木的光澤和極具裝飾效果的外觀，在 18 世紀和 19 世紀時被櫥櫃製造商看中，在那個年代，許多產自歐洲和北美的櫥櫃都是採用桃花心木、胡桃木 (請見第 348 頁) 或橡木 (請見第 432 頁) 製作，包括英國傢俱設計師湯瑪斯·齊本德爾 (Thomas Chippendale)、英國室內裝飾家湯瑪斯·霍普 (Thomas Hope)、英國傢俱設計師湯瑪斯·謝立頓 (Thomas Sheraton)、法裔美國設計師查理奧諾雷·蘭努耶 (Charles-Honoré Lannuier)、美國傢俱設計師鄧肯·菲夫 (Duncan Phyfe) 等人。

桃花心木具有勻稱的紋理，加工性能優異，適合所有類型的手加工與機械加工，蒸汽彎折適應性中等。除了原木之外，也可以作為薄板運用(請見第 290 頁)。桃花心木的木理有時可能帶有高度紋理，如小提琴背木(fiddleback)、曲紋 (curly) 等。

商業類型與用途

所有桃花心木中，只有宏都拉斯桃花心木用於商業，依靠林場栽種，但是林場種植的木材永遠不會像成長緩慢的大型老樹一樣擁有高品質。除了桃花心木屬的木材廣受歡迎且成功，幾個相關屬的植物也常被認為是桃花心木，其中一些最受歡迎、最重要的包括非洲桃花心木 (卡雅楝屬Khaya)、沙比利 (非洲楝屬 Entandrophragma)、駝峰楝 (bossé) (駝峰楝屬 Cedrela) 這些木料本身就很精緻，通常可以與真正的桃花心木交換使用。

卡雅楝、沙比利、駝峰楝都是非洲原生種，卡雅楝 (主要為學名 K. invorensis) 比真正的桃花心木脆，但除此之外是合適的替代材料，用途更廣，價格較不昂貴。沙比利 (學名為 E. cylindricum)，體型比卡雅楝大，密度稍高，使木材具有優異的加工性能，木材以濃郁的顏色和帶花紋的木理而聞名。駝峰楝 (主要為學名 G. cedrata和 G. thompsonii) 通常僅用於裝飾貼面，與沙比利擁有相似的外觀，帶有金棕色的心材，圖騰明顯的木料價格昂貴。這些木材往往帶有交錯木理或波浪狀的木理，因此比真正的桃花心木還要更難利用，切割時木理容易撕裂，心材耐用度介於普通到極耐用，取決於樹種與樹齡。西班牙雪松 (Spanish-cedar)，又稱為巴西雪松 (Brazilian-cedar)，原產於南美洲和加勒比海地區，這不是真正的雪松 (雪松屬)，之所以被稱為雪松，是因為木材帶有類似雪松的香氣，具有驅蟲效果，重量輕，耐用度適中。還有其他

幾種作為桃花心木的樹種，這幾種甚至和桃花心木沒有密切關係，包括菲律賓桃花心木 (又稱梅蘭蒂木 meranti 或柳桉木 lauan，泛指東南亞一系列的木料) 和印度桃花心木 (香椿屬 Genus Toona)。

永續發展

真正的桃花心木生長速度中等偏快，約需 40 年到 60 年才能長成經濟上可用的規模。野生桃花心木被視為受威脅物種，樹林受到國際法保護。同科植物有些生長速度相同，有些慢得多，中間有許多樹種被視為受威脅或是瀕臨滅絕，特別是西班牙雪松和巴

層壓吉他側板 (上圖)

桃花心木是吉他側板與背板常用的選擇，可以當作較便宜的替代品 (請見第 374 頁珍木)。比柏樹 (請見第 318 頁) 和雲杉 (請見第 304 頁) 密實，並能提供溫暖的柔和色調。因此能組成偉大的樂器，包括約翰·藍儂用於披頭四樂團早期作品的主要樂器 Gibson J-160E，便是以桃花心木搭配雲杉的結構。

西雪松、卡雅楝和沙比利，非法採伐在非洲和南美洲非常普遍，因此，必須從管理良好的森林中採購木材，最好是通過認證的森林。某些樹種的粉塵會導致過敏，特別是沙比利和駝峰楝，目前已知是致敏物，可能引發呼吸道、眼睛和呼吸問題。

珍木

這些受歡迎的多用途硬質木，許多生長緩慢，相對來說比較稀有，但是需求量很高，有些樹種被認為是受威脅物種或瀕臨滅絕。這些樹種的顏色差距非常大，從淡粉色、紫色到黑色，在生長地區以外價格非常昂貴，通常只做小型木料或是薄板使用。

類型	一般應用範圍	永續發展
· 烏木 (如黑木、雞翅木)、花梨木、紫檀、鐵木豆、馬卡考巴木、古夷蘇木、粉紅象牙木、黑柿木、破布木、綠心木、蕾絲木和斑馬木	· 營建和造船 · 櫥櫃與樂器 · 工具手柄與運動器材	· 許多樹種很脆弱或瀕臨滅絕 · 粉塵可能導致過敏

屬性	競爭材料	成本
· 顏色對比強，木理帶有花紋 · 強韌、堅硬、密實 · 抗腐朽耐受度取決於樹種	· 柚木、桃花心木、胡桃木 · 橡木、山毛櫸、白蠟木、楓木和樺木 · 柏科 (如西部紅側柏)、落葉松和道格拉斯冷杉	· 原料成本非常高 · 加工可能有許多挑戰

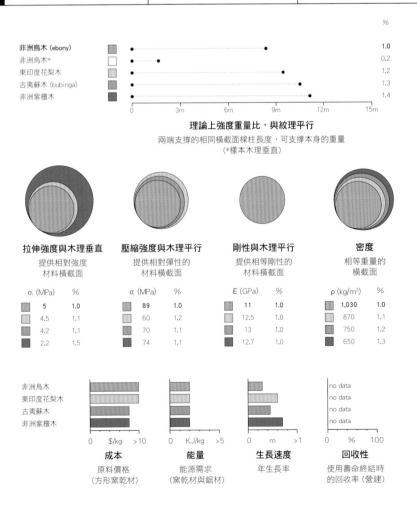

	%
非洲烏木 (ebony)	1.0
非洲烏木*	0.2
東印度花梨木	1.2
古夷蘇木 (bubinga)	1.3
非洲紫檀木	1.4

理論上強度重量比，與紋理平行
兩端支撐的相同橫截面樑柱長度，可支撐本身的重量
(*樣本木理垂直)

拉伸強度與木理垂直
提供相對強度材料橫截面

σ_t (MPa)	%
5	1.0
4.5	1.1
4.2	1.1
2.2	1.5

壓縮強度與木理平行
提供相對彈性的材料橫截面

σ_c (MPa)	%
89	1.0
60	1.2
70	1.1
74	1.1

剛性與木理平行
提供相等剛性的材料橫截面

E (GPa)	%
11	1.0
12.5	1.0
13	1.0
12.7	1.0

密度
相等重量的橫截面

ρ (kg/m³)	%
1,030	1.0
870	1.1
750	1.2
650	1.3

	成本	能量	生長速度	回收性
非洲烏木				no data
東印度花梨木				no data
古夷蘇木				no data
非洲紫檀木				no data

成本
原料價格
(方形窯乾材)

能量
能源需求
(窯乾材與鋸材)

生長速度
年生長率

回收性
使用壽命終結時的回收率 (營建)

簡介

珍稀的熱帶硬質木有數百種，除了本書其他章節提到的例子，包括相思樹 (第 364 頁)、綠柄桑 (第 366 頁)、柚木 (第 370 頁)、桃花心木 (第 372 頁) 和輕木 (第 378 頁)。過去幾年來，許多稀有木材因為過度採伐，價格上漲，已經變得非常稀缺。有些數量有限，有些出口量受到限制，讓森林有機會可以恢復。瀕臨絕種野生動植物國際貿易公約 (Convention on International Trade in Endangered Species of Wild Fauna and Flora，CITES) 是 1973 年制定的國際條約，目的是為了保護物種免於過度開發，查閱這項公約能幫助確保木材永續發展。

熱帶硬質木有幾種非常耐用，能在未經處理的狀況下用於戶外環境，含有天然油質，能保護木材免受潮濕。這類木材很強韌，是所有樹種中部份最堅硬密實的木材，有些木理通直，有些則帶螺旋木理或是交錯木理 (請見第 368 頁)，後兩種讓木材整體帶有裝飾性帶狀顏色，但是也會使切割、刨平或做表面處理時較為困難。

商業類型與用途

這些木材根據原本的物理屬性與美學特性分類，像是硬度、顏色或是木理圖騰，有幾種樹能生產顏色極深的心材，非洲烏木 (柿樹屬 Diospyros genus)，因為墨黑色的外觀與卓越的表面硬度而脫穎而出，烏木是一種極堅硬密實的木材 (少數會沉入水中的木材)，能夠拋光完成非常平滑的表面，可用於工作把手、鋼琴琴鍵和樂器其

他部件。柿樹屬底有許多樹種，但是只有少數能生產理想的黑色心材 (特別是學名為 D. crassiflora 的非洲烏木)，這顯示一個主要的問題：因為過度開採直接導致供應來源嚴重枯竭，現在非洲烏木已經瀕臨滅絕，非常危急。雞翅木 (wengé) 和另一種非洲烏木 (Dalbergia melanoxylon) 也有相似的問題，這兩種樹木可產生和烏木一樣密實堅硬的深色木材。

目前有其他符合永續發展的替代品可以取代烏木，雖然不一定像烏木一樣密實或堅硬，但是一樣漂亮，例如深色的胡桃木 (請見第 348 頁)，可從通過認證的森林中獲得，相對較不昂貴。另一個有趣的選擇是沼澤橡木 (請見第 293 頁薄板範例)，因為樹木本身的單寧與泥炭沼澤之間的反應變成了黑色，經常會發現沼澤橡木深埋在泥炭沼澤中，這種樹木因為已經死亡，因此取作木材使用沒有害處。

花梨木 (黃檀屬 Dalbergia genus) 代表另一組重要的珍稀熱帶硬質木，具有高密度、硬度與極深的紅色色澤，廣泛用於吉他和傢俱。其實真正的花梨木只限黃檀屬植物，但目前花梨木幾乎泛指任何帶有濃郁色調的熱帶木材，像是巴西花梨木 (D. nigra) 和馬達加斯加花梨木 (D. maritima)，還有非洲黑木 (D. melanoxylon) 和可可波羅木 (Cocobolo) 等。由於許多人非法採伐，目前幾乎瀕臨滅絕。

另外還有東印度花梨木 (East Indian rosewood) 是來自林場栽種的木材，便於取得；還有國王木 (Kingwood)，非常密實堅硬，不是瀕危物種，但是通常有小件木料與薄板兩種類型，因為樹木本身體型很小。

烏木手把 (右圖)

烏木異常密實堅硬，獨特的黑色心材由細小的皮孔和細緻均勻的紋理組成，拋光後效果良好，表面光澤度會經由日常使用越來越漂亮，這種樹目前已被列為瀕危物種。

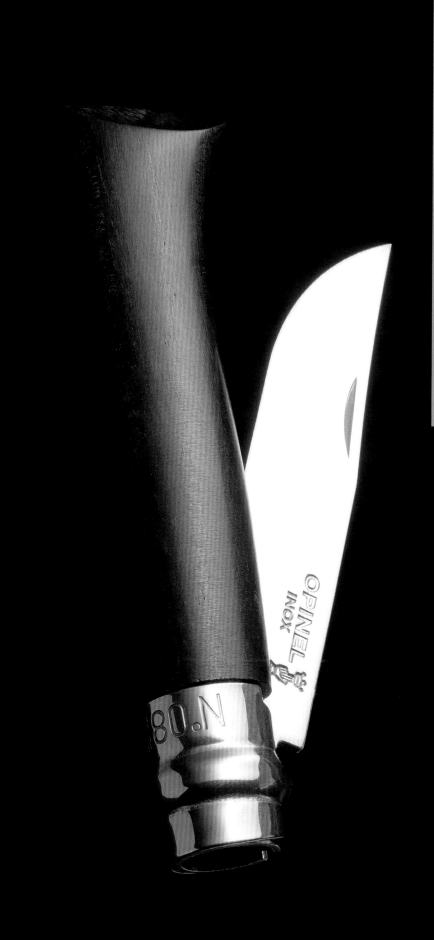

| 粉紅象牙木
(Berchemia zeyheri) | 非洲紫檀木
(Pterocarpus soyauxii) | 斑馬木 Zebrawood
(Microberlinia brazzavillensis) | 黑柿木
(Cordia dodecandra) | 破布木
(Cordia alliodora) | 非洲烏木
(柿樹屬) |

非洲紫檀木具有醒目的紅色心材，隨著樹齡增加與暴露在陽光下，會變成深栗色，非常耐用、耐磨損，可用於櫥櫃、雕刻、刀柄與撞球檯，非洲紫檀木目前瀕臨滅絕，一般只有薄板和小件旋轉木料。

鐵木豆 (Katalox) 心材有濃郁的深棕色，近乎黑色。因為高密度與高硬度，加工較為困難。鐵豆木非常強韌，特別是生壓材。鐵豆木並未被列入瀕危物種，但是就熱帶硬質木而言，價格仍然相當昂貴。

馬卡考巴木 (Macacauba) 心材顏色從深紅色到紫棕色，別名非常多，包括馬卡木 (macawood)、石榴紅木 (granadillo)、亞馬遜花梨木 (Amazon rosewood) 和橙色瑪瑙木 (and orange agate)。這是一種多用途木材，可用於木地板與樂器等各種場合，價格很昂貴，因為很難找到，特定樹種現在已經瀕臨滅絕。

古夷蘇木 (bubinga) 心材色彩濃郁，帶有黑色條紋，木理經常有花紋，如虎紋 (flamed)、雲狀 (quilted)。這種樹木體積大，可生產巨大強韌的木材，常作為花梨木較平價的替代品。

粉紅象牙木 (Pink Ivory) 比這些濃郁的深色木材顏色來得淺，這種樹非常罕見，因此非常昂貴，可用於小型物件，通常是手工雕刻，例如手把、西洋棋的旗子、薄板鑲嵌等，堅固、強韌、剛硬，而且非常耐用。

黑柿木 (Ziricote) 是一種比柚木密度更高的木材，心材呈現深棕色，與偏黃色的邊材具有明顯差異，表面帶有光澤，並有獨特的木理圖騰 (稱為「造園」)。與黑柿木密切相關的是破布木 (bocote)，硬度不是很強韌，但是具有絕佳表面加工屬性，可用來製作家俱、櫥櫃、船隻甲板和工具手柄等。黑柿木和破布木都可用於樂器，而且價格昂貴，同為破布木屬的植物目前瀕臨滅絕。

綠心木 (Greenheart) 的名字來源是因為橄欖綠的心材，心材全體帶有黑色條紋，非常剛硬，而且目前已知會嚴重開裂，為了避免這種情況，鋸木廠會在木材通過鋸機時先用鏈子固定原木，綠心木極為耐用，可媲美柚木，

能用在海事。綠心木的硬度曾用來製作魚竿，但是彎曲時頂部開叉，因此避免用在魚竿的頂部使用綠心木。木材本身沒有毒性，但是碎片如果穿透皮膚，可能會造成嚴重的感染，而且癒合緩慢。

這些深色木材有符合永續發展的替代品，具有同樣迷人的色澤與色階，如橡木 (第 342 頁)、相思樹 (第 364 頁)和胡桃木。近期熱改質木材 (TMT) 也成為有趣的替代品，像是白蠟木 (第354 頁) 和楊樹 (第 324 頁)，經過處理之後，木材會變成黑巧克力色，暗色調視情況而定，極為耐用，具有尺寸穩定性，而且適合在戶外使用。上述這些顏色與木理圖騰的種類繁多，有些屬會具有強烈的視覺

特徵，像是蕾絲木 (Lacewood)、蛇紋木 (leopardwood) 和斑馬木 (zebrawood)。這些木材強韌堅硬，經常帶有交錯木理，一般用於小型雕刻和裝飾鑲邊，這些樹種的圖騰用於四分之一鋸原木或薄板最為突出。

永續發展

熱帶木材是有價商品，北美洲、亞洲和歐洲對這些木材的需求，一直超過符合永續發展的供應量，受威脅或瀕臨滅絕的樹種，即使只取用少量，也會造成雨林消滅。熱帶森林與溫帶森林的主要差異在於前者包含更多物種，這種生物多樣性代表個別樹種分佈有限，當熱帶硬質木需求量高時，總量就會迅速枯竭；相比之下，溫帶

花梨木圓桌 (上圖)

約 1970 年代的 Arkana 圓桌，設計上根據芬蘭裔美國設計師埃羅‧沙里寧 (Eero Saarinen) 為現代家具品牌 Knoll 製作的鬱金香桌，桌面採用東印度花梨木，底座採用壓鑄鋁材 (請見第 42 頁)，上漆後塗成白色。

森林單一樹種所佔的比例比較高，可以承受工業規模的採伐，挑選時不妨思考哪種材料才能為應用範圍提供更大的總體效益。

一般認為熱帶硬質木中，有許多樹種的粉塵是過敏原，暴露在這些粉塵中會導致健康問題。因此，建議穿戴呼吸防護用具。

輕木

使用輕木是為了這種木材無可比擬的低密度，具有類似海綿的多孔結構，風乾後的木材重量輕、強度高，因為質地軟，適合雕刻與塑型。輕木長得高又快，五到十年就可以採伐一次，目前大多數的輕木來自林場。

類型	一般應用範圍	永續發展
· 輕木	· 複合結構中的輕量夾層 (衝浪板、風力渦輪機葉片) · 模型飛機和玩具 · 浮具	· 可自通過認證的來源獲得 · 樹木成長快速 · 粉塵可能導致過敏
· 密度範圍約 50 至 350 kg/m³ 或更高 · 強度重量比良好 · 木理通直，紋理粗糙	· 泡桐、白楊木、柏樹、雲杉、松樹和冷杉 · 紙張、樹皮和軟木 · 發泡聚苯乙烯 (EPS)、發泡聚丙烯 (EPP)、發泡聚乙烯 (EPE)和其他發泡塑料	· 以單位計算價格低，以重量計算價格高 · 加工成本低

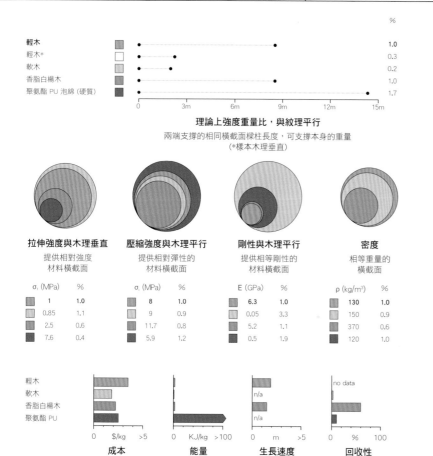

%
輕木　　　　　　1.0
輕木*　　　　　　0.3
軟木　　　　　　0.2
香脂白楊木　　　1.0
聚氨酯 PU 泡綿 (硬質)　1.7

0　　3m　　6m　　9m　　12m　　15m

理論上強度重量比，與紋理平行
兩端支撐的相同橫截面樑柱長度，可支撐本身的重量
(*樣本木理垂直)

拉伸強度與木理垂直	壓縮強度與木理平行	剛性與木理平行	密度
提供相對強度材料橫截面	提供相對彈性的材料橫截面	提供相等剛性的材料橫截面	相等重量的橫截面

σ, (MPa)	%	σ, (MPa)	%	E (GPa)	%	ρ (kg/m³)	%
1	1.0	8	1.0	6.3	1.0	130	1.0
0.85	1.1	9	0.9	0.05	3.3	150	0.9
2.5	0.6	11.7	0.8	5.2	1.1	370	0.6
7.6	0.4	5.9	1.2	0.5	1.9	120	1.0

輕木
軟木
香脂白楊木
聚氨酯 PU

成本	能量	生長速度	回收性
0　　$/kg　　>5	0　　KJ/kg　　>100	0　　m　　>5	0　　%　　100
原料價格 (方形窯乾材)	能源需求 (窯乾材與鋸材)	年生長率	使用壽命終結時的回收率(營建)

no data
n/a
n/a

簡介

輕木 (Ochroma pyramidale) 是種熱帶樹木，雖然質地軟，但是仍被分為硬質木，輕木的輕巧來自吸飽水份的細胞組成了微觀結構，乾燥之後成為薄壁的氣囊，邊材可生產實用的木材。

商業類型與用途

輕木的木理與密度差異很大，品質取決於重量，最高等級的輕木是超輕型，被稱為「競賽」或「比賽」等級，達 85 kg/m³ 或更輕，可達 95 kg/m³；數量最充足的是中等，包括中輕型，達 120 kg/m³，中型達 150 kg/m³，中硬型高 190 kg/m³。上述這些皆分為硬質，隨著密度增加，強度、剛性和硬度也會跟著增加。

與其他所有類型的木材或薄板一樣，原木切割的角度會影響材料的木理性質，平鋸輕木稱為「A 紋」，切面與樹的軸線平行，因此木理會是長弧形帶有螺旋，沿著寬面利用有彈性，容易捲翹或發生瓦形翹曲。這種類型適合用在模型飛機的蒙皮上，例如機身或機翼周邊。四分之一鋸的片材具有「C 紋」，切口從原木的中心往外輻射，使年輪縱向對齊樹木的垂直線，剛性更高，不易彎折，即使泡在水中隔夜也不會軟化。隨機切片的木材稱為「B 紋」。

輕木常用於模型製作，特別是模型飛機，一般來說越輕的等級會選擇用於模型中承受壓力最小的部件，例如機鼻、翼尖、蒙皮等。結構零件需要較重的輕木，例如機身、縱樑和翼梁。

就像塑膠泡棉，輕木也可用於複合材料層疊的夾層，塑膠泡棉包括聚氨酯 (PU，請見第 202 頁)、聚苯乙烯 (PS，請見第 132 頁)、聚丙烯 (PP，請見第 98 頁) 和聚乙烯 (PE，請見第 108 頁)。使用端面木理的木塊製作面板，讓飛機蒙皮上的木理垂直延展，提供非常優良的強度重量比與剛性重量比，組件可安裝在彈性被襯上，讓面板貼合簡單的曲線。使用木材的缺點之一是容易受潮濕影響，如果沒有使用樹脂妥善包覆，就會腐杇。應用範圍包括複合船體、木板、滑雪板和風力渦輪機葉片。

就像軟木一樣 (請見第 286 頁)，輕木的低密度在有浮力需求的情況下很實用，例如衝浪板、釣魚浮標和誘餌等。

輕木是木材中最輕巧的，但不一定是最實用的。替代品包括泡桐 (學名為 Paulownia tomentosa)，密度 280 kg/m^3，香脂白楊木 (請見第 324 頁)，密度為 370 kg/m^3 和西部紅側柏 (請見第 318 頁柏科)，密度為 380 kg/m^3。

永續發展
雖然野生輕木生長數量仍非常多，但是主要的木材來自厄瓜多林場種植的樹木，可從通過認證的來源取得。

空心輕木衝浪板 (右圖)
由美國奧勒崗州奧斯威戈湖 Yana Surf 製造的衝浪板，結構使用實心輕木，搭配高強度玻璃纖維強化環氧樹脂 (GFRP) (請見第 236 頁) 塗佈。在 1960 年代，當時 PU 泡棉還不是隨手可得，衝浪板是使用木材製作的，但是直到 GFRP 的發明，衝浪板才能整個使用輕木製作，Yana Surf 開始將「競賽級」輕木膠合製成想要的長度，木板用手工塑型，然後切割、刨空 (空心結構方便減輕重量)，衝浪板組合好，完成形狀後，使用 GFRP 塗佈。印花印刷在透明的宣紙上 (rice paper)，然後嵌入塗層中，使其成為設計結構的一部份。影像由 Yana Surf 提供。

植物

4

藤

別名
英文中同樣也稱為 rotan、manila、malacca
切割開來的藤莖又稱為藤篾 (reed)、藤條 (cane)、
柳條 (wicker)

藤是生長快速的攀爬植物，能輕鬆長到 100 公尺，實心藤莖可以作為藤篾使用，藤皮可以作為藤條使用，兩者都能用於傢俱、籃框和手工藝。藤本植物遍佈亞洲與非洲熱帶地區，為許多農村社群提供珍貴的收入來源。

類型	一般應用範圍	永續發展
· 最常見的商用類型包括根藤和西加省藤	· 籃筐、鋪墊和室內裝潢 · 陷阱和包裝 · 營建和小棚子	· 源自熱帶森林 · 大多數從野外採集 · 為農村社群提供珍貴的收入來源

屬性	競爭材料	成本
· 長條形半彈性心材 · 不耐用，而且容易遭蟲害 · 材料缺陷包括變色和蟲蛀的小洞	· 紙 · 柳樹、白楊木、竹子、草、藺草和莎草 · 塑膠條，如聚乙烯（PE）、聚丙烯(PP) 和 聚氯乙烯 (PVC)	· 原料成本低 · 加工屬勞力密集產業

簡介

藤製傢俱的特色來自藤的獨特質感，在東南亞，藤代表最重要的非木材森林特產 (non-wood forest product)；英文縮寫為 NWFP)，有一段時間許多國家禁止出口藤類原物料，以增加材料價值並保護野生物種 (理論上可行)。

因為供應量不穩定，加上原料不可避免變化性，因此出現各式各樣的替代品，在 20 世紀初期，設計品牌 Lloyd Loom 傢俱在美國與英國上市，這款傢俱使用牛皮紙 (請見第 268 頁) 纏繞金屬線扭轉，作為優於藤製傢俱的產品推廣，目前仍繼續生產中。另外也製作一些塑膠仿製藤條，最常見的是聚乙烯 (PE) (請見第 108 頁)，主要用於戶外傢俱，具有優異的耐候性 (雖然容易受紫外線影響)，能抗蟲害與潮濕。

藤類似竹子 (請見第 386 頁)，不過藤莖是實心的，直徑可達 30 公釐 (1.2 英寸)，節間距離長 (節點之間的距離)，總長度可以超過 100 公尺長。類似柳樹 (請見第 328 頁)、白樺樹皮 (請見第 280 頁) 和其他傳統用製作籃筐的材料，藤編結合實用性與美學表面，手工製作時能完成美麗繁複的圖騰。

商業類型與用途

這種爬藤類植物屬於棕櫚科 (學名為 Palmae 或 Arecaceae)，藤是數百種省藤亞科的通稱，分布在十三個屬中，但是大多數商用藤類植物來自少數幾種，最大宗也最受歡迎的是省藤屬 (學名：Calamus)，特別是根藤 (manau，學名為 C. manau) 和西加省藤 (sega，學名為 C. caesius)，這些

密度
平均重量的橫截面

ρ (kg/m³)	%
500	1.0
600	0.9
450	1.1
950	0.7
7,830	0.3

藤條
竹子
柳條
高密度聚乙烯 (HDPE)
軟鋼

強度重量比
相同橫截面的股線從一端懸掛時，能支撐本身重量而不破裂的理論長度

抗拉強度
造成單股材料斷裂的基本出力
(用於計算韌性)

藤條
柳條
聚乙烯 (PE)
軟鋼

成本
原料價格

能量
能源需求

取得便利性
每年生產量

回收性
使用壽命終結時的回收率

植物可生產一般人最熟悉的淺黃色藤條，表面具有光澤，藤篾帶有勻稱的灰白色，外觀乾淨，可藉由漂白提高潔白度。

藤在採收後，會剝除其多刺葉鞘、藤蔓和葉子，在防禦性表層底下是籐皮，或稱樹皮，自木質核心分開後切成條狀，稱為藤條，可用來編織籃筐、室內裝潢或纏繞編織（如手柄）等受歡迎的藤織品，大型片材依據標準圖騰使用機器編織，如平織、斜紋、魚骨、星形或八角形。在某些特定情況，可用機器編織模仿細緻的手編技術，但目前已經很少見了。

藤條編織品的表面輪廓相對較平整，比心材更強韌堅固，表面帶有光澤，通常不會加上塗佈，隨著時間過去與暴露在紫外線下，顏色會慢慢加深。

心材切割後稱為藤篾，目前這是藤類最常使用的部位，直徑（規格）範圍從大約 1 公釐到超過 15 公釐。圓程造型的藤篾在編織時，表面可完成複雜紋理，或是把藤篾切成扁條狀，編成平面、半橢圓形、橢圓形或半圓形的編織股線。

曲線造型室內裝飾（上圖）

設計師 Omi Tahara 為日本傢俱品牌 Yamakawa Rattan 設計的 Wrap 長椅，這家日本公司工廠位於印尼井里汶（Cirebon），大部份藤製品都來自這裡。材料的搭配完成輕盈的結構，而且柔軟舒適，使用藤股長度共 1.2 公里，採用手工編織，繃在鋼框上拉緊，選用條狀藤篾是因為顏色淺而勻稱，最後成品塗有清漆來增加保護作用。影像由攝影師 Lorenzo Nencioni 提供。

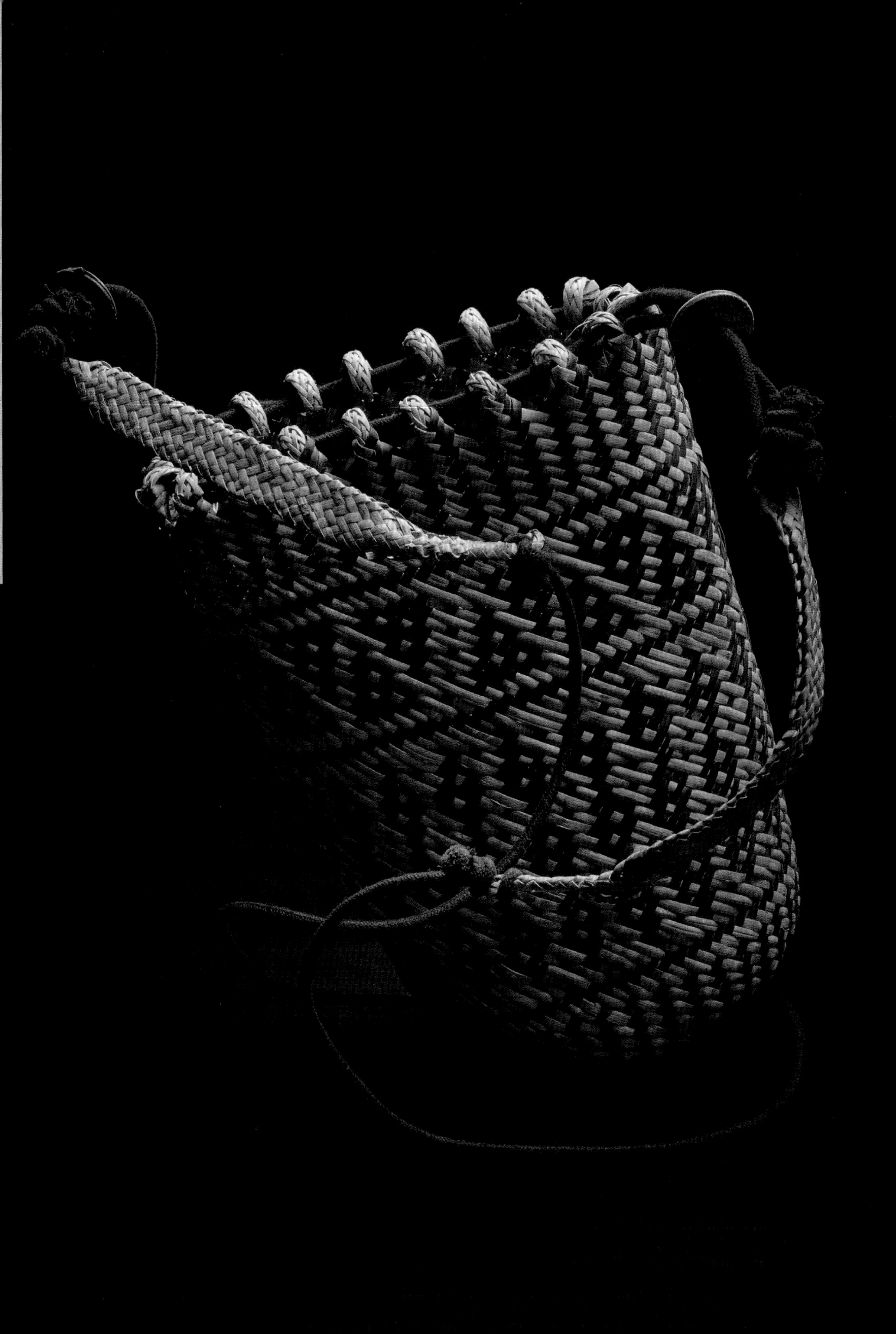

輕量籃子 (左頁)

來自婆羅洲的傳統物件——背包版本的 Anjat 藤籃，以手工編織將扁平染色藤篾編在一起，黑色的部份是將藤纖維浸泡在天然染色成份煮沸，隨著使用時間累積，自然色澤的藤條顏色會漸漸加深。整個製作過程是勞力密集型工業，需要花上好幾天完成，具體取決於設計的複雜程度。

起士製作專用籃 (右圖)

Kalathaki 是希臘利姆諾斯島 (Limnos) 製作柔軟的羊乳起士用具，「Kalathaki」的意思是小籃子，獨特的表面圖騰在籃子製作過程完成，圖中示範這款先以蒸汽彎折頂部與底部，然後使用藤條圍繞，將草扭轉後繞在藤篾上做強化，創造交錯的結構。

藤本植物橫截面剖面圖

藤是一種天然複合材料，類似竹，也是由多醣 (纖維素和半纖維素)、木質素和澱粉等成份組成。外層有表皮與表質，在某些品種中，表皮與表質分界清楚，有些則沒有這麼明確。內部核心由維管束周圍的纖維鞘組成，比外樹皮更柔軟更輕巧，密度會隨著年齡增加而增大，越外圍密度越大，強度更強，導致藤莖的底部比藤尖更粗壯。樹齡較大的藤莖外圍纖維質較厚，加工性能優異，在加工過程中，藤莖與藤皮通常會分開處理，將藤皮切成細條狀的藤條，然後內部核心切割製成藤篾。

藤篾是一種多功能的材料，可用於各式各樣的編織類應用範圍，例如室內裝潢與籃子，在準備編織時，先將材料浸入水中提高柔軟度，藤篾多孔易吸水，因此比藤條更適合用於上漆或染色。

小型藤莖 (藤枝) 來自藤蔓或樹齡較小的藤莖，可以攤在陽光下曬乾，或是用硫磺熏製 (消毒材料，並改善表面特性)。應用範圍需要更堅固的厚藤篾時，像是傢俱製造，可以在油中將藤篾煮沸，增加木材的長期耐久性。

藤有許多不同的形式，可能可以應用在相同物件上，例如，傢俱可以使用蒸汽彎折的藤桿製作，搭配較小的藤枝，彎折相對比較容易，而且彎折的曲度可達材料厚度的三倍，強韌輕薄的藤條可以用藤繞的方式捲在彎折的周圍，將結構固定在一起。藤篾的顏色均勻，適合作為大面積的編織材料，例如室內裝潢與桌面。

永續發展

藤可能是單莖或雙莖結構，前者只能收穫一次，但後者則可提供可再生的材料來源。東南亞國家是最大的生產國，在當地，藤可作為脆弱或瀕危樹種的替代品。但是，在某些地區，藤也因為過度採伐而使野生藤類的數量不斷減少。

藤類具有高澱粉含量，這代表藤類容易受到昆蟲和真菌侵害，真菌感染會使藤類褪色，可能會在採伐後發生，讓採下的藤無法用於傢俱製作 (因為強度減弱)，為了避免蟲害，藤桿會使用殺蟲劑處理，當然，如此一來就會對環境造成影響。

竹

竹子非常萬用,能當作寶貴的材料,應用範圍從食物到建築原木皆可。依據最終使用目的,可在不同的生長階段採收。竹子生長非常快速。能為許多小型社區提供珍貴的經濟來源,竹材重量輕巧,容易運送,加工時不需要高技術人力。

類型	一般應用範圍	永續發展
・主要來自孟宗竹屬、牡竹屬、菊竹屬、銳藥竹屬、丘竹屬、南美刺竹屬	・營建、傢俱、運動器材、器具 ・可製漿用於造紙和半合成纖維(黏膠纖維)	・竹子可作為木材替代品,減輕森林的壓力 ・竹子是小型社群寶貴的資源 ・廣泛便於取得

屬性	競爭材料	成本
・強度重量比高 ・易受真菌感染與蟲害 ・顏色從淺黃色至近乎純白色,帶有強韌的外皮,外皮顏色不一	・所有品種的木頭與藤本植物 ・工程塑膠、鋼、混凝土 ・合成纖維與天然纖維	・原料成本低 ・加工量龐大,但是不需要高技術勞動力

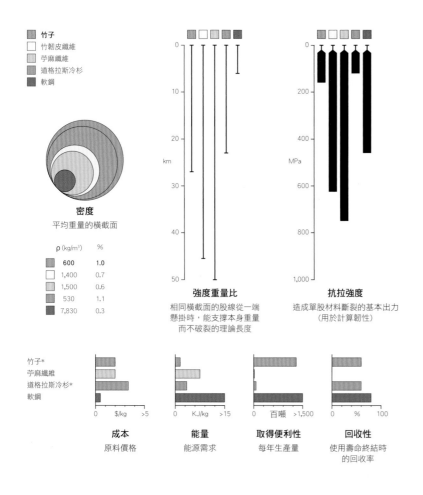

竹子
☐ 竹韌皮纖維
☐ 苧麻纖維
☐ 道格拉斯冷杉
■ 軟鋼

密度
平均重量的橫截面

ρ (kg/m³)	%
600	1.0
1,400	0.7
1,500	0.6
530	1.1
7,830	0.3

強度重量比
相同橫截面的股線從一端懸掛時,能支撐本身重量而不破裂的理論長度

抗拉強度
造成單股材料斷裂的基本出力(用於計算韌性)

成本
原料價格

能量
能源需求

取得便利性
每年生產量

回收性
使用壽命終結時的回收率

簡介

自古以來,在遠東地區沒有人不知道竹子的設計可能性。而且,過去幾十年在世界其他地區,竹子已經成為珍貴的木材替代品,有時候甚至優於木材。竹子非常萬用,和木材一樣,可以切割後直接使用,或是轉換成工程木材 (請見第 296 頁)、薄板 (請見第 290 頁)、紙漿、紙張 (請見第 268 頁)、木炭或甚至黏膠纖維 (請見第 252 頁)。

竹子歸類為禾本科 (Poaceae) 的分支 (學名為 Bambusoideae),竹子被當成資源,經常與木製品一起討論,但在非洲、亞洲和中南美洲,竹子是重要的林業與農業,和藤 (請見第 382 頁) 一樣大量生長,通常被認為是主要的非木材森林特產 (NWFP)。

竹子與木理平行的強度重量比令人驚艷,竹子可媲美山核桃 (請見第 352 頁),不僅優於其他大多數木材,與混凝土 (請見第 496 頁) 和鋼 (請見第 28 頁) 相比,可大幅減輕重量。然而,竹子是天然材料,因此機械性能不可避免會有變化,不像鋼或混凝土擁有眾所周知的物理性質,竹子的性質取決於許多因素,包括類型、木理方向、樹齡和高度。重要的是竹子的密度、強度和剛性會隨著樹齡增加而提高,最佳採收時間約五年。

廚房用具 (右頁)

設計師斯蒂格・奧斯特朗 (Stig Ahlstrom) 為瑞典品牌 Design House Stockholm 製作的這對夾子就像兩雙筷子,從實心竹子切割出形狀,利用不鏽鋼環固定在一起,使用起來既美觀又安靜,不會破壞料理精緻的表面。

木材和竹子用於結構時，必須要經過精密設計，使應力遠低於破壞應力，來因應天然材料的不一致。相較之下，可預測的材料在設計時數值可以更接近已知的破壞應力，例如鋼、混凝土和工程木材。

商業類型與用途

竹子的種類與原產地非常重要，因為竹竿運送到全球各地會平白消耗大量能源，與木材相比，未加工的竹竿佔用相當大的的空間，在處理與儲存上不實際，當然，切割後的竹子或是工程竹料就沒有這種問題。

竹子來自近 100 個不同屬，品種超過 1000 種，大致可分為草本與木本植物，在幾種木本竹子中，比較傑出的包括孟宗竹屬（Phyllostachys）、竹屬（Bambusa）、牡竹屬（Dendrocalamus）、滇竹屬（Gigantochloa）、鋭藥竹屬（Oxytenanthera）、丘竹屬（Chusquea）和南美刺竹屬（Guadua）。

孟宗竹是一種亞洲竹子，長可達 30 公尺，可能是最廣為人知的竹子，一般也以日本名「moso」稱呼，強硬堅固，木理細緻，可以生產高品質竹材，硬度媲美紅橡木（請見第 342 頁），集合這些理想的屬性，孟宗竹可以用於各式各樣的營建、門框、地板、傢俱與器具等範圍，從中國進口到歐洲和北美的竹製品，大多來自孟

宗竹屬植物，孟宗竹的竹筍可以食用，是珍貴的食物來源。雖然這些物種大部份非常堅硬，其中剛竹（P. bambusoides）彈性佳，可製作籃筐。

竹屬分佈廣泛，從南美洲到澳大利亞皆有，通常用來製造紙張，特定物種適合用於結構類應用範圍，但是澱粉含量高，因此容易腐爛。綠竹（B. oldhamii）又被稱為巨竹，因為橄欖綠色的長竹竿而聞名。青皮竹（B. textilis）或稱為編織竹，會有這種稱呼是因為青皮竹可作為籃筐材料的選擇，堅固但柔韌，沒有突出的竹節。

牡竹屬是另一種來自亞洲的竹子，能作為竹材使用，竹筍可以食用。馬來甜龍竹（Asper）和麻竹（Latiflorus）適合用於沉重的結構，例如房屋、橋樑，還可用於工程材料、地板、傢俱和器具。黑竹（Black asper），又稱為「Hitam」，帶有黑色堅韌的外層，竹節上環繞顏色較淺的帶狀紋路。

爪哇黑竹（Java black）或稱熱帶黑竹（tropical black bamboo）能生產紫黑色的竹竿，就像黑竹一樣，木質核心是棕褐色的，不適合用於結構應用範圍，但是應用在裝飾上很受歡迎，例如樂器和傢俱。

藥竹屬分佈在熱帶非洲，竹竿壁厚特別厚，只需三到四年就能收穫。藥竹（O. abyssinica）又稱為低地竹（lowland bamboo）或是非洲草原竹（savannah

bamboo），應用廣泛如建築與籃筐，其竹筍與種子可食用，樹液可製作飲料。藥竹屬生長有效率，能生產高品質的木炭，作為寶貴的燃料來源。

丘竹屬（Chusquea）和南美刺竹屬（Guadua）。來自中南美，可以長得非常高大，能生產高品質的竹材，目前越來越廣泛，取得也越來越方便，某些情況下可作為孟宗竹的替代品，南美刺竹屬的竹材非常強壯，木理粗糙，比孟宗竹更硬，可提供優異的結構材料，但是不太牢固，不適合用於容易凹陷或劃擦的應用範圍，例如地板和門框。

永續發展

大多數竹製品來自中國，在當地自新石器時代開始，竹子一直是實用的材料，數百萬人依靠竹子作為經濟來源，對個人或小農而言，竹子是無可比擬的珍貴結構材料。除此之外，竹子也是幫助減少氣候變遷與碳封存的一員。

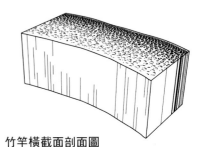

竹竿橫截面剖面圖

就像木材，竹子是一種天然複合材料，由多醣（纖維素和半纖維素）和木質素組成，纖維素會形成強烈連結、具有方向性的纖維（細長纖維），長寬比較一般木材更高，木質素與半纖維素基質將這些纖維固定在一起，變成空心的柱狀細胞，竹子的結構比木頭更複雜，本質上更類似骨頭（請見第 442 頁），纖維堆疊在一起，變成蜂巢狀細胞，空心莖的外部密度增加，進而提升彎折強度與剛性，空心管比實心棒材效率更高，因為材料中心越密實，能提供的彎折強度越低，這是竹子為什麼可以生長非常快速，還能保持重量輕巧的方法。竹子的竹節沿著莖形成分壁，幫助避免竹子彎曲。

竹

建築與營建

強度重量比高

竹子具有令人印象深刻的強度重量比，能輕易超越大多數的木材，與木理平行時，竹子和相同重量的軟鋼相比，強度約在 400% 至 500% 之間，當然，鋼的單位強度更高，但是密度也更高。

當地可取得

竹子在熱帶氣候中生長旺盛，甚至有可能在溫帶地區栽種竹子，減少運輸時內含耗

能，不過加工過程是勞力密集型工業，因此從中國或是印度購買價格往往是最便宜的，就算加上後續運往世界各地的費用依然便宜。

低成本

原料成本較低，約為常見木材的一半，像是橡木和道格拉斯冷杉（請見第 314 頁），但是工程竹材的價格可能會高出許多，往往超過這些木材的成本。

組合建築 (上圖與右圖)

創新建築「盛開的竹家」(Blooming Bamboo
Home;縮寫為 BB 住宅) 出自越南 H&P 建築
事務所,目的是為了打造間隔實惠的防洪住
宅,使用當地取得的材料與建築訣竅,這款
出於本土的設計讓屋主能在幾週內建造完成,
費用為 2,500 美元。將竹子緊密排列在牆壁、
壁面與屋頂(如右圖),牆壁與屋頂的支撐處
保持通風(如上圖),外部根據當地氣候進行
表面處理,取決於可用的素材不同,看起來
也會有所不同,包括長竿、竹籬、纖維板、
椰子葉等,讓房屋能融入周邊環境。影像由
H&P 建築事務所提供。

竹子能作為木材的替代品,減輕自然
再生森林的壓力。竹子生長的速度極
為快速,在短短一年中就能長齊應有
的高度,之後竹莖開始變硬,隨著樹
齡增加,硬度也會跟著增加,直到開
始腐爛。將竹竿原料轉變成可用材料
所需的能量非常小,不過,竹竿切割
後加工製成工程材料,成品含有黏著
劑,會增加內含耗能和相關的負面環
境影響。

竹子可以在林地上自然生長，但是在農地上栽種的比例越來越高。竹子的主要優點在於可在不能栽種作物的邊緣土地上生長。但是，竹子也無法倖免於過度採伐，一些品種因為集約化採收變得脆弱，甚至瀕臨滅絕。此外，在某些情況下，會將森林全數砍倒清除，方便栽種利潤更高的竹子，這對生物多樣性造成負面影響。

竹子在建築與營建中的應用

竹子可用於各種不同形式的建築，竹竿可以切割後直接使用，不需要進一步處理，例如用於鷹架、橋樑和房屋。或是也能將竹竿切為小塊，轉換成工程材料使用，又稱為結構竹製品（英文縮寫為 SBP）。類似雲杉、松樹和冷杉相似（請見第 304 頁），竹子與高強度黏著劑混合（請見第 224 頁甲醛），塑形製成面板和木材，可用於各種不同的應用範圍。

竹子其中最大的挑戰之一是缺乏標準規格，在機械屬性方面變數極大。竹子有許多不同品種，每一種成熟速率都不太依樣，加上徑向密度漸層分佈（竹子越往外層越堅固），變得很難預測竹子在應用時會如何表現。

竹子容易腐爛，在未經處理的情況下，在戶外只能保持二到三年，除此之外，含有澱粉可當作昆蟲的食物來源，因此，竹子很容易受到真菌的侵害，為了克服這種問題，竹子可以浸泡在防腐劑中預先處理。

目前正在研究將竹子作為樹脂的纖維強化材料，之後可以用於強化混凝土（請見第 496 頁），可以作為傳統鋼筋強化材料的替代品。

蒸籠（左頁）

這個簡樸的炊具已經用於中國超過幾世紀，甚至幾千年，幾乎沒有改變。即使各式各樣使用現代材料的炊具發明後，竹蒸籠仍遍佈亞洲，無所不在，而且流傳到世界各地。

因為竹子具有優異的強度重量比，有潛力可以在混凝土建築行業中掀起革命。竹子並不是沒有缺點，目前正在開發適合大規模應用範圍的生產方式，讓竹子成為更具成本效益、穩定可預測的材料。

竹子在工業設計、傢俱與照明的應用

小型竹製品可以直接用竹竿切割，大型物件可以使用長竹竿製作，或是利用較小的竹片製成結構竹製品。某些方面，竹子的運用類似木材加工，具有各向異性，與木理平行時強度更強，橫斷木理切割時容易撕裂。竹子乾燥後會縮水（縮小程度比大多數木材更高），竹子與木材類似的地方就只有上述這些。

竹子是管狀，不是實心，密度會隨著厚度變化，越靠外緣，密度越高。多年來，開發出不同技術來充分利用竹子既有的強度，而不是用實心木材的方式來處理竹子。

竹竿可能可以用幾種不同方式彎曲，在竹子還翠綠的時候（新鮮剛切下），可以加熱彎折，例如使用噴燈。為了避免破裂，竹節可以穿孔，然後填滿沙子。可以避免竹管塌陷，按照前面所說的方法彎折，竹子乾燥之後，形狀就會固定下來。

乾燥之後，竹竿可能彎曲，但是需要永久固定才能定位。或者，可以從內緣切割約三分之二的V型槽口（請見第 336 頁切口），剩餘的竹竿會更容易彎折，而且可以完成更彎的曲線。

劈開的竹子可以用來製作籃筐，特別是中國人在運用這種材料上，歷史相當悠久，直到現代仍使用竹子來製作各式各樣實用的物件，從帽子、收納、烹飪器具和捕魚用的陷阱等。通常會偏好使用竹節間距長的有彈性竹子，竹節間距即為每個竹節之間的竹竿長度，用

多功能

竹子有各式各樣不同形式，從未加工的竹竿到工程材料。使可能的應用範圍大大增加，對美學或經濟上都有助益。

高強度

竹子按照與木理一致的方向使用時，具有優異的強度重量比。對於重視輕量化甚於材料纖細與否的情況特別有力。

便於取得

竹子作為一種低成本的原料，遍佈世界各地，取得便利。

法與其他常見的籃筐材料重疊，例如藤、柳（請見第 328 頁）和樹皮（請見第 280 頁），與這些材料一樣，竹筐使用的技術取決於國家與地區。除了其他用於籃筐的「硬質」紡織品外，竹子還能做成「軟」纖維，用於時裝與科技布料，將竹纖維與剛性木質素和木纖維素基質分離，從竹竿中提取韌皮纖維，可作為類似麻（請見第 406 頁）、黃麻（請見第 404 頁）和其他韌皮纖維相似的材料。原纖維形式取得上比較困難，而且價格不是特別便宜。

另一種更具成本效益的作法，將竹子研磨後，用來生產半合成纖維的原料，稱為黏膠纖維和醋酸纖維（請見第 252 頁）。但是，這種情況下最終生產的成品與其他纖維素原料沒有太大區別，例如木材與棉花（請見第 410 頁）。

在印度和中國，竹子是用於造紙的主要原料，竹子的優點之一是纖維長寬比，一般會優於木材的纖維長寬比，這點可以提供額外的強度與彈性，因此有些製造商已經開始將使用這種植物作為自然材料，與傳統自然材料一起使用，例如雲杉和樺木（請見第 334 頁），因此又稱為不砍樹的環保紙或是非木質紙張，竹漿可製成各式各樣廣泛類型的紙張。

草、藺草與莎草

從古埃及的書寫材料 (紙莎草) 到現代日本藺草地墊 (榻榻米)，這些植物的莖與葉子為各種實際應用提供了珍貴的原料，採收後可直接用於編織，或是利用化學或機械加工，萃取單一纖維後使用。

類型	一般應用範圍	永續發展
・草、海草、藺草、蒲草、莎草	・室內裝潢、籃筐、草蓆和茅草屋 ・帽子和鞋子 ・矮棚和繩索	・分佈廣泛 ・成長快速，而且可再生 ・許多品種可作為農業副產品取得

屬性	競爭材料	成本
・長條形半彈性心材 ・不耐用，而且容易遭蟲害 ・材料缺陷包括變色和蟲蛀的小洞	・竹、藤、柳、白楊木	・原料成本低 ・雖然有些品種預備過程極少，但是也有一些需要密集勞力來將原料處理成可加工材料

簡介

這些單子葉開花植物在現代文明的發展過程中扮演著重要角色，幾千年來為食物與啤酒的製作提供了原物料，具有重大的經濟意義。草莖與葉子強韌有彈性，可以做成紡織品，內含的纖維還可以用來製造紙張 (請見第 268 頁)、刨花板 (請見第 296 頁工程木材) 和塑膠複合材料。

這些是纖維素材料，含有木質素和其他樹脂物質，空心稈並不堅固，但是因為管狀結構使重量非常輕，取決於物種不同，可能是圓柱形、三角形或半月形，屬性取決於長度，長度也限制了草莖可利用的數量。

這些植物遍佈全球各地溫帶和熱帶地區，不需要太多加工就能成為可利用的材料，許多品種採收後可以直接應用，但是，操作上需要技巧和經驗，今天，大多數草製品已經被塑膠取代，原本使用這些天然纖維的地方隨處可見塑膠，塑膠成為唾手可得的低成本材料，但是在合適的應用範圍，草仍然是珍貴的材料。

牛皮紙 (請見第 268 頁) 扭轉之後可以增加強度和體積，非常類似藺草 (燈芯草科，學名為 Juncaceae)、蒲草 (香蒲科，學名為 Typhaceae) 或是酒椰 (請見第 394 頁葉子纖維)。有時被稱為纖維藺草 (fibre rush) 或是丹麥紙繩 (Danish cord)，顏色均勻，與天然纖維不同，不會隨時間而變化，價格合理，適合用於手工和機器編輯技術，可用於和藺草編織相同的情況。

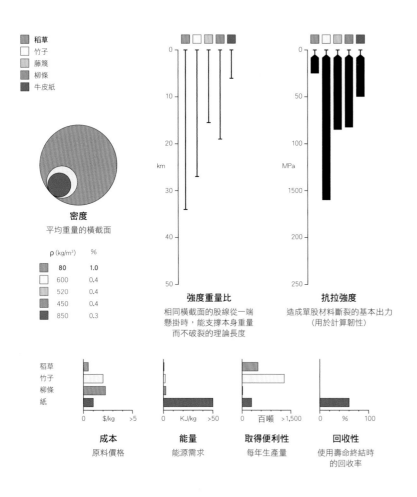

稻草
竹子
藤簍
柳條
牛皮紙

密度
平均重量的橫截面

ρ (kg/m³)	%
80	1.0
600	0.4
520	0.4
450	0.4
850	0.3

強度重量比
相同橫截面的股線從一端懸掛時，能支撐本身重量而不破裂的理論長度

抗拉強度
造成單股材料斷裂的基本出力 (用於計算韌性)

稻草
竹子
柳條
紙

成本
原料價格

能量
能源需求

取得便利性
每年生產量

回收性
使用壽命終結時的回收率

商業類型與用途

草科 (禾本科,學名為 Poaceae) 共有數千種開花植物,包括竹亞科 (學名為 Bambusoideae) (請見第 386 頁),這是最豐富的植物群組之一,而且分佈廣泛。

草莖一般是空心的,除了莖節會長葉子的品種,後者會在一定距離創造分壁,強韌的纖維順著莖的長度延伸,有助於草長出的時候讓草保持直立,可以在新鮮或乾燥後切割編織成稻草,目前仍是帽子製造商偏好的材料選擇,可作為稻草或扁索出售,這也可以用麻 (請見第 406 頁) 或是類似的纖維材料製作,應用範圍從正式款式 (如草邊船夫帽,日本稱為「can-can」) 到實用的圓錐形帽子 (如整個東南亞農民穿戴的草帽)。

就像藤 (請見第 382 頁) 和柳樹一樣,草也是利用纏繞、編辮、編織、針織等技術做成籃子結構,多股絞合在一起之後,讓草可以更容易處理,也更快速組裝。

白色藺草 (燈芯草科,學名為 Juncaceae)、蒲草 (香蒲科,學名為 Typhaceae) 和莎草 (莎草科,學名為 Cyperaceae),上述通稱為草,但不屬於同一科,這些開花植物可以在濕地中找到,其中莎草幾乎可以在任何地方生長。海草 (海神草科,學名為 Posidoniaceae 或大葉藻科,學名為 Zosteraceae 等) 則屬於不一樣分目 (澤瀉目,學名為 Alismatales),可在鹹水中發現。

和草一樣,這些植物也能應用在許多相同的應用範圍,根據生長地點與目的需求不同,牽涉的應用技術也會依

對角十字圖騰編織腳凳 (上圖)

這款腳凳來自加泰隆尼亞設計師基藍・費隆 (Guillem Ferrán),由西班牙家飾 Casa Constante 負責製造,利用現代設計加上承傳好幾世代的傳統技術,將蒲草捻成繩子,用對角十字的方式,直接編織在堅固的松木框架上。影像由基藍・費隆提供。

指定使用的物種不同,像是海草和藺草用於編織的椅墊和地墊。莎草的纖維內髓可用來製作莎草紙,證據證明莎草紙的使用可追溯到古埃及人。

永續發展

草莖可作為農業殘餘取得。從野外採集的草莖,則需要確保採收符合永續發展。雖然許多品種是多年生,而且可以切割後繼續存活,因為草是從根部生長,和末端沒有關係,不過也有其他品種沒有辦法在切割後存活。

植物 / 莖葉

葉子纖維

別名
蕉麻： 馬尼拉麻、西納梅麻 (Sinamay)
瓊麻：紐西蘭亞麻、赫納昆瓊麻、
猶加敦瓊麻、parasisal
巴拿馬帽棕梠：涂奎拉草 (paja toquilla)
作為紡織材料時的名稱：草帽辮 (sennit)、
柳條編織品 (wicker)、稻草編織品 (straw)

這些葉子纖維來自少數熱帶植物，從葉子中提取纖維非常耗費人力，因此一些精細的葉子纖維很難取得，而且價格昂貴。關於這些材料的知識掌握在小型社群經驗豐富的匠人手中，這些人持續製作傳統物件，從知名的巴拿馬帽到精緻繁複的鳳梨纖維服飾。

類型	一般應用範圍	永續發展
· 鳳梨纖維、瓊麻纖維 (包括灰葉瓊麻纖維)、蕉麻纖維和巴拿馬帽棕梠纖維	· 時裝面料和科技布料 · 室內裝潢、地毯和地墊 · 籃筐和包裝	· 為農村社群提供珍貴的收入來源 · 經常使用農藥與肥料 · 可再生資源

屬性	競爭材料	成本
· 強韌且耐用 · 耐撕扯 · 長纖維顏色從灰白色到近乎黑色均有	· 人造纖維，如黏膠纖維、壓克力纖維和聚酯纖維 · 絲、棉花和羊毛 · 草、藺草、莎草和椰殼纖維	· 原料成本低至高均有，取決於品質和種類 · 萃取纖維屬於勞力密集型產業，使高品質纖維非常昂貴

394

簡介

這些纖維不僅重要，而且與歷史息息相關，在熱帶地區承傳了好幾代。葉子纖維不僅作為傳統物件的主要纖維，也能當作現代複合材料中的纖維強化材料。葉子纖維類似韌皮纖維和棉花 (請見第 410 頁)，在自然界中為了保持植物站挺，這些纖維強韌堅硬。用來紡紗的纖維是將多根獨立纖維素包裹在一起，首先用手或機器將纖維從葉子上剝下來，煮熟後乾燥，確保纖維高品質且抗腐蝕。

商業類型與用途

不同的葉子纖維有截然不同的屬性，這會影響實際應用的範圍，品質取決於品種與提取的方法，徒手萃取可生產高品質纖維，但價格會非常昂貴。

瓊麻 (sisal) 這種多汁植物和製造龍舌蘭酒的植物是同一科 (龍舌蘭科，學名為 Agavaceae)。許多物種生產耐寒的纖維，包括紐西蘭亞麻 (New Zealand flax) 和灰葉瓊麻 (henequen)，但是最常見的商業作物是瓊麻 (學名為 Agave sisalana)。瓊麻是利用最廣泛的葉子纖維，但其實也只佔了天然纖維產量的 0.1% 左右而已。

巴拿馬帽 (右頁)

來自厄瓜多的 Montecristi 巴拿馬帽以柔軟聞名，由商人帶到巴拿馬，然後轉運到世界各地，這種帽子獨特的質感來自仔細挑選材料、繁複的準備工作與細緻的手工技術，這些最精美的帽子採用纖維製造，將葉子纖維剖開，讓葉子的直徑更細小，進而使紋理更光滑。一頂帽子的編織需要好幾天的時間，之後用木槌拍打帽子，讓帽子更柔軟，最終的形狀利用帽胚成型，如圖中的紳士帽 (fedora)。

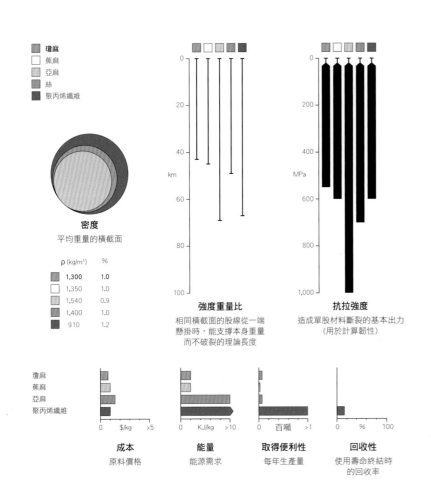

瓊麻
蕉麻
亞麻
絲
聚丙烯纖維

密度
平均重量的橫截面

	ρ (kg/m³)	%
	1,300	1.0
	1,350	1.0
	1,540	0.9
	1,400	1.0
	910	1.2

強度重量比
相同橫截面的股線從一端懸掛時，能支撐本身重量而不破裂的理論長度

抗拉強度
造成單股材料斷裂的基本出力
(用於計算韌性)

瓊麻
蕉麻
亞麻
聚丙烯纖維

成本
原料價格

能量
能源需求

取得便利性
每年生產量

回收性
使用壽命終結時的回收率

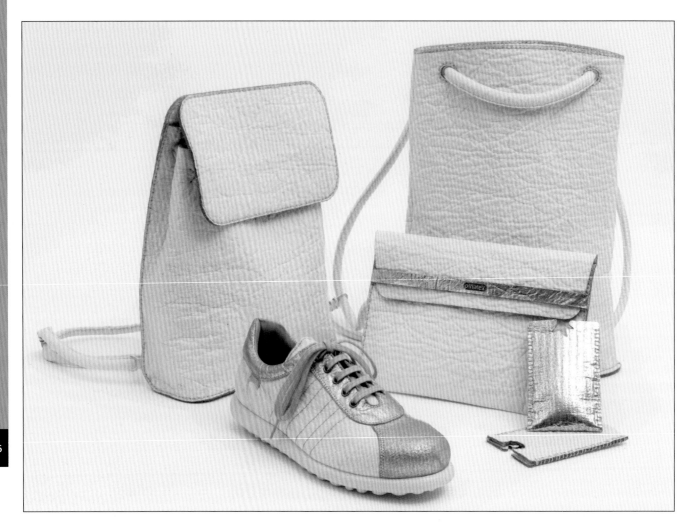

毛利人是第一個利用紐西蘭亞麻製作物件的民族，可用在繩索、麻繩、漁網、籃子與外衣等，雖然這種植物在紐西蘭被稱為「亞麻」，但是與用來製造亞麻的植物完全不同（請見第 400 頁）。灰葉瓊麻目前商業來源僅產自墨西哥，瓊麻也是墨西哥原生植物，但是在其他國家廣泛種植。

這些植物生長快速，幾年後就能開始採收，葉子可長到 1.5 公尺高，生產出的強韌纖維通長約 0.6 公尺至 1.2 公尺，通常參雜灰白色至淺黃色，可以運用自然色或是染色處理，植物可繼續生產約十年，長出數百片葉子，然後開花之後結束生命。

瓊麻是一種強壯又實用的纖維，原本會將堅韌的葉尖切下，保留纖維完整，像針線一樣使用瓊麻。現在，瓊麻的長纖維被改為繩索、織線和麻繩，進一步加工成地毯、地墊、籃子和袋子；短纖維則可用於造紙（請見第 268 頁）。瓊麻可耐鹹水，因此適合用於海洋環境。在許多案例下，瓊麻已經被聚丙烯（PP）（請見第 98 頁）取代，聚丙烯同樣堅韌，但是重量更輕、更一致、更容易加工。

蕉麻（abaca）來自同名植物（學名為 Musa textilis），生長快速，植物可在 18 個月到兩年之間成熟，每四個月可收穫一次，強韌的纖維來自植物的葉柄（莖周圍的葉鞘），而不是扁平的香蕉形狀葉冠，顏色介於深棕色、紅色到灰白色，取決於莖中葉柄的種類和位置。

主要的葉子纖維來自菲律賓，又稱為馬尼拉麻（雖然它與真正的麻沒有關係，請見第 406 頁），長度可達 3 公尺，取決於具體萃取方法。馬尼拉麻

無紡鳳梨纖維（上圖）

這種新興紡織品以商標名稱「Piñatex」命名，利用鳳梨工廠的廢棄葉子生產，這是西班牙設計師和企業家卡門·伊卓莎（Carmen Hijosa）構思，之後為了將這種材料推向市場而成立了 Ananas Anam 公司負責開發。多年研究後生產出強韌且透氣的面料，經過處理後，這種材料非常類似皮革，具有不同的厚度，這些原型包含 Camper 鞋履、設計師史密斯馬提亞斯（SmithMatthias）與伊卓莎本人的設計。影像由 Ananas Anam 提供。

就像瓊麻一樣強韌，傳統上用於船舶索具和強韌的紙張（有時又稱為馬尼拉紙），大多數馬尼拉麻仍用於紙張生產，可應用範圍從紙鈔到茶包等。

「Piña」纖維來自鳳梨的葉子（學名為 Ananas comosus），特別是紅色西班牙品種，這是西班牙統治菲律賓時期命名的，當時鳳梨引進了西班牙，鳳梨纖維和面料都以鳳梨的西班牙語

「piña」命名，品質和表面光澤都與絲綢相當 (請見第 420 頁)，自然色為象牙白，可以染成各式各樣的顏色。

鳳梨纖維非常昂貴，因為加工相當耗費人力，而且只有少數織工能處理這些纖維材料，讓鳳梨纖維受限於高品質織物，通常用於裝飾，包括桌布、手帕、禮服 (如婚紗)。

用來生產精緻巴拿馬帽的纖維來自棕櫚形狀的單子葉植物，即為巴拿馬帽棕櫚 (學名為 Carludovica palmata)，這種植物來自厄瓜多，最高可達一公尺，從纖維萃取、編織到成型，製帽過程非常消耗人力，特別需要經驗豐富的技巧，這就是為什麼最精緻的巴拿馬帽價格會貴得驚人。

永續發展

葉子纖維在原產地使用時對環境造成的衝擊非常小，生產過程需要的能源非常少，特別因為大部份都是手工完成。出口時，能作為偏遠社群珍貴的收入來源。葉子纖維顏色從灰白色到近乎黑色皆有，因此可以在不需要染色的情況下，實現不同的顏色和各種圖騰 (不管怎樣，因為有些葉子纖維參雜不同顏色，所以染色時的成果不盡理想)。

鳳梨纖維蕾絲洋裝 (右圖)

由菲律賓裔美國設計師奧立弗·多蘭迪諾 (Oliver Tolentino) 設計的酒會晚禮服，充分利用鳳梨纖維獨特的屬性，花卉圖騰採用手工刺繡，飾有「calado」孔眼雕花，強調纖維自然顏色與半透明的質感，穿著時會搭配棉質襯裡。這位時尚設計師正在推廣傳統菲律賓材料與技術，除了鳳梨纖維，他也擅長利用蕉麻、黃麻、絲綢等材質。設計師往返比佛利山莊和馬尼拉之間工作，將這些材料放在現代場景中，讓利用這些材料製作的晚禮服與連身裙適應最盛大的儀式盛典。影像由奧立弗·多蘭迪諾提供。

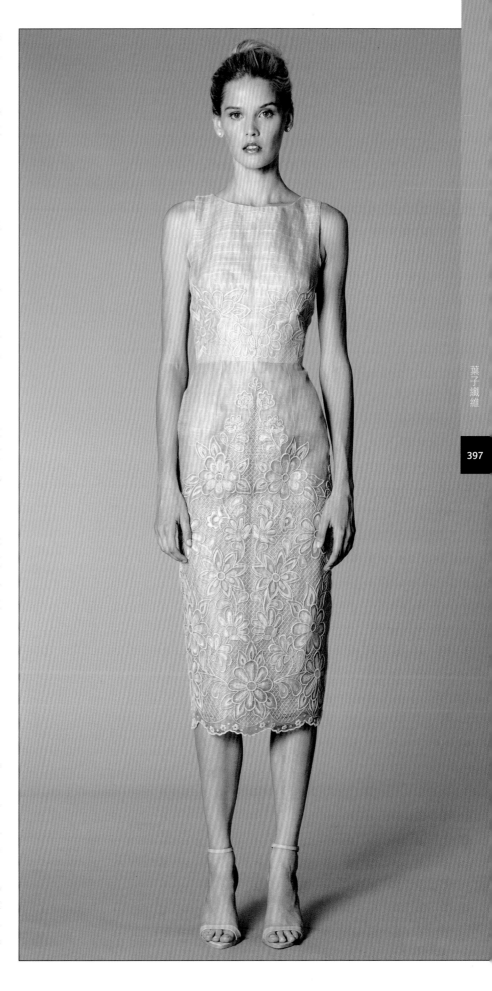

時尚與紡織品

維持形狀
這些纖維中有些用於製作帽子，因為可以承受加熱加壓成型，並且保持成型後的形狀與強度。

傳統
這些纖維的應用與美感圍繞的自身獨特屬性發展，在某些設計案例，甚至利用個別植物的生長地點和生長方式，這種深入詳盡的知識，有助於延續這些纖維的使用。

低成本
雖然成本確實波動很大，不過像是瓊麻和蕉麻的價格仍相對便宜，具體取決於需求與產品類型。機器剝出的纖維價格最不昂貴，但是品質會低於手工萃取的纖維。

永續發展
葉子纖維可再生，而且能為單一作物的農園帶來生物多樣性，例如甘蔗園，也能為小農帶來寶貴的收入來源。

瓊麻是最常見的葉子纖維，最大的生產商位於南美洲與非洲，與野生瓊麻或是小農栽種的瓊麻相比，農園栽種的生產效率更高，價格較不昂貴，但是與農園栽種相關的環境問題很多，包括生物多樣性下降，造成疾病與有害生物 (導致化學殺蟲劑用量增加)，土壤肥沃力減弱 (導致肥料用量增加)。

天然纖維在使用壽命結束時可回收，也可生物降解，雖然纖維僅佔葉子的一小部份，但是剩餘的也不會成為廢料，剩下葉子可用於堆肥、飼料或生物燃料。

葉子纖維在時尚與紡織品中的應用

葉子是能快速取得的資源，並且可以利用手加工，從植物完整萃取出長纖維。乾燥之後，能用在日常用品中，這點使葉子纖維優於從植物莖中萃取的纖維 (韌皮纖維)，例如麻和亞麻，後者需要分解堅韌的木質素基質。當然，用於裝飾與儀典物件的高品質葉子纖維需要更多加工程序，但是所有纖維都是如此，不僅僅是取自葉子的纖維。

瓊麻編織籃 (左頁)
傳統非洲瓊麻編織籃每一個都是獨一無二的，沒有哪兩個會看起來一模一樣，由農村自己種植、染色和編織完成，利用天然染料可以製造非常柔和的外觀 (請見圖片)，而酸性染料 (水溶性鈉鹽或銨鹽) 則可以創造非常大膽的顏色。

這些纖維被製帽商用來製作各種不同風格的帽子，和草、藺草和莎草的莖葉 (請見第 392 頁) 等通稱為「稻草」，這些纖維與其他不同的地方在於結合輕巧、耐用與成型性。目前仍是春夏帽款的首選材料，例如巴拿馬帽和正式的女帽。

稱為「Sinamay (西納梅麻編織帽)」的編織蕉麻帽是利用成型技巧完成，在單次操作中將片狀材料加熱加壓做出立體形狀，這是少數可以這樣加工的纖維，而且還能保持原本的強度和完整性。而「帕西斯爾 (Parasisal)」則是一種由瓊麻纖維製成的精細面料，可用在高級訂製女帽，品質優良，經久耐用，能做出非常光滑的表面。瓊麻和蕉麻一樣能保持柔軟與彈性，或是硬化後成型，做出永久不變的形狀。

編織蕉麻草帽的製造以中國與菲律賓為中心，而巴拿馬帽與瓊麻草帽則主要來自南美洲。這些帽子需要數天甚至數週才能手工完成，具體加工時間取決於品質與原材料。瓊麻與蕉麻若用於服裝，質感偏硬挺粗糙，相較之下，鳳梨纖維是帶有光澤的奢華面料，類似絲，源自菲律賓，可手工編織成為輕巧面料，適合熱帶氣候，有時可以與當地取得的絲和棉混紡，製作出更精緻的面料，傳統上用於華美繁複的裝飾面料，例如錦緞和蕾絲。

葉子纖維在工業設計、汽車與營建中的應用

這些堅韌的纖維可用於各式各樣的物件，例如籃筐、地墊與矮棚。在熱帶地區，瓊麻與蕉麻能最為草和莎草的替代品，比起這些植物的莖，來自葉子的纖維需要更多預備工作，但是能生產優質強韌的物件。

與其他天然纖維一樣，自從人造替代品隨處都能取得之後，使用量漸漸下降，但是近幾年來，在非傳統市場使用量開始增長，因為這種纖維結合了強度與永續發展的可能。

類似韌皮纖維，目前也在研究瓊麻和蕉麻如何作為高機能複合材料的強化纖維，潛在的發展可能包括低成本的增強混凝土 (請見第 496 頁) 和應用於汽車的纖維強化塑膠複合材料 (請見亞麻)。類似這樣的應用範圍，有助於保留原物料的價值，同時支持當地農村社群。

葉子纖維已經用於造紙，富含纖維素的纖維能提供良好的強度，可以耐折疊、抗撕裂，這些特性能用於特殊用紙，像是茶包、紙鈔、濾紙和高品質的膠帶背襯。每年約有七萬噸纖維用於紙漿，對全球紙張生產的貢獻雖少卻極有價值 (全球紙張生產共計三億噸)。

工業設計、汽車與營建

堅韌
雖然許多纖維不似麻或亞麻那麼強韌，但是強度重量比良好。

高吸水性與耐凹折
用於商品或特殊紙，瓊麻與蕉麻的紙漿優於軟質木，事實上，幾乎所有採收的蕉麻都用於紙張生產。

低成本
瓊麻與蕉麻價格相對便宜，但是品質變化非常大。地方工匠可從森林裡找到大量免費的纖維。

亞麻、亞麻紗

高品質的亞麻纖維一般稱為亞麻紗，因為強韌、觸感柔軟、帶有光澤而備受讚譽，亞麻整株植物都能利用，沒有浪費，木質核心可以用於刨花板、畜牧業動物墊料或是藉由焚化回收內含耗能，較短的纖維則製漿，可以用來造紙或紙板，種子能當作食物。

類型	一般應用範圍	永續發展
· 長亞麻纖維：麻線、麻條、粗紡、麻紗 · 短亞麻纖維：麻束、麻紗	· 亞麻紗可用於寢具和衣物 · 高機能複合材料可用於運動器材、傢俱、汽車和樂器	· 天然可回收 · 需要的殺蟲劑或肥料極少，甚至不需要 · 高機能面料內含耗能低

屬性	競爭材料	成本
· 堅固、強度高 · 品質會改變 · 具吸收性	· 麻、苧麻、黃麻、草和葉子纖維 · 碳纖、玻璃纖維和芳綸纖維 · 聚丙烯 (PP)、聚對苯二甲酸乙二酯 (PET) 和聚醯胺 (PA) 纖維	· 根據品質與市場趨勢，價格有很大的差異 · 加工屬勞力密集產業

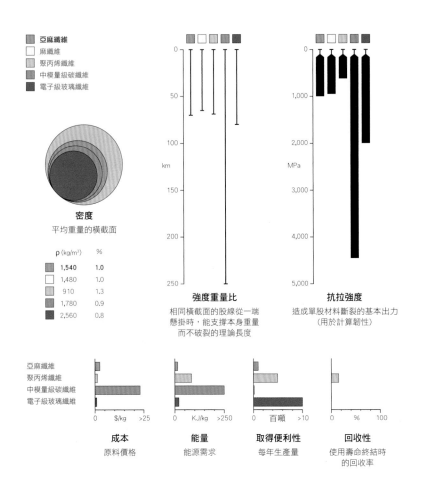

圖例
- 亞麻纖維
- 麻纖維
- 聚丙烯纖維
- 中模量級碳纖維
- 電子級玻璃纖維

密度
平均重量的橫截面

ρ (kg/m³)	%
1,540	1.0
1,480	1.0
910	1.3
1,780	0.9
2,560	0.8

強度重量比
相同橫截面的股線從一端懸掛時，能支撐本身重量而不破裂的理論長度

抗拉強度
造成單股材料斷裂的基本出力（用於計算韌性）

亞麻纖維
聚丙烯纖維
中模量級碳纖維
電子級玻璃纖維

成本
原料價格

能量
能源需求

取得便利性
每年生產量

回收性
使用壽命終結時的回收率

簡介

亞麻纖維取自亞麻植物 (學名為 Linum usitatissimum) 的莖，一般相信亞麻栽種已經超過數千年了，是最早用於製造紡織品的纖維之一。證據顯示亞麻的歷史可以追溯到西元前 7000 年，而目前已知西元前 4000 年古埃及人已經能生產非常細緻的亞麻布，用於木乃伊的裹屍布、船帆等物件。

亞麻分布於歐洲與亞洲溫帶氣候區，纖維強韌品質高，最近幾世紀以來，亞麻主要來自愛爾蘭、法國諾曼第和比利時。主要競爭對象是棉花 (請見第 410 頁) 和人造纖維。棉花遠不如亞麻耐用或強韌，但是更柔軟，染色更輕鬆，價格只有亞麻的一半。不過，以往使用亞麻的應用範圍，目前已改由人造纖維主導，特別是聚丙烯 (PP，請見第 98 頁) 和聚醯胺 (PA，尼龍，請見第 164 頁)。

亞麻經久耐用，高品質亞麻紗是高級時裝、寢具、桌巾與室內裝潢的理想面料。亞麻對環境的影響低而且堅韌，現在正不斷探索新的應用範圍。亞麻與麻 (第 406 頁)、苧麻 (第 408 頁) 一樣，是植物纖維中最強韌、最堅固的，這些纖維令人印象深刻的強度重量比用於高機能複合材料，將用途與未來的可能發揮至極致。

亞麻襯衫 (右頁)

這件襯衫來自愛爾蘭品牌 Thomas Ferguson，這間公司生產當地亞麻布已經有 160 年歷史，面料柔軟細膩，具有漂亮的自然光澤，常用於寢具、毛巾與天氣溫暖時穿著的服飾，因為吸濕性絕佳，在水中重量可以增加本身重量的五分之一，而且觸感不會感覺潮濕。

商業類型與用途

商用的亞麻有兩種類型，一種用於油籽，另一種用於纖維。亞麻種子是omega-3 脂肪酸和其他營養素的良好來源，但是這種植物的纖維太短，無法製成亞麻紗，但是適合當作造紙的原料 (請見第 268 頁)，可以轉換成亞麻束，使用與棉花相似的設備捻成紗線，又稱為「棉型化亞麻」，比起亞麻更具成本效益，但是品質較差。

纖維植物原本的麻莖浸洗 (retted) 取得纖維 (請見下圖)，稱為稻草。纖維壓碎、打麻 (scutching)、梳麻 (Hackling) 後，聚攏成一束稱為「線」，梳理成「條」，根據需要，可進一步梳理和漂白加工，若纖維品質達到理想，就將亞麻條轉變成「粗紗 (鬆撚紗)」，再紡成亞麻紗。

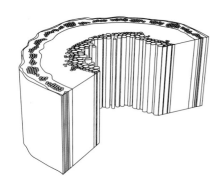

植物莖的橫截面剖面圖

生產韌皮纖維的植物主莖是木直化核心，包括亞麻和大麻，外層以螺旋形纖維束結構包圍，保護在蠟質表層底下的組織，蠟質表層是由表皮層和角質層組成的。按重量計算，麻莖約佔纖維三分之一，所有這些天然纖維都是由相對較厚的纖維素和木質素長細胞組成，因此植物能硬挺強壯，長度依照每種植物的高度不同。萃取纖維時，必須先將麻莖浸水幾週，整個過程包括浸泡在水中，或是鋪在收割後潮濕的田野，這個步驟讓微生物可以分解圍繞纖維束的半纖維素，也就是果膠基質。這個步驟過程漫長，目前正在開發新的替代方案，改用化學或酵素，但是目前無法證明在經濟上可適用於大規模生產。浸洗之後，將麻莖剝皮 (機械碾碎)，露出底下的纖維，利用梳理去掉多餘廢料，這些手工過程分別稱為打麻和梳麻。

亞麻可當作複合材料的強化纖維使用，目前已經有新的紗線型態與纖維結構來改善性能，對齊是使用時的關鍵重點，單向纖維擁有最佳性能，因為纖維會在兩點之間最短的距離移動，換言之，這些纖維不會上下重疊或交錯。相較於一般纖維強化材料，如碳纖 (請見 236 頁) 和玻璃纖維 (請見第 522 頁)，使用亞麻的挑戰在於這不是連續纖維，而且會有自然變化。

永續發展

將亞麻泡水後，將其麻莖鋪放在收割的田野中，可讓自然存在的微生物分解黏在麻莖纖維上的果膠。過去，亞麻會在池塘與溪流中浸洗，造成周圍水道的污染，最近開發的化學浸洗技術更快，但是也有可能對纖維與環境造成傷害。

這些植物生產使用的肥料、殺蟲劑或除草劑極少，甚至可以不使用，與棉花形成強烈對比，亞麻也是作物輪作的重要一環，因為亞麻有助後續作物栽種。如果可能的話，最好使用未經處理的纖維，即稱為「天然」纖維，避免使用漂白劑或染色化學品，若要使用，可以使用不含重金屬或其他有毒成分的水基化學品。

吸收性

吸收性高，在水中重量可以增加到自身重量的五分之一，觸感仍不潮濕，最重要的是潮濕時強度更高。

剛性

亞麻服裝相對較硬，因此不會像棉或羊毛製成的衣服緊貼身體，幫助改善透氣性，但是，這也代表亞麻容易起皺。

經久耐用

亞麻纖維硬挺，可耐紫外線，正確保養下，舒適度可以高於同等級的棉、羊毛和絲綢。

科技性能

亞麻是性能表現最高的天然纖維之一，強度為棉的兩倍，作為天然纖維強化材料，用於聚合物基質的複合材料，擁有與電子級玻璃纖維相等的強度重量比，但是與碳纖維相比只有約四分之一。

亞麻、亞麻紗在時尚與科技布料中的應用

亞麻纖維從粗糙到細緻皆有，取決於種類、來源與植物轉化為纖維的方法差異。纖維順著麻莖長度帶有節點或凸起 (垂直位錯)，能增加彈性，但是使強度降低，極細緻亞麻會有長而筆直的纖維，直徑一致，沒有肉眼可見的節點。

一般認為亞麻優於棉花，但是自 18 世界棉紡工業化後，價格明顯下降，棉花的使用超越其他天然纖維，亞麻的預備過程非常耗費人力，讓大量生產僅侷限於東歐和中國，原物料的價格範圍差異非常大，精細的長纖維約為品質低的短纖維十倍。

亞麻原色是淺棕色至深灰色。 堅韌的纖維在陽光下會曬成白色 (稻草褪色) 或可使用化學漂白。使用化學品會使纖維變弱，因此建議避免使用，或將亞麻染成柔和顏色，避免重度漂白。

亞麻可當作強化纖維，用於聚合物基質的複合材料，原本的目標是取代玻璃纖維，現在亞麻已經變成複合材料中使用最廣泛的天然纖維，而且需求量正在增加，應用範例包括內部零件，例如加固椅背、門板、後座乘客底板。汽車業以外的應用範圍包括風力渦輪機葉片和運動設備。

大麻、黃麻 (請見第 404 頁)、苧麻和葉子纖維 (請見第 394 頁) 可用於類似的情況下，但是含量較低。

與許多其他非強化類型相比，亞麻強化塑膠有許多優點，包括能減輕重量、增加彈性阻尼；除此之外，相較於傳統的玻璃纖維或碳纖維強化塑膠，亞麻對環境與工作人員有許多好處。雖然天然纖維強化複合材料不再像傳統塑膠可以回收，但是內含耗能相對低了許多，使用壽命結束時可以焚燒 (回收耗能)。這是亞麻強化塑膠之所以獲得汽車工業採用的主要誘因。當然，如果使用生物基或可生物降解的樹脂作為基質，可堆肥處理。

這種塑膠兼容標準複合材料加工技術，包括真空裝袋、樹脂轉注成型 (RTM)、壓縮成型、拉擠成型和纏繞成型。此外，亞麻短纖維適合作為熱塑性塑料的添加劑，應用在擠出成型與射出成型時。

亞麻作為天然纖維有些侷限，因為性能會變動，雖然可藉由預製和紡紗過程平衡，但是無法避免物理特性與機械特性不一致。亞麻的高吸收性代表必須使用樹脂密封，特別是預定要使用於戶外的零件。而且，亞麻很脆弱，會在 200°C 左右發生降解，因此不適合用於將暴露在高溫下的零件。

生物纖維強化複合材料烏克麗麗 (右圖)
右圖是 Blackbird Guitars 出品的 Clara concert 款小型烏克麗麗，使用 Ekoa 製作，Ekoa 是一種亞麻強化生物衍生環氧樹脂 (請見第 232 頁)，這些零件在舊金山製造，與玻璃纖維或碳纖維強化塑膠的製作方式大致相同，單向 (UD) 亞麻片材浸漬在高強度生物衍生環氧樹脂中，切割後覆蓋在模具上，藉由加熱加壓，樹脂固化後完成強壯輕巧的零件，共鳴版經過調音，讓剛性與密度更完美，結合木質色調，加上複合材料的輕便耐用。影像由 Blackbird Guitars 提供。

黃麻與洋麻

黃麻能生產耐用而且價格平實的纖維，傳統用於生產粗麻布、麻布袋和打包麻袋。用於地工織布、地毯、織帶和其他工業用織品，是目前最廣泛消費的纖維，在植物纖維中用量僅次於棉，洋麻能生產與棉的特性類似的纖維，可用於許多相同的情況。

類型	一般應用範圍	永續發展
· 黃麻：白黃麻和紅麻 · 洋麻	· 布袋與工業織品 · 地工織布 · 室內裝潢和地毯背襯	· 需要的殺蟲劑或肥料極少，甚至不需要 · 內含耗能低

屬性	競爭材料	成本
· 粗糙、堅韌 · 硬而脆，彈性低 · 潮濕時強度降低 10%	· 大麻、亞麻和葉子纖維 · 人工纖維，如聚丙烯 (PP)、聚對苯二甲酸乙二酯 (PET) 和聚醯胺 (PA)	· 低成本，但實際取決於氣候條件與產量 · 加工屬勞力密集產業

404

別名
又稱為粗麻布 (hessian)、麻布袋 (gunny)
和打包麻袋 (burlap)

簡介

幾世紀以來，印度和孟加拉一直是黃麻和洋麻纖維最大生產國，與大多數植物纖維一樣，在許多傳統應用範圍中，黃麻和洋麻遭到人造纖維取代。以黃麻和洋麻的例子來說，主要的競爭對手是聚丙烯 (PP，請見第 98 頁)，現在聚丙烯可用來製造合成粗麻布與麻布袋，能產出棕色的短纖維，因此製成麻袋和繩索時，可以模仿黃麻的質樸外觀，應用範圍如包裝咖啡或其他高價單品。

黃麻與洋麻質感更脆，一般認為較其他植物纖維遜色，這是因為這兩種植物含有的木質素比例較高 (和木材一樣的硬質樹脂物質)，黃麻與洋麻分別含有 10% 和 20%，而亞麻 (請見第 400 頁) 僅含約 2%，而苧麻 (請見第 408 頁) 和棉花 (請見第 410 頁) 完全不含木質素。高木質素含量讓材料具有剛性，延展性低，雖然編織加工時造成一些困難，但是這種特性用於製造尺寸穩定的複合材料則很實用。

黃麻有時稱為金色纖維，雖然顏色其實從紅棕色到淺黃色皆有。黃麻作為一種低成本的工業材料，主要以天然形式應用，但是也兼容主要的染色技術，漂白會破壞纖維，一般會避免將黃麻漂白。洋麻是淺色的，介於灰白色到黃色。

商業類型與用途

黃麻的來源主要是兩種黃麻屬植物 (Corchorus)：白黃麻 (white jute) 和紅麻 (tossa jute)。紅麻生產量最大，纖維更強壯光滑，能抗靜電，隔音效果

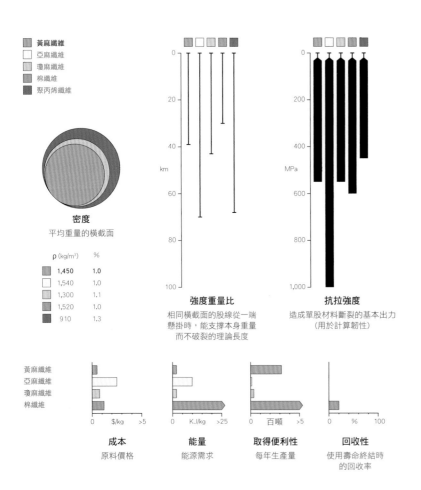

圖例：
- 黃麻纖維
- 亞麻纖維
- 瓊麻纖維
- 棉纖維
- 聚丙烯纖維

密度
平均重量的橫截面

ρ (kg/m³)	%
1,450	1.0
1,540	1.0
1,300	1.1
1,520	1.0
910	1.3

強度重量比
相同橫截面的股線從一端懸掛時，能支撐本身重量而不破裂的理論長度

抗拉強度
造成單股材料斷裂的基本出力
(用於計算韌性)

成本
原料價格

能量
能源需求

取得便利性
每年生產量

回收性
使用壽命終結時的回收率

好，熱傳導性較低，硬度也伴隨著低
延展性與低基礎成本。這些性能可用
於地毯被襯、亞麻油地氈強化、鞋底
和各式室內裝潢的內襯。能與棉花或
合成纖維混紡，生產柔軟的面料，充
分利用纖維的強度與體積。黃麻很脆
弱，容易因微生物、真菌或紫外線降
解，這種特性適合製造不打算長期使
用的產品，像是一次性包裝和用於土
地修復的地工織物。

洋麻（Hibiscus cannabinus）與
棉來自同一科（錦葵科，學名為
Malvaceae），可用於許多相同的情
況，和亞麻一樣，可用於聚合物基質
的複合材料，適合汽車類應用範圍。
2012 年，福特在 Escape 車款引進洋
麻，用於車門內護板（面板），與聚
丙烯基質 50-50 混合，不只減少了
塑膠的用量，同時讓車門的重量降低
25%，提高燃油效率。洋麻可替代軟質
木用於紙漿和紙張生產，在同樣的土
地面積上，洋麻能比木材生產更多纖
維，製漿需要的能源也更低，因為洋
麻密度比較低，包含的木質素較少。

永續發展
就像其他生產韌皮纖維的植物一樣，
黃麻是一種靠雨水澆灌的作物，幾乎
不需要施肥或使用殺蟲劑。但是，就
像亞麻，黃麻也需要浸洗（請見第 402
頁），必須要小心控管，避免污染。洋
麻產量高，顏色相對淺，代表與同等
級的纖維相比，更不需要漂白。

多功能草編鞋履 (右圖)
右圖的草編鞋（Espadrilles）採用編織黃麻
（或大麻）鞋底，它的名稱取自伊斯帕托草
（esparto，請見第 392 頁），是用來製作鞋底的
草纖維。草編鞋原本在加泰隆尼亞與鄰近的
庇里牛斯山脈製作，會穿草編鞋的包括舞者、
牧師與步兵等。編織的長纖維以螺旋形圖案
盤繞，做成鞋底，強韌的繩索穿過盤繞的黃
麻，從一側固定到另一側，將麻布纖維拉緊
壓實，最後在鞋底上方縫上棉質帆布鞋面。
目前在西班牙部份地區仍有草編鞋採手工製
作，其他地區大多改為大規模量產。

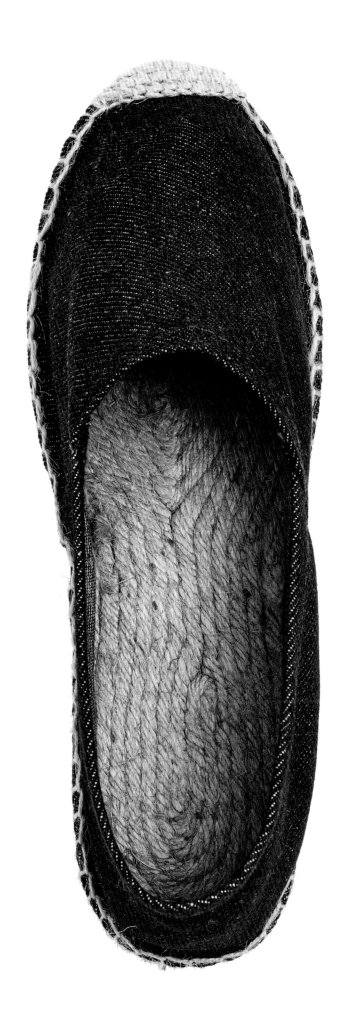

大麻

工業用大麻是一種生長快速的植物，麻莖可以生產強韌的纖維，天生具有抗菌功能，這代表工業用大麻可以抗白斑、抗黴菌，而且天然抗降解，能耐熱、抗紫外線、耐鹹水，有些人認為工業用大麻是最完美的天然纖維，用於紡織品已經有千年歷史。

類型	一般應用範圍	永續發展
· 長大麻纖維：麻線、麻條、粗紡、麻紗 · 短大麻纖維：麻束、麻紗	· 紙和紙漿 · 服飾 · 繩索和麻線	· 天然可再生 · 需要的殺蟲劑或肥料極少，甚至不需要 · 高機能纖維的內含耗能低

屬性	競爭材料	成本
· 強度重量比優異，長寬比高 · 比亞麻稍硬，更粗糙 · 抗菌	· 亞麻、苧麻、黃麻、草和葉子纖維 · 碳纖維、玻璃纖維和芳綸纖維 · 聚丙烯 (PP)、聚對苯二甲酸乙二酯 (PET) 和聚醯胺 (PA) 纖維	· 成本根據品質與市場趨勢有很大的差異，用於編織的大麻紗價格昂貴 · 加工屬勞力密集產業

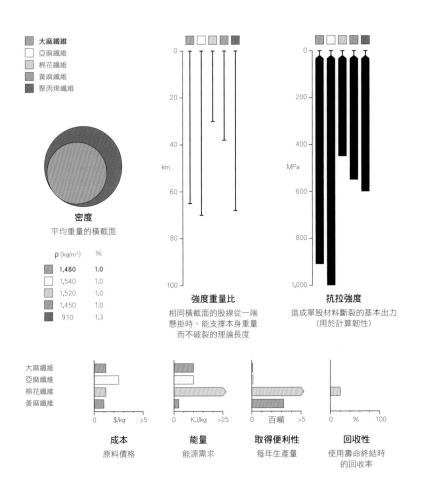

圖例：
- 大麻纖維
- 亞麻纖維
- 棉花纖維
- 黃麻纖維
- 聚丙烯纖維

密度
平均重量的橫截面

ρ (kg/m³)	%
1,480	1.0
1,540	1.0
1,520	1.0
1,450	1.0
910	1.3

強度重量比
相同橫截面的股線從一端懸掛時，能支撐本身重量而不破裂的理論長度

抗拉強度
造成單股材料斷裂的基本出力 (用於計算韌性)

大麻纖維
亞麻纖維
棉花纖維
黃麻纖維

成本
原料價格

能量
能源需求

取得便利性
每年生產量

回收性
使用壽命終結時的回收率

簡介

所謂的工業用大麻是指大麻科 (學名為 Cannabaceae) 下尋常大麻 (學名為 Cannabis sativa) 的變種。主要的缺點是與大麻密切相關，儘管栽種工業用大麻是為了纖維，不含可用於醫學或娛樂用毒品的精神活化物質四氫大麻酚 (THC)，工業用大麻的生產在許多地方仍受到嚴格控管與禁止。因此，工業用大麻的商業種植只限少數國家，最大的生產國是歐洲與中國。

工業用大麻原產於中國，在維京時代 (西元 8 世紀至 11 世紀之間) 傳播到歐洲，廣泛種植之後，一般認為這是非常重要的作物，可用來製造索具，最初繩索和帆布是用大麻生產的。大麻纖維長與亞麻紗相比 (請見第 400 頁亞麻)，主要的區別在於大麻含有較高比例的木質素，這代表大麻會比較硬而粗糙，顏色範圍介於灰白色、棕色至綠色，一般以自然狀態做利用，因為漂白後會使纖維強度下降。

除了紡織品以外，大麻還可以當作強化纖維，用於聚合物基質的複合材料，在這個領域，大麻與亞麻、黃麻和洋麻 (請見第 404 頁)、葉子纖維 (請見第 394 頁) 競爭，1940 年代亨利·福特 (Henry Ford) 開發的大麻在汽車車身零件的潛能，他將大麻與其他天然纖維放入塑膠基質中，據說比當時的鋼製模型更輕巧，抗衝擊耐受性更高，當然，這項開發項目沒有解除鋼材 (請見第 28 頁) 的主導地位，目前鋼材仍是這類應用範圍中最常使用的材料，而長纖維強化塑膠複合材料幾乎僅用於賽車。但是在近代材料的發展

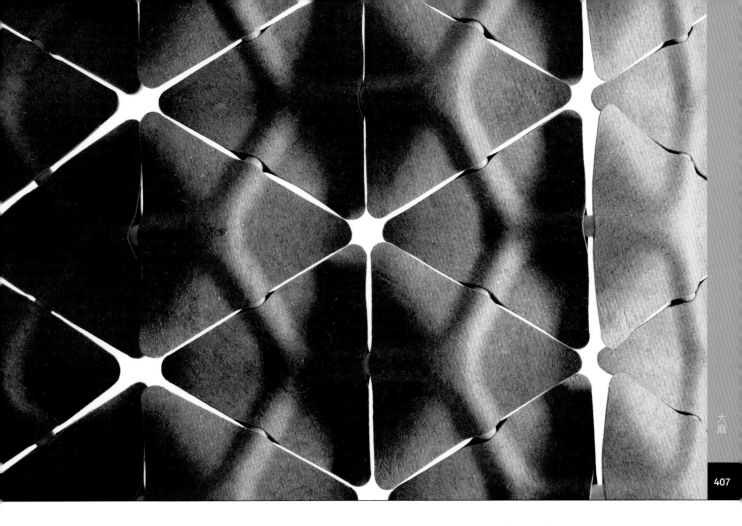

與製造過程中，這些複合材料已能用於大規模生產的汽車 (請見第 228 頁的不飽和聚酯樹脂 UP 和第 236 頁的碳纖維強化塑膠 CFRP)。

因為大麻與四氫大麻酚的關係，在福特的大麻實驗一段時間後，在美國生產大麻纖維變成不合法 (雖然有些洲在嚴格的管制下，允許小規模生產)，而 1960 年代後大麻纖維產量大幅下降，因為來自棉花 (請見第 410 頁) 和人造纖維的競爭，在 1990 年代後，因為對永續發展的關注不斷成長，大麻纖維的生產開始慢慢復甦。

商業類型與用途

工業用大麻所含的四氫大麻酚非常低 (小於 0.3%)，在英國、德國、奧地利、瑞士、加拿大、澳大利亞已經合法了，這些國家生產量約佔全球總量的三分之一，其餘來自中國。歐洲生產的大麻纖維主要混合長纖維和短纖

維，被稱為「全纖維毛條」，只適合用於無紡布 (例如汽車和建築用的隔熱材料)，與亞麻形成鮮明的對比，亞麻可以加工製成長而細緻的亞麻紗，用於高單價的紡織品。這點也反映在原料價格上。

時裝面料、地工織布 (覆蓋用氈布) 和纖維強化材料僅佔整體消費量極小部份，大部份大麻纖維用於生產紙張，大麻紙漿比木漿更昂貴，因此大麻纖維僅使用於需要優異強度的特殊紙。

永續發展

工業用大麻的栽種與加工使用的技術與亞麻相似，對環境有積極正面的影響，在同樣的土地面積上，大麻能生產更多纖維，約為兩倍，而且可以在不需使用化學物質的情況下生長。在評估整體環境影響時，最重要的是評估植物栽種方法，採用有機栽種或是集約化耕作方式。工業用大麻生長

大麻纖維製隔音系統 (上圖)

Scale 組合系統使用回收的大麻纖維，將纖維壓製成大型三角面板，由倫敦設計公司 Layer 創辦人班傑明·休伯特 (Benjamin Hubert) 為澳大利亞紡織品設計公司 Woven Image 設計，面板結合射出成型丙烯 - 丁二烯 - 苯乙烯 (ABS 樹脂) (請見第 138 頁) 框架，安裝在鋁製 (請見第 42 頁) 基板上，這個概念花費三年的時間開發，完成優雅的隔音系統，可以直接安裝，真正可以適應各種使用環境。影像由 Layer 提供。

速度快，能形成樹冠層，防止雜草生出，有助避免使用肥料和除草劑，而且可以抵禦大多數昆蟲，因此可在不使用殺蟲劑的情況下種植。紡織品不使用化學品漂白或不使用染色劑，即符合永續發展的可能，使用壽命結束後可以安全堆肥處理，回歸土壤。

工業用大麻全株都可以利用，雖然大麻栽種主要為了取得纖維，但是種子是食物來源，而且秸稈 (莖) 可以用於畜牧業動物墊料。

苧麻

苧麻可生產尺寸長且顏色淺的纖維，能漂白成亮白色，且吸水性高，在炎熱的天氣下穿起來會很舒適。天然抗微生物、抗黴菌，主要使用於原產國，因為生產過程需要密集勞力，因此纖維出口的價格較為昂貴。

類型	一般應用範圍	永續發展
· 苧麻：白苧麻、綠苧麻 · 歐洲蕁麻	· 服裝 · 室內用布料 · 紙漿與紙張	· 一年可採收好幾次，最長達 20 年 · 纖維萃取時使用化學物質

屬性	競爭材料	成本
· 顏色淺，對染劑顯色力高 · 抗微生物、抗黴菌、耐紫外線 · 高吸收性	· 亞麻、大麻、棉花 · 人造纖維，特別是黏膠纖維和聚酯纖維	· 原料成本中等偏高 · 加工萃取纖維的過程屬勞力密集產業

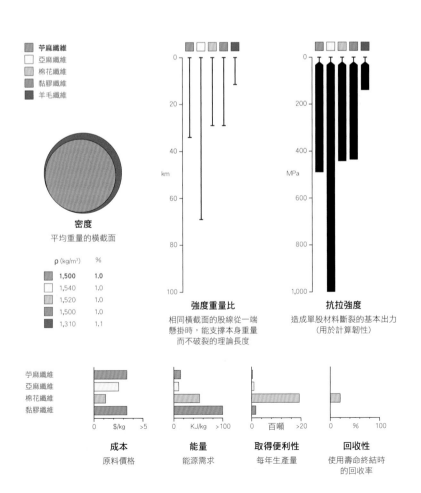

圖例：
■ 苧麻纖維
□ 亞麻纖維
■ 棉花纖維
■ 黏膠纖維
■ 羊毛纖維

密度
平均重量的橫截面

ρ (kg/m³)	%
1,500	1.0
1,540	1.0
1,520	1.0
1,500	1.0
1,310	1.1

強度重量比
相同橫截面的股線從一端懸掛時，能支撐本身重量而不破裂的理論長度

抗拉強度
造成單股材料斷裂的基本出力
（用於計算韌性）

苧麻纖維
亞麻纖維
棉花纖維
黏膠纖維

成本
原料價格

能量
能源需求

取得便利性
每年生產量

回收性
使用壽命終結時的回收率

簡介

苧麻 (學名為 Boehmeria nivea)，又被稱為中國草，屬於蕁麻科，能生產強壯的韌皮纖維，帶有絲綢般的光澤，原色是灰白色，可以漂白製成乾淨的白色，為染色處理為明亮的色彩提供良好的基底。苧麻作為遠東地區的紡織品已經有數千年歷史，細膩的質感在日本特別受歡迎，日本稱為「上布 (jofu)」。苧麻的生產比亞麻更複雜 (請見第 400 頁亞麻)，因為纖維周圍的樹膠和果膠比例很高。除了剝皮時要使用好幾種機械加工過程，去除樹膠需要使用化學品，整個過程非常耗時，屬於勞力密集型加工，因此苧麻價格昂貴。

苧麻加工後，其纖維含有高比例纖維素，其高度結晶 (請見第 166 頁) 結構代表纖維伸縮率、延展性及抗磨損耐受性偏低，造成生產時一些挑戰，像是編織困難、針織幾乎不可行。苧麻和棉花一樣 (請見第 410 頁)，經過處理或混紡之後，可以改善抗皺機能與耐用性。即便如此，也需要小心養護，因為纖維很容易因為反覆彎折後產生裂痕或斷裂。

商業類型與用途

中國是苧麻的最大種植國與消費國，而在非洲、南美洲、印度的生產量則小得多。綠苧麻 (B. nivea var. tenacissima)，英文又稱為「rhea」，一般認為最初來自馬來西亞半島，更適合熱帶氣候。這種纖維很強壯，而且濕潤時強度能提高約 25%。類似亞麻，苧麻也能吸水，代表穿著時很舒適，特別是溫暖的天氣。紡成面料

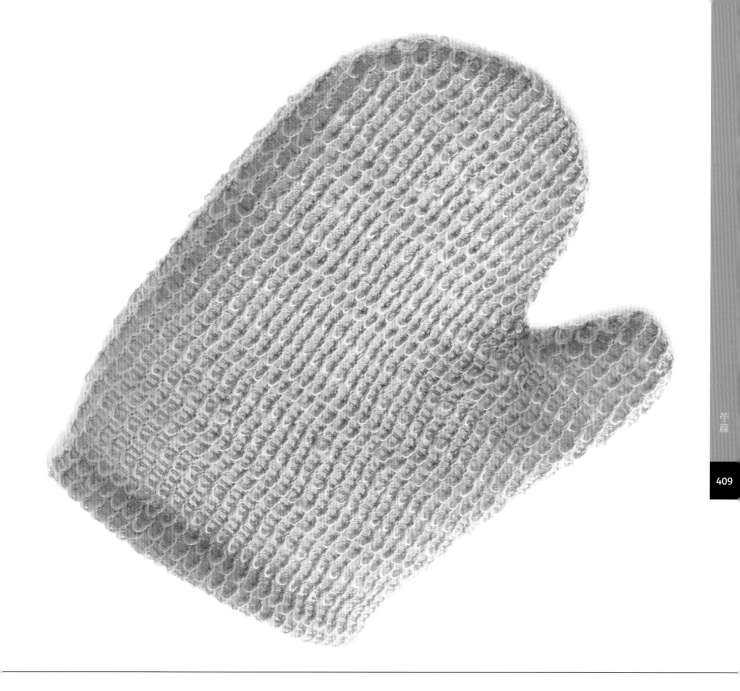

時適合製作襯衫、西服和褲子。苧麻一般會和其他纖維混紡，賦予其他纖維苧麻部份理想的機能，像是增加彈性，讓苧麻可以應用於針織，例如毛衣和連衣裙；與羊毛 (請見第 426 頁) 混紡，可以讓羊毛更輕巧，減少收縮；與棉混紡，可增加強度和光澤感。

歐洲蕁麻 (nettle，學名為 Urtica dioica) 類似苧麻，來自同一科，現在已經重新開發作為可再生纖維，可用於服飾和科技布料。這種成功的多年生植物遍佈北美、歐洲和亞洲溫帶地區，生長時不需要使用除草劑和殺蟲劑，而且是多年生植物，所以不需要從種子開始種植。但是，作為紡織品纖維，蕁麻種植量非常低。

永續發展

苧麻生長非常快速，生產效率很高，這會快速消耗土壤養分，因此需要使用肥料。一年可以採收好幾次，根部可能可以再次生長，最長達 20 年。苧麻比其他韌皮纖維植物，更容易受到疾病的侵害，因此更有可能需要噴灑化學物質，但仍有可能採用符合永續發展的方式栽種。

毛巾布擦澡手套 (上圖)

上圖這款擦澡手套運用了苧麻有利的特性。苧麻纖維因為多孔的纖維素結構，比其他植物纖維具有更高吸水性，可以抵抗微生物、抗黴菌，不會受潮濕影響。除此之外，質感堅硬強韌 (潮濕時強度還可提高)，洗滌後能保留原本的形狀，不會收縮變形。

棉

這種柔軟的纖維來自棉鈴，有助種子在風中傳播，棉花結合無與倫比的柔軟與強韌，萃取時經濟、加工時有效率，讓棉花成為大量應用的理想纖維。有機種植提供替代方案，取代與這種獨一無二材料相關的大量化學物質工業生產方式。

類型	一般應用範圍	永續發展
・特長絨棉：埃及 giza 棉、美國 pima 棉和海島綿 ・陸地棉 ・亞洲棉	・服飾 ・室內用布料 ・包裝	・有機生產可避免基因改造的使用，也可淘汰與工業用棉花生產相關的大量農藥化肥施作。

屬性	競爭材料	成本
・柔軟透氣 ・染色效果非常好 ・彈性低	・亞麻、大麻和苧麻 ・絲與羊毛 ・人造纖維，如黏膠纖維和聚酯纖維	・原料成本中等偏低 ・生產有效率

410

簡介

自從史前時代開始，這種高品質又多功能的纖維使用於紡織品，直到今日。來自棉植株 (棉屬，學名為 Gossypium) 的棉鈴 (莢果)，與韌皮纖維不同，韌皮的角色是保持植株直立，但是棉是非結構性的，因此能產生輕軟柔順的纖維。

隨著 1793 年機械式鋸齒軋棉機的發明，棉花的產量急遽加增，手動滾筒軋棉機 (churka gin)，已經使用了好幾世紀，可加工製作長絨棉 (long-staple cotton) 纖維，這種方法用來製作長纖維很實用，但是手工製作短纖維一公斤 (約兩磅) 則需要一整天的作業時間，相較之下，機械式鋸齒軋棉機高速運轉，每小時可以產生好幾噸纖維。

與大多數其他植物纖維不同，全球棉花產量持續成長，棉花同樣面臨來自人造纖維的激烈競爭，特別是聚對苯二甲酸乙二酯 (PET，聚酯，請見第 152 頁)，因此雖然需求下降，但因為成本低，仍有競爭力。棉花由於種植技術與生產技術不斷演進，加上獨特的性能組合，所以才能保持低成本。

目前美國、澳大利亞與以色列種植的棉花使用機器採收，剩餘的國家約佔總產量的三分之二，主要依賴手工摘採。手工採收的棉花品質優異，但是只適合工資較低的區域，像是中亞和南亞，手工採收才符合經濟效益。

商業類型與用途

棉花分級是根據長度、均勻度、顏色 (潔白度)、粗細 (直徑)、強度等，以及污染程度。由於氣候、栽種方式和土

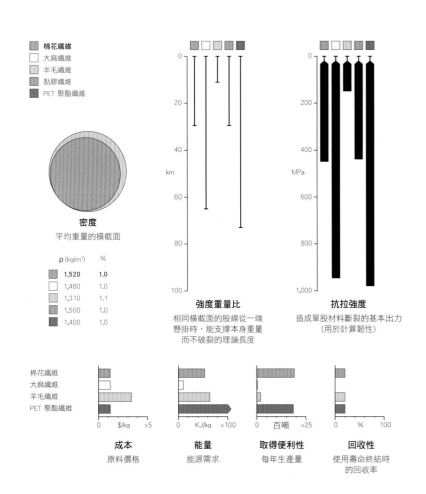

棉花纖維
大麻纖維
羊毛纖維
黏膠纖維
PET 聚酯纖維

密度
平均重量的橫截面

ρ (kg/m³)	%
1,520	1.0
1,480	1.0
1,310	1.1
1,500	1.0
1,400	1.0

強度重量比
相同橫截面的股線從一端懸掛時，能支撐本身重量而不破裂的理論長度

抗拉強度
造成單股材料斷裂的基本出力
(用於計算韌性)

棉花纖維
大麻纖維
羊毛纖維
PET 聚酯纖維

成本
原料價格

能量
能源需求

取得便利性
每年生產量

回收性
使用壽命終結時的回收率

壤的差異，品質會因種植地區不同而有所不一。

商業用棉花分成三大類：特長絨棉 (extra-long staple，ELS，學名為 G.barbadense)、生產細絨棉 (medium staple) 和長絨棉的陸地棉 (學名為 G.hirsutum) 以及生產短絨棉 (short-staple) 的亞洲品種 (學名為 G. herbaceum 和 G. arboreum)。

特長絨棉能生產品質最高的面料，纖維長度超過 28 公釐，種類包括美國 pima 棉、埃及 giza 棉、蘇丹 barakat 棉和印度 suvin 棉。

美國 pima 棉是以美洲印地安人「皮馬族」命名，前稱為美國埃及棉，栽種地區包括美國、澳大利亞、以色列、秘魯與其他國家，在棉花協會積極推廣這種高級纖維後，Pima 棉也有些人

五彩繽紛的嬰兒連身衣 (上圖)

棉與羊毛 (請見第 426 頁) 最常用於嬰兒服和睡衣，棉花的優點是柔軟、光滑、低過敏原 (不易引起過敏反應)，保養上更輕鬆；而羊毛擁有優異的保暖性，彈性良好易伸展。

是以商標名稱「Supima」稱呼。海島棉則是 pima 棉的前身，但海島棉很容易受到棉鈴象鼻蟲的侵害，因此產量低了許多。

成熟棉纖維的螺旋狀纖維結構

成熟棉纖維的橫截面剖面圖

棉花纖維結構

棉花纖維（棉絨）從棉鈴中的棉籽長出，成熟時露出的纖維幾乎是純纖維素，由好幾層構成，包括中腔（中央的中空管狀結構）、角質層（外部蠟質層），兩者之間有螺旋狀原纖維（小纖維素束）區隔開來，同心的夾層以交替角度排列。棉纖維素和木纖維素相比，聚合物與結晶度較高（請見第 166 頁），使纖維擁有更高強度，在生命週期，棉花沒有承受任何負載，纖維會非常輕軟柔順，管狀結構代表棉花具有吸收力，吸水之後膨脹，橫截面從豆子的形狀變成圓形，棉花製成高密度織棉面料時，膨脹後間隙縮小，進而形成隔水防風層，所以在沒有塗佈或層壓的情況下，有些棉質布料可以耐風雨。

文泰爾 (Ventile) 面料 (左頁)

這種高密度織棉面料是以商標名稱「Ventile」命名，天然耐風雨，吸水性使纖維膨脹，進而堵住織料的縫隙，使面料可以隔絕後續接觸的水份，使用最細緻的特長絨棉製作，因此比蠟棉價格更昂貴。最初在二次世界大戰中由英國飛行員開發出來，這群人需要一種面料，乾燥時可以透氣，潮濕時則能防水。現在大多數來自瑞士工廠製造，圖中為英國時尚品牌 Nigel Cabourn 的 M43 飛行夾克。影像由 Nigel Cabourn 提供。

埃及棉這個名詞用於描述所有在埃及生產的棉花，包括 giza 棉和其他品質較低的類型，因此這個名詞不能保證棉花具有均一的高品質。

陸地棉 (G.hirsutum)，起源於南美洲，目前佔全球棉花產量絕大多數，其中分為幾種不同品種，生產的棉花長度略有不同，最受歡迎的混種能生產 22 公釐至 24 公釐的長絨棉。

永續發展

工業生產的棉花使用大量的殺蟲劑、肥料汗水，總計占全球農業用化學品消耗量 10% 以上，再加上棉纖維漂白、沖洗、絲光處理、染色需要的水和化學品，一件普通棉 T 恤在生產時會消耗掉 2.5 平方公尺的水，非常驚人，顯然棉花會被認為最不符合永續發展的天然纖維，環境造成的破壞也最大，與其他植物形成鮮明的對比，像是亞麻（請見第 400 頁）、苧麻（請見第 408 頁）和大麻（請見第 406 頁），這些植物甚至能對環境產生正面的影響。

為了減少對殺蟲劑的依賴，出現了基因改造等級的棉花，改造棉植入蘇力桿菌 (Bacillus thuringiensis)，簡稱為 BT 棉，能抵抗大多數害蟲，但並非完全防蟲。目前已受到廣泛採用，能減少殺蟲劑的使用，同時棉花田中的生物多樣性也增加了。

公平貿易與有機棉可提供另一種符合永續發展的替代方案，儘管產量較小，價格較高，但是每年有機棉的產量都在增加，使品質與一致性獲得改善，需求主要來自嬰兒服、尿布、內衣等衣物，普遍使用有機棉製作。

原色棉省略漂白或染色的需求，進而大大降低棉布生產所造成的負面影響，但是，原色棉的挑戰之一是必須和更潔白的等級隔離，否則可能造成污染。

棉

413

棉布可以回收，以回收為目的，預估約有 20% 二手衣回收再加工，棉與其他纖維混紡的紡織品會改製為布料與工業產品。

棉花生產時的副產品包括棉絨（纖維短於 2 公釐）、棉殼和棉籽，棉絨可用作棉絮（床墊和室內裝潢）、人造纖維（請見第 252 頁黏膠纖維）和紙（請見第 268 頁）；棉籽可改製成肥料與動物飼料。

棉在時尚與紡織品中的應用

每年生產的棉花約有四分之三轉製成服裝用紡織品，其餘用於家飾、美容產品、包裝和工業應用。多年來，已經開發出一系列布料，充分利用棉花特殊的屬性，這些組合已經變得不可或缺，大眾熟悉的應用案例包括牛仔布、細棉布、泡泡紗和絨毛織物（毛巾布、棉質天鵝絨、燈芯絨）。

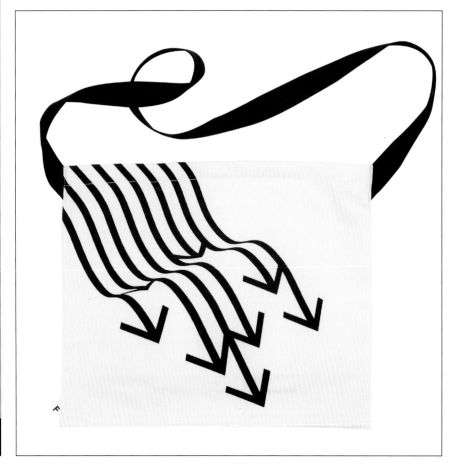

高品質的棉花能用各種處理方法來預製，例如軋光處理可改善強度與亮度，將纖維暴露在高強度苛性酸 (氫氧化鈉) 中，使其在張力下膨脹。染色與印刷前幾乎都會這樣處理，因為可改善顏色飽和度和加工效率。

在化學洗滌中需要大量的水、熱能和化學品，使用酵素來替代化學品，能減少對環境的影響。可使用相對濃度較低的酵素代替鹼 (稱為酵素洗)；也可使用酵素代替酸、鹼或氧化劑 (稱為生物洗)；或是利用酵素生產更光滑有亮澤的棉花 (稱為生物拋光)。

棉布可利用預收縮處理完成防縮機能，包括混紡織物也能用同樣的方式處理，這種作法一般最熟悉的名稱是商標「Sanforizing (山芙來茵防縮加工)」，用來確保布料在進一步加工或洗滌過程中不會縮水。經過適當處理後，布料的縮水率小於 1%。

棉布加上塗佈可製作更耐用、更高品質的物件。塗層可替換或修補，像是上蠟處理，可以延長棉布的使用壽命；有些塗層可以減少物件清洗的必要，像是聚氨酯塗層 (PU，請見第 202 頁)，可讓物品的整個使用壽命期間大量節省用水和能源。

丹寧布結合輕盈、耐用、柔韌三種屬性的理想平衡，適合用於工作服。傳統靛藍牛仔布是斜紋編織的白色緯線，加上藍色經線製作，完成人們熟悉的正面藍色、背面白色布料。靛藍染色僅滲透棉布表面的經線，內層沒有染色，隨著日常使用造成表面日漸磨損，丹寧布會慢慢褪色成白色，這種褪色非常受喜愛，因此在製作管理上，開發出人為表面磨損加工技術，例如石洗或化學洗滌。

「仿麻葛(Cambric)」和「上等細布(batiste)」這兩種是精紡法國布料，最初使用亞麻紗製作 (請見亞麻)，近來更常使用棉花生產，可以軋光或壓光進一步改善光滑的表面質感，讓布料具有獨特的硬挺光澤外觀，傳統上用於襯衫和手帕。「Chambray」也用類似的方法製作，但是就像丹寧布，混合彩色經紗加上原色緯線製成，沒有壓光處理，因此保留柔軟的觸感。

市面上所謂的「泡泡紗」布料，是一種輕盈的布料，常用於溫暖天氣的服裝，通常是條紋圖案，編織時讓表面起皺後創造皺紋紋理，這樣有兩個主要好處，第一點是衣服不需要燙熨，第二點能幫助布料不會緊貼皮膚，有利透氣和散熱。

市面上所謂的「毛巾布」，則是利用棉花對水份的親和性，鬆散撚紗的毛圈可產生柔軟、保暖的吸水層，並使表面積更大，這類結構可用於毛巾、長袍和其他需要吸水的布料。

在割絨布料的使用案例中，例如棉質天鵝絨與燈芯絨，兩端的纖維暴露在外層，創造柔軟奢華的外表。燈芯絨順著織物的長度帶有獨特的經圈 (隆起)，而棉質天鵝絨浮緯 (切割產生絨頭) 則不是線性排列，因此與棉質天鵝絨 (請見第 420 頁絲) 具有相似的外觀，但是絨頭更平坦。

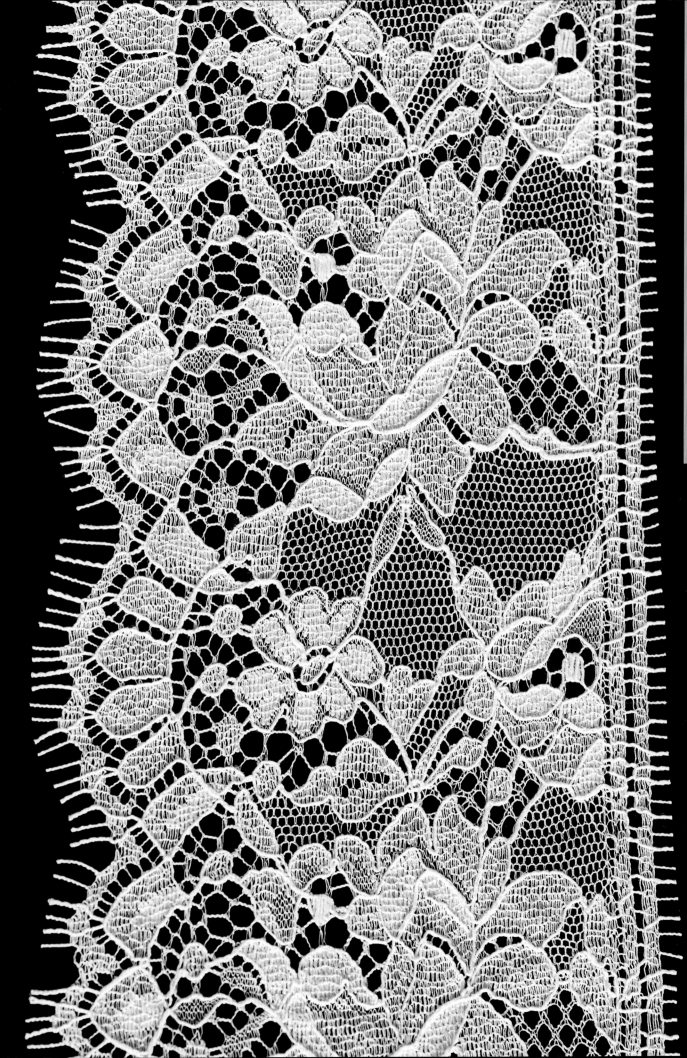

椰殼纖維

這些耐用的纖維可以用於刷子的刷毛、地板、室內裝潢與園藝。椰殼纖維是最便宜的植物纖維，具有優異的抗微生物與耐水性，從外殼中萃取出來，加工製成紗線或無紡布，也可以將外殼與纖維加工，壓製成堅固的纖維板。椰殼纖維能否符合永續發展則取決於萃取的方法。

類型	一般應用範圍	永續發展
· 椰殼纖維：白色（未成熟）、棕色（成熟） · 外殼（混合纖維與襯皮）	· 掃帚與刷子的鬃毛 · 室內裝潢的襯裡、地板與地墊 · 橡膠外殼與地工織布	· 傳統浸洗技術會製造嚴重污染 · 作為副產品，椰殼纖維內含耗能非常低

屬性	競爭材料	成本
· 對微生物有很強的抵抗力，可耐水 · 堅硬耐用 · 強度低	· 蕉麻、瓊麻、黃麻和羊毛 · 人造纖維，如聚丙烯（PP）、聚醯胺（PA） · 科技木材	· 原料成本低 · 加工不昂貴

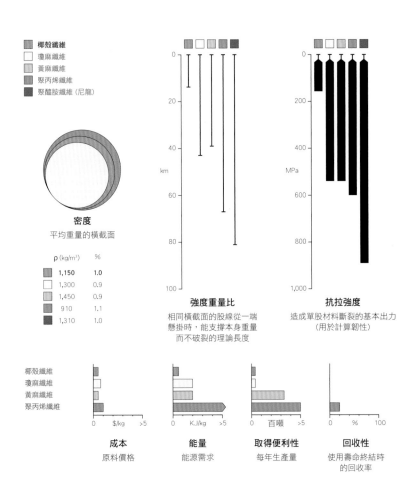

圖例：
- 椰殼纖維
- 瓊麻纖維
- 黃麻纖維
- 聚丙烯纖維
- 聚醯胺纖維（尼龍）

密度
平均重量的橫截面

ρ (kg/m³)	%
1,150	1.0
1,300	0.9
1,450	0.9
910	1.1
1,310	1.0

強度重量比
相同橫截面的股線從一端懸掛時，能支撐本身重量而不破裂的理論長度

抗拉強度
造成單股材料斷裂的基本出力（用於計算韌性）

椰殼纖維
瓊麻纖維
黃麻纖維
聚丙烯纖維

成本
原料價格

能量
能源需求

取得便利性
每年生產量

回收性
使用壽命終結時的回收率

簡介

椰殼是從椰子樹（學名為 Cocos nucifera）的果殼取得的，椰子大量用於食品（椰乾、椰奶、椰子碎片），而椰殼是食品製作的副產品。

椰子外殼重量約三分之一是纖維，剩下是襯皮，椰殼纖維在市場上的數量可能只佔總產量的一小部份，因為大多數纖維用於當地。

商業類型與用途

椰殼纖維分成兩種主要類型，棕色與白色。棕色從成熟的椰子採收，白色從椰子成熟之前（稱為綠色椰子）萃取。棕色纖維比白色纖維較短、較粗糙，而且更硬，主要用於刷子的鬃毛、地板和室內裝潢襯墊。白色纖維可以紡紗，適合用於纏繞或編織。

纖維可用來生產無紡布，例如地工織布和屋頂用氈布，橡膠椰殼使用乳膠（請見第 248 頁）基質製作，可用於床墊、地板和室內裝潢。

白色纖維由約三分之一的纖維素和等量木質素組成；棕色纖維木質素含量更高，因此在染色上更為困難，除非染成黑色。漂白會使棕色纖維產生奶油色調，暴露在紫外線下，漂白後的纖維顏色會漸漸加深。

外殼襯皮是纖維生產時的副產品，現在認為這是珍貴的資源，可用來代替泥炭，作為園藝用的生長介質（從育苗器到種植袋皆可使用）。

椰殼纖維還可以當作椰殼纖維版的基礎材料，這種堅固密實的建築材料，可取代木板作為低環境衝擊的替代品

(請見第 296 頁科技木材)。將椰殼研磨，讓纖維達到理想的長度，然後放入最終產品形狀的模具內，加熱加壓成型。因為襯皮裡的木質素可以形成交叉鏈結 (類似熱固性塑膠)，成為強力穩定的黏著劑。

永續發展

作為椰子生產的副產品，椰殼萃取和加工造成的環境影響很有限，內含耗能可以忽略不計。椰殼的萃取方法取決於可用的生產技術和應用範圍的需

求，短纖維可以紡成紗線或是製成無紡布 (床墊、室內裝潢等)，能直接剝皮萃取，不需要浸洗 (請見第 402 頁)，這些外殼可能需要浸泡幾個月，如果處理不當，這種方法排出的廢水就會造成污染。

傳統上，高品質的長纖維會使用長時間浸洗加工技術，例如用於鬃毛所謂的金色纖維。通常會在靜水域進行，例如潟湖，因而釋放出大量有機物質，會造成大量污染，直接影響生物多樣性。

硬毛刷 / 椰棕刷 (上圖)

上圖是日本人洗碗用的椰棕刷，日文寫成「亀の子束子」，「束子」是此用具的名稱，「亀の子」則是發明者的店名。這種棕色的椰棕纖維具有耐寒和持久的特性，而且相當粗糙，這表示它很適合刷洗鍋碗瓢盆，但並不適合刷洗表面脆弱的精緻物品。

雖然在一些國家機械加工的比例正在上升，特別是印度，但是有些地方仍繼續採用傳統作法，小規模生產者通常會別無選擇繼續使用會污染環境的製造方法。

動物

5

絲

絲是一種獨一無二的纖維，質感奢華，強韌牢固，而且是唯一的天然單絲纖維。產絲昆蟲有數千種品種，最適合用於紡織品的是桑蠶的蛹。目前正在嘗試蜘蛛絲的可能性，但是直到目前為止，因為種種原因，這種不可思議的纖維距離實際應用仍遙不可及。

類型	一般應用範圍	永續發展
· 桑蠶 · 柞蠶	· 服裝紡織品與襯裡 · 醫療 · 室內裝潢用面料	· 蠶絲業是能源密集型產業 · 生產蠶絲需要犧牲大量蠶蛹

屬性	競爭材料	成本
· 強度重量比高 · 光澤度高，對染料顯色度高 · 細緻光滑	· 羊毛和毛髮 · 人造替代品，特別是黏膠纖維、醋酸纖維和聚對苯二甲酸乙二酯 (PET) 纖維	· 原料成本高，長絲價格最昂貴，短絲價格則低了許多 · 加工成本相對偏高

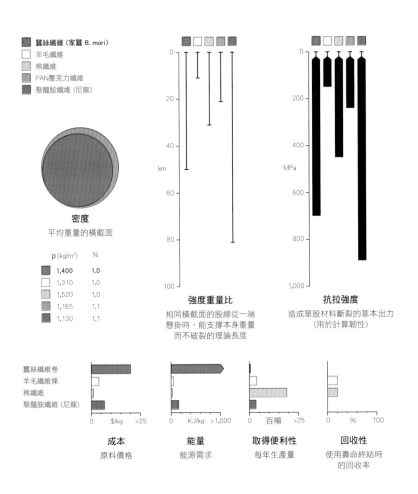

密度
平均重量的橫截面

ρ (kg/m³)	%
1,400	1.0
1,310	1.0
1,520	1.0
1,165	1.1
1,130	1.1

- 蠶絲纖維 (家蠶 B. mori)
- 羊毛纖維
- 棉纖維
- PAN壓克力纖維
- 聚醯胺纖維 (尼龍)

強度重量比
相同橫截面的股線從一端懸掛時，能支撐本身重量而不破裂的理論長度

抗拉強度
造成單股材料斷裂的基本出力（用於計算韌性）

蠶絲纖維卷
羊毛纖維條
棉纖維
聚醯胺纖維 (尼龍)

成本
原料價格

能量
能源需求

取得便利性
每年生產量

回收性
使用壽命終結時的回收率

簡介

絲作為紡織品用的纖維具備優異的機械效能，同時也具有傑出的質感，自古人類就已經發現這點，中國人保守蠶絲業的秘密長達幾千年，那就是蠶絲生產的方法，直到西元前三世紀，從中國到地中的絲路建立，如何從桑蠶做出蠶絲的知識才從亞洲傳入歐洲，儘管如此，中國人仍繼續主導高品質蠶絲的生產長達好幾世紀。

在 18 世紀與 19 世紀時，紡織加工技術有了創新的突破，例如提花織機的發明（能加快生產細密圖騰的面料），增加蠶絲的設計可能，最近蠶絲已經用在醫療範圍，例如縫線。絲線柔韌，打結後的強度優異，與人體組織具有生物兼容性，因此不會受到免疫系統的攻擊，目前正在探索其他醫學應用的可能，包括藥物輸送系統與骨骼再生支架創建等。

2011 年，新加坡材料科學與工程研究所 (Institute of Materials Research and Engineering，IMRE) 發表新技術，是讓蠶直接生產彩色的絲，他們在蠶結繭前餵食染色的葉子，讓蠶能產出天生帶有顏色的長絲，減少傳統染色時需要耗費的能源、勞力，亦可

數位印花圍巾 (右頁)

紡織蠶絲的表面光滑勻稱，底色為白色，因此適合呈現高品質印花圖案。這條絲巾來自倫敦 Silken Favors，將輕盈的紡織蠶絲結合數位印花，利用這種製作方式，多色設計可以直接從電腦呈現在基底材料上，提供最大限度的設計靈活度，沒有最低印量的限制，而且修改很快速。網版印刷可以製作同樣高品質的成果，但是因為前置作業的成本與複雜性，僅限於印量比較多時使用。

絲

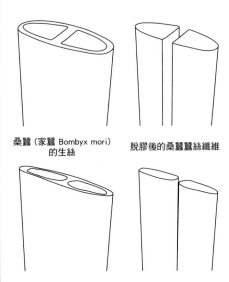

桑蠶（家蠶 Bombyx mori）
的生絲

脫膠後的桑蠶蠶絲纖維

柞蠶（柞蠶屬 genus
Antheraea）的生絲

脫膠後的柞蠶蠶絲纖維

絲的結構

絲就像羊毛，是由氨基酸組成的蛋白質纖維，雖然兩者成份類似，但是因為化學附著物的結構與強度，兩者具有截然不同的屬性。毛毛蟲的頭部腺體分泌的液體混合後產出絲，生絲由絲心蛋白和絲膠蛋白組成，絲心蛋白為不溶解的蛋白組成的結構中心，絲膠蛋白是將絲心蛋白固定在一起的黏性膠質，藉由產絲的吻管擠出生絲，拉伸後使組成絲心蛋白的多鏈變得高度有序，成為線性形狀（形成高度結晶結構，請見第 166 頁），暴露在大氣中後纖維變硬，黏著劑約佔纖維重量的三分之一。在所謂蠶絲脫膠的加工過程中，將纖維浸泡在水中，使絲膠溶解，釋出兩根強韌的長絲（每根約 10 微米），產絲的昆蟲成千上萬，為了配合特定的保護需求，每個品種都各有特性，其中幾種蛾毛蟲生產的結絲蠶蛹適用於紡織品生產，最合適的是家蠶（B. mori），脫膠之後，絲線會有三角形的橫截面，反射各個方向的光芒。柞蠶（柞蠶屬，學名為 Antheraea）產出的蠶絲比較平坦，外觀比較沒有光澤。

減少製造廢料。這項創新技術目前仍在實驗階段，可能需要一段時間才能應用在商業紡織品上。

過去多年來，已經開發出好幾種人造纖維作為蠶絲的替代品，最成功的包括擠出成型的人造長絲，具有相同的三角形輪廓，例如聚醯胺纖維（PA，尼龍）（請見第 164 頁）和黏膠纖維（第 252 頁）。這些合成纖維比較便宜，控制度高，有可能可以回收，且製造過

程不必犧牲蠶。雖然如此，天然蠶絲即使價格昂貴仍廣受喜愛。蠶絲作為一種蛋白質纖維，與羊毛有許多相似的地方（請見第 426 頁），舉例來說，蠶絲具有吸濕性，可以吸收本身重量三分之一左右的水氣，而且不會感覺潮濕（潮濕時強度變弱），本身是防燃物料，火焰熄滅後會停止燃燒。蠶絲是不良導體，天生具絕緣性，因為化學結構差異，加上纖維本身細緻，蠶絲比羊毛更強韌、光滑。

蠶繭的作用是保護化蛹期間的幼蟲，因此會生產一些有利的抵禦物質，像是可以抵禦醇類、弱酸和水。纖維以這些幼蟲排出的絲膠蛋白結合在一起，約佔整顆蠶繭的三分之一，在製作蠶絲紡織品時會去除這個部份。近年的技術發展包括將這項副產品混合化妝品、高效保濕品和聚合物泡沫，增加吸濕性，或是單單使用絲膠蛋白作為共聚物的一部份，做成塑膠薄膜或是片材。

蜘蛛絲被認為是性能最高的纖維之一，性能組合遠超過任何人造材料，人工養殖蜘蛛不太可行，因此研究人員開發出其他方法，可以大規模生產或模仿這種材料。自 2014 年起，德國公司 AMSilk 一直在生產靈感來自蜘蛛的生物聚合物，由重組絲蛋白製成，這種名為 Biosteel 的新材料不僅柔軟，而且就像天然蠶絲一樣可以加工和染色。

商業類型與用途

現代養蠶業仍使用傳統作法，大部份加工是手工完成，因此生產僅限於勞力成本低的國家，才符合經濟效益。雖然能吐絲的昆蟲有數千種，但是桑蠶（學名為 Bombyx mori）是研究最廣的一種，也是人工養殖最多的品種。蠶的蟲卵孵化之後，餵養桑葉（Morus alba）約一個月，這些桑蠶就會結繭，一顆蠶繭約有長達 1.5 公里 的絲線。

蠶繭加熱之後會使蠶蛾死亡，接著會將蠶絲浸泡在水中溶解絲膠蛋白，用手仔細剝繭以取得蠶絲，蠶絲的長度不一，通常會混合製成一致的絲線。

蠶絲具有奢華的柔軟觸感與天然光澤，同時又有實用價值，可製成綢緞面料和天鵝絨，供精緻服裝與室內面料使用，或用來刺繡。因為蠶絲吸水性高，加上絕緣特性，這表示蠶絲不管在寒冷或溫暖的天氣條件下都適用，舒服又輕便。

柞蠶（Tussah，英文又拼作 tussore）是柞蠶屬中幾種蠶蛾之一，價格通常是桑蠶價格的一半左右，傳統上，這種蠶絲來自野生幼蟲，但如今比較少見，因為報酬不如養蠶業。幼蟲以各種葉子為食，所以蠶絲的顏色從淡奶油色到深棕色皆有。大多數商業柞蠶絲來自中國（學名為 A. pernyi），飼養在橡樹葉上，因此蠶絲是蜂蜜色的，纖維約 30 微米，比桑蠶（B. mori）產出的蠶絲纖維較粗。

如果讓蠶完成變態並破繭而出，那麼長絲會被破壞，不過這些破裂的蠶繭能製成短絲（短纖維），雖然不如長絲有價值，但是短纖維可以混紡（賦予柔軟度和強度），也可以使用與其他天然纖維相同的設備進行加工。

提花紡織（右頁）

紡織品設計師維多利亞・理查茲（Victoria Richards）以蠶絲作為創作媒材，完成的領帶設計色彩明亮大膽，圖騰炫目，作品「Dublin Big Wave」中的圖案採用提花編織，因此與面料合為一體。提花與傳統織機的區別在於經紗單獨操控，代表提花的變化更多，能產生任何類型的圖案。

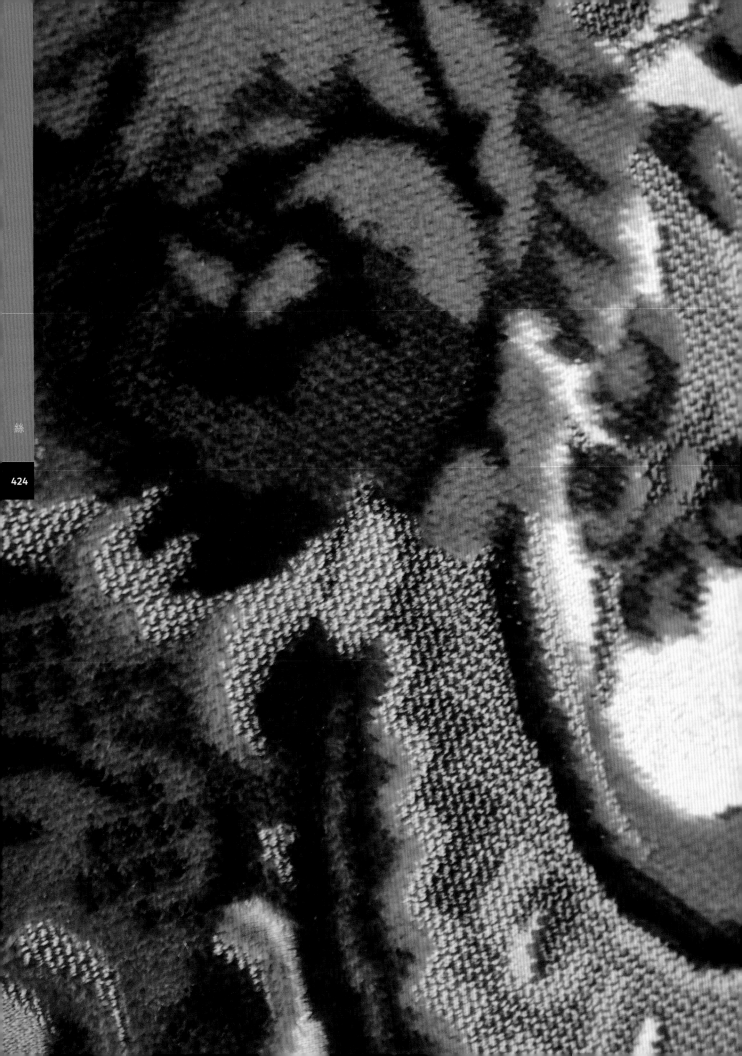

時尚與紡織品

光澤
來自桑蠶的蠶絲能製成光滑的紗線，具有三角形輪廓，能反射各個方向的光芒，人造材料會模仿這種質感，例如聚醯胺纖維和黏膠纖維。

顏色
蠶絲對染料顯色力良好，結合潔白的原色與天然的光澤，代表顏色看起來能鮮豔飽滿。

強度
蠶絲就其重量而言是強度最大的天然蛋白質纖維，相比之下，馬海毛強度不到蠶絲的三分之一。植物纖維具有優異的強度重量比，例如大麻和亞麻，不過，高機能人造纖維的強度仍然比天然纖維更高。

脆弱度
蠶絲作為蛋白質纖維（和羊毛與毛髮一樣），潮濕時強度會減弱，彈力恢復性差，也就是拉伸後不會變回原本的狀態，而是保持永久變形。

緯編
（燈芯絨和棉質天鵝絨）

割毛鋼針（剪絨與毛圈結合）
（天鵝絨和威爾頓地毯）

阿克明斯特地毯

雙層布
（天鵝絨、人造皮毛和科技布料）

鬆緊拉伸編織
（毛圈、毛巾布和泡泡紗）

簇絨剪絨
（地毯、踏墊、人造毛皮、人造草皮）

簇絨毛圈
（地毯、踏墊、人造毛皮、人造草皮）

永續發展

自工業革命後，蠶絲的生產方式幾乎沒有改變，雖然符合永續發展，但生產過程密集耗能。家蠶 (B. mori) 僅以桑葉為食，需要投入大量能源，因為桑樹生長需要水、能源、除草劑、殺蟲劑和肥料。生產 1 公斤生絲需要大約 10 公斤的繭，且抽絲非常耗能，因為蠶繭需要在特定酸鹼值和硬度的水中長時間加熱。為了製造連續長絲，必須在幼蟲變態成蛾從繭脫出前先將蛹殺死，不管是養殖或野生的蠶絲，只要是短纖維就代表毛蟲已經長成蛾（雖然有些短絲來自養殖長絲的廢棄物）。桑蠶的副產品包括蛹、葉子與廢棄的絲線，一般用作堆肥。

花樣天鵝絨 (左頁)

法國里昂紡織品普雷爾 (Prelle) 目前仍持續以手工製作帶有複雜圖案的天鵝絨，以提花工藝為輔，採用「割毛鋼針織法（剪絨與毛圈結合，over-wire）」，毛圈和切絨與緞面編織地面結合在一起，這種設計非常複雜且耗時，僅 300 公釐就需要大約一天的時間。

紡織絨毛面料

紡織絨毛面料的材料與技術選擇，取決於實際應用的範圍，蠶絲可製成品質最高的面料；棉花主要應用其柔軟性與高吸濕性；羊毛提供隔熱效果，可作襯墊使用；人造纖維幾乎可以應用在所有絨毛面料的使用範圍。燈芯絨與棉質天鵝絨採用同樣的方法，緯紗採用長浮紗編織，切開後刷過，讓纖維展開，燈芯絨順著織物的長度帶有獨特的經圈（隆起），但是棉質天鵝絨不會按照線性排列。天鵝絨和一些人造皮革都是雙層布料，兩層面料同時編織，利用經紗長度連接，將毛圈割開後形成絨頭。這種割毛鋼針織法可以讓圖騰設計（利用提花工藝）也有類似天鵝絨的質感。編織時利用沿著鋼線固定的經線形成絨毛，一旦紡織品定型後，移除鋼線形成毛圈，在鋼線底端加上刀片，割開絨毛。地毯品牌威爾頓 (Wilton) 一般認為品質最精良的地毯，就是用這種方式製造。毛圈和泡泡紗採用鬆緊拉伸編織而成，這種技術簡單，絨頭經紗保持鬆散，把其他部份壓實，因此形成毛圈。絨毛可以處理成單面或雙面，根據經紗的排列而定。阿克明斯特 (Axminster) 工法只用於地毯，將絨毛插入基底布料，然後利用緯紗固定在適當的位置，這種方法可以使用多種顏色，並能利用電腦輔助織機，讓只製作一件的設計或是客製化設計有可能實現。簇絨很類似，除了絨毛採用連續紗線製作，將連續紗線利用基底布料或送毛布料進料，然後可以使用簇絨槍手工製作，或是使用具有多排針大型織機進行編織。

絲在時尚與紡織品中的應用

蠶絲在天然纖維中是獨一無二的，來自單獨一根長絲，而不是短絲（短纖維），這個特色的優點在於真絲面料可以非常輕巧（如薄紗雪紡），不論質感光滑或緻密，重量都能比其他任何天然纖維輕更多。目前許多現代人造纖維提供更高的強度重量比，有些不必要使用蠶絲的應用範圍，對蠶絲的需求因此降低了，反而進一步提升了蠶絲獨一無二頂級奢華纖維的地位。

纖維的選擇是關鍵，因為只有纖維作為浮沙（暴露在表面上），讓纖維可以閃耀時，才能展現蠶絲的潛力。蠶絲精細和亮澤的特性最適合用於緞紋織物（請見第 240 頁），長浮紗能捕捉蠶絲的輕盈，展現絢麗的顏色，並能讓纖維非常緊密排列在一起，進而完成緻密的紡織品，增加顏色的飽和度。

天鵝絨或絲絨是利用蠶絲的細緻。作為長絲，蠶絲可編織成極密的絨毛，在天然纖維中沒有其他纖維可以比擬。天鵝絨可用於服裝和室內裝潢，但是只能用在精緻表面不會遭到磨損的應用範圍。絨毛壓平後會影響外觀與感受。碎絨即利用這種特點的優勢，在潮濕時扭轉纖維製造出碎絨。

傳統上，蠶絲測量是採用日本開發的測量系統「姆米」(momme，縮寫為「mm」)，姆米重量基準是一塊 45 英吋寬 (114cm)、長為 100 碼 (91.4 公尺) 的面料重量，以磅為單位。因此，15 姆米的蠶絲是理想的蠶絲，重 15 磅 (6.8 千克)。如果是較重的紡織品，姆米重也會比較高。

羊毛

羊毛是從羊身上取得的可再生纖維，羊毛從粗糙到細緻皆有，具有許多理想的特質，包括耐水性、吸濕力、阻燃性，並具有良好的隔絕功能，染色時效果非常好，這就是為什麼即使羊毛的成本相對比較高，長期以來卻能應用在如此廣泛的範圍上，成本昂貴是來自飼養動物的開銷。

類型	一般應用範圍	永續發展
· 新剪羊毛(新羊毛)、再生羊毛、羊毛碎料 · 羔羊毛(初剪)、過歲毛(綿羊年齡超過七、八個月初剪毛)和綿羊毛(後續剪毛)	· 服裝和內衣 · 室內裝潢和室內用布料 · 地毯、踏墊和毛毯	· 可再生、可堆肥處理或回收 · 加工會耗用能源、水和化學品 · 可能導致過敏
屬性	**競爭材料**	**成本**
· 高彈性和絕緣性 · 纖維從細緻到粗糙、比直到捲曲皆有，取決於品種 · 能防水，具有阻燃性	· 毛髮和絲 · 聚丙烯腈纖維 (PAN)、聚對苯二甲酸乙二酯 (PET)、聚醯胺 (PA) 和其他類似的人造纖維 · 葉子纖維和草	· 原料成本中等偏高 · 纖維加工成本低

簡介

羊毛是種非常通用的纖維，具有許多不同形式，原始纖維具有隔絕效果，製成羊毛氈可以產出光滑又硬挺的面料，或改為羊毛紗，藉由針織或編織成為高品質的紡織品，紡織品的性質取決於動物的品種和年齡以及後續加工過程，與其他類型的天然纖維和人造纖維相比，羊毛提供許多設計機會，羊毛可再生，符合永續發展，而且世界各地飼養的綿羊品種多樣，可以提供各種不同品質的羊毛。

羊毛作為天然蛋白質纖維 (請見第 434 頁毛髮、第 420 頁絲)，羊毛原本就有阻燃性，確切的說，在火焰中羊毛會燃燒，但是火焰撲熄之後，羊毛就會自行熄滅。這和植物纖維 (例如棉花和大麻，請見第 410 頁和 406 頁) 形成鮮明對比，植物纖維一旦暴露在明火中，會非常容易燒起來。

蛋白質是動物性角質形式，容易受環境條件影響，和構成前述植物纖維的纖維素相比更脆弱，這就是為什麼潮濕時羊毛會失去強度，變得更加柔韌柔軟，乾燥之後，羊毛就能完全恢復原本的強度和剛性，對於生產這點這很方便，因為彎折時強度降低，讓羊毛容易加工製成紗線。

羊毛氈拖鞋 (右頁)

羊毛氈拖鞋被視為最早的紡織品形式之一，構造簡單，不像編織或針織面料，羊毛氈不需要織機。將羊毛層 (或毛髮層) 鋪平後加熱、加濕、加壓、震盪，使纖維糾結在一起，表面的鱗片互鎖，讓羊毛纖維固定不移動，完成堅固密實的紡織品，這種羊毛氈被用於各種應用範圍，從蒙古包 (遊牧民族的帳篷) 到圖中丹麥居家用室內拖鞋等。

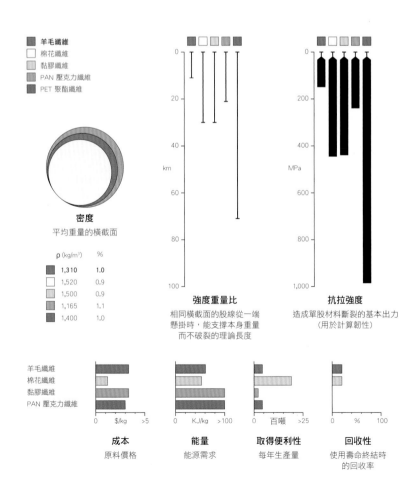

羊毛纖維
□ 棉花纖維
黏膠纖維
PAN 壓克力纖維
PET 聚酯纖維

密度
平均重量的橫截面

ρ (kg/m³)	%
1,310	1.0
1,520	0.9
1,500	0.9
1,165	1.1
1,400	1.0

強度重量比
相同橫截面的股線從一端懸掛時，能支撐本身重量而不破裂的理論長度

km

抗拉強度
造成單股材料斷裂的基本出力
(用於計算韌性)

MPa

羊毛纖維
棉花纖維
黏膠纖維
PAN 壓克力纖維

成本
原料價格
0　$/kg　>5

能量
能源需求
0　KJ/kg　>100

取得便利性
每年生產量
0　百噸　>25

回收性
使用壽命終結時的回收率
0　%　100

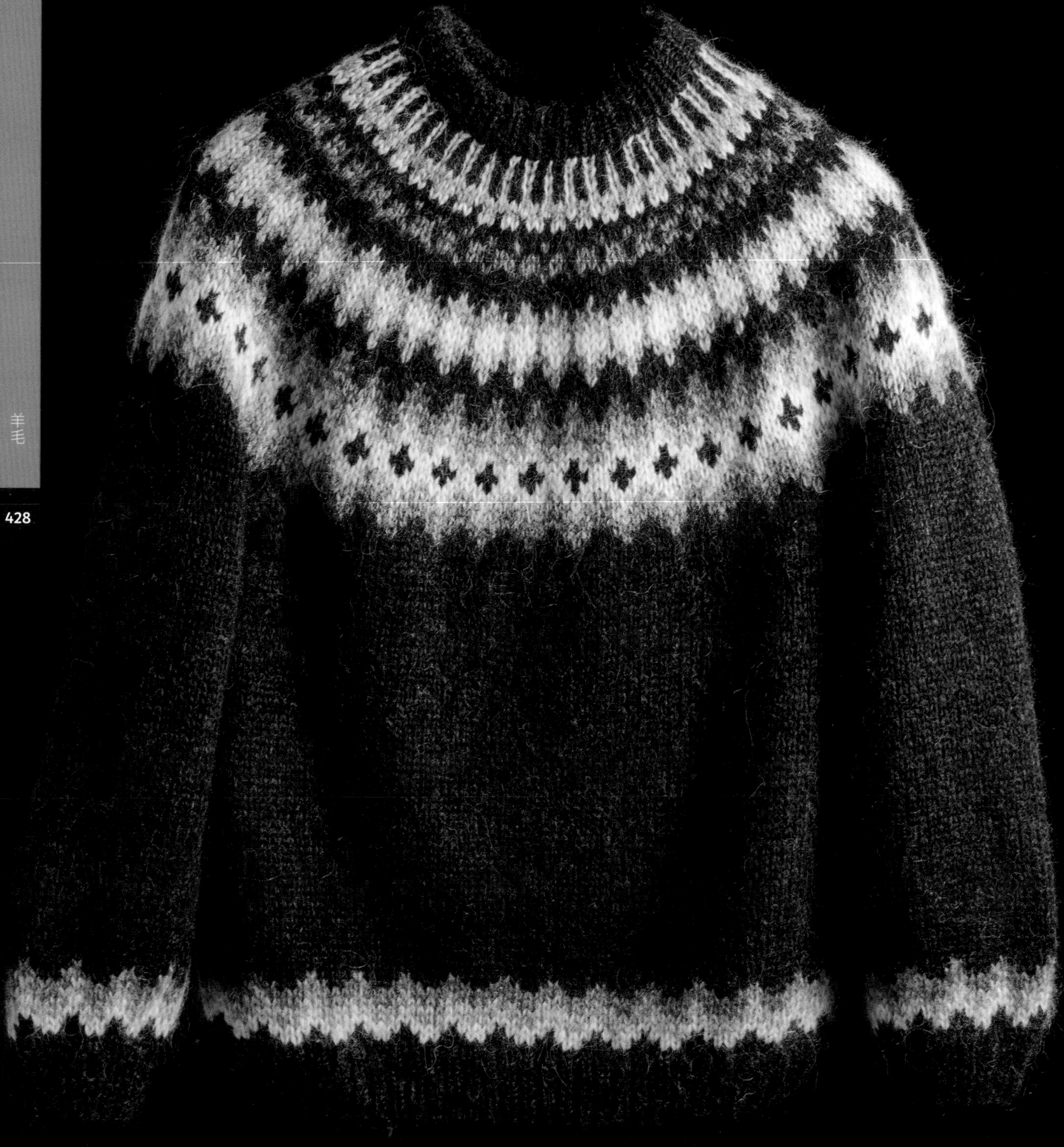

商業類型與用途

羊毛的分級是根據強度、長度、細度、緊實度和缺點的總數量來分，羊毛纖維是以微米計算，介於 10 到 50 微米之間，微米是千分之一公釐。羊毛有各種不同的應用範圍，具體取決於直徑，細緻的羊毛最高約 30 微米，一般用於重視柔軟度與光滑度的應用範圍，例如服裝，最好的羊毛纖維可用來製作高品質的服裝，從正式的西裝到內衣等。工作服或其他要能更耐用的物件，一般會使用中級纖維，在光滑度與耐用度之間的平衡更合用。比較粗糙的纖維會用在預定承受較大磨損撕扯的應用範圍，例如外套、踏墊和地毯等。

羊毛從綿羊皮膚的毛囊中長出來，帶有波浪結構，稱為鬈曲，這種波浪來自雙邊結構，因為兩邊的特性略微相反，造成纖維扭轉彎曲，使羊毛能有彈性與復原力，每單位長度的鬈曲度可作為羊毛細緻程度的參考，細緻的纖維往往非常鬈曲，中級纖維則具有所謂的粗鬈曲，而直徑最大的纖維則不太鬈曲。

羔羊毛是從七個月以下的綿羊身上取得的，第一次剪羊毛會產出最細緻、最柔軟的羊毛，因為另一端沒有修剪過，這種羊毛優異的品質可用於精緻的產品上，像是輕盈的服裝、嬰兒服和圍巾等。

週歲毛 (hogget) 是指年齡超過七、八個月，但是還不到兩年的綿羊（一歲多），羊毛可能來自第一次初剪，仍保留末端未切割，但是比羔羊毛更強韌（更粗糙）。

手工針織套頭衫 (左頁)

左頁這件冰島傳統的套頭衫使用當地羊毛製作，紗線未經撚合，稱為「plötulopi」，因此針織時因難度很難，但是因為使用長絲（長纖維），可以製作出特別柔軟的套頭衫，同時保有厚實的結構。

後續所有剪下的都稱為綿羊毛，纖維的品質大多由綿羊的基因決定，受到綿羊的生長環境塑造。有一些純種羊，羊毛獲得廣泛利用，包括美麗諾羊毛 (Merino，細緻、高鬈曲、蓬鬆、品質高)；雅各羊毛 (Jacob，厚重、低鬈曲、顏色混雜、耐用)；英國萊斯特羊毛 (English Leicester，厚重、低鬈曲、長絲纖維) 和紐西蘭羅姆尼 (Romney，纖維厚重又耐用)。首次加工時會標註「新剪羊毛」，來自回收纖維的羊毛則稱為「回收」或「再生羊毛」。

永續發展

羊毛是肉品業與羊乳業的副產品，綿羊修剪羊毛是為了避免夏季時羊隻太熱，或是羊毛中卡住蒼蠅（感染肉蠅毛蛆），當然，羊毛和皮革（請見第 444 頁）和毛皮（請見第 466 頁）不同，不需要犧牲動物，但是有些羊毛是從被屠宰的動物身上剪下的。

羊毛的生產從牧場開始，綿羊吃草、草料或飼料，其他還需要投入肥料、藥物和動物墊料。羊毛剪毛之後，纖維經過清洗，每公斤羊毛消耗大約 4 公升的水，加工時需要使用化學品和能源，即使將上述都列入考量，羊毛的生產對環境造成的影響，仍低於人造纖維的生產。

羊毛具有許多好處能吸引人購買，但是對某些人來說，動物蛋白質和油脂可能會導致皮膚過敏，因為這點嬰兒服通常使用棉花製作。

羊毛在時尚與紡織品中的應用

羊毛是高品質、高機能的纖維，人造纖維替代品無法比擬，不僅適合溫暖的天氣，也適用於寒冷天氣。這點主要來自羊毛的吸濕性，可同時吸收空氣中的濕氣與汗水，有助調節溫度，在各種氣候下提供保護作用，根據使用目的，纖維的選擇也有所不同。

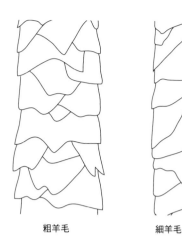

粗羊毛　　　　　　　　細羊毛

羊毛纖維的特性

羊毛、毛髮和毛皮（請見 466 頁）由角蛋白（一種纖維蛋白）組成，纖維由皮質（核心）組成，這是一種複雜的螺旋微纖維層狀結構，包裹在重疊角質層中作為保護層，角質層的作用就像鉤子，在纖維按照比例排列的表面互扣，這種表面可以預防纖維滑動，也就是羊毛氈的基礎原理。上述性質也使羊毛難以清洗，因為羊毛常常會縮水變硬。不過鱗片狀表面有助生產彈性羊毛紗，因為相對來說糾纏的纖維在拉伸時比較不容易扯斷。這種屬性代表羊毛適合輕盈的鏤空織物。纖維範圍介於細羊毛（10 微米）到粗羊毛（50 微米）之間，羊毛鱗片輪廓較小。如美麗諾 (merino) 羊毛，表面互扣的結構不見得良好，因此紗線撚合得更緊，防止纖維滑脫。

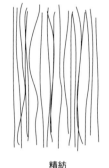

粗紡　　　　　　　　精紡

羊毛紗的結構配置

羊毛紗的結構是由多根纖維捻在一起。粗紡羊毛紗使用比較短的短絲（短纖維）製作，梳理之後去除糾纏的羊毛和碎屑，這種纖維混合製成的羊毛紗通常會比較輕巧而通風（蓬鬆）；而精紡羊毛紗是使用纖維製作，梳理後讓羊毛的方向更有一致性，去除比較短的短絲，這種羊毛紗製作的成品更硬挺、強壯、厚實，比較佔空間的粗紡羊毛紗因為「每吋幾轉」的撚度（「每吋幾轉」縮寫為 TPI）較少，所以在纖維之間會含有更多空氣。

吸收性

羊毛具有高吸收力，在水中重量可以增加到自身重量的三分之一，觸感仍不濕潤或潮濕。與植物纖維和羽絨不同，羊毛潮濕後仍可以保暖，這種特質已經應用在適合寒冷天氣的服裝達千年之久。

色彩

羊毛對染料有很好的顯色力，可以製成各式各樣的顏色，從柔和色調到鮮豔色調都可行，即便如此，羊毛經常保留原色用於加工，根據綿羊品種不同，羊毛的顏色也有許多不同。

抗皺性

羊毛具有優異的彈性回復力，在斷裂之前可以彎折約 20,000 次，而棉花和一些人造纖維只能彎曲約幾千次，這種彈性代表羊毛製品不太容易起皺。

耐用性與彈性

羊毛的鬈曲使羊毛具有顯著的拉伸力，潮濕時可延展 50%，乾燥時則可達 30%。斷裂之前，只要釋放壓力纖維就能恢復原狀，在潮濕的環境下恢復更快。

例如寒冷氣候下需要的是蓬鬆保暖的衣物，為使用者在低溫環境中提供最大的保護層。另一方面，溫暖氣候的衣物則要盡可能輕薄，採用非常細緻的美麗諾製成的服裝，有時稱為「Cool Wool」，這是「Woolmark」的子牌，這個牌子代表使用平均直徑為 22.5 微米或更小的纖維，最大織物重量為 190g/m^2。Cool Wool 的出現可追溯到 1980 年代，當時這件事引起人們的關注，原來輕薄的羊毛服飾能適合作為溫暖氣候的服飾。

因為羊毛自然的鬈曲，使羊毛經久耐用，有回復力，並有彈性，能夠耐受粗暴的使用，在斷裂前可以彎折數千次。但是羊毛容易氈縮，雖然在某些情況下很有利，稱為「氈合 (milling)」或「縮絨 (fulling)」，可以產生羊毛紡織品上柔軟的表層，但這也代表羊毛不容易保養，需要有專門處理方式，例如「Superwash」，這是一種化學塗層，可以減少羊毛摩擦與纏結，使羊毛服飾也能用洗衣機清潔。

起絨羔羊毛 (左圖)

編織的羊毛面料可以利用各種不同加工過程來讓視覺效果更好，紡織物的品質更優秀，起絨可以產生更柔軟的表面質感，增加緩衝力，改善隔絕效果。以往會使用起絨刺果 (teasel pod) 完成作業，現在一些最精緻的羊毛織物仍使用刺果製作，像是圍巾和毛毯，但是其實現在主要的起絨加工是使用鋼絲刷完成。這兩個過程基本上一模一樣，唯一的差別只在於一個使用天然材料、另一個使用鋼絲刷來進行起絨。

室內裝飾 (右頁)

丹麥設計師芬尤 (Finn Juhl) 在 1941 年為自宅設計的 Poeten 沙發，意即「詩人」，使用 Kvadrat Remix 系列布品裝飾 (請見下一頁)，這件作品曾出現在浪漫的丹麥電影《詩人與他的妻子》(1959) 中，因此得名。椅背加上鈕扣簇絨設計，營造出與眾不同的輪廓起伏。影像由芬尤之家提供。

羊毛纖維製成羊毛紗之前會經過大量加工，從綿羊身上剪下的羊毛，大約只有一半可以使用，剩餘的部份包含羊毛脂 (這種脂肪物質在其他地方有許多用途)、髒污和其他污染物。將可用的纖維分開需要經過幾道洗滌步驟，通稱為「洗毛」。接著將纖維經過

精梳，去除纏結或任何殘餘的碎屑。這種纖維原始混合物可能可以直接加工製成毛氈，讓纖維層彼此疊置，與濕氣、熱氣、攪拌作用和壓力相結合，纖維纏繞在一起，毛鱗片 (請見第 429 頁) 將纖維固定在一起，變成密實的片狀材料。

燈罩 (上圖)

義大利設計品牌 Luceplan 的 Silenzio 吸音燈罩，「Silenzio」意即沉默。燈罩採用 Kvadrat Remix 面料 (90% 羊毛加上 10% 尼龍)，由設計師莫尼卡・阿瑪尼 (Monica Armani) 在 2013 年設計，因為面料選擇，燈飾可以搭配室內裝潢的需求訂製。羊毛的另一個好處是可以作為有效的隔音材料，因此得名。

粗紡羊毛紗指的是經過粗梳但未經精梳的羊毛，精梳可以去除短纖維，讓纖維的排列更整齊，進而生產出品質優異的羊毛紗（精紡羊毛紗），偏好用於細緻與正式的服裝。由精紡羊毛紗織成的紡織品更平順，更能夠保持形狀，編織的圖騰會更清晰可見（除非已經進行表面處理）。另一方面，羊毛紗也是休閒針織衫偏好的材料，因為能生產更柔軟、更蓬鬆的服裝。

羊毛確實是天然纖維，但是這點不會使羊毛放棄不斷創新與突破的可能，舉例來說，澳大利亞國家科學研究機構聯邦科學與工業研究組織（縮寫為 CSIRO）正在進行澳洲羊毛發展公司資助的專案，開發出一種方法可以降低羊毛表面能，使纖維吸水的能力降低，結果讓羊毛纖維吸水量下降，同時增加乾燥的速度，最後完成的技術名稱為「速乾美麗諾」（Quick-Dry Merino，QDM），這種技術會增加羊毛清洗與乾燥的效率，減少天氣潮濕時羊毛的吸水力。

另一方面，最近有種創新的純羊毛面料「MerinoPerform WP」，這是利用 optim max 羊毛製作，這種纖維經過拉伸但沒有固定，當羊毛不再潮濕後，拉伸的壓力釋放，纖維便會收縮，讓面料表面極度收緊，這種收縮效果使面料的耐水性更好，減少透風，創造出適合用於運動服裝和戶外活動的紡織品，因此得名。這種衣料挺直平整，能抗皺，有彈性，可作為聚醯胺（PA，尼龍，請見第 164 頁）的替代品。

有一些人造替代品可以取代羊毛，適合用於服裝，雖然可以節省成本，增加設計的可能性，像是顏色、成型性……等，但是無法與羊毛獨一無二的高機能屬性組合相媲美，因此，羊毛通常與合成纖維結合使用，同時利用兩者的優勢。

傢俱、照明與室內裝潢

耐燃性
即使沒有經過化學處理，羊毛也不容易燃燒。在有火焰的情況下，羊毛會燃燒，但是只要移開火源，羊毛便會停止燃燒。

耐用性和耐磨性
羊毛的表面有天然抗污的功能，而且非常耐用，因此適用於需要抗壓、耐磨損的狀況，例如人來人往區域的地毯和家具等。不過，與人造替代品相比，羊毛的成本仍是偏高，因此應用上仍受限。

耐壓縮
耐壓縮的特性使羊毛適合用在各式各樣的應用範圍。帶有高度鬈曲的細纖維一般耐受性比較低，可以用來製作細緻的紡織品，例如服飾；另一種應用範圍截然不同，堅硬的纖維具有比較高的耐受性，適合作為床墊的填充物。

聚丙烯（PAN）纖維也稱為壓克力纖維（請見第 174 頁），這種纖維柔軟而蓬鬆，通常用作羊毛替代品。編織或針織的壓克力纖維甚至用來模仿毛皮或刷毛（請見第 452 頁羊毛），經過染色與塗佈，讓壓克力纖維盡可能看起來自然。

可再生纖維經常與羊毛結合使用，包括醋酸纖維（CA）和黏膠纖維（請見第 252 頁），黏膠纖維表面具有光澤，可以控制光澤程度，也就是說黏膠纖維可以製造出看起來、摸起來像羊毛的紡織品，也能模仿其他天然纖維。醋酸纖維以加熱加壓成型，這種熱塑性塑膠的質感，讓醋酸纖維與羊毛混紡品可以做出永久褶皺或壓花。

羊毛在傢俱、照明與室內裝潢中的應用

羊毛紡織品廣泛用於室內空間，可以用作奢華又耐用的室內裝飾品、長絨毛耐用地毯、緩衝墊與隔絕層等。

羊毛不是廉價的纖維，在某些情況下，成本會高於人造替代品好幾倍，當然，這並非絕對，因為高品質、高機能的合成材料價格也不便宜，隨著使用時間越長，換算下來羊毛的價格越不昂貴，因為羊毛非常耐用。

羊毛用於地毯時，可以和耐用的人造纖維一起使用，例如聚醯胺（PA）與聚丙烯（PP，請見第 98 頁），每種產品都有獨特的優點，因此經常互相結合，將優點發揮到最大限度。以 80% 羊毛加上 20% 合成纖維製成的面料，可用於最受磨耗的地方，羊毛會慢慢折舊。100% 羊毛僅能用於最昂貴的室內應用範圍。

羊毛具有天然吸濕性，本身能抗靜電，有助羊毛長時間保持清潔，靜電可以吸附髒污和灰塵，用於室內面料這種功能相當實用，如地毯和室內裝飾品。通常加入少量傳導性纖維，可以進一步提升抗靜電機能，這類的纖維可用於像是飛機、工作服和包裝等應用範圍。

毛氈應用範圍廣泛，目前更常使用羊毛以外的材料生產，使用各式各樣的合成材料或其他材料製作，非羊毛製成的毛氈使用針刺法製作，這是一種多功能的生產方法：利用倒刺針將纖維纏繞在一起，然後往回勾入原本的材料，如此一來，能將幾乎任何類型的材料結合再一起，包含羊毛，材料選擇取決於實際應用範圍，例如強調吸收性的應用範圍，會使用黏膠纖維、聚對苯二甲酸乙二酯（PET，聚酯，請見第 152 頁）、羊毛和洋麻（請見第 404 頁）；需要阻燃性的物件會偏好使用芳綸纖維（請見第 242 頁、碳、壓克力纖維和羊毛；聲學（隔音等聲波相關需求）領域則會運用羊毛、聚酯纖維和大麻。

動物毛

動物毛這類細緻的蛋白質基底纖維有各式各樣不同類型，從超級柔軟的安哥拉到稀有的小羊駝皆屬於此類，這些生活在寒冷氣候中的動物，長出非常保暖的毛皮，能保護動物免受大自然環境的傷害。人類採集動物毛皮並改製為紡織品已經有數千年歷史了，充分利用這些纖維許多實用的特性。

類型	一般應用範圍	永續發展
· 山羊：喀什米爾羊絨、馬海毛（安哥拉山羊毛） · 兔子：安哥拉 · 駱駝、駱馬、羊駝、小羊駝、原駝 · 牛：犛牛、氂牛	· 服裝 · 蓋毯、踏墊、地毯 · 帳篷和繩索 · 刷子鬃毛和假髮	· 和羊毛一樣，動物毛也是可再生資源，定期從動物身上採集，來源是確保動物福利維持最高標準的關鍵

屬性	競爭材料	成本
· 取決於類型，安格拉保暖機能最好，並兼具最優質的吸濕排汗性；羊駝毛耐用又輕巧；喀什米爾羊絨舒適柔軟	· 羊毛與絲綢 · 人造纖維，如黏膠纖維、醋酸纖維和 PAN 壓克力纖維 · 皮革和毛皮	· 用於類似羊毛的情況時，底層絨毛的價格往往比較昂貴，因為生產量低 · 加工過程類似羊毛

別名
柔軟類型的動物毛通稱為毛（wool）
喀什米爾羊絨又稱為 pashmina 羊絨

簡介

動物毛類似羊毛（請見第 426 頁），就像毛皮（請見第 466 頁）包含被毛與底層絨毛的混合物，長而硬的被毛是用來保護底層絨毛，底層絨毛短而鬆軟，可以為動物保暖。至於短而乾燥的毛則稱為粗毛（kemp），可能混合兩種類型的纖維。在製作加工的過程中，會利用吹風或梳理的方式來分離不同類型的動物毛，最柔軟舒適的紡織品利用的紗線幾乎不含被毛或粗毛；相較之下，帳篷、繩索、索具和鬃刷就需要相對更長、更有力、更強硬的動物毛。

動物毛作為蛋白質基底纖維，與羊毛具有許多相同的特性，例如吸濕性、排汗性與耐燃性。通常柔軟的底層絨毛會比羊毛更細緻，毛鱗片比羊毛更細小，因此不容易氈化。比較幼齡的動物毛品質優越，第一次剪毛或是換毛時，能產出品質最高的動物毛，因為僅有一端切割，另一端保留自然圓形，來自幼獸的動物毛預估會是高品質成年動物纖維的兩倍。

人造纖維可以模仿動物毛，在物理性與美學效果上，相似程度最接近的是聚丙烯（PAN，壓克力纖維，請見第 180 頁），此外還有黏膠纖維與醋酸纖維（CA，請見第 252 頁），重量輕，具有光澤，表面質感能夠特別訂製，完成非常類似動物毛的外觀與觸感。

商業類型與用途

山羊毛包含喀什米爾羊絨和馬海毛，這些纖維一般來說優於羊毛，雖然實際還是取決於動物的品質與獸齡。

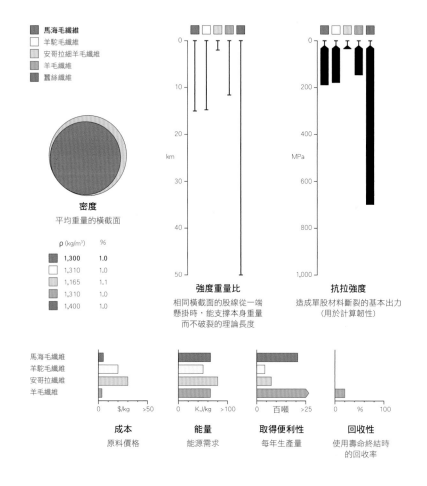

■ 馬海毛纖維
□ 羊駝毛纖維
▨ 安哥拉細羊毛纖維
▨ 羊毛纖維
■ 蠶絲纖維

密度
平均重量的橫截面

ρ (kg/m³)	%
1,300	1.0
1,310	1.0
1,165	1.1
1,310	1.0
1,400	1.0

強度重量比
相同橫截面的股線從一端懸掛時，能支撐本身重量而不破裂的理論長度

抗拉強度
造成單股材料斷裂的基本出力
（用於計算韌性）

馬海毛纖維
羊駝毛纖維
安哥拉纖維
羊毛纖維

成本
原料價格

能量
能源需求

取得便利性
每年生產量

回收性
使用壽命終結時的回收率

馬海毛來自安哥拉山羊 (學名為 Capra hircus ancryrensis)，就物理性質看來，馬海毛最接近羊毛，消費量最大 (幾乎為喀什米爾羊絨的四倍)。馬海毛和羊毛唯一顯著的差別在於馬海毛更長，鬈曲較少，毛鱗片更不明顯；馬海毛滑順的表面能帶來良好的光澤。就像羊毛一樣，馬海毛也因為回復力、耐用性和強度而備受讚譽，不過平均來說馬海毛強度更高，因為纖維通常比較粗糙。馬海毛纖維厚度約 20 至 40 微米，具體取決於山羊獸齡，並具有良好的保暖機能。

一般認為纖維的直徑越小品質越好，品質最好的馬海毛能在幼獸或年齡較小的山羊初剪時取得，通常幼獸剪毛會在六個月大、12 個月大和之後每六個月修剪一次。六個月大時產量不到 1 公斤、12 個月大時產量大約 2.5 公斤。毛囊長出的動物毛，初次修剪與二次修剪時生長差異不大，因此整件皮毛可製成羊毛紗，高品質的羊毛會包含非常少的有髓動物毛 (粗毛類型)，有髓纖維具有不同紋理和顏色，會影響纖維加工，使紗線品質下降。

馬海毛的抗皺機能非常良好，結合馬海毛的剛性，生產出的面料非常適合溫暖的天氣，因此，使用馬海毛製作的精緻西服在顏色潮濕的氣候非常受歡迎，像是日本；馬海毛輕盈又保暖的特性，同樣適用於寒冷天氣的服裝，例如針織衫 (這是馬海毛最大的應用範圍) 和毛毯。馬海毛的耐用性與回復力可用於踏墊與地毯。今天，大部份的馬海毛來自南非。

德國安哥拉兔毛針織保暖長褲 (右圖)

安哥拉兔毛廣泛應用於醫療與保暖內衣褲的製作，這件保暖長褲只含 25% 德國安哥拉兔毛 (75% 棉)，因為安哥拉兔毛的保暖機能，這樣已經能提供足夠的舒適性，全件使用安哥拉兔毛會太過溫暖，反而不舒服。與羊毛不同，安哥拉兔毛不含羊毛脂。羊毛脂會引起皮膚刺激，因此會與棉混紡來確保服飾不會引起過敏。

喀什米爾羊絨是從喀什米爾山羊 (學名為 Capra hircus laniger) 頸部取得的細緻絨毛,一般 125g 羊絨中,喀什米爾羊絨約只佔四分之一。採集時需要花時間仔細處理,山羊身上品質最高的纖維來自春季換毛時,每一週或隔兩週梳理一次,使這種纖維的價格很昂貴 (成本是馬海毛的好幾倍)。這種處理方式起源於印度北方的喀什米爾谷地,自古以來就是這種作法。現在主要的喀什米爾羊絨來自中國,此外還有蒙古、土耳其和巴基斯坦。喀什米爾羊絨一般為 15 至 18 微米,相當於最高品質的美麗諾羊毛,原色介於白色、黑色與棕色,可以染成各種不同的顏色,通常會與羊毛混紡,或是和人造纖維混紡以降低成本,喀什米爾羊絨可以用來製作數量有限的精緻物件,例如西服、毛衣、圍巾、襪子和毛毯。

羊駝毛製寶寶蓋毯 (上圖)

印加人是第一個民族將寶寶羊駝纖維用於紡織品上,大約自西元前 5000 年起,從那時候開始,寶寶羊駝毛一直用於奢華服飾、毛毯和掛毯。寶寶羊駝毛來自羊駝一歲前初剪,非常柔軟舒適,人們認為印加人將這種纖維保留給皇家使用。美國設計師喬納森‧阿德勒 (Jonathan Adler) 設計的人字紋蓋毯,由秘魯人手工編織,為這個設計案重新演繹了經典的圖騰。

喀什米爾羊絨又稱為「pashmina」，傳統上來自印度北部。價值比較低的山羊毛，通常直徑約 80 微米，可用來製作襯墊等其他東西。

安哥拉兔毛是一種極為舒適柔軟的纖維，從安哥拉兔 (穴兔屬，學名為 Oryctolagus) 身上獲得，主要生產長皮毛的安哥拉兔品種有四種，生產的速度快過其他兔子，英國安哥拉兔最具絲緞光澤；法國安哥拉兔比較粗糙，被毛約佔三分之一；德國安哥拉兔 (又稱大型安哥拉兔) 是選擇性育種的成果，能生產高品質的細緻柔軟纖維；緞毛安哥拉兔的重量最輕巧。幾世紀以來密集的選擇性育種，目前已經能生產非常光滑細緻的纖維，約為 15 微米，極細的安哥拉纖維可低於 15 微米以下，柔軟度佳，但是不耐用，纖維容易脫落，而且磨損速度快。

所有類型的安哥拉兔毛都含有髓毛，有一部份是中空的，這是這種纖維為什麼密度低、保暖機能高的原因，這點會影響纖維染色時的顯色度與加工性。纖維的孔隙率提高纖維的易碎性，使纖維在加工過程中容易破裂，因此不容易紡成紗線，同時也會影響染料的吸收程度，因此纖維的直徑和髓質必須均勻分配，才能確保最終成品擁有高品質。

將安哥拉兔毛與其他纖維混紡，像是羊毛與棉花混紡一樣，可以生產比單獨使用安哥拉兔毛更優質的面料，使用純安哥拉兔毛針織或編織的面料會非常昂貴，而且更不規則，容易掉毛。安哥拉兔毛的顏色介於白色到棕色與黑色之間，可用於針織和編織的外衣，同時也可以用於內衣、襪子和帽子。

羊駝 (alpaca)、駱馬 (llama)、小羊駝 (vicuña) 和原駝 (guanaco) 是南美洲相近的動物，都屬於駱駝科的一員。與羊毛相比，這種纖維通常更強韌，

天然抗菌，而且不像羊毛，羊駝毛不含羊毛脂，也就是說羊駝毛不只更輕巧，而且低致敏。羊駝毛可以做成長絲，能製成粗紡和細紡紗線 (請見第 429 頁)，這種纖維更細，毛麟片通常較不明顯，需要撚度更緊密才能製作有彈性的紗線，利用這種紗線織成的面料特別光滑、硬挺，而且牢固。

馬毛刷具 (上圖)

不是所有的動物毛都可以製成面料，像是被毛、鬃毛或是馬和氂牛的尾毛可用於繩索、假髮、刷具鬃毛和魚餌。這款剃鬚刷主要使用馬毛，搭配胡桃木 (請見第 348 頁) 製作手柄，雖然馬毛具有強度與剛性，但是未修剪過的尾端在接觸皮膚時仍保持柔軟的質感。

自古以來羊駝和駱馬已經被馴化，和綿羊一樣會修剪動物毛，可以生產柔軟而蓬鬆的纖維，這種纖維部份中空，因此擁有優異的保暖機能。主要馴養的羊駝有兩種品種：瓦卡約羊駝 (Huacaya) 和蘇利羊駝 (Suri)，前者的皮毛比較細緻、密實、均勻，並更鬈曲，而蘇利羊駝不太常見，因此動物毛價格通常比較高，非常滑順，經常會與棉花 (請見第 410 頁)、羊毛或絲 (請見第 420 頁) 混紡，讓加工上比較輕鬆。

最柔軟的纖維來自羊駝頸部和下巴部位，直徑介於為 15 至 25 微米，比喀什米爾羊絨稍微粗糙。為了取得羊駝羊，羊駝經過長期人工飼養和育種，已經演變出 22 種天然色調，從奶油白到黑色皆有，色調從灰色到棕色，當然，可以藉由混紡還創造中間色調，或是像羊毛一樣染色處理。

傳統上，駱馬養殖不是為了動物毛，而是作為馱獸，並負責看守牲畜，但是駱馬可產出柔軟又保暖的纖維。駱馬毛不像羊駝毛有一致性和高品質，產量也少得多，應用範圍從粗布服裝 (如斗篷) 到精緻的外套皆有，最柔軟細緻的來自「cria」，即駱馬寶寶。

小羊駝和原駝是野生動物，而且瀕臨滅絕。小羊駝毛是全部羊駝毛中最稀有的，因為這種動物在 1960 年代幾乎狩獵殆盡，現在受到嚴格的南美法律約束。小羊駝纖維非常精緻細小，直徑約 12 微米，具有高度保暖效果，觸感柔軟，可以保護小羊駝不受安地斯山脈極度寒冷的天氣影響，比較粗的被毛通常用手工從剪下的羊毛修掉。原駝纖維比較粗糙，約為 15 微米，而且一般認為品質稍微低一點，但是原駝毛仍舊是奢華的纖維，能媲美喀什米爾羊絨。小羊駝的毛長得非常慢，因此根據秘魯法律規定，小羊駝每兩年只能捕捉後剪毛一次，然後野放回自然，每年僅產出少數幾噸纖維。

駱駝毛來自馴化的雙峰駱駝或單峰駱駝，後者又稱為阿拉伯駱駝。自古以來，這些品種用來當作馱獸，駱駝毛以手工收集，作為飼養駱駝的副產品，這些駱駝主要用於沙漠中運送人員與貨品。野生的雙峰駱駝 目前處於極度瀕危狀態。

駱駝的皮毛通常是棕色色調，但也可以幾近白色，不管是粗糙的外層被毛或柔軟的底層絨毛，都可以用來製作紡織品。被毛的長度可達 400 公釐長，而底層絨毛可達 19 至 24 微米細，最長達 125 公釐。具有良好的排水機能與高度保暖特性，因為在寒冷的沙漠夜裡必須保持動物溫暖，而在炎熱的日子則要保持涼爽，駱駝主要是當地牧民用來製作衣服和矮棚的材料，很難獲得一致的供應來源。

犛牛主要生活在中南亞喜馬拉雅地區的青藏高原，犛牛養殖是為了獲得犛牛肉與犛牛奶，而且就像乳牛一樣，犛牛的皮革 (請見第 444 頁) 和骨頭 (請見第 442 頁) 也可利用。野生的犛牛目前瀕臨滅絕。犛牛的絨毛包含三種特殊類型的纖維：長又直的被毛纖維直徑約 50 微米；半鬈曲的中層纖維直徑約 25 至 50 微米；柔軟的底層皮毛纖維，具有不規則的鬈曲，高度保暖，非常細小，一般小於 20 微米。在生產過程中，纖維一般分成底層絨毛與約35微米以上的粗纖維，底層絨毛的質感類似喀什米爾羊絨和駱駝毛，儘管當地的織工能利用犛牛毛製作出奢華的面料，但是犛牛毛仍然不像喀什米爾羊絨和駱駝毛那麼受歡迎。

麝牛絨來自北極動物「麝牛」，和犛牛與乳牛屬於同一科，取其柔軟的底層絨毛，纖維非常細緻，直徑一般只有 10 到 18 微米，類似美麗諾羊毛，因為柔軟與保暖機能而備受推崇，但是非常稀有而且價格昂貴，成年的動物能生產約 3 公斤的粗纖維，其中可以製作約 1 公斤的麝牛絨。

永續發展

從動物身上採收纖維主要透過剪毛或梳理，在許多情況下，動物毛比肉品或鮮乳更有價值 (雖然犛牛和駱馬例外)。這種處理方式的影響每種動物各不相同，體型較大的動物經過馴化和養殖，像是牛和綿羊，每年都能供應基本量的動物毛；另一方面，安哥拉兔通常被隔離，避免動物毛糾結 (澎亂)，每年修剪、梳理或是拔毛數次，這種作法和人工養殖毛皮一樣引起一些疑慮，善待動物組織 (PETA) 在產業臥底後，將取毛過程拍成電影，用影像來引起人們的注意。2013 年該團體記錄了拔毛的殘酷現狀，這是中國採用的技術，而現在大多數安哥拉兔毛來自中國。這部電影造成的直接影響是幾家大型零售商停止訂購安哥拉兔毛。當然，不是所有安哥拉兔毛都用這種殘酷的方法採集，也有其他許多良好的動物畜養案例，這些地方會仔細修剪兔毛或小心翼翼地梳理。因此就與所有動物相關產品一樣，動物毛的來源對於確保動物福利保持高標準至關重要。

將動物毛製成紗線的過程與羊毛的處理方法大致相同，包括洗滌 (洗毛)、粗梳、梳理和加撚。唯一最大的差異是動物毛不含羊毛脂，而羊毛脂可引起過敏反應或是造成皮膚刺激。動物毛的確含有油脂和油，因此需要洗滌，但就重量而言，一般不會像羊毛一樣多。因此，生產過程中耗用的水和化學品通常比較少。

馬海毛正裝 (右頁)

馬海毛 (安哥拉山羊毛) 的光澤質感使其成為理想的西裝面料，特別適合用於晚裝，因為重量輕巧，能提供極佳的抗皺性。馬海毛比喀什米爾羊絨更粗糙，所以幾乎不會單獨使用，通常會與高比例的羊毛混紡，可以利用馬海毛的特性，又能保持舒適性與價格合理。馬海毛通常為灰白色，並染成需要的顏色，例如黑色。藉由選擇性育種，可獲得各種不同的天然色，從灰色、紅色到棕色皆有。

角

動物角是一種天然複合材料,目前已經發展到能在極端衝擊負載下發揮應有的作用。自古以來,動物角一直用於製作實用和裝飾物品,到了現代,乳牛、水牛和綿羊的角是肉品與乳業的副產品,主要以眼鏡鏡架和珠寶等形式繼續應用於裝飾。

類型	一般應用範圍	永續發展
·水牛、乳牛和綿羊	·珠寶和鈕扣 ·眼鏡鏡框 ·手把與器具	·肉品生產的副產品 ·使用壽命結束後可以生物降解

屬性	競爭材料	成本
·絕佳的韌性 ·熱塑性機能 ·抗靜電	·醋酸纖維 (CA)、聚醯胺 (PA) 和聚碳酸酯 (PC) ·骨頭和鹿角 ·竹子	·原料成本稍微昂貴 ·手工製作從數千件小型便宜物件,到僅此一件的高單價物品皆有

440

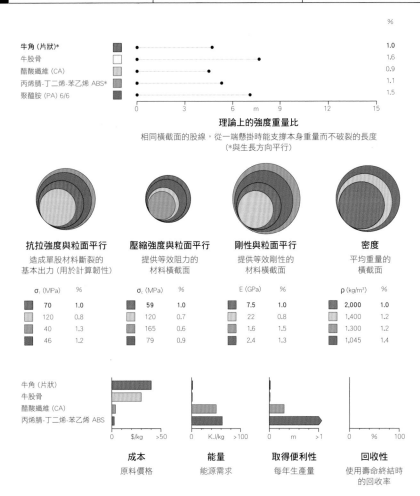

		%
牛角 (片狀)*		1.0
牛股骨		1.6
醋酸纖維 (CA)		0.9
丙烯腈-丁二烯-苯乙烯 ABS*		1.1
聚醯胺 (PA) 6/6		1.5

理論上的強度重量比
相同橫截面的股線,從一端懸掛時能支撐本身重量而不破裂的長度
(*與生長方向平行)

抗拉強度與粒面平行	壓縮強度與粒面平行	剛性與粒面平行	密度
造成單股材料斷裂的基本出力 (用於計算韌性)	提供等效阻力的材料橫截面	提供等效剛性的材料橫截面	平均重量的橫截面

σ (MPa)	%	σ (MPa)	%	E (GPa)	%	ρ (kg/m³)	%
70	1.0	59	1.0	7.5	1.0	2,000	1.0
120	0.8	120	0.7	22	0.8	1,400	1.2
40	1.3	165	0.6	1.6	1.5	1,300	1.2
46	1.2	79	0.9	2.4	1.3	1,045	1.4

	牛角 (片狀)	牛股骨	醋酸纖維 (CA)	丙烯腈-丁二烯-苯乙烯 ABS

成本	能量	取得便利性	回收性
原料價格	能源需求	每年生產量	使用壽命結束時的回收率

簡介

動物角從出生開始生長,是永久性的,不會脫落更替或重新生長,不像骨頭一樣是活組織 (請見第 442 頁),而是由纖維蛋白 (角蛋白質) 組成,這種成份也可以在動物毛 (請見第 434 頁) 和蹄中找到。動物角的複合結構具有很強的抗衝擊性,在天然材料中非常優越,韌性能媲美聚碳酸酯 (PC,請見第 144 頁)。動物角的強度重量比相當於醋酸纖維素 (CA,請見第 252 頁),這是一種塑膠,可以用來製作類似牛角的手工物件。

動物角具有熱塑性,也就是說可以加熱後軟化,使其有延展性,能有彎折、塑型與模製成各式各樣的形狀。

商業類型與用途

動物角來自不同的動物,包括牛屬動物,如乳牛和水牛,還有其他種類,像是綿羊和山羊。

馴養的家牛 (牛屬,學名為 Bos) 經過選擇性育種,因此已經不再長角。牛角一般來自像是奈及利亞這種地方,當地的牛還保留著牛角。牛不論公母都有角,但是公牛的角通常更大,包括兩個部份,角的核心是活組織 (骨骼),包覆一層角,末端是實心的。

動物角的顏色非常混雜,沒有兩個動物角看起來一樣,通常混合深色與淺色,顏色包括棕色、黃色、黑色與白色。顏色較淺的部份可能是半透明的,可以用來製作器具、手柄和眼鏡。

水牛角通常來自印度和泰國的亞洲水牛 (亞洲水牛屬,學名為 Bubalus),

這些草食動物經過馴養，而非野生受保護
物種，如非洲水牛 (非洲水牛屬，學名為
Syncenrus)，水牛角類似乳牛角，但是外
層比較厚，實心的尖端會進一步延伸，這
代表水牛角可以用來生產更實用的材料，
幾乎是全黑色的，可以拋光完成精細的表
面處理，能用於和乳牛角相似的應用範
圍，例如眼鏡、槍托和傘柄。

馴養的綿羊 (綿羊屬，學名為 Ovis) 能產出
螺旋形的角，朝向尖端逐漸變細，公羊角
尺寸最大，實際大小取決於動物的品種與
壽齡，顏色範圍從帶有條紋的半透明乳白
色到不透明的黑色，可以用來製作梳子、
鈕扣和刀柄。

在機械性能方面，水牛角最為優異，其次
是乳牛，然後是綿羊。水牛角更堅硬、更
堅固，帶有厚實的外層，表面非常粗糙，
有許多突起，但是可以拋光完成非常光滑
的表面處理。

永續發展

動物角大多為肉品業的副產品，來源是確
保動物獲得人道對待的關鍵。有些種類的
動物角交易是違法行為，不過雖然不斷有
新聞報導和宣傳，從這些脆弱和瀕危物種
中取得的材料仍有市場需求，舉例來說，
像是犀牛角今天的價格達到相當驚人的每
公斤 6,5000 美元。

牛角片層橫截面

牛角不是活材料，而是一種複合
材料，在中空的核心周圍徑向堆
疊片層，每個片層基質由定向的角蛋白鏈、纖維結構蛋白
質組成，由蛋白質基團結合在一起。管狀結構穿過片層，
沿著動物角的長度延伸，這種模式導致材料具各向異性：
強度和剛度順著生長方向最大，孔隙度和密度都朝向外緣
增加，就像竹子 (請見第 386 頁)，幫助確保高彎折的強度
重量比，壁厚不一，底部比較薄，往尖端變為實心。

動物角湯匙 (右圖)

這種技術可以追溯到維京人，將動物角剖開 (打破) 然後
加熱後，讓動物角展開變成片狀平面，壓平之後，切成想
要的形狀，如果有必要的話可以重新模塑，動物角越薄
越容易使用，牛角通常是雜色的 (如左邊湯匙)。水牛角
湯匙 (如右邊湯匙) 由英國設計師莎拉 ・ 派瑟里克 (Sarah
Petherick) 設計，並附有骨頭手柄。

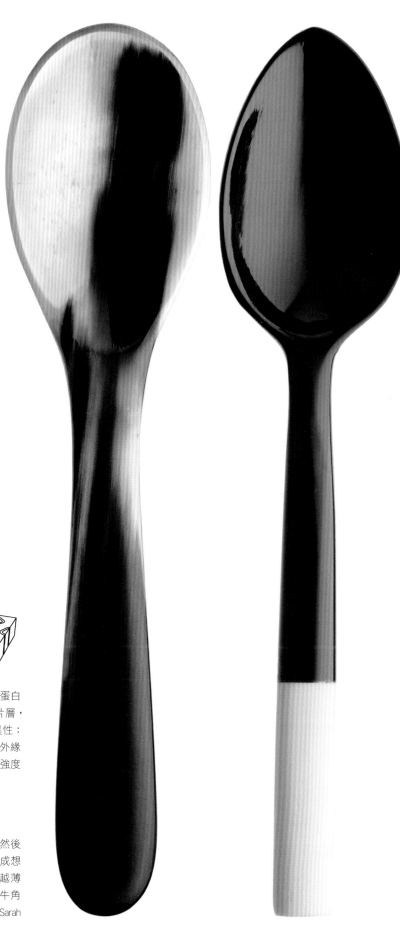

骨頭與鹿角

骨頭與鹿角是具有自我修復效果的複合材料，擁有一些讓人印象深刻的特別屬性，來自能夠承受極端負載，像是動物角一樣，能同時用於裝飾性和功能性物件，現在動物骨頭原料是肉品業的副產品，或像是鹿角一樣，等鹿角自然脫落後再去尋覓採集。

類型	一般應用範圍	永續發展
· 骨頭：牛骨 · 鹿角：鹿、駝鹿、麋鹿和馴鹿	· 珠寶和鈕扣 · 器具與手柄 · 鑲嵌裝飾	· 肉品生產的副產品 · 使用壽命結束後可以生物降解

屬性	競爭材料	成本
· 絕佳的硬度 · 具各向異性，順著生長方向強度重量比高 · 鹿角具有優異的抗裂韌性	· 竹子、山核桃、白蠟木 · 動物角 · 醋酸纖維 (CA)、丙烯腈-丁二烯-苯乙烯樹脂 (ABS) 和聚醯胺 (PA)	· 原料成本稍微昂貴 · 手工製作從數千件小型便宜物件，到僅此一件的高單價物品皆有

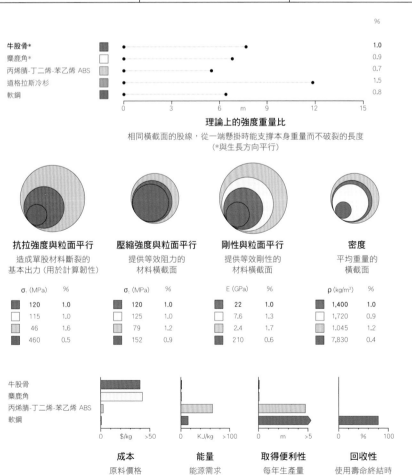

牛股骨*
麋鹿角*
丙烯腈-丁二烯-苯乙烯 ABS
道格拉斯冷杉
軟鋼

%
1.0
0.9
0.7
1.5
0.8

0   3   6   m   9   12   15

理論上的強度重量比

相同橫截面的股線，從一端懸掛時能支撐本身重量而不破裂的長度
(*與生長方向平行)

抗拉強度與粒面平行
造成單股材料斷裂的基本出力 (用於計算韌性)

σ_t (MPa)	%
120	1.0
115	1.0
46	1.6
460	0.5

壓縮強度與粒面平行
提供等效阻力的材料橫截面

σ_c (MPa)	%
120	1.0
125	1.0
79	1.2
152	0.9

剛性與粒面平行
提供等效剛性的材料橫截面

E (GPa)	%
22	1.0
7.6	1.3
2.4	1.7
210	0.6

密度
平均重量的橫截面

ρ (kg/m³)	%
1,400	1.0
1,720	0.9
1,045	1.2
7,830	0.4

牛股骨
麋鹿角
丙烯腈-丁二烯-苯乙烯 ABS
軟鋼

成本
原料價格
0   $/kg   >50

能量
能源需求
0   KJ/kg   >100

取得便利性
每年生產量
0   m   >5

回收性
使用壽命終結時的回收率
0   %   100

簡介

除了石頭以外，骨頭與鹿角是最早用於製作工具和其他實用物件的材料，中世紀時，在日常生活中變得非常普遍，相當於現代人類與塑膠的關係，可以雕刻成珍愛的個人物品，像是梳子和裝飾品，骨頭與鹿角的強度和硬度則用於針和鉤子，時至今日，骨頭與鹿角仍適用於裝飾性與實用性相關的應用範圍。

骨頭是活組織，會持續生長，組成成份為鈣鹽 (提供硬度的礦物質) 和膠原蛋白纖維 (皮膚也含有這種蛋白質，可提供拉伸強度，請見第 446 頁牛皮)，按照前幾代繼承的指令，骨骼會沿著預期的壓力線有效率生長，除了具有非常良好的強度重量比，使骨頭成有效的結構材料，主要是因為骨頭擁有自我修復的能力，這種複合結構能配合動物生命的變化，雖然整個過程還未完全揭秘，但是目前已經進行許多試驗，企圖模仿骨頭聰明的自我修復能力。

鹿角是一種生長非常快速的骨骼，屬於頭骨的附屬品，每年新的鹿角生成然後鈣化，形成非常強壯堅固的結構，繁殖季節結束後，動物不再需要鹿角時，鹿角便會脫落。顏色介於深棕色到乳白色，骨頭一開始呈現乳白色，可以拋光成類似玻璃的質感，表面多孔隙，因此適合染色。應用在珠寶或類似的應用範圍時，天然色會漸漸變成淺黃色，這是因為吸收了皮膚上的油脂。

骨頭手柄刮鬍刀 (上圖)

這款德國 Böker 刮鬍刀使用鋼（請見第 28 頁）與骨頭手柄，歷史可回溯至 20 世紀初，自 1869 年起 Böker 位於德國的工廠一直生產刀片至今，刮鬍刀相對較小，因此受到專業人士的歡迎，進而成為公司最暢銷的刮鬍刀，骨頭手柄舒適且實用，不用時能作為刀片強力的防護。

商業類型與用途

歷史上人類使用過的骨骼包含各種動物，如馬、牛、羊、豬和鳥，今日大部份來自馴養的乳牛（牛屬，學名為 Bos），這些牛宰殺後製成肉品。帶有細密紋理的厚塊牛骨，是精緻雕刻需要的材料，成本取決於尺寸和類型。將骨頭切割和拋光後可以製成實用的物件，例如工具（摺紙用的畫刀和打蠟器）、針、矛尖和釣魚鉤。傳統儀式物件都是採用手工雕刻的，像是紐西蘭毛利人製作的物件，這些具有重要的文化價值，過去藉由世代傳承，與部落故事和神話一同承襲下去。

鹿科動物包括鹿、駝鹿（moose，又名 elk）、麋鹿（elk，又名 wapiti）和馴鹿（reindeer，又名 caribou），鹿科動物是唯一擁有鹿角的動物，除了馴鹿外，一般只有公鹿會長角。鹿角作為原料，在歷史上一直用來製造工具、武器、裝飾品和遊戲物件，即使是同質的材料，鹿角比骨頭抗裂韌性更高，這點從鹿角在戰爭中扮演的角色就可以推測。鹿角每年都會脫落，可以收集使用，或是從捕殺或宰殺用於肉品的動物身上取得。

永續發展

就像動物角（請見第 440 頁），骨頭也是肉品業的副產品，材料來源至關重要，可以確保動物獲得人道對待。另一方面，鹿角自動物身上脫落後，可以尋覓採收，也就是說這種可再生材料並不需要透過宰殺動物獲得。

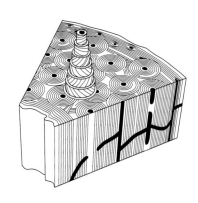

密質骨橫截面

動物的骨頭有兩種類型：密質骨（骨皮質）和海綿質骨（疏鬆骨），顧名思義，密度各有不同。骨頭大部份為密質骨，包括緊密堆疊的骨元，與血管互相連結（哈氏系統）。每一個骨元由稱為骨性導管的中央管組成，包圍著骨板（片狀）基質，沿著軸心同心旋轉排列。穿通管包圍平行於硬骨長軸的血管，這些血管以放射管狀互相連結，硬骨表面並有血管。海綿質骨位於密質骨外圍，由許多互相連結的骨小樑（板狀）和按照壓力方向排列的條狀骨構成。

牛皮

別名

又稱為「bovine」

牛皮是一種多功能、價格實惠的材料，便於取得，分為各式不同等級與表面處理，視覺質感受到動物生活型態的影響，每一種都具有獨一無二的視覺效果，牛皮切割後可以讓皮革更輕薄柔韌，頭層牛皮包含密集排列的纖維，使皮革成為最耐磨的理想材料。

類型	一般應用範圍	永續發展
・全粒面、二層皮或毛皮（皮革上帶有動物毛的皮） ・鉻鞣皮、植鞣皮、合成皮或混合鞣製皮革	・服裝、鞋履、手袋和配飾 ・室內裝潢與汽車內飾 ・運動用品	・染色過程會耗用大量的水和化學品 ・皮革是肉品與乳製品生產的副產品
屬性	**競爭材料**	**成本**
・有彈性又耐用 ・高品質皮革會隨時間過去越來越有光澤 ・柔軟透氣	・馬皮、羊皮、袋鼠皮和豬皮 ・合成皮革（例如以 PU、PVC 為基底的合成皮革） ・黏合皮革 ・樹皮和柳條	・原料成本中等，但實際取決於鞣製加工過程 ・小牛皮價格最高達兩倍左右，依品質不同

肩皮
雙肩皮
半裁（半隻）
臀皮
四方皮
半肩背皮
背皮
雙背皮
肚邊皮

生皮形式

乳牛皮
4.5 - 5 m²
水牛皮或野牛皮
3 - 4 m²
牛皮
1.5 - 3 m²

生皮平均大小

乳牛皮
水牛皮
牛皮
聚氨酯 (PU) 皮
0 $/kg >100
0 KJ/kg >100
0 百噸 >10
0 % 100

成本
原料價格
（服飾用品質）

能量
能源需求
（鞣製與復鞣製）

取得便利性
每年生產量

回收性
使用壽命終結時
的回收率

簡介

以下將介紹一般皮革的屬性以及牛皮獨一無二的特色，皮革來自牛（牛屬，學名為 Bos），重量（厚度）與可用面積具有高度一致性，因此可以將物料浪費降至最低，取得範圍極為廣泛，約佔全球皮革產量的三分之二，質地從柔軟輕盈的小牛皮到重度耐磨的水牛（野牛屬，學名為 Bison）皮皆有。

皮革具有獨特的氣味。作為天然材料，每一件皮革各不相同，隨著時間過去，纖維鬆開會變得越來越柔軟，品質最高的皮革會隨著時間越變越好，能順應使用的形狀，表面逐漸變得光滑，呈現獨一無二的光澤。

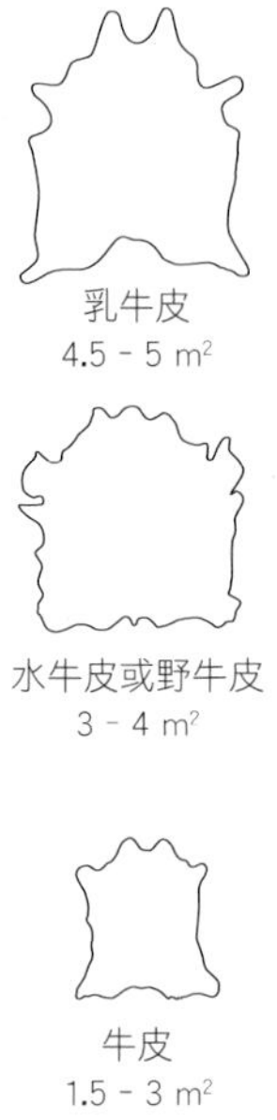

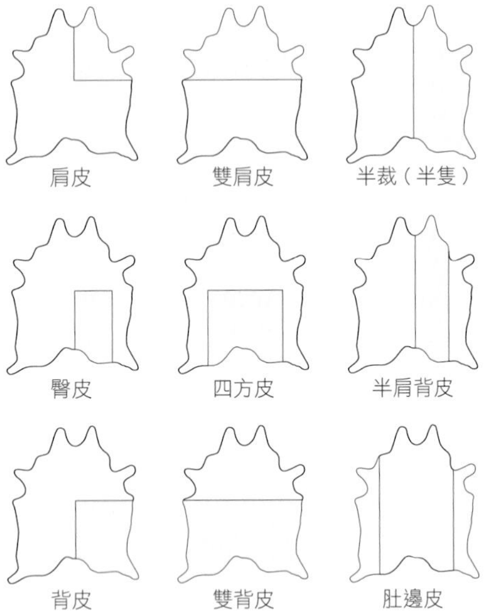

牛皮佔各式不同皮革之大宗，一般認為皮革耐用，抗撕裂耐受性高、耐穿刺、可拉伸，機械性能變化很大，強度取決於幾個不同因素，包括動物品種（閹牛、公牛和水牛通常強度高於小母牛和小牛）、鞣製過程（植鞣皮最優異）和皮革取皮的部位（肩皮和半肩背皮通常是最強韌的）。

與馬皮（請見第 458 頁）相比，牛皮一般更一致，粒面更細，但是抗磨損與抗濕氣的耐受性較差。與袋鼠皮（請見第 460 頁）相比，牛皮更重、更硬挺，不像袋鼠皮一樣強壯耐用。

皮革手袋（右頁）

這款手袋由美國導演索菲亞・科波拉（Sofia Coppola）設計，與路易威登聯名合作，並命名為同名的「SC 手袋」，是採用最高級的全粒面小牛皮製作，這種皮革柔軟輕盈，成為日常包款實用的材料，儘管價格不菲。

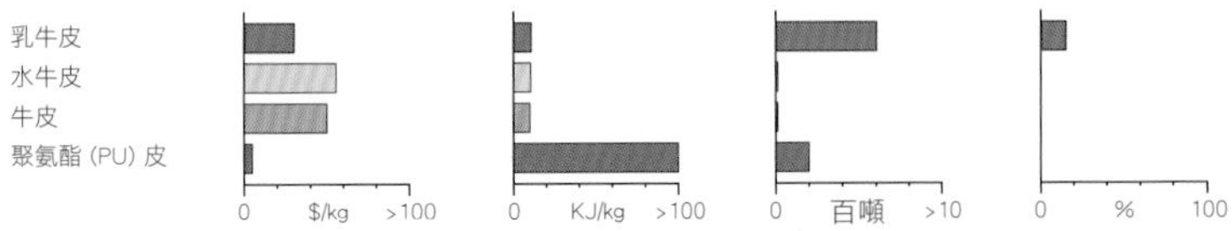

牛皮的橫截面

皮膚的作用就像防禦盾牌，保護皮膚底下的身體部位免受天氣、髒污、細菌等各種因素的傷害，最外層為表皮，主要由角蛋白組成（這種堅韌蛋白細胞也可以在以下材料發現：請見第 426 頁羊毛、請見第 434 頁動物毛、請見第 440 頁動物角），角蛋白黏附在厚厚的一層膠原蛋白纖維（蛋白質）稱為真皮，真皮底下是肉與脂肪。在鞣製預備過程中，去除肉質組織，然後將動物皮先切成厚片，再分為多層，使皮革更輕薄、更柔韌，頭層皮革是最外層的表皮（粒面側），纖維密集，使其成為最耐用、防潑水的部位。最高品質的皮革被稱為「全粒面 (full grain)」(1) 或簡稱為「粒面」，帶有皮革原本的外觀，包括毛囊和瑕疵，表面保持完整不變，這種皮革可用於夾克、鞋履、手袋與室內裝潢，隨著使用時間增加，皮革會越來越有光澤，變得更加美麗。「修面皮 (Top grain)」(2) 指的是從上層取出的皮革，經常帶有瑕疵，皮革經過切削與拋光，可以產生沒有自然缺陷的均勻表面，頭層皮中品質較低的皮革會分割後拋光製成光滑表面，稱為磨面皮 (corrected grain)，一般會處理成重色或加上浮雕處理。內層 (3) 稱為「二層皮 (split)」，不像修面皮一樣光滑，抗磨損耐受性較差，因為纖維已經切開，有時也被稱為「真皮 (genuine leather)」，經過壓花或拋光處理，加上塗佈後，可以打造出更耐用的表面處理，適用範圍如手袋、室內裝飾品與文具。

牛皮的合成替代品有好幾種，通常比較便宜，而且一般認為品質比較差。但是合成替代品的確有一些優點，更耐用穩定，容易操控，具防水功能，色彩多變，而且可以模製成型。在某些方面看來更符合道德標準，因為不包含任何動物製品。像是塑膠塗佈的帆布也稱為人造皮革 (leatherette) 或塑膠皮 (pleather)，價格不貴，常用於手袋、服飾、室內裝飾品、汽車內裝、鞋面與運動用品。通常使用棉或聚對苯二甲酸乙二酯 (PET，聚酯，請見第 152 頁) 面料為基底，加上聚氨酯 (PU，請見第 202 頁) 或聚氯乙烯 (PVC，請見第 122 頁) 組成。表面經過壓花處理來模仿皮革的外觀。

無紡合成皮革與麂皮使用聚酯或熱塑性聚氨酯 (TPU) (請見第 194 頁的熱塑性彈性體) 針軋不織布製作，模仿皮膚的纖維結構，使成品比塑膠塗層類型更具優勢。最新技術發展已經可以製作更細緻的纖維，改善質量、密度、硬度和透氣性，能用於鞋履、襯裡、手袋和運動用品等應用範圍。

黏合皮革或是再生皮革是利用切碎的邊料製成，與聚氨酯 (PU) 混合後模製成型，與皮革新料相比，品質比較差，價格便宜非常多，可用來製作鞋履、文具和書皮等。

商業類型與用途

牛皮根據動物種類、鞣製處理與表面處理分級，皮革的來源決定了最終能完成的品質，皮革可取自犢牛、小母牛、閹牛和公牛，也包括水牛。

小牛皮 (calfskin) 是牛皮中最柔軟的，粒面細緻，比起獸齡較大的動物，小牛皮尺寸更小、更輕薄，最好的小牛皮來自早產（死胎）或是只喝牛奶的幼獸。隨著乳牛的年齡增長，皮革會越來越堅韌。犢牛皮 (kipskin) 來自幼獸或體型較小的牛，介於小牛與成牛之間。品質最好的羊皮紙稱做犢皮紙 (vellum)，傳統上使用小牛皮（或是綿羊皮、山羊皮，請見第 452 頁）製作，是歐洲與美國在紙張出現前用於書寫的材料，歷來是重要文件、宗教文本與公共法律的材料首選。

小母牛是指尚未生過小牛或只有一隻小牛的母牛，因此腹部皮革較重，不像乳牛的腹部鬆弛沒有彈性，獸齡比較大的動物皮革一般會斑點特別多。

閹牛又稱為閹小公牛，是指已割去睪丸的公牛，飼養目的主要用於肉品，可生產較厚重強韌的皮革，公牛的皮革仍比較重，尺寸更大，肩膀周邊通常有皺紋。其壽命比閹牛更長，因此斑點與傷痕更多。依類型還可進一步分為「重磅荷斯坦閹牛 (heavy Holstein steer)」、「重磅烙印閹牛 (heavy branded steer)」、「重磅無烙印母牛 (fed heavy native cow)」、「烙印公牛 (branded bull)」……等。

水牛又稱為野牛，皮革因為動物的體型與飼養的方法不同，使皮革大不相同，皮膚更不均勻，皮革比較薄的地方會有更多條紋、皺紋和紋理。通常不拉伸來保持紋理，因此皮革尺寸平均比較小。

皮革的外觀靠鞣製、復鞣製、染色的選擇與表面加工來控制，在這個階段，成份的品質與花費的時間是確保皮革高品質的關鍵，因此有些皮革的價格可以大大降低，但是犧牲了長期的柔韌性、耐用性、耐候性等，在某些極端的設計案中還有可能犧牲安全性。鞣製可用來保護皮革，這是一種固化過程，利用化學媒介在皮膚中的蛋白質（膠原蛋白）鏈結之間形成交叉鏈接，讓皮革堅固耐用，可以防潑水，而且不容易變質。鞣劑取自礦物（鉻、鋁或鋯）、合成品（人造合成鞣劑）或植物來源。

截至目前為止，鉻是最常見的，速度快（約 20 個小時），完成的皮革一致性高，鉻會讓皮革變成灰藍色，這就是為什麼這種加工方法完成的半成品皮革也被稱為「藍濕皮」，鞣劑通常是三價鉻，是一種天然無毒的元素，一般認為是所有鞣劑中對環境的影響最小。六價鉻在許多國家被禁止使用，因為目前發現六價鉻是致癌物質，但是由於三價鉻會氧化，某些皮革中還是會發現六價鉻的使用痕跡。

目前已經開發出現代的無鉻鞣製工藝,「白濕皮」是使用合成劑 (像是苯酚和) 和礦物質 (如鋁和鋯) 的混合物。無鉻鞣製皮革的需求正在不斷成長,特別是在汽車工業,根據報廢車輛指令 (End-of-life vehicle,ELV) 表示,在歐盟汽車廢棄物已經成為負擔,鼓勵製造商做出更好的材料選擇。和鉻鞣皮革不同,無鉻鞣製皮革可生物降解,甚至可能安全焚化。除此之外,

因為顏色更淺,可以藉由柔和的色調染成白色,並有良好的柔軟度,觸感舒適,唯獨價格稍微昂貴。除了用於汽車內裝外,無鉻鞣製皮革還常用於嬰兒服裝與嬰兒鞋。

植物鞣製使用樹皮 (請見第 280 頁)、木材 (請見第 346 頁栗樹和第 342 頁橡木)、果實和葉子。萃取天然存在這些材料中的單寧酸,將動物皮浸入約一年左右 (最短至少 60 天),此過程可

牛皮槍套 (上圖)

皮革經過蒸氣加熱後適合加工成型,結合熱氣與濕氣讓纖維鬆開,也就是說纖維可以彼此滑動,讓皮革可以伸展 (更難壓縮),然後利用這種優勢,將皮革拉緊後繃在模具上。輕巧的皮革施工上比厚重類型更容易,如果形狀太深或太複雜,沒有辦法利用單一模具完成,也可以將多片皮革接在一起。

以使皮革更堅固耐用,但是效果不持久,不耐髒污也不耐熱。

與鉻鞣皮革不同,植鞣皮革可以保留原本的自然色,因此每件作品都是獨一無二的,隨著皮革老化,顏色會加深,變得更濃郁。這種傳統工法正在消失,除了義大利以外,植物鞣製加工依靠來自義大利當地時尚產業的支持。當同一塊皮革同時使用鉻鞣與植鞣兩種工法稱為「組合皮革」。

動物的獸齡、生活型態與品種會影響皮革的品質。物理特性與機械特性,像是厚度、柔軟度、彈性與強度等,取決於皮革從獸皮上切割的部位,半裁與半肩背皮提供的皮革長度比較長,可用於手袋袋體、皮帶、皮條與鞍具。肩皮佔約 1.8 平方公尺,品質高,粒面細緻,觸感柔軟,而且容易加工,從這個區塊取出的皮革可以模製作成皮箱和皮套之類的物件。

臀皮是最厚實強韌的皮革,從這個區塊切割的皮革可以製成馬具皮革、皮帶和其他需要高強度的物件,也經常用來製作鞋履和靴子,背皮是獸皮後方區塊,包括屁股、腹部中段和後肢,能用於各種物件,包括皮帶,鞋子和手袋。這種切割方式結合不同質地的皮革,因此應用這塊區域的物件,可以利用皮革屬性的變化進行製作,像是從柔軟的腹部到硬挺的背部。

仿舊復古小牛皮靴 (左圖)

皮革耐用又透氣,作為鞋履是理想的材料,皮革約有一半製成鞋履和靴子,鞋面利用鞋楦(模具)成形,使用世代相傳的技術施作。最精緻的鞋履會採用小牛皮製作(馬皮和袋鼠皮也很受歡迎,但是價格更為昂貴),例如圖中英國設計師品牌 Pual Smith 沙漠靴,成型之前利用機械破壞加工,創造磨舊破損的質感,但不影響皮革的完整性。品質最高的小牛皮來自法國,最好的表面處理來自義大利。雖然皮革的加工與技術早已傳遍全世界,但是這兩個國家精良的製鞋工藝歷史更悠久,目前目前仍是業界領導者。

使用壽命長

世代以來，牛皮一直是實用的理想材料，耐磨損的特性適合從鞋履到室內裝潢等嚴苛的應用範圍。

柔韌

皮革的彈性與韌性取決於動物，從柔軟的小牛皮到硬挺的公牛皮和水牛皮有各種不同硬度。

經濟有效率

小牛皮與牛皮在厚度與品質方面一致性相對高，與其他類型的皮革相比，有助將廢料降至最低。

顏色與表面處理

皮革生產時有各種多樣的顏色和表面處理，每年皮革供應商會推出新的顏色與組合，這些都能以現貨供應，當然，如果數量夠，也能訂製顏色和表面加工方式。

價格可負擔

牛皮是一種可負擔的耐用材料，便於取得，價格取決於動物類型和鞣製工藝的選擇，有些類型價格不昂貴，但是品質最好的植物鞣製早產小牛犢 (slnik) 皮，要價就極為昂貴。

奢華

將皮革製作為成品需要技術與經驗，材料搭配工藝完成的物件，因此價值超過各個零件的總和。

腹部區塊更厚實飽滿，但是強度不高，柔軟有彈性，可以用來製作輪廓深的模製件，一般認為品質並不特別高，因此通常用於鞋襯和其他次要用途。皮革的尺寸取決於動物體型，從脖子到臀部通常不超過 2.5 公尺，中間約 1.8 公尺。視形狀而有所不同，大約等同 4.5-5 平方公尺，當然每塊動物皮都不一樣，切割區域通常在 1.8×1.5 公尺左右。

永續發展

動物皮革曾經是我們祖先生活方式中實用的基礎材料，宰殺動物後取用動物皮，不浪費任何資源，可作為多功能的材料，能用來製作避難所、寢具、衣物和鞋子。今日皮革已經成為肉品業與乳品業的副產品，以牛來說，皮革的銷售有助產業的成長和發展。

就整體而言，畜牧業會造成的負面影響包括消耗淡水、過度使用抗生素、消耗能源和排放溫室效應氣體等，影響取決於地域，因為世界各地的農業操作差異各有不同。

動物屠宰，細菌會立刻分解皮膚，可以利用加鹽或冷藏保存，最好的選擇是使用來自當地的冷藏動物皮，因為鹽分會造成污染，像是增加河流中的氯化物含量。

在製革廠加工動物皮消耗大量的化學品和水，雖然近年來已經有顯著的改善，但是大多數皮革工廠製作每一平方公尺的皮革，消耗的水超過 350 公升，這點值得好好考慮，像是普通皮沙發就需要約 28 平方公尺的皮革作為沙發墊。大部份的鞣製加工在中國、印度和孟加拉，這些地方勞力成本很低，而且幾乎沒有工人保護措施。

皮革的塗料與效果 (上圖)

皮革在鞣製的過程中可以創造特殊的質感，例如添加顏色並加強柔軟度、抗撕裂強度與伸縮彈性。添加劑能深入滲透，完成高品質又經久耐用的表面處理。以丹麥皮件品牌 Ecco 的 Kromatafor 熱敏皮革為例，將皮革鞣製後產生熱敏效果，顏色順著明亮的色相發生漸層變化，與層壓或塗層加工不同，顏色會貫穿整件皮料。影像由 Ecco Leather 提供。

三種鞣製技術都會影響人類健康，並造成環境破壞，包括礦物、合成品和植物鞣質。以工業規模進行鞣製加工時，每種方法都有其缺點，像是鉻鞣廢料很危險，而且會造成嚴重污染；人工合成鞣劑使用大量棘手的化學物質，例如甲醛和；植鞣消耗大量的水，雖然如此，但植鞣整體來說是破壞最低的鞣製技術。

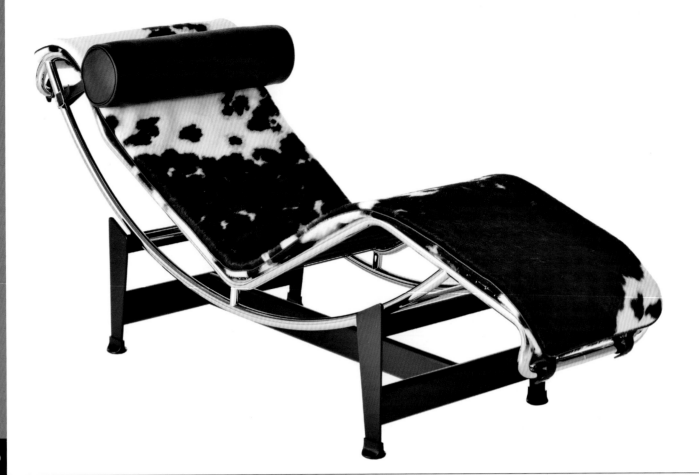

室內裝飾品 (上圖)

極具指標性的現代設計傑作 LC4 躺椅來自柯比意 (Le Corbusier)、皮爾·真納 (Le Pierre Jeanneret) 和夏洛特·貝里安 (Charlotte Perriand) 三位設計師合作的成果,自 1965 年起,由義大利傢俱品牌 Cassina 生產至今,底座採用鋼(請見第 28 頁)製作,加上黑色琺瑯或鍍鉻處理。這張躺椅為了舒壓而打造,三位設計師以使用者為設計中心考量完成了最終的形狀。這個版本的特色是採用牛皮,完整保留了動物毛。在整個鞣製過程中藉由植鞣或合成劑的使用,得以保留動物皮與動物毛的天然色澤。實際毛皮的質感取決於動物本身,從柔軟的短毛到滑順的長毛皆有。影像由 Cassina 提供。

皮革在時尚與紡織品中的應用

皮革是跨越傳統結合現代技術的材料之一,利用累代發展的技術進行打孔、縫合、壓花和熨燙,充分利用材料的特性與品質。

所有物件都是從鞣製皮革轉製成適合應用範圍的材料開始,皮革有各式各樣的表面處理和顏色可選擇,從外觀自然的苯染皮革 (aniline) 到有光澤的塑膠感漆皮,每一種都有獨特的品質和特色,圍繞著這些屬性發展出各式物件,利用材料外觀所有優點。

全粒面和修面皮都以染料和塗層作為表面處理,皮革染色後但不加上塗層稱為苯染皮革 (aniline),這代表皮革可以維持動物皮自然的表面光澤度、紋理或是瑕疵,這是最自然的外觀,因此通常只有品質最高的全粒面皮革才能做這種表面處理,可用於鞋履、手袋、夾克、室內裝飾品到工業皮帶,用途非常廣泛。

磨砂皮或是粒面麂皮是在皮革表面打磨,產生粗糙更耐磨的皮面,通常用於高品質的工作靴(例如經典的「Timberland」工作靴)、手袋、手套和外套等。

半苯染皮革外層具有薄薄的保護頂塗,可以讓皮革表面更耐用,能耐磨損、防髒污。染色皮革表面以塑膠塗佈,使皮革更耐磨損、防髒污,並能避免褪色,這些皮革可用於如室內裝飾品(商業與實際應用)和汽車內裝等應用範圍。

亮面皮革的生產分為兩種方式:以塑膠薄膜熨燙或覆膜(塗層)。漆皮的定義是塑膠塗層(通常為 PU 或 PVC)不得超過 0.15 公釐,塗層大於這個數值,但是小於最終材料總厚度的一半,歸類為層壓漆皮。將這種表面處理結合壓花可以模仿珍稀皮革(請見第 462 頁),如鱷魚皮。

服飾、鞋履和手袋採用的皮革表面處理類似這種方法,讓新品的表面看起來很醒目,亮度可以增加顏色飽和度,但是隨著刮擦磨舊會褪色。

市面上常見的「麂皮」是指絨面皮,通常採用二層皮製作,經過起絨處理(利用砂紙打磨)將纖維拉起,外觀會產生變化,但是不像磨砂皮革一樣細緻強韌,因為纖維結構比較鬆。麂皮

可作為像是鞋履或手袋的襯裡，不僅提供舒適度，並能隔絕雨水和灰塵。

皮革的圖案可以藉由機械打孔 (剪刀和模具) 或是利用雷射切割。壓模 (或稱裁切) 是一種低成本高速度的解決方案，適合用來大量生產相同的零件；雷射切割更通用，適用於單件生產，但也可以用於重複加工。在所有設計案中，每件皮革各有獨特性，代表設計上要比較靈活，為了避開瑕疵，沒有辦法用完全相同的方式製作重複的圖案，現代系統可以讓操作者在皮革上定位雷射切割的路徑時，為每塊皮革找出最適合的位置，然後才開始進行切割加工。

皮革的重量是指定皮革材料時重要的考量因素，又稱為厚度或皮質，通常以盎司 (oz) 或公釐出售，1 盎司等於大約厚度 0.4 公釐，測量的刻度基準每 0.5 盎司或 0.2 公釐增加一個刻度，小牛皮一般為 1.5–3 盎司或 0.6–1.2 公釐，閹牛皮約為 5–14 盎司或 2–5.6 毫米。這些皮革可以切成更輕薄的薄片。厚度通常會有細微的變化，這是為什麼皮革的銷售採用重量計算，舉例來說，室內裝飾使用的皮革一般為 2.5-3 盎司；鞋面通常為 5–5.5 盎司 (鞋底較重，約為 12–14 盎司)；手袋、皮夾和小錢包使用的皮革最高為 6-7 盎司；皮帶和皮套的製作採用 8–9 到 9–10 盎司重的皮革。

所需的皮革總量取決於應用範圍，如果是室內裝飾用，一般沙發需要 8 平方公尺的皮革，扶手椅需要 18.5 平方公尺的皮革，寬鬆款式的沙發套則需要更多皮革。

堅固的皮革握柄 (右圖)
美國廠牌 Estwing 出品的錘子頂端與握柄採用單杯鋼料鍛造，這個版本使用傳統的手柄製作方式，以鞋底皮革製作墊圈，這種皮革經過壓縮後鉚接而成，經過拋光後表面加上兩層清漆保護。

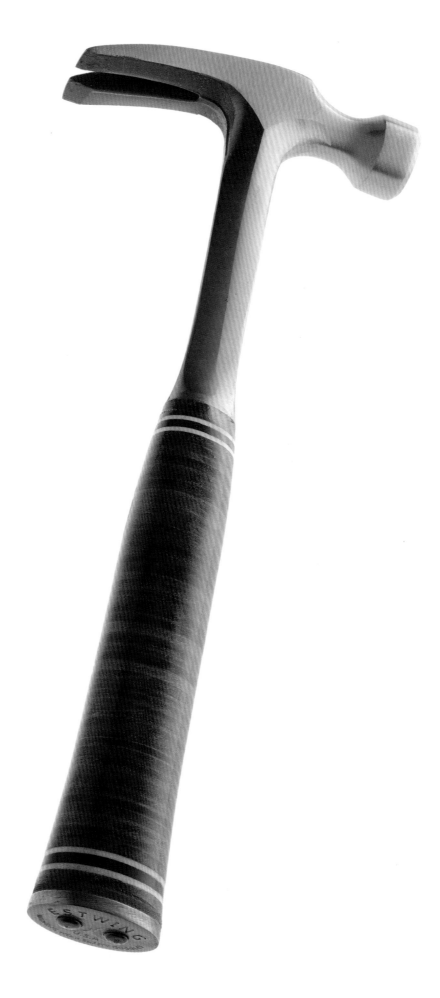

綿羊皮與山羊皮

綿羊皮與山羊皮因為像奶油般的柔軟度而備受讚譽，小羚羊皮和納帕皮就是很好的例子。絨毛綿羊皮在鞣製過程完整保留羊毛，提供絕佳保暖機能，能抗靜電，非常適合在寒冷天氣作為服裝與鞋履的內襯，絨毛的柔軟度與動物皮的顏色取決於動物的品種與獸齡。

類型	一般應用範圍	永續發展
・全粒面、二層皮、絨毛羊皮 (綿羊) 和毛皮 (山羊皮帶有羊毛) ・鉻鞣、植鞣、合成鞣劑或組合鞣劑	・手套與服飾 ・鞋履 ・小蓋毯和皮罩	・鞣製過程消耗大量的水和化學品 ・皮革是肉品業與羊乳業的副產品

屬性	競爭材料	成本
・柔軟有韌性 (略可伸縮) ・絨毛羊皮保暖度高 ・羊毛與動物毛雜色程度高，具體取決於品種	・小牛皮、鹿皮、袋鼠皮和豬皮 ・毛皮和羊毛 ・PAN 壓克力纖維、絨面紡織品和合成皮革	・羊皮和山羊皮是具成本效益的皮革 ・羔羊皮和小山羊皮價格比較昂貴，取決於獸齡和品種

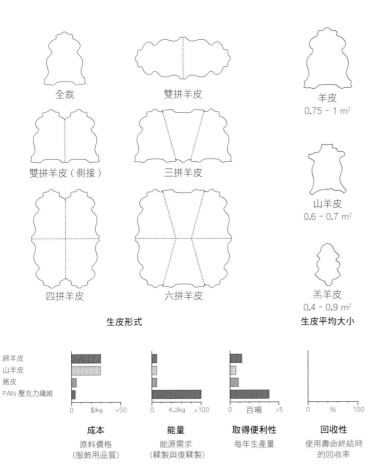

全裁

雙拼羊皮

雙拼羊皮 (側接)

三拼羊皮

四拼羊皮

六拼羊皮

生皮形式

羊皮
0.75 - 1 m²

山羊皮
0.6 - 0.7 m²

羔羊皮
0.4 - 0.9 m²

生皮平均大小

綿羊皮
山羊皮
豬皮
PAN 壓克力纖維

0	$/kg	>50
0	KJ/kg	>100
0	百噸	>5
0	%	100

成本
原料價格
(服飾用品質)

能量
能源需求
(鞣製與復鞣製)

取得便利性
每年生產量

回收性
使用壽命終結時
的回收率

別名
動物皮也稱為納帕皮 (nappa)、
麂皮 (chamois)、皮革
絨毛羊皮也稱為羔羊皮 (shearling)、
羊毛皮 (woolskin)

簡介

就像牛皮 (請見第 444 頁)，動物皮是肉品業的副產品，但是要生產高品質絨毛羊皮需要的品種，可能必須專門為羊毛 (請見 426 頁) 和動物皮飼養。綿羊佔全球皮革生產量的 15%，山羊僅一半左右，由於目前主要的放牧方法，造成供應短缺。

在鞣製的過程中，去除肌肉與脂肪組織之後，決定要將動物皮轉換為一般皮革或絨毛皮革，製作皮革必須將所有羊毛去除，接下來的過程幾乎和牛皮相同。動物皮相對比較光滑，適合用於各式各樣的表面加工，包括雷射切割和數位印刷，設計師利用皮革這種多功能的特性來創造有趣的美學和觸覺體驗，同時也能模仿價格更昂貴的動物皮 (像是稀有或瀕危的物種，請見第 462 頁珍稀皮革)。

如果接下來要製成絨毛皮革，鞣製的步驟就會有點不太一樣，主要的區別在於帶有羊毛的皮革 (以及山羊毛皮)，鉻會與亞硫酸鋁混合，有助於保留皮膚和羊毛的自然顏色，並添加柔軟劑來加強動物皮的柔韌性。價格相對便宜，因此經常會用來印刷、噴塗或染色，模仿其他動物的皮革與毛皮 (請見第 466 頁)，例如獾與花豹。

成年羊皮介於 0.75 到 1 平方公尺。小羊皮比較小；尺寸取決於品種，一般約在 0.4-0.9 平方公尺範圍內。山羊皮介於兩者之間，平均 0.6 到 0.7 平方公尺，兩者結合讓材料可用面積變大，適合用於室內裝飾和服裝。一般來說，如果一件物品的各部位小於要使

用的動物皮，像是手套或鞋履，那麼就不需要額外拼接。

合成絨毛皮革、羊毛與毛皮採用聚丙烯 (PAN，壓克力，請見第 180 頁)，沒有自然材料變化多端的問題，可作為替代方案，細緻的纖維能生產柔軟密實的絨毛，經過染色和噴塗後看起來就像是天然材料。

商業類型與用途

馴養的綿羊 (學名為 Ovis aries) 和羔羊皮革，以及山羊 (Capra aegagrus hircus) 和小山羊皮革，能轉換製成適合各種應用範圍的柔軟皮革，依據動物不同，皮革的品質以及應用的領域也有所不同。

羊皮皮革可以作為適合各種應用範圍的柔軟通用材料，能製造休閒寬鬆的手套、鞋履和外套，也能製成緊身皮褲，可以當作一般皮革應用，也能保留完整的羊毛，提供保暖層。

羊毛的顏色、品質和圖案取決於品種，最廣為人知的大概是美麗諾羊毛 (主要應用於羊毛服飾)，最初來自西班牙，現在主要飼養於澳洲和紐西蘭，

麂皮高跟鞋 (上圖)

小山羊皮可以用來生產柔軟光滑的皮革，適合用於鞋履、手套與服飾，麂皮來自動物皮革的底層，打磨後製成柔軟光滑的絨面，不像全粒面皮革耐用，帶有紋理的表面容易沾染灰塵，這雙高跟鞋來自倫敦鞋業品牌 Dune。

羊毛非常精細密實，觸感柔軟，顏色為明亮的白色，動物皮的尺寸很大，通常用作地毯、小蓋毯和室內裝飾。

當羊毛應用於醫療或護理範圍時，會修剪為均勻的 25 公釐左右。西班牙的托斯卡納羊皮以其長而柔軟的羊毛而

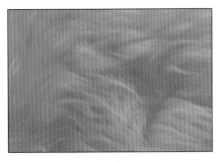

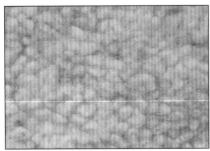

絨毛羊皮的品質

取決於類型、品種與環境不同，品質從粗糙有彈性到細緻保暖皆有。綿羊的羊毛具有許多理想的特質，能防潑水，具有阻燃性（在火焰中羊毛會燃燒，但火焰撲熄後，會自行熄滅），保暖性優良（能鎖住空氣），可吸收水分而不感覺潮濕，染色時並有良好的顯色力。羊毛的長度取決於年齡，可以超過 70 公釐，可以非常筆直（如上圖）到非常鬆曲。羔羊皮來自一歲以下的小羊，在鞣製之後修剪讓長度統一。小羊皮（如中間第二張圖）來自沒有經過剪毛的幼獸。最柔軟的絨毛羊皮革來自早產的小羊（死胎）。母牛、馬匹和大多數的山羊皮革（底下最後一張圖）覆蓋著筆直短而硬的動物毛，沒有密實的底層絨毛，使動物毛會貼在皮膚上，形成具有特殊紋理的光滑表面。在寒冷的天氣下演進的品種，發展出更柔軟、更明顯的底層絨毛，包括喀什米爾羊毛與安哥拉山羊毛（馬海毛）。

知名，羊毛從小捲度鬆曲到大波浪捲曲皆有，因此成為毛皮絕佳替代品。冰島羊是另一種可生產高品質絨毛羊皮的綿羊，皮毛進化變成兩層，幫助動物保持溫暖，度過嚴酷的冰島天氣，包括高度鬆曲的長皮毛和柔軟密實的底層絨毛。大部份是白色的，但也有許多不同的顏色。

可利用的綿羊還有其他許多不同品種，每一種都有獨特的屬性，例如「雅各羊 (Jacob)」帶有黑色或棕色斑點，被稱為「花斑」，羊毛柔軟度中等，帶有一點點粗毛（底層粗纖維）。英國「赫德威克 (Herdwick)」綿羊來自英國湖區，體格強壯，羔羊絨毛皮革是黑色的，隨著綿羊長大顏色漸漸變淺。一般赫德威克絨毛皮革呈現斑駁的灰色、棕色和白色，質地粗糙。

帶毛革又稱為「cabretta」，一般認為這是最精良的手套製作材料之一，獨特的質感結合強度與細緻、柔軟與伸縮性，讓手套貼身又耐用，這種羊來自奈及利亞和衣索比亞，因為環境的關係，羊群長出動物毛而不是羊毛。

納帕 (napa 或拼作 nappa) 是一種全粒面皮革，不分出二層皮，來自綿羊、羔羊、山羊或小山羊，不過「小山羊」現在似乎泛指所有柔軟皮革。納帕皮革的名稱來自加州納帕谷 (Napa Valley)，最初生產這種皮革的製革廠就位於該區，鞣製的方法使皮革特別柔軟有韌性，同時堅固又耐用，通常用來製作衣物類物件，像是長褲、夾克等，除此之外也能製作特別的單品，像是手袋、錢包和鞋履等，通常會加上塗層或印刷作為裝飾效果。

小羊皮比羊皮更柔軟輕薄，與小牛皮相比，伸縮性和柔韌性更大，也就是說小羊皮更適合製作服飾類的物件，因為更能貼合身體曲線。小牛皮可用於手袋、大衣和其他需要更耐用、形狀更硬挺的物件。

早產小羔羊 (slink) 的皮會用於製作最昂貴的正裝手套，這種非常精細的皮革來自死胎羔羊，特別是紐西蘭。

山羊皮革的品質類似綿羊，但通常比較粗糙，也更耐磨，同樣常用於製作手袋、錢包、手套、服飾和鞋履。而小山羊皮就像小羊皮一樣，但是比山羊皮更柔軟、更輕巧，可用於小型高單價物件，像是搭配禮服的裝飾手套和鞋履。

山羊皮毛皮也稱作帶毛革，應用範圍類似絨毛皮革，包括室內裝飾、踏墊和小蓋毯，有各式各樣的顏色和圖騰，從白色、棕色到黑色等，最著名的品種包括喀什米爾羊毛與安哥拉山羊毛（馬海毛）。雖然主要用來製成紗線（請見第 434 頁動物毛），但是這些絨毛皮革相當柔軟，本身價值高。

山羊毛皮通常具有明顯長度不一的動物毛，動物毛本身從筆直到波浪狀皆有，可能貼合動物皮，也可能會從毛皮豎起刺出。在某些情況下會將被毛除去製成更柔軟的絨毛皮革，稱為「拉拔毛」(pulled goat)，主要由底層絨毛組成。動物毛的長度和粗細取決於品種和來源，氣候較寒冷地區的山羊毛皮比較厚。

永續發展

綿羊和山羊飼養的目的是為了取得肉品、乳品和羊毛（或動物毛），因此原料的品質會變動，取決於屠宰場，因為這種材料的價值越來越高，肉品反而成為皮革的副產品。

綿羊和山羊遍佈全球大多數地區，生皮的來源是確保社會標準、環境保護與動物福祉的關鍵要素。

山羊皮工作手套 (右頁)

山羊皮就像羊皮一樣輕薄又柔韌，是製作手套的理想材料選擇，山羊皮的優點是更硬挺、更耐磨，因此適合用於製作工作受套，例如圖片中這雙來自源自美國的品牌 Filson 生產的工作手套。

豬皮

別名
英文也稱為：「hog」、「swine」

豬皮用途廣泛，質地柔軟，加工相對容易，品質從不昂貴的鞋襯到細緻的野豬皮都有，鞋襯採用肉品業的副產品製作，豬皮通常是全粒面，二層皮又稱為豬榔皮，可以用於製作鞋履和運動鞋的鞋面，採用麂皮或打蠟表面處理。

類型	一般應用範圍	永續發展
· 全粒面（豬皮）、二層皮（豬榔皮） · 鉻鞣、植鞣、合成鞣劑或組合鞣劑	· 手套與服飾 · 鞋面和鞋襯	· 鞣製過程消耗大量的水和化學品 · 豬皮是肉品業的副產品

屬性	競爭材料	成本
· 柔軟輕巧 · 柔韌有彈性，但是伸縮性不佳，會慢慢失去形狀 · 毛囊圖案顏色深	· 綿羊皮、山羊皮和鹿皮 · 以聚氨酯（PU）、聚氯乙烯（PVC）為基底的合成皮革	· 二層皮的價格非常低，全粒面價格比較昂貴 · 野豬稀有而且昂貴

簡介

豬皮約佔皮革產量的 10%，幾乎等於羊皮（請見第 452 頁）。豬肉消費量非常大，但是只有大約五分之一的動物皮製成皮革，其餘則保留完整，與豬肉一起烹調，或是將膠原蛋白做成原料，例如用來生產吉利丁。

豬皮是價格最便宜的皮革，有許多有益的特性，和其他動物一樣，品質最好的區塊來自背皮，多孔隙代表透氣性良好，可用於鞋襯，質地柔軟，潮濕後可以回復原本的柔軟度，類似鹿皮（請見第 460 頁），通常當作輕量皮革銷售，厚度為 0.4-0.8 公釐（請見第 451 頁）。

某些宗教不容許使用豬皮，特別是伊斯蘭教，猶太人同樣認為豬皮不潔淨，但是根據猶太教律，動物的皮膚不會散播不潔淨，特別是經過鞣製後，所以能用於服飾和鞋履。

有一些合成材料可以替代豬皮，和其他普通皮革一樣，紡織品加上聚氨酯（PU，請見第 202 頁）或聚氯乙烯（PVC，請見第 122 頁）模仿全粒面的質感。合成材料製作麂皮質感是採用無紡超細纖維（請見第 164 頁聚醯胺）。通常聚對苯二甲酸乙二酯（PET，聚酯，請見第 152 頁）混合聚氨酯（PU）使用，合成麂皮通常會用商標名稱稱呼，例如「Ultrasuede」和「Alcantara」。

商業類型與用途

豬有許多不同品種，包括馴養家豬和山豬（豬屬，學名為 Sus），馴養家豬

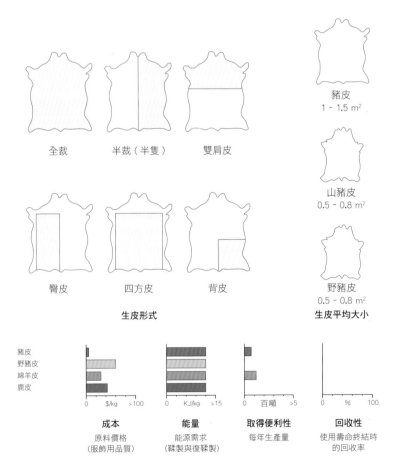

全裁　　半裁（半隻）　　雙肩皮

臀皮　　四方皮　　背皮

生皮形式

豬皮
1 - 1.5 m²

山豬皮
0.5 - 0.8 m²

野豬皮
0.5 - 0.8 m²

生皮平均大小

豬皮
野豬皮
綿羊皮
鹿皮

0　$/kg　>100

0　KJ/kg　>15

0　百噸　>5

0　%　100

成本
原料價格
（服飾用品質）

能量
能源需求
（鞣製與復鞣製）

取得便利性
每年生產量

回收性
使用壽命終結時
的回收率

的皮革價格便宜，有多種形式與表面處理便於取得，但是山豬皮和野豬皮則稀有且價格昂貴。

豬皮被廣泛應用於襯裡材料，例如鞋履、手套和書籍製作，輕巧、柔軟而且耐用，與其他類型相比，豬皮相對來說孔隙多，提供良好的透氣性，這種特質在鞋履製作上特別實用。

合成鞋襯通常以聚氨酯 (PU) 為基底，因為豬皮很受歡迎，所以合成皮革通常會壓花作成豬皮的紋理，加上豬皮獨特的毛囊圖案，這點有助從合成仿製品分辨出真豬皮，豬皮上的毛囊會直接穿透皮革，但是合成皮革僅在單一面壓花 (或是印刷)。

野豬是一種類似豬的小型哺乳動物，與山豬極為相似，兩者被歸為同一亞目 (豬亞目，學名為 Suina)。野豬可以製成特別柔軟強韌的皮革，最優質的生皮來自中南美野生動物，在當地均按照嚴格的 CITES 規範進行採集。野豬皮將卓越的柔軟度與耐用性相結合，可用於品質最高的手縫手套和錶帶，最大的特色是獨特的毛囊外觀，分為三類，低品質的皮革經常模仿這個特點，並直接打孔穿透皮革，使其難以與真野豬皮區分。

除了較為傳統用途，豬皮還可以用於醫療目的，像是燒傷的治療或是紋身藝術家練習的媒材，甚至會將活豬紋身當做藝術作品，宰殺之後這些皮革便能價值連城。

美式橄欖球有時會稱為豬皮，但其實這是用卵石花紋壓花小牛皮或橡膠製作 (請見第 248 頁)，從來不曾使用豬皮製作，這個名字可能來自最早的美式橄欖球，當時採用豬膀胱充氣後製作。

永續發展
在許多國家，豬已經成為重要的飼養動物，豬皮僅佔總重量的 3%，而且製成皮革的豬皮只有很小一部份，當然沒有任何物料浪費，因為整頭豬都以某種形式利用，包括豬肉、骨頭、內臟、血液等，舉例來說，像是吉利丁可用於糖果和啤酒，脂肪酸可用於紡織品柔軟劑洗髮精，心臟瓣膜可用於器官移植，內臟可用來製作樂器，膠原蛋白則是木材黏著劑的原料。

塗層豬皮 (上圖)
這件立體剪裁雕塑服裝採用多層豬皮襯裡皮革製作，加上感壓墨水塗層，豬皮結合加工性與柔軟性，用於這類應用範圍非常理想，由倫敦 The Unseen 團隊打造，2014 年首次在倫敦巴比肯中心 (Barbican) 亮相，運用感壓墨水，與不斷改變的氣壓接觸時，顏色也會不斷改變，將環繞我們周邊看不見的空氣擾動和流通視覺化。影像由 Jonny Lee Photography 與 The Unseen 提供。

豬皮

馬皮

馬皮最知名的是密實的紋理、耐用性與防潑水機能，馬的前半身應用範圍類似牛皮，從帶毛革製成的室內裝飾品到強韌耐磨損的手套等，馬臀皮是生皮中最昂貴的部位，就使用壽命與韌性上無可比擬，幾乎專門用於鞋面的生產。

類型	一般應用範圍	永續發展
· 全粒面、二層皮、毛皮 (帶毛革) · 鉻鞣、植鞣、合成鞣劑或組合鞣劑	· 夾克、手套與鞋履 · 蓋毯和室內裝飾品	· 鞣製過程消耗大量的水和化學品 · 生皮一般是肉品業的副產品

屬性	競爭材料	成本
· 粒面細緻，孔隙率低 · 耐用 · 哥多華馬臀皮不會起皺，而是折疊隆起	· 牛皮、袋鼠皮和鹿皮 · 以聚氨酯 (PU)、聚氯乙烯 (PVC) 為基底的合成皮革	· 馬皮通常與牛皮相等 (雖然可能更貴)，小馬皮和驢皮價格更昂貴 · 馬臀皮價格最昂貴

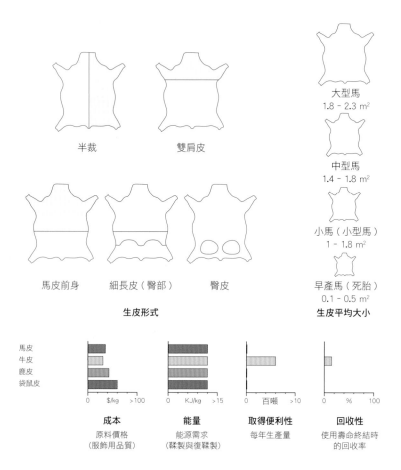

半裁　　雙肩皮

馬皮前身　　細長皮 (臀部)　　臀皮

生皮形式

大型馬
1.8 - 2.3 m²

中型馬
1.4 - 1.8 m²

小馬 (小型馬)
1 - 1.8 m²

早產馬 (死胎)
0.1 - 0.5 m²

生皮平均大小

馬皮
牛皮
鹿皮
袋鼠皮

0　　$/kg　>100

0　　KJ/kg　>15

0　　百噸　>10

0　　%　100

成本
原料價格
(服飾用品質)

能量
能源需求
(鞣製與復鞣製)

取得便利性
每年生產量

回收性
使用壽命終結時
的回收率

簡介

馬皮在許多方面都能媲美牛皮 (請見第 444 頁)，但是因為馬肉的消費量比牛肉低，因此較不容易取得，在某些國家將馬作為食用和皮革可能會遭到抵制，因為在這些地方馬被當作寵物飼養。

馬皮通常不如牛皮穩定，厚度變化大得多，要避免使用淺色的馬皮，因為一致性可能比較差。馬皮具有緊密的纖維結構，比起牛皮是一種孔隙較小的材料，本身防潑水機能更好。因為馬匹的飼養和運用方式，馬皮通常更有變化，並帶有斑痕。

商業類型與用途

馴養的馬 (學名為 Equus caballus)，在許多地區被作為肉品食用，皮革的處理方式和牛皮大致相同，在鞣製之前，先將馬毛去除，然後將皮革分割成正確的厚度，或者也可以保留馬毛，對整塊生皮進行加工處理，讓皮革保持馬匹的顏色和斑痕。馬毛的長度每塊馬皮不同。在天氣比較冷的地區飼養的馬匹會有備受推崇長而柔軟的毛皮，例如著名的冰島馬，可作為小蓋毯、踏墊和室內裝飾品。

馬皮用作皮革通常分成三個部份：馬皮前身 (肩膀)、細長皮 (臀部) 和臀皮。馬皮前身和肩膀部份可用來製作像是夾克、手套和室內裝飾品等物件。臀皮的密度高於其他生皮，生產的皮革具有優異的抗磨損耐受性和表面特徵，這塊區域的皮革尺寸不大，而且非常昂貴，因此僅限用於鞋履、錢包和錶帶，「哥多華 (cordovan)」臀皮的特色是較不會起皺，這表示當用途

相同時，哥多華臀皮會比牛皮和其他皮革的使用壽命更長。「哥多華」這個名字最初指的是西班牙哥多華地區 (Córdoba) 用山羊製作的皮革 (請見第 452 頁)，現在這種特殊的手工鞣製技術用來生產馬皮 (如本頁圖說)。

小馬皮來自體型較小或獸齡較年輕的馬匹，比大型馬或老齡馬取得的皮革柔韌，但今日很難分辨手上的皮革是真的小馬皮還是牛革印刷仿製品，因為馬皮的外觀很受歡迎，所以經常用作仿製對象。早產小馬 (Slink) 皮來自死產胚胎，少見且僅佔馬皮產量極小一部份。

驢皮來自驢 (學名為 Equus asinus)，可製成鞋履和鞋底皮革，驢皮曾經很便宜，但是這種類型的皮革慢慢越來越難找到。

永續發展

這種皮革大部份來自飼養馬匹作為肉品的國家，在英國或美國並不常見。在食用馬肉的國家中，很少有屠宰場能處理馬匹，取得高品質的動物皮，也就是說必須將動物運送到非常遙遠的距離才能宰殺，為保障動物福祉上帶來許多挑戰，最近的抗議活動有望改善對待動物的方式。

哥多華臀皮皮靴 (上圖)

馬臀皮來自馬的後肢，每一張約直徑 450 公釐。去除頭層皮後，將表面壓實，完成非常光滑沒有顆粒的表面光澤度。世界上只有少數幾家製革廠有能力生產哥多華臀皮，總部位於美國 Horween 生產哥多華臀皮的歷史最悠長 (自 1905 年起)，這個廠牌的皮革公認最優質，他們出品哥多華臀皮採用植鞣，經過額外的復鞣製處理，將脂肪、油脂、馬油「熱充填」(放入加熱的鐵桶中滾動)，潤滑皮革纖維，創造皮革獨特的物理屬性、美學特色與質地觸感，這個過程大約需要幾個月的時間，但是非常值得，最終成品在製鞋商之間佔有傳奇地位。

鹿皮與袋鼠皮

別名
鹿皮又稱為麋鹿 (elk)、駝鹿 (moose)
袋鼠英文簡稱為「roo」
袋鼠皮英文又稱為「k-leather」

鹿與袋鼠這兩種動物佔據地球另一側，生產的皮革結合柔軟度和強度，這種屬性搭配無與倫比。鹿皮長期以來與美國原住民服飾緊密相關，目前仍用於製作各種實用兼具美觀的精緻服飾。袋鼠皮可用於製作摩托車賽車皮件與足球鞋的鞋面。

類型	一般應用範圍	永續發展
・全粒面、二層皮、毛皮 (帶毛革) ・鉻鞣、植鞣、合成鞣劑或組合鞣劑	・手套、鞋履和服飾 ・防護衣與運動用品	・鞣製過程消耗大量的水和化學品 ・豬皮是肉品業的副產品

屬性	競爭材料	成本
・鹿皮柔軟，具伸展性，堅固耐磨損 ・袋鼠皮是所有皮革中最堅固的	・牛皮、馬皮、豬皮、山羊皮和綿羊皮 (特別是帶毛革和毛羊皮) ・以聚氨酯 (PU)、聚氯乙烯 (PVC) 為基底的合成皮革	・鹿皮價位中等，取決於來源 ・袋鼠是最昂貴的皮革之一，供應量相對短缺

460

簡介

袋鼠 (大袋鼠屬，學名為 Macropus)，生皮具有所有皮革中最高的強度重量比。與牛皮相比 (請見第 444 頁)，袋鼠的膠原蛋白束與表皮平行，方向性高，脂肪含量低得多。在鞣製過程中會去除脂肪，因此留下空隙，進而削弱了纖維結構，這代表相同的厚度下，袋鼠皮會更結實，動物皮分層時能保留更高的強度。與其他種類的皮革相比，袋鼠皮外側強度更高，因此分層時，底側強度比較弱，比起全粒面更容易撕裂。

鹿 (鹿科，學名為 Cervidae family) 的皮革品質高，舒適且耐用，比起其他大多數類型的皮革更柔軟，但是堅固耐用。

商業類型與用途

鹿的養殖主要用於肉品和毛皮，野生鹿則依靠捕殺或獵殺取得，動物皮的尺寸取決於物種，一頭大型鹿最多可生產出 1.5 平方公尺的皮革，小型鹿最低生產量約為大型鹿的一半。野鹿的皮膚經常遭到昆蟲叮咬，帶有擦傷和刮傷，因此通常會染成淺色，鞣製的皮革可用於手套、手袋、服裝、錢包和莫卡辛鹿皮鞋 (moccasins)。

有些物種的生皮可以加工製成毛皮 (帶有完整的動物毛)，保留斑紋，可用於踏墊、蓋毯和鋪地材料，例如馴鹿 (reindeer，美式英語稱為 caribou)，帶有不同的灰色調；花鹿 (axis deer)，帶有白色斑點的小鹿；馬鹿 (red deer)，夏季毛色帶有濃郁的紅棕色，臀部為白色，在許多情況下，冬天與

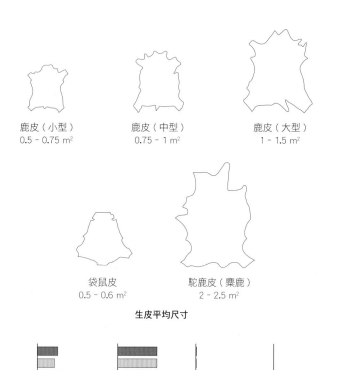

鹿皮 (小型)
0.5 - 0.75 m²

鹿皮 (中型)
0.75 - 1 m²

鹿皮 (大型)
1 - 1.5 m²

袋鼠皮
0.5 - 0.6 m²

駝鹿皮 (麋鹿)
2 - 2.5 m²

生皮平均尺寸

鹿皮
麋鹿皮
袋鼠皮
馬皮

0	$/kg	>100
0	KJ/kg	>15
0	百噸	>10
0	%	100

成本
原料價格
(服飾用品質)

能量
能源需求
(鞣製與復鞣製)

取得便利性
每年生產量

回收性
使用壽命終結時
的回收率

夏天的毛色不同。澳大利亞應用於商業的袋鼠總共有四種,來自塔斯馬尼亞的小袋鼠 (wallaby) 有兩種,這些動物估計總數約為 1500 萬至 5000 萬隻,依季節條件不同而定,每年捕殺的數量約佔 15% 至 20%,限額完全取決於總數而非市場需求。這種皮革可用於馬具、摩托車防護衣、皮帶、手袋、足球鞋 (防滑鞋) 和馬鞭。

永續發展

這些動物在原產國被視為有害動物,遭到大量撲殺。幾千年來為當地原住民提供重要的肉品和動物皮來源,沒有任何一種物種因為過度撲殺而受到威脅或瀕臨滅絕,這種產業為許多偏遠社群提供了就業機會,與牧養的牲畜相比,消費來自野生動物的皮革 (和肉品) 具有許多環境效應。

但是,近年來澳大利亞的袋鼠產業在動物福祉方面受到嚴格的審查,英國皇家防止虐待動物協會 (The Royal Society for the Prevention of Cruelty to Animals,RSPCA) 稽核袋鼠捕殺時的動物福祉,認為如果正確執行的話,這是最符合人道的動物宰殺形式,但是素食者國際動物之聲 (Vegetarians International Voice for Animals,Viva) 這個組織宣稱捕殺袋鼠雖然合法,但經常會使用不人道的方法來完成,為了回應這個組織的宣傳活動,有幾位高知名度的足球員停止使用袋鼠皮製作的足球鞋,迫使製造商跟進。

袋鼠皮鞋面 (右圖)

Adidas 在 1979 年推出的 Copa Mundial 足球鞋 (防滑鞋) 採用袋鼠皮製作,後來成為全世界最暢銷的足球鞋,主要製造商繼續使用袋鼠皮革生產高機能鞋靴,這雙型號是「Adidas Ace 15.1」,之後還有更多近期的設計採用袋鼠皮鞋面,加上雙密度模製成型熱塑性聚氨酯 (TPU,請見第 194 頁 TPE) 外部鞋底,將鞋子接觸堅硬地面時的敏捷度提升至最高。在動物福利團體和道德投資者的施壓下,製造商目前正在減少袋鼠皮的使用。

珍稀皮革

任何動物的皮都可能轉製為皮革，應用於裝飾用途。珍稀皮革的挑選主要根據顏色、紋理和圖騰，雖然有些是肉品業的副產品，但是大多數珍稀皮革都是價值不斐，有人會為了取得動物皮專門養殖與宰殺，例如鱷魚皮、蛇皮、鴕鳥皮等。

類型	一般應用範圍	永續發展
· 魟魚、鰻魚、鮭魚、狼魚、鱸魚、鱈魚、鯊魚；鴕鳥和雞；蛇、蜥蜴、短吻鱷、長吻鱷。	· 服裝、腰帶、手袋、錢包、皮夾和鞋履。 · 室內裝飾品與汽車內裝。	· 有些動物是為了取得外皮而養殖，其他則是從野外捕捉。 · 魚皮通常是肉品業的副產品。
屬性	競爭材料	成本
· 一般結實耐磨 · 有各種鱗片配置、圖騰與色澤	· 毛皮 · 商用皮革 (如牛、綿羊、豬) · 以聚氨酯 (PU)、聚氯乙烯 (PVC) 為基底的合成皮革	· 價格昂貴但變化大，具體取決於動物的獸齡、類型與品質 · 出口會衍生相關費用

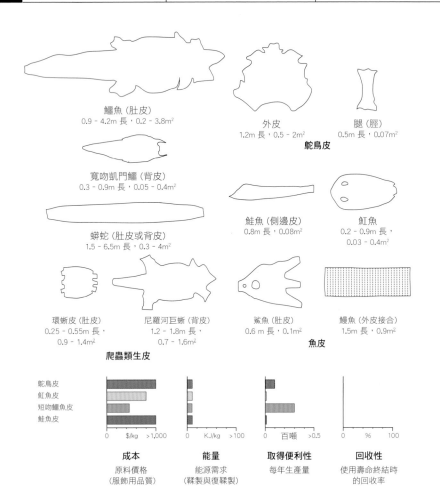

鱷魚 (肚皮)
0.9 - 4.2m 長，0.2 - 3.8m²

外皮
1.2m 長，0.5 - 2m²

腿 (脛)
0.5m 長，0.07m²

鴕鳥皮

寬吻凱門鱷 (背皮)
0.3 - 0.9m 長，0.05 - 0.4m²

鮭魚 (側邊皮)
0.8m 長，0.08m²

魟魚
0.2 - 0.9m 長，
0.03 - 0.4m²

蟒蛇 (肚皮或背皮)
1.5 - 6.5m 長，0.3 - 4m²

環蜥皮 (肚皮)
0.25 - 0.55m 長，
0.9 - 1.4m²

尼羅河巨蜥 (背皮)
1.2 - 1.8m 長，
0.7 - 1.6m²

鯊魚 (肚皮)
0.6 m 長，0.1m²

鰻魚 (外皮接合)
1.5m 長，0.9m²

爬蟲類生皮

魚皮

鴕鳥皮
魟魚皮
短吻鱷魚皮
鮭魚皮

	成本	能量	取得便利性	回收性
	0 $/kg >1,000	0 KJ/kg >100	0 百噸 >0.5	0 % 100
	原料價格 (服飾用品質)	能源需求 (鞣製與復鞣製)	每年生產量	使用壽命終結時 的回收率

簡介

現在皮革區分成兩類產品，第一種來自哺乳類動物，包括牛 (請見第 444 頁)、綿羊 (請見第 452 頁) 和豬 (請見第 456 頁) 等；第二類是珍稀皮革，包括好幾種魚類、鳥類和爬蟲類，雖然這些皮革可能很實用，但是某些情況下比商用類型更為昂貴，因此通常會保留給奢侈品使用。

動物皮轉製為皮革使用類似哺乳類生皮的鞣製過程 (請見牛皮)，但是需要大量的預備工作，通常靠手工完成，進一步提升這些皮革尊貴的地位，正是這些皮革的價值，加上這些生皮若要轉製成高品質皮革，如何飼養這些動物是關鍵重點，因此奢侈品品牌一直不斷收購牧場，確保供應無虞。

由於珍稀皮革成本相對比較高，加上動物權利的問題，目前已經開發出利用合成材料製作仿製品的方法，也可以利用價格比較低廉的皮革加工，像是綿羊皮和豬皮，製成類似珍稀皮革的外觀。

商業類型與用途

雖然珍稀皮革有無數種不同類型，最普遍的包括爬蟲類、魚類和鴕鳥皮。在時尚產業中這些動物皮用於相似的應用範圍，像是鞋履、手袋、錢包、皮夾、錶帶、配飾等。

蟾蜍皮 (右頁)

這張生皮證明了幾乎所有動物皮都能改製成皮革，來自大蟾蜍 (蟾蜍屬，學名為 Bufo)，通常小張皮革會與面積較大的皮革接合，讓適合的應用範圍更廣泛。

爬蟲類動物皮革來自短吻鱷 (鱷魚屬，學名為 Alligator)、長吻鱷 (鱷屬，學名為 Crocodylus)，例如淡水鱷 (C. johnstoni)、鹹水鱷 (C. porosus)、凱門鱷 (凱門鱷亞科，學名為 Caimaninae)；蜥蜴 (巨蜥屬，學名為 Varanus) 如環蜥 (V. salvator) 和尼羅河巨蜥 (V. niloticus)；蛇包括網狀蟒 (reticulated python，學名為 Python reticulatus)、短尾蟒 (short tail python，學名為 Python brongersmai) 和巨蟒 (anaconda，學名為 Eunectes notaeus)。

這些動物的外皮堅韌，但是主要應用還是基於裝飾顏色、圖騰和紋理，這些有各種變化，但特色是鱗片交疊，大小取決於物種不同，就像骨頭一樣，在動物生命週期負責保護功用。

長期以來，蟒蛇皮一直以優雅而受到珍視，每一年蟒蛇皮交易量超過 30 萬，因蟒蛇皮的利多，

瀕臨絕種野生動植物國際貿易公約 (CITES) 已經建立並執行嚴格的規定。

鱷魚皮的成本受許多不同因素影響，來自新幾內亞的淡水鱷被認為是最理想的皮革，因此也是最昂貴的。凱門鱷價格比較低，因為外表品質不佳，經常帶有缺陷，會影響染色成果。隨著外皮的尺寸增加，每平方公尺的成本也會提高，這是因為動物成長時，每單位體重消耗的食物明顯更多，體型越大表示來自時尚產業的需求越多，例如一隻動物要生產適用於 400 公釐寬手袋的生皮，需要三年的時間長成，使價格上漲。

魟魚 (魟屬，學名為 Dasyatis) 原產於東南亞，演化出覆蓋骨盤的堅韌外皮，製革廠也有方法軟化堅硬的生皮，魟魚可能是所有皮革中最耐用的，而且取得便利。拋光或打磨後的魟魚皮通常稱為鯊革 (Shagreen)，價格比較高，因為加工過程無法避免物料的浪費。

鯊魚 (板鰓亞綱，學名為 Elasmobranchii) 皮革最知名的是不整齊的粗糙紋理 (與粒面相反)，鞣製後，高油脂含量會產生柔軟的面料，就像皮革。和其他受歡迎的珍稀皮革相比，如短吻鱷魚皮和魟魚皮，鯊魚皮相對較重 (較厚)，但是，因為鯊魚皮彈性高，代表鯊魚皮的品質與外觀能保持多年不變，可用於配飾 (例如錢包和手袋)、室內裝飾品和汽車內裝 (飾邊、座椅等等)，鯊魚作為漁業的副產品，有幾種鯊魚既非瀕危也非受威脅物種，具體品種根據季節與數量而有不同。

鰻魚皮 (鰻形目，學名為 Anguilliformes) 能生產柔軟具拉伸性的皮革，這也是漁業的副產品。通常會將幾條細長皮革縫在一起，製成適合用於手袋和錢包的大面積皮革。

鴕鳥 (學名為 Struthio camelus) 是唯一一種常用於製造皮革的鳥類。家雞 (學名為 Gallus gallus domesticus) 的外皮也可以作為皮革應用，但是應用範圍明顯要來得少。

鴕鳥養殖主要位於南非，當地每年約宰殺 20 萬隻禽鳥，鴕鳥肉與鴕鳥蛋是皮革生產時的副產品，可以製成三種截然不同種類的皮革：軀幹皮革一部份 (約三分之一到三分之二) 帶有獨特的突起疙瘩，來自龐大的羽根；除此之外，另一種為腳脛皮革。當鴕鳥約 14 個月大時，皮革便足夠堅固，沒有太多損傷，適合宰殺。

鴕鳥皮是最堅韌有彈性的皮革之一，耐用性和獨特的斑痕同樣重要，鴕鳥皮比羊皮更輕一些，雖然這點主要取決於取皮的位置，因為皮革的側面比背面或腳脛更柔軟。牛皮或豬皮經常會壓花來模仿鴕鳥皮的外觀。

近年來出現了新種類的珍稀皮革，這是漁業的副產品，以冰島傳統的魚皮鞋為基礎，使用鮭魚、鱸魚 (鱸屬，學名為 Perca)、狼魚 (狼魚屬，學名為 Anarhichas) 和鱈魚 (鱈屬，學名為 Gadus)，鞣製後作成帶有圖騰的裝飾用皮革。

魚皮細長具有彈性，擁有合理的強度，冰島製革場 Atlantic Leather 生產的這些皮革有各式各樣的表面處理和顏色，包括可以利用洗衣機清潔的鮭魚皮，這種功能大大拓展魚皮的設計潛力，可以作為服裝裝飾重點。

魚皮表面從粗糙到光滑皆有，取決於種類而有不同，通常在鞣製的過程中會去除魚鱗，像是鱈魚的鱗片比鮭魚細，鱸魚比較不平整，而狼魚是唯一能產生光滑皮革的魚類，因為這是一種沒有鱗片的深海魚。狼魚的深色斑點使其外觀獨一無二識別度高，這種斑點除非將整張皮革染黑，否則總是清晰可見。

永續發展

與毛皮一樣 (請見第 466 頁)，很多人認為僅僅為了取得動物皮而宰殺動物非常不道德，除了每個國家政府規定不同以外，珍稀皮革的交易並受到國際政府野生動植物組織的嚴格監管，例如 CITES。

許多生產珍稀皮革的動物目前瀕危或受到威脅，因此禁止野外捕捉，或是捕捉受到監控，某些品種在一些國家完全禁止使用 (即使備有完整正確的文書作業)，例如美國禁止暹羅鱷，歐洲禁止馬來西亞蛇皮，因此絕大多數珍稀皮革來自專門飼養用於取皮的動物，根據 CITES 要求，商業養殖場必須證明這些生物繁衍足夠的下一代，不可倚賴野生牲畜補充供應量。

魚皮洋裝 (右頁)

魚皮是漁業的副產品，將魚皮轉製成皮革，等同於利用價值不高的東西創造出理想的產品，通常使用植鞣和染色方法處理。這件洋裝來自現於米蘭從事創作的英國環保設計師 Bav Tailor，採用非洲維多利亞湖中的尼羅河巨蜥的生皮製作。影像由 Bav Tailor 提供。

珍稀皮革

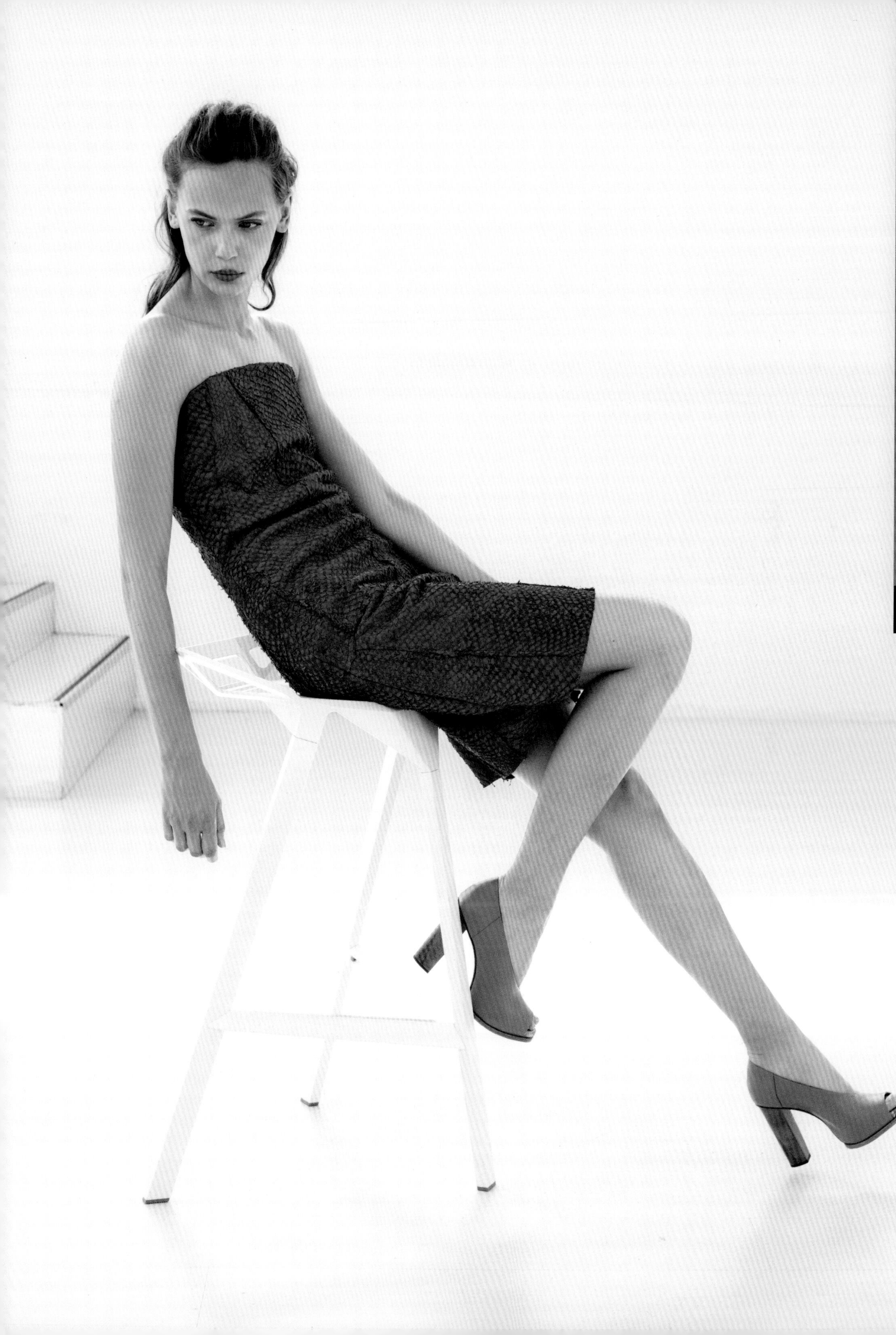

毛皮

別名
又稱為：帶毛獸皮 (pelage)、皮毛 (pelt)、帶毛革 (hair-on hide)

長期以來，毛皮的柔軟與保暖機能，讓人類可以在寒冷的天氣中保持溫暖舒適，某些動物的毛皮被視為奢侈品，因為價值如此之高，飼養時是為了取得毛皮，許多人認為這是不道德的，有一些可再生天然替代品和人造材料能提供與毛皮相同的機能特性。

類型	一般應用範圍	永續發展
· 兔子、栗鼠、海狸鼠、貉、貂、黑貂、狐狸、狼和土狼。	· 服飾和鞋履 · 手帕、飾邊、襪裡 · 地墊和蓋毯	· 在某些情況下，兔毛是肉品生產的副產品 · 許多動物為了取得毛皮而養殖，其他動物則是從野外捕捉

屬性	競爭材料	成本
· 柔軟，底層絨毛保暖度高 · 被毛長，顏色混雜 · 有些毛皮不帶粒面，因此不論哪一個方向觸感皆非常柔軟	· 絨毛羊皮和帶毛革 · 採用針織、編織、簇絨和植絨製作的仿皮 · 聚丙烯腈纖維 (PAN)、聚醯胺 (PA)、聚對苯二甲酸乙二酯 (PET) 和黏膠纖維	· 兔子每公斤約幾十美元，狐狸、狼和土狼約幾百美元，貂和黑貂約數千美元 · 轉製毛皮的過程很昂貴

466

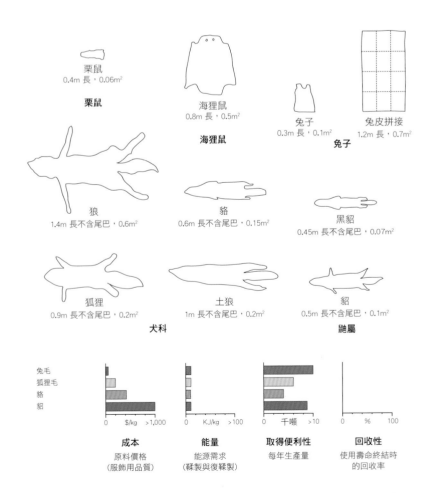

栗鼠
0.4m 長，0.06m²
栗鼠

海狸鼠
0.8m 長，0.5m²
海狸鼠

兔子
0.3m 長，0.1m²

兔皮拼接
1.2m 長，0.7m²
兔子

狼
1.4m 長不含尾巴，0.6m²

貉
0.6m 長不含尾巴，0.15m²

黑貂
0.45m 長不含尾巴，0.07m²

狐狸
0.9m 長不含尾巴，0.2m²
犬科

土狼
1m 長不含尾巴，0.2m²

貂
0.5m 長不含尾巴，0.1m²
鼬屬

兔毛
狐狸毛
貉
貂

成本	能量	取得便利性	回收性
0　$/kg　>1,000	0　KJ/kg　>100	0　千噸　>10	0　%　100
原料價格 (服飾用品質)	能源需求 (鞣製與復鞣製)	每年生產量	使用壽命終結時的回收率

簡介

毛皮交易是全球產業，但是現在不比兩個世紀前那麼重要，在 19 世紀之前的歐洲，來自寒冷氣候地區的哺乳類動物和囓齒動物備受追捧，特別是海狸，毛皮交易推動北美城市的發展，包括紐約、艾德蒙頓 (Edmonton)、溫尼伯 (Winnipeg) 等城市。在美洲殖民地的開拓以前，俄羅斯是動物皮毛重要來源，捕獵者在西伯利亞地區建立許多新居地。

近幾世紀以來，這個行業發生戲劇化的轉變，原因有很多，特別是我們看待動物作為材料來源的態度改變了。家用暖氣設備的進步減少對皮毛作為實用服裝的需求，像是 19 世紀時有組織的分配煤炭等；同時，高品質替代品的價格下降，例如羊毛 (請見第 426頁) 和棉花 (請見第 410 頁)。最近毛皮被人造仿製品取代，人造價格更便宜，而且爭議比較小。

假皮又稱為仿皮，通常使用針織或編織的聚丙烯 (PAN，壓克力纖維) (請見第 180 頁)、黏膠纖維 (請見第 252 頁)或聚對苯二甲酸乙二酯 (PET，聚酯，請見第 152 頁)。精密的製作技術不斷發展進化，創造出具有逼真外觀與質感的面料，包括多層皮毛的結構，除了角蛋白質無法仿效之外，能重建帶毛獸皮 (完整的皮毛) 全部細節。儘管如此，仿皮作為仿製品，一般仍認為品質較差，而且不要忘記這些合成材料本身對環境造成的衝擊。

毛皮一直是奢華與理想的材質，在加拿大與俄羅斯北部地區目前仍有許多

活躍的捕獸獵人。無法從野外捕獲的動物，可在一些判定為合法的國家養殖，包含丹麥、芬蘭和中國。

由於皮草不可預期的變化，並受限於尺寸大小，通常會拼接多張皮毛，製成尺寸更大、更實用的大面積皮革。最柔軟的皮草一般來自小型動物，例如栗鼠和貂，現有縫合技術將這些動物的小型皮毛製成服飾時，能不在毛皮側邊留下明顯的接縫。另一種作法是利用編織將條狀毛皮拼接成大片皮革，這種技術可以用來生產重量較輕、較便宜的物件，像是帽子、圍巾和夾克。

商業類型與用途

毛皮主要來自兔子（兔科，學名為 Leporidae）、栗鼠（栗鼠屬，學名為 Chinchilla）、海狸鼠（海狸鼠屬，學名為 Myocastor，毛皮稱為「nutria」）、貂（鼬科，學名為 Mustelidae）和其他類型的鼬鼠、貂鼠（貂屬，學名為 Martes）如俄羅斯黑貂、犬科如

高領連帽外套 (上圖)

這種高領連帽外套適合寒冷的天氣，圖中產品來自美國品牌 Spiewak，內襯使用土狼毛皮。此外，貉毛皮也非常受歡迎，可讓臉部周圍的空氣保持溫暖，避免皮膚結冰。

貉（Asiatic raccoon dog，學名為 Nyctereutes procyonoides）、狐狸（狐屬，學名為 Vulpes 和北極狐屬，學名為 Alopex）、狼和土狼（兩者均為犬屬，學名為 Canis）。

兔子會長出細緻的冬季皮毛，長度達 20 公釐，底層絨毛的長度大約一半。品質各不相同，取決於品種。例如雷克斯兔 (Rex) 的被毛最少，因此可以生產密實又柔軟的毛皮。安哥拉兔 (angora) 可以生產特殊的細緻皮毛，經常轉製成紗線 (請見第 434 頁)，這些兔子的動物毛不是非常堅固，容易磨損。

兔子毛的天然色從白色到棕色皆有，除了安哥拉兔之外，皮毛的價格相對便宜，經常結合染色和噴塗技術模仿更珍稀昂貴的皮草，例如貂皮。

栗鼠是一種原產於南美洲安地斯山脈的囓齒動物，能生產異常柔軟的毛皮，每個毛囊會長出許多毛髮，形成高度保暖的皮毛，能製成特別理想的栗鼠皮毛，具有獨特的藍灰調黑色，經常以自然色應用，因為染色會使纖維強度降低。栗鼠皮毛尺寸很小，所以一件長大衣需要一百隻以上的栗鼠，所有栗鼠都來自農場飼養，早前為了取得皮毛過度捕獵，使目前野生的栗鼠淪為瀕危物種。

海狸鼠是另一種來自南美洲的囓齒動物，毛皮類似海狸，底層絨毛較柔軟，被毛堅硬。顏色從淺棕色到深棕色不等，毛皮經常會染色處理，而且通常會進行修剪或拔毛，讓皮毛更柔軟帶有絲絨般光滑觸感。大部份海狸鼠來自農場飼養，但是目前正在努力推廣野生皮毛的潛力，在北美地區，海狸鼠被認為是侵入物種，撲殺後大部份丟棄。有些組織如巴拉塔里亞 (Barataria) 特雷博納 (Terrebonne) 國家河口計劃 (National Estuary Program)，正在推廣這種毛皮的可能性，使其成為更「符合道德標準」的毛皮來源。

一般認為貂的皮草是最精緻的，例如貂皮和黑貂皮，這些動物的冬毛長而柔軟，具有光澤，修剪毛皮到均勻的長度後 (特別是去除粗糙的被毛)，可以製作更奢華的皮毛。黑貂皮草質感更加乘，觸感從任何方向撫摸都非常柔順，毛皮沒有明顯的粒面，大部份來自俄羅斯，便宜的黑貂來自加拿大農場，但是一般認為品質比較差。

貉生產的毛皮非常受歡迎，具有獨特的帶毛獸皮，外層被毛長而有光澤，內層絨毛短而緻密。狐狸、狼和土狼生產的毛皮帶有光澤，長度可達 70 公釐，類似貉，毛皮很厚，因此矗立在動物皮上。來自北方氣候的動物，例如西伯利亞地區，動物皮毛的保暖機能最高。

自然色範圍根據品種和氣候變化，狐狸顏色範圍從銀色、白色、紅色到黑色皆有。紅色狐皮是最常見也最便宜的，銀色狐皮和白色狐皮則價值更高。狼皮是白色、棕色、灰色和黑色調。土狼的顏色變化比較小，通常呈現灰褐色，被毛的尖端顏色深，毛皮可以染色，但是最高品質的毛皮會以天然色應用。

有些哺乳類動物用於生產皮革，例如牛 (請見第 444 頁)、綿羊和山羊 (請見第 452 頁)，能生產柔軟的動物毛，可轉製成適合類似應用範圍的毛皮，雖然不像前述動物生產的皮毛一樣柔軟，但是尺寸比較大，通常非常耐用，可用於廣泛的應用範圍。

永續發展

兔毛是肉品生產的副產品，除了安哥拉兔之外，每年宰殺的數量非常大，但是只有少量的動物皮製成毛皮。所有其他類型的毛皮均為了取得毛皮而經由農場飼養或誘捕 (狐狸、栗鼠、貂、海狸鼠和黑貂)。有一些皮毛來自野生動物，例如狼、狐狸和黑貂，現在越來越少見，僅佔約 15%，目前執行嚴格的法律來保護野生動物族群與動物福祉。購買經過認證的產品有助確保動物獲得適當的對待。

美國毛皮委員會 (Fur Commission USA) 實行了人道關懷認證計畫 (Fur Commission USA)，保護為了獲取毛皮飼養的動物。國際人道獵捕標準協定 (Agreement on International Humane Trapping Standards，縮寫為AIHTS) 為野生動物捕獵技術設下標準；瀕臨絕種野生動植物國際貿易公約 (CITES) 的制訂是為了保護瀕危和受監管物種。

動物毛的結構與類型

帶毛獸皮由兩種類型的動物毛組成，這兩種動物毛從不同的毛囊生長出來：被毛和底層絨毛 (又稱為羽絨或下層毛)，兩者均由纖維狀角蛋白組成 (角蛋白是一種蛋白質，請見羊毛和第 440 頁角)，但是具有不同的用途，被毛通常長而筆直，中央空心，從底層絨毛延伸出來，作為防雨、耐髒汙、抗日曬的防護層，顏色更醒目。比較短的底層絨毛鬈曲、柔軟、密實，能夠排除水分，藉由在皮膚周圍鎖住一層空氣，讓動物保持乾燥溫暖。被毛和底層絨毛的差別並不一定非常明顯，因為有些纖維會同時具有兩種屬性，比例、長度與密度都會影響皮毛的品質。細密排列的精緻底層絨毛觸感柔軟奢華，長而脆的被毛可能會降低底層澎鬆的絨毛，在某些情況下，會拔除或修剪被毛，製作出更均勻帶有絲絨般光滑觸感的材料。

毛皮的品質與特色(右頁)

毛皮的品質與特色取決於動物類型與動物適應的生長環境，兔子帶毛獸皮 (上圖) 一般品質相同，帶有絲質被毛和底層絨毛分佈一致。栗鼠、黑貂、貂與海狸鼠的被毛相似，可以修剪產生柔軟均勻的質地。貉的毛皮 (下圖) 被毛從柔軟密實糾結的底層絨毛突出，圖片中是自然色，產生獨特的質地與外觀，逆著粒面撫摸皮毛的觸感不一樣，這點與狐狸、狼和土狼相同。

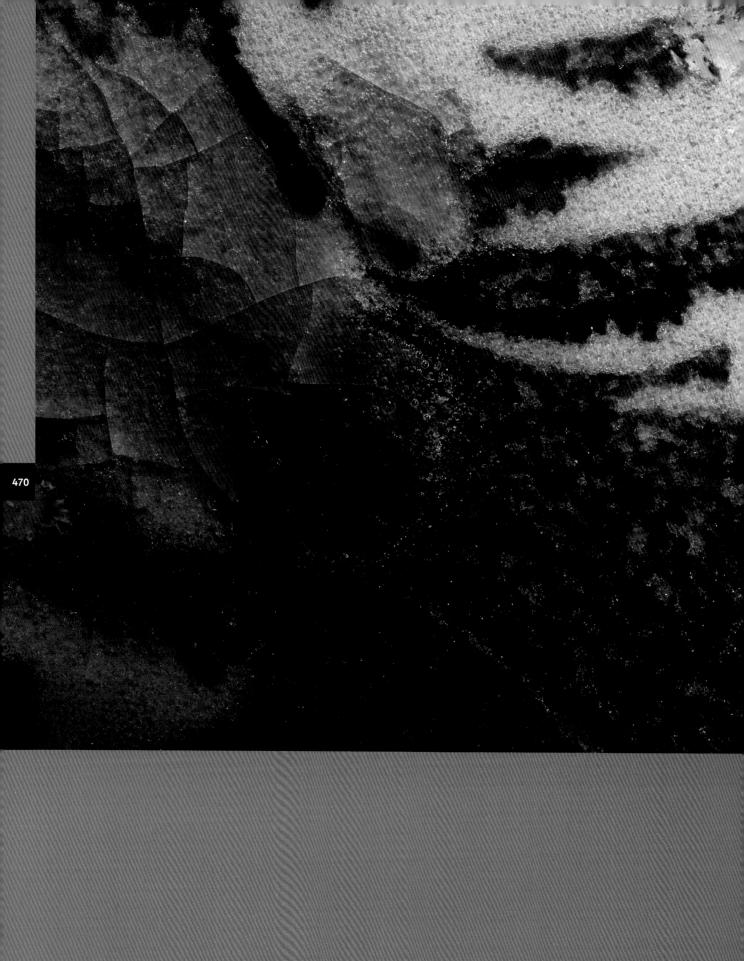

礦物 **6**

石材

從遠古時代人類史上製作的首批工具到近代高性能複合材料，這些使用案例證明石材既有的強度與耐用性具有極大的價值。岩石以高溫高壓成型，自岩石上切割或劈下的粗糙石塊，能藉由手工或機械成型加工，也可以熔融並擠出作為耐熱纖維使用。

類型	一般應用範圍	永續發展
· 沉積岩：石灰岩、砂岩、滑石 · 變質岩：大理石、板岩 · 火成岩：花崗石、輝長石、玄武岩	· 立體石材：營建與紀念碑 · 室內裝潢與傢俱 · 工業設計與餐具	· 對環境最大的影響來自開採與運送

屬性	競爭材料	成本
· 極為堅硬耐用 · 高耐熱，不會燃燒 · 耐化學品，具體性能取決於石材不同	· 黏土、灰泥和水泥 · 科技木料 · 玻璃纖維、碳纖維與芳綸纖維	· 雖然單位計算成本比較低，但是石材重量用於較厚的區塊，使單位面積的成本中等偏高

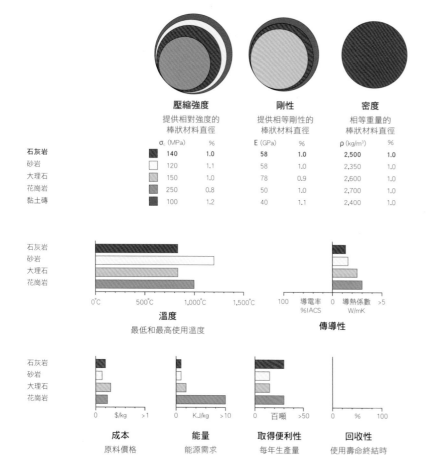

	壓縮強度 提供相對強度的棒狀材料直徑		剛性 提供相等剛性的棒狀材料直徑		密度 相等重量的棒狀材料直徑	
	σ_c (MPa)	%	E (GPa)	%	ρ (kg/m³)	%
石灰岩	140	1.0	58	1.0	2,500	1.0
砂岩	120	1.1	58	1.0	2,350	1.0
大理石	150	1.0	78	0.9	2,600	1.0
花崗岩	250	0.8	50	1.0	2,700	1.0
黏土磚	100	1.2	40	1.1	2,400	1.0

簡介

在歐洲歷史上，是在西元前四世紀至前三世紀時進入青銅時代 (請見第 66 頁銅)。在此之前是史前時期，也就是使用石材的新石器時代。石材的盛行有許多原因，例如在地表取得石材很容易，且提煉方式相對簡單，無需進一步加工就能成型、整理與應用。石材壓縮於地表以下，硬度與密度之強大令人難以相信，使其成為耐用耐磨損的材料。石材的孔隙率取決於岩石的類型，但一般遠遠低於人造替代品，例如水泥 (請見第 496 頁)。

商業類型與用途

岩石主要有三種類型：沉積岩、變質岩和火成岩。每種礦物類型的屬性取決於礦物組成和形成方式。沉積岩是由水生生物的外殼與礦物組成，因為侵蝕和風化而沉積，大部份在變質岩和火成岩上形成薄薄一層，隨著時間過去，因為新材料沉積的壓力，使顆粒壓縮並融合在一起。化石最常見於這類型的岩石中，因為溫度與壓力不足以破壞化石。

玄武岩纖維 (右頁)

將玄武岩加熱擠出後製成高機能纖維，這種加工方式類似玻璃纖維，玄武岩纖維具有出色的拉伸強度，足以媲美其他高機能紡織纖維，同時具有非常良好的硬度。不像碳，玄武岩沒有傳導性，不會干擾無線電波，也就是說當應用範圍要求優於玻璃纖維的硬度時，玄武岩非常實用，而且不會發生碳纖維的電磁干擾。不過，玄武岩主要屬性其實是阻燃性，玄武岩纖維不會燃燒，可以承受高溫，因此可以替代石棉。石棉是曾經大量使用的礦物，但是後來發現石棉細小的纖維吸入肺中會引起致命的疾病，因此遭到棄用。

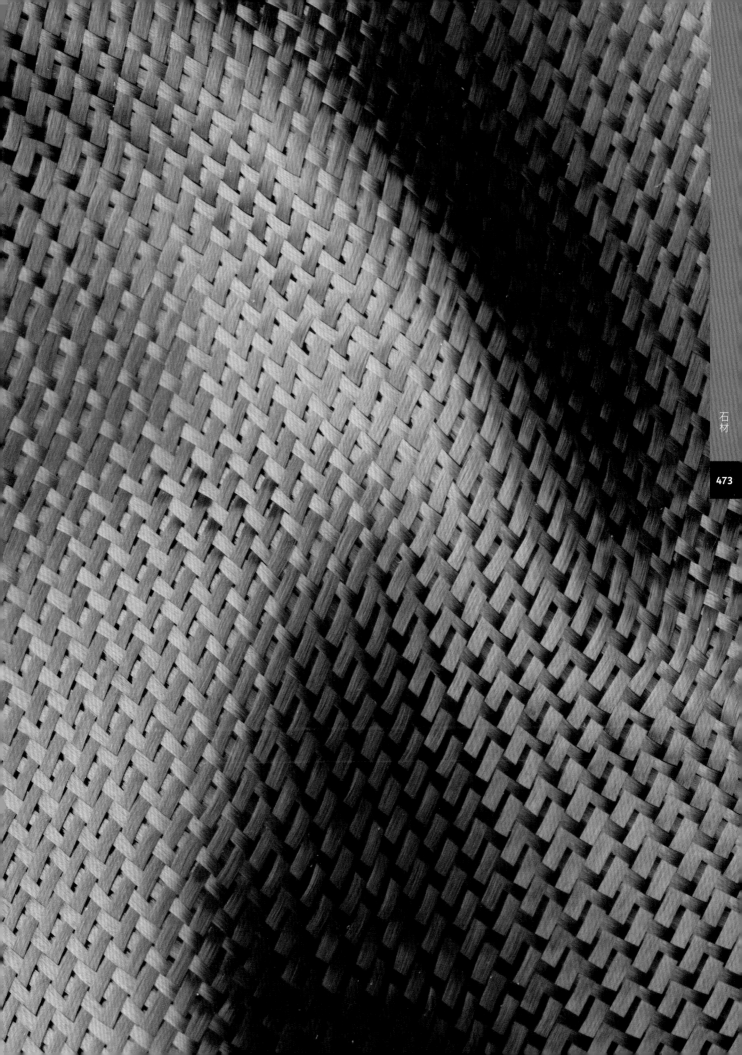

常見的沉積岩有石灰岩、砂岩和滑石，石灰岩由碳酸鈣加上雜質組成，例如黏土 (請見第 480 頁)、沙子與鐵質。碳酸鈣在湖泊與海洋底部成型，來自鈣化的骷髏和骨頭。碳酸鎂含量較高的石材可分為白雲石或白雲岩。

石灰岩是重要的材料，可用於各式各樣不同的應用範圍，也能作為建築石材，包括建築骨材、水泥和灰泥 (請見第 492 頁)。在建築業以外，石灰岩是重要的原料，可用於製鐵 (請見第 22 頁)、鋼 (請見第 28 頁)、玻璃 (請見第 508 頁) 和糖，並提供礦物質來塗佈在紙張 (請見第 268 頁)、油漆和塑膠。石灰岩的硬度從軟 (粉筆) 到硬都有，

適合用於建築石塊、地板或檯面的石灰岩碳酸鈣比例非常高，使石灰岩很難拋光，通常是白色的，但顏色範圍可從黑色、灰色到棕色。

砂岩顧名思義主要由石英組成 (石英即用於玻璃生產的二氧化矽，請見第 508 頁)，加上長石和碎石 (來自其他岩石)。每種成份的百分比不同，通常會在名稱指出。砂岩質地堅硬結實，粒子細小，由於二氧化矽的比例很高，對酸和鹼具有很高的耐受性。砂岩通常是淺棕色或紅色調，一般用於路面磚、火爐和承重用建築石塊，因為砂岩的惰性，應用在接觸化學物質的地板中特別實用。

滑石主要由滑石粉組成 (水合矽酸鎂)，使其柔軟可用於雕刻。和砂岩一樣，不會受到液體、酸鹼化學物質的影響，因此很適合用於廚房和實驗室檯面，但是很容易磨損刮傷，因此要避免劇烈使用的應用範圍。

滑石的顏色包括灰色、綠色和棕色調，裝飾屬性能用於建築和雕塑，最有名的例子是俯瞰里約熱內盧的基督救世主雕像，使用滑石打造，加上強化水泥塗佈，經過數十年的暴露在外，雕像表面已經變得凹凸不平，且有風化現象。滑石熱容量高，也就是說滑石可以長時間保持熱能或寒冷，結合卓越的耐溫性，因此滑石可用在

雕刻大理石 (左圖)

使用鑽石（請見第476頁鑽石和藍寶石）切割工具打磨，石頭的形狀可能就像木頭和金屬一樣。這件法國水果盤從半透明的白色大理石切割下來，石材保留非常精緻的細節與鋒利的邊緣，但是質地很脆，因此使用上要特別注意，讓部件不會因為拉伸應力或鈍性衝擊而損傷。

是方解石或白雲石。最終品質取決於存在的雜質和形成條件。單純的石灰岩會產生透明的白色大理石，雜色來自所含的雜質，因此來自不同採石場的大理石會有不同的外觀，通常以原產地命名，例如 Bianco Carrara（義大利產白色大理石帶有灰色脈絡）、Parian（希臘產半透明白色大理石）、Vermont（美國產摻雜白色和灰色的大理石）和 Nero Marquina（西班牙產黑色大理石帶有白色脈絡）。

大理石長期以來因為美麗的外觀與耐用性備受推崇，特別在希臘羅馬建築與雕塑佔有重要地位，米開朗基羅在創作的許多雕塑中，使用高品質的卡拉拉大理石 (Carrara)；希臘帕德嫩神廟採用高品質的希臘大理石細密雕刻而成；泰姬瑪哈陵則以各種不同的亮白色大理石包裹。大理石石塊經過切割之後，雕刻成石磚、柱子、地板和檯面，壓碎的大理石可作為粒料，應用範圍如增加混凝土的潔白度。

板岩由泥漿組成，包括泥土、頁岩和其他顆粒，共同壓縮成硬度中等的密實岩石。板岩主要由石英和雲母組成，顏色通常為深灰色，但有灰綠色至灰藍色色調變化。晶體形成薄片層，可分開製成薄片材。

因為具有耐用性與耐候性，這些板材可用於路面磚、屋頂蓋板 (屋瓦) 和外牆覆層。

火成岩是由火山岩漿形成的，英文稱為「magma」。礦物與熱熔岩混合，形成各種組成成份，可能含有結晶，也可能不含。岩漿可在地殼內部冷卻或在外部形成火山岩，分別稱為侵入岩和噴出岩。

花崗岩是侵入岩範例之一，由石英、長石和鉀組成，在地殼內岩漿緩慢冷卻，形成質地粗糙的岩石，賦予花崗岩顆粒狀的外觀。作為最堅硬的建築石材，花崗岩具有出色的耐用性，可以拋光製成鏡面效果，可用於各種室內外應用範圍，包括地板、檯面、火爐和紀念碑。

黑色花崗岩通常是指輝長岩，這是另一種侵入岩，但一般被認為質地太脆，不能用於建築目的，但可以作為有價值的裝飾材料，例如用於室內裝潢和建築立面。

玄武岩是一種噴出岩，冷卻過程迅速，形成細緻顆粒和晶體結構 (請見第516頁)。通常是深色的，可以像花崗岩一樣切割和拋光後，應用在建築物和紀念碑上。也許最重要的應用範圍是當作纖維使用，玄武岩質地堅硬，無法燃燒，玄武岩纖維在1923年獲得專利，已經開發出各式各樣的多種應用，主要針對軍事和航空航天領域。除此之外，玄武岩纖維也出現消費應用上，例如法國品牌 Gitzo 採用玄武岩纖維製作一款攝影三腳架，，比碳纖腳架的價格更低，並能提供良好的機械性能。

永續發展

採礦會造成當地環境影響，而且石材是一種重量很重的材料，會被運送到世界各地。即便如此，這種材料內含耗能仍非常低，因為製作堅固耐用材料所需要的作業已經在開採前完成了。板岩耗用的能源特別低，因為材料一般不需要切割，只要劈開即可。

像是火爐、炊具與烹飪用熱石等應用範圍。

變質岩的形成源自幾類事件，這種岩石原本就存在，因為暴露在極端高溫高壓中，轉化變成變質岩，例如構造運動或是熱熔岩漿侵入。這個過程造成細化的晶粒結構，由於這類型的岩石中含有的礦物依靠高溫和高壓形成，因此這類石材通常堅硬結實，可以拋光製成非常光滑的表面，變質岩包括大理石和板岩等。

大理石是由石灰岩形成的，隨著時間過去，碳酸鹽礦物會經歷重結晶過程，造成大而粗糙的互鎖晶粒，主要

鑽石與剛玉

這些寶石是稀有的礦物結構，因為漂亮的外觀與耐用性而備受讚譽，主要用於珠寶，有許多炫目的顏色可供選擇，也有可能是無色的，在這種情況下，寶石的光芒與折射成為衡量美感的標準。作為工業材料，利用這些礦物卓越的硬度、光學屬性和抗化學品耐受性。

類型	一般應用範圍	永續發展
· 鑽石：天然鑽石或合成鑽石 · 剛玉 (紅寶石和藍寶石)： 　天然剛玉或合成剛玉	· 珠寶和配件 · 工業用途：磨料和塗料	· 內含耗能低 · 衝突礦物，特別是衝突鑽石，指的是在武裝衝突的地區開採，並以非法交易資助戰鬥

屬性	競爭材料	成本
· 非常堅硬、耐磨損 · 良好的抗化學品耐受性 · 明亮有光澤，顏色取決於雜質	· 石材、玻璃、黏土和科技陶瓷 · 金、銀、白金和鈦 · 聚甲基丙烯酸甲酯 (PMMA)、 　聚碳酸酯 (PC) 和離子聚合物	· 取決於類型與稀有程度，鑽石與紅寶石是價值最高的 · 在某些情況下，合成礦物比較便宜

476

簡介

這些稀有的礦物自發現以來，它們的美麗與神秘一直受人迷戀，讓人們賦予這些礦物特別的意義與象徵，例如有人認為在戰爭時配戴鑽石可以加添力量與不屈不撓的精神，除此之外，鑽石代表著財富與權力的象徵，到了現代，鑽石則成為戀人的禮物。

這些礦物也是最有價值的工業材料，除了工業陶瓷以外 (請見第 502 頁)，寶石礦物是最堅硬、最耐磨的材料，使其成為保護塗料中有效的磨料和添加劑。

商業類型與用途

礦物有數百種不同類型，但是只有極少數被視為寶石，對於裝飾和工業用途，其中最重要的是鑽石和剛玉 (藍寶石和紅寶石)。

鑽石是由純碳構成的，具有均勻緊密的結構，可製作目前已知最耐用的材料，一般認為是由地函深處含碳礦物因為極端壓力和熱能作用而成型，約在地球表面底下數十公里的位置，最後藉由火山活動移動到地球表面，其他可能造成鑽石成型的作用非常少見，像是小行星撞擊。

鑽石是所有材料中硬度最高的，所以莫氏硬度的上限即用鑽石判定，莫氏硬度是相對硬度的衡量標準，利用礦石相互刻劃來判斷。碳原子間相同的鏈結使鑽石非常堅硬，也使鑽石具有非常良好的抗化學品耐受性和極高的導熱性，導熱速度是銅的三倍以上 (請見第 66 頁)。

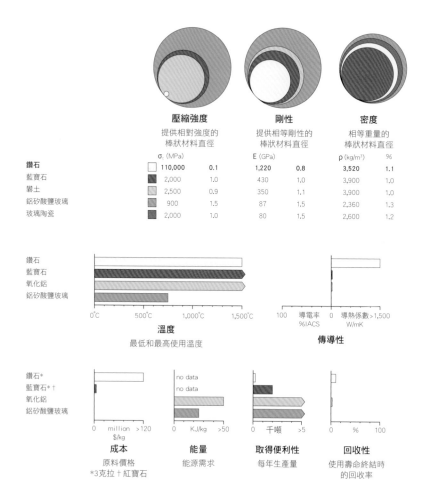

	壓縮強度 提供相對強度的 棒狀材料直徑		剛性 提供相等剛性的 棒狀材料直徑		密度 相等重量的 棒狀材料直徑	
	σ$_c$ (MPa)		E (GPa)		ρ (kg/m³)	%
鑽石	110,000	0.1	1,220	0.8	3,520	1.1
藍寶石	2,000	1.0	430	1.0	3,900	1.1
礬土	2,500	0.9	350	1.1	3,900	1.0
鋁矽酸鹽玻璃	900	1.5	87	1.5	2,360	1.3
玻璃陶瓷	2,000	1.0	80	1.5	2,600	1.2

鑽石
藍寶石
氧化鋁
鋁矽酸鹽玻璃

0°C　500°C　1,000°C　1,500°C
溫度
最低和最高使用溫度

100　導電率　0　導熱係數 >1,500
　　%IACS　　 W/mK
傳導性

鑽石*
藍寶石*†
氧化鋁
鋁矽酸鹽玻璃

0　million　>120
　　$/kg
成本
原料價格
*3克拉 †紅寶石

0　KJ/kg　>50
能量
能源需求

0　千噸　>5
取得便利性
每年生產量

0　%　100
回收性
使用壽命終結時
的回收率

以優美與淨度作為銷售特點的寶石為無色、略帶黃色、紅色、橙色、綠色、藍或棕色以及不透明的黑色，顏色來自碳結構中的雜質。工業鑽石品質可能比較高，但是太細小無法用於珠寶；或是衍生自含有大量雜質的鑽石，磨成細小顆粒之後，黏合到鋸片、鑽頭或其他工具上，可提供非常堅硬的切削刀刃或是研磨表面，能夠研磨任何其他剛性物質。

藍寶石晶體錶面 (上圖)

合成藍寶石能耐磨損，具有抗化學品耐受性，在可視光譜中呈現透明，在相同厚度下比高強度玻璃擁有更高強度，但是生產相對比較昂貴，因此在應用範圍上受到限制。過去數十年間，除了用於雷射系統與光學傳感器外，在高階手錶也越來越常見，柏萊士 (Bell & Ross) BR 126 Heritage 系列腕錶採用圓頂藍寶石鏡面，搭配精鋼錶殼，利用物理氣相沉積 (PVD) 完成機械加工鋼料上的黑色霧面表面處理，這層霧面表面實際上是薄膜陶瓷塗層（請見科技陶瓷），這種材料組合產生非常漂亮又耐用的手錶，品質極高，能輕鬆滿足飛行員的需求。影像由柏萊士提供。

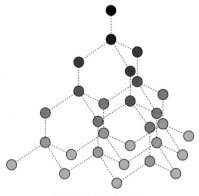

碳排列形成四面體結構

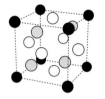

立方最密堆積排列

立方體內的四面體結構

鑽石

由於碳原子和強大的共價鍵排列，使鑽石成為所有材料中硬度最高的，每一個碳原子與鄰近四個碳原子以共價鍵形式鍵結，緊密排列形成巨大的四面體結構。鑽石結構是以面心立方結構（請見第 68 頁）為基礎，加上四個額外的原子（如圖中灰色小球）。和鑽石結構對比之下，石墨結構是另一種巨型共價鍵結構（請見 238 頁），每個碳原子與三個碳原子相連形成平面，鑽石與石墨結構中的弱點是沿著晶體共價鍵較少，因為這點，材料會因為鈍性衝擊而裂開，由於其他部份的共價鍵非常強大，因此鑽石只能利用另一顆鑽石切割，或是使用雷射切割。

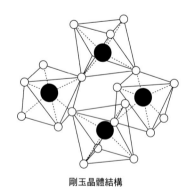

剛玉晶體結構

藍寶石和紅寶石

藍寶石和紅寶石這些晶體都是由剛玉組成的，又稱為氧化鋁，晶體結晶時每一個鋁原子包圍著六個氧原子，形成三角形晶體系統，通常稱為六方軸，這是一種異常結實堅韌的穩定結構，硬度排名第三的礦物。

鑽石鏡面拋光後呈現高光澤（反射大部份射入鑽石表面的光），無色或略帶彩色的鑽石擁有非常高的色散率，這種品質代表光波被分離還原回組成的顏色，利用這些特質便能產生璀璨的美學特性，在珠寶首飾的應用中極受歡迎。傳統上，沒有缺陷且不夾帶雜質（微粒）的無色鑽石價格最高，但是因為雜質導致鑽石有顏色，更顯獨一無二，因此也越來越受歡迎。

合成鑽石具有相同的化學組成、晶體結構與屬性。事實上，合成鑽石與天然鑽石幾乎難以區分兩者的不同。合成鑽石主要使用方法有兩種，第一種由石墨形成鑽石，將石墨放置於強烈壓力與熱源下成型，又被稱為高壓高溫法（HPHT 鑽石），受限於現代機械在物理上的可能性，因此僅能生產尺寸非常小的鑽石，通常使用在工業用途。第二種是比較近期開發的，使用化學氣相沉積（CVD）形成完美的鑽石晶體，在高溫的真空室中進行，在精準控制的條件下，將含碳氣體（通常為甲烷和氫氣）分解並沉積在表面上。這種加工方法使用鑽石為種子，將碳原子建立在現有的鑽石晶格上。化學氣相沉積可用來使寶石成型，也能用來施作塗層，大多數用於工業應用範圍，例如鏡片、切削工具和耐磨損的零組件。

類鑽碳（DLC）是利用電漿輔助化學氣相沉積法（PECVD）生產的另一種材料，藉由撞擊碳原子表面產生堅硬且具有化學穩定性的材料，在這種情況下，碳原子形成非晶質網絡，而不是晶體結構，換句話說，類鑽碳不是鑽石，但是可以生產理想的高品質表面處理，適用於珠寶和手錶，也能利用在工業範圍上。

剛玉由氧化鋁（請見科技陶瓷）組成，顏色取決於晶體結構中的雜質，鉻會產生紅色剛玉（紅寶石），少量的鐵和鈦會產生藍色剛玉（藍寶石），當然，

也有可能產生其他許多顏色（綠色、黃色、橙色和紫色），但剛玉最純淨的形式是無色的，能提供絕佳的光學淨度，因為在可視光譜範圍內是透明的。結合令人印象深特的耐用度，剛玉成為有價值視窗玻璃材料，可應用在像是手錶錶面和工業設備上。

藍寶石熔化後，會形成具有相同成分的液體，使其成為在實驗室培養材料中相對簡單的一種，可用的技術有很多種，主要兩種類型分別是火焰熔融的伐諾伊焰熔法（Verneuil process）和加熱至熔點後生長晶體的柴式長晶法（Czochralski process）。在 1902 年開發的火焰熔融法是最古老的方法，目前繼續使用於工業用寶石和晶種生產，用於其他加工過程來生產更大的晶體。精細研磨的成份在坩堝中加熱至熔點，藍寶石約為 2,000℃，然後將液體微滴在支撐桿上結合形成非常純淨的晶錠，慢慢降低支撐桿且連續進料，可成長成很長的單一晶體。

熔融生長也能產生單一晶體，而且體積非常大，可以用來生產半導體，例如矽和鍺、如鉑和金等金屬、人造寶石等，這個過程將材料在坩堝中一起熔融，將桿子上的種子晶體小心放入混合物中，藉由局部凍結（冷卻）加上拉動（將桿子提起），形成完美的大型晶體。將藍寶石熔體拉動通過成型模具，能實現各種不同的幾何形狀，包括管狀、片狀和客製化形狀。

這些技術已經有許多發展演進，例如 1980 年代首次使用凱氏長晶法（Kyropoulos）應用在藍寶石上，製造出非常大型的高品質藍寶石單晶，達數十公斤。

永續發展

和其他開採獲得的材料一樣，挖掘礦坑與起出礦物的過程顯然不符合永續發展，某種程度上可以管控採礦造成的生態衝擊，將棲息地與生物多樣性

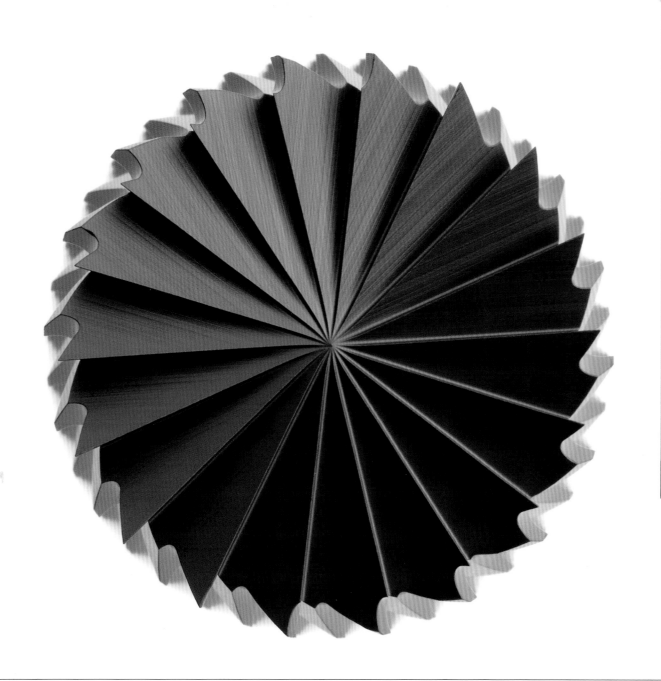

的折損降至最低。但是，真正的挑戰是這些極具經濟價值的礦物可能對當地社群造成負面影響。衝突礦產來自發生武裝衝突的地區，開採礦物與這些材料的交易用於資助戰鬥主要是鈮鉭鐵礦 (columbite-tantalite)，又稱為鈳鉭鐵礦 (Coltan)，用於煉鉭，以及錫石 (用於煉錫)、黃金等，以及在剛果民主共和國開採的黑鎢礦 (wolframite) (用於煉鎢)。所謂的「衝突鑽石」或「血腥鑽石」這個名詞發明於 1990 年代，正如其名透露出礦物銷售如何資助安哥拉和獅子山等地的內戰。作為

回應，政府和鑽石業聯合倡議阻止衝突鑽石的流通，但是全世界只有一小部份的鑽石可以追蹤來源，那些來自違禁來源的鑽石其實可以輕易偷渡穿過邊界，然後進入全球市場銷售。

化學氣相沉積 (CVD) 鑽石塗層 (上圖)

合成鑽石在化學性質、物理性質與視覺外觀上與天然鑽石一致，主要優點之一是能以各種不同型式生產。在切削工具上添加鑽石薄膜塗層，能使工具變得異常堅硬，進而減少磨損，提高切削機能。Seco Tools 生產的 Jabro JC800 碳化鎢銑刀（請見科技陶瓷）使用化學氣相沉積鑽石塗層，這些機能特別高的刀具，特別設計用於機械加工複合零件使用，該設計結合材料可減少纖維的斷裂和分層，以產生高品質的邊緣。影像由 Seco Tools 提供。

黏土

別名
土陶：粗陶 (terracotta)、赤陶 (redware)、米色陶器 (cream-ware)、台夫特藍陶 (delftware) 傑克菲爾德陶器 (jackfield)、光瓷 (lustreware)、硬質陶器 (ironstone)
石陶器：賈士巴石陶器 (jasperware)、軟陶 (caneware)、玄武陶 (basaltware)
瓷器：英文又稱作「china」、骨瓷 (bone china)、帕洛斯陶器 (parian)、硬質瓷 (hard-paste)、軟質瓷 (soft-paste)

黏土是從地面挖掘出來的不起眼的材料，經過精心加工處理，可以製成高級瓷器、結構用的建築材料、陶瓷衛浴設備或是美觀的牙齒修補材料。藉由高溫燒製實現黏土的最終機能，包括強度、耐熱性、顏色、吸水率等，取決於礦物成份的類型與比例。

類型	一般應用範圍	永續發展
· 陶器：土陶、石陶、瓷器 · 結構用建築材料：磚塊、磁磚	· 餐具 · 牙科 · 磚塊、路面磚、磁磚、管路等 · 陶瓷衛浴設備	· 黏土來自露天礦 · 內含耗能低 · 全部都能回收

屬性	競爭材料	成本
· 脆而硬 · 壓縮強度通常為拉伸強度的十倍 · 顏色取決於成份	· 建築材料，如鋼、玻璃、聚氯乙烯PVC、水泥和木材 · 炊具材料，鑄鐵、鋼和鋁	· 原料價格取決於材料品質 · 加工處理相對便宜

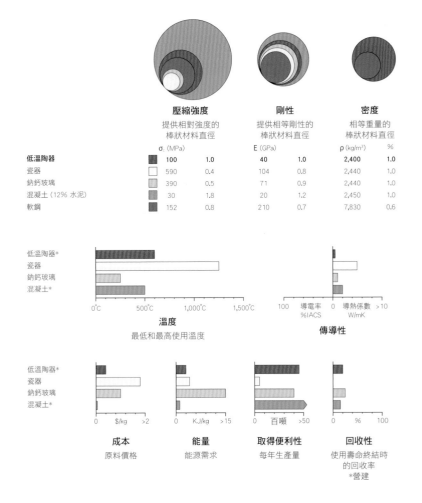

	壓縮強度 提供相對強度的棒狀材料直徑		剛性 提供相等剛性的棒狀材料直徑		密度 相等重量的棒狀材料直徑	
	σc (MPa)		E (GPa)		ρ (kg/m³)	%
低溫陶器	100	1.0	40	1.0	2,400	1.0
瓷器	590	0.4	104	0.8	2,440	1.0
鈉鈣玻璃	390	0.5	71	0.9	2,440	1.0
混凝土 (12% 水泥)	30	1.8	20	1.2	2,450	1.0
軟鋼	152	0.8	210	0.7	7,830	0.6

溫度
最低和最高使用溫度

傳導性

成本
原料價格

能量
能源需求

取得便利性
每年生產量

回收性
使用壽命終結時的回收率
*營建

簡介

傳統陶瓷使用不同地質年齡和成份的固結沉積物製成，包含土陶、石陶器、瓷器、磚塊與磁磚等，這些沉積物在高溫下開採、加工、成型，然後燒製，不可能從黏土中去除雜質，所以原料一般進行的加工很少，過去，這代表品質與屬性多半取決於地理位置，這就是為什麼某些地方的陶器的品質或建築的顏色變得特別知名，到了現代，無論地理位置為何，黏土礦物都能透過仔細搭配混合，生產機能更精準的成品。

黏土中摻雜的礦物有許多不同種類，每一種都對最終材料的物理性質和美學扮演不同角色，黏土是殘留物，能在沉積地點或沉積岩中發現，沉積代表黏土經過風化而移動了原本的位置。殘留黏土或是原生黏土能生產純度較高的材料，但是非常罕見，沉積黏土或次生黏土一般粒徑較小，成份混合更多變。在這兩種情況下，關鍵成份都是高嶺土 (水合鋁矽酸鹽)，高

拉胚石陶器 (右圖)

在黏土表面施作釉層，包括直接倒上、進入、噴塗或塗刷等，能為石陶器加上顏色與裝飾，並提供防水功能。釉料由玻璃 (二氧化矽或硼)、增強劑 (例如黏土)、色彩 (金屬氧化物) 以及不透明的熔融劑 (例如蘇打) 組成。裝飾技術經過好幾世紀不斷發展，從顏色和紋理效果到垂流和網狀龜裂等。這件石陶器是英國陶藝家克萊夫・戴維斯 (Clive Davies) 的作品，他的作品以繪畫風格而聞名，將購買的釉粉混合了各種成份，獨特設計來自將石陶器浸入單色釉料中，利用各種不同技法在表面做裝飾，包括水蠟、塗刷和刮花 (sgraffito)，刮花指的是刮擦頂層，露出底下的顏色。

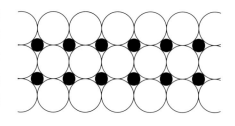

手拉胚瓷器 (上圖)

這個日本碗展現了瓷器能完成的品質與技巧，決定材料的選擇取決於成品外觀，而非材料的可加工性。瓷器是最堅硬的陶土，可以製成壁厚最薄的物件，但是徒手操作上並不容易，需要大量的技巧，因為陶土顆粒大小非常細緻，這代表可塑性極低，在成型過程中容易塌陷。

部份上釉粗陶 (左頁)

部份上釉的土陶孔隙多，如果需要防水功能則需要上釉。這件 cazuela 烤皿內裡上釉，沒有上釉的外部表面可以保留黏土既有的孔隙率，使潮濕的熱空氣可以在材料中循環，有助緩慢均勻烹調。

嶺土再加上其他礦物堆疊晶體結構的化學性質和排列方式，這些是決定黏土物理性質的基礎關鍵。

高嶺土這個名稱源自於中國高嶺山，這裡是第一次取得高嶺土的地方，高嶺土 (kaolin) 又稱為陶土，其中含有超過 75% 以上高嶺石 (kaolinite)，遍佈歐洲、美洲和亞洲，儘管來自不同礦山的材料有明顯不同的特性，不過商業價值取決於純度、細緻度和潔白度，大部份用於造紙 (請見第 268 頁)，可減少成本，提高印刷適性。

就陶瓷而言，高嶺土是最優質陶瓷衛浴設備和瓷器的主要成份。球形黏土 (ball clay) 是另一種類型的材料，除了高嶺石外，另外含有雲母和石英 (二氧化矽)，能添加到其他黏土中，改善未燒製材料的可塑性和穩固性，讓黏土更容易成型和模製。因此，球形黏土通常僅佔黏土整體的一小部份而已。

耐火黏土 (Fireclay) 是一種沉積性泥岩，這個名字來自抗熱能力，最早使用於耐火磚，像是用於冶爐內壁，其組成類似球形黏土，區別在於地質年齡較大，代表耐火黏土不像塑膠，不具可塑性，而且需要更高的溫度來燒

原子鍵結與排列

陶瓷是由金屬和非金屬元素組成，通過離子鍵和共價鍵結合在一起。離子鍵是由帶相反電荷的離子的靜電互相吸引形成的。因此，強度取決於電荷的大小。共價鍵是由原子共用電子形成的；共用的電子越多，化學鍵越強。根據組成情況，存在著各種結構和安排。陶瓷可以是完全結晶的 (見第 516 頁)，或包含具有非晶形 (玻璃) 排列的區域。金屬的延展性是由原子間較弱 (與陶瓷相比) 的化學鍵造成的，正的金屬離子與大量的游離電子連接在一起，這使得它們的運動更加自由，表示它們可以被彎曲和擠壓而不會斷裂。陶瓷由於脆性和多孔性，具有更容易斷裂的傾向。微小的缺陷就像應力集中點，會將負載集中在非常小的區域，迫使原子鍵分離。

製。含鐵較少，因此會產生淺黃色的陶瓷，目前主要用於磚塊與管路。

紅黏土 (red clay) 是普通的沉積性黏土，這個名字是因為黏土燒製後會成為紅棕色，這是黏土中含鐵造成的直接結果，鐵在燒製的過程中會氧化形成紅色的氧化鐵，陶瓷還原氣氛燒製會產生深灰色至黑色成品，意即燒製時沒有氧氣，又稱為閃火 (flashing)。其他金屬氧化物會產生不同的顏色，方解石和白雲石等碳酸鹽礦物可產生顏色比較淺的陶瓷。

要產生白色或灰白色的成品，僅限於黏土的鐵含量非常低才有可能，可以將這些黏土與其他幾種礦物成份混合在一起，使黏土本身具有生產和使用上需要的性能。

商業類型與用途

低溫陶器又稱為粗陶 (terracotta)，這是最早已知的陶器形式，證據顯示可追溯到 9000 年前，目前仍受歡迎，能廣泛應用製造大量不同種類的物件，從炊具、磚塊、雕塑到管路等各式各樣。

擠出成型的紅磚 (上圖)

黏土是最古老的人造建築材料，古埃及人利用太陽自然曬乾泥磚，羅馬人則生產大量的窯燒磚。磚造結構的優點在於令人印象深刻的應用彈性，這就是為什麼過去幾千年來基礎設計改變極少。磚塊有許多不同的形狀與尺寸，包括模製和擠出成型類型，共同的屬性在於只需一個泥瓦匠就能堆疊操作，逐一堆砌磚塊，形成堅固的建築結構。

當地材料 (右圖)

傳統建築形式的差異可歸因於鄰近取得的黏土加上當地的需求，這座位於荷蘭哈倫 (Haarlem) 的房屋採用陶磚建造。荷蘭磚塊的特色在於耐用，有時會呈現淡黃色，但一般而言都是深紅棕色。在荷蘭，這種樸實的建築建築材料歷史悠久，目前仍是建築物的基礎組成部份，精細的磚砌工藝是荷蘭小鎮與城市建築立面的主要外觀。

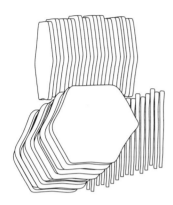

晶體排列

高嶺土會形成以六角形薄板組成的結構，水可以滲入這些薄板之間，進而減少摩擦力，讓彼此能滑動，為黏土提供可塑性（造模性），除了水份外，黏土的加工性還取決於顆粒大小和組成成份，包含混雜了高嶺石的各種礦物質和顆粒，需要達到一定的平衡來確保黏土足夠柔軟容易成型，又要夠堅固可以保持黏土的形狀。增加水的百分比會使黏土變為漿液或水懸浮液，適合用於粉漿澆鑄或塗佈。乾燥的黏土會變成具有剛性但質地脆的材料，在窯中以高溫燒製時，會發生物理與化學上永久變化，進而形成堅硬耐用的陶瓷。

黏土

這是自然存在的材料，包含高嶺土、石英和其他沉積成份，鐵和其他雜質的作用如助熔劑（降低熔點的物質），這表示黏土能在相對比較低的溫度窯燒，其他低火助熔劑包括滑石、玻璃料和霞石正長岩（類似長石），經過素燒（請見第 488 頁）溫度達到 1,000 至 1,150°C，紅色陶器的顏色受到燃燒溫度和空氣影響，較低的溫度會產生粗陶，較高的溫度會降低氧氣含量，使陶器變成棕色，甚至能變成黑色。白色土陶不是自然產生的，而是高嶺土加上其他黏土礦物製成的，讓陶器可以用低溫窯燒。

在燒製過程中，礦物會熔化，但是不會玻璃化，黏土可以保持孔隙與「柔軟」，因此一定要上釉才能防水。

黏土有良好的可塑性，徒手或機器塑型相對容易，能製作得像瓷器一樣薄，但因為機械性能比較差，容易碎裂，因此需要將壁厚製作得相對較厚。低溫陶器可用於炊具，有充分的耐溫性，從冷凍庫拿出來後，可直接放入烤箱火烤，不會破裂。另一個屬性是收縮率低，也就是石陶能後成型作為雕塑，雕塑會帶有較厚的橫截面。

石陶器也是以高嶺土為基礎來燒製，但是成份稍有不同，因此具有較高的焙燒溫度，素燒一般約為 1,000°C 左右，釉燒介於 1,200 至 1,300°C 之間，具體取決於助熔劑的含量。在這個溫度，石陶器會玻璃化（變成玻璃狀）或是變得半玻璃化，完成更耐用的材料，並有極低的孔隙率，釉料會變成陶瓷的一部份，形成釉料與黏土的中間層。石陶器一旦結束焙燒就能完全防水。不需要上釉來防水，純粹出於裝飾目的。

石陶器 (上圖)

陶器長久以來一直是日本茶道重要的一部份，每個細節都有目的，實用性與美觀上之間發揮絕大的協同作用。這件石陶茶壺來自日本愛知縣常滑市，自十二世紀以來，常滑一直是日本陶瓷生產的中心。黏土富含氧化鐵，處理時不上釉，因為一般相信陶瓷的鹼性能消除苦味，可以增加茶的風味與香氣。燒製的黏土色澤取決於化學成分和冶燒的溫度，在這種情況下，富含鐵質的黏土採用還原燒，使黏土變成深灰色。

工業設計、傢俱與照明

多功能

黏土為陶藝家在實驗與藝術表現上提供無數的設計可能。另一方面，黏土也可作為原料，用於大量生產的餐具、炊具和衛浴設備。

耐用性

燒製過後的黏土具有最令人印象深刻的使用壽命，遠勝過所有人造材料，具有惰性，單獨放置時表面可以保持數千年不變。要破壞陶瓷的唯一方法是粉碎或打破，讓陶瓷變成更小的碎片。

惰性

表面不具吸收性的陶瓷是衛生容易清潔，例如瓷器、石陶器和釉料。如果陶瓷用在與食物接觸的應用範圍，必須選擇合適的釉料，用於食器的釉料必須安全、耐洗滌，並能耐磨損。

石陶器本身的顏色從白色、暗黃色到深淺不同的灰色，具體取決於雜質，由於包含小石頭與燧石，讓外觀有斑點，而且每一件石陶器都是無一無二的，這些雜質能添加堅固性，在製造過程中更能容許失誤，雖然這點取決於石陶器本身。石陶器應用範圍類似低溫陶器，只是多了淺色磚塊和化學品儲存容器。多種釉料顏色能應用在淺色的石陶器上，因為石陶器的窯燒溫度低於瓷器的緣故。

瓷器，英文中又稱為「china」是用富含高嶺土的最高品質黏土製成，將這種高嶺土和選定材料混合，增加可塑性，並降低焙燒溫度。瓷器最早起源於中世紀的中國，直到 18 世紀才出現在歐洲。因為粒徑細小，瓷器可以製成明亮的白色，壁厚薄且表面非常光滑。焙燒溫度介於 1,200 至 1,400°C 之間，能產出堅固半透明的精細品質陶瓷，在這個溫度下，因為黏土中帶有助熔劑 (例如長石)，使瓷器玻璃化，高嶺土變得像玻璃一樣光滑透亮，並且發展出「富鋁紅柱石晶體」(又稱為「莫來石」)，即鋁矽酸鹽，請見第

522 頁高性能玻璃)，可強化陶瓷的結構，瓷器的孔隙率是黏土陶瓷中最低的，吸收濕氣不超過 3%，通常趨近於零，石陶器最多可以吸收 5%，低溫陶器最高達 10%。

瓷器可應用各種陶藝技術，從雕塑、花瓶、茶杯和牆壁用磁磚，擁有非常低的孔隙率，代表不會吸收脂肪、氣味或細菌。質地堅固，適合用於冷凍櫃、冰箱和烤箱，這是一種重要的工業材料，可以當作金屬上的電絕緣體或是琺瑯塗層應用，例如用於衛浴、水槽、烤箱、火爐和白色物品等。

真正的瓷器又被稱為硬質瓷 (hard-paste)，所謂的軟質瓷 (soft-paste) 最初在歐洲嘗試生產，目的是模仿中國瓷器，包括黏土、玻璃料以及其他成份，玻璃料混合矽石和助熔劑，助熔劑如長石。軟質瓷焙燒溫度比硬質瓷明顯更低，這表示能使用各式各樣的彩色釉料，但是，無法生產堅固的玻璃化陶瓷，仍帶有孔隙，品質比較差。目前軟質瓷仍繼續用於餐具製作，如盤子、杯子和碗等。

骨瓷最早生產於 18 世紀的英格蘭，將燒製後的骨灰結合高嶺土與長石，高品質的骨瓷可能含有多達自身重量一半的骨灰，以強度、抗碎裂、高亮白和半透明性而倍受讚譽。就像軟質瓷一樣，主要用於餐具，因為含有動物成份，所以有些文化中避免使用骨瓷。

瓷的耐用性、生物相容性與美學質感可用於牙齒修補作業，例如牙冠和貼面。牙科陶瓷主要由長石組成，僅含少量高嶺土作為黏著劑，因此焙燒後玻璃佔很大比例，由於 3D 掃描技術進步，現在可以製作出非常適合患者的可切削陶瓷零件。瓷器替代品包括科技陶瓷 (如氧化鋁和氧化鋯，請見第 502 頁科技陶瓷)、玻璃陶瓷 (請見高性能玻璃) 和聚甲基丙烯酸甲酯 (PMMA，壓克力，請見第 174 頁)。

永續發展

黏土蘊含量豐富,但需要藉由開採獲得,而開採會對周邊的環境造成衝擊。土地管理受當地法律監管,這些法律通常會要求開採完畢後要恢復地貌,露天礦場經常可以會得允許引水後轉變為湖泊。

黏土的內含耗能很低,畢竟材料主要依靠大自然的力量,經過幾千年的時間形成。生產原物料的地點過去通常會位於礦場附近,但現在並不一定。將開採的原料研磨之後,過篩洗滌,去除主要的雜質(如果可能的話)。黏土可以在潮濕的狀態下混合,也能在乾燥的狀態以粉末形式混合。工廠大量生產的成品,例如衛生用品,每次製作前一般都會利用粉末狀黏土自行批次混合;另一方面,工作室與陶藝工坊則傾向購買預混的黏土。

在陶瓷品的生產過程中,窯燒是主要耗用能量的過程,運輸也會耗用大量的能源,因為陶瓷重量重,體積龐大,容易破碎,而且通常會運往世界各地。

陶瓷可能會包含其他產業的回收材料或副產物。磚塊可能含有粉煤灰(pulverized fuel ash;PFA),這是燃煤發電廠的副產品。其他廢料則可以結合混合物,包括鋸末、稻草和膨脹聚苯乙烯(EPS,請見第 132 頁),除了減少所需的採礦材料總量,廢料還能對生產過程產生助益(例如降低焙燒溫度),也可能影響成品的外觀。

陶瓷堅固耐用,能夠保存數千年不壞,雖然這點有利於建築材料和手作物件,但是其他類型的陶瓷廢料需要處置,不可能直接回收陶瓷,但可以打碎之後用於骨料或是碎石,或以樹脂黏合,可用於檯面的生產。

黏土在工業設計、傢俱與照明中的應用

無論是僅做一件的藝術作品或是大量生產的物件,最終成品都取決於材料、加工方式與表面處理如何組合。三種主要的材料有許多變化,這三種分別是低溫陶器、石陶與瓷器,分界有時可能會變得模糊。材料的選擇取決於幾種不同因素,可加工性、表面處理的選擇、物理性質和成本。

黏土以塑性狀態成型,稱為生陶。藉由粉末成型,或是懸浮水中如泥漿,設計上有各式各樣的可能,取決於在所需的黏稠度下,黏土作用方式是否良好。塑性成型是應用最廣泛的技術,包括手加工,如手捏、手拉胚、雕刻;半自動,如「內旋法(jiggering)」、「外旋法(jolleying)」;大量生產技術,如沖壓、擠壓。黏土的塑性取決於顆粒大小和水含量,塑性即可成型性。可加工性結合塑性和濕潤強度,因此有可能增加可加工性,但不影響塑性,例如增加燒粉(粉碎的無釉陶瓷)或沙子,如此一來可以生產高大纖細的物件,而不用擔心坍塌。

細緻的黏土或乾燥的黏土缺乏塑性,這代表黏土會比較硬,手工加工的耐受性也會比較低,細粒瓷器特別難以加工製成薄壁的容器,需要大量的技巧與經驗。陶器耐受性比較高,同時適合用於壁厚較厚或壁厚較薄的容器,不論形狀或尺寸為何。

內旋法和外旋法是拉胚的延伸,這兩種加工方法都只限用於旋轉成型對稱零件,當然,也可以在轆轤上操作。利用內旋法和外旋法時,陶藝師的手指和工具被模具和模型取代,也就是說每一件成品都會一模一樣,適合半自動或全自動生產,但因為黏土要留置模具上乾燥,因此大規模生產某種程度上會受到限制。

完全機械處理的過程使用更堅硬的黏土,遠勝於適合手加工的類型,包括沖壓和擠壓加工,可確保零件在快速成型的作業週期中保持形狀不變,而且不容易收縮和變形。沖壓會在灰泥(請見第 492 頁)模具中進行,有助從黏土中抽走水份,此過程一般在高溫下進行,進一步加速乾燥的過程,讓零件可直接脫模,適合生產餐具,特別是不對稱的零件,因為不對稱的零件不適合內旋法和外旋法加工。

生陶(greenware)泛指成型但尚未燒製的黏土,有人説黏土部份乾燥時就像皮革一樣硬挺,但是仍保持些微的柔韌性,完全乾透的黏土非常脆。經

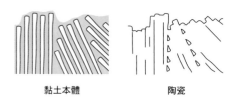

黏土本體   陶瓷

乾燥與窯燒

在晶體結構的薄片之間保有水份,黏土隨著表面的水份蒸發會逐漸乾燥,將水份從裡向外排出。結果使黏土本體收縮,直到薄片彼此接觸,達到最高密度。隨著窯中的溫度升高,水份以化學鍵合,黏土礦物質釋放,溫度慢慢升高後,所有的水份可以在變成蒸氣前逸出,如果壓力增加,軟質土可能會破裂,收縮不均會導致翹曲。換句話説,如果水份可以從一部份或其中一側更快地逸出,物件會彎曲,當其他部分同樣彎曲時,已經太過堅硬無法恢復原本預期的形狀。

一旦乾燥之後,黏土顆粒開始融化,這個過程稱為燒結(sintering,即固化),黏土變成硬質陶瓷的過程是不可逆的,素燒(bisque,英文又稱為 biscuit)會使顆粒熔化,但不會使陶瓷玻璃化,使釉料可以附著。完成表面裝飾的陶瓷會送回窯中進行第二次燒製,稱為釉燒(glaze,英文又稱為 glost firing),將陶瓷加熱到礦物質開始熔化並玻璃化的溫度,陶瓷會轉化變成玻璃狀材料。到達成熟溫度時,孔隙結構轉變為堅固的水密材料。發生這種現象的實際溫度取決於黏土和組成成份,較高的溫度會使陶瓷更加玻璃化,但是如果溫度過高,則會使黏土熔化而坍塌。

過像皮革一樣硬挺的階段，陶土已經足夠結實，能夠使用或進行穿孔、切割、雕刻等加工，而不會使物件變形或使表面凹陷，藉此增加濕潤黏土無法做到的細膩細節。粉末成型或乾壓成型是一種大量生產技術，主要用於餐盤、餐碗和杯子，省去乾燥這道手續，具有許多優點，像是作業週期更快，收縮率降低，減少翹曲。模具通常分為兩個部份，因此適合輪廓較簡單的形狀。用於科技陶瓷的狀況下，複雜的立體物件可利用分作多個部位的模具製作，或是利用等壓壓製。

液態黏土可用於鑄造和塗層，又稱為泥漿或漿料，鑄造在大量生產時很經濟，能生產複雜的設計，先依據成品的的外殼製作一個灰泥模具，泥漿倒

瓷器 (上圖)

這件皇家哥本哈根名瓷 (Royal Copenhagen) 茶壺來自設計師阿諾・克羅格 (Arnold Krog) 設計的全套餐具之一。阿諾・克羅格自 1885 年起擔任皇家哥本哈根名瓷的藝術總監，重新推出唐草圖騰 (Blue Fluted pattern)，仿製中國明清經典的青花瓷，曾經一度在歐洲非常流行。藍釉以手工精心繪製，需要的總筆畫超過一千多筆。

建築與營建

使用壽命長

黏土的耐用性使其成為理想的建築材料，磚砌建築可以重複利用、重新勾嵌或重新裝修，多孔隙的土陶很脆弱，可能吸收水份後結冰，造成霜害和剝落（碎片散開掉落）但是現在已經有不同組成成份能克服這種問題。

多功能

傳統陶瓷有各種不同形式，均能作為建築材料，材料的選擇取決於美學、性能和成本如何組合搭配。

低成本

低溫陶器是一種低成本的建築材料，有各種不同形式，包括磚塊、磁磚、路面磚、管路等，石陶與瓷器強度、耐用度和抗高溫耐受性更高，在某些情況下很實用，但是價格比較高。

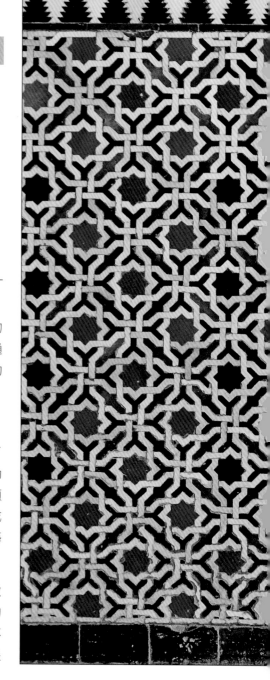

入型腔中，利用灰泥將水份抽出，使黏土顆粒聚集在模具的內側，達到想要的壁厚時，便能將多餘的泥漿倒出，完成零件後從模具中取出，成品能精準複製原始設計，忠實呈現細緻的表面細節，這種加工方式使用廣泛，應用範圍遍及陶藝工作室能完成的作品，包括茶壺和燈座，也能利用在大規模生產的衛浴設備。

製造過程的下一步是窯燒，這個步驟也提供各式各樣設計的可能。如前所述，一般陶瓷燒製的過程包含兩個階段，第一步是素燒，將黏土燒製成陶瓷，但不至於玻璃化，這是為了上釉時不損傷物件。溫度需要緩慢升高，減少物件破裂或爆炸的可能。

上釉之後，將物件放回窯中進行第二次焙燒，稱為釉燒。這一次溫度達到玻璃化溫度，使釉料與黏土內部發生化學變化，完成光滑而耐用的物件。

一次燒成技術（或稱為單次燒成）省去素燒，直接達到玻璃化溫度，能用在任何類型的黏土上（不過釉料有限制類型），但是需要小心控制溫度，因為這種做法對黏土壓力更大。這是中國開發出的技術，很少應用在工作室上，但是大量生產時很受歡迎。在隧道窯的一端以輸送帶放入零件，隨著半成品慢慢通過，溫度會慢慢上升，當物件到達最遠端時，窯燒就完成了。通常會採用這種方式生產的包括量產的餐具、衛浴設備和工業陶瓷。

黏土在建築與營建中的應用

磚砌結構可追溯至羅馬時代，證明了這種獨特建築材料的耐用性和多功能，現代磚塊、磁磚、管路和其他類似的物件，藉由模製成型或擠壓成型，儘管經過好幾世紀，基本的工藝和成份幾乎沒有改變。

在合適的運輸系統發明以前，大多數建築都是採用當地材料興建。黏土的礦物組成成份因為地理位置而有所不同。因此，多年來黏土建築材料發展出不同的強度與色彩。

傳統磚瓦仍採用手工製作，這種加工方式簡單，只要將濕潤的黏土混合物徒手壓入模具中，為了防止黏土沾黏，會在模具內側塗上沙子（打沙）或水（打水），由於加工方法與手加工的本質，用這種方法生產的物件，尺寸和形狀可能有些不規則。

多年來，手工做法已經大部份被機械成型取代，有助降低成本，提高一致性，生產磚瓦和類似物件時，將黏土（濕土或乾粉）大力壓入鋼模，製成的物件非常精準，並能包括所有輔助肋、固定用榫頭等細節。擠壓成型能產生長型的黏土，又稱為「硬泥」，可以切割成需要的尺寸，結合中空設計能減輕重量，但不會影響強度。這種加工方式快速有效率，比模製加工能使磚塊、管路等類似物件擁有更高的一致性，而且價格更低。因此，現在有許多黏土建築產品都是採用這種方式生產。

擠出成型的方胚經過切割、刮擦，碾壓或整刷使表面粗糙，在某些情況下，能去除表面擠出成型的痕跡，在窯燒前後滾動讓磚塊擁有仿古的表面處理。

適用的塗料包括泥漿（或漿料）和釉料。將泥漿燒製到陶瓷主體上，可添增顏色和硬度，但是不會影響吸水性。另一方面，釉料完全不透水，可應用到生陶和一次燒製上，或用於更常見的兩段式焙燒加工。雖然一次燒製節省了勞力成本和能源，但使用兩段式加工的優點在於窯溫較低，因此可以完成更多顏色變化。

瓷釉面磚 (上圖)

在西班牙格拉納達 (Granada) 的阿罕布拉宮 (Alhambra) 以瓷釉面磚完成色彩繽紛的鑲嵌裝飾，顯現建築師特別著重在所有可能的表面全部加上裝飾，除了不計其數的磁磚總量，還有大量的雕刻灰泥（請見灰泥）和木雕。瓷釉面磚同時具有許多實際的好處，例如表面清潔耐用，能防止褪色，不會沾染斑點，也能耐刮擦。

灰泥（石膏）

灰泥能強化建築物的耐用度與清潔度，同時作為藝術表現的形式，以黏土或鈣礦物質為基礎，能乾燥之後會從濕軟的材料變成如石頭般堅硬的物件，這是一種古老的媒材，等同雕塑、灰泥和壁畫的代名詞，現代應用範圍則已經跨入精準的 3D 列印形式。

類型	一般應用範圍	永續發展
· 黏土 · 石灰 · 石膏	· 室內外牆面、天花板 · 雕塑、模型製作、模具製作 · 醫療護具	· 黏土對環境造成的衝擊最小，生石膏與石灰內含耗能高 · 容易從當地來源取得 · 不可再生

屬性	競爭材料	成本
· 石膏凝固時間快速，不會收縮或破裂 · 石灰堅固，具有良好的耐候性	· 混凝土和石材 · 內襯材料，如紙張和聚氯乙烯 PVC	· 原料價格不昂貴 · 加工過程直接簡單

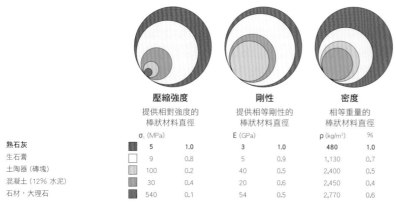

	壓縮強度 提供相對強度的 棒狀材料直徑		剛性 提供相等剛性的 棒狀材料直徑		密度 相等重量的 棒狀材料直徑	
	σ₋ (MPa)		E (GPa)		ρ (kg/m³)	%
熟石灰	5	1.0	3	1.0	480	1.0
生石膏	9	0.8	5	0.9	1,130	0.7
土陶器 (磚塊)	100	0.2	40	0.5	2,400	0.5
混凝土 (12% 水泥)	30	0.4	20	0.6	2,450	0.4
石材，大理石	540	0.1	54	0.5	2,770	0.6

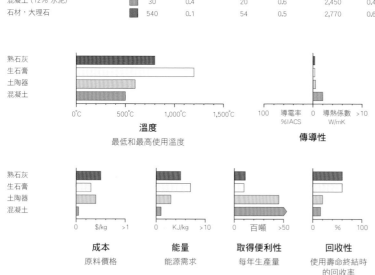

溫度
最低和最高使用溫度

傳導性

成本
原料價格

能量
能源需求

取得便利性
每年生產量

回收性
使用壽命終結時的回收率

簡介

灰泥傳統上用於覆蓋建築物的壁面和天花板，除了提供平整乾淨的表面，並能增加石砌 (請見第 480 頁) 的耐用度，作為被動式消防保護。這種利用方式已經有數千年歷史，4000 年前埃及人所建造的金字塔，抹上灰泥的牆壁至今仍完好無缺，當時使用的灰泥配方幾乎與現代灰泥相同。古希臘人持續使用灰泥覆蓋神廟的內外牆面和天花板，並利用灰泥澆鑄重製雕塑和各種物件。

灰泥除了覆蓋牆壁提供光滑的表面，灰泥也能模製成型，為浮雕造型建模，這種稱為灰泥裝飾 (stucco work)，應用於建築物裝飾和獨立雕塑品。這種製作方式在地中海地區歷史悠久，並被希臘人和羅馬人廣泛採用，在 18 世紀的歐洲大大流行了起來，可在許多精心粉刷的紀念碑和主要城市的聯排建築找到灰泥的蹤跡。

手工模製灰泥牆面 (右頁)

由建築雕刻家傑佛瑞·普雷斯頓 (Geoffrey Preston) 創作的灰泥牆面，位於英格蘭威爾特郡 (Wiltshire) 一座全新的帕拉第奧式別墅晚宴廳，這棟建築出自 Adam 建築事務所設計師喬治·史瑪斯 (George Saumarez Smith) 設計，這件牆面無疑是藝術品，利用捲曲的長葉點出房屋的義大利特色，讓人聯想起巴洛克式和洛可可式的灰泥作品。四面牆面尺寸為 2.3 x 1.2 公尺，耗費數月才完成。灰泥由石灰、石膏、粒料、黏著劑組成，提供類似油灰的一致性，用於手工建模時凝固時間剛剛好，為了完成輪廓較深的雕塑，每一個部份逐層堆疊，先鋪設內層，然後加上精細的表面塗層。影像由 Nick Carter 提供，版權為傑佛瑞·普雷斯頓所有。

3D 列印技術的最初作法採用石膏基底的灰泥和水的混合物。這種增材製造形式（快速原型製作）在 1993 年由麻省理工學院（MIT）開發出來，製造商 Z Corporation 將這項技術商品化。工程化的灰泥具有精確的一致性和顆粒尺寸，混合黏著劑將強度與表面光澤度提升到最大限度，印刷完成的結構滲入樹脂來填補孔隙，創造堅固的部件，包括氰基丙烯酸酯（強力膠）或環氧樹脂（請見第 232 頁）。

應用與 2D 列印相同的方式，現在可以創造出多種顏色的 3D 列印灰泥部件，當水性黏著劑乾燥之後，根據 3D 電腦輔助設計模型加上顏色，讓顏色可以永久內嵌入材料中。

商業類型與用途

天然灰泥與黏土、石膏和石灰密切相關。近年來，由於灰泥的低成本和高強度，水泥（請見第 496 頁）也變得很受歡迎。黏土是從地面挖掘出來的材料，能以原型直接施作，或是加工成更均勻的材料，無論使用哪種方式，內含耗能都很低，證明這是一種符合永續發展的解決方案，透氣性高，但是強度不足，可以提供深淺不一的大地色，一般保持不上塗佈的樣子，提供後續維護輕鬆的表面處理。

石灰泥（lime plaster）取自石灰石，將碳酸鈣礦物加熱到超過 900°C，使二氧化碳散逸，生成氧化鈣，稱為生石灰（quicklime）。按照順序來說，與水發生反應，生成熟石灰（hydrated lime，即氫氧化鈣），這個程序之後，水份蒸發，石灰吸收二氧化碳再次變成碳酸鈣。這種工法稱為炭化作用，過程仰賴水作用，因此石灰在施工過程必須保持潮濕，這個過程很長，但是一旦凝固之後，就不會與水發生反應（與石膏不同），因此完工後非常耐用，適合應用於戶外環境。

石灰泥主要有兩種類型，純石灰（又稱為非水硬性石灰或風化石灰）與水硬性石灰（又稱為袋裝石灰）。主要差別在於黏稠度。純石灰與較少的水混合，因此會形成類似油灰的材料；水硬性石灰是粉狀，與水混合後固化速度非常快，這種現代的乾燥式水硬性石灰銷售時採用「天然水硬性石灰」（NHL）名稱，分級根據 28 天後的壓縮強度。兩種類型都十分堅固，具有彈性來因應建築物的膨脹和收縮。石灰比較貴且不如石膏常見，原因有很多，包括硬化的時間長（花費數天到數週）、施工環境需要審慎處理（需要合適的天氣條件、濕度……等等），而且容易縮水。

石灰在強度與彈性之間取得優異平衡，這種材料具有孔隙，能讓水蒸氣透出，防止天然物質腐敗，同時藉由吸收和釋放濕氣，幫助建築物的濕度穩定，創造舒適的生活環境。

濕壁畫結合了新鮮的石灰基底灰泥加上水基顏料。米開朗基羅為西斯廷教堂（Sistine Chapel）的裝飾繪製的壁畫相當知名，灰泥乾燥時吸收了顏料，封存在材料中，非常耐用，與繪製在乾灰泥上的乾壁畫（fresco secco）不同，無法從表面磨去顏料，這也代表無法用塗料抹去畫錯的部份或更改圖面，必須從牆面挖掉重新發展。

石膏是利用硫酸鈣脫水後製作，將礦物加熱到 150°C 至 165°C 之間，釋放化學結合的水份，進而產生熟石膏（巴黎石膏）；加熱超過 190°C 會使礦物完全脫水，製作完成的材料具有優異的耐水性與耐候性。

石膏凝固時在放熱反應中利用水產生再水合作用，這個程序幾乎可以無限循環，這個程序主要的優點是快速，乾燥時不會收縮或龜裂，這就是為什麼石膏適合用來製作模具，能夠精準再製，並作為輔具固定骨折傷處，耐

熱性充足，可用於模製非鐵金屬，例如鋁合金（請見第 42 頁）和銅合金（請見第 66 頁）。

乾牆又稱為石膏板，這種面板將粉狀石膏壓縮在兩張紙（請見第 268 頁）之間製作，可用於室內牆面和天花板，石膏板徹底改變了建築業，在這種技術發明以前，表面加工主要使用板條或是灰泥，使用板條（木質長條）裝飾室內空間後，塗上灰泥。

永續發展

黏土自地面開採後，經過最少的加工程序，通常能在本地取得，幫助將運輸的必要降至最低。在建築物的使用壽命結束後，可以回收或是掩埋回地面，石灰與石膏需要窯燒，這代表內含耗能相對比較高，會導致更多溫室效應氣體排放。

在水泥開始發展以前，石灰是一種極為常用的材料。後來證據顯示水泥會造成破壞，石灰的使用又見復甦，但是這種材料具有刺激性，反覆拿取容易引發皮膚過敏，導致濕疹。

石膏粉也許能取自燃煤發電廠的副產品，這種材料是脫硫石膏，又稱為合成石膏，化學結構與開採的石膏幾乎相同，而且純度更高（96%），在某些國家，佔石膏總生產量很大一部份，但是隨著人類對燃煤發電廠的依賴下降，這種情況可能也會跟著改變。

彩色 3D 列印 (右頁)

由 Studio Droog 製作的家用花瓶，是 2013 年「New Originals」設計案的一部份，顏色來自對中國古董花瓶的分析，計算出花瓶上每種顏色的確切百分比，然後利用 3D 模型中的漸層效果再製，數據直接轉用於 3D 列印的彩色灰泥，設計師瑞秋·哈爾丁（Rachel Harding）製作了四個花瓶，代表四個傳統顏色系列：黃、黑、綠、粉。影像由 Mo Schalkx 提供。

水泥

水泥在混凝土、砂漿和抹漿中提供黏著的功能，透過化學反應，礦物成份可以從潮濕時的塑性材料變成硬化後如岩石一樣的物質，這種轉變讓水泥擁有多功能。自 1824 年發明以來，波特蘭水泥 (Portland cement) 打造了現代的建築與土木工程，遠勝於其他任何材料。

類型	一般應用範圍	永續發展
· 火山灰水泥或是人造水泥 (波特蘭) · 水泥複合材料：混凝土、石砌 (磚塊加上砂漿)、灰泥和水磨石	· 凝土建築、基礎設施、室內裝飾和家具 · 石砌	· 水泥是能源密集型產業，生產時會製造污染 · 水泥是鹼性的，因此具有潛在危險，並會導致過品

屬性	競爭材料	成本
· 壓縮強度良好 · 具有耐候性、但孔隙代表水泥容易碎成小片並剝落 · 被動式消防保護	· 灰泥、黏土和石頭 · 鋼、鐵、玻璃 · 科技木材、木材、竹子	· 因為原料便於取得，所以成本非常低 · 加工時很經濟 · 高性能混凝土成本更要高

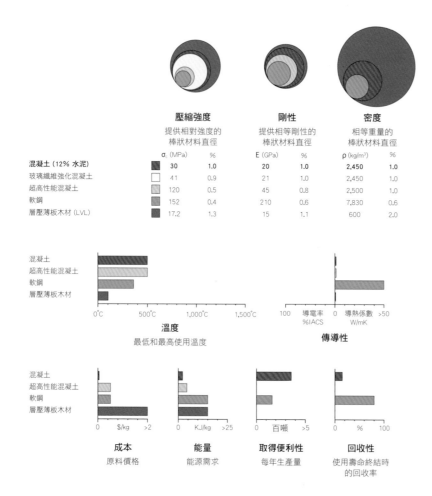

	壓縮強度 提供相對強度的棒狀材料直徑		剛性 提供相等剛性的棒狀材料直徑		密度 相等重量的棒狀材料直徑	
	σ_c (MPa)	%	E (GPa)	%	ρ (kg/m³)	%
混凝土 (12% 水泥)	30	1.0	20	1.0	2,450	1.0
玻璃纖維強化混凝土	41	0.9	21	1.0	2,450	1.0
超高性能混凝土	120	0.5	45	0.8	2,500	1.0
軟鋼	152	0.4	210	0.6	7,830	0.6
層壓薄板木材 (LVL)	17.2	1.3	15	1.1	600	2.0

混凝土
超高性能混凝土
軟鋼
層壓薄板木材

0°C　500°C　1,000°C　1,500°C

溫度
最低和最高使用溫度

100　導電率 %IACS　0　導熱係數 W/mK　>50

傳導性

混凝土
超高性能混凝土
軟鋼
層壓薄板木材

0　$/kg　>2　　0　KJ/kg　>25　　0　百噸　>5　　0　%　100

成本
 原料價格　　**能量**
 能源需求　　**取得便利性**
 每年生產量　　**回收性**
 使用壽命終結時的回收率

簡介

大多數的水泥會與粒料、水混合之後製成混凝土。水泥的指標性地位由來已久，自羅馬時代起，混凝土就成為使用最廣泛的人造材料，使用量極大，證據顯示羅馬人善於使用早期的混凝土，從大型神廟 (羅馬萬神殿的穹頂屋頂是現存的最大型非鋼筋混凝土結構)、多層樓的競技場、海上防禦設備與龐大的溝渠系統等。

自羅馬人在這些工程上獲得傑出成就之後，一直等到近代才出現下一步重大進展，現代波特蘭水泥的發展改變了一切，和鐵 (請見第 22 頁)、鋼 (請見第 28 頁) 和玻璃 (請見第 508 頁) 一樣，今日建築與土木工程真正與這種材料的屬性與機能相連結，作為黏合劑用於石砌、支撐摩天大樓、跨越溝壑在上方搭起建築，也能裝飾建築物的正面。結合強度、耐用度與低成本，使其成為如此有價值的材料。

水泥的性能依複合材料的組成而異，最重要的是水與水泥的搭配比例，必須保持一定的平衡，確保使用足夠的水，覆蓋所有水泥顆粒，但不能加太多水，以免折損強度與耐用度。水泥加水會對每種理想的物理特性產生不

超高性能混凝土 (UHPC) 椅凳 (右頁)

由 Inoow Design 的法蘭克‧狄瓦 (Franck Divay) 設計的 Ydin 椅凳，將義大利水泥集團 (Italcementi) 超高性能混凝土結合上油塗佈的橡木 (請見第 342 頁)，這種高品質的成份搭配玻璃纖維強化材料的短束，可以確保鑄件座椅非常堅固，並且抗龜裂、耐磨損，避免使用鋼筋不僅能讓生產過程更容易，同時讓椅凳的設計更纖細。影像由 Inoow Design 提供。

利的影響，每個國家針對水泥都有自己的標準，並沒有所謂的國際標準。每種方法使用不同的標準來測量水性與物理特性，代表這些標準實際上無法轉移。

商業類型與用途

羅馬人將石灰岩混合火山灰和水來製造混凝土，像是靠近那不勒斯省郊外波佐利 (Pozzuoli) 的坎皮佛萊格瑞火山 (Campi Flegrei)，取自該地的火山灰富含矽質和鋁質礦物 (鋁矽酸鹽)。在有水的環境中，會與氫氧化鈣反應，將石灰岩加熱到大約 900℃ (請見第 492 頁石膏)，藉由一連串化學反應產生水合矽酸鋁鈣 (C-A-S-H)，這是一種非常堅固且穩定的黏合劑。這種化學作用又稱為水合作用，優勢之一在於即使材料被淹沒在水下仍可發揮作用，有許多古老的混凝土結構保存至今，例如羅馬的港口，耐受海水浸泡數千年，藉此可證明水泥驚人的耐用度。

相比之下，最新發明出的波特蘭水泥也以類似的成份組成，就是石灰岩衍生的鈣礦物質、鋁矽酸鹽、頁岩、沙子和鐵礦石。將混合物加熱到約 1,450℃，使化學結合的水和二氧化碳揮發，然後將燒製的材料顆粒或爐渣精細研磨以生產水泥。製造商通常會加上石膏或是石灰岩，提供所需的作業機能。

與水混合後，粉末變成塑性，可加工成形，就像羅馬水泥一樣，利用水合作用形成堅固的陶瓷，所得的鈣，矽酸鹽和水合物 (C-S-H) 化合物，組成成份包括約 85% 的石灰加上二氧化矽，遠高於羅馬版本，這也是為什麼波特蘭水泥沒有那麼堅固耐用，耐候性也比較差，事實上，現代混凝土的使用壽命要短得多。

波特蘭水泥主要有八種類型，第一型為通用型；第二型適合水中結構，或是土壤中含有中等程度的硫酸鹽，或

混凝土浮雕圖案 (上圖)

混凝土能夠忠實複製模具或模板鑄造的表面，從細膩的細節、圖騰到平面設計，都可以採取這種方法應用，Graphic Concrete 開發出一種新穎的技術，讓預製混凝土表面的浮雕圖騰可以呈現相片、插畫或文字，鑄造過程中將影像以緩凝劑方式應用在薄膜上，等到混凝土凝固，洗去緩凝劑使圖案顯現，這是利用平滑的表面與露出的粒料兩者對比產生圖像，圖中為芬蘭 Ulappatori 住宅區的 13 層樓公寓建築立面，由建築師皮特里·羅亞寧 (Petri Rouhiainen) 設計。影像由 Graphic Concrete 提供。

是對建置時產生熱能有疑慮時；第三型固定速度比其他類型更快，因此能更快移除模板；第四型在固化中散發的熱能比較少，因此對大型結構很實用，例如水壩；第五型適用於硫酸鹽含量高的土壤與水中，能抵禦化學侵襲；第六型、第七型、第八型與第一型相同，但是增加氣泡，這是加氣劑導致的結果，另外還使用了其他外加劑，像是可以提高加工性的，或是將固化過程減慢或加速等等。

大多數的混凝土以預拌方式出貨，由中央工廠製造，然後藉由每個人都很熟悉的水泥攪拌車運送到施工現場。

預拌的混凝土在工廠中生產，有助於保持一致的物理特性和準確的尺寸，案例包括石砌（例如磚塊、石塊、路面磚）、檯面和建築部件（例如橫梁、大樑、牆板）。蒸壓養護多孔混凝土（Autoclaved cellular concrete；ACC）又稱為蒸壓養護輕質混凝土（autoclaved aerated concrete；AAC）是一種在高溫高壓蒸汽容器中，以高壓生產的輕質預拌混凝土，成份混合包括了水泥、石灰岩、鋁、二氧化矽（例如粉煤灰）和水，將這些成份進行化學反應，釋放出大量的微小氫氣泡，最後獲得泡沫狀的材料，在固化前尺寸增加了一倍以上，而重量約為傳統混凝土的四分之一。

混凝土的壓縮強度一般約為 48 MPa（7,000 psi）。藉由精煉成份，並調整成份的比例，製造商已經能夠生產壓縮強度達 100 MPa（14,500 psi）左右的混凝土。粉煤灰和矽粉（類似於羅馬人的火山灰）等混合材料能夠賦予額外的強度，可建造更高的建築，超過以往認為混凝土可達的高度。

鋼筋混凝土結合了鋼的高抗拉強度（請見第 28 頁），加上混凝土的體積與壓縮強度，所得的複合材料可以抵擋傳統混凝土無法承受的拉伸應力。換句話說，彎折時，鋼筋可以避免在張力下邊緣開裂，如果不加入鋼筋強化材料，現代建築結構中大跨徑的設計將不可能存在。預應力或後應力（又稱為預張拉或後張拉）的混凝土嵌入鋼筋來承受拉伸，平衡了施加在使用部件上的拉伸載荷，這代表有可能讓結構更輕巧，造型更纖細。

纖維強化混凝土（fibre-reinforced concrete，FRC）是一種價格便宜、功能更廣泛的替代方案，雖然強度高出

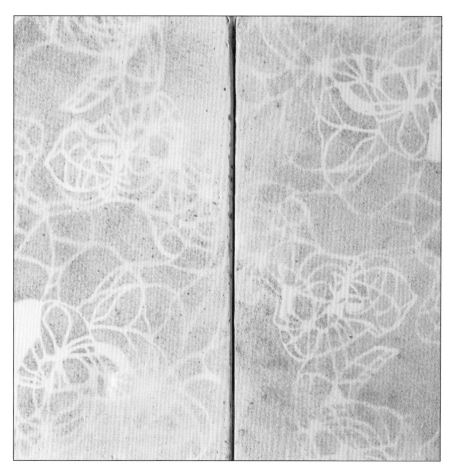

傳統混凝土好幾倍，但是不像鋼筋混凝土一樣堅固。纖維選擇取決於應用範圍的需求，使用範例包括碳（請見第 236 頁）、玻璃（請見第 508 頁）、超級纖維（請見第 246 頁PBO）、聚丙烯（請見第 98 頁 PP）和天然纖維（請見第 386 頁竹子以及第 394 頁葉子纖維）。過去也曾使用各式各樣不同的材料，例如馬毛（請見第 434 頁）和稻草（請見第 392 頁草）。在石綿發現對健康有危害前，石綿也是一種常見的材料。

在過去十幾年之間，出現了一種新款混凝土，稱為超高性能混凝土（ultra-high-performance concrete，UHPC）或是活性粉混凝土（reactive powder concrete，RPC），這種材料的機械效能和耐用性遠遠超過傳統混凝土。混合波特蘭水泥、矽粉、石英、水和纖維強化材料（通常是鋼），生產出的混凝土壓縮強度為 120 到 150 MPa（17,000-22,000 psi）。截至目前為止，超高性能混凝土已經用於橋樑和輕型

機能塗層（上圖）

選擇這種混凝土作為塗層，塗層會隨著時間過去，因為暴露在空氣散佈的污染中，慢慢顯露圖案。設計師阿萊西亞・賈迪諾（Alessia Giardino）在裸露的混凝土上，以網版印刷上漆，漆料混合光催化添加劑（二氧化鈦），藉由二氧化鈦自我清潔功能，在陽光的輔助下，表面污垢被分解為氧氣、二氧化碳、水等分子，氣體蒸發後，雨水會沖刷掉表面的碎屑，但僅限於加上塗層的部份。影像由阿萊西亞・賈迪諾提供。

屋頂結構的營建工程中，擁有巨大潛力來生產更輕量的無支撐結構，高度可以達到更高，長度也能達到更長。

裝飾用的表面處理有各式各樣不同形式，利用模板（請見第 296 頁科技木材）成型的混凝土，可以精準複製模板的表面設計，例如模板上帶有木紋，完成的混凝土就會出現木紋。

利用改性成份製造的白色水泥，可以作為彩色顏料最理想的底層，利用化學著色、上漆、網版印刷或是在表面將嵌入的材料露出（礫石、玻璃等），化學著色會與混凝土發生化學反應，水性溶劑中的金屬鹽反應後形成藍、綠、棕、黑不等的色調，染料可以讓顏色更鮮艷。

還有其他具有混凝土質感的水泥基底材料，但是分類各不相同，包括砂漿、水泥漿和灰泥，這些組成成份都很相似，因應在營建工程中需要的作用，開發出各不相同的黏稠度與作業特性。

永續發展

多年來，水泥與混凝土已經取得巨大的發展突破，混凝土的重量變得更輕，強度變得更強，也更耐用。生產時耗用的能源總量降低，但是生產時仍會製造污染，約佔工業二氧化碳排放量 5%。這種材料的成本極低，因此消費量非常大，加劇了水泥造成的負面影響。水泥產業消耗了大量的廢料，因為水泥鍛燒時溫度非常高，代表內含耗能高的廢料可以安全焚化，例如汽車輪胎、化學品和其他有害物質。此外，混凝土可能包含來自燃煤發電廠的粉煤灰（或火山灰）。最理想的狀況是優先減少廢料的產生，而不是如何焚燒廢料，將其封入混凝土中。但就目前為止，水泥的確是垃圾掩埋場的替代方案。

預鑄混凝土 (左圖)

建築師理查·邁爾 (Richard Meier) 在 2003 年設計的義大利羅馬天主教千禧教堂 (Jubilee Church，義大利文為 (Chiesa del Dio Padre Misericordioso)，採用義大利水泥集團 (Italcementi) 預鑄混凝土的延伸，這種預鑄混凝土加入卡拉拉大理石（請見第 472 頁石材）與二氧化鈦來提高潔白度，利用浸漬的二氧化鈦自我清潔功能（請見上一頁機能塗層），保護建築物免受空氣污染侵害，藉由相同的過程，二氧化鈦可以分解接觸到的空氣中污染物質，使周邊的空氣更乾淨。影像由 Scott Frances/OTTO 提供。

科技陶瓷

這類的陶瓷堅硬耐用，能抗化學腐蝕，有些能承受超過 2,000°C 的溫度，可保持穩定。除了作為磨料中的粗砂之外，還能用於一些最嚴苛的引擎、飛機、軍事與工業設計案。消費者產品則充分利用科技陶瓷的耐用性，例如手錶和廚具。

類型	一般應用範圍	永續發展
· 粉末：氧化鋁、氧化鋯、氮化矽；碳化鎢、碳化矽、碳化硼 · PVD 和 CVD (各種氮化物)	· 防彈背心 · 汽車和飛行器引動、煞車和排氣管墊	· 黏土來自露天礦 · 內含耗能低 · 全部都能回收
屬性	競爭材料	成本
· 耐高溫 · 堅固耐磨損 · 堅硬易碎	· 石材；寶石與高性能玻璃 · 鋼、鈦、鉑，鉻和金	· 原料價格取決於材料品質 · 加工處理相對便宜

502

簡介

這些非金屬無機質材料是從地面開始製作，成份選擇取決於特定的機能要求，包括機械屬性、電子屬性、光學屬性、生物醫學屬性和化學屬性。立體零件使用粉末成型，經過壓製與鍛燒，在極高的溫度下熔化，溫度剛好低於材料的熔點，但是熱氣足夠使所有顆粒黏結，成為固態的機能型零件。另一種作法是將陶瓷以塗層成型，將材料混合為氣體來施作，氣體凝結後形成陶瓷。

科技陶瓷的配置與形式有非常多種，隨著工法不斷改進，發現更多可能的應用範圍，這個產業也不斷快速發展。不管作為一般磨料或是導彈的一部份，這些都有一些共同的屬性：堅固帶有惰性的表面、高溫下尺寸維持穩定、高壓縮強度、重量重但是斷裂韌性較低，這是因為既有的易碎特性。為了克服其中一些缺陷，會將科技陶瓷與金屬或纖維強化材料結合使用。又稱為金屬基複合材料 (metal matrix composite，MMC) 或陶瓷基複合材料 (ceramic matrix composite，CMC)，相對之下，與未經過強化的陶瓷相比，這些材料可以提供某些出色的性能，包括斷裂韌性、抗衝擊耐受性與強度重量比等都獲得改善。科技陶瓷很昂貴，設計上受到很多限制，

精密加工的氧化鋁 (右頁)

利用高純度氧化鋁製作的工業密封圈，為了確保尺寸精準，在燒結之間將粉末零件採用冷均壓成型的機械加工法，表面質感取決於處理工法與打磨介質的類型。根據組成成份不同，氧化鋁有許多顏色可供選擇，從白色到棕褐色、粉色與紅色。

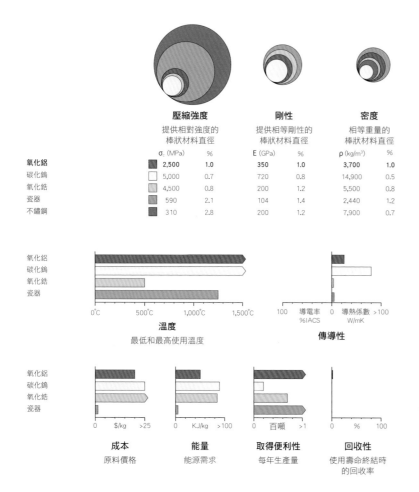

	壓縮強度 提供相對強度的棒狀材料直徑		剛性 提供相等剛性的棒狀材料直徑		密度 相等重量的棒狀材料直徑	
	σ_c (MPa)	%	E (GPa)	%	ρ (kg/m³)	%
氧化鋁	2,500	1.0	350	1.0	3,700	1.0
碳化鎢	5,000	0.7	720	0.8	14,900	0.5
氧化鋯	4,500	0.8	200	1.2	5,500	0.8
瓷器	590	2.1	104	1.4	2,440	1.2
不鏽鋼	310	2.8	200	1.2	7,900	0.7

氧化鋁
碳化鎢
氧化鋯
瓷器

0°C   500°C   1,000°C   1,500°C

溫度
最低和最高使用溫度

100   導電率
%IACS   0   導熱係數
W/mK   >100

傳導性

氧化鋁
碳化鎢
氧化鋯
瓷器

0   $/kg   >25

成本
原料價格

0   KJ/kg   >100

能量
能源需求

0   百噸   >1

取得便利性
每年生產量

0   %   100

回收性
使用壽命終結時的回收率

粒，完成出色的表面光澤度，這就是為什麼會使用氧化鋯製造刀刃 (用於刀具、削皮器和切片機)，用於邊緣可保持鋒利，有彈性，彎折時不會斷裂。其他用途包括牙齒修補 (請見第 480 頁黏土)、手錶、軸承和齒輪。

雖然熔點高於 2,500°C，但是氧化鋯本身加熱到 500°C 以上時容易破裂，加入穩定劑可以降低熱膨脹，例如氧化釔 (yittrium oxide，化學式為 Y_2O_3) 或氧化鎂 (magnesium oxide，化學式為 MgO)，進而增加高溫下的韌性。

碳化鎢 (Tungsten carbide，化學式為 WC) 非常堅硬耐磨，但是重量非常重，讓應用範圍受到限制，因此經常結合鈷或鎳，作為金屬基複合材料使用，金屬可作為黏合劑，鍛燒時讓不同材料之間形成牢固的鍵結，製成非常堅硬的材料，比一般碳化鎢具有更多用途。通常稱為「硬金屬」，因為比其他類型更耐磨損，應用範圍從圓珠筆中的圓珠到高速切割機 (請見第 479 頁圖片) 與模具等。

氮化矽 (Silicon nitride，化學式為 Si_3N_4) 具有極高的高溫耐受性，抗磨損耐受性出色，並有良好的抗氧化特性，這些屬性有特定的應用範圍，像是汽車引擎和燃氣渦輪。作為塗層，可以用於太陽能電池板當作抗反射表面，幫助提高效率，因此，氮化矽獨特的藍色成為人們日漸熟悉的設置。

碳化矽 (Silicon carbide，化學式為 SiC)，又稱為金剛砂 (carborundum)，這是天然物質，極少以晶體碳矽石形式存在，莫氏硬度為 9 (請見第 477 頁)，接近鑽石，因此碳化矽成為重要的磨料，以重量來看強度高，導熱性強，可以在高達 1600°C 的條件下作業。因此就像氮化矽，可以在引擎、渦輪、火箭組件這類的應用範圍發現碳化矽。

射出成型的氧化鋁 (上圖)

大量生產相同零件時，可以使用陶瓷射出成型 (ceramic injection molding，CIM) 來生產，例如這組鹽磨器的零件，來自 Cole & Mason 鹽磨器，類似傳統的塑膠射出成型，設計細節複雜，但是操作非常簡單。

因此應用範圍仍很有限，金屬基複合材料可用於切削工具、盔甲、汽車引擎和煞車零件，而陶瓷基複合材料可以用於所謂的熱區，例如戰鬥機排氣噴嘴、高性能汽車煞車盤等。

商業類型與用途

氧化鋁 (aluminium oxide，化學式為 Al_2O_3) 是一種重要的工業材料，同時能以藍寶石形式作為單晶寶石 (請見第 476 頁鑽石)，這個成份也是鋁合金耐用的原因，並有較長的使用壽命 (請見第 42 頁)，透過陽極氧化可強化表面上天然存在的氧化層，形成堅韌的非活性金屬薄膜。

作為陶瓷，氧化鋁價格相對便宜，並能提供各式各樣實用的屬性，其中最有助益的是出色的硬度，可耐高溫達 1,650°C，耐化學品與低傳導性 (導熱與導電)，純度範圍從 60% 到 99.7% 不等，低純度等級可作為耐火材料，純度更高的類型則能應用在承受高磨損與高衝擊的應用範圍，例如工業密封環、假體，盔甲和磨料。

氧化鋯 (zirconium dioxide，化學式為 ZrO_2) 是另一種流行的堅固強韌陶瓷 (在室溫下)，影度結合非常細緻的顆

碳化矽與碳纖維結合使用 (請見第 236頁)，可製造高性能的複合材料，用於煞車碟、航空航太與化學加工。這種陶瓷基複合材料稱為「C/SiC」，具有很高的斷裂韌性，顯著提升抗龜裂耐受性，高溫下能維持穩定，密度低但硬度非常出色。可以使用的纖維強化材料包括短束、長束、編織或毛氈。

碳化硼 (Boron carbide，化學式為 B_4C) 是種非常堅硬的陶瓷，莫氏硬度僅次於鑽石，使碳化硼成為珍貴的材料，可用於磨料介質、液態磨料的噴嘴與其他高磨損應用範圍，就本身的硬度而言，碳化硼相對較輕而堅韌，密度約為六分之一，彈性模量 (剛性) 約為碳化鎢的一半，這種特性可用於像是防彈盔甲護具等應用範圍。

粉末陶瓷還有其他類型，但是上述這些是目前主要應用的種類，藉由五種方法成型。壓鑄成型可用來大量生產幾何形狀簡單的零件，將預先測量好的材料混合後壓製，包括陶瓷與黏著劑，粉末壓實後成為固態。帶有連續橫截面的長型零件，可利用擠壓成型製作，粉末在腔室中緊緊壓實，然後藉由成型模具擠壓成型，鍛燒之前生坯狀態的零件非常脆弱，一定要小心處理。

乾壓與熱等靜壓 (HIP) 氧化鋯 (右圖)
陶瓷刀刃通常使用氧化鋯製作，因為這種材料最不會因為撞擊或彎曲而破碎。雖然氧化鋯仍屬於易碎材料，可能會形成缺口。刀刃使用黑色氧化鋯粉末乾壓製作。這款京瓷刀片在零件成型階段，利用額外的熱等靜壓 (HIP) 加工提升高韌性和密度。鋒利的邊緣以鑲有鑽石的砂輪打磨手工製作，材料的硬度代表邊緣保持鋒利的時間會比鋼料更久，幾乎不用磨刀，但是一旦刀刃變鈍，則需要專業的磨刀來處理。

陶瓷射出成型使用類似的混合成份，但是在這種成型方式中，會將黏著劑熔融形成液體介質，將粉末帶入注射時的模腔，在模具中，黏著劑冷卻後固化，類似傳統的塑膠射出成型，工具可以只有一個腔室，也可以有很多個。事實上，可以使用許多與塑膠注射成型相同的設計工具，例如模流分析和模擬。和壓鑄成型相比，適合體積更大、設計更複雜的零件，在未經鍛燒之前，約比最終尺寸大三分之一，經過兩階段鍛燒加工，先將黏著劑熔融後，然後將零件燒結。

在 1950 年代開發的冷等靜壓 (CIP) 用於金屬、塑膠和複合材料成型，也能用於陶瓷。將粉末裝進有彈性的模具中 (薄膜或密封容器)，並利用氣體或液體施加均勻的壓力，用這種方式壓實粉末，減少壓鑄成型對模具幾何形狀的限制。零件的密度與強度約為 60% 到 70%，未燒結前生坯狀態的強度足夠承擔機械加工。

燒結過程會使零件收縮約 20%，仔細管控作業流程能確保一致的零件有統一的密度，完全硬化後，可以對零件進行非常精準的機械加工和拋光，但是，這個過程昂貴又費時，通常需要鑽石切割工具 (請見鑽石章節)。

熱等靜壓 (HIP) 在非常高的溫度與壓力下進行，能生產出完全緻密的的零件，擁有更好的機械屬性和表面處理，省去額外的燒結步驟，可以作為成型後操作應用，例如應用在壓鑄成型或是射出成型的零件上。

陶瓷當作塗料應用時，可以採用物理氣相沉積 (PVD) 或化學氣相沉積 (CVD)，通常施作在另一種陶瓷或金屬上 (請見第 28 頁鋼或第 58 頁鈦)，藉此加強耐用性，提高抗腐蝕與抗磨損的耐受性。陶瓷易碎，因此如果塗覆的基材太軟，例如鋁，陶瓷提供的保護就會變得非常有限。

將待塗覆的零件放入加熱後的真空室，排出氣體後，蒸發適合的粉末或是預定的材料，利用熱或離子轟擊 (bombardment of ions) 來進行，並引入氮、碳氫化合物或矽化物。氣體混合冷凝後，形成零件表面精準的陶瓷覆層，塗層的厚度可以達到 30 微米，雖然一般只會施作幾微米。在某些情況下，能夠施作多層塗佈，其中包含不同的屬性，提供更強的保護。

因應不同應用範圍有各種不同的塗料，這些塗料不僅增加機械性能，還能上色，不管是裝飾或實用目的的顏色。氮化鈦 (Titanium nitride，化學式為 TiN) 可能是最知名、最有識別度的，能在高速鋼與碳化鎢刀具上製作出熟悉的亮金色，用於提高抗磨損耐受性，進而延長切割工具的使用壽命，金屬金色可用於珠寶、消費電子產品和汽車應用範圍。在許多情況下，目前氮化鈦已經被下列複合材料替代。

氮化鋁鈦 (Titanium aluminium nitride，化學式為 TiAlN) 是最新發明，顏色取決於成份的比例，範圍從黑色到古銅色皆有，主要用來替代刀具使用的氮化鈦，可保護刀具表面避免磨損或缺角。兩者耐磨性相等，但是耐高溫性能優異，氮化鋁鈦可耐受溫度為 800℃，而氮化鈦為 500℃。

氮化碳鈦 (Titanium carbon nitride，化學式為 TiCN) 是絕佳的通用型塗層，顏色為藍灰色，堅硬耐磨損，加上摩擦係數低，這種特點可用於工具加工，包括射出成型、沖壓成型與切割成型。但是不能直接取代前面提及的塗層，因為最高作業溫度相對比較低。氮化碳鈦沒有毒性，具有生物相容性，這代表可以用在醫療設備和植體上。

氮化鉻 (Chromium nitride，化學式為 CrN) 為銀色，質地堅硬，抗氧化性與抗化學耐受性良好，優於傳統的硬鉻鍍層。與氮化鈦相比，雖然硬度無法相比，但是耐熱性更高，並在腐蝕性還應與滑動磨損應用範圍表現良好，因此通常用來保護工具加工，例如塑膠成型加工。可以良好附著在基材上，不會碎裂或剝落，而且沒有毒性。這些特點組合對於食品加工設備非常關鍵。除了工業應用範圍以外，明亮的金屬銀色外觀通常也會應用於珠寶、汽車和消費產品上。

氮化鋯 (Zirconium nitride，化學式為 ZrN) 結合少量的碳，可產生金色或銅色，能應用在許多與氮化鈦相同的情況，提供優異的韌性、硬度和耐腐蝕性。這種材料的主要優點是能在相對較低的溫度下沉積，因此適合用在對溫度敏感的基材上，通常會應用在醫療設備上。此外，氮化鋯結合機械屬性與金色色彩，可以應用於珠寶、水龍頭 (管口) 和大門五金。

永續發展

這些材料的生產會密集耗用能源，但在許多情況下仍是不可取代的材料，特別是可再生能源的生產，因為原料成本高，加工困難，一般只會用在最嚴苛的應用範圍。

因為用途有限，加上配方種類非常廣泛，幾乎不可能回收，在某些情況下，研磨介質可能可以重複使用。但因為前次使用時已經遭到沾染，通常不可行。

陶瓷塗層具有許多優勢，藉由延長使用壽命，可以減少材料損耗，用於塗層鋼和碳化鎢刀具，使用陶瓷塗層可以減少磨耗，提升效率，並能延長使用壽命。

不銹鋼上的物理氣相沉積塗層 (右圖)

顏色取決於陶瓷塗層的類型：黑色 (TiAN)、青銅 (ZrN)、金屬銀色 (CrN) 和藍色 (SiN)，也依薄膜厚度不同而有變化。有些薄膜在厚度上比其他類型更敏感，因此很難完成一致的顏色，換句話說，不同批次顏可能看起來不一樣。光澤度則取決於基底材料的表面紋理，這四個樣本展現的是不銹鋼上的物理氣相沉積塗層 (PVD)，鋼料拋光預製，一半經過噴砂處理成霧面質感，這種類型的表面處理在鐘錶工業很流行，因為可以提供高品質、色彩鮮豔、經久耐用的表面處理，而且不像上漆在美學上有所侷限。

鈉鈣玻璃

別名
又稱為鈉鈣矽玻璃、浮法玻璃、
商業玻璃、再生玻璃

玻璃結合透明度與耐用性,這種機能屬性無以倫比,最常見的是鈉鈣玻璃,自十九世紀中開始投入商業生產,隨著製造業的發展,這種珍貴的材料已經成為廣泛利用的商品,回火處理或化學強化可以提升機械屬性。

類型	一般應用範圍	永續發展
· 浮法玻璃 (平板玻璃) · 容器玻璃	· 包裝 · 玻璃窗 · 玻璃器皿、燈泡、工業設計、傢俱和照明	· 可以完全回收,而且回收量非常大 · 與其他透明材料相比,內含耗能低

屬性	競爭材料	成本
· 堅硬,耐磨損,具有惰性 · 透明或彩色 · 壓縮強度高,但拉張時強度差	· 透明塑膠,例如聚碳酸酯 (PC)、聚甲基丙烯酸甲酯 (PMMA)、聚苯乙烯 (PS) 和離子聚合物 · 黏土、科技陶瓷、石材與寶石 · 鋼與鋁	· 原料成本低 · 加工成本低

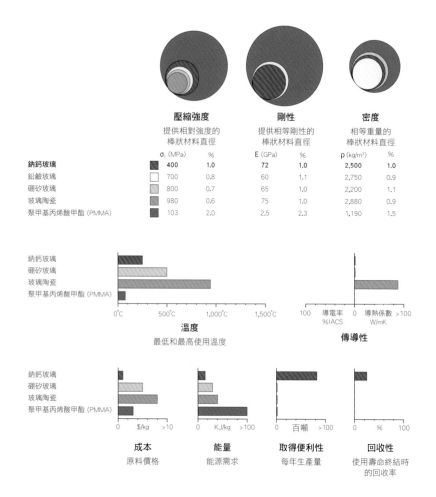

	壓縮強度 提供相對強度的 棒狀材料直徑		剛性 提供相等剛性的 棒狀材料直徑		密度 相等重量的 棒狀材料直徑	
	σ_c (MPa)	%	E (GPa)	%	ρ (kg/m³)	%
鈉鈣玻璃	400	1.0	72	1.0	2,500	1.0
鉛鹼玻璃	700	0.8	60	1.1	2,750	0.9
硼矽玻璃	800	0.7	65	1.0	2,200	1.1
玻璃陶瓷	980	0.6	75	1.0	2,880	0.9
聚甲基丙烯酸甲酯 (PMMA)	103	2.0	2.5	2.3	1,190	1.5

鈉鈣玻璃
硼矽玻璃
玻璃陶瓷
聚甲基丙烯酸甲酯 (PMMA)

0°C　　500°C　　1,000°C　　1,500°C

溫度
最低和最高使用溫度

100　　導電率　0　導熱係數 >100
　　　　%IACS　　　W/mK

傳導性

鈉鈣玻璃
硼矽玻璃
玻璃陶瓷
聚甲基丙烯酸甲酯 (PMMA)

0　$/kg　>10　　0　KJ/kg　>100　　0　百噸　>100　　0　%　100

成本
原料價格

能量
能源需求

取得便利性
每年生產量

回收性
使用壽命終結時
的回收率

簡介

玻璃堅硬、不透氣、不透水,具化學穩定性,可結合各種視覺質感,這些屬性讓玻璃能與塑膠、金屬和木材區隔開來。玻璃曾是歷史上非常珍貴的材料,埃及人將玻璃視為貴重的寶石替代品 (請見第 476 頁鑽石),並在約西元前 2 世紀和西元前 1 世紀左右,使用矽砂、石灰和碳酸鈉大量生產,成為現代商業玻璃的基礎。

羅馬帝國興起時,玻璃吹製也跟著同步發展,不過工具與技術變化不大,一直到了 19 世紀和 20 世紀時,玻璃生產才獲得巨大的發展,在 1825 年首次使用機械壓製,帶動第一批大量生產的玻璃器皿。之後在 1903 年,邁克爾 · 歐文 (Michael Owen) 發明的自動吹瓶機出現,緊接著 1950 年代,皮爾金頓爵士 (Alastair Pilkington) 發明了浮法玻璃,徹底改變了建築界和設計界,這就是今日大多數平板玻璃的製造方法。

商業類型與用途

鈉鈣玻璃是最常見、價格最便宜的玻璃。適用於需要玻璃性能的大多數應用範圍,還有各種其他形式的玻璃,可用於專業應用範圍,例如鉛玻璃 (請見第 518 頁) 擁有優異的光學屬性,高性能玻璃 (請見第 522 頁) 則利用其優越的強度、韌性和抗熱衝擊特性,例如硼矽酸鹽、鋁矽酸鹽和玻璃陶瓷。鈉鈣玻璃使用多種材料製造,這些材料包括二氧化矽 (silicon dioxide,化學式為 SiO_2)、碳酸鈉 (sodium carbonate,化學式為 Na_2CO_3) 和石灰 (calcium oxide,化學式為 CaO)。

碳酸鈉具有助熔劑的作用，降低了熔融溫度。但是，僅有二氧化矽和碳酸鈉無法製作穩定的玻璃，因此添加石灰對抗碳酸鈉，氧化鎂 (magnesium oxide，化學式為 MgO) 和氧化鋁 (aluminium oxide，化學式為 Al_2O_3) 可用於強化特定屬性，確切成份會根據生產方式與應用範圍的需求來進行調整。礦物質在熔爐中加熱到約 1,600℃，形成黏稠的熔融玻璃可供塑形，和鋼料生產一樣 (請見第 28 頁)，熔爐會連續運轉。

玻璃成型後，藉由加熱與逐步冷卻來退火，消除分子結構中的內部應力，如果讓玻璃快速冷卻，在室溫中會高度拉張，換句話説，用於載荷時容易破裂。強化玻璃又稱為安全玻璃或增韌玻璃，是藉由熱處理製造的，將鈉鈣玻璃加熱到大約 650℃，然後在冷空氣中淬冷，迫使玻璃的表面比內部更快冷卻，進而在玻璃內部收縮時，表面形成一種結構，也就是説玻璃能夠承受更高的拉伸載荷，在施加載荷時，預先設定好的壓應力就能抵

玻璃顏色和表面處理 (上圖)

這款矮桌是日本 Nendo 設計事務所創辦人佐藤大 (Oki Sato) 的作品，在 2015 年米蘭設計週亮相後，由義大利製造商 Glas Italia 生產，每個盒子用五片平板玻璃製作，鮮明的漸層來自斜接面印刷色彩，磨砂玻璃的背面同樣印有漸層顏色，顏色延續到物件的表面，接點也能印刷是一項令人印象深刻的技術成就，創造出美麗柔和的色彩，與玻璃堅硬鋒利的外型互成對比。照片由曾根原健一攝影。

銷載荷。因此強化玻璃的拉伸強度為 120 至 200 MPa，而退火玻璃僅為 40 MPa。壓縮強度保持不變。

回火之後，玻璃就無法再做調整或機械加工，破裂時，因為結構改變了，安全玻璃碎片一般比較小而鈍，因此可以應用在安全相關的應用範圍，例如門窗玻璃、汽車擋風玻璃和餐具。

熱強化玻璃 (Heat strengthening) 除了冷卻速度較慢，加熱強化效果類似，而熱強化玻璃提供的拉伸強度約為退火玻璃的兩倍，這種類型的玻璃可應用在需要額外強度的情況下，例如抵抗風壓或是熱衝擊。

重吹法　　　　　　壓吹法

中空容器

採用鈉鈣玻璃製成的包裝材料，含鎂量比浮法玻璃更低，以便降低黏稠度。熱玻璃（玻璃膏球）通過導軌從熔爐引進模具，重吹法用於窄口容器成型，例如瓶子，玻璃膏球落入模具之後，利用柱塞形成瓶頸，玻璃接觸模具後冷卻固定，讓玻璃能夠移轉到另一個模具中，再次經過吹製，完成最後的形狀。移轉時，玻璃內部保留的熱量將會重新融化表面，所以能夠再次吹製。壓吹法用於廣口容器成型，例如廣口罐，基本上與重吹法相同，除了在第一階段時，形成瓶頸的柱塞會向上推入熔融玻璃中，形成較大口徑的開口，接下來同樣移轉到吹製模具中，利用與重吹法相同的加工程序完成。

化妝品包裝 (左頁)

油品與香料大概是最早儲存於玻璃中的物件，玻璃除了用來製作珠寶和裝飾品外，一般認為古埃及人也會生產其他玻璃小容器，用來盛裝這些奢侈品。儘管選用玻璃主要基於實用的原因，但是玻璃的光學特性和質感，使玻璃目前依然是高價單品的包裝形式，並能透過設計加強質感。這款三宅一生 (Issey Miyake) 香水瓶結合刻面特別強調光學質感，除此之外，玻璃膏球加入額外的玻璃，讓底部更厚重，使整體更有尊爵感受。

但是使用熱強化玻璃不一定是最合理的選擇，例如它不適合用在需要安全玻璃的情況，因為熱強化玻璃會與退火玻璃一樣用相同方式破裂，變成長而鋒利的碎片。

化學強化 (Chemical strengthening) 玻璃產生的效果與強化玻璃類似，但不會對玻璃產生熱應變，達到優異的表面平整度與光學品質，但是化學強化玻璃不算是安全玻璃，會與退火玻璃一樣用相同方式破裂。表面藉由離子交換過程，使用相對較大的鉀離子代替鈉離子，使化學強化玻璃的強度達到退火玻璃的六到八倍，目前已經應用在像是戰鬥機和直升機的飛機座艙罩。這種技術最廣泛的應用範圍是強化鋁矽玻璃 (請見高性能玻璃)。

玻璃板層壓後可以確保安全性和裝飾效果，積層安全玻璃 (laminated safety glass) 將玻璃板與聚乙烯丁醛 (PVB) 薄膜黏合在一起，結合玻璃的強度與耐用性，加上塑膠的韌性，完成難以穿透 (打穿) 的複合材料，破碎時，碎片或玻璃片會藉由黏著劑固定在適當位置，這個加工方式利用熱量與壓力去除任何氣泡，因此片材看起來非常牢固。

根據設計的要求不同，積層安全玻璃可以利用退火、回火、淬火或化學強化玻璃製作，這種產品主要用於汽車和營建應用範圍。耐槍彈玻璃或防彈玻璃利用三層以上的玻璃製作，加上兩層以上的聚碳酸酯 (PC) (請見第 144 頁) 夾層，層壓板的組成與厚度將會決定防彈玻璃的有效性。

裝甲玻璃利用兩層玻璃之間夾入金屬絲網製作，在玻璃半熔融時加入非氧化金屬絲，並在壓力下進行層壓。

包裝

光學屬性
玻璃可以看清內容物，另一項好處是透明度與顏色可以調整，防止多餘的光波穿透，讓內容物可以保存更久。

無孔隙、無法滲透
液體和氣體接無法滲透玻璃，塑膠如果要達到同等級的保護，需要疊加好幾層結構，導致包裝變得不可回收。玻璃不會與內容物發生任何發硬，因此不會影響香氣或風味。

可回收
玻璃容器可以完全回收，因為玻璃屑的經濟價值與生產時的重要性，玻璃垃圾路邊收集已經行之有年，而且成效良好。因此，與塑膠瓶相比，平均收集到的玻璃容器百分比更高。除此之外，據估計收集到的玻璃中約有 80% 可用於生產同等值的新容器。

永續發展

玻璃可以直接從能輕易取得的材料製作，省去分散生產的效率低落，像是塑膠和金屬就是這種情況。玻璃具有惰性，沒有毒性，應用在食品上絕對安全。

玻璃可以連續生產，熔爐的溫度能夠全年每年保持恆定，比分批生產的材料更有效率，舉例來說，像是鈉鈣玻璃內含耗能只有聚甲基丙烯酸甲酯 (PMMA，壓克力) (請見第 174 頁) 六分之一。

玻璃可以完全回收，回收再製無損玻璃的強度，事實上，玻璃屑 (再生玻璃) 的在玻璃製造中扮演重要的角色，可以降低所需的焙燒溫度，為玻璃垃圾的收集與回收提供了經濟上的誘因。玻璃瓶回收率約為 50% 至 80%。綠色玻璃瓶的製造可使用 90% 的碎玻璃，對於透明玻璃，使用的百分比會更少，雖然可以在加工過程中去除少量的顏色污染。

由於成份不同，在回收的過程中將不同類型的玻璃分離非常重要，甚至包含不同等級鈉鈣玻璃也要分開，例如浮法玻璃和容器玻璃 (不過如果混合正確，夾雜少量不同等級的玻璃不會產生太大的問題。)

鈉鈣玻璃在包裝中的應用

在 19 世紀中半自動玻璃吹製法發明前，以及後來邁克爾·歐文的全自動生產機器誕生之前，容器都是採用手工吹製，現在所有玻璃容器都是利用兩種方式生產：重吹法與壓吹法，機器能高速運轉，每分鐘能夠產出超過 600 個玻璃容器，毫無意外現在生產的玻璃大多數都製成了容器。

無色玻璃的生產又稱為「燧石」(請見第 518 頁鉛玻璃)，利用純度最高、最優質的材料製作，儘管如此，不可避免會摻入一些雜質，例如氧化鐵和鉻，產生商用玻璃常有的黃綠色調，小心添加其他顏色可產生灰色色調，

看起來就像無色。光學玻璃使用氧化鉛或氧化鋇生產 (請見鉛玻璃)，比傳統的鈉鈣玻璃能提供優異的透明度。

容器玻璃最常見的顏色是琥珀色 (或是棕色)，混合鐵、硫和碳製作，廣泛用於啤酒和藥品包裝，因為琥珀色可以吸收大部份紫外線光譜。鉻會產生綠色，沒有辦法像琥珀色提供同等的保護作用 (除了深色的復古綠能有與琥珀色一樣的效果)，但是綠色玻璃可以吸收大量回收成份，因此成為相對比較便宜的產品。藍色玻璃的產量極低，藉由添加鈷製成。可以整個玻璃熔爐都上色，或在熔爐與鑄模之間上色，市面上販售的只有少數顏色，因為價格通常比較昂貴，而且操作上很複雜。

鈉鈣玻璃容器通常不進行回火處理，因為會額外增加一筆可觀的加工費用，如果需要額外的強度或是抗熱衝擊耐受性，例如用於烤箱的玻璃包裝材料，則會使用硼矽玻璃包裝。

玻璃帷幕牆面 (上圖)

由 Explorations 建築事務所設計，位於巴黎附近的阿爾帕隆 (Arpajon) 法國公社運動中心，面北的玻璃帷幕牆在白天時可以為體育館引進日光。影像由 Michel Denance 提供。

玻璃包裝的裝飾有許多方法，方形 (扁平) 和圓柱體容器可以採用網版印刷，這種印刷功能多變，適合在工作室內少量生產，也能在工廠中大規模生產。形狀不規則的容器採用移印 (tampo print，又稱為 pad printing)。

最常用的上色方式是釉料，又稱玻璃料，利用玻璃粉和顏料組成，印刷到玻璃上，放入 500℃ 和 600℃ 之間的窯爐中進行焙燒，釉料就會永久黏合在表面上。

金屬色也以相同的方式生產，而且非常耐用，因為釉料融入玻璃結構中。貴金屬也可以利用網版印刷來施作，像是金 (請見第 90 頁) 和鉑，粉末金屬

沉積在表面上，燒結後形成金屬箔，可以拋光至金屬原本的自然光澤，不會像顏料一樣耐久，因為金屬不會融入玻璃結構中。耐用性非常重要，特別是包裝含有腐蝕性化學物質時，例如包裝醋。

磨砂表面或霧面表面可以藉由化學蝕刻或噴漆產生。化學蝕刻會使用有害的化學物質，同時耗用大量的水，每瓶使用約 10 升的水。另外重要的是要確保瓶內沒有遭到任何沾染，可以在瓶口放置橡膠塞來避免，但不是百分百有效的，因此通常不會把這類型的磨砂加工施作到玻璃瓶頂部。

化學磨砂正在慢慢被塗料取代，對環境破壞比較小，而且能產生高品質的成品，但是價格約高出三倍左右。塗料以靜電粉體塗裝，然後在約 200℃ 的烤箱中固化。半透明的塗料比不透明的更耐用，如果要印刷在瓶子上，需要以墨水加上低溫焙燒施作。成品

建築與營建

透明度
玻璃有各式各樣的色調、顏色、塗料和薄膜可供選擇，並能強化功能，玻璃讓可視光可以進入建築物，並能運用不同的技術將熱氣反射出去，材料選擇取決於技術與視覺要求。

成型性
雖然大多數的玻璃以平面運用，但是也可以彎折懸墜製成立體曲線。另外，玻璃表面可以藉由噴砂、蝕刻或滾壓來加上紋理或是浮雕輪廓。

能源與成本
初始成本很高，因為增加窗戶非常昂貴，但是在建築物整個使用週期中，玻璃會對能源使用與環境衝擊產生重大的影響，引入自然光能減少人工照明的用量，除此之外，功能性塗料能夠明顯降低太陽光吸收或是熱氣的減耗，有助於將建築物的能源效率提升到最高。

與在未經處理的玻璃上印刷不同，而且表面耐用性會大大降低。

生產線通常是連續運轉來複製同樣的圖騰，但是酒精飲料公司「Absolut 絕對伏特加」在 2012 年推出的「Unique」系列證明不一定需要這種操作方式，這個生產線交叉結合人工與機械元素，使用 38 色噴槍、51 種圖騰類型，加上電腦圖騰演算法，創造出完全隨機的平面設計成果。之後在 2013 年 Originality 系列也採用相同作法，在熔融的玻璃中加入一滴鈷，讓每個瓶子形成獨特的藍色條紋，一般認為市場行銷造成的影響力遠勝於生產過程中增加的成本。

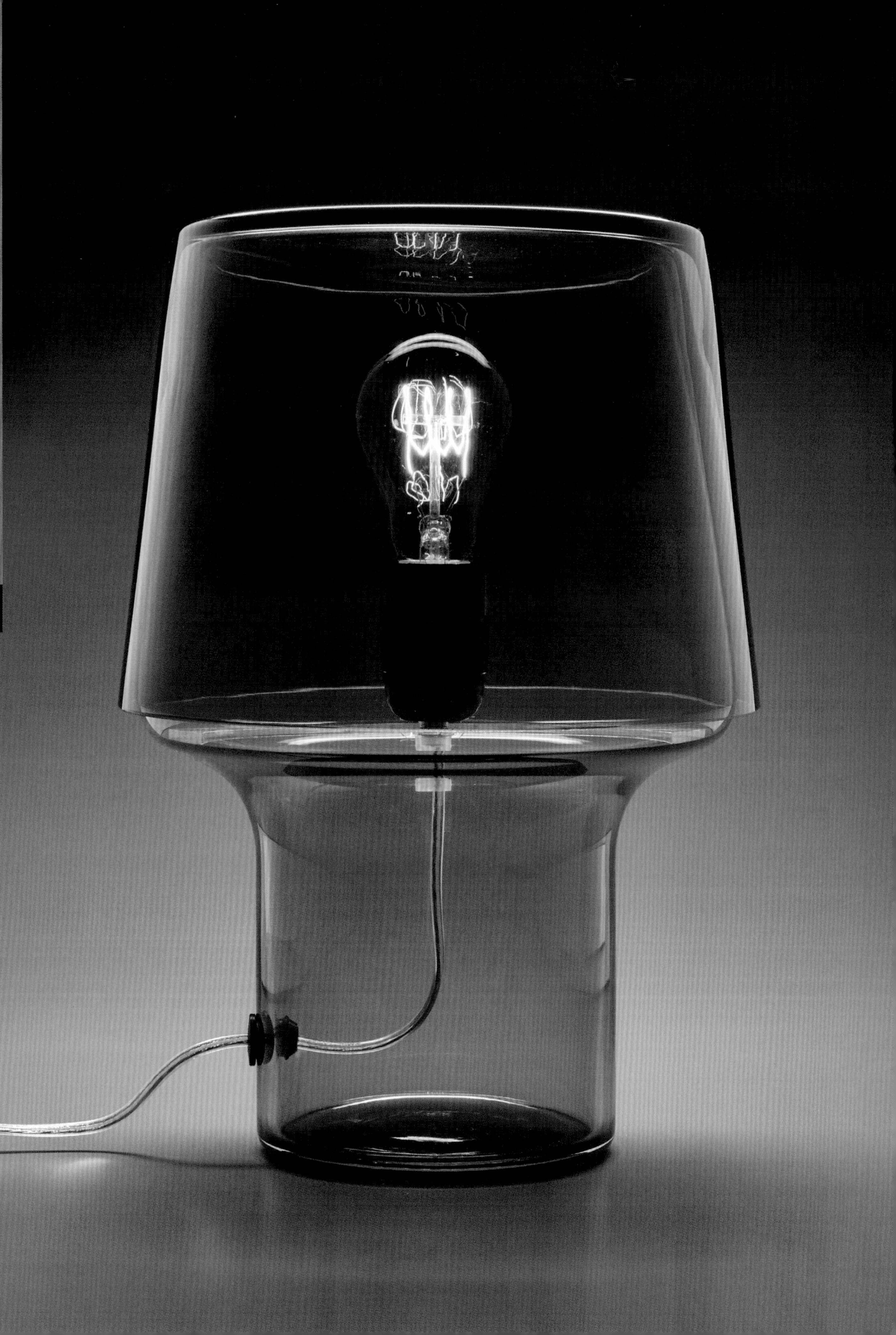

鈉鈣玻璃在建築與營建中的應用

鈉鈣玻璃板的生產是採用與浮法玻璃相同的方式，這是種巧妙的技術，能生產巨大又完美平坦的玻璃板，在約1,000°C 的溫度下，將熱熔融的玻璃拿出熔爐進入錫槽，仔細控制氫氣還原氣氛，加上氮氣保護防止錫氧化，玻璃兩面徐冷後平滑均勻如鏡面。

玻璃透過划痕與斷裂能切割成一定的尺寸，通常使用鑽石尖端工具在表面上畫出小凹陷，產生斷裂線後，然後將玻璃彎折便可以輕易折斷，邊緣光澤度取決於應用範圍的需求，裸露的邊緣通常會打磨並拋光處理，斜角能提供兩個好處，減少角度的尖銳度，並讓邊緣俐落美觀。

大樓帷幕鑲嵌玻璃的作法能完成大面積不間斷的玻璃窗，雖然玻璃本身不承重，但是困難的地方在於玻璃易碎，如果結構彎曲，微小的缺陷可能會導致災難級的破壞。將玻璃固定到既存的承重結構上，就能輕易克服這個缺點，與安裝窗戶相比沒有太大的區別。隨著鋼骨結構和鋼筋混凝土結構的發展 (請見第 496 頁水泥)，建築物的外牆不再需要承重，直到 Foster & Partners 建築事務所率先在英國伊普斯威奇 (Ipswich) 威利斯大廈 (headquarters of Willis Faber and Dumas) 使用邊角夾件 (螺栓角落配件)，使大面積懸掛式玻璃變為可能。藉助這個系統，能夠打造 15 m 高的連續玻璃立面，不僅用於裝飾，玻璃幕牆能使光線深入建築物內部，進而改善工作環境。

手工吹製玻璃 (左頁)

芬蘭設計師哈里·柯斯基寧 (Harri Koskinen) 為哥本哈根設計品牌 Muuto 打造的 Cosy in Grey 玻璃桌燈，採用手工吹製煙灰色鈉鈣玻璃，以兩個部份組成，分別吹入模具，即使兩個部份各有獨特的品質，也能確保一致性，燈泡由隱藏式塑膠結構支撐。

玻璃窗經常使用層壓技術製作，在功能上有許多好處，相似聚乙烯丁醛 (PVB) 夾層可以著色、上色或印刷，也可以在玻璃板之間加入非塑膠類的材料，例如金屬絲網、紡織面料和木材薄板，或是將兩層玻璃與預先切割的有色玻璃熔融，產生彩色的圖案。

陶瓷玻璃料可利用網版印刷施作在玻璃表面，這是粉狀玻璃加上顏料的混合物，藉由窯燒永久黏結到玻璃上。類似玻璃在包裝上應用，有各式各樣的顏色和色調可供選擇，隔絕的太陽輻射熱總量取決於圖案覆蓋的範圍，製造商傾向提供標準圖案，例如圓點或直線，幫助降低消費者的開銷。

大部份玻璃生產時是透明的，可以製作不同顏色或色調的玻璃，但僅限於大量製造，使得市售產品造成限制。有色玻璃的設計是用來減少太陽輻射熱的吸收，玻璃會吸收太陽輻射熱，減少光透射，因此室內會緩緩變暖，可能影響室內的溫度，進而抵銷整體太陽光的優點。當然，著色會降低建築物從外部看起來的明亮度，小心選擇顏色可以吸收最多太陽輻射熱，同時也會讓外部看入建築物內部的視野降到最低，傳統會使用灰色或古銅色。近年來，開發出對可視光影響較小的複合材料，能吸收光譜在近紅外線部份的光線，所謂的「光譜選擇性玻璃」通常是藍綠色的，比傳統用來降低太陽輻射熱的灰色與古銅色玻璃更有效率。

將金屬氧化物和氮化物 (請見第 502 頁科技陶瓷) 作為薄膜塗層施作到平板玻璃的表面，能提供各式各樣的技術優勢，也可以用於裝飾。替代方案是應用在透明塑膠薄膜上，然後加裝到玻璃表面，即聚對苯二甲酸乙二酯 (PET) (請見第 152 頁)，但是幾乎不太有效，常常會沒有效果。

自我清潔塗料一般會以二氧化鈦 (化學式為 TiO_2) 為基底，屬於光催化，也就是說借助太陽紫外線，二氧化鈦的奈米微粒可以將污垢和污染物質分解為水和二氧化碳等基本成分，氣體蒸發後，讓雨水沖走污垢，讓表面省去養護 (在建築物上這點特別實用)，同時優化透光率。也能使用相同技術來保持油漆和混凝土表面不生無垢。

低輻射玻璃 (low-e glass) 又稱為遮陽玻璃或熱反射玻璃，利用物理氣相沉積 (PVD) 製作，多層塗佈通常利用金屬氧化物和氮化物細緻分層組成，可以反射來自太陽的紫外線，同時讓大部份可視光透入，太陽輻射熱反射出去以後，可以保持室內涼爽，但是不會減少建築物內的自然光。同樣的，來自內部熱源的紅外線輻射幾乎完全反射回建築物內部，進而最大限度提升了效率，通常僅適用於複層窗戶 (例如雙層或三層玻璃窗)，才能保護塗層免受化學品侵蝕或磨損。

生產時金屬氧化物以半熔融狀態下沉積在玻璃上，可以產生更耐用的塗層。通過化學氣相沉積 (CVD) 施作的塗層，塗層藉由焙燒附著在玻璃表面上，不易受到清潔或化學品的影響。

鏡面玻璃塗層由薄薄的金屬氧化物組成，具有多種顏色，包括銀、金和古銅色，幾乎能反射所有可視光，用於安全保護，並能減少極炎熱氣候下日光的透射。為了反射，鏡面效果只能在明亮的一側作用，到了天黑時，室外較暗而建築物內部開燈，效果就會反過來。此外，應該考慮反射塗層對外部的影響，特別是會增強陽光的效力，進而影響建築物的周邊環境。對比之下，抗反射玻璃的內部和外部都有塗層，可將光反射率降至 2% 或更低。作為比較，傳統浮法玻璃具有約 8% 的光反射率，內外部視野比較好。

耐用性

玻璃適合當作食器，不只可以用於食物加工，也能用於儲存。不受化學品影響，具有耐候性，而且能抵抗大多數類型的磨損。即使用了好幾世紀，仍可以像是剛從工廠出來的。

成型性

玻璃的非晶結構，代表玻璃保持可塑性的溫度範圍廣，因此兼容塑膠成型技術，包括吹製成型、壓製成型與彎曲成型。

多功能性

玻璃能完成品質極高的成品，只用一次的玻璃物件可以採用手工生產，或也可以在工廠使用模具大量生產，這點為設計提供極大的自由，從藝術表現的媒介到工程解決方案都能應用。

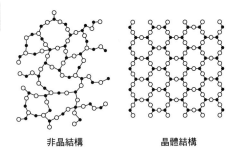

非晶結構   **晶體結構**

玻璃結構

玻璃與其他類型的陶瓷差別在非晶結構，其他類型的陶瓷包括黏土（請見第 480 頁）、科技陶瓷、水泥、石材（請見第 472 頁）和鑽石（請見第 476 頁）。玻璃主要由氧化物組成，首先是二氧化矽（silicon dioxide，化學式為 SiO_2），緩慢冷卻時不會產生結晶，因此材料具有隨機的原子排列，也就是說材料會呈現透明的。與晶體結構的陶瓷不同，玻璃中的鍵結具有一定的強度，因此在加熱的時候，破裂溫度範圍廣，使玻璃慢慢變軟，並且變得黏稠讓成型的機會增加。基質中的雜質主要為金屬氧化物，會產生各種不同的顏色，例如商用玻璃鮮明的綠色調來自氧化鐵，綠色也能藉由鉻生成，藍色來自鈷，粉色至紅色來自硒，黃色來自石墨。晶體結構會使材料更輕巧、更強韌、更密實並且更堅硬。可以將非晶結構的玻璃轉化成具有晶體結構的陶瓷。這些材料稱為玻璃陶瓷（請見高性能玻璃），作為玻璃成型，但是經過熱處理後，就會表現出晶體結構陶瓷的行為。

紋理和浮雕圖案可藉由酸蝕和噴砂製作，粗糙表面會使光線散射，因此降低透明度。使用噴砂處理來產生有輪廓深的多層表面設計，稱為玻璃刻花。另一種做法是半熔融玻璃通過異型輥台，讓輥台在玻璃上留下浮雕痕跡。

鈉鈣玻璃在工業設計、傢俱與照明中的應用

雖然工業設計、傢俱與照明只佔玻璃生產量的一小部份，但是這個領域以玻璃作為媒介，涵蓋了最多元的詮釋。應用範圍從色彩豐富的裝飾品到精緻的燈具和透明傢俱。在所有情況下，玻璃均能提供持久、衛生且維護成本低的解決方案。

玻璃杯、燈泡、儲存罐和類似的中空瓶罐都能使用與包裝相同的製作方式生產，因為生產量大，一般傾向採用標準的形狀和尺寸。

當然，這類型玻璃瓶罐或是其他類似的物件也能採用手工吹製或是玻璃燈工。與工廠生產的物件相比，工作室吹製玻璃的優勢在於擁有大量的技術、顏色與樣式可應用，不受機械生產的限制，藝術家可以生產多層、帶有紋理或經過裝飾不同形式的玻璃作品，其他任何材料都無法做到這點。品質最好的高腳杯是採用水晶手工吹製的（請見鉛玻璃）。

人工吹製的玻璃可以生產玻璃吹製達不到的形狀，玻璃部份充氣後，在模具中完成吹塑。這種技術對於生產多個部份組成的物件也很實用，因為即使壁厚有所變化，外部壁面還能保持一致（外部質感來自與模具接觸）。

玻璃成型可生產無法吹製的物件，例如碗碟、燈罩、檸檬榨汁機等，都可用這種方式製造。大型物件一般使用平板玻璃製作，像是桌子、椅子和層架。使用類似生產汽車擋風玻璃的工藝，可將成型的家具以單片玻璃板模製成型。除了可以從建築和包裝中，借用表面處理與裝飾外，有一些技術對於工業設計和室內裝飾特別實用。例如在浴室和其他潮濕環境中使用，水氣凝結可能產生問題，可以利用防霧塗料處理。防霧塗層和表面處理有許多不同的形式與外觀，能在玻璃上形成親水表層，讓水形成薄膜，而不是水滴，讓水看不見。

對於易潔防潮表面則相反，在這種狀況下，玻璃經過處理來降低表面能，產生排水作用，有時還能產生排油作用。水滴不會散佈在整個玻璃表面上，而是聚在一起，等水量足夠時從玻璃表面流下，並帶走灰層和碎屑。不同於不沾黏的塑膠材料（請見 190 頁 PTFE），這些處理技術可以是完全透明的，因此不會影響玻璃的外觀。

顏色分層（右頁）

1936 年設計師阿瓦・奧圖（Alvar Aalto）打造了自己的玻璃花瓶系列，優雅的設計已經成為芬蘭設計的經典代表，至今仍持續生產。花瓶採用手工吹模製作，顏色以不同的厚度組合，藉由手工吹製，每只花瓶都能有不同的色彩配置，圖中範例在透明的外部結構底下，封存了紅色與白色的顏色分層。

鉛玻璃

用鉛代替鈉鈣玻璃中的石灰，可以生產具有一流透明度和亮度的玻璃，用於輻射遮蔽的情況中，水晶玻璃中鉛的含量從少量到半數以上不等，既沉重又堅固，但是足夠「柔軟」，能夠被切割並刻成各種物件，從精密的鏡片到精緻的高腳杯。

類型	一般應用範圍	永續發展
・全鉛晶質玻璃：鉛含量超過 30% ・鉛水晶：鉛含量超過 24% ・水晶玻璃：金屬氧化物大於 10%	・鏡片、稜鏡和燈具 ・餐具和玻璃器皿 ・珠寶	・玻璃的內含耗能相對較低 ・可以完全回收 ・鉛有毒

屬性	競爭材料	成本
・高折射指數和色度 ・密度高 ・不如其他普通玻璃堅硬，使其容易切割或產生劃痕	・鈉鈣玻璃、硼矽玻璃和熔融石英 ・聚甲基丙烯酸甲酯 (PMMA)、聚碳酸酯 (PC) 和離子聚合物	・價格中等偏低，取決於具體類型 ・手工切割與拋光很耗時，價格昂貴

簡介

鉛鹼玻璃通常被稱為水晶 (請見第 476 頁鑽石)，因為具有光彩。鉛鹼玻璃屬於非晶結構 (請見第 516 頁)，就像鈉鈣玻璃 (請見第 508 頁)，以二氧化矽 (silicon dioxide，化學式為 SiO_2) 為基底。光學特性的差異來自使用氧化鉛 (化學式為 PbO) 代替石灰 (calcium oxide，化學式為 CaO)。

除了光學特性增強外，加入氧化鉛還能衍生實用又有互補作用的特性。因為氧化鉛能起助熔劑作用，降低了玻璃軟化的溫度，讓玻璃容易吹製或壓製出不同的複雜形狀。

氧化鉛能增加玻璃的密度，在設計裝飾用的物件中，通常會在底部加上足夠的厚度來強調這種特性，增加密度還可確保無瑕疵的高品質表面處理。

表面硬度降低後，也會降低剛性，因此能夠使用各式各樣效果極佳的機械處理，例如切割、研磨和拋光等。應用時如要利用鉛玻璃來增加閃爍效果，可以切割玻璃來增加稜面，例如高腳的玻璃器皿、醒酒器、珠寶、燈具。增加表面積與邊緣數量可以強化內部折射與光分散的特性。傳統上使用酸拋光來增加玻璃的光澤，同時保持設計的細節，這種表面處理的技術顯示能降低表面的含鉛量，進而降低鉛轉移到儲存內容物上的可能性。

商業類型與用途

根據歐盟指令，傳統全鉛晶質玻璃的氧化鉛含量至少需要超過 30%，氧化鉛含量最低達四分之一的玻璃都能稱

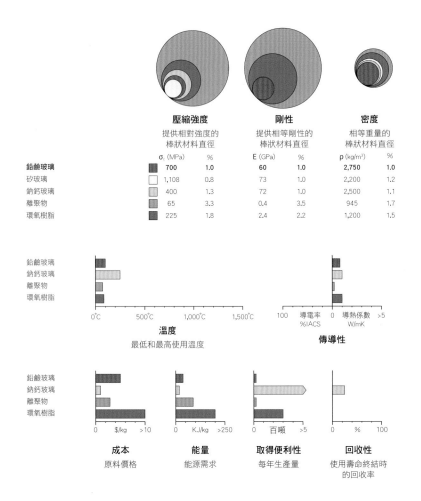

	壓縮強度 提供相對強度的棒狀材料直徑		剛性 提供相等剛性的棒狀材料直徑		密度 相等重量的棒狀材料直徑	
	σ_c (MPa)	%	E (GPa)	%	ρ (kg/m³)	%
鉛鹼玻璃	700	1.0	60	1.0	2,750	1.0
矽玻璃	1,108	0.8	73	1.0	2,200	1.2
鈉鈣玻璃	400	1.3	72	1.0	2,500	1.1
離聚物	65	3.3	0.4	3.5	945	1.7
環氧樹脂	225	1.8	2.4	2.2	1,200	1.5

溫度
最低和最高使用溫度

傳導性

成本
原料價格

能量
能源需求

取得便利性
每年生產量

回收性
使用壽命終結時的回收率

為鉛水晶，含量低於這個數字則簡稱為水晶玻璃。

氧化鉛含量更高（超過一半）的玻璃可用作輻射線遮蔽，因為鉛可以吸收伽瑪射線和其他形式的有害輻射，這種使用目的適合醫院和實驗室。從沉甸甸的手工酒杯、醒酒器到精緻的高腳玻璃器皿，鉛玻璃能為玻璃器皿提供了無與倫比的光彩，所有成型技術與

鈉鈣玻璃使用的相同，一般偏好利用切割、拋光、使用貴金屬（如黃金，請見第 90 頁）來提高鉛玻璃器皿的華麗感，鈉鈣玻璃價格便宜，可用於餐具等物品，能做成高品質的無色玻璃。鉛玻璃偏好保留給高級訂製品使用。

施華洛世奇耳機「Sparkle」(上圖)

消費電子產品生產中僅容忍微小的公差，似乎與切割和拋光鉛玻璃的工藝相衝突。在這個設計案中，施華洛世奇 (Swarovski) 結合了本身在水晶珠寶的專業知識，加上飛利浦 (PHILIPS) 在生活電子產品方面的經驗，打造出這款奢華創新的耳機，玻璃對耳機的性能沒有影響，純粹為耳機增加閃耀的質感。

玻璃物件若要用於抵禦熱衝擊一般使用硼矽玻璃或玻璃陶瓷生產 (請見第 522 頁高性能玻璃)。

對於光學應用範圍，像是鏡片和棱鏡，透明度的品質取決於折射率 (N) 和阿貝數 (V)，折射率是真空中光速與穿過透明材料的光速兩者相比；阿貝數是色散計算 (將白光分離為顏色)。阿貝數高的材料產生的色差會低於阿貝數低的材料。

鉛玻璃的折射率為 1.7，阿貝數為 30.9。「燧石」玻璃屬性定義為阿貝數等於或小於 55；普通鈉鈣玻璃的折射率為 1.5，阿貝數為 58.6。在光學應用中，阿貝數介於 50 到 85 之間的玻璃稱為冕玻璃 (crown glass)。這解釋為什麼兩種類型的玻璃會有截然不同的視覺質感，鉛玻璃將光分開，因此看起來更繽紛，同樣也是這種屬性使鉛玻璃成為良好的棱鏡。

透鏡中的色差會導致光波有不同的焦距，德國物理學家恩斯特·阿貝 (Ernst Abbe) 開發出消色差透鏡來克服這個問題，結合兩種類型的玻璃，即燧石玻璃和冕玻璃，可彼此互補，進而降低色差。消色差透鏡三種顏色波長中的兩種 (紅色和藍色) 聚焦在一起，三種顏色 (包括綠色) 組合在一起需要三個要素，這樣的鏡片被稱為複消色差透鏡 (APO)，可以用於相機和望遠鏡上，捕捉非常銳利的影像。

現代玻璃鏡片製造時容忍的公差極低，近年來在材料與加工程序獲得了重大進展，將成份混合後分批熔融，將熔化的物料倒入托盤中，讓物料冷卻，固化之後，壓碎再重新熔化、混合、仔細均勻化，去除所有的氣泡。控制熔融與冷卻過程確保高品質的光學屬性，這種材料作為片材生產，經過切割和壓製，完成需要的形狀和尺寸，流行的小型鏡片會利用自動機器壓製，另一方面，體積較大的專門鏡片則使用手工壓製。成型玻璃會退火處理，減輕內部應力並使光學屬性更加完美。根據應用範圍的需求，對完成的鏡片上色和鍍膜。

現在眼鏡鏡片大多數採用塑膠製造，因為塑膠重量更輕，生產成本更低，應用範圍在厚度要求上特別嚴苛時，仍會使用玻璃 (高度數或基於設計因素)。有一些可用的類型，每一種都有各自不同的折射率和顏色品質，眼鏡鏡片中最受歡迎的塑膠是 CR-39，一種熱固性塑料 (Allyl Diglycol Carbonate，簡稱為 ADC 樹脂)，折射率為 1.5，阿貝數為 56.8。它具有很好的耐磨性，重量僅為玻璃重量的一半左右。聚甲基丙烯酸甲酯 (PMMA，壓克力) (請見第 174 頁) 數值類似鈉鈣玻璃：折射率為 1.49，阿貝數為 57。作為比較，另一種受到歡迎的透明塑膠聚碳酸酯 (PC) (第 144 頁) 具有折射性。折射率為 1.6，阿貝數為 30，表面耐用性比較差，因此聚碳酸酯通常僅用於兒童眼鏡和安全眼鏡。

除了塑膠替代品之外，還有鉛含量低和無鉛的玻璃，提供部份鉛玻璃的光學屬性，這些組合物通常用其他氧化物來部份取代或全部取代氧化鉛，例如鋅 (ZnO)、鋇 (BaO) 或鉀 (K2O)，雖然可能不如玻璃明亮，但是擁有良好的光學屬性，例如鋇玻璃的折射率為 1.58，阿貝數為 52.1，但是，鋇作為重金屬，鋇面臨的挑戰與氧化鉛相同，一些高性能玻璃是無色的，通常會比鉛玻璃更昂貴，而且加工上會更困難。

永續發展

就像鈉鈣玻璃一樣，鉛玻璃可以完全回收，但是更常見的是重新使用鉛玻璃製品，傳給下一代作為傳家寶，而不是重新熔融作為新的玻璃器皿。成份的品質與純度非常重要，因此除非知道玻璃的來源，否則回收不可行。

鉛的使用可追溯到 5,000 年以前，一般認為因為與銀 (請見第 84 頁) 相似而獲得採用，鉛不僅可以單獨用於裝飾品和珠寶的生產，而且還作為陶瓷釉料 (請見第 480 頁黏土)、汽油或作為塗料與化妝品中的增白劑。但是自從發現鉛是有毒的重金屬之後，在大多數的應用範圍中鉛已經被取代，長時間暴露在這種元素下可能非常有害，特別是對嬰幼兒。歐盟化學品註冊、評估及授權法規 (泛稱 REACH 法規，Registration, Evaluation, Authorization and Restriction of Chemicals) 明文限制了珠寶與類似物件中鉛的含量。

鉛用於玻璃中會鎖在結構裡，藉由離子擴散與儲存的成份交換，長時間之後會析出微小的鉛含量，但是因為析出量太低，因此不會對健康產生不利影響。事實上，鉛玻璃不在 REACH 法規的限制中。但是在生產過程使用鉛可能會有問題，因為鉛容易揮發，所以在工作場所和環境中，可能會暴露於鉛蒸氣中。

水晶玻璃的吹製、切割與拋光 (右頁)
英國湖區坎布里亞郡水晶玻璃器皿廠 (Cumbria Crystal) 的工匠生產傳統的全鉛晶質玻璃器品 (含量至少 30%)，將最先進的熔爐和設備與木製工具工藝相結合，經過幾世紀以來改變極少。切割分成兩個階段，首先在鑽石磨輪上進行切割，然後利用砂輪磨平。玻璃經過酸拋光處理以增強明亮度，同時也能保留設計的細節。影像由坎布里亞郡水晶玻璃器皿廠提供。

高性能玻璃

高性能玻璃用於其他材料無法發揮作用時，即使暴露在最惡劣的環境中，遭受化學品侵襲與熱衝擊，也能保持透明度、穩定性和耐用性。除了在技術開發上發揮關鍵作用外，高性能玻璃的特性還能用在一般熟知的物件，包括複合材料、光纖、爐灶和手機螢幕玻璃。

類型	一般應用範圍	永續發展
· 硼矽玻璃、鋁矽玻璃、熔矽石、玻璃陶瓷	· 實驗室設備和廚具 · 複合材料和光纖 · 手機、平板和電腦螢幕玻璃	· 可以完全回收，但是無法從混合廢棄物中分離 · 內含耗能中等

屬性	競爭材料	成本
· 耐磨損，不會滲透 · 抗磨耗、抗化學品與抗熱衝擊耐受性高 · 有些類型無色，其他則為透明	· 鈉鈣玻璃 · 科技陶瓷和寶石 · 碳、芳綸、聚對二唑苯 (PBO) 和玄武岩	· 原料價格中等偏高 · 加工成本昂貴

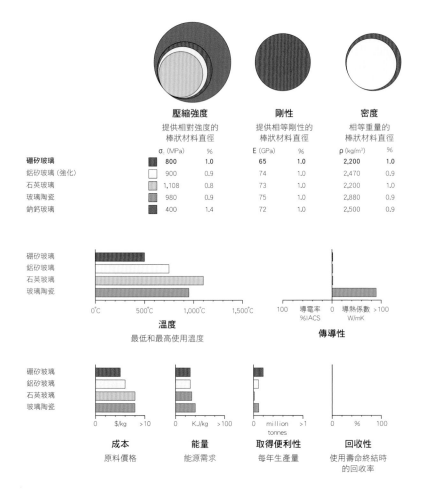

	壓縮強度		剛性		密度	
	提供相對強度的棒狀材料直徑		提供相等剛性的棒狀材料直徑		相等重量的棒狀材料直徑	
	σ_c (MPa)	%	E (GPa)	%	ρ (kg/m³)	%
硼矽玻璃	800	1.0	65	1.0	2,200	1.0
鋁矽玻璃 (強化)	900	0.9	74	1.0	2,470	0.9
石英玻璃	1,108	0.8	73	1.0	2,200	1.0
玻璃陶瓷	980	0.9	75	1.0	2,880	0.9
鈉鈣玻璃	400	1.4	72	1.0	2,500	0.9

溫度
最低和最高使用溫度

傳導性

成本 — 原料價格

能量 — 能源需求

取得便利性 — 每年生產量

回收性 — 使用壽命終結時的回收率

簡介

高性能玻璃僅佔玻璃生產總量一小部份，主要生產的是鈉鈣玻璃 (請見第 508 頁)，但是作為玻璃的其中一種類型，這類玻璃可以提供工程材料中無可比擬的卓越性能，獨特之處在於高性能玻璃可以像商用玻璃一樣成型，而且表現就像科技陶瓷 (請見第 502 頁) 一樣，其中最重要的是，高性能玻璃是透明的。自從 20 世紀初起，玻璃技術有顯著的發展，高性能玻璃作為窗戶材料，可以在極端環境中進行觀測，而成為化學、汽車和替代能源等技術領域的基礎。

高性能玻璃也對家庭環境和消費產品造成衝擊，硼矽玻璃用於廚房能提供透明度，而鋁矽玻璃可製造上網互動用的觸碰式螢幕。玻璃纖維強化複合材料有利提升運輸設備的安全與效率。二氧化矽光纖提供的電纜讓電信傳輸速度更快，中斷機率更少，優於銅製電纜 (請見第 66 頁)。玻璃陶瓷這種混合材料結合了玻璃成型優勢與晶體陶瓷的機械優勢 (請見科技陶瓷)，因為擁有極端的屬性，包括高強度、超高溫耐受性、熱膨脹係數趨近於零，因此讓玻璃應用進入嶄新領域。

實驗室用玻璃器材 (右頁)

硼矽玻璃發明於 20 世紀初，為了滿足高耐熱玻璃的需求，這種屬性結合低熱膨脹係數和出色的抗化學品耐用性，使硼矽玻璃成為實驗室設備的理想材料，同時也能用於炊具上，兼容鈉鈣玻璃與鉛玻璃所有的加工方法與表面處理。像是圖片中這款容量瓶的實驗室器材，藉由玻璃燈工中擠壓管成型。預計要暴露在高溫中的實驗室器材，會採用玻璃陶瓷或是石英玻璃製作。

商業類型與用途

高性能玻璃分成好幾種類型,選擇取決於應用範圍的需求。硼矽玻璃因為應用在烤箱器皿中而變得家諭戶曉,更常聽到的是商標名稱「Duran」、「Simax」和「Pyrex」(雖然Pyrex消費品牌在北美地區不再使用硼矽玻璃製作)。硼矽玻璃包含包含高達15% 的氧化硼 (boric oxide,化學式為 B_2O_3) 和少量的其他鹼 (鈉和鉀的氧化物) 和氧化鋁 (氧化鋁,化學式為 Al_2O_3)。

低鹼含量使硼矽玻璃具有出色的抗化學品耐受性與抗熱衝擊耐受性,優於鈉鈣玻璃。硼矽玻璃熱膨脹率低,這代表溫度變化的時候。玻璃幾乎不會積聚張力,適合用於最高達 500°C 和最低達 -70°C 的使用環境,還有一些類型最低極限可以承受 (-273°C)。硼矽玻璃的膨脹係數低,代表製造時壁厚能相對較厚,進而賦予優良的機械性能,因此硼矽玻璃功能多變,價格適中,可廣泛用於廚具、實驗室器皿和化學處理等廣泛的用途,適合用於烤

透明鍋具 (上圖)

美國康寧 (Corning) 鍋具公司的玻璃陶瓷鍋於 1958 年上市,當時在康寧餐具服務的科學家唐納德·斯圖基博士 (Donald Stookey) 也開發了變色玻璃 (會隨光線顏色變深)。當時他以為自己打破了熔爐,拿出一個玻璃樣品,卻從手中的鉗子滑脫掉到地上,根據他本人的說法,這個玻璃樣本不但沒有彈起,也沒有碎裂,「聽起來像是鋼掉到地上。」玻璃陶瓷是唯一能夠直接在爐灶上烹煮的透明材料,能耐高溫與熱衝擊,事實上,這款炊具可以直接從冷凍庫放上爐火加熱。圖中這款鍋子主體是玻璃陶瓷製作,蓋子採用硼矽玻璃。

箱，但是不能直接放在爐火上加熱，因為溫差太大。這種情況下會使用玻璃陶瓷。玻璃陶瓷具有多種不同形式，包括玻璃桿、玻璃管和容器，此外也有玻璃板，能擠出成型作為玻璃纖維（英文縮寫為 GF），雖然建築保溫材料用的玻璃纖維（玻璃棉）通常是鈉鈣玻璃，但是硼矽酸鹽卻是紡織品的首選，因為更耐用，而且能抗化學品腐蝕。

射出成型的工程塑膠，例如聚醯胺（PA，尼龍）（請見第 164 頁），可以使用短束玻璃纖維強化，改善強度重量比與剛性，這種通用的複合材料可用於各種不同情況，從引擎蓋底下的汽車零件到手機和電動工具的外殼等。連續玻璃纖維可當作高機能複合材料（請見第 228 頁 UP 樹脂）中的單向纖維，或用於紡織面料與切股玻璃氈（無紡），適合用於需要極高強度重量比和鋼性的應用範圍，從船體、賽車到傢俱和營建材料。

鋁矽玻璃由 20% 的氧化鋁組成，通常包括少量的氧化鈣（calcium oxide，化學式為 CaO），氧化鎂（magnesium oxide，化學式為 MgO）和氧化硼（化學式為 B_2O_3），並含有少量的碳酸鈉或氧化鉀，可以承受劇烈的熱衝擊，耐受溫度高達 750°C。科技應用範圍包括鹵素鎢燈和燃燒管。近年來在筆記型電腦和行動電話等電子設備的發展上，鋁矽玻璃發揮了決定性的影響。

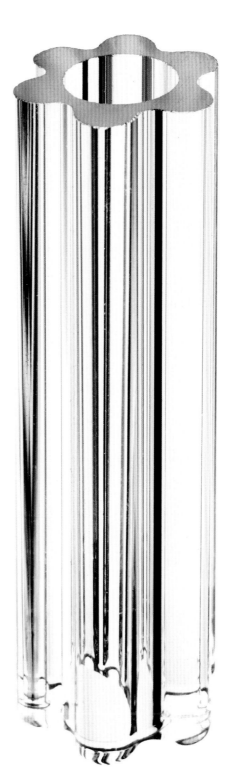

擠出成型玻璃

硼矽玻璃可擠出製成長條型的玻璃桿、玻璃管和許多其他形狀，市面上可獲得的形狀有非常多種。應用時適合按照原本的形狀，或是切割作為像是實驗室玻璃器皿或燈具應用。手工玻璃管稱為燈工。玻璃在局部加熱後，可以彎折、拉伸或連結，製成各種不同的配置方式。

玻璃編織

直到 1930 年代，連續玻璃纖維才開始以商業規模生產，從那時候開始，玻璃纖維成為應用於複合材料、電纜和絕緣體的珍貴工業材料，纖維確切組成成份取決於應用範圍的需求，標註如下：：E（低導電）；S（高強度）；C（化學耐久性）；M（高剛性）；A（鈉鈣玻璃）；和 D（低介電常數）。

在這個產業中，鋁矽玻璃通常用商標名稱來稱呼，例如康寧玻璃廠的大猩猩玻璃 (Gorilla)、肖特玻璃廠的 Xensation、旭硝子玻璃廠的龍跡 (Dragontrail)。鋁矽玻璃目前已經應用在商業上數十年，最初蘋果是第一家在手機上引進鋁矽玻璃的廠牌 (2007年 iPhone)，後來又應用到筆記型電腦和平板電腦上。與鈉鈣玻璃相比，鋁矽玻璃具有更高的強度、韌性與耐用度，減少因為彎折和鈍力衝擊造成破裂的可能性，結果，時至今日，鋁矽螢幕玻璃被認為是移動式裝置的業界標準。

化學處理可用於提昇強度與耐用性，強化抗衝擊、抗磨損、抗熱衝擊的耐受性，這個過程透過離子交換作用，在表面形成深度壓縮層。與增韌一樣 (請見鈉鈣玻璃)，玻璃在壓縮的狀態下形成表面，能大大提高玻璃能夠承受的拉伸和彎折載荷，在施加載荷時，玻璃不會受到張力影響，直到載荷超過預壓縮表面的壓應力為止，化學強化的另一項好處是表面硬化，減少磨損後產生裂紋的可能性，這種裂紋會讓玻璃在張力下破碎。

鋁矽玻璃板製造時採用熔融引法生產，與浮法玻璃不同 (請見鈉鈣玻璃)，當熔融玻璃填滿封閉式隔熱管 (isopipe，耐火槽)，熔融玻璃自兩側溢出，玻璃向下流動，兩側在底部相結合，熔合形成單張玻璃板，冷卻後拉出。

除了消費電子產品之外，化學強化鋁矽玻璃板的應用範圍有巨大的潛力，BMW 在 i8 車款中使用了 Gorilla 鋁矽玻璃，目前正在測試能否擴大應用範圍，雖然這種玻璃比鈉鈣玻璃更昂貴，但是可能會減輕重量，進而減少燃料消耗。

玻璃在各種波長下都具有絕佳的透明度，從紫外線到近紅外線皆可，能用於光纖。通訊光纖通常包含兩種玻璃，內核使用高折射玻璃，護套使用折射率較低的玻璃或塑膠。雖然有各式各樣的材料可供使用，但內核通常使用矽玻璃，外殼使用硼矽玻璃，表面可使用塑膠塗層保護，免受損傷。

玻璃陶瓷是一種令人著迷的材料，就像傳統玻璃一樣塑形，然後藉由熱處理轉化為大部份為晶體的材料，獨特的性能組合開闢了嶄新的應用領域，從透明的爐襯、飛彈彈頭到雷達等。

玻璃陶瓷獨特的製造優勢在於兼容所有常規玻璃使用的任何成型技術 (壓製成型、彎曲成型與吹製成型等)，成型之後，晶體結構就會因為成核劑的加入擴散，成核劑會融入玻璃中。應用時材料的屬性取決於整體組成和微觀結構。玻璃陶瓷熱膨脹係數趨近於零，可以在超過 950°C 的溫度下運行，能輕鬆承受瞬間溫差達 800°C，甚至更高也能負荷。正如製造商喜歡表演的，將非常燙的玻璃陶瓷直接泡進冷水中，水的反應非常激烈，但是玻璃卻保持完整無缺。

玻璃陶瓷能與所有烹飪和加熱技術兼容，包括電爐、瓦斯爐和電磁爐，這是完全透明的材料，可以露出加熱元件，增加可用性，也能保持衛生。用於電飯鍋中，材料的高導熱性能確保能量大多進到鍋中。同樣的特質也代表這種材料適用於紅外線電暖器、柴燒爐和壁爐。

玻璃陶瓷有各種顏色可供選擇，包括白色、黑色、灰色、透明色和無色。薄板厚度通常為 2 到 8 公釐。

永續發展

高性能玻璃的生產使用各種不同的廣泛成份，本質上，這些玻璃都是基於二氧化矽，加上不同含量的各種成份，除了矽玻璃使用純矽石。其中許多成份倚賴開採獲取，有些可能具有潛在的危害。高性能玻璃能與科技陶瓷相比。

所有玻璃材料都是可回收的。不過重新利用生產過程中產生的廢料是可行的，但是將不同類型的報廢品收集後分類則不那麼簡單，因此高性能玻璃很少回收利用，如果混入商用玻璃，會在生產線下游產生問題。

立體螢幕用玻璃 (右頁)

在 iPhone 成功以前，許多人認為塑膠能為大型手機螢幕提供卓越的性能。塑膠已經成為眼鏡鏡片的主要材料，比玻璃更輕、更堅韌，價格便宜，並且兼容各種成型工藝。化學強化鋁矽玻璃會成為手機中常見的材料，是因為優異的觸控式螢幕使用經驗，雖然不如塑膠堅韌，但是卻異常堅固和耐磨。目前鋁矽玻璃用於異形玻璃，以往只有塑膠才能做到。事實證明鋁矽玻璃非常成功，Samsung Curve 這款概念手機的螢幕玻璃配合顯示器的形狀，並包裹了裝置的側邊，如此一來不僅可以減小寬度，而且這是史上頭一次裝置的側邊也能進行螢幕互動。

專有名詞與縮寫一覽表
常見材料縮寫、首字母簡稱與一般名稱

金屬

Ag 銀

AHSS 先進高強度鋼材 (advanced high-strength steel)

Al 鋁

Au 金

CGI 球狀鑄鐵 (compacted graphite iron)

Cu 銅

duplex alloy 雙相合金 包含兩種分子結構或金屬相 (例如 α-β) 的混合物的合金 (請見第 88 頁銀)

Fe 鐵

ferrous 鐵屬 含鐵或由鐵組成

HSLA 高強度低合金鋼材

MAG 鎂

Mg 鎂

MMC 金屬複合材料 (metal matrix composite)

non-ferrous 非鐵屬 不含鐵或鋼

SHG 特高級鋅錠

sterling 925 純銀 含 7.5% 銅的銀合金

Ti 鈦

Zn 鋅

Plastic 塑膠

ABS ABS 樹脂：丙烯腈 - 丁二烯 - 苯乙烯三元共聚合物

acetal POM 縮醛：聚甲醛

acetate CA fibre 醋酸鹽：醋酸纖維

acrylic PMMA or PAN 壓克力 聚甲基丙烯酸甲酯或聚丙烯腈

ADS 風乾膠 請參考天然橡膠與乳膠

AFRP 芳綸纖維強化塑膠

aramid 芳綸纖維 芳香族聚醯胺

ASA 丙烯腈 - 苯乙烯 - 丙烯酸酯共聚合物

bioplastic, biopolymer 生物基塑膠，生物基聚合物，生物衍生塑膠 (不含石化基材料)，包含澱粉塑膠、聚乳酸、PHA、PHB

block rubber TSR 技術分級橡膠

BMC 以不飽和聚酯樹脂為基礎的塊狀成型材料，又稱為團狀成型材料 (DMC)

BOPET 雙向拉伸聚酯薄膜

BOPP 雙向拉伸聚丙烯薄膜

BR 丁二烯橡膠

CA, CAB, CAP 醋酸纖維素、醋酸丙酸纖維素和醋酸丁酸纖維素

CF, CFRP 碳纖維、碳纖維強化塑膠

COPA 共聚醯胺彈性纖維，請見 TPA

COPE 共聚酯彈性纖維，請見 TPC

CR 氯丁橡膠

DMC 以不飽和聚酯樹脂為基礎的團狀成型材料，又稱為塊狀成型材料 (BMC)

EAA 乙烯丙烯酸共聚物

EEA 丙烯酸乙酯共聚物，TPU 纖維

elastomer 彈性體 一種天然或人造材料，具有彈性，在載荷作用下會變形，去除載荷後能恢復原本的形狀，如 TPE、TU、橡膠、矽膠

EMA 丙烯酸甲酯

EMMA 甲基丙烯酸

ENBA 甲基丙烯酸正丁酯

EPDM 三元乙丙橡膠，合成纖維

epoxy 環氧樹脂

EPR 乙烯丙烯橡膠

EPS 發泡聚苯乙烯

ePTFE 發泡聚四氟乙烯，含氟聚合物

ETFE 乙烯四氟乙烯共聚物

EVA 乙烯醋酸乙烯酯

EVOH 乙烯 - 乙烯醇共聚物

FEP 乙烯丙烯氟化物，含氟聚合物

FRP 纖維強化塑膠

fluoropolymer 含氟聚合物 PTFE、ePTFE、ETFE、PFA、FEP 和其他含氟聚合物

GF, GFRP 玻璃纖維，玻璃纖維強化塑膠

GPPS 通用級聚苯乙烯

HDPE 高密度聚乙烯

Hevea crumb SMR Hevea 粒狀橡膠標準馬來西亞橡膠

HIPS 高耐衝級聚苯乙烯 (high-impact PS)

HM 高分子量，通常與碳纖維、芳綸纖維或超級纖維相關

HNBR 氫化丙烯腈 - 丁二烯橡膠

HT 高抗拉，通常指碳纖維

HTV 高溫硫化，與矽膠相關

HWM 高濕係數，與黏膠纖維相關

IIR 丁基橡膠 (isobutylene isoprene rubber)

IM 模數等級，通常與碳纖維相關

IR 異戊二烯橡膠 (polyisoprene rubber)

LCP 液晶高分子聚合物 (liquid crystal polymer)

LDPE 低密度聚乙烯 (low-density PE)

LLDPE 線性低密度聚乙烯 (linear low-density PE)

LSR 液態矽膠橡膠 (liquid silicone rubber)

lyocell 萊賽爾 採用改良後濕紡加工過程生產的黏膠纖維

m-aramid 間位芳綸

MF 三聚氰胺甲醛樹脂 (melamine-formaldehyde-based thermosetting plastic)

modal 莫代爾 改良版高濕係數黏膠纖維

NBR 丙烯腈 - 丁二烯橡膠，簡稱丁腈橡膠

neoprene 氯丁橡膠 合成橡膠，縮寫為 CR

nitrile rubber 丙烯腈 - 丁二烯橡膠 簡稱丁腈橡膠，縮寫為 NBR

nylon PA 尼龍 聚醯胺

olefin 烯烴 通常為聚丙烯、聚乙烯

PA polyamide, nylon 聚醯胺，又稱尼龍
PAEK 聚芳基醚酮 (polyacryletherketone)
PAN 聚丙烯腈 又稱壓克力纖維

p-aramid 對位芳綸
PBO 聚對二唑苯 (polyphenylene benzobisthiazole)

PBT 聚對苯二甲酸丁二醇酯 (polybutylene terephthalate, polyester)

PC 聚碳酸脂 (polycarbonate)

PE 聚乙烯 (polyethylene)

PEBA TPA 聚醚嵌段醯胺

PEEK 聚醚醚酮 (polyetheretherketone)

PEK 聚醚酮 (polyetherketone)

PEL PET 聚對苯二甲酸乙二酯

PES PET 聚對苯二甲酸乙二酯

PET, PETE 聚對苯二甲酸乙二酯，聚酯 (polyethylene terephthalate, polyester)

PETG PET 甘醇改性 PET

PF 熱固性塑膠酚醛樹脂

PFA 聚四氟乙烯，含氟聚合物的一種

PHA, PHB PHA 聚羥基脂肪酸酯 (polyhydroxyalkanoate)、PHB 聚羥基丁酸酯 (polyhydroxybutyrate)

PLA 聚乳酸 (polylactic acid)

plastisol PVC 聚氯乙烯

pleather PVC 合成皮革，通常是 PVC 製作
PMC 不飽和聚酯成型材料
PMMA 聚甲基丙烯酸甲酯 (polymethyl methacrylate)，壓克力 (acrylic)
poly 一般是聚乙烯或聚對苯二甲酸乙二酯

polyester PET, PTT, PBT or UP 聚酯纖維，聚對苯二甲酸乙二酯 (PET)、聚對苯二甲酸丙二酯 (PTT)、聚丁烯對苯二甲酸酯 (PBT) 或不飽和聚酯樹脂 (UP)

POM 聚甲醛 (polyoxymethylene, acetal)

PP 聚丙烯 (polypropylene)
PPA 聚鄰苯二甲醯胺 (polyphthalamide)
PPC PP 聚丙烯共聚物

PPH PP 聚丙烯均聚物

PS 聚苯乙烯 (polystyrene)

PTFE 聚四氟乙烯 (polytetrafluoroethylene)，含氟聚合物 (fluoropolymer) 的一種

PTT 聚三甲基丙烯對苯二甲酸酯 (polytrimethylene terephthalate)，聚酯 (polyester)

PU, PUR, PUL 熱固性塑膠聚氨酯 (polyurethane)

PVC 聚氯乙烯 (polyvinyl chloride)

RSS 煙膠，請參考天然橡膠與乳膠

RTV 室溫硫化矽膠，一般與矽膠相關

SAN 苯乙烯 - 丙烯腈共聚合物 (styrene acrylonitrile)

SBR 丁苯橡膠 (styrene butadiene rubber)

SEBS, SEPS 嵌段共聚物 (styrenic block copolymer)，請見熱塑性彈性體

SHT 超高抗拉，通常與碳纖維相關

silicone 矽膠 聚矽氧烷 (polysiloxane)

SMC 片狀成型材料，通常與不飽和聚酯樹脂相關

SMR, SIR 標準馬來西亞橡膠，標準印尼橡膠，技術分級橡膠的一種

spandex 氨綸纖維，胺酯聚合物纖維

super fibre 超級纖維 合成纖維，與普通纖維的差別在於優異的強度重量比，包含超高分子量聚乙烯纖維、對位芳綸、碳纖、聚對二唑苯 (PBO)、膨體聚四氟乙烯

synthetic rubber 合成橡膠，人造熱固性彈性體：丁苯橡膠、丁二烯橡膠、氯丁橡膠、丁腈橡膠、丁基橡膠和異戊二烯橡膠

thermoplastic 熱塑性塑膠 加熱時會變柔韌的聚合物，無定形型態會漸漸軟化，半結晶熱塑性塑膠則會有明確的熔點

thermosetting 熱固性塑膠 簡稱為「thermoset」，這類型材料藉由加熱、催化或混和兩者觸發單向聚合反應形成，和大多數熱塑性塑膠不同，熱固性塑膠在聚合物之間形成不可逆的交叉鏈接

TPA polyamide-based TPE 熱塑性聚醯胺

TPAE TPA 聚醯胺

TPC, TPC-ET copolyester-based 共聚酯基酯

TPE thermoplastic elastomer, including TPS, TPC, TPU, TPA,

TPO and TPV 熱塑性彈性體，包含熱塑性苯乙烯 (TPS)、熱塑性共聚酯 (TPC)、熱塑性聚氨酯 (TPU)、熱塑性聚醯胺 (TPA)、熱塑性聚烯烴 (TPO)、熱塑性硫化橡膠 (TPV)

TPE-ES, TPE-EE TPC 熱塑性共聚酯

TPE-S TPS 苯乙烯基彈性體

TPO 聚丙烯基或聚乙烯基彈性體

TPS 苯乙烯基彈性體或澱粉塑膠 (生質塑膠)

TPU 聚氨酯基彈性體

TPV 交叉鏈接的聚丙烯基彈性體

triacetate CA fibre 三醋酸纖維

TSR 技術分級橡膠，與天然橡膠與乳膠相關

UF 尿素甲醛基樹脂 (熱固性塑膠)

UHM 超高分子量 (ultra-high-modulus)，通常與碳纖維相關

UHMWPE 超高分子量聚乙烯 (ultra-high-molecular- weight PE)

UlDPE 超低密度聚乙烯 (ultra-low-density PE)

UP 不飽和聚酯樹脂 (熱固性塑膠)

uPVC 無塑化劑聚氯乙烯 (unplasticized PVC)

vinyl P 乙烯基 聚氯乙烯 (VC)

viscose 黏膠纖維 醋酸纖維 (CA fibre)

WPC 塑木複合材料 (wood-plastic composite)

XNBR 羧酸基丁腈橡膠

XPS 擠塑板 (extruded foamed PS)

木材

D fir-L, DF-L 道格拉斯冷杉 – 落葉松 (Douglas-fir–larch)

ER 歐洲紅木 (European redwood) (柏科)

EW 歐洲雲杉 (European whitewood) (雲杉的一種)

glulam 膠合板 (glued laminated timber)

HEM, HEM-FIR, HEM-TAM 鐵杉 (hemlock)、鐵杉與冷杉 (hemlock and fir)、鐵杉與落葉松 (hemlock and tamarack)

LSL 層壓細條木心板 (laminated strand lumber)

LVL 層壓薄板木材 (laminated veneer lumber)

MEL 機器分級木料 (machine-evaluated lumber)

MSR 機械應力分級 (machine stress-rated)

OSB 定向粒片板 (oriented strand board, sterling board)

PSL 平行細條木心板 (parallel strand lumber)

SPF 雲杉 - 松木 - 冷杉 (spruce-pine-fir)

TMT 熱改質木材 (thermally modified timber)

WPC 塑木複合材料 (wood-plastic composite)

植物

cane 竹子和藤類植物的莖 - 用於籃筐

China grass 中國草 苧麻

ELS 特long絨棉 (extra-long staple cotton)

Natural Blend 商標名，意指全棉 60% 以上

Reed 藤篾 藤類植物的髓心，用於籃筐

Sinamay 西納梅麻 馬尼拉麻 ((Abaca)

Supima 商標名，特長絨棉 (ELS) 的一種

wicker 柳枝，有彈性的編織材料，例如取自藤類植物、竹子或柳樹

動物

kip 犢牛皮 來自幼獸或體型較小的牛，介於小牛與成牛之間

qiviut 麝牛的動物毛

礦物

Al$_2$O$_3$ 氧化鋁 (aluminium oxide, corundum)，金剛砂 (carborundum)

alumina Al$_2$O$_3$，氧化鋁

BC 碳化硼 (boron carbide)

carborundum 金剛砂 SiC 碳化矽

cement CMC 水泥 陶瓷基複合材料

CMC 陶瓷基複合材料，水泥

CrN 氮化鉻 (chromium nitride)

crystal 水晶 含 10%以上金屬氧化物的鉛玻璃

gypsum 石膏

lead crystal, full lead crystal 鉛水晶 (鉛含量超過 24%)、全鉛晶質玻璃 (鉛含量超過 30%)

Portland cement 波特蘭水泥 (人造水泥)

SiC 碳化矽 (silicon carbide)，金剛砂 (carborundum)

Si$_3$N$_4$ 氮化矽 (silicon nitride)

TiAlN 氮化鋁鈦 (titanium aluminium nitride)

TiCN 氮化碳鈦 (titanium carbon nitride)

TiN 氮化鈦 (titanium nitride)

UHPC 超高性能混凝土 (ultra-high-performance concrete)

WC 碳化鎢 (tungsten carbide)

zirconia 氧化鋯 (ZrO)

ZrN 氮化鋯 (zirconium nitride)

ZrO2 氧化鋯 (zirconium dioxide)

物理性質符號與縮寫

E modulus of elasticity 彈性模數

又稱為楊氏模數，材料的堅硬度 (剛性) 以應力與應變的比值定義，這是用來描述材料的定值，例如芳綸 (請見第 242 頁) 具有高模數，質地堅硬，而橡膠 (請見第 248 頁) 具有低模數，質地有彈性。

ρ ('rho') density 密度

材料每單位體積的質量 (例如 kg/m^3 or lb/ft^3)，因此，重量為 2,500 kg / m^3 (156 lb /ft^3) 的鈉鈣玻璃 (請見第 508 頁) 密度是聚甲基丙烯酸甲酯 (PMMA，丙烯酸) (請見第 174 頁) 的 2.1 倍，後者僅重 1,190 kg / m^3 的 (74 lb/ft^3)。

σ C ('sigma c') compressive strength 壓縮強度

材料能抵抗減少自身尺寸的載荷能力，引起變形或壓碎所需力量的定義 (另請參考 Pa)，對於易碎材料破裂點很明顯，例如混凝土 (請見第 496 頁水泥)，因為這些材料會瞬間斷裂。但是隨著壓縮載荷的增加，易延展的材料會逐漸變形，沒有明確的破裂點，像是鋼 (請見第 28 頁)。這種情況下，壓縮強度某種程度經常改變，定義取決於材料達到可以接受的最大永久變形時施力點。

σ t ('sigma t') tensile strength 拉伸強度

又稱為極限強度或斷裂力量，指的是材料在拉張力下斷裂的抵抗力量，也就是使材料斷裂分為兩截需要的力量 (另請參考 Pa)，在某種程度上，取決於材料的形式，例如模製成型的聚對苯二甲酸乙二酯 (PET，聚酯) (請見第 152 頁) 的抗拉強度為 60 MPa，僅約為聚酯纖維 (985 MPa) 抗拉強度的 16%。

IACS international annealed copper standard 國際退火銅標準

用於比較材料的導電率（測量材料接納電荷運動的程度），特別是金屬。以退火銅（請見第 66 頁）為 100% IACS 的導電率，即等於 58 MS／m（兆米／米）。因此以鑄鐵為例子（第 22 頁），電導率為 10 MS/m 的為 18% IACS。

Shore a, Shore D Shore durometer scale 邵氏硬度 A 型與邵氏硬度 D 型

塑膠、橡膠或彈性體以成型的金屬支腳的壓入深度來測量，這個測量儀器稱為硬度計，壓痕深度的測量範圍是 0 到 100；數字較高表示材料較硬（較沒有彈性）。這類測試通常用於表示材料的彈性，兩種常見的測試為邵氏硬度 A 型與邵氏硬度 D 型，軟質材料以邵氏硬度 A 型測量，硬質材料以邵氏硬度 D 型測量，不同尺度之間沒有強烈的相關性。邵氏硬度又稱為硬度計硬度。

Tg glass transition temperature 玻璃化溫度

塑膠中無定形區域（請見第 166 頁）變得易曲折的溫度。有些塑膠的玻璃化溫度比較低（例如彈性體，觸感像橡膠，因為無定形區域可移動），有些塑膠在室溫下堅硬（例如，結構用塑膠依賴於高玻璃化溫度，因此能在室溫以上保持其結構完整性）。利用增加增塑劑，可在室溫下將具有高玻璃化溫度的塑膠製成易曲折的材料。

W/mK thermal conductivity 導熱係數性

又稱為 U 值和 λ，指的是熱量通過材料的速率，與厚度無關，定義為單位溫度梯度每一公尺厚度溫度降低 1 K 時，經單位導熱截面每平方公尺所傳遞的熱量（W），換句話說，當一側的溫度高於另一側 1 度，表面積 1 平方公尺的 1 W/mK 材料，會將 1 度傳遞到材料的另一端。

測量單位

GPa gigapascal
吉帕斯卡（氣壓單位）

等同10⁹（十億）帕

K Kelvin 凱氏溫度（絕對溫度）
熱力學溫標 SI 制標準單位，等效於攝氏（°C），但是標示絕對溫標時，K 的左上方並沒有°的符號

kJ kilojoule 千焦耳
等同10³（一千）焦耳

micron micrometre 微米
長度單位，等於公尺的百萬分之一；符號為「µm」

MPa megapascal 百萬帕斯卡（氣壓單位）
等同109（百萬）帕

MS megasiemens 西門子（導電度單位）
等於106 S

N newton 牛頓
SI 單位力量；等於使質量為 1 kg 物體的加速度為 1 m／s²（1 公尺／秒）所需的力，相當於 100,000 達因

W watt 瓦特
SI 功率單位，等於 1 J/s（1 焦耳／秒），用於表示電路中消耗能量的速率

專業術語
粗體代表另有專門條目說明的術語

3D printing 3D 列印
積層製造的原始形式，立體列印（3D 列印）在 1993 年由麻省理工學院（MIT）開發出來，製造商 Z Corporation 將這項技術商品化，操作時，生石膏基底的灰泥沉積後，用水復水，形成剛性結構，完成建置後，將樹脂滲入模型中，藉此創造出堅硬的零件。

additive manufacturing 積層製造
又稱為快速原型製作、3D 列印或數位製造，這一種逐層建立 3D 物件的加工方法，主要方法基於熔融粉末（雷射燒結 [sintering] 適用於特定塑膠和金屬材料）、固化樹脂（環氧樹脂）或熔融長絲（塑膠、巧克力和任何其他可以在較低溫度下軟化的材料）。除了這三大項還有很多變化，積層製造的新方法也持續出現和發展中。

air knife 氣刀
又稱為浮動刀，用於在紡織品上施作塗層和黏膠劑，這個名稱來自紡織品通過氣刀下方時沒有額外支撐，讓紡織品在拉張力下固定施加壓力。

aliphatic 脂肪族聚合物
一種聚合物結構，在原子開鏈中包含碳原子（非芳香族）（請見第 166 頁聚醯胺）。分為飽和與非飽和，例如聚醯胺（PA，尼龍）和聚對苯二甲酸乙二酯（PET，聚酯）（請見第 152 頁），這兩種是常見的塑膠。

alpha-beta (α-β) alloy α-β 合金
請見雙相合金。

alpha-olefin (α-olefin) α-烯烴
α-烯烴主要在聚乙烯（PE）生產當作共聚物單體（見見第 108 頁），在第一和第二個碳原子之間（α 位置）具有雙鍵的烯烴。

amine 胺
衍生自氨，藉由將一個或多個氫原子替換為有機基團而產生，當作固化環氧樹脂的固化劑（請見第 232 頁）。

anisotropic 異向性
具異向性的材料寬度和長度方向不同。例如，木材沿著生長方向（沿著木理）更堅固，與木理平行則完全相反；纖維強化複合材料（FRP）順著纖維最堅固；織機織物在經紗方向（機器方向）上強度通常更強，因為經紗必須擁有足夠強度，才能承受編織過程中施加的載荷。請參考等向性（isotropic）。

anneal 退火
在金屬和玻璃生產中利用熱處理，用於金屬，在控制情況下加熱和冷卻，可以使晶體結構達到平衡（請見第 38 頁鋼、第 44 頁鋁，以及第 88 頁銀）；利用相同的方法可以消除成型玻璃中的內部應力，加熱後逐漸冷卻可降低室溫下分子結構中張力的累積（請見第 509 頁、第 511 頁鈉鈣玻璃以及第 520 頁鉛玻璃）。

anodize 陽極處理
一種電化學加工，在鋁（請見第 44 頁）表面形成天然產生氧化物（AIO）薄層，氧化鋁是目前已知最堅硬的材料之一（另請見第 476 頁鑽石和剛玉，第 502 頁科技陶瓷），除了用於保護，也可以上色，因此在設計上很受歡迎，廣泛用於各種產業與應用範圍。

aromatic 芳香族
包含原子不飽和環（非脂族）的聚合物結構。對於合成塑膠來說，這種屬性代表單體在聚合過程中結合在一起，形成較長的未斷裂長鏈（強度更高），晶體結構具有高度方向性。例如芳綸纖維（請見第 242 頁），是一種芳香族聚醯胺，與脂肪族聚醯胺（PA，尼龍）（請見第 164 頁）相比，具有更高的強度、剛性和尺寸穩定性，具有部分芳香族結構的聚合物，例如聚醚醚酮（PEEK）（請見第 188 頁）被稱為半芳族。

bast fibre 韌皮纖維
從特定的高大植物莖上萃取的耐用長纖維，從亞麻（請見第 400 頁）、大麻（請見第 406 頁）和麻（請見第 408 頁）中萃取的植物纖維是所有植物纖維中最強韌的。

biocompatible 生物可相容
對生物組織不會造成破壞或是沒有毒性（通常是指用於外科手術或外科植體的材料），另請見細胞毒性（cytotoxic）。

bicomponent 二元纖維
將纖維以各種不同配置共擠出並混紡，結合兩種或多種材料的特性，請見聚醯胺（PA，尼龍）（第 173 頁）。

blowing agent 發泡劑
用於產生蜂巢狀結構的物質，可用於塑膠、金屬和陶瓷，以液態和材料混合後，藉由發泡產生氣穴，這種材料藉由硬化或相變可從液態變成固態，這種變化和未加入發泡劑前一模一樣，能使蜂巢狀結構固定，藉由限制材料的膨脹程度，例如放入模具，可以控制材料的密度，最有名的例子包括發泡聚苯乙烯（EPS）（請見第 132 頁）包裝和建築物隔熱材料，以及聚氨酯泡棉（PU 泡棉）（請見第 202 頁）室內裝飾品和建築物隔熱材料。

blow molding 吹塑成型
一種加工方法，可用於大量生產中空塑膠容器，有兩種主要的生產方法，擠出吹塑成型（EBM）和射出吹塑成型（IBM），在這兩種情況下，都是將熱塑膠型坯（parison）放入模具中，向其中吹入壓縮空氣，讓型坯與內部形狀相符合，雖然擠出吹塑成型的建置成本比較低，而且使用更廣泛，但是射出吹塑成型能夠完成更複雜和更精確的細節。另請見聚乙烯（PE）（請見第 112 頁）。

brazing 硬焊
將相鄰的零件之間的填充材料熔融在金屬中形成永久連結，填充材料的熔化溫度決定了加工的名稱，低於 450°C (840°F) 稱為軟焊，高於則稱為硬焊。

breathable 透氣性
用於描述材料可以讓空氣與水蒸氣透出，但是一般無法使液體滲透，包含如皮革（請見第 444 頁）的天然材料，或像是膨體聚四氟乙烯（請見第 190 頁 ePTFE）的人造材料。

CAD 電腦輔助設計
泛指使用電腦程式協助完成的設計與物件的加工。

calendering 壓光
一種機械表面處理技術，用來改變紡織品的外觀和觸感，未完成的材料在高壓下通過金屬圓筒，使滾筒表面浮凸壓過紡織品的表面，或是直接穿透紡織品的結構，能使表面光滑，同時改善紡織品的光澤，或者用來複製滾筒上的立體圖案，取決於材料和技術不同，壓光可能是半永久性的，也可以一直持續到面料的使用壽命結束。

CAM 電腦輔助製造

這個術語泛指驅動電腦輔助加工的程式，例如 CNC 銑削和雷射切割。

carbon black 碳黑

因為碳氫化合物不完全燃燒產生幾乎純淨的元素碳，可以添加到天然橡膠和合成橡膠（請見第 248 頁和 216 頁），藉此增強物理性能，像是強度和耐用度。

cathodic protection, action 陰極保護，陰極作用

用來減少金屬表面腐蝕的技術，在容易腐蝕的金屬（犧牲陽極）放在要保護的金屬鄰近位置，使其轉變為電化電池的陰極，這種技術常用於鍍鋅鋼，由鋅犧牲層（請見第 78 頁）保護鋼料（請見第 28 頁）。金屬被腐蝕的速度取決於穩定性（nobility），伽凡尼腐蝕電位序列（galvanic number）較低的金屬比較高的金屬腐蝕速度更快，請參考伽凡尼腐蝕（galvanic corrosion）。

CIM 陶瓷射出成型

「Ceramic injection molding」，與塑膠射出成型（injection molding）類似，陶瓷射出成型可以用來生產大量相同零件，將陶瓷粉末和塑膠黏著劑的混合物注入模腔。之後，黏著劑融化，燒結（sintered）零件，融化陶瓷顆粒，請見 504 頁科技陶瓷、請參考 MIM 金屬射出成型，這種技術與金屬粉末成型的加工方法很類似。

CIP 冷等靜壓

請參考等靜壓（isostatic pressing）。

CITES 瀕臨絕種野生動植物國際貿易公約

「Convention on International Trade in Endangered Species of Wild Fauna and Flora」，於 1973 年製定，為了保護物種避免過度開發，檢查公約狀態可以確保動植物產品的適用性，特別是珍稀物種（分別為 374 頁、462 頁）。

CNC 電腦數值控制

「computer numerical control」，指的是電腦操作的機械設備，請參考機械加工（machining）。

coefficient of friction 摩擦係數

藉由材料之間的摩擦力與材料之間的正向力兩者關係，表示兩個表面之間的摩擦力數值，不是以單位計算，數字低代表摩擦力很小（理論下限為 0），數字高代表摩擦力高（通常最高為 1）。

compression modulus 壓縮模數

用來表示材料容易粉碎的程度，定義為施加到材料上的壓縮應力與所得壓縮量的比例。

compression molding 壓縮成型

這種加工方法可用於大量製造的熱固性塑膠和橡膠零件，在壓力下將塑膠粉末（例如酚醛樹脂，請見第 224 頁）、橡膠（例如矽膠，請見第 212 頁）或是糰料（例如不飽和聚酯，請見第 228 頁）壓入模腔。將金屬模具加熱，加速固化過程，固化之後，將膜件脫模，這種加工方式不如射出成型快速，而且廢料無法回收。

copolymer 共聚物

由兩個重複單體（monomers）的長鏈組成的聚合物（polymer），例如乙丙橡膠（EPR）（請見第 216 頁）。

covalent bond 共價鍵

由原子間電子共享形成的化學鍵，有助增強特定聚合物（polymers）的物理性能（請見酸類共聚物和離聚物，第 130 頁），提供強大的黏結機制（請見聚矽氧烷、矽膠，請見第 214 頁），結合堆疊緊密的碳原子，可使鑽石成為材料中最堅硬的一種（請見 478 頁），請參考離子鍵（ionic bond）。

creep 潛變

測量材料經過長期載荷後發生的永久延展（拉伸），在重大結構應用範圍中使用的纖維和繩索，低潛變測量特別重要。

cure 固化

聚合橡膠或樹脂（固體、塗層、黏著劑或複合基質）以形成熱固性塑膠，可以利用催化劑或加熱來促發反應。

CVD 化學氣相沉積

「Chemical vapour deposition」，用於將固態材料從氣相沉積到基材上的一種加工方法，在某些方面類似物理汽相澱積（PVD），將要塗覆物體放入反應腔，大氣排空後，先將前體氣體送入腔室中並反應或分解後，在基板的表面上形成固態材料。兼容這種加工方法的材料包括金屬和陶瓷（例如碳化物、氮化物和氧化物），這是一種通用的加工方法，能夠產生的厚度從非常精細的塗層（厚度僅為幾微米），最厚甚至可以形成整顆鑽石（請見第 476 頁）

cyclic load 循環載荷

定時重複施加應力，在結構應用範圍中特別重要，因為循環載荷的強度如果低於材料極限抗拉強度，可能導致過早發生破壞，像是鋼雖然可以承受最高達強度百分之十的循環載荷，但是鋁合金無法承受，因此無法用於會產生震動或旋轉、但需要使用壽命較長的應用範圍。

cytotoxic 細胞毒性

對生物組織有毒性（通常是指用於外科手術或外科植體的材料），另請見生物可相容（biocompatible）。

damping 阻尼制震

減少系統震動（特別是汽車與機械應用範圍）能將機械能轉化為熱能。

debossing 沉花（俗稱打凹）

材料表面凹入的圖案，和俗稱打凸的壓花（embossing）相反，在壓力下施作設計，例如壓光（calendering）或是沖壓成型。

deep drawing 深抽成型

一種冷金屬壓制技術（請參考第 34 頁鋼），深抽這個名稱來自當縱向長度與直徑之間的關係，代表需要調節拉伸，在成型的過程中會稍微減低材料的厚度，使用這種技術的範例包括兩件式鋁製飲料罐（請見第 44 頁）。

die casting 壓鑄法

用於使熔融金屬成型的各式各樣技術，包括高壓壓鑄、低壓壓鑄和重力壓鑄。高壓壓鑄是將非鐵（ferrous）系零件成型最快速的方法，將熔融金屬在高壓下壓入壓鑄模以形成零件，高壓代表能實現細小的零件、壁厚較薄的部份與精細的表面光澤度，工具和設備非常昂貴。使用低壓壓鑄時，將熔融材料以低壓氣體壓入壓鑄模，材料流入時流量很小，因此零件的機械性能良好，這種加工方法最適合以熔點溫度低的合金製作旋轉的對稱零件，像是鋁合金輪轂就是很好的例子（請見第 55 頁鎂）。重力壓鑄也稱為永久鑄造，與砂模鑄造唯一的差別是使用鋼模，壓力降低代表工具和設備成本降低，因此重力壓鑄通常用於生產週期較短的物件，使用其他壓鑄方法比較不經濟。請參考包模鑄造（investment casting）、MIM 金屬射出成型和觸變成型（Thixomolding）。

die cutting 模切

這個加工過程又稱為裁切（clicking）或沖剪（blanking），是一種高速圖案切割作業，可用於處理柔軟的材料，包括紡織品、紙張（請見第 268 頁）、塑膠片材。速度快，可以切出中小型零件，並能用於半穿切（kiss cutting）（切開頂層，但保留支撐層完好）、打孔和刻痕等。

dielectric strength 介電強度

指的是在絕緣材料破裂之前能夠施壓的電壓，因此，具有高介電強度的材料是良好的絕緣體。

diffusion bonding 擴散焊接

這種金屬焊接技術適合能同時應用在接合相似和不相似的材料，固態接合的作業原理是利用高壓使兩件工件的接觸面之間的原子，隨時間相互嵌入擴散結合。

dip molding, coating 浸漬成型，浸漬塗佈

生產熱塑性塑膠產品的低成本製造方法，可用於柔性和半剛性材料，能生產中空和片狀的幾何造型。將工具預熱後浸入液態塑膠中，通常是聚氯乙烯（PVC）（請見第 122 頁）、聚氨酯（請見第 202 頁）或乳膠（請見第 248 頁），會在工具表面膠化，形成均勻的材料層，與工具接觸的一側非常精準，可以精確複製模具工具側的壓花（embossed）細節和紋理，成型之後可以反轉，讓紋理在外側。將脫模劑換成底漆，可以從浸漬成型轉換成塗佈加工，在金屬零件加上厚度後、色彩明亮的絕緣保護層。

drawing 拉伸

在生產過程中拉伸長絲，對齊聚合物（polymer）鏈並藉此增加強度，請參考對苯二甲酸乙二酯（PET，聚酯）（請見第 154 頁）。

ductile, ductility 可延展的，延性

在不犧牲韌性的情況下，使材料變形的能力，這種屬性可用於生產鋼絲（第 28 頁）和金箔（第 90 頁）。

elastic deformation 彈性變形

固體材料暫時改變形狀，除去施加的載荷之後，這種變化就會回覆。請對照塑性變形（plastic deformation）。

elastic modulus 彈性模量

請見物理性質符號與縮寫「E, modulus of elasticity」

electron beam welding, melting (EBM) 電子束焊接

一種金屬焊接技術，能夠在厚度不超過 150 公釐的鋼（請見第 28 頁）、厚度不超過 450 公釐的鋁（請見第 42 頁）中產生聚結縫。電子束以陰極加熱達 2,000°C 以上，電子發射速度最高達光速的三分之二，將濃縮能量所產生的熱量集中在接合界面上，使材料熔化並聚結，通過電磁場聚焦產生的功率密度高達 30,000 W／mm²，使焊接的完成度極高。適用於積層製造（additive manufacturing），使用稱為電子束焊接（EBM）的技術，將鈦（請見第 58 頁）粉末熔合在一起，成為無孔隙的立體零件。

electrolysis 電解

利用電將離子物質分解為較簡單的物質，使某些平常情況下無法自發的化學反應得以發生，這種化學反應依賴離子（ions）的自由運動。換句話說，物質必須為液態才能正常運行，需熔融或溶解在電解液（electrolyte）之中。

531

electrolyte 電解液
作為溶液具有導電性的含離子物質（例如鹽水）；用於電解（electrolysis），促進不同金屬之間的伽凡尼腐蝕（galvanic corrosion）。

elongation at break 斷裂伸長率
又稱為破裂應變（fracture strain），定義為材料在拉伸作用下斷裂時，改變的長度與初始的長度之比例，可顯示材料在破裂之前承受形狀改變的耐受度。

embossing 壓花
在表面形成浮雕（凸起）圖騰，與沉花（depossing）相反，藉由切除或削去多餘的部分施作設計，或是利用加壓製作。

engineering material, metal, plastic 工程材料，金屬，塑膠
適合結構應用範圍的材料，具有明確定義的物理屬性。

extrusion 擠出成型
施力使材料通過模具，形成具有連續形狀的長條物件，就像從軟管中擠出牙膏一樣，可兼容幾種材料類型，包括熱塑性塑膠加熱、混合和擠壓（塑膠擠出成型）；連續纖維強化材料以樹脂包覆，拉拔通過加熱模具時硬化成型（拉擠成型）；用於塑膠、玻璃或玄武岩，可將細纖維拉出（紡絲）；鋁在巨大壓力下加熱加壓（金屬擠壓成型）；黏土在焙燒前先壓制（硬泥加工）。

fibrillation 纖維化
獨立纖維或元件的分裂或破壞，例如簇絨人造草皮中使用的塑料紗（第117頁），或再生纖維的降解（請見醋酸纖維素、黏膠纖維，第252頁）。

figured 帶有圖騰
展現人類或動物形態的藝術圖騰或天然圖騰，例如使用提花編織產生的圖騰（請見第420頁絲綢），或是在木材薄板中發現的圖案（請見第290頁）。

filament 長絲
連續紗，唯一自然存在的長絲是絲（請見第420頁），將人造纖維，例如黏膠纖維（請見第252頁）、聚對苯二甲酸乙二酯（PET，聚酯，請見第152頁）紡成長絲或二元纖維（bicomponent），將其切成短纖維（staple）。請參考單絲（monofilament）和複絲（multifilament）。

flux 助熔劑
這種物質可以在金屬冶煉、玻璃製造和陶瓷燒製中添加到原料中，能降低熔融溫度，進而提高生產效率。助熔劑可與其他雜質結合形成爐渣，而爐渣可從表面撈出。

forging 鍛造
將金屬塊在極大的高壓下置於兩個半模之間，使其流入模具空腔中（塑性變型），逐步形成複雜的形狀和深厚的輪廓，每個步驟中可以實現的成型量取決於金屬不同，像是鋁比鋼「更柔軟」，鍛造相當容易且更具成本效益。

friction-stir welding 摩擦攪拌焊接
一種金屬焊接技術，利用旋轉的非消耗性針心攪拌頭，沿著接點在界面混合材料，這種技術發展相對較新，在鋁組件（請見第42頁）的設計上提供更大的潛力，因為不會增加熱輸入量，特別適合用於薄型零件上製作長接點（加熱過程容易導致金屬變形）。

galvanic corrosion, number 電位差腐蝕，伽凡尼腐蝕電位序列
當穩定性成對比的金屬放在一起的時候，並與電解質（electrolyte）接觸（如鹹水），穩定性較差的金屬會成為陽極，因此會先發生腐蝕，除了在工程應用時增加挑戰度（伽凡尼腐蝕會造成災難級的破壞），這種電化學作用還會導致材料變色，這點在建築與外牆特別重要。請參考陰極保護（cathodic protection）。

geotextile 地工織布
在戶外使用的滲透性紡織品，可提高土壤強度。合成材料範例包括聚丙烯（PP）（請見第98頁）和聚對苯二甲酸乙二酯（PET，聚酯，請見第152頁）；以這種方式使用的天然纖維包括大麻（請見第406頁）、亞麻（請見第400頁）和椰殼纖維（請見第416頁）。

homopolymer 均聚物
使用單一類型的單體（monomer）組成的聚合物（polymer），例如聚丙烯（PP）（請見第98頁）。

HIP 熱等靜壓
「Hot isostatic pressing」，請參考等靜壓（isostatic pressing）。

hydrophilic 親水性
具有吸水或導水傾向，天然植物纖維如棉花（請見第410頁）和亞麻（請見第400頁）。與疏水性（hydrophobic）相反。

hydrophobic 疏水性
排水或類似水的液體，例如用作塗料的矽膠（請見第212頁）和聚四氟乙烯（PTFE，請見第190頁）。與親水性（hydrophilic）相反。

injection molding 射出成型
用來製造塑膠產品的主要加工技術之一，是大量生產相同產品的理想選擇，將塑膠加熱熔化之後，在壓力下高速注入模具空腔中，最不昂貴的射出成型模具以兩個半模組成，即稱為公母工具，這種情況下，零件的幾何形狀受限於所謂的分模線（line-of-draw），必須能沿直線從模具的兩側脫模。對於比較複雜的形狀，需要利用多零件模具，模具每個部份依序收縮，以便在單一零件中完成互相衝突的角度。一般成型技術的變化形式包含多次注射（將兩種以上的材料組合成無縫零件）、玻璃輔助製造（成型過程中吹入少量氣體以產生空心的長型輪廓）、模內裝飾（注射塑膠前先放入印刷膜，射出成型之後平面設計與顏色就與物件融為一體），也可以施作在特定陶瓷上，稱為CIM陶瓷射出成型（見第504頁科技陶瓷）；或是施作在金屬上，稱為MIM金屬射出成型（見第48頁鋁），雖然這些加工方式與塑膠射出成型原理相似，但設計上的考量不同。

interference fits 干涉配合
又稱為壓入配合（press fit）或摩擦配合（friction fit），這種連續類型依靠界面處的摩擦力，將兩個零件固定在一起，通常其中一個零件的外部尺寸會大於裝配零件的內部尺寸。

intumescent coating, paint, seal 發泡性塗佈、發泡性塗漆、發泡性密封
一種塗料或密封劑，加熱時會膨脹（形成泡沫式阻隔），因此著火時能保護下方的材料，見第180頁聚丙烯腈（PAN）。

investment casting 包膜鑄造
又稱為脫蠟鑄造（lost-wax casting），使用非永久性（易碎的）陶瓷模具，將液態金屬製成複雜的形狀，首先使用蠟或其他適合的介質，製成金屬形狀，蠟模成型後，會塗上陶瓷漿料，逐層堆疊直到模具堅固足以承受鑄造加工為止，這種濕浸和乾上灰泥的加工方法稱為熔模（investing），重複7到15次後逐漸形成越來越粗糙的耐火材料。加熱模具以融化蠟並燒製，趁模具仍有熱度時，倒入熔融金屬，填充蠟模留下的空腔，等到金屬凝固之後，打碎陶瓷模具，即可取出完成零件。

ion, ionic bond 離子，離子鍵
在分子、離子中比質子具有更多或更少的電子，形成具有淨正電荷或負電荷的個子。正離子和負離子通過靜電吸引結合在一起，形成離子鍵；這種化學鍵（另見共價鍵 covalent bond）在塑膠和礦物（請見第483頁黏土）中扮演重要作用。離子鍵可在離聚物中形成交叉鏈接，具有多種優勢屬性，請見第130頁離聚物。

isostatic pressing 等靜壓
用於金屬、塑膠、複材材料和陶瓷成型，將粉末壓入彈性模具中（薄膜或是密閉容器），利用氣體或液體施加壓力，壓實之後，將粉末燒結（加熱以融化顆粒），用這種方式成型的零件，不像使用金屬模具中壓制成型會有幾何形狀的限制。等靜壓分為冷等靜壓（CIP）和熱等靜壓（HIP），兩者不同的地方在於熱等靜壓使用非常高的溫度而壓力，完成沒有孔隙的零件，和冷等靜壓相比，零件擁有更優良的機械性能與表面光澤度。

isotropic 等向性
在每個方向都擁有均勻物理特性的材料，例如鋼（請見第28頁）和鈉鈣玻璃（請見第508頁）。不管施力的方向或類型，都能高度預測這些材料的表現，對於工程類應用範圍很有優勢，當材料的屬性幾乎均勻時，稱為準等向性（quasi-isotropic）。請參考異向性（anisotropic）。

jacquard 提花
由約瑟夫雅卡爾（Joseph M. Jacquard）於19世紀發明的一種系統，利用打孔卡片來控制經紗輔助編織和針織，完成帶有複雜圖騰的紡織品（請參考第420頁絲），提花最初是手織機開發的技術，現在加上CNC加工，能夠生產任何類型的花樣。

laser sintering 雷射燒結
請見燒結（sintering）。

lignin 木質素
堅硬自然的天然聚合物（polymer），可在植物和樹木的細胞壁發現，結合多醣（纖維素和半纖維素），提供強度讓植物莖部可以站直，木質素含量低的木材，例如山核桃（第352頁），彈性相對較高。木質素含量高的紙張（例如從機械紙漿生產的新聞紙，請見第268頁），會隨著時間過去而變黃，因此不適合用於高品質或需要長時間保存的應用範圍。

lightweighting 輕量化
通常指的是汽車產業，將設計的車輛重量減輕，幫助改善效率與操控性，例如鎂（請見第54頁）具有減輕重量的優勢，雖然價格相對昂貴，但是目前逐漸用於關鍵應用範圍中。

lost-wax casting 脫蠟鑄造
請見包膜鑄造（investment casting）。

machining (milling) 機械加工 (銑削)

工件利用高速旋轉的刀具去除材料，任何硬質材料都可以切削，只要切割機使用的材料比起工件更硬。例如，木材使用鋼料切割，而鋼料使用碳化鎢切割。電腦輔助機械加工可以產出非常精確複雜的形狀，軸數決定了可以實現的幾何形狀，三軸機器可用於切割片材，七軸機器可以切割出逼真的半身像。

matrix 基材

將複合結構中的粒子或纖維黏合在一起的物質，例如環氧樹脂 (請見第232 頁) 通常用作碳纖維強化塑膠 (第236 頁) 中的基材。

medullated 有髓的

特定羊毛 (請見第 426 頁)、動物毛 (請見第 434 頁) 和皮毛 (請見第 466 頁) 的中空結構，這是來自構成內核的特定細胞類型發生變質。當中空結構沒有貫穿整根纖維長度時，稱為部份有髓的。

metal spinning 金屬旋壓成型

形成旋轉對稱鈑金造型的加工方法，能使用單面工具進行，也可以將金屬片逐漸推向旋轉中的模具加工成型，稱為「空壓」(on-air)，無需工具修整。將金屬圓盤與工具接觸，然後將兩件一起旋轉，使用滾筒或金屬工具，片材逐漸在工具的表面上成型，通常利用這種方式製作的兩種金屬為鋁 (請見第 42 頁) 和銅 (請見第 66 頁)。

MIG 金屬極鈍氣銲接

英文名稱為「Metal inert gas welding」，在相似的金屬之間形成強大的接合，通常為鋼 (請見第 28 頁)、鋁 (請見第 42 頁) 或鎂 (請見第 54 頁)，在損耗的電極和工件中形成電弧，利用惰性氣體作為保護氣體。電極以線軸連續供給，而保護氣體分開供給，代表這種加工方式可以半自動化進行，因此已經受汽車工業採用，約佔所有焊接作業的一半。請參考 TIG 鎢極鈍氣熔接。

MIM 金屬射出成型

英文名稱為「Metal injection molding」，這種粉末加工方式原理類似於塑膠射出成型，金屬粉末與樹脂黏著劑混合注入模腔，成型之後，將零件加熱，去除黏著劑，燒結後 (sintered) 熔化金屬顆粒，用於生產鋼 (請見第 28 頁)、不銹鋼、青銅 (請見第 66 頁)、鎳合金和鈷合金等小零件。請參考壓鑄成型 (pressure die casting)、觸變成型 (thixomolding) 和 CIM 陶瓷射出成型，後者是用於粉末陶瓷成型的類似加工方法。

Mohs hardness 莫氏硬度

相對硬度的測量標準，測量礦物刮擦的耐受力，用於刮擦的礦物從滑石 (見見第 472 頁石材) 至鑽石 (請見第 476 頁) 皆有。

moisture-wicking 排濕

特定纖維能夠將水分從使用者皮膚表面排出到衣服的外層，進而加速乾燥，動物纖維天然具有毛細作用 (請見第 426 頁羊毛、第 434 頁動物毛)，而有些合成纖維也有這種功能，包括聚醯胺 (PA，尼龍) (請見第 164 頁)、聚對苯二甲酸乙二酯 (PET，聚酯) (請見第 152 頁)、聚丙烯腈 (PAN，丙烯酸纖維) (請見第 180 頁) 和聚乳酸 (PLA) (請見第 262 頁)。

molecular weight 分子量

聚合物 (polymer) 長度的測量單位，例如合成塑膠。分子量較高可產生更細緻、更高強度的塑膠，因為聚合物鏈之間重疊更多，例如超高分子量聚乙烯 (UHMWPE) 的強度達商用聚乙烯 (PE) 好幾倍 (請見第 108 頁)。

monofilament 單絲

單股絲線 (請見第 420 頁) 或人造纖維。請參考長絲 (filament) 和複絲 (multifilament)。

monomer 單體

小型簡單化合物，分子量低，可以與其他類似化合物結合形成聚合物 (polymer)，多個相同單體結合形成均聚物，兩種不同類型的單體形成共聚物 (copolymer)，三種不同類型的單體形成三元共聚物。

multifilament 複絲

由多根長絲 (filament) 纏繞在一起的股線或紗線，請參考單絲 (monofilament)。

net shape 淨型

完成所有加工之後物件的最終形狀，例如，鋅 (請見第 78 頁)，壓鑄件被認為是淨型的，因為需要的機械加工極少，甚至不需要；而鋁 (請見第 42 頁) 壓鑄件只是接近淨型，因為可能需要在成型後進行切削和表面處理。

nobility, noble metals 穩定性，貴金屬

電位電勢較低的金屬 (例如鎂，請見第 54 頁) 稱為穩定性較差，藉由伽凡尼腐蝕電位序列 (galvanic number) 來識別，與高穩定性的物質 (例如碳纖維，請見第 236 頁) 放在一起的時候，並接觸到電解質 (electrolyte)，容易受到伽凡尼腐蝕 (galvanic corrosion)。

non-polar plastic 非極性塑膠

請參考極性塑膠 (polar plastic)。

offset lithographic 平板印刷

這種加工技術通常簡稱為「offset litho」，可用於雜誌、目錄和書籍相關類型，是最商業性的印刷技術，能非常快速、使用低成本重現高品質的圖像和文字。這種加工技術根據油和水不混合的基本原理印刷，印版上非圖像區域會吸水，而圖像區域會排水，即稱為疏水性 (hydrophobic)，在印刷的過程中保持印版濕潤，因此油性墨水只會黏在依然乾燥的圖像區域，墨水轉移到包覆的印刷滾筒橡膠表面，然後滾筒旋轉壓過紙張，完成銳利清晰的印刷成品，這種間接列印方式稱為轉印 (offset)，通常與大量生產的平板印刷相關，但是也可以用於其他印刷技術。

overmolding 包覆成型

射出成型 (injection molding) 技術的一種，在成型作業時將物件整合在塑膠零件中 (例如手柄，請見第 167 頁) 和電子零件 (例如可穿戴電子設備，請見第 195 頁)，也可以將兩種類型的塑膠結合實現某些功能 (例如複合材料，請見第 237 頁)，或用於裝飾目的 (例如平面設計，請見第 237 頁)，將要包覆成型的物體放入模具中並牢牢固定，然後將熔融的塑膠從頂部注入。

parison 型胚

圓形的玻璃管或是塑膠管，分別藉由玻璃吹製成型或吹塑成型。

patina 陳年色澤

隨著使用時間而逐漸發展出的表層或圖案，例如皮革 (請見第 444 頁) 上的使用痕跡。

phase, crystal phase 相，晶相

在金屬方面，晶體形成被稱為相，單相合金由一種類型的晶體結構組成，雙相合金 (duplex alloy) 由兩種晶體類型的混合物組成，雙相合金的優點在於加熱處理非常容易，請見淬火 (quenching) 和析出硬化 (precipitation hardening)。

phthalates 鄰苯二甲酸酯

一組化學物質能使合成塑膠更有彈性，用於此類稱為塑膠劑 (plasticizers)，例如用於聚氯乙烯 (PVC) (請見第 122 頁)。由於鄰苯二甲酸酯對人和環境具有潛在的危害，許多國家限制塑膠劑的使用。

plain-sawn 弦切

正向平鋸可生產弦切木材，是切割原木最有效率、最經濟的方式，將樹木沿著長度切成平行木板。請參考四分切 (quarter-sawn)。

plastic deformation, plasticity 塑性變形，可塑性

材料在固態或半固態狀態下發生永久變形 (但不只有塑膠會發生塑性變形)，與彈性變形 (elastic deformation) 互成對比。

plasticizers 塑化劑

添加到塑膠中可使塑膠更有彈性，更不容易碎裂。藉由分隔聚合物 (polymer) 鏈作業，使其保留滑動的空間，作用類似將無定形塑膠加熱到聚合物玻璃轉移溫度 (縮寫為 TG)，塑化劑的問題在於隨著時間過去，會遷移到物件表面並蒸發，這是新出廠汽車的未來來源，也是為什麼彈性聚氯乙烯 (PVC) (請見第 122 頁) 具有強烈氣味的原因，在某些情況下，塑化劑可能具有潛在危害物質，例如 PVC 中常用的鄰苯二甲酸酯 (phthalates)。無毒穩定劑 (例如鈣鋅) 和非鄰苯二甲酸酯塑化劑可用於要審慎處理的應用範圍，例如玩具、包裝與醫療器材。

ply 夾板

層壓結構的單層，例如層壓織品、木頭薄板 (請見第 290 頁) 或高性能複合材料 (請見第 236 頁碳纖維強化塑膠)。

Poisson's ratio 蒲松比

當材料拉伸或壓縮時，寬度與長度成比例變化的比率，換句話說，材料受到擠壓時會發生橫向膨脹。膨脹越小，蒲松比就越低。

polar plastic 極性塑膠

極性塑膠請參考聚醯胺 (PA，尼龍，第 164 頁)、聚碳酸酯 (PC) (第 144 頁)、聚氯乙烯 (PVC) (第 122 頁) 和丙烯腈丁二烯苯乙烯 (ABS 樹脂) (請見第 138 頁)。極性塑膠含有的分子電子分佈不對稱，這是因為組成原子核的原子中電子不單一，結果使分子具有正極和負極 (偶極)。暴露在電場中時極性區域會振盪，這種屬性可用於高週波熔接 (RF welding) 產生熔化塑料所需的熱量。極性會影響聚合物 (polymer) 鏈之間的吸引力 (溶解度)，進而影響滲透性。極性塑膠通常比非極性塑膠更具滲透性，非極性塑膠包括矽膠 (第 212 頁)、天然橡膠 (第 248 頁)、聚丙烯 (PP) (第 98 頁) 和聚乙烯 (PE) (第 108 頁)，上述這些都表現出優異的耐溶液滲透性，極性塑膠在分子鏈之間的吸引力，代表使用高濃度的添加劑時，極性塑膠容易失去強度，特別是抗衝擊強度。

polymer 聚合物

單體 (monomers) 長鏈組成的天然化合物或合成化合物。

precipitation hardening 析出硬化

又稱為時效硬化 (age hardening)，這是一種熱處理工法，能用來提高某些結構金屬的降伏強度，例如鋼 (請見第 28 頁)、鋁 (請見第 42 頁)、銅 (請見第 66 頁) 和鈦 (請見第 58 頁)。藉由長時間加熱到特定溫度，β 相顆粒溶解並分佈在 α 相基材 (matrix) 中 (請見第 88 頁銀)，這些團簇限制了晶格的移動，產生更強硬堅固的合金，請參考雙相合金 (duplex alloy) 和淬火 (quenching)。

prepreg lamination, prepregging 預浸材層壓，預浸

「Pre-impregnating with resin」，意指用樹脂進行預浸漬，這個加工過程利用樹脂為基材 (matrix)，嵌入連續纖維強化材料，用於複合材料層壓或是壓縮成型 (compression molding)，基材的作用是支撐並黏合纖維，轉移施加的載荷，保護纖維不受損。複合材料元件通常由多層預浸材組成，利用加熱加壓將預浸材層壓在一起。層壓的數量和方向會大大影響零件的性能，因為沿著纖維長度使用的強度大過橫切纖維。

pressure die casting 壓鑄

請見壓鑄法 (die casting)，另參考 MIM 金屬射出成型和觸變成型 (Thixomolding)。

PVD 物理氣相沉積

「physical vapour deposition」，類似 CVD 化學氣相沉積，在立體物件的表面上形成氮化物和氧化物的薄膜塗層 (請見第 502 頁技術陶瓷)。在真空室中進行，將反應氣體導入蒸發空間，使元素凝結在物體表面上，可用於功能用途和裝飾目的 (干涉色)。

quarter-saw 四分切

從原木中心放射狀的方式將樹木切成木材。與弦切 (plain-sawn) 木材相比，四分切的木材木理圖案更一致，表面耐磨損，乾燥和收縮時不容易扭曲和翹曲 (木材容易順著紋理發生收縮)。

quenching 淬火

在水或油中將金屬從熾熱快速冷卻，特別是雙相合金 (duplex alloy)，高溫時，β 相顆粒溶解並分佈在 α 相基材 (matrix) 中，快速冷卻金屬不會使 β 相顆粒重新聚集，因此可以保持金屬的延展性，為生產過程帶來許多優勢，成型完成時，可以對金屬進行析出硬化 (precipitation hardening)，加速硬化的時間，進而創造更強硬堅固的金屬 (請見第 88 頁銀)。

resilience 回復力

去除載荷後，材料回彈變成原始形狀的能力。

RF welding 高週波熔接

「Radio frequency welding」，一種塑膠接合技術，又稱為高頻熔接 (high-frequency，縮寫為 HF) 或電介質熔接 (dielectric welding)，它使用高頻電磁能源，僅適用於極性材料 (請見極性塑膠，polar plastic)，主要是聚氯乙烯 (PVC) (請見第 122 頁)。電場使這些材料中的分子在接合界面處振盪、塑化 (plasticize) 並混合。

rapid prototyping rapid prototyping 快速原型

積層製造 (additive manufacturing) 加工的另一個術語。

rotation molding 旋轉成型

一種塑膠成型加工，可生產具有恆定壁厚的中空形狀，這種處理方式具有成本經濟效益，過程中將聚合物粉末在加熱的模具內翻滾，生產出幾乎沒有應力的零件。近期發展包括模具內平面設計與多層壁厚區塊。

sand casting 砂模鑄造

一種手工金屬鑄造技術，利用消耗性砂模鑄造熔融金屬，成型後將砂模打破，取出凝固的零件。砂模可重複使用模型製作、壓實、有時黏結在一起，確保砂模在整個鑄造過程中保持穩定。砂模鑄造依循重力將熔融材料抽入模腔，因此產生的零件粗糙，需要表面處理。對於只生產一件和少量生產，砂模鑄造相對便宜，並且適合鑄造各式各樣鐵屬金屬 (ferrous) 和非鐵屬 (non-ferrous) 金屬合金。請參考壓鑄法 (die casting)。

semi-crystalline 半結晶

一種聚合物結構，同時包含結晶區域 (高度排序，請見第 166 頁) 與無定形區域 (隨機排序)，例如聚對苯二甲酸乙二酯 (PET，聚酯) (請見第 152 頁)。

semi-synthetic 半合成

一種合成塑膠，以天然聚合物 (包括纖維素和蛋白質) 組成，然後轉化為纖維，例如黏膠纖維和醋酸纖維 (請見第 252 頁)。

service temperature 作業溫度

工程材料作業時不會損壞或不會發生永久變形的溫度範圍。上限稱為最高作業溫度，下限稱為最低作業溫度。

shape memory 形狀記憶

材料經過大量操作，回復原本形狀的能力，像是彈性體，包含第 194 頁熱塑性彈性體、第 202 頁聚氨酯、第 212 頁矽膠、第 248 頁天然橡膠。有時應用在加熱或導電的應用範圍。

shear 剪力

物質各層相互橫向移動時產生的應變。也會發生在組件中各個零件之間，壓縮力與扭轉力 (扭轉) 會在固體材料的晶體或晶格之間產生剪切應變。例如，鋁 (請見第 42 頁) 在剪切下會立刻遭到破壞，嚴重變形。剪力也存在於液體中，在大量的材料中用來產生熱能，進而加速熔融以準備成型。

SI units SI 單位

「International System of Units」，國際單位系統，作為公制的現代形式，已被大多數發達國家採用，命名單位如帕 (氣壓單位)、牛頓〔黏度單位〕、瓦特 (電學單位) 等是從 SI 基本單位派生的，(長度，質量，時間等)。

sintering 燒結

粉末材料，包括金屬如鈦 (請見第 58 頁)、塑膠如聚醯胺 (請見第 164 頁) 和含氟聚合物 (請見第 190 頁)、陶瓷如工業陶瓷 (請見第 502 頁)，利用燒結處理為固態或多孔隙物質，將顆粒加熱融合在一起 (例如雷射、電子束或窯爐)，材料在過程中不會變為液體，提供各式各樣的成型選擇。例如 MIM 金屬射出成型、CIM 陶瓷射出成型、等靜壓 (isostatic pressing) 和積層製造 (additive manufacturing)。

slip 滑移

單一晶體的塑性變形，這是為什麼金屬可以固態形成的原因，雖然需要大量施力才能破壞所有的原子鍵結，錯位的移動讓結晶面的原子在更低的應力下彼此之間滑動，具有延性 (Ductile) 的金屬比脆性金屬 (例如第 42 頁鋁、第 54 頁鎂) 更容易成型，因為這種金屬在各種方向都帶有滑動面。當外力在滑移面和滑移方向上剪切應力達到臨界時，就會開始發生滑移。

SLS 選擇性雷射燒結

「Selective Laser Sintering」，這種技術可用於積層製造 (additive manufacturing)，將粉末材料層固定。請參考燒結 (sintering)。

snap fit 卡扣

一種組裝方法，利用其中一種材料的彈力回彈，與結構另一個部份互鎖，有幾種不同的幾何形狀，包括懸臂，扭轉和扣環。與其他類型的機械固定件相比，卡扣的優點在於能整合在組件的一到多個零件中，進而減少零件的總數，某些情況下能減少材料的使用。

soldering 焊接

請見 brazing 硬焊。

specular 鏡面反射

像鏡子一樣，與透射相反。

springback 回彈

材料在彈性變形 (elastic deformation) 後回復原本形狀的速度與力量，

spring tension 彈簧張力

材料可抵抗彈性變形 (elastic deformation) 的能力，施加的載荷增加還能保持原本的形狀。

staple fibre 短纖維

纖維長度短，可能是天然產生的，例如棉花 (請見第 410 頁) 和羊毛 (請見第 426 頁)，也可能是人造長絲 (filament) 切成一定長度。

strain 應變

在材料上施力時，材料發生的變形，測量時以尺寸變化除以原始尺寸。

stress 應力

與應變 (strain) 相關的施力。

stretch 拉伸

施加張力時材料變形總量，顯示材料的彈性表現 (移除載荷之後，材料會恢復原本的形狀，例如第 517 頁矽膠)，可能是永久變形或潛變 (creep)。

superplastic, superforming 超塑，超塑成型

一種金屬合金 (請見第 42 頁鋁，特別是 5083 級、2004 級和 7475 級；第 58 頁鈦)，加熱到特定溫度時，塑性變形 (plastic deformation) 極大 (超過 1,000 %)，超塑成型與熱塑性成型 (thermoforming) 塑膠類似，都是利用這種獨特的屬性。與傳統技術相比，所需要施加的壓力更少，可以利用單片片材形成深度深的複雜零件，並具有具有半徑曲度大，因此在汽車，航空航天和鐵路業產生了重大影響。

tear-out 撕裂

在機械切割過程中，纖維材料發生剝離 (例如木材，特別是具有交錯木理的木材，見第 368 頁) 和纖維強化材料 (FRP)。這種問題會順著切割路徑發生，切割的刀刃越鈍會使問題越嚴重。

tempering 回火

用於金屬和玻璃製造的熱處理加工。將材料加熱到特定溫度 (低於淬火 (quenching) 溫度,使晶向達到平衡,但不過於細密分佈),然後讓材料在空氣中冷卻,溫度較高會產生相對較柔軟的材料,具有較高的韌性:,反之溫度較低會產生較硬且較易碎的材料。在玻璃製造時,熱處理加工與淬火結合使用使玻璃表面與邊緣產生壓縮,因為表面冷卻速度比內核快,使結構處於壓縮狀態。強化玻璃 (又稱為增韌玻璃或安全玻璃) 比沒有經過熱處理的玻璃具有更高的拉伸強度 (第 508 頁鈉鈣玻璃)。

tenacity 紗強度

纖維或紗線強度的測量方式,可計算特定密度 (丹尼數或分德士支數) 紗線斷裂時所需的施力。請見 σt 拉伸強度。

terpolymer 三元共聚物

由三個重複單體 (monomers) 的長鏈組成的聚合物 (polymer),例如 ABS 樹脂 (請見第 138 頁)。

thermoforming 熱塑性

熱塑性片材利用加熱加壓來成型,包括真空成型、壓力成型、柱塞助壓成型 (plug-assisted forming) 和雙片材熱成型。真空成型是最簡單且最便宜的方法:將熱塑性材料吹入氣泡中,然後吸附在工具表面。在壓力成型過程中,加熱後軟化的片材在壓力下壓入模具中,因此成型時可以完成更複雜精細的細節,包含表面紋理。造型較深的零件加工時,可以利用柱塞助壓成型,柱塞的作用是將軟化的材料推入凹槽,並且均勻地拉伸。雙片材熱成型將這些加工方法品質結合空心零件的生產,基本上,將兩張片材同時加熱成型,在材料溫度仍很高的時候黏合在一起。

Thixomolding 觸變成型

這是一種鎂成型加工方法的商標名稱 (請見第 57 頁),原理與射出成型 (injection molding) 相似。

TIG welding 鎢極鈍氣熔接

「Tungsten inert gas welding」,是一種精準高品質的金屬連接技術,非常適合用於薄片材料與複雜的幾何形狀。與 MIG 金屬極鈍氣銲接不同,不使用損耗的電極,而是尖端鎢電極電弧銲,焊接區域受到保護氣體的保護,填充材料單獨添加。

vacuum deposition 真空澱積,真空金屬化

在真空的室內,金屬覆蓋氣化的金屬煙流,在高壓和放電的作用下,幾乎純淨的金屬 (通常使用鋁,第 42 頁) 蒸發後,凝結在真空室內的任何物體表面上。可應用於功能用途與裝飾目的,例如作為 EMI 電磁干擾防護與 RF 射頻屏蔽,或是改善耐磨性、熱變形、光反射、表面導電率或防潮屏蔽。除了可以用在立體物件上,還可以當作塑膠塗層薄膜使用,例如聚對苯二甲酸乙二酯 (PET,聚酯,請見第 152 頁)。

van der Waals bonds 凡得瓦鍵

在某些分子或原子團之間發現的靜電吸引力 (或排斥力),與共價鍵 (covalent) 和離子鍵 (ionic bonds) 的不同在於作用力是分子間的,相對較弱,範圍較短。

vermicular 蠕蟲狀

蠕蟲的形式或性質,用於描述 CGI 縮墨鑄鐵 (請見第 22 頁鑄鐵) 的石墨微結構。

wicking 毛細作用

請見排濕 (moisture-wicking)。

work hardening 加工硬化

請見析出硬化 (precipitation hardening)。

本書提及的設計師、藝術家與製造者

24gramm Architektur
Wien, Austria
www.24gramm.com

66°NORTH
Garðabær, Iceland
www.66north.com

Aberrant Architecture
London, United Kingdom
www.aberrantarchitecture.com

Aesop
Melbourne, Australia
www.aesop.com

Alberto Meda
Milan, Italy
www.albertomeda.com

Alessi
Crusinallo di Omega, Italy
www.alessi.com

Alexir Packaging
Eden bridge, United Kingdom
www.alexir.co.uk

Alfredo Häberli
Zürich, Switzerland
www.alfredo-haeberli.com

Alias
Bergamo, Italy
www.alias.design

Alessia Giardino
London, United Kingdom
www.alessiagiardino.com

Amorim Cork Composites
Mozelos, Portugal
www.amorimcorkcomposites.com

AMSilk
Munich, Germany
www.amsilk.com

Ananas Aam
London, United Kingdom
www.ananas-anam.com

Anastasiya Koshcheeva
Berlin, Germany
www.anastasiyakoshcheeva.com

Anish Kapoor
London, United Kingdom
www.anishkapoor.com

Apple
Cupertino, United States
www.apple.com

Arcam
Mölndal, Sweden
www.arcam.com

Arian Brekveld
Rotterdam, The Netherlands
www.arianbrekveld.com

ARJUNA.AG
New York, United States
www.arjuna.ag

Arketipo
Calenzano, Italy
www.arketipo.com

Artek
Helsinki, Finland
www.artek.fi

Aston Martin
Warwick, United Kingdom
www.astonmartin.com

Atelier Shinji Ginza
Tokyo, Japan
www.ateliershinji.com

ATL
Milton Keynes, United Kingdom
www.atlltd.com

Atlantic Leather
Sauðárkróki, Iceland
www.atlanticleather.is

Audi AG
Ingolstadt, Germany
www.audi.com

Aven
Ann Arbor, United States
www.aventools.com

Banshu Hamono
Hyogo Prefecture, Japan

BAS Castings
Pinxton, United Kingdom
www.bascastings.co.uk

BASF
Ludwigshafen, Germany
www.basf.com

Bav Tailor
Milan, Italy
www.bavtailor.com

Bell & Ross
Paris, France
www.bellross.com

Bing Thom Architects
Vancouver, Canada
www.bingthomarchitects.com

Blackbird Guitars
San Fransisco, United States
www.blackbirdguitar.com

Black Diamond
Salt Lake City, United States
www.blackdiamondequipment.com

Bond-Laminates
Brilon, Germany
www.bond-laminates.com

Böker
Solingen, Germany
www.boker.de

Caimi Brevetti
Nova Milanese, Italy
www.caimi.com

Casa Constante
Valencia, Spain
www.casaconstante.com

Cassina
Meda, Italy
www.cassina.com

Clements Engineering
Bedford, United Kingdom
www.clementsengineering.
co.uk

Clive Davies
Bungay, United Kingdom
www.daviesceramics.co.uk

Cole & Mason
Farnborough, United Kingdom
www.coleandmason.com

Colnago
Cambiago, Italy
www.colnago.com

Corning
New York, United States
www.corning.com

Cumbria Crystal
Ulverston, England
www.cumbriacrystal.com

DANZKA Vodka
Copenhagen, Denmark
www.danzka.com

Darkroom
London, United Kingdom
www.darkroomlondon.com

Design House Stockholm
Stockholm, Sweden
www.designhousestockholm.com

Dissing + Weitling
Copenhagen, Denmark
www.dw.dk

Divertimenti
London, United Kingdom
www.divertimenti.co.uk

Don Chadwick
Los Angeles, United States
www.donchadwick.com

Dune
London, United Kingdom
www.dunelondon.com

DuPont
Wilmington, United States
www.dupont.com

Ecco Leather
Bredebro, Denmark
www.ecco.com

Elisa Strozyk
Berlin, Germany
www.elisastrozyk.de

Ercol
Princes Risborough, United Kingdom
www.ercol.com

Eric Parry Architects
London, United Kingdom
www.ericparryarchitects.co.uk

Established & Sons
London, United Kingdom
www.establishedandsons.com

Estwing
Rockford, United States
www.estwing.com

Eva Solo
Måløv, Denmark
www.evasolo.com

Explorations Architecture
Paris, France
www.explorations-architecture.com

Fast + Epp
Vancouver, Canada
www.fastepp.com

Filson
Seattle, United Kingdom
www.filson.com

Finn Juhl
Copenhagen, Denmark
www.finnjuhl.com

Fiskars
Helsinki, Finland
www3.fiskars.com

Formway Design
Lower Hutt , New Zealand
www.formway.com

Foster & Partners
London, United Kingdom
www.fosterandpartners.com

Frank Gehry
Los Angeles, United States
www.foga.com

Futures Fins
Huntington Beach, United States
www.futuresfins.com

G. Cova & C
Milan, Italy
www.panettonigcovaec.it

Gautier+Conquet & associés
Paris, France
www.gautierconquet.fr

Geoffrey Preston
Ide, United Kingdom
www.geoffreypreston.co.uk

Gestalten
Berlin, Germany
www.gestalten.com

Google
Mountain View, California, United States
www.google.com/about/

Graphic Concrete
Helsinki, Finland
www.graphicconcrete.com

Greece is for Lovers
Athens, Greece
www.greeceisforlovers.com

Grimshaw Architects
London, United Kingdom
www.grimshaw-architects.com

Guillem Ferrán
Barcelona, Spain
www.guillemferran.com

H&M
Stockholm, Sweden
www.hm.com

H&P Architects
Hanoi, Vietnam
www.hpa.vn

Hancock
Cumbernauld, Scotland
www.hancockva.com

Hand & Lock
London, United Kingdom
www.handembroidery.com

Harri Koskinen
Helsinki, Finland
www.harrikoskinen.com

HAY
Copenhagen, Denmark
www.hay.dk

Hayashi Cutlery
Gifu, Japan
www.allex-japan.com

Herman Miller
Zeeland, United States
www.hermanmiller.com

Hood Jeans
Attleborough, United Kingdom
www.hoodjeans.co.uk

Hopkins Architects
London, United Kingdom
www.hopkins.co.uk

Horween
Chicago, United States
www.horween.com

Hot Block Tools
Pittsburgh, United States
www.hotblocktools.com

Hyperlite Mountain Gear
Biddeford, United States
www.hyperlitemountaingear.com

Ian Lewis
Ivybridge, United Kingdom
www.handmadefishingfloats.co.uk

Iittala
Helsinki, Finland
www.iittala.com

Inntex
Florence, Italy
www.inntex.com

Inoow Design
Landavran, France
www.inoowdesign.fr

Institute for Composite Materials
Kaiserslautern, Germany
www.ivw.uni-kl.de

Irwin Industrial Tools
Huntersville, United States
www.irwin.co.uk

Issey Miyake
Tokyo, Japan
www.isseymiyake.com

Italcementi
Bergamo, Italy
www.italcementigroup.com

Jacob Plastics
Wilhelmsdorf, Germany
www.jacobplastics.com

Jaguar
Coventry, United Kingdom
www.jaguar.co.uk

Jasper Morrison
London, United Kingdom
www.jaspermorrison.com

Jo Nagasaka
Tokyo, Japan
www.schemata.jp

Jonathan Adler
New York, United States
www.jonathanadler.com

Jürgen Mayer H. Architects
Berlin, Germany
www.jmayerh.de

Karimoku New Standard
Chita, Japan
www.karimoku-newstandard.jp

Kartell
Milan, Italy
www.kartell.com

Kawasaki
Tokyo, Japan
www.kawasaki.com

KGID
Munich, Germany
www.konstantin-grcic.com

KitchenAid
Benton Harbor, United States
www.kitchenaid.com

Kenzo
Paris, France
www.kenzo.com

Knauf and Brown
Vancouver, Canada
www.knaufandbrown.com

Knoll
London, United Kingdom
www.knoll-int.com

Knoll, Inc
East Greenville, United States
www.knoll.com

KraussMaffei
Munich, Germany
www.kraussmaffei.com

Kvadrat
Ebeltoft, Denmark
www.kvadrat.dk

Kyocera
Kyoto, Japan
www.kyocera.co.jp

LaCie
Paris, France
www.lacie.com

Lanxess
Mannheim, Germany
www.lanxess.com

Larke
London, United Kingdom
www.larkeoptics.com

Layer
London, United Kingdom
www.layerdesign.com

Leslie Jones Architects
London, United Kingdom
www.lesliejones.co.uk

Lexon
Boulogne-Billancourt, France
www.lexon-design.com

LINDBERG
Aabyhoj, Denmark
www.lindberg.com

Lockheed Martin Aeronautics
Fort Worth, United States
www.lockheedmartin.co.uk

Louis Vuitton
Paris, France
www.louisvuitton.com

Luceplan
Milan, Italy
www.luceplan.com

M+R
Wöhrmühle, Germany
www.moebius-ruppert.com

MadeThought
London, United Kingdom
www.madethought.com

Makita
Anjo, Japan
www.makita.co.jp

Marc Berthier
www.marc-berthier.com

Marcel Wanders
Amsterdam, The Netherlands
www.marcelwanders.com

Mario Bellini
Milan, Italy
www.bellini.it

Marucci
www.maruccisports.com

Maruni Wood Industry
Hiroshima, Japan
www.maruni.com

Matceramica
Mamede, Portugal
www.matceramica.com

Mau
New York, United States
www.marianschoettle.org

Mauviel
Normandy, France
www.mauviel.com

Mazzucchelli 1849
Castiglione Olona, Italy
www.mazzucchelli1849.it

Metsä Wood
Espoo, Finland
www.metsawood.com

Mike Draper
Wyoming, United States
www.draperknives.info

Moooi
Breda, The Netherlands
www.moooi.com

Moose Racing
www.mooseracing.com

Muji
Japan
www.muji.com

Muuto
Copenhagen, Denmark
www.muuto.com

Naoto Fukasawa
Japan
www.naotofukasawa.com

Nendo
Tokyo, Japan
www.nendo.jp

Nervous System
Somerville, United States
www.n-e-r-v-o-u-s.com

Newtex Industries
New York, United States
www.newtex.com

Nigel Cabourn
London, United Kingdom
www.cabourn.com

Nike
Beaverton, United States
www.nike.com

No. 22 Bicycle Company
Toronto, Canada
www.22bicycles.com

Nokia
Espoo, Finland
www.nokia.com

Normann Copenhagen
Copenhagen, Denmark
www.normann-copenhagen.com

Oliver Tolentino
Beverly Hills, United States
www.olivertolentino.com

Omi Tahara
Milan, Italy
www.omitahara.com

OneSails GBR (East)
Ipswich, United Kingdom
www.onesails.co.uk

Palm Equipment
Clevedon, United Kingdom
www.palmequipmenteurope.com

Panasonic
Kadoma, Japan
wwww.panasonic.jp

PaperFoam
Barneveld, The Netherlands
www.paperfoam.com

Paul Smith
London, United Kingdom
www.paulsmith.co.uk

Pelican
Torrance, United States
www.pelican.com

Philippe Starck
Paris, France
www.starck.com

Philips
Amsterdam, Netherlands
www.philips.com

Plank
Ora, Italy
www.plank.it

Plus Minus Zero
Tokyo, Japan
www.plusminuszero.jp

POC
Stockholm, Sweden
www.pocsports.com

PP Møbler
Lillerød, Denmark
www.pp.dk

PRAUD architects
Boston, United States
www.praud.info

Prelle
Lyon, France
www.prelle.fr

Pringle Richards Sharratt
London, United Kingdom
www.prsarchitects.com

Prodrive
Banbury, United Kingdom
www.prodrive.com

Progress Packaging
Huddersfield, United Kingdom
www.progresspackaging.co.uk

Puma
Herzogenaurach, Germany
www.puma.com

Rachel Harding
London, United Kingdom
www.rachelharding.co.uk

Reiko Kaneko
Stone on Trent, United Kingdom
www.reikokaneko.co.uk

Reiss
London, United Kingdom
www.reiss.com

Renzo Piano
Genova, Italy
www.rpbw.com

Richard Meier
Newark, United States
www.richardmeier.com

Richard Rodgers
London, United Kingdom
www.rsh-p.com

Rosendahl
Copenhagen, Denmark
www.rosendahl.com

Rossignol
Isère, France
www.rossignol.com

Roundel
London, United Kingdom
www.roundel.com

Royal Copenhagen
Glostrup, Denmark
www.royalcopenhagen.com

Royal VKB
Delft, The Netherlands
www.royalvkb.kempen-begeer.nl

Samsung
Suwon, South Korea
www.samsung.com

Scholten & Baijings
Amsterdam, The Netherlands
www.scholtenbaijings.com

Sebastian Cox
London, United Kingdom
www.sebastiancox.co.uk

Seco Tools
Fagersta, Sweden
www.secotools.com

Securency International
Craigieburn, Australia
www.innoviasecurity.com

Silken Favours
London, United Kingdom
www.silkenfavours.com

Silk & Burg
London, United Kingdom
www.silkandburg.com

Sirch
Böhen, Germany
www.sirch.de

Sony
Tokyo, Japan
www.sony.jp

Spiewak
New York, United States
www.spiewak.com

Squire and Partners
London, United Kingdom
www.squireandpartners.com

Stanley Tools
New Britain, United States
www.stanleytools.co.uk

Stelton
Copenhagen, Denmark
www.stelton.com

Steve Cayard
Wellington, Canada
www.stevecayard.com

Stine Bülow
Luxembourg
www.stinebulow.com

Structurflex
Auckland, New Zealand
www.structurflex.co.nz

Studio Droog
Amsterdam, The Netherlands
www.droog.com

Suzuki
Hamamatsu, Japan
www.suzuki.com

Swarovski
Wattens, Austria
www.swarovski.com

Taylor Trumpets
Norwich, United Kingdom
www.taylortrumpets.com

The Unseen
London, United Kingdom
www.seetheunseen.co.uk

Thomas Ferguson
County Down, N.Ireland
www.fergusonsirishlinen.com

Thonet
Frankenberg, Germany
www.thonet.de

TigerTurf
Kidderminster, United Kingdom
www.tigerturf.com

Tom Dixon
London, United Kingdom
www.tomdixon.net

Topshop
London, United Kingdom
www.topshop.com

Torafu Architects
Tokyo, Japan
www.torafu.com

Uniqlo
Yamaguchi, Japan
www.uniqlo.com

Vector Foiltec
London, United Kingdom
www.vector-foiltec.com

Victionary
North Point, Hong Kong
www.victionary.com

Victoria Richards
London, United Kingdom
www.victoriarichards.com

Vitra
Birsfelden, Switzerland
www.vitra.com

Vortice
Milan, Italy
www.vortice.com

Woven Image
Sydney, Australia
www.wovenimage.com

Yamakawa Rattan
Tokyo, Japan
www.yamakawa-rattan.com

Yana Surf
Lake Oswego, United States
www.yanasurf.com

Zhik
Artarmon, Australia
www.zhik.com

精選書目

Addington, Michelle and Daniel L. Schodek, 智慧材料和科技：獻給建築和設計產業 Smart Materials and Technologies：For the Architecture and Design Professions (Burlington：Architectural Press, 2004)

Antonelli, Paola, 當代藝術博物館的設計對象 Objects of Design from the Museum of Modern Art (New York：Museum of Modern Art, 2003)

Ashby, Mike, 材料與環境 Materials and the Environment (Oxford：Butterworth-Heinemann, 2013)

Ashby, Mike, Hugh Shercliff and David Cebon, 材料：工程、科學、加工和設計 Materials：Engineering, Science, Processing and Design (Oxford：Butterworth-Heinemann, 2010)

Ashby, Mike and Kara Johnson, 材料與設計：產品設計中材料選擇的藝術與科學 Materials and Design：The Art and Science of Material Selection in Product Design (Oxford：Butterworth- Heinemann, 2002)

ASM 材料手冊 ASM Metals Handbook, Desk Edition, 2nd edn (London：EDS Publications, 1998)

Ball, Philip, 量身打造：21 世紀嶄新材料 Made to Measure：New Materials for the 21st Century (Princeton：Princeton University Press, 1997)

Ballard Bell, Victoria and Patrick Rand, 建築設計的材料 Materials for Architectural Design (London：Laurence King Publishing, 2006)

Beukers, Adriaan and Ed van Hinte, 飛翔的輕巧：全心打造優雅的結構 Flying Lighness：Promises for Structural Elegance (Rotterdam：010 Publishers, 2005)

Beukers, Adriaan and Ed van Hinte, 輕巧：低耗能結構的必然復興 Lightness：The Inevitable Renaissance of Minimum Energy Structures (Rotterdam：010 Publishers, 2001)

Beylerian, George M., Andrew Dent and Anita Moryadas (eds), 物質連結：為建築師、藝術家和設計師打造的近期創新材料全球資源 Material

Connexion：The Global Resource of New and Innovative Materials for Architects, Artists and Designers (London：Thames & Hudson Ltd., 2005)

Black, Sandy, 環保與流行，時尚的詭局 Eco-Chic The Fashion Paradox (London：Black Dog Publishing Ltd, 2008)

Braddock, Sarah E. and Marie O'Mahony, 科技紡織品：用於時尚和設計的革命性面料 Techno Textiles：Revolutionary Fabrics for Fashion and Design (London：Thames & Hudson, 1998)

Brownell, Blaine (ed.), 材料變革：重新定義物理環境的材料、產品和加工型錄 Transmaterial：A Catalogue of Materials, Products and Processes that Redefine Our Physical Environment (Princeton：Princeton University Press, 2006)

Carvill, James, 機械工程師的數據手冊 Mechanical Engineer's Data Handbook (Oxford：Butterworth-Heinemann, 1993)

Croft, Tony and Robert Davison, 工程師數學：現代互動方式 Mathematics for Engineers：A Modern Interactive Approach, 2nd edn (Boston：Prentice Hall, 2003)

Denison, Edward and Guang Yu Ren, 綠色思考：包裝原型 3 Thinking Green：Packaging Prototypes 3 (Hove：RotoVision, 2001)

Hara, Kenya and Takeo Co. Ltd., 觸覺展：2004 年東京紙張博覽會 Haptic：Tokyo Paper Show 2004 (Tokyo：Masakazu Hanai, 2004)

Harper, Charles A., 產品設計材料手冊 Handbook of Materials for Product Design, 3rd edn (Columbus：McGraw- Hill, 2001)

Hoadley, R. Bruce, 認識木材：木材科技的匠人指南 Understanding Wood：A Craftsman's Guide to Wood Technology (Newtown, CT：The Taunton Press, 2000)

Joyce, Ernest, 傢俱製造技巧 The Technique of Furniture Making, 4th edn, revised by Alan Peters (London：Batsford, 2002)

Kula, Daniel and Élodie Ternaux, 材料學：創意產業的材料和技術指南 Materiology：The Creative Industry's Guide to Materials and Technologies (Amsterdam：Frame, 2009)

Leydecker, Sylvia, 建築、室內工程與設計中的納米材料 Nano Materials in Architecture, Interior Architecture and Design (Basel：Birkhäuser, 2008)

Lupton, Ellen, 皮膚：表面、物質 + 設計 Skin：Surface, Substance + Design (London：Laurence King Publishing Ltd., 2002)

Mason, Daniel, 實驗包裝 Experimental Packaging (Crans-Près-Céligny：RotoVision, 2001)

McDonough, William and Michael Braungart, Cradle to Cradle：Remaking the Way We Make Things (New York：North Point Press, 2002) 中文版書名為《從搖籃到搖籃：綠色經濟的設計提案》，野人出版社出版，2018 年

McQuaid, Matilda, 極限紡織品：高機能設計 Extreme Textiles：Designing for High Performance (London：Thames & Hudson, 2005)

森俊子 Mori, Toshiko (ed.), 非物質超材料：建築，設計和材料 Immaterial Ultramaterial：Architecture, Design and Materials (New York：Harvard Design School/ George Braziller, 2002)

Mostafavi, Mohsen and David Leatherbarrow, 關於風化：時間流逝中建築物的生命 On Weathering：The Life of Buildings in Time, 2nd edn (Massachusetts：MIT Press, 1997)

Mullins, E. J. and T. S. McKnight (eds), 加拿大木材：性質與用途 Canadian Woods：Their Properties and Uses, 3rd edn (Toronto：University of Toronto Press, 1981)

Müssig, Jörg, 天然纖維的工業應用：結構、機能和技術應用 Industrial Application of Natural Fibres：Structure, Properties and Technical Applications (Chichester：John Wiley & Sons, Ltd, 2010)

O'Mahony, Marie, 健康專屬的先進紡織品 Advanced Textiles for Health and Wellbeing (London：Thames & Hudson, 2011)

Onna, Edwin van, 材料世界：室內設計的創新結構和表面處理 Material World：Innovative Structures and Finishes for Interiors (Amsterdam/Basel：Frame Publishers/Birkhäuser, 2003)

Rossbach, Ed, 藍筐作為織品藝術 Baskets as Textile Art (Toronto：Studio Vista, 1973)

Roulac, John W., 大麻地平線：世界上最有前景的植物捲土重來 Hemp Horizons：The Comeback of the World's Most Promising Plant (Vermont：Chelsea Green Publishing Company, 1997)

Rowe, Jason (ed.), 汽車工程中的先進材料 Advanced Materials in Automotive Engineering (Oxford：Woodhead Publishing, 2012)

Sen, Ashish Kumar, 塗層紡織品：原理與應 ，Coated Textiles：Principles and Applications (2nd edn) (New York：CRC Press, 2008)

Stattmann, Nicola, 超輕超強大：新世代設計材料 Ultra Light Super Strong：A New Generation of Design Materials (Basel：Birkhäuser, 2003)

最佳細木工 The Best of Fine Woodworking (Newtown, CT：The Taunton Press, 1995)

Wilkinson, Gerald, 榆樹墓誌銘 Epitaph for the Elm (London：Arrow Books Ltd, 1979)

Wright, Dorothy, 藍筐和藍子編織 Baskets and Basketry (London：B. T. Batsford Ltd, 1959)

插圖出處

本書物件、建築與服裝為馬汀・湯普森 (Martin Thompson) 拍攝。作者特別感謝下列單位授權使用其攝影作品。

簡介
第 16 頁（可能性的極限）：Alberto Meda
第 17 頁（材料的重新詮釋）：影像由林雅之 (Masayuki Hayashi) 攝影，版權為 Nendo 事務所所有
第 19 頁（進化的材料）：Bell & Ross

鑄鐵
第 27 頁（砂模鑄造石墨鑄鐵）：BAS Castings

鋁
第 51 頁（Jaguar XE 鋁合金結構）：影像由倫敦 FP Creative 提供，版權為 Jaguar 所有。

鈦
第 59 頁（輕量化鈦金屬眼鏡）：LINDBERG
第 61 頁（鈦合金公路自行車）：No. 22 Bicycle Company
第 63 頁（機身）：Lockheed Martin 航空公司
第 65 頁（客製化格狀頭骨植體）：Arcam

銅、黃銅、青銅與洋銅（鎳銀合金）
銀
第 74 頁（黃銅洋裝）：影像由 Mike Nicolaassen 提供，版權為 Inntex 所有。
第 75 頁（青銅外牆）：Gautier+Conquet 建築事務所

鋅
第 82-83 頁（鋅外覆）：影像由 Kyungsub Shin 提供，版權為 PRAUD 建築事務所所有。

銀
第 86 頁（鍍銀服飾）：ARJUNA.AG

聚丙烯
第 99 頁（印花購物袋）：Progress Packaging
第 101 頁（輕巧可疊放的單椅）：Koll, Inc.

乙烯醋酸乙烯酯 (EVA)
第 120 頁（磨砂塑膠薄型手套）：Progress Packaging

聚氯乙烯 (PVC)
第 126 頁（PVC 拉伸結構）：Structureflex
聚對苯二甲酸乙二酯 (PET)、聚酯
第 155 頁（層壓 PET 複合船帆）：OneSails GBR (East)
第 160 頁（PET 網眼室內裝飾）：Alberto Meda
第 161 頁（PET 吸音板）：Caimi Brevetti
第 162 頁（FES 電子紙智慧錶）：Sony
第 163 頁（一體成型 PBT 懸臂椅）：Plank

聚醯胺 (PA)、尼龍
第 169 頁（積層製造結構物件）：Nervous System

聚甲基丙烯酸甲酯 (PMMA)、壓克力
第 176-77 頁（鑄造透明桌）：影像由林雅之 (Masayuki Hayashi) 攝影，版權為 Nendo 事務所所有

氟聚合物
第 193 頁（超輕量 ETFE 覆層）：影像由 Vector Foiltec 提供

熱塑彈性體
第 199 頁 (Flex back task chair)：影像由 Koll, Inc. 提供

聚氨酯樹脂 (PU)
第 206 頁（機械加工的咖啡桌）：影像由林雅之 (Masayuki Hayashi) 攝影，版權為 Nendo 事務所所有
第 207 頁（模製成型落地立燈）：Luceplan

合成橡膠
第 222 頁（保暖長袖潛水衣）：影像由 Palm Equipment 提供

環氧樹脂
第 233 頁 (Cast resin tabletop)：影像由攝影師 Peter Guenzel 攝影，版權為 Schemata 建築事務所所有

碳纖維強化塑膠 (CFRP)
第 238 頁 (Composite bicycle frame)：影像由 Colnago 提供

天然橡膠與乳膠
第 249 頁（膠合橡膠棉外套）：影像由 Hancock 提供

木漿、紙張、紙板
第 276 頁（立體日本和紙）：影像由吉田明広 (Akihiro Yoshida) 攝影，版權為 Nendo 事務所所有
第 277 頁（立體日本和紙）：影像由岩崎寬 (Hiroshi Iwasaki) 攝影，版權為 Nendo 事務所所有

樹皮
第 284 頁（樹皮室內裝飾品）：影像由 Crispy Point Agency 提供，版權為 Anastasiya Koshcheeva 所有
第 285 頁（樺木樹皮獨木舟）：影像由 Steve Cayard 提供

薄板
第 291 頁（木製紡織品）：木製紡織品
第 295 頁（層壓楓木單椅）：影像由 Koll 提供

科技木材
第 298 頁（橡木薄板休閒椅）：影像由 Moooi 提供。
第 302-03 頁（流線白色木材雲杉膠合板上部結構）：影像由 Airey Spaces 提供

松樹和冷杉
第 307 頁（雲杉膠合板與鋼骨混合結構）：影像由 Hufton+Crow 提供，版權為 Leslie Jones Architecture 所有

落葉松
第 311 頁（落葉松折疊椅）：影像由 Knauf and Brown 提供
第 312 頁（彎曲膠合板拱門）：影像由 Peter Mackinven 攝影，版權為 Pringle Richards Sharratt 建築事務所所有
第 313 頁（未經處理的落葉松外牆）：影像由 Martin Weiss 攝影，版權為 Judith Benzer of 24gramm Architektur 建築事務所所有

道格拉斯冷杉
第 315 頁（木材桁架屋頂結構）：影像由 Fast+ EPP 事務所提供

第 316 頁（木材、鋼骨與玻璃）：影像由 Michel Denance 攝影，版權為 Explorations 建築事務所所有
第 317 頁 (Weathered wood cladding)：影像由 Michel Denance 提供，版權為 Explorations 建築事務所所有

柏科
第 322 頁（西部紅側柏木板槽口接合）：影像由 Hopkins 建築事務所提供

楓木
第 331 頁（便利輕巧的椅凳）：影像由 Scholten & Baijings 提供

山毛櫸
第 340 頁（舞蹈教室地板）：影像由 Michel Denance 提供，版權為 Explorations 建築事務所所有
第 341 頁（曲木傢俱）：影像由川部米應 (Yoneo Kawabe) 攝影，版權為 Maruni 木材工業公司所有

橡木
第 343 頁（木板包裝）：影像由 Scholten & Baijings 提供
第 344 頁（實木桌）：影像由 Vitra 提供

栗樹
第 347 頁（栗樹薄板外層木櫃）：影像由塞巴斯蒂安・考克斯 (Sebastian Cox) 提供

胡桃木
第 350 頁（胡桃木直背椅）：影像由 Knoll 提供

白蠟木
第 355 頁（曲木休閒椅）：影像由 Jens Mourits Sørensen 攝影，版權為 PP Møbler 所有
第 356 頁（傳統雪橇）：影像由 Sirch 提供

櫻桃樹、蘋果樹、梨樹
第 363 頁（實木櫻桃木單椅）：影像由 Katja Kejser 和 Kasper Holst Pedersen 攝影，版權為 PP Møbler 所有

大綠柄桑
第 367 頁（戶外傢俱）：影像由 Thonet 提供
第 369 頁（CNC 機械雕刻木盒）：影像由 Nikos Alexopoulos 提供，版權為 Greece is for Lovers 所有

輕木
第 379 頁（空心輕木衝浪板）：影像由 Yana Surf 提供

藤
第 383 頁（曲線室內裝飾）：影像由 Lorenzo Nencioni 攝影，版權為 Omi Tahara 所有

竹
第 389 頁（組合建築）：影像由 H&P 建築事務所提供

草、藺草、莎草
第 393 頁（對角十字圖騰編織）：影像由基藍・費隆 (Guillem Ferrán) 提供。

葉子纖維
第 396 頁（無紡鳳梨纖維）：影像由 Ananas Anam 提供

第 397 頁（鳳梨纖維蕾絲洋裝）：影像由奧立弗・多蘭迪諾 (Oliver Tolentino) 提供

亞麻、亞麻紗
第 403 頁（生物纖維強化複合材料）：影像由 Blackbird Guitars 提供

大麻
第 407 頁（隔音系統）：影像由 Layer 提供

棉
第 412 頁 (Ventile)：影像由 Nigel Cabourn 提供
第 414 頁（自行車斜背雜物袋）：影像由 Progress Packaging 提供

羊毛
第 431 頁（室內裝飾）：影像由設計師芬尤 (Finn Juhl) 提供
第 432 頁（燈罩）：影像由 Studio CCRZ 攝影，版權為 Luceplan 所有

牛皮
第 449 頁（塗料與效果）：影像由 Ecco Leather 提供
第 450 頁（毛皮室內裝飾品）：影像由 Cassina 提供

豬皮
第 457 頁（塗層豬皮）：影像由 Jonny Lee Photography 攝影，版權為 The Unseen 所有

珍異皮革
第 465 頁（魚皮洋裝）：影像由 Bav Tailor 提供

鑽石與剛玉
第 477 頁（藍寶石晶體錶面）：影像由柏萊士 (Bell & Ross) 提供
第 479 頁（化學氣相沉積鑽石塗層）：影像由 Seco Tools 提供

灰泥
第 493 頁（手工模製灰泥）：影像由 Nick Carter 攝影，版權為傑佛瑞・普雷斯頓 (Geoffrey Preston) 所有
第 495 頁 (3D printing with colour)：影像由 Mo Schalkx 攝影，版權為 Studio Droog 所有

混凝土
第 497 頁（超高性能混凝土，UHPC）：影像由 Inoow Design 提供
第 498 頁（浮雕圖案）：影像由 Graphic Concrete 提供
第 499 頁（機能塗層）：影像由阿萊西亞・賈迪諾 (Alessia Giardino) 提供
第 501-02 頁（預鑄混凝土）：影像由 Scott Frances/OTTO 提供

鈉鈣玻璃
第 509 頁（顏色和表面處理）：影像由曾根原健一 (Kenichi Sonehara) 攝影，版權為 Nendo 事務所所有
第 512-13 頁（玻璃帷幕牆面）：影像由 Michel Denance 攝影，版權為 Explorations 建築事務所所有

鉛玻璃
第 521 頁（吹製、切割與拋光）：影像由坎布里亞郡水晶玻璃器皿廠 (Cumbria Crystal) 提供
第 538 頁

參考資料

通用資訊

AZoM www.azom.com
有關各種材料與加工方法的資訊，包含供應商與製造商的詳細資料。

Design inSite
www.designinsite.dk
材料、加工方法與產品的應用範例。

Engineering ToolBox
www.engineeringtoolbox.com
工程和設計的資源、工具和基本資訊，適合技術應用範圍。

Engineers Edge
www.engineersedge.com
實用的資料庫，包含產品開發時用於計算的資訊、圖表和表格。

Goodfellow www.goodfellow.com
領先業界的材料供應商，包括金屬、塑膠、玻璃和陶瓷；網站上提供大量的資訊。

英國材料、礦物、礦業協會
(Institute of Materials, Minerals and Mining) (IOM3)
www.iom3.org
總部位於倫敦的組織，出版品《Materials World 材料世界》每月出刊，並定期舉辦比賽。

MakeItFrom www.makeitfrom.com
工程材料屬性的數據庫，著重於輕鬆比較不同材料，包含金屬、塑膠、陶瓷和一些天然材料。

Matbase www.matbase.com
免費的獨立線上材料屬性資源網站，包含陶瓷和玻璃、金屬、天然和合成聚合物、天然和合成複合材料……等等，以及各式各樣其他材料（液體、燃料和氣體）。

Materials Research Society
www.mrs.org
多元經營的組織，每月發佈公告和期刊，其中包含有關各種材料的資訊。

MatWeb www.matweb.com
綜合數據庫，包含數以萬計的金屬、塑膠、複合材料和陶瓷，可以利用商標名稱進行搜尋。

麻省理工科技評論
www.techreview.com
麻省理工學院 (MIT) 出版的雙月刊技術雜誌。

Modern Plastics Worldwide
www.modplas.com
總部位於美國的雜誌和線上資源網站，專門介紹關於塑膠的新聞、市場、技術和趨勢。

O Ecotextiles
www.oecotextiles.com
符合永續發展的紡織品的資源網站。

Recycling Today
www.recyclingtoday.com
總部位於美國的新聞資訊網站，專門針對回收。

國際尖端材料科技協會 (Society for the advancement of Material and Process engineering)
www.sampe.org
全球專業會員協會，提供有關新材料和加工技術的資訊。

Swicofil
www.swicofil.com
高機能纖維的先驅供應商。

Total Materia www.totalmateria.com
全面的材料數據庫，訂閱後即可查看超過 1000 萬筆材料記錄。為 Key to Metals 負責經營。

Transstudio www.transstudio.com
各大公司和機構的新材料和新研究相關的研究和出版物。

聯合國環境規劃署 (UNEP)
www.unep.org
訂定全球環境議程的全球環境主管機構，推動聯合國系統內環境相關的永續發展貫徹實踐，同時也是全球環境的權威倡導者。線上數據庫包含許多有用的文章和資訊。

英國廢棄物和資源行動計畫
(Waste and Resource action Programme) (WRAP)
www.wrap.org.uk
總部位於英國的推廣網站，與公司行號合作，藉由實用的線上資訊輔助，幫助企業認識永續發展的經濟優勢。

全球廢棄物管理
(Waste Management World)
www.waste-management-world.com
最新的產品和技術資訊，並包含影響廢物管理產業的政策和法規。

金屬

Aerodyne Alloys
www.aerodynealloys.com
鎳、鈷、鈦和不銹鋼等高溫特殊合金供應商。

Alcoa www.alcoa.com
輕金屬技術的全球領導者，網站上提供了大量技術資訊。

Alcotec www.alcotec.com
全球最大的鋁焊絲生產商；線上提供了許多有用的技術應用文章。

All About Aluminium
www.aluminiumleader.com
俄羅斯的推廣網站，展示許多關於鋁及其應用範圍的實用資訊。

英國鋁業協會
(Aluminium Federation)
www.alfed.org.uk
總部位於英國貿易協會，這個協會擁有線上技術資料庫、教育材料、供應商數據庫以及有關鋁和相關合金的其他實用資訊。

Aluplanet www.aluplanet.com
關於鋁、鋁的應用範圍、鋁回收等大量資訊

美國鑄造協會
(American Foundry Society)
www.afsinc.org
金屬鑄造學會，出版了各式各樣實用的出版物，包含與金屬鑄造相關的材料、加工方法和發展。

美國鍍鋅協會
(American Galvanizers Society)
www.galvanizeit.org
產業協會，提供建築師和設計師大量實用資訊。

美國鋼鐵協會
(American Iron and Steel Institute)
www.steel.org
美國鋼鐵製造商的產業代表協會，網站上提供了大量的實用資訊。

Austral Wright Metals
www.australwright.com.au
澳大利亞金屬經銷商，網站上提供大量實用的技術資訊。

英國鑄造貿易國際雜誌
(Foundry trade Journal International)
www.foundrytradejournal.com
關於各種金屬的實用新聞和資訊。

英國不鏽鋼同業工會
(British Stainless Steel association)
(BSSA)
www.bssa.org.uk
推廣網站，提供有關不鏽鋼及其用途的實用資訊。

Carpenter www.cartech.com
幾種特殊金屬的製造商，包括不鏽鋼和鈦，擁有龐大的線上技術資料庫。

英國金屬鑄造協會
(Cast Metals Federation) (CMF)
www.castmetalsfederation.com
英國鑄造業的推廣網站，如果需要尋找鑄造廠時，這是理想的入口網站。

歐洲鋁業協會
(European Aluminium Association)
www.european-aluminium.eu
提供歐洲各地鋁和鋁供應商的各種實用資訊。

歐洲銅業研究所
(European Copper Institute)
www.copperalliance.eu
總部位於歐洲的推廣網站，提供了大量有關銅及銅合金的實用教育資訊和技術訊息。

Farmers Copper
www.farmerscopper.com
金屬供應商，網站上提供了大量有關銅及銅合金的實用技術資訊。

國際鋁業協會
(International Aluminium Institute)
www.world-aluminium.org
關於鋁礬土開採、鋁和鋁合金的生產、使用和回收等實用資訊。

國際銅業研究集團
(International Copper Study Group)
(ICSG)
www.icsg.org
政府之間組織，提供有關銅及銅合金的大量實用的教育資訊。

國際鐵金屬協會
(International Iron Metallics association) (IIMA)

www.metallics.org.uk
產業協會，網站上提供有關鐵及相關材料開發的實用資訊。

國際鎂業協會
(International Magnesium Association)
www.intlmag.org
推廣網站，提供有關鎂及鎂合金的許多實用的教育訊息和技術資訊。

國際不鏽鋼論壇
(International Stainless Steel Forum) (ISSF)
www.worldstainless.org
非營利研究組織，提供許多關於不鏽鋼以及國際不鏽鋼產業各個方面的大量實用資訊。

國際鋅協會
(International Zinc association)
www.zincworld.org
各式各樣應用範圍中與鋅優勢相關的資訊。

鑄鐵研究所
(Iron Casting Research Institute)
www.ironcasting.org
推廣網站，提供有關鑄鐵的許多實用資訊。

Key to Metals
www.key-to-metals.com
可供訂閱的綜合數據庫，提供全球金屬相關的資訊、供應商資料與製造商資料。

倫敦金屬交易所
(London Metal exchange)
www.lme.com
工業金屬交易中心，可查找市場價格資訊。

LTC thixomolding
www.ltc-gmbh.at
觸變成型 (Thixomolding) 零件供應商，網站上有許多和加工方法相關的實用資訊。

Magnesium www.magnesium.org
與鎂及鎂合金相關許多實用資訊。

Mining Facts www.miningfacts.org
加拿大採礦資訊的資源網站。

次要金屬貿易協會
(Minor Metals Trade Association)
www.mmta.co.uk
特別針對鈷，鋯和鈦等次要金屬推廣網站，網站上提供很多實用資訊。

Morgo Magnesium
www.magnesiumsquare.com
有關鎂和鎂合金的許多實用資訊，包括生產、加工、成型和回收訊息。

世界白銀協會 (Silver Institute)
www.silverinstitute.org
推廣網站，提供許多關於銀、相關發展及銀用途的實用資訊。

SteelConstruction
www.steelconstruction.info
來自英國關於鋼結構資訊的免費百科全書。

Steel Recycling Institute
www.recycle-steel.org
有關鋼鐵收集和回收資訊。

Supra alloys www.supraalloys.com
鈦供應商，網站上提供大量有用的技術資訊。

美商精鈦工業
Titanium Industries
www.titanium.com
鈦供應商，網站上提供大量有用的技術資訊。

鈦資訊研究機構
(Titanium Information Group) (TIG)
www.titaniuminfogroup.co.uk
英國材料、礦物、礦業協會的子公司，提供許多關於鈦的實用資訊。

金屬與合金統一數字編號系統
(Unified Number System) (UNS)
www.unscopperalloys.org
與銅及銅合金統一數字編號相關的數據庫。

世界鋼鐵協會
World Steel Association
www.worldsteel.org
產業協會，針對鋼料進行推廣網站，提供了許多有關材料屬性、應用範圍和回收等實用資訊，製作許多教育出版物。

塑膠

AKSA www.aksa.com
壓克力纖維的先驅製造商。

美國塑膠產業理事會
(American Plastics Council)
www.plastics.org
塑膠製造商貿易代表協會。

國際旋轉成型協會 (Association of Rotation Molders International)
www.rotomolding.org
總部位於美國的組織，提供有關旋轉成型和來自世界各地的製造商資訊。

BASF www.basf.de
引領業界的塑膠製造商。

生物可分解塑膠
(Bio-Plastics)
www.bio-plastics.org
生物可分解塑膠材料、加工方法、用途和開發指南。

雙酚 A (Bisphenol-a)
www.bisphenol-a.org
有關雙酚 A (BPA) 的環境、健康和安全資訊的綜合資源網站。

Boedeker www.boedeker.com
總部位於美國的供應商，提供塑膠板、塑膠桿、塑膠管和機械零件；網站上有許多實用的材料數據。

Borealis www.borealisgroup.com
引領業界的塑膠製造商

英國塑膠同業公會
(British Plastics Federation) (BPF)
www.bpf.co.uk
貿易協會，提供各種塑膠材料和加工方法的概述，每個塑膠材料和加工方法均由製造商贊助。

Castoroil www.castoroil.in
推廣網站，致力於蓖麻油膨脹推廣，例如作為塑膠基質的起始材料。

聚氨酯產業中心
(Center for Polyurethanes Industry)
www.polyurethane.org
總部位於美國的推廣網站，針對聚氨酯相關的各種產業。

歐洲矽酮中心
(CES Silicones europe)
www.silicones.eu
推廣網站，專門針對矽酮。

Distrupol www.distrupol.com
歐洲塑膠經銷商，在網站上提供大量的材料資訊，並有實體印刷資料。

道康寧 (Dow Corning)
www.dowcorning.com
引領業界的塑膠製造商。

杜邦 (DuPont)
www.dupont.com
引領業界的塑膠製造商。

EMS Grivory www.emsgrivory.com
引領業界的塑膠製造商。

恩欣格 (ensinger)
www.ensinger-online.com
引領業界的工程塑膠供應商。

EPDM Roofing association (EPA)
www.epdmroofs.org
推廣網站，提供許多有關建築用乙丙二烯、合成橡膠的實用資訊。

Epoxy Resin Committee (ERC)
www.epoxy-europe.eu
推廣網站，專門針對環氧樹脂材料與用途。

Essential Chemical Industry
www.essentialchemicalindustry.org
英國約克大學管理的主要化學品參考資料庫。

澳洲發泡塑膠組織
(Expanded Polystyrene Australia)
www.epsa.org.au
國家產業機構，提供大量的實用資訊。

埃克森美孚 (Exxon Mobil)
www.exxonmobilchemical.com
引領業界的工程塑膠供應商。

Fibersource www.fibersource.com
人造纖維指南。

含氟聚合物 (Fluoropolymers)
www.fluoropolymer-facts.com
含氟聚合物指南。

全球矽膠理事會
(Global Silicones Council) (GSC)
www.globalsilicones.org
針對矽膠的推廣網站。

Green Dot Bioplastics
www.greendotpure.com
生物可分解塑膠和木塑複合材料的先驅供應商。

Gore www.gore.com
含氟聚合物基底紡織品先驅供應商。

Huntsman www.huntsman.com
引領業界的塑膠製造商。

射出成型雜誌
(Injection Molding Magazine)
www.immnet.com
總部位於美國的月刊，提供成型與相關材料的最新發展資訊。

Innovia www.innoviafilms.com
引領業界的塑膠薄膜製造商。

國際合成橡膠製造研究所
(International Institute of Synthetic Rubber Producers) (IISRP)
www.iisrp.org
產業協會，提供大量有關合成橡膠及合成橡膠用途的實用資訊。

法國複合材料展 (JEC Composites)
www.jeccomposites.com
複合材料的推廣網站與年度貿易展覽相關訊息。

J. J. Short Associates
www.jjshort.com
美國領先的模塑橡膠零件供應商，網站上提供了大量的實用資訊。

lyondellBasell www.lyondellbasell.com
引領業界的塑膠製造商。

醫療用塑膠新聞
Medical Plastics News (MPN)
www.medicalplasticsnews.com
出版品，專門針對可生物兼容塑膠、加工方法和相關開發。

Miliken Chemical
www.millikenchemical.com
引領業界的塑膠製造商。

全國 PET 容器資源協會
(National association for Pet Container Resources) (NaPCOR)
www.napcor.com
貿易協會，美國和加拿大的聚對苯二甲酸乙二酯 ((PET) 塑膠包裝產業。

NatureWorks www.natureworksllc.com
引領業界的生物可分解塑膠供應商。

Net Composites
www.netcomposites.com
引領業界的複合材料供應商。

Pebax www.pebax.com
熱塑性彈性體聚醚嵌段醯胺 (TPA) 的指南。

PET 樹脂協會
(PET Resin Association) (PetRa)
www.petresin.org
推廣網站，提供有關聚對苯二甲酸乙二酯 ((PET，聚酯) 材料和用途的大量實用資訊。

Plasticker www.plasticker.de
最新的塑膠新聞和價格。

歐洲塑膠 (Plastics Europe)
www.plasticseurope.org
領先的歐洲貿易協會，擁有完善資訊和教育中心。

美國塑膠食品包裝容器集團
(Plastics Foodservice Packaging Group)
www.polystyrene.org
總部位於美國的推廣網站，提供有關聚苯乙烯及其對環境影響的一系列實用資訊。

塑膠科技
www.ptonline.com
月刊，提供有關塑膠、加工和開發的資訊。

PMMA 壓克力永續發展方案
(PMMA Acrylic Sustainable Solutions)
www.pmma-online.eu
推廣網站，提供有關聚甲基丙烯酸甲酯 (PMMA) 及其用途和製造商的大量實用資訊。

PolyOne www.polyone.com
引領業界的塑膠製造商。

Polyurethane Foam Association (PFA)
www.pfa.org
推廣網站，其中包含許多有關聚氨酯泡沫及其用途的實用資訊。

PVC www.pvc.org
推廣網站，包括大量有關聚氯乙烯材料及其用途的實用資訊。

橡膠製造商協會
(Rubber Manufacturers association)
www.rma.org
美國貿易組織，代表橡膠和彈性體製造商。

塑膠工程師學會
(Society of Plastics engineers)
www.4spe.org
藉由出版品和貿易展促進塑膠使用的組織。

合成纖維 (Syntech Fibres)
www.syntechfibres.com
聚丙烯纖維製造商，提供實用資訊。

Tenara Architectural Fabrics
www.tenarafabric.com
含氟聚合物基底建築織物製造商。

Vector Foiltec
www.vector-foiltec.com
含氟聚合物基底建築織物的先驅製造商。

乙烯基塑膠 Vinyl
www.vinyl.org
推廣網站，提供有關聚氯乙烯及其用途的許多實用資訊。

Vortex www.victrex.com
引領業界的塑膠製造商。

Xantar www.xantar.com
三菱公司生產的聚碳酸酯。

木材

100% Cork
www.100percentcork.org
推廣網站，其中包含許多有關軟木材料、生產和回收的實用資訊。

美國硬質木資訊中心
(American Hardwood Information Centre)
www.hardwoodinfo.com
總部位於美國的推廣網站，提供有關各種美國硬質木樹種、屬性和用途等實用資訊。

美國闊葉木外銷委員會
(American Hardwood Export Council) (AHEC)
www.americanhardwood.org
美國硬質木產業貿易協會，提供資訊和市場銷售。

Amorim Cork www.amorimcork.com
引領業界的軟木製造商。

A PA www.apawood.org
工程木製品的相關資訊。

Associated timber Services
www.associatedtimber.co.uk
引領業界的歐洲木材供應商。

Bark Cloth www.barktex.com
樹皮基底產品和材料的先驅供應商。

Brooks Bros www.brookstimber.com
總部位於英國的木材商。

加拿大林木理事會
(Canadian Wood Council) (CWC)
www.cwc.ca
加拿大建築用木製品製造商的代表協會。

Catalyst www.catalystpaper.com
引領業界的紙張製造商

Classical Chinese Furniture
www.chinese-furniture.com
中國木材傢俱製造指南。

Corklink www.corklink.com
引領業界的軟木塞製造商。

English Woodlands timber
www. englishwoodlandstimber.
co.uk
英國木材供應商。

林業創新投資
(Forestry Innovation Investment)
(FII)
www.naturallywood.com
加拿大卑詩省推廣資源網站，致力使卑詩省成為優質環保森林產品的全球供應商。

森林管理委員會
(Forest Stewardship Council) (FSC)
www.fsc.org
國際非營利組織，致力於推廣符合永續發展、具有經濟效益和對人類與環境有益的森林管理系統。

裸子植物資料庫
Gymnosperm Database)
www.conifers.org
有關針葉樹及其相關樹種的資訊資源網站。

J. S. Wright
www.cricketbatwillow.com
引領業界的柳木板球拍、木板和刀片供應商

英國皇家植物園丘園
(Kew Royal Botanical Gardens)
www.kew.org
木材樹種指南。

Make it Wood www.makeitwood.org
澳大利亞推廣網站，專門針對木材作為建築材料。

Meyer www.meyertimber.com
引領業界的木質板供應商。

Musterkiste www.musterkiste.com
木質材料的資訊和樣品。

PaperOnWeb www.paperonweb.com
紙漿和造紙材料用途指南，包括製造商、加工商、回收商等。

Pure timber www.puretimber.com
訂製曲木彎曲零件、組件和構造物的製造商，也銷售工程用冷彎硬質木。

ReCORK www.recork.org
北美最大的天然軟木回收計劃。

美國南方林產品協會
(Southern Forest Products Association) (SFPA)
www.southernpine.com
總部位於美國的推廣網站，提供了有關南方松的許多實用資訊。

永續林業倡議
Sustainable Forestry Initiative (SFI)
www.sfiprogram.org
總部位於美國的森林認證計劃；SFI 標籤認證已經取得認證的木材含量、回收木材含量、木材來源的百分比和產銷監管鏈。

Timbersource
www.timbersource.co.uk
引領業界的英國永續發展供應商。

木材貿易聯合會
(Timber Trade Federation)
www.ttf.co.uk
總部位於英國的推廣網站，提供有關自認證來源購買木材的實用資訊。

木材貿易雜誌
(Timber Trades Journal)
www.ttjonline.com
總部位於英國的雜誌，其中包含許多有關木材、製造商和購買者指南的實用資訊。

Timcon www.timcon.org
木材包裝和托盤聯合會

Trada www.trada.co.uk
國際會員組織，致力於建築環境中最佳實踐設計、規格和木材運用的靈感與資訊。

加拿大西部森林產品
(Wester Forest Products)
www.westernforest.com
加拿大沿海木材的領先供應商。
西部木製品協會
(Western Wood Products

association)
www.wwpa.org
十二個西部州和阿拉斯加的軟質木木材製造商的代表協會；提供大量實用的技術資訊。

惠好公司 (Weyerhaeuser)
www.woodbywy.com
引領業界的工程木材製造商。

Wisa Plywood
www.wisaplywood.com
引領業界的木質板製造商。

國際木質板雜誌
(Wood Based Panels International，WBPI)
www.wbpionline.com
有關木質板材料和製造發展的資訊，包括全球所有 MDF 密集板、刨花板和 OSB 定向粒片板工廠及產能。

木材資料庫 (Wood Database)
www.wood-database.com
數千種木材的指南，包括木材外觀、物理特性、工作特性和用途。

Wood Explorer
www.thewoodexplorerfe.com
包含許多面用木材的廣泛資料庫，包括木材照片、外觀和屬性列表。

Wood for Good
www.woodforgood.com
英國推廣網站，目的是將人們對木材對建築的好處和永續發展的認識提升至最高。

木雜誌 (Wood Magazine)
www.woodmagazine.com
出版品，專門介紹傢俱製造用的木材。

WoodSolutions
www.woodsolutions.com.au
提供有關澳大利亞可取得的建築木材種類和材料等詳細資訊。

木工 (Wood Works)
www.wood-works.org
由加拿大木材委員會 (Canadian Wood Council) 經營推廣網站。

WoodWorkWeb
www.woodworkweb.com
木材種類和性質的相關實用資訊。

Woodweb www.woodweb.com
線上查詢目錄，包含木材相關書籍、供應商、論壇和其他實用資源。

WRA www.woodrecyclers.org
木材回收商的代表協會；提供有關回收作業和公司資訊。

植物

農業行銷資源
Agriculture Marketing Resource Center (AgMRC)
www.agmrc.org
總部位於美國的資源網站，針對增值農業資訊。

國際林業研究中心
(Center for International Forestry Research) (CIFOR)
www.cifor.org
非營利科學機構，致力於研究全球森林和景觀管理最緊迫的艱鉅問題。

歐洲工業用大麻協會
(European Industrial Hemp Association)
www.eiha.org
推廣網站，其中包含有關大麻纖維和副產品的許多實用資訊。

加拿大亞麻理事會
(Flax Council of Canada)
www.flaxcouncil.ca
國家組織，致力於在加拿大和國際市場上，推廣加拿大亞麻和亞麻產品作為營養和工業用途。

聯合國糧食及農業組織
(Food and Agriculture Organization of the United Nations)
www.fao.org
以植物為基礎的材料和產品的大量相關實用資訊。

全球有機棉社群平台
(Global Organic Cotton Community Platform)
www.organiccotton.org
全球有機棉社群的網路平台，可以在這裡交換有機棉和公平貿易棉的知識，並提供相關資訊。

Guadua Bamboo
www.guaduabamboo.com
竹建築材料的先驅供應商。

HempFarm
www.hempfarm.org
部落格，專門介紹大麻的所有形式。

J. H. Velthoven
www.jhvelthoven.com
全球刷子產業的主要原材料供應商。

Lineo www.lineo.eu
複合材料亞麻纖維製造商。

美國國家棉業總會
(National Cotton Council)
www.cotton.org
美國的推廣網站提供了大量有關棉花類型和用途的實用資訊。

巴拿馬帽公司
(Panama Hat Company)
www.brentblack.com
巴拿馬帽材料和製作指南。

Ventile www.ventile.co.uk
關於 Ventile 的資訊，Ventile 本身是防水的服裝面料。

Wigglesworth Fibres
www.wigglesworthfibres.com
瓊麻的先驅製造商。

Wild Fibres
www.wildfibres.co.uk
植物纖維和動物纖維的供應商。

動物

abbeyhorn
www.abbeyhorn.co.uk
英國引領業界的牛角和骨頭供應商。

APIF www.aplf.com
為全球皮革和時裝產業服務的產業協會。

Arctic Quiviut
www.arcticqiviut.com
麝牛毛的主要供應商，提供材料相關資訊。

BLC 皮革技術中心
(BLC leather technology Centre)
www.all-about-leather.co.uk
皮革類型和用途指南。

美國生而自由組織
(Born Free USA)
www.bornfreeusa.org
非營利組織，反對在時尚界使用動物皮毛。

Chichester www.chichesterinc.com
引領業界的珍稀天然產品供應商，從動物皮到動物標本剝製、鹿角到角和不同動物部位。

鱷魚皮革網站
(Crocodile leather)
www.crocodileleather.net
鱷魚皮指南，包括影像和購買者指南。

Dents www.dents.co.uk
英國高級皮革手套製造商。

Horween www.horween.com
美國的先驅皮革供應商。

J Hewit www.hewit.com
總部位於英國的皮革供應商。

Khunu www.khunu.com
永續發展犛牛毛毛衣的材料資訊。

Klaa www.kangarooindustry.com
總部位於澳大利亞推廣網站，專門針對袋鼠產品。

皮革國際
(Leather International)
www.leathermag.com
這本雜誌專門報導皮革行業，從原料採購到時尚對終端使用者市場的影響。

南非馬海毛
(Mohair South Africa)
www.mohair.co.za
專門針對馬海毛的線上資源網站，包含有關材料、設計師、製造商、零售商和批發商的資訊。

Moore & Giles
www.mooreandgiles.com
引領業界的的皮革供應商。

Packer leather
www.packerleather.com
引領業界的的袋鼠皮供應商。

Pan american leathers
www.panamleathers.com
引領業界的的美國珍稀皮革與皮革製品供應商。

Rojé exotics
www.rojeleather.com
美國珍稀皮革和皮革製品的先驅供應商。

Silvateam www.silvateam.com
世界先驅，專門針對蔬菜萃取物、丹寧酸及丹寧酸衍生物的生產、商業化和銷售方面。

欣力昌 SIC
www.twslc.com.tw
引領業界的台灣牛皮供應商。

Urbanara www.urbanara.co.uk
英國零售商，提供實用的動物纖維購買指南。

Vanderburgh
www.vanderburghhumidors.com
優質皮革和手工皮革產品的供應商。

Woolmark www.woolmark.com
羊毛品牌與品牌和推廣網站，專門推廣澳大利亞羊毛。

礦物

美國陶瓷學會
(American Ceramic Society)
www.ceramics.org
提供陶瓷相關的實用資訊，並每月出版一本雜誌。

美國專業協會
(Brick Development Association)
www.brick.org.uk
推廣網站，針對磚塊作為建築材料。

Brick Directory
www.brickdirectory.co.uk
關於磚和製磚歷史的大量實用資訊。

英國玻璃 (British Glass)
www.britglass.org.uk
代表英國玻璃產業，這個網站包含所
有類型的商用玻璃和生產技術的大量
相關資訊。

陶藝日報 (Ceramic arts Daily)
www.ceramicartsdaily.org
網路社群，為全球活躍的陶藝家和陶
瓷藝術家提供服務，包括出版雜誌。

Clay times
www.claytimes.com
季刊雜誌，專門報導黏土成型、裝飾、
焙燒、工作室維護、健康與安全、活動
和競賽等。

混凝土共同永續發展倡議
(Concrete Joint Sustainable
Initiative)
www.sustainableconcrete.org
混凝土的推廣網站，其中包含許多實
用資訊。

英國混凝土學會
(Concrete Society)
www.concrete.org.uk
引領業界的資訊供應網站，可滿足建
築師、工程師、規範人員、混凝土供應
商和使用者的需求，特別著重混凝土
的品質和競爭力。

康寧玻璃博物館
(Corning Museum of Glass)
www.cmog.org
位於紐約的博物館，網站上提供了大
量實用資訊，針對玻璃和玻璃吹製的
相關歷史。

CVD 鑽石 (CVD Diamond)
www.cvd-diamond.com
這種加工方法的綜合資源網站，包含
屬性、加工方法與應用範圍。

歐洲水泥協會
(European Cement Association)
www.cembureau.be
藉由材料相關的實用資訊推廣水泥的
使用。

GIA ww.gia.edu
寶石相關的許多實用資訊，包括百科
全書。

玻璃雜誌
(Glass Magazine)
www.glassmagazine.net
總部位於美國的月刊，專門介紹建築
玻璃市場。

世界玻璃網
(Glass on Web)
www.glassonweb.com
來自世界各地的玻璃用品和製造商的
線上查詢目錄。

Glass Pac
www.glasspac.com
由英國玻璃經營，提供有關玻璃的資
訊，並推廣玻璃在包裝中的應用。

玻璃包裝協會
(Glass Packaging Institute)
www.gpi.org
北美玻璃容器產業的代表產業協會。

Gypsum to Gypsum
www.gypsumtogypsum.org
推廣網站，著重石膏的用途和優點。

美國國立玻璃協會
(National Glass association)
www.glass.org
總部位於美國的組織，代表建築玻璃
供應商，包括出版品。

Performance Materials
www.performance-materials.net
線上查詢目錄，其中含有關新材料
開發的資訊，特別針對高性能陶瓷和
複合材料。

美國波特蘭水泥協會
(Portland Cement Association)
(PCA)
www.cement.org
關於水泥和混凝土的推廣網站，其中
包含許多實用資訊。

Potter's Friend
www.pottersfriend.co.uk
線上陶藝建議。

法國聖戈班
(Saint-Gobain)
www.saint-gobain-glass.com
Leading glass manufacturer.
引領業界的玻璃製造商。

肖特玻璃
(Schott)
www.schott.com
引領業界的玻璃製造商。

英國玻璃技術學會
(Society of Glass technology) (SGT)
www.societyofglasstechnology.org.
uk
網站提供有關玻璃技術的書籍、出版
品和活動等實用資訊。

美國玻璃雜誌
(US Glass)
www.usglassmag.com
總部位於美國的玻璃雜誌，報導建築
玻璃材料、用途和趨勢。